“十二五”职业教育国家规划教材
经全国职业教育教材审定委员会审定

CAD/CAM技术应用(UG)

主编 袁 锋
参编 蔡继红 刘奭奭
蓝天然 缪遇春
主审 袁 钢

机械工业出版社
CHINA MACHINE PRESS

本书是经全国职业教育教材审定委员会审定的“十二五”职业教育国家规划教材，是根据教育部于 2014 年公布的《中等职业学校数控技术应用专业教学标准》编写的。

全书共分 6 章，第 1 章介绍 UG CAD 基础与常用功能；第 2 章介绍 UG CAD 二维造型案例；第 3 章介绍 UG CAD 三维造型案例；第 4 章介绍 UG CAM 基础与常用功能；第 5 章介绍 UG 平面铣削加工功能及案例；第 6 章介绍 UG 轮廓铣削加工功能及案例。

全书采用了文字和图形相结合的形式，详细介绍了 UG CAD/CAM 数字化设计与制造基础知识和 UG 软件的操作步骤，并配有操作过程的动画演示（可登录 www.cmpedu.com 网站，注册后免费下载），帮助读者更加直观地掌握 UG NX 8.5 的软件界面和操作步骤，使读者能达到无师自通、易学易懂的目标。

本书可作为中等职业学校数控技术应用专业 CAD/CAM 专业课程教材，也适用于各大中专院校 CAD/CAM、机械、数控、模具、机电一体化及相关专业的师生教学、培训和自学使用，也可作为各企业从事三维造型设计、数控加工、计算机编程的广大工程技术人员的参考用书。

图书在版编目（CIP）数据

CAD/CAM 技术应用：UG/袁锋主编．—北京：机械工业出版社，2015.6（2023.8 重印）

“十二五”职业教育国家规划教材

ISBN 978-7-111-50294-4

Ⅰ.①C… Ⅱ.①袁… Ⅲ.①计算机辅助设计-职业教育-教材②计算机辅助制造-职业教育-教材 Ⅳ.①TP391.7

中国版本图书馆 CIP 数据核字（2015）第 105897 号

机械工业出版社（北京市百万庄大街 22 号 邮政编码 100037）

策划编辑：汪光灿 责任编辑：王莉娜

版式设计：霍永明 责任校对：刘怡丹

封面设计：张 静 责任印制：邓 博

北京盛通商印快线网络科技有限公司印刷

2023 年 8 月第 1 版第 9 次印刷

184mm×260mm · 23.25 印张 · 573 千字

标准书号：ISBN 978-7-111-50294-4

定价：54.90 元

电话服务

客服电话：010-88361066

010-88379833

010-68326294

网络服务

机 工 官 网：www.cmpbook.com

机 工 官 博：weibo.com/cmp1952

金 书 网：www.golden-book.com

机工教育服务网：www.cmpedu.com

前　言

本书是根据教育部《关于中等职业教育专业技能课教材选题立项的函》（教职成司［2012］95号），由全国机械职业教育教学指导委员会和机械工业出版社联合组织编写的“十二五”职业教育国家规划教材，是根据教育部于2014年公布的《中等职业学校数控技术应用专业教学标准》编写的。

1. 本书结合了作者多年从事UG CAD/CAM/CAE的教学和培训经验，以数字化设计（UG CAD）与数字化制造（UG CAM）技术为重点，以CAD/CAM应用能力培养为主线，以工作过程为导向，将文字与形象生动的图形结合，详细介绍了典型机电产品的数字化设计与制造过程，并配有操作过程的动画演示，帮助读者更加直观地掌握UG NX 8的软件界面和操作步骤，使读者能达到无师自通、易学易懂的目标。本书具有鲜明的职业技术教育特色，符合中等职业教育规律和技能型人才成长规律。

2. 本书与行业、企业紧密联系，书中的项目案例均取自于生产实际的工程案例，并将UG数字化设计与制造技术领域的知识点、技能点融于教学与实训技能的培养过程中。

3. 本书采用理实一体化的编写模式，通过典型机电产品的数字化设计与制造工程案例将各部分教学内容有机联系、渗透和互相贯通，在课程结构上打破原有课程体系，以工作过程为导向，加强对学生三维数字化设计能力和UG软件操作能力的培养，激发了学生的学习兴趣，提高了学生三维数字化设计与制造的工程应用能力和创新能力，提高了学生理论联系实际的工作能力和就业竞争力，突出了学生对所学知识的灵活应用及“做中教，做中学”的职业教育特色。

4. 本书的主编——袁锋教授为常州轻工职业技术学院计算机辅助设计与制造CAD/CAM专业（江苏省特色专业，教育部重点专业）负责人、二级教授、UGS正式授权的UG教员，2002—2005年连续四年担任全国数控培训网络“Unigraphics师资培训班”教官，领衔的“数字化设计与制造教科研团队”为“江苏省优秀教学团队”，主持的“使用UG软件的机电产品三维数字化设计与制造”课程被评为2008年国家精品课程，2013年又被评为中国大学精品资源共享课（www. icourses. cn），向全社会免费开放。

本书由常州轻工职业技术学院袁锋教授任主编，湖北信息工程学校蔡继红、惠州市工程技术学校刘爽爽、深圳宝安职业技术学校蓝天然、东莞市机电工程学校缪遇春参与编写，由常州数控技术研究所袁钢主审。

本书经全国职业教育教材审定委员会审定，评审专家对本书提出了宝贵的建议，在此对他们表示衷心的感谢！编写过程中，编者参阅了国内外出版的有关教材和资料，在此一并表示衷心感谢！

由于编者水平有限，书中不妥之处在所难免，恳请读者批评指正。

袁　锋

目录

前言

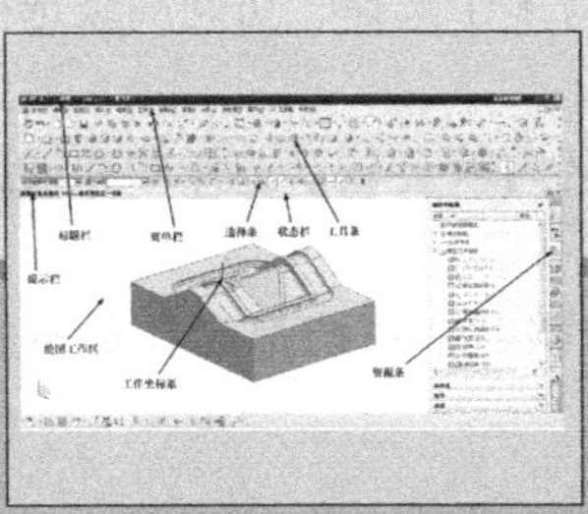

第 1 章 UG CAD基础与常用功能介绍

【学习目标】

本章主要介绍 UG CAD 常用功能，包括创建曲线、编辑曲线、实体、曲面等功能。

1.1 UG CAD 界面介绍

在菜单中的【开始】下拉框中选择【建模(M)...】模块，进入建模模块，工作界面如图 1-1 所示。

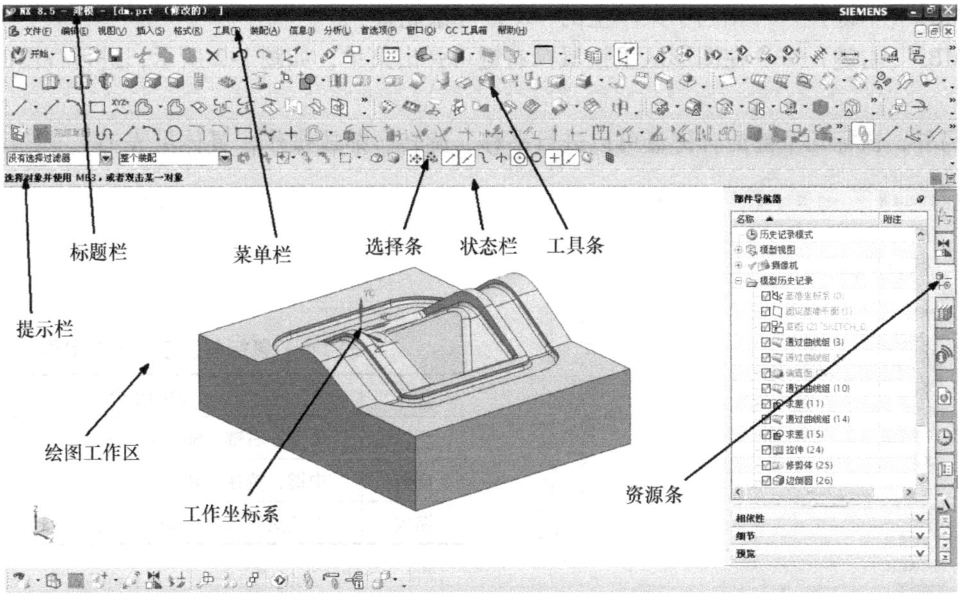

图 1-1

UG CAD 的主工作窗口中主要包括以下几个部分：标题栏、菜单栏、工具条、选择条、绘图工作区、提示栏、状态栏、资源条、工作坐标系等。

标题栏：用来显示软件版本以及当前使用者应用模块的名称和文件名等信息。

菜单栏：主要用来调用 UG CAD 各功能模块和调用各执行命令以及对 UG CAD 系统的参数进行设置。对于不同的功能模块，菜单栏略有差别。

工具条：提供命令工具条使命令操作更加快捷，工具条都对应菜单下不同的命令，工具条中的图标可以通过工具栏定制功能由用户自行定义。

选择条：通过过滤对象的特定属性来选择它们，指定如何执行多个选择，访问高级选择工具，例如选择意图和捕捉点。

绘图工作区：绘图工作的主区域。在进入绘图模式后，工作区内就会显示选择球和辅助工具栏，用来表明当前光标在工作坐标系中的位置。

提示栏：主要用来提示用户如何操作（注：执行每个命令步骤时，系统都会在提示栏中显示用户必须执行的动作，或者提示用户下一个动作）。

状态栏：主要用来显示系统及图元的状态。

资源条：单击资源条里的部件导航器，查看特征模型树，另外还包括装配导航器、历史记录、系统材料、角色设定等。

工作坐标系：UG CAD 图形界面中的工作坐标系为 WCS，即工作坐标系统。系统会在绘图工作区中出现一个坐标，用于显示用户现行的工作坐标系统。

1.2　UG CAD 基本操作及实用工具介绍

1.2.1　鼠标操作

MB1（左键）——选择菜单、选取物体、拖动；

MB2（中键）——相当于菜单上的 OK 键（滚轮键）；

MB3（右键）——在图形区里按鼠标右键可弹出菜单，如图 1-2 所示，进行视图的快捷操作。

另外，鼠标几个键配合键盘可以进行平移、旋转、缩放操作，具体见表 1-1。

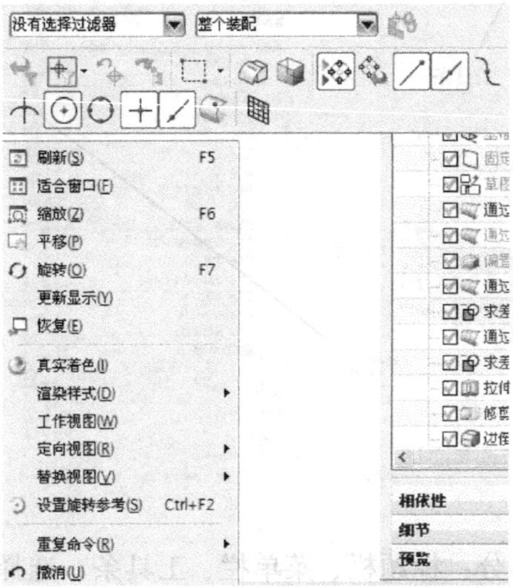

图 1-2

表 1-1　鼠标与键盘的配合操作

操作	键的组合
平移	中键 + 右键、Shift + 中键
旋转	中键，按住旋转
缩放	中键滚轮推拉、Ctrl + 中键、左键 + 中键

1.2.2　键盘操作

键盘常用快捷键见表 1-2。

表 1-2　键盘常用快捷键

功能	快捷键	功能	快捷键
隐藏	Ctrl + B	反转显示和隐藏	Ctrl + Shift + B
显示	Ctrl + Shift + K	全部显示	Ctrl + Shift + U
删除对象	Ctrl + D/DEL	编辑对象显示	Ctrl + J
缩放	F6	旋转	F7
对正最近视图	F8	正二测视图	HOME
正等测视图	END	适合窗口	Ctrl + F

1.2.3　工具条的定制

为方便操作，UG CAD 提供了大量的工具条，对应着菜单中的每一个命令，读者可以按照自己工作中的需要来设置哪些工具栏在界面中显示，以方便操作。设置时，只需要在工具条区域按下鼠标右键，在出现相应功能的工具条选项上单击，使其前面出现一个对钩即可，如图 1-3 所示。当要取消设置，不想让某个工具条出现在界面上时，只需要再单击该选项，去掉前面的对钩就行了。

如果需要在某类工具条中添加未勾选的工具图标，可以在该行工具条末尾单击图标，在弹出的菜单栏中选择该图标即可，如图 1-4 所示。

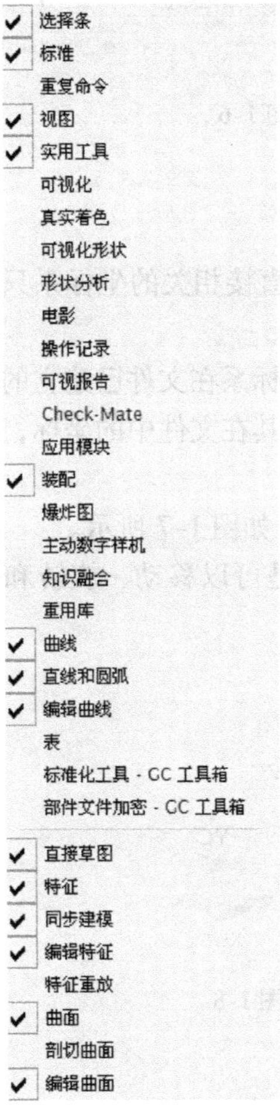

图 1-3

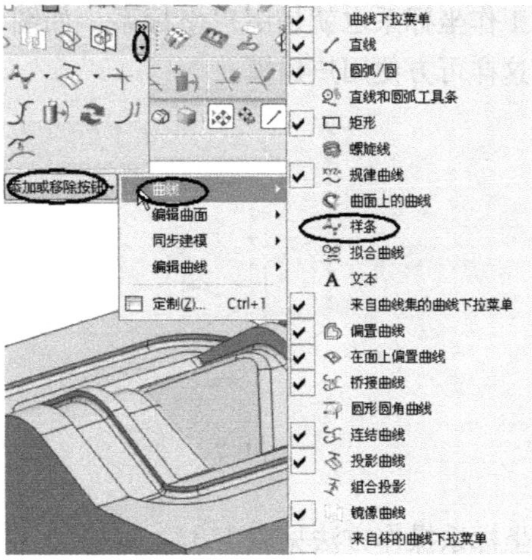

图 1-4

对于有些操作命令，在调出的工具条中并没有出现的情况下，可以通过调出工具条定制对话框来调整。选择菜单中的【工具(T)】/【定制(Z)...】命令，出现如图 1-5 所示的【定制】对话框。通过切换工具条、命令页面，如图 1-6 所示，设置相关选项，来达到自己的定制需求。

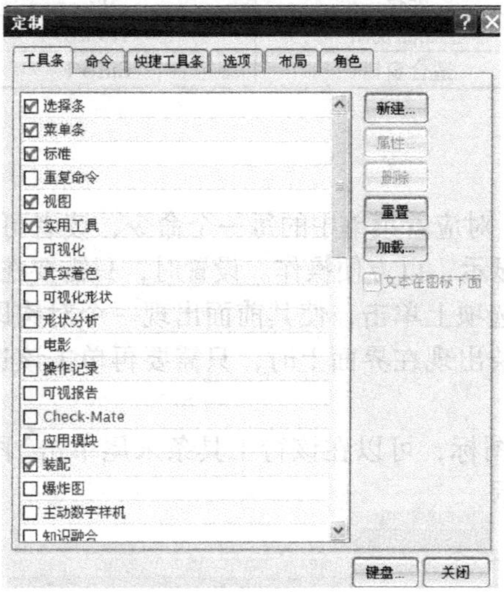

图 1-5

图 1-6

1.2.4 坐标系的操作

UG CAD 一般可以在一个文件中使用多个坐标系，但是与用户直接相关的坐标系只有两个，一个是绝对坐标系（ACS），另一个是工作坐标系（WCS）。

绝对坐标系是 UG CAD 中用于定义实体的坐标参数的，这种坐标系在文件已建立的时候就存在，而且在使用过程中不能被更改，从而使实体在建立以后，其在文件中的坐标，以及相对实体之间的坐标是固定并唯一的。

UG 8.5 版本的绝对坐标系默认是在 61 层，打开 61 层才显示，如图 1-7 所示。

工作坐标系也就是用户坐标系，如图 1-8 所示，工作坐标系是可以移动、旋转和构建的，这样可方便用户建模。

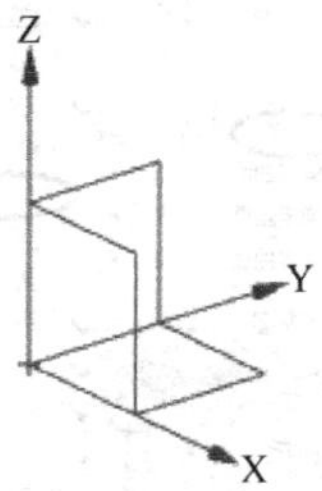

图 1-7

图 1-8

坐标系操作方法见表 1-3。

表 1-3 坐标系操作方法

操作命令	功能
显示 WCS	切换工作坐标系的显示和关闭
动态(D)...	通过这个方法可以很方便地移动或旋转当前 WCS
WCS 原点	通过移动坐标系原点来改变 WCS 位置，不改变各坐标轴的方向
旋转 WCS	将当前的 WCS 绕其某一坐标轴转一个角度，来定义一个新的 WCS
WCS 定向	通过构造坐标系对话框来指定一个新的坐标系，非常实用
设置为绝对 WCS	将 WCS 与 ACS 重合，归位的意思
更改 XC 方向...	更改 WCS 中 X 轴的方向
更改 YC 方向...	更改 WCS 中 Y 轴的方向
保存(S)	以当前工作坐标系的原点和方向保存该坐标系，保存过的坐标系可以在以后的操作中被调用

旋转 WCS 的对话框如图 1-9 所示，WCS 定向 的对话框如图 1-10 所示。

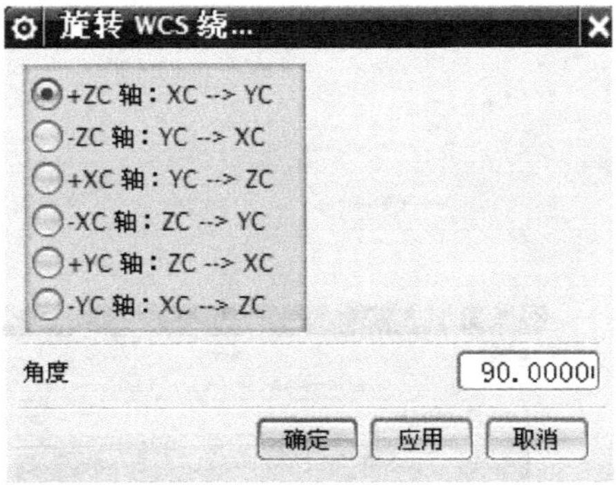

图 1-9

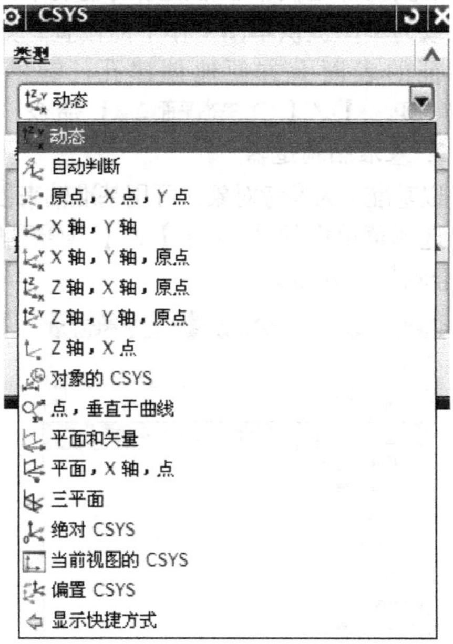

图 1-10

1.2.5 图层操作

图层是 UG CAD 建模的时候，为了方便区分各实体以及建立实体所做的辅助图线、面、实体等而采用的。不同图素放在不同的层中间，可以通过对图层的操作来对一类图素进行共同操作。

表1-4　图层的具体操作

操作命令	功　　能
图层设置(S)...	设置图层中的对象是否可见；设置图层中的对象是否可被选择，选择的对象同时也是可见的；在一个部件的所有层中，只有一层是工作层，当前的操作也只能在工作层上进行，工作图层中的对象是可见且可选择的（注：工作层可以是任意层）
视图中可见图层(V)...	控制视图中的某一图层是否可见
图层类别(C)...	通过定义图层类别来管理图层
移动至图层(M)...	将选定对象从某原图层移到指定的图层中，原图层不再包含此对象
复制至图层(O)...	将选定对象从某原图层复制一个副本到指定的图层中，原图层和目标图层都包含有这些对象

一个UG CAD部件可以含有1~256层，每一层上可以含有任意数量的对象。因此，一层可以含有部件的所有对象，也可以是一个部件分布在任意多层中。

图层的具体操作见表1-4。

1.2.6　基准构造器

1. 基准平面构造器

在UG CAD建模过程中经常用到平面，比如创建基准平面、参考平面、修剪平面、定位平面以及实体建模中经常使用的辅助平面。通过使用基准平面可以在非平面上方便地创建特征，或为草图提供草图工作平面位置，如借助基准平面可在圆柱面、圆锥面、球面等不易创建特征的表面上方便地创建孔、键槽等复杂形状的特征。选择菜单中的【插入(S)】/【基准/点(D)】/【基准平面(D)...】命令，出现如图1-11所示的【基准平面】对话框。

2. 基准轴构造器

以基准轴为参考对象，可用基准轴来创建其他对象，比如基准平面、旋转特征和拉伸体等。

选择菜单中的【插入(S)】/【基准/点(D)】/【基准轴(A)...】命令，出现如图1-12所示的【基准轴】对话框。

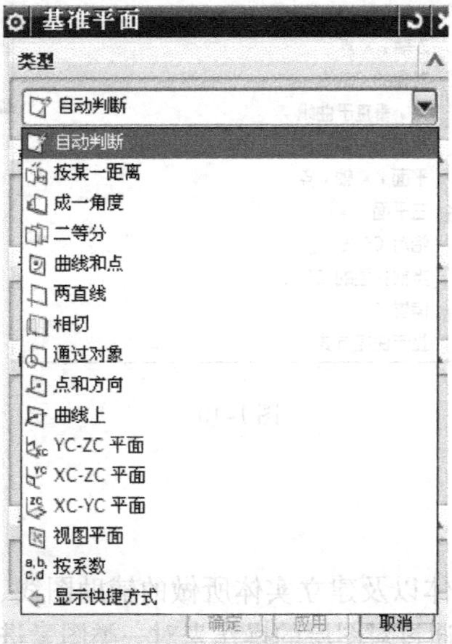

图1-11

图1-12

3. 基准 CSYS 构造器

基准 CSYS 构造器通常是用来创建三个固定基准面和基准轴，在装配中可以使用基准坐标系，在组建装配时（即基准平面和基准轴）可以用于部件定位。

选择菜单中的【插入(S)】/【基准/点(D)】/【基准 CSYS...】命令，出现如图 1-13 所示的【基准 CSYS】对话框。

1.2.7 点构造器

点构造器用于根据需要捕捉已有的点或创建新点。在 UG CAD 的功能操作中，许多功能都需要利用【点】对话框来定义点的位置。

选择菜单中的【插入(S)】/【基准/点(D)】/【十 点(P)...】命令，出现如图 1-14 所示的【点】构造器对话框。

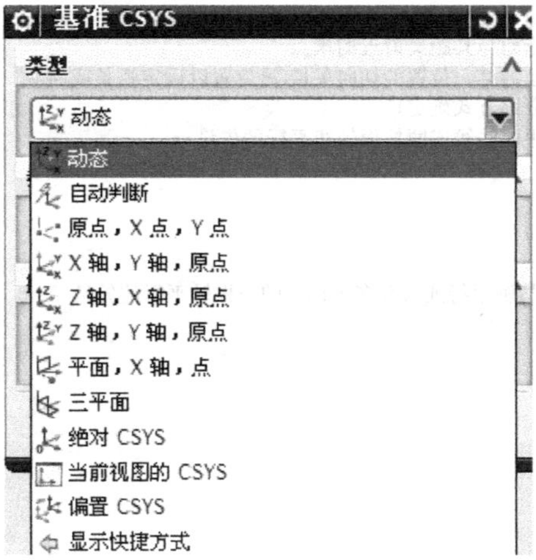

图 1-13

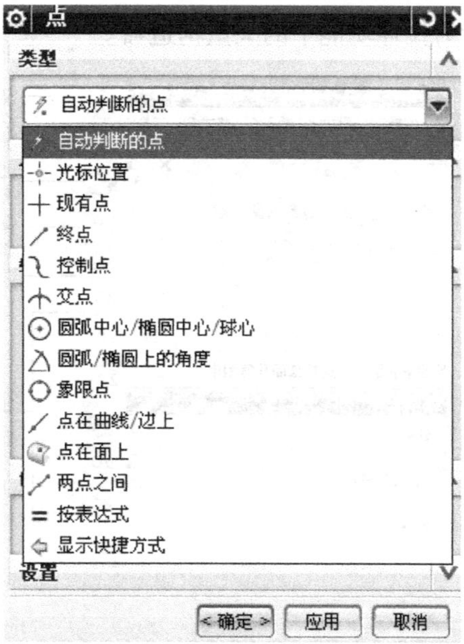

图 1-14

自动判断的点：该选项是最常用的选项，根据光标的位置自动判断是哪种位置点，如端点、控制点等。

光标位置：光标的位置其实是当前光标所在位置投射至 XC - YC 平面内形成的点位置。

十 现有点：在某个现有点上构造点，或通过选择某个现有点指定一个新点的位置。

终点：在现有的直线、圆弧、二次曲线以及其他曲线的端点指定一个位置。

控制点：几何对象的控制点包括端点和中点。

交点：在两条曲线的交点或一条曲线和一个曲面或平面的交点处指定一个位置。

圆弧中心/椭圆中心/球心：指定圆弧、圆、椭圆的圆心和球的球心。

圆弧/椭圆上的角度：在沿着圆弧或椭圆的成一定角度的地方指定一个位置。

象限点：在一个圆弧或一个椭圆的四分点指定一个位置。

点在曲线/边上：在选择的曲线上指定一个位置，并且可以通过设置U向参数来更改点在曲线上的位置。

点在面上：在选择的曲面上指定一个位置，并且可以通过设置U向参数和V向参数来更改点在曲面上的位置。

两点之间：在两点之间指定一个位置。

按表达式：使用点类型的表达式指定点。

1.2.8 矢量构造器

在UG CAD建模过程中，经常用到矢量构造器来构造矢量方向，例如创建实体时的生成方向、投射方向和特征生成方向等。矢量构造功能通常是其他功能中的一个子功能，图1-15所示为拉伸功能中的矢量构造器。

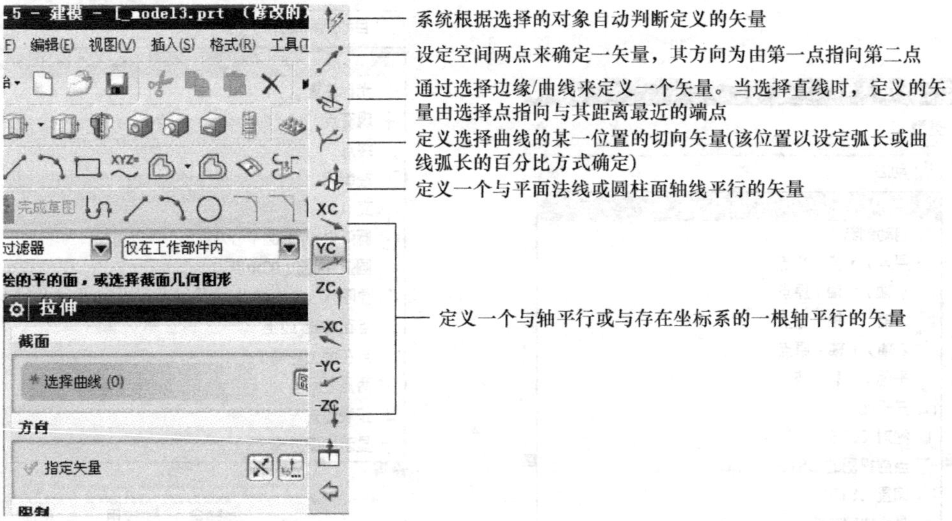

图1-15

1.2.9 类选择器

在UG CAD建模过程中，经常需要选择对象，特别是在复杂的建模中，用鼠标直接操作难度较大。因此，有必要在系统中设置筛选功能。在UG CAD中提供了类选择器，如图1-16所示，可以从多选项中筛选所需的特征。常用的如类型过滤器，单击（类型过滤器）按钮，出现如图1-17所示的【根据类型选择】对话框，来限制对象的选择范围。

1.2.10 几何显示与隐藏工具

在创建较复杂的模型时，一般情况此模型包括多个特征对象，容易造成大多数观察角度无法看到被遮挡的特征对象，此时就需要将不操作的对象暂时隐藏起来，先对其遮挡的对象进行特征操作。完成后，根据需要将隐藏的特征对象又重新显示出来。常用的隐藏或显示操作命令见表1-5。

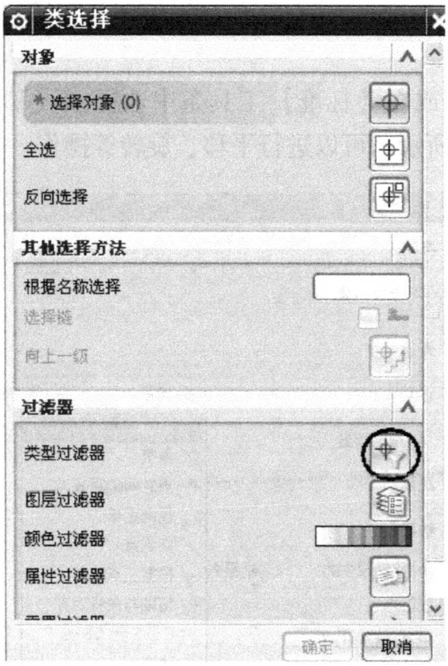

图 1-16

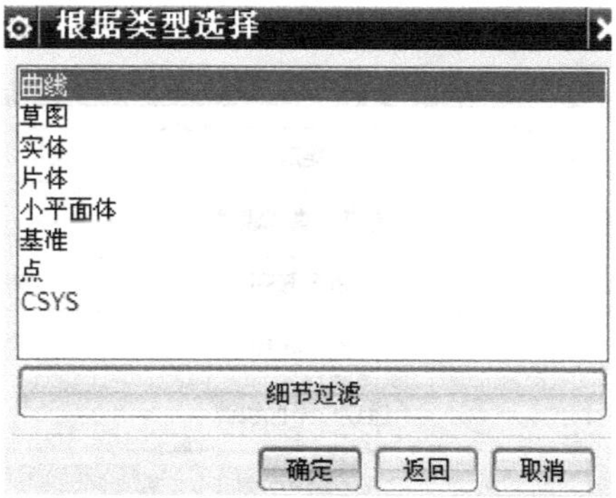

图 1-17

表 1-5 常用的隐藏或显示操作命令

操作命令	功能
显示和隐藏(O)...	显示或者隐藏当前所选对象
立即隐藏(M)...	快速隐藏当前所选对象
隐藏(H)...	隐藏当前所选对象
显示(S)...	选择当前隐藏的对象，使其显示
显示所有此类型的(T)...	指定某一类的对象被显示
全部显示(A)	所有对象全部显示出来
按名称显示(N)...	指定某一名称的对象被显示
反转显示和隐藏(I)	把当前显示的对象隐藏起来，把当前隐藏的对象显示出来

1.2.11 几何变换工具

变换操作允许用户平移、旋转、镜像、缩放、拟合、阵列对象或其副本，系统提供了两个工具：变换和移动对象。

1. 变换

在【标准】工具条中选择（变换）图标，出现变换【类选择】对话框，选择要变换的对象后，出现【变换】选项对话框，如图 1-18 所示，可以进行镜像、缩放、拟合、阵列对象等操作。

2. 移动对象

选择菜单中的【编辑(E)】/【移动对象(O)...】命令或在【标准】工具条中选择（移动对象）图标，出现【移动对象】对话框，如图 1-19 所示，可以进行平移、旋转等操作。

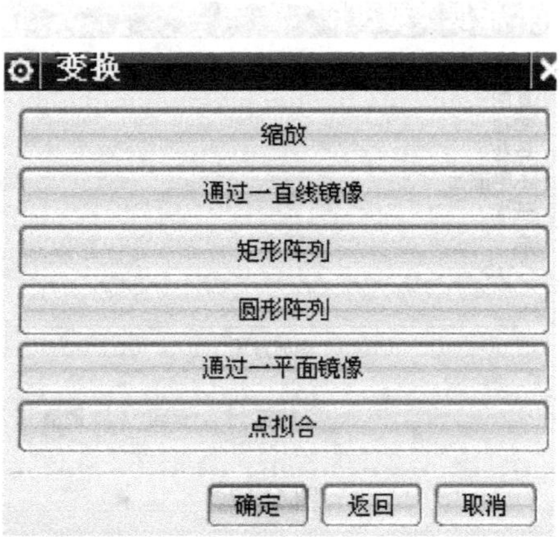

图 1-18

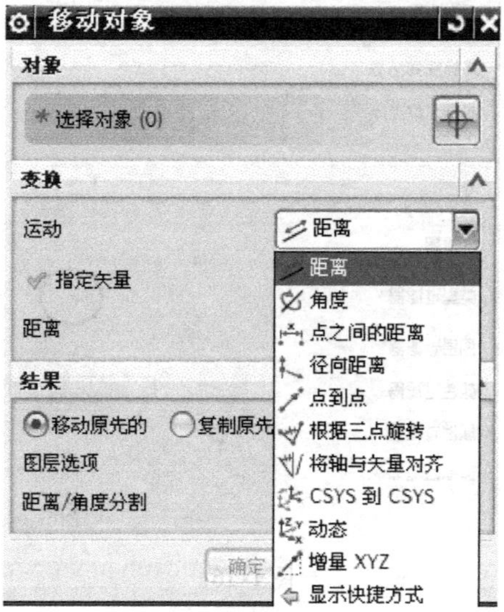

图 1-19

1.3 曲线功能

曲线作为创建模型的基础，在特征建模过程中应用非常广泛。拉伸、回转、扫掠等复杂特征操作都离不开截面曲线的创建，创建的曲线还可添加到草图中进行参数化设计。利用曲线生成功能，可创建基本曲线和高级曲线；利用曲线运算功能，可以进行曲线的偏置、桥接、相交、截面和简化等操作；利用曲线编辑功能，可以修剪曲线、编辑曲线参数和延伸曲线等。

1.3.1 曲线的生成

曲线的生成用于建立遵循设计要求的点、直线、圆弧、样条曲线、二次曲线、平面等几何要素，一般来说曲线功能建立的几何要素主要位于工作坐标系 XC－YC 平面上（用捕捉点的方式也可以在空间上画线）。

曲线生成的快捷工具条有三种，分别为曲线、直线和圆弧工具条，如图 1-20 所示。

1. 基本曲线

【基本曲线】命令综合了直线、圆弧、圆、倒圆角、修剪和编辑曲线参数等命令，利用该命令可以快速绘制直线、圆和圆弧。

选择菜单中的【插入(S)】/【曲线(C)】/【基本曲线(B)...】命令或在【曲线】工具条中选择（基本曲线）图标，出现【基本曲线】对话框，单击（直线）图标可绘制直线，如图 1-21a 所示；单击（圆弧）图标可绘制圆弧，如图 1-21b 所示；单击（圆）图标可绘制圆，如图 1-22 所示。

1）直线。在【基本曲线】对话框中单击（直线）图标，这时激活【跟踪条】，如图

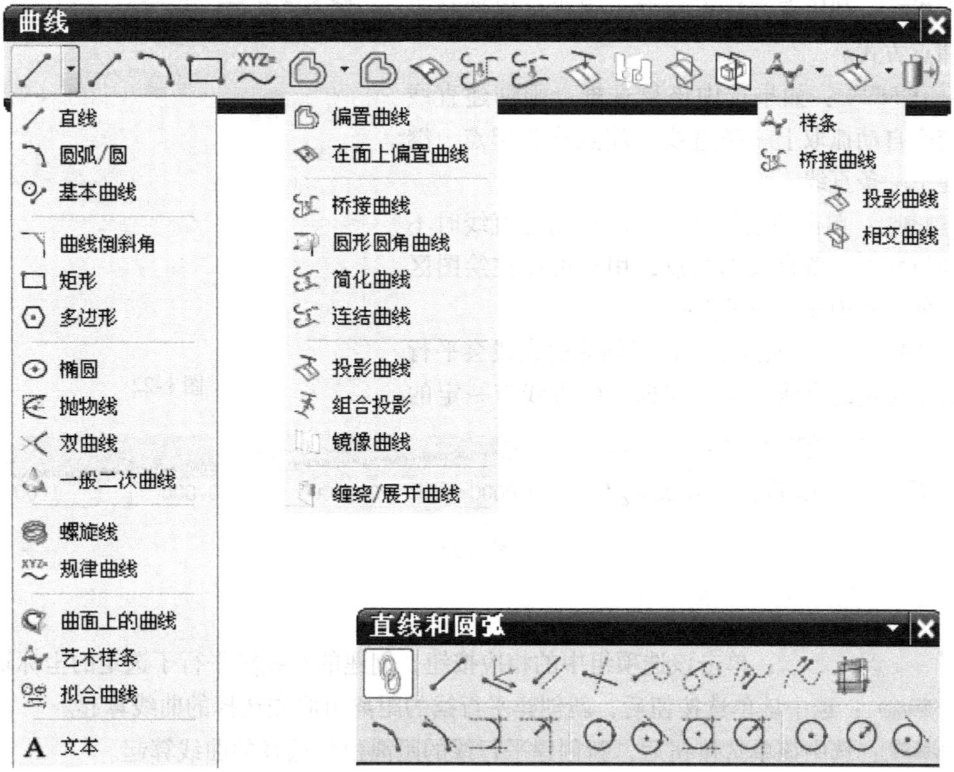

图 1-20

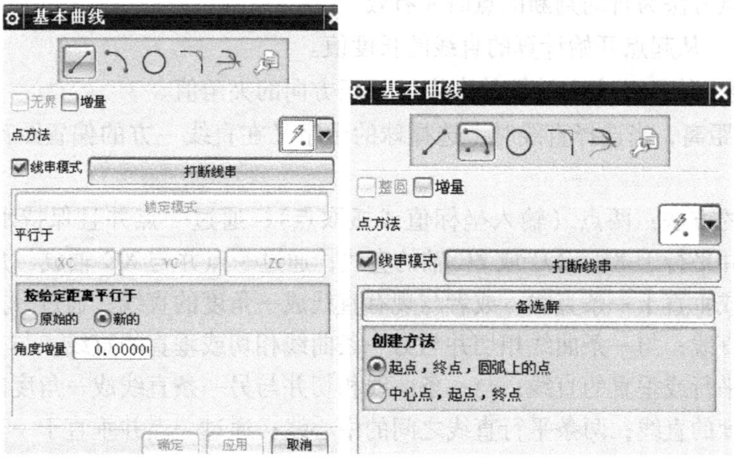

a)　　　　b)

图 1-21

1-23 所示。

对话框中各功能选项说明如下：

无界：如果选中该复选框，则创建的直线将沿着起点与终点的方向直至绘图区的边界。

增量：如果选中该复选框，则系统会以增量的方式来创建直线。即在选定一点后，在绘图区下方的 XC、YC 和 ZC 文本框中输入的坐标值分别为后一点相对于前一点的增量。

点方法：利用点方法下拉框，用户可以选择不同的捕点方式。

线串模式：如果选中该复选框，则创建直线时系统会自动抓取上一条直线的端点作为起点，继续创建下一条直线。

打断线串：单击该按钮后，系统在创建直线时不会自动抓取上一条直线的端点，用户可以在绘图区中的任何位置创建下一条直线。

锁定模式：单击该按钮后，新创建的直线会平行或垂直于选定的直线，或者与选定的直线有一定的夹角。

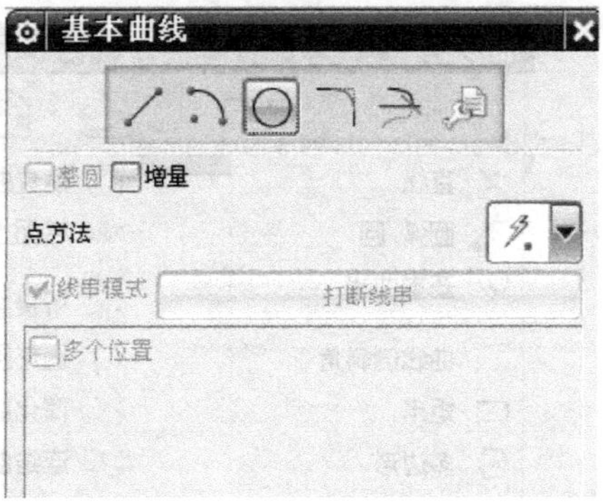

图 1-22

图 1-23

平行于 XC YC ZC：单击该选项组中的相应按钮，创建的直线将平行于选定的坐标轴。

原始的：选中该单选按钮后，新创建平行线的距离由原先选择的曲线算起。

新的：选中该单选按钮后，新创建平行线的距离由新选择的曲线算起。

角度增量：如果用户设置了角度增量值，则系统会以角度增量值方式创建直线。角度增量值方式仅在点方法为自动判断的点时才有效。

：长度，从起点开始计算的直线的长度值。

：角度，从 X 正方向计算的直线与 X 正方向的夹角值。

：偏置距离，当选择直线时，选择球的十字叉在直线一方的偏置距离值，可以输入负值。

绘制直线的方法：两点（输入坐标值或抓取点）；通过一点并且保持水平或竖直的直线；通过一点并平行于 XC、YC 或 ZC 轴的直线；通过一点并与 XC 轴成一角度的直线；通过一点并平行或垂直于一条直线，或者与现有直线成一角度的直线；通过一点并与一条曲线相切或垂直的直线；与一条曲线相切并与另一条曲线相切或垂直的直线；与一条曲线相切并与另一条直线平行或垂直的直线；与一条曲线相切并与另一条直线成一角度的直线；平分两条直线间的角度的直线；两条平行直线之间的中心线；通过一点并垂直于一个面的直线；以一定的距离平行于另一条直线的直线。

2）圆弧。在【基本曲线】对话框中单击（圆弧）图标，当选择 中心点，起点，终点 选项时，激活【跟踪条】，如图 1-24 所示。

图 1-24

整圆：如果选中该复选框，则创建圆弧时，系统会以全圆的形式显示该圆弧。该复选框是在线串模式复选项取消时才被激活的。

起点，终点，圆弧上的点：起点、终点、圆弧上的点可以通过输入坐标值或抓取点绘制圆弧；或者分别输入坐标值或抓取两个点作为圆弧的起点和终点，接着单击欲相切的曲线（直线或圆弧），这样所生成的圆弧就和原曲线相切。

中心点，起点，终点：中心点（圆心）、起点、终点可以通过输入坐标值或抓取点绘制圆弧；或者可直接在【跟踪条】的 XC、YC、ZC 栏中输入圆心坐标，在（半径）或（直径）栏中输入半径或直径值，在（起始角）和（终止角）栏中分别输入起始圆弧角和终止圆弧角，系统也能按给定条件创建圆弧。

注：起始圆弧角和终止圆弧角是从 X 正方向为 0°计算与 X 正方向的夹角值。当选择起点，终点，圆弧上的点选项时，【跟踪条】中的（起始角）和（终止角）栏不可用。

3）圆。在【基本曲线】对话框单击（圆）图标，激活【跟踪条】，如图 1-25 所示。

图 1-25

多个位置：在绘制成功一个圆后，才能勾选该选项，这时只要输入圆心，即可复制与前一个圆相同的多个圆。

生成圆的方法有许多种，如圆心、圆上一点方式和圆心、半径或直径方式。

4）在【基本曲线】对话框中单击（圆角）图标，出现【曲线倒圆】对话框，如图 1-26 所示。

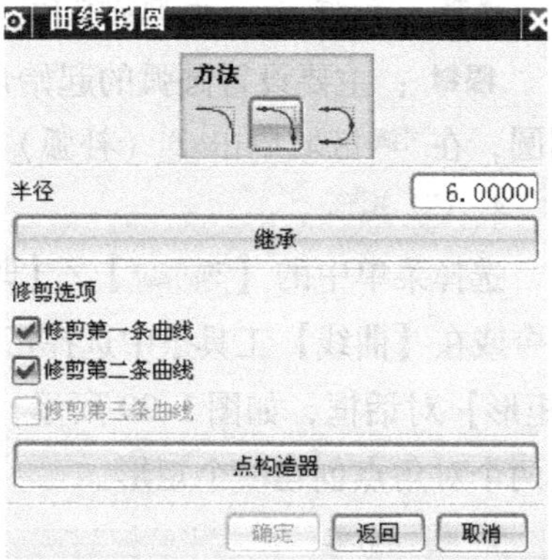

图 1-26

曲线倒圆有以下 3 种方法。

：简单圆角，只能用于对直线进行倒圆。

：2 曲线圆角，用于对两条曲线进行倒圆，这两条曲线可以为任意点、直线、圆弧、样条曲线。

：3 曲线圆角，用于对三条曲线进行倒圆，这三条曲线也可以为任意点、直线、圆弧、样条曲线，不需要用户输入倒圆半径，系统自动计算半径值。

2. 直线

选择菜单中的【插入(S)】/【曲线(C)】/【直线】命令或在【曲线】工具条中选择（直线）图标，出现【直线】对话框，如图 1-27 所示。

1）起点：在视图区域中选择直线的起点。直线的起点共有自动判断、点、相切 3 个选项。

2）终点或方向：设置直线终点的方位。

3）支持平面：设置直线平面的位置，包括自动平面、锁定平面和选择平面 3 种方式。

4）限制：主要设置直线的起始限制、距离、终止限制等位置。

3. 圆弧/圆

选择菜单中的【插入(S)】/【曲线(C)】/【圆弧/圆】命令或在【曲线】工具条中选择（圆弧/圆）图标，出现【圆弧/圆】对话框，如图 1-28 所示。

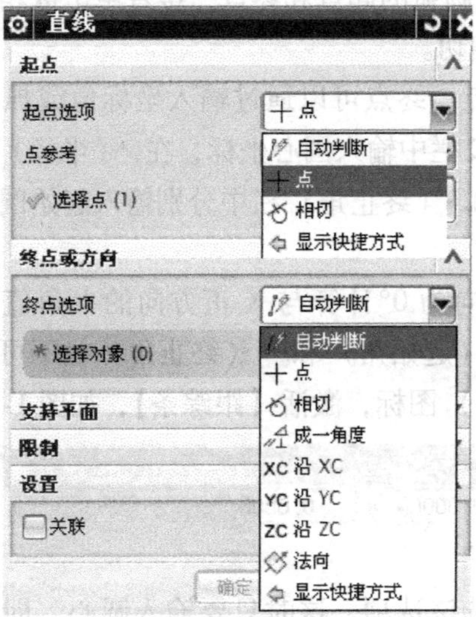

图 1-27

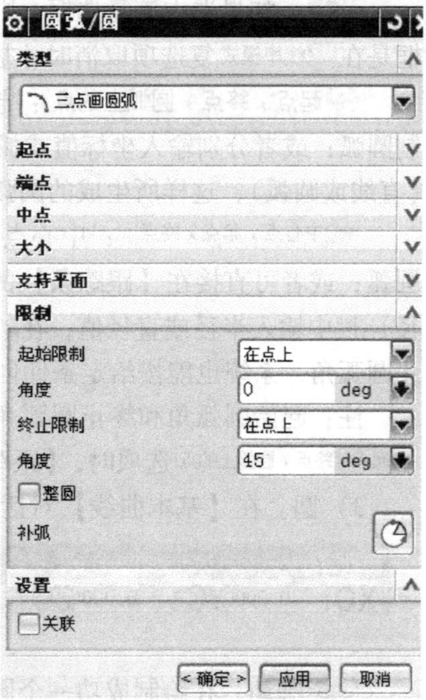

图 1-28

类型：包括 三点画圆弧和 从中心开始的圆弧/圆两个选项。

限制：主要设置圆弧的起始角度限制、终止角度限制位置。勾选 整圆 选项，即可以绘制圆；在 补弧 区域单击（补弧）按钮，可创建出与预先所显示圆弧互补的那段圆弧。

4. 矩形

选择菜单中的【插入(S)】/【曲线(C)】/【矩形】命令或在【曲线】工具条中选择（矩形）图标，出现【矩形】对话框，如图 1-29 所示，可以通过点构造器定义两个对角点创建一个矩形。

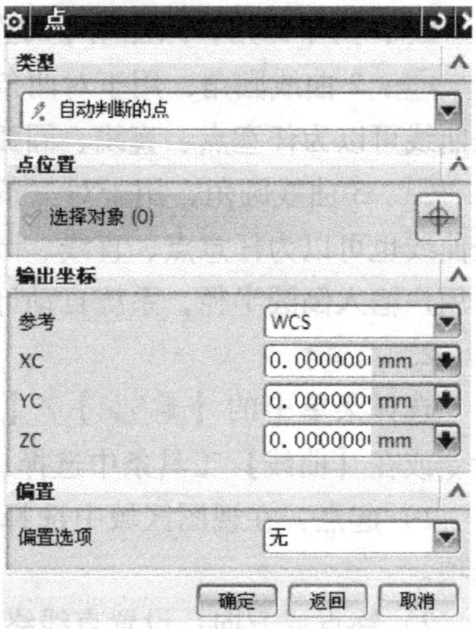

图 1-29

5. 多边形

选择菜单中的【插入(S)】/【曲线(C)】/【多边形】命令或在【曲线】工具条中选择（多边形）图标，出现【多边形】指定边数对话框，如图 1-30 所示。在 边数 栏输入“6”，单击 确定 按钮，出现【多边形】创建方法对话框，单击 外接圆半径 按钮，如图 1-31 所示，出现【多边形】参数对话框，在 圆半径 栏输入“100”，如图 1-32 所示，单击 确定 按钮，出现多边形定义中心【点】对话框，如图 1-33 所示，单击 确定 按钮，完成创建正六边形，如图 1-34 所示。

创建多边形的方法有 3 种。

1） 内切圆半径：此方法是用正多边形的内切圆来创建多边形。

图 1-30

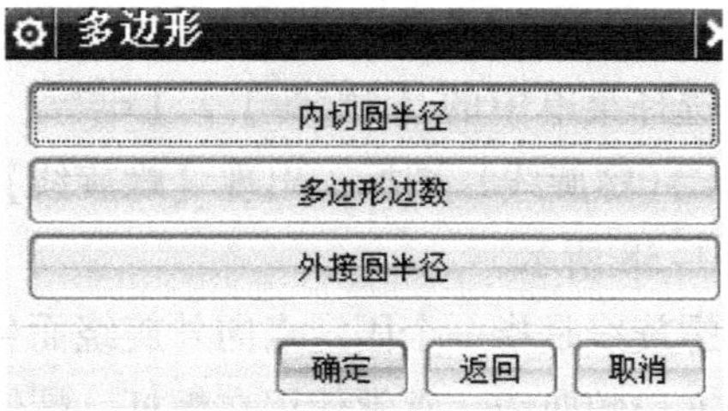

图 1-31

2）多边形边数：此方法是用多边形的边长和方位角来定义多边形。

3）外接圆半径：此方法使用外接圆创建多边形。

方位角：默认多边形的一个顶点在 X 正方向，方位角即顶点与中心的连线与 X 正方向的夹角。

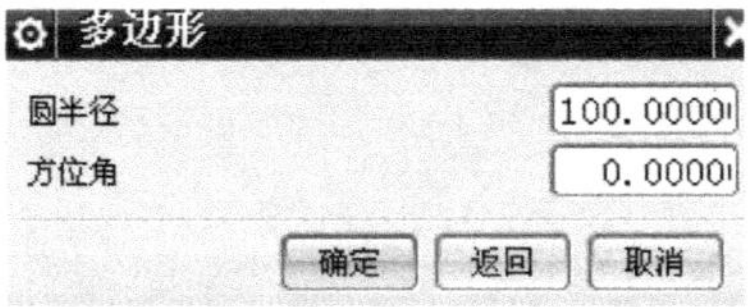

图 1-32

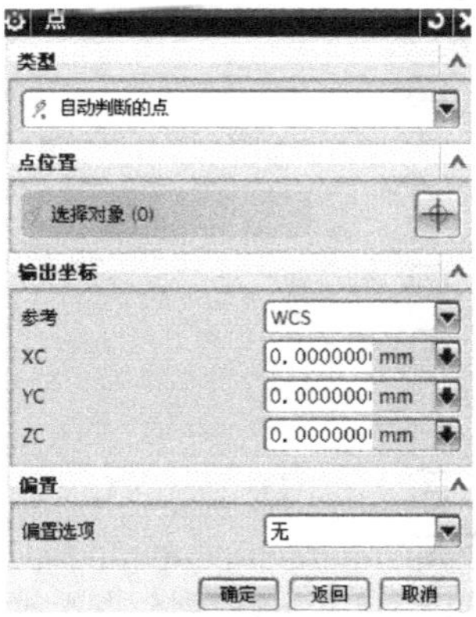

图 1-33

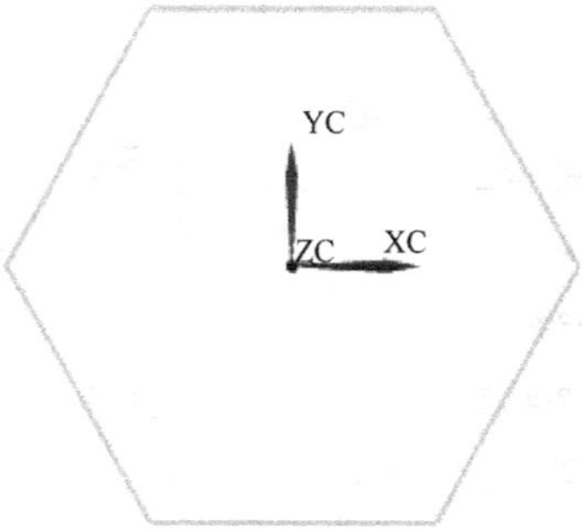

图 1-34

6. 椭圆(E)...

选择菜单中的【插入(S)】/【曲线(C)】/【椭圆(E)...】命令或在【曲线】工具条中选择（椭圆）图标，出现椭圆指定中心【点】对话框，如图 1-35 所示。单击确定按钮，出现【椭圆】定义参数对话框，如图 1-36 所示。

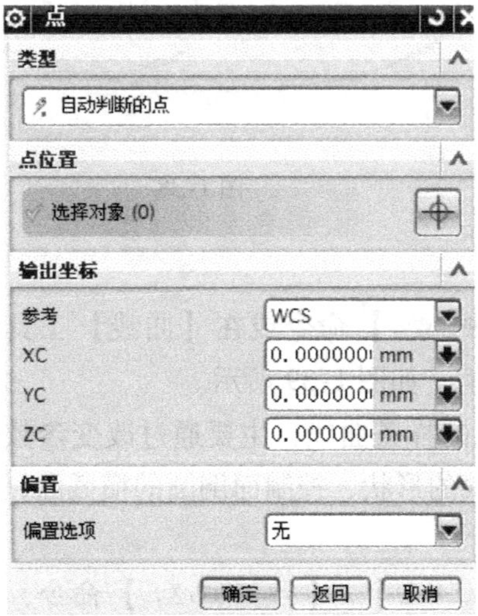

图 1-35

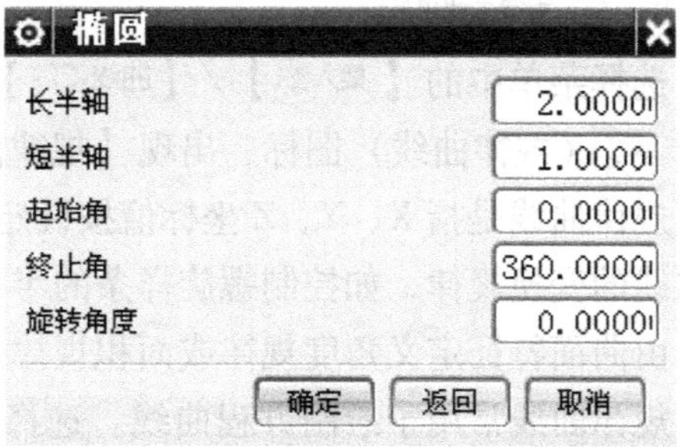

图 1-36

7. 螺旋线(X)...

选择菜单中的【插入(S)】/【曲线(C)】/【螺旋线(X)...】命令或在【曲线】工具条中选择(螺旋线)图标，出现【螺旋线】对话框，如图1-37所示。输入参数，绘制螺旋线，如图1-38所示。

螺旋线是指一个固定点向外旋绕而生成的曲线，是具有指定圈数、螺距、弧度、旋转方向和方位的曲线，常常使用在螺杆、螺钉、弹簧等特征建模中。

图1-37

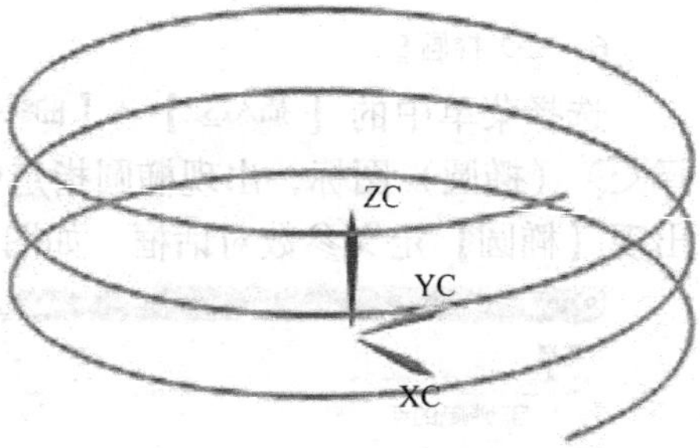

图1-38

8. 规律曲线(W)...

选择菜单中的【插入(S)】/【曲线(C)】/【规律曲线(W)...】命令或在【曲线】工具条中选择(规律曲线)图标，出现【规律曲线】对话框，如图1-39所示。

规律曲线是指X、Y、Z坐标值按设定的规则变化的样条曲线，主要通过改变参数来控制曲线的变换规律，如控制螺旋样条的半径、控制曲线的形状、控制面倒圆的横截面、对扫掠自由曲面特征定义角度规律或面积规律的控制等。

规律曲线常用于绘制方程曲线。选择菜单中的【工具(T)】/【= 表达式(X)...】命令，出现【表达式】对话框，如图1-40所示。

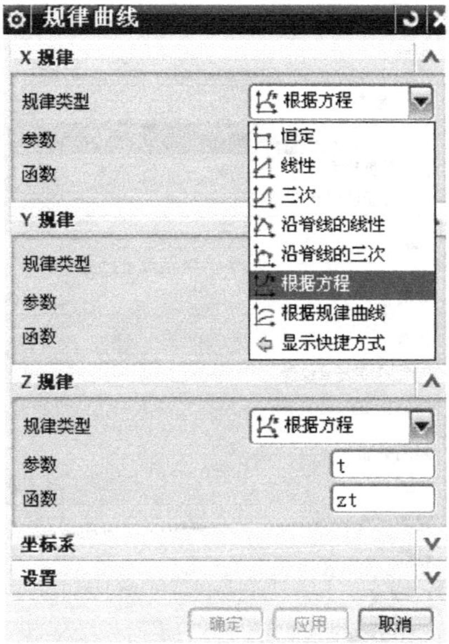

图 1-39

图 1-40

在【表达式】对话框中依次输入以下内容：

t = 0，系统变量（0≤t≤1）；

b = 6，单位要更改为角度，且为 radians（弧度）；

a = 6 * t；

c = b * t，临时变量；

xt = 6 * (cos(c) + a * sin(c))；

yt = 6 * (sin(c) − a * cos(c))；

zt = 0。

即可绘制一条渐开线，如图 1-41 所示。

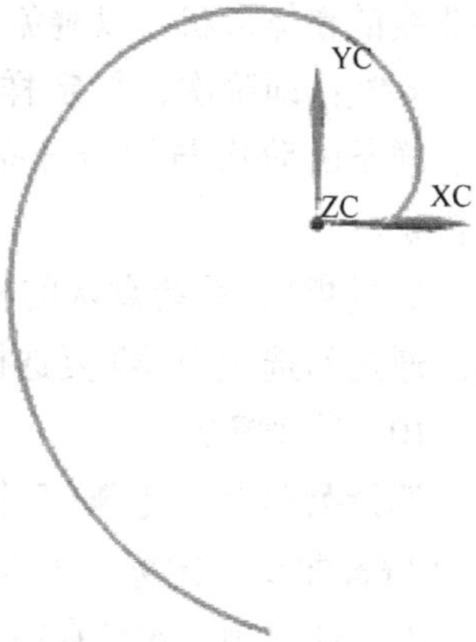

图 1-41

规律类型 中除了有 根据方程 选项外，还有以下几种选项。

恒定：在绘制曲线的过程中，设定该规律的坐标值为常数。

线性：在绘制曲线的过程中，设定该规律的坐标值在某个数值范围内呈线性变化。

三次：在绘制曲线的过程中，设定该规律的坐标值在某个数值范围内呈三次方规律变化。

沿脊线的线性：在绘制曲线的过程中，设定该规律的坐标值在沿一条脊线设置的两点或多个点所对应的规律值范围内呈线性变化。

沿脊线的三次：在绘制曲线的过程中，设定该规律的坐标值在沿一条脊线设置的两点或多个点所对应的规律值范围内呈三次方规律变化。

根据规律曲线：在绘制曲线的过程中，利用一条已存规律曲线的规律来控制坐标值的变化。

9. 艺术样条(D)...

选择菜单中的【插入(S)】/【曲线(C)】/【艺术样条(D)...】命令或在【曲线】工具条中

选择（艺术样条）图标，出现【艺术样条】对话框，如图1-42所示。

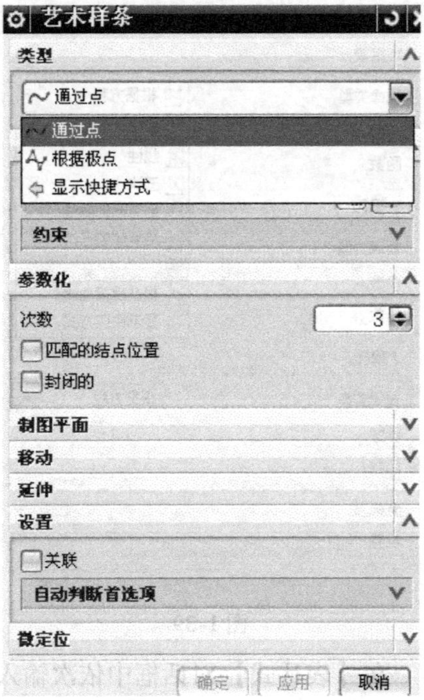

图1-42

艺术样条是指通过拖放顶点和极点并在顶点指定斜率或曲率约束动态创建或编辑曲线。该样条曲线多用于数字化绘图或动画设计中。

艺术样条的类型有两种。

1）通过点：该选项通过设置样条曲线的各定义点生成一条通过各点的样条曲线。它与根据极点生成曲线的最大区别在于生成的样条曲线通过各个控制点，样条曲线精确地通过这些点。此方式可以精确地控制曲线的形状和尺寸，在逆向工程中常常使用此方法得到尺寸最准确的曲线。

2）根据极点：该选项通过设定样条曲线的各控制点来生成一条样条曲线，样条曲线靠近但不通过它的各个极点（除端点外）。该方式有助于控制样条曲线的整体形状，以避免不必要的波动。

次数：即阶次，指定样条曲线多项式公式的次数。样条的阶次与构造样条的段数有关，常使用3次样条。

封闭的：系统默认的样条是不封闭的，它们始于一点，结束于另一点，即不封闭样条。通过勾选封闭的复选框，可以生成首尾连接的样条，即封闭样条。

10. 偏置(O)...

选择菜单中的【插入(S)】/【曲线(C)】/【偏置(O)...】命令或在【曲线】工具条中选择（偏置曲线）图标，出现【偏置曲线】对话框，如图1-43所示。

偏置曲线用于对已存在的曲线以一定的偏置方式得到新的曲线。得到的新曲线与原曲线是相关的，即当原曲线发生改变时，新的曲线也会随之改变。

偏置曲线的类型有4种：距离、拔模、规律控制和3D轴向。

距离：该类型是按给定的偏移距离来偏移曲线。选择该选项后，其下方的距离栏被激活，在距离和副本数栏中分别输入偏移距离和产生偏移曲线的数量。

拔模：将曲线按指定的拔模角度偏移到与曲线所在平面相距拔模高度的平面上。拔模高度为原曲线所在平面和偏移后所在平面间的距离，拔模角度为偏移方向与原曲线所在平面的法线的夹角。选择该选项后，在高度和角度栏中分别输入拔模高度和拔模角度。

规律控制：按规律控制偏移距离来偏移曲线。选择该类型后，出现【规律类型】选项，前面已经解释过，这里就不做介绍了。

3D轴向：按照矢量方向进行偏置。选择该类型后，出现【矢量】选项，前面已经解释过，这里就不做介绍了。

11. 桥接(B)...

选择菜单中的【插入(S)】/【曲线(C)】/【桥接(B)...】命令或在【曲线】工具条中选择

（桥接曲线）图标，出现【桥接曲线】对话框，如图1-44所示。

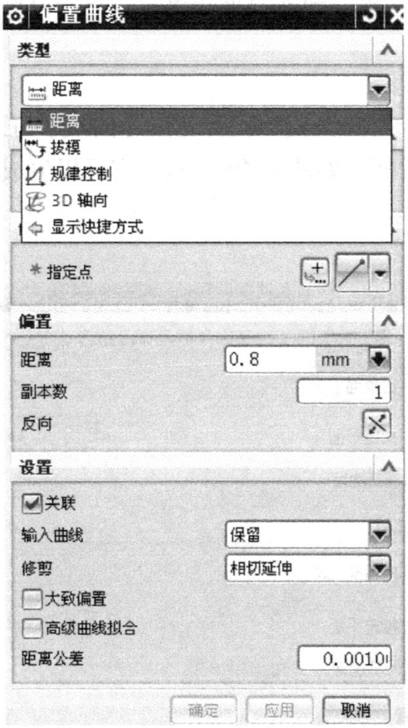

图1-43

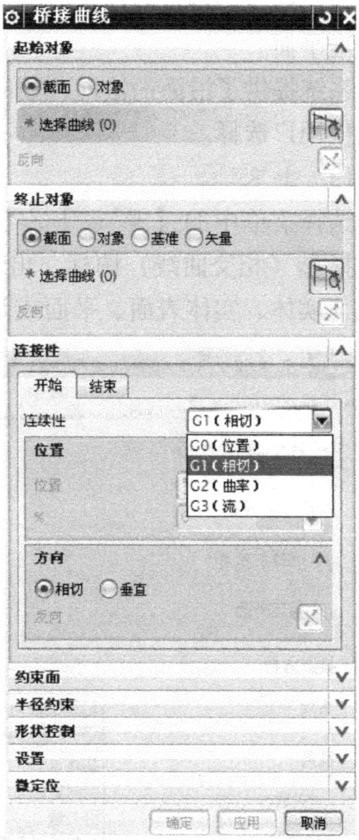

图1-44

桥接曲线是为两个不相连的曲线创建一段光滑的连接曲线。

【连接性】选项组：用于设置桥接曲线与已知曲线之间的连接类型，它包含以下4种类型。

1）G0（位置）：选择该方式，则生成的桥接曲线与起始对象和终止对象只是在连接点处自由连接，不受任何约束。

2）G1（相切）：选择该方式，则生成的桥接曲线与起始对象和终止对象在连接点处相切连接，且为三阶样条曲线。

3）G2（曲率）：选择该方式，则生成的桥接曲线与起始对象和终止对象在连接点处曲率连接，且为五阶或七阶样条曲线。

4）G3（流）：选择该方式，则生成的桥接曲线与起始对象和终止对象在连接点处流线式连接。

提示：桥接曲线的起始对象和终止对象的连接方式由切换 开始 和 结束 两个选项来控制。

方向 选项包括两种类型。

1）相切：用于创建与起始和终止曲线相切的桥接曲线。

2）垂直：用于选择一个面与桥接曲线垂直，从而创建所需桥接曲线。

12. 投影(P)...

选择菜单中的【插入(S)】/【来自曲线集的曲线(F)】/【投影(P)...】命令或在【曲线】工

具条中选择（投影曲线）图标，出现【投影曲线】对话框，如图1-45所示。

投影曲线是将点或曲线向某个面投射得到的一条新的曲线，投影面可以是平面、曲面以及基准平面。

系统提供了沿面的法向、朝向点、朝向直线、沿矢量、与矢量成角度5种投影方向选择方式供用户选择。

13. 求交(I)...

选择菜单中的【插入(S)】/【来自体的曲线(U)】/【求交(I)...】命令或在【曲线】工具条中选择（相交曲线）图标，出现【相交曲线】对话框，如图1-46所示。它可以生成两组对象（实体、实体表面、平面或基准面）之间的交线。

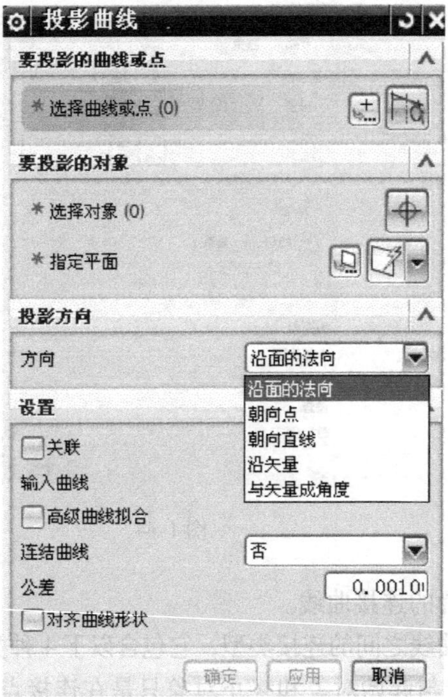

图1-45

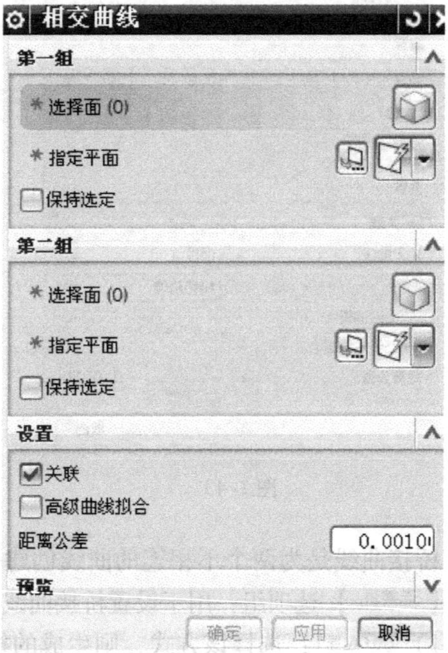

图1-46

14. 截面(S)...

选择菜单中的【插入(S)】/【来自体的曲线(U)】/【截面(S)...】命令或在【曲线】工具条中选择（截面曲线）图标，出现【截面曲线】对话框，如图1-47所示。

可以用指定的面去与选定的实体、表面、平面和曲线相交创建曲线或点。如果面与曲线相交，则生成一个或多个点。

截面曲线的 类型 有4种。

1）选定的平面：选择一个面创建截面曲线。

2）平行平面：使用一组平行平面创建截面。

3）径向平面：绕轴旋转一定角度的平面。

4）垂直于曲线的平面：垂直一个曲线的平面创建截面曲线。

15. 抽取(E)...

选择菜单中的【插入(S)】/【来自体的曲线(U)】/【抽取(E)...】命令或在【曲线】工具条

中选择（抽取曲线）图标，出现【抽取曲线】对话框，如图 1-48 所示。

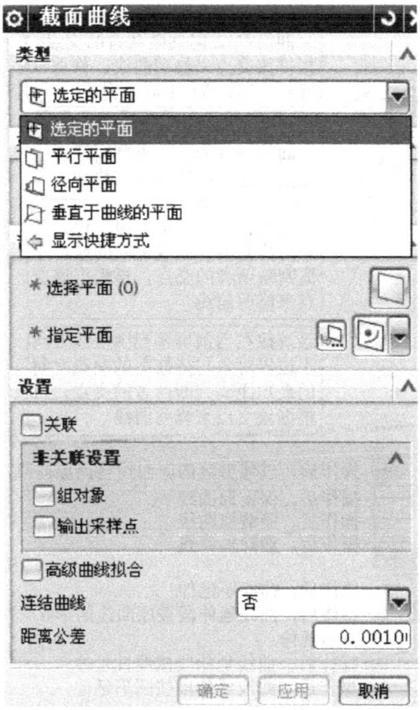

图 1-47

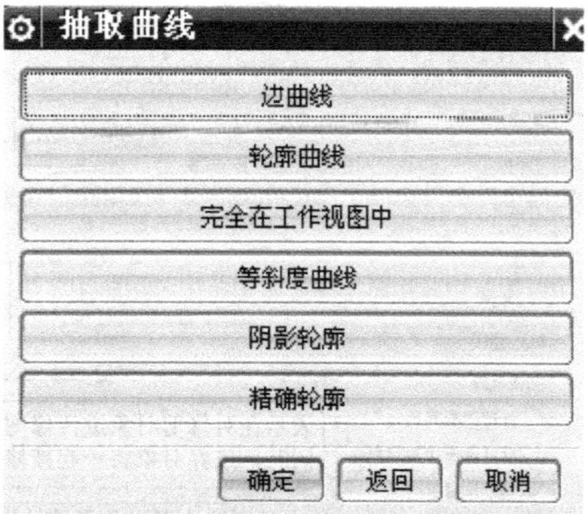

图 1-48

它用于基于一个或多个选择对象的边缘和表面生成曲线（直线、弧、二次曲线和样条曲线等）。大多数抽取曲线是非关联的，但也可选择创建关联的等斜度曲线或阴影轮廓曲线。

抽取曲线有 6 种类型。

1）边曲线：在表面或实体的边缘创建曲线。

2）轮廓曲线：根据轮廓线创建曲线。

3）完全在工作视图中：在工作视图内的所有边缘创建曲线。

4）等斜度曲线：创建相等斜度的曲线。

5）阴影轮廓：对选定对象的不可见轮廓线创建曲线。

6）精确轮廓：抽取视图上的 3D 最大轮廓。

1.3.2 编辑曲线

一次性构建出符合设计要求的曲线特征比较困难，中间还需要通过各种编辑曲线特征的工具进行曲线编辑操作。编辑曲线工具条如图 1-49 所示。

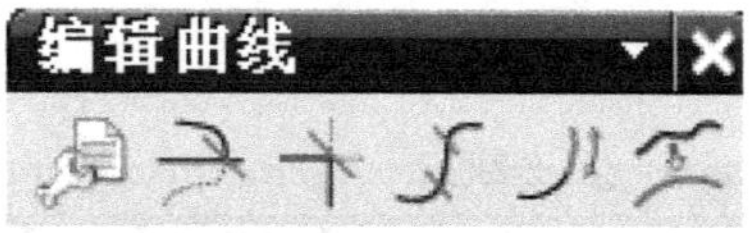

图 1-49

1. 修剪(T)...

选择菜单中的【编辑(E)】/【曲线(V)】/【修剪(T)...】命令或在【编辑曲线】工具条中选择（修剪曲线）图标，出现【修剪曲线】对话框，对话框选项的说明如图 1-50 所示。

修剪曲线用于对所选中要修剪的曲线进行修剪或者延伸，修剪对象可以是直线、圆弧、二次曲线或样条，修剪边界可以是点、曲线、边界、平面或曲面，修剪边界可以是一个，也可以是两个。

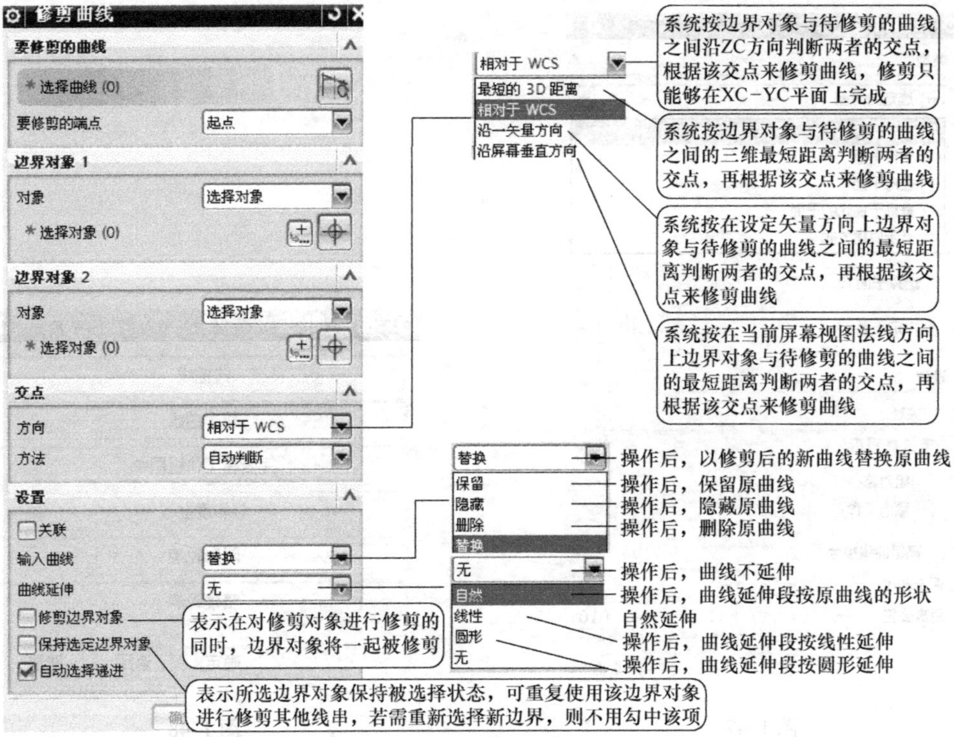

图 1-50

2. 修剪角(C)...

选择菜单中的【编辑(E)】/【曲线(V)】/【修剪角(C)...】命令或在【编辑曲线】工具条中选择（修剪拐角）图标，出现【修剪拐角】对话框，如图 1-51 所示。进行修剪拐角操作时，必须将光标球套住要修剪的两条曲线，且光标球十字叉靠近要修剪的角落，如图 1-52 所示。

图 1-51

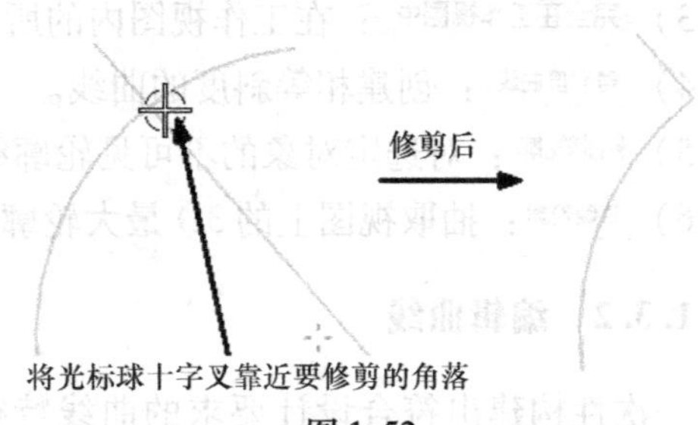

图 1-52

3. 分割(D)...

选择菜单中的【编辑(E)】/【曲线(V)】/【分割(D)...】命令或在【编辑曲线】工具条中选择（分割曲线）图标，出现【分割曲线】对话框，如图 1-53 所示。

分割曲线用于把曲线分割成一组类型一致的几段曲线，生成的每段都是单独的个体并赋予和原来的曲线相同的线型。如原曲线类型为直线，那么分割后的曲线类型仍然是直线。

分割曲线的 类型 有 5 种。

1）等分段：以等弧长或等参数的方法将曲线分割成相同的节段。

2）按边界对象：利用边界对象来分割曲线。先选择要分割的曲线，再定义点、直线和平面或者实体表面作为边界对象来分割曲线即可。

3）弧长段数：通过分别定义各节段的弧长来分割曲线。

4）在结点处：只能分割样条曲线，它在样条曲线的节点处将曲线分割成多个节段。

5）在拐角上：在拐角处（即一阶不连续点）分割样条曲线（拐角点是样条曲线上一节段的结束点的方向和下一节段开始点的方向不同而产生的点）。

4. 长度(L)...

选择菜单中的【编辑(E)】/【曲线(V)】/【长度(L)...】命令或在【编辑曲线】工具条中选择（曲线长度）图标，出现【曲线长度】对话框，如图1-54所示。

曲线长度用于对曲线进行延伸或缩短，在建模过程中也常常利用此功能查看曲线的总长度。

延伸 区域中的 长度 项有两个选项。

图 1-53

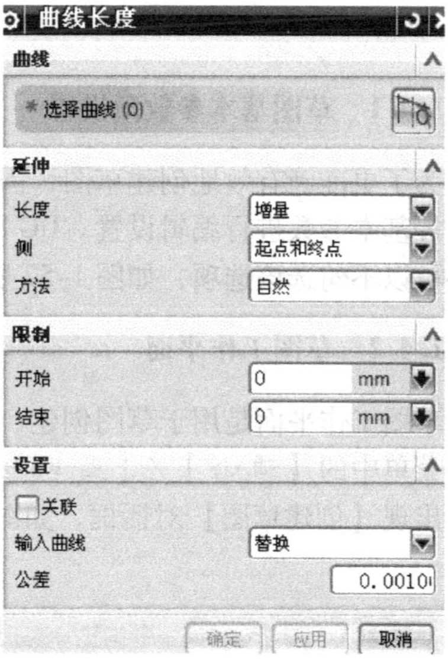

图 1-54

增量：以输入的曲线要延伸或缩短的长度来编辑曲线的长度。

全部：以输入曲线的总长度来编辑曲线的长度。

延伸 区域中的 侧 项有3个选项：开始、结束和 对称。

延伸 区域中的 方法 项有3个选项：自然、线性和 圆形，其示意如图1-55所示。

图 1-55

1.4 草图功能

草图是指在指定平面上的点、直线、圆弧等二维几何元素的总称。运用草图绘制工具，可以非常方便地完成复杂图形的绘制，还可以对所绘的2D图形进行高效的修改。通过几何约束与尺寸约束控制草图中的图形，可以实现与特征建模模块同样的尺寸驱动，并可以方便地实现参数化建模。

UG 8.5 的草图比先前的版本有较大的改进，其直接草图工具条如图1-56所示。

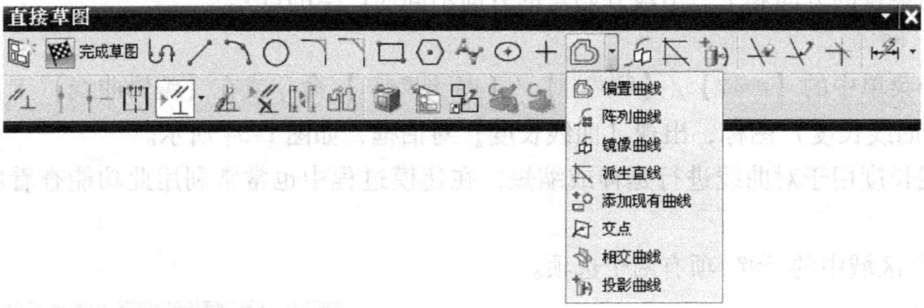

图1-56

1.4.1 草图基本参数预设置

为了更准确有效地创建草图，需要对草图文本的高度、约束符号大小、尺寸标签、曲线颜色等基本参数进行编辑设置。UG 8.5 默认的草图样式是勾选 连续自动标注尺寸 选项的，如不需要可以不勾选该选项，如图1-57所示。

1.4.2 草图工作平面

草图工作平面是用于草图创建、约束和定位、编辑等操作的平面，是创建草图的基础。选择菜单中的【插入(S)】/【草图(H)...】命令或在【直接草图】工具条中选择 (草图)图标，出现【创建草图】对话框，如图1-58所示。

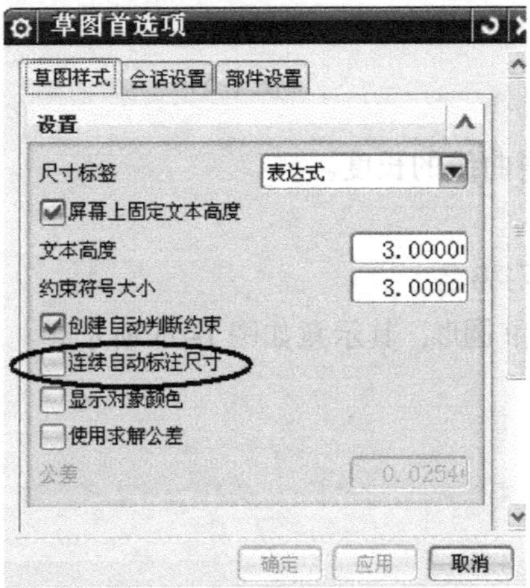

图1-57

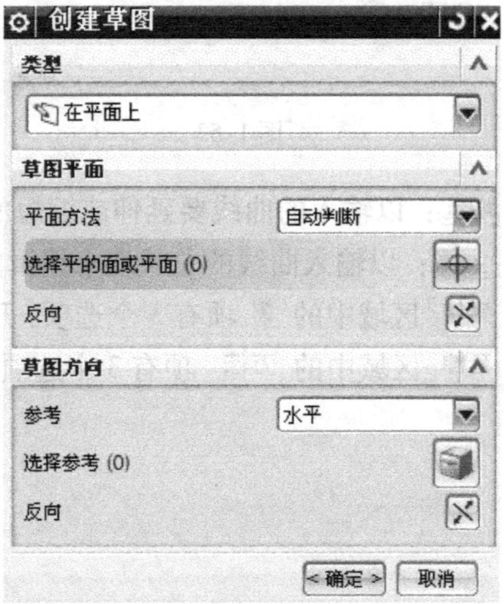

图1-58

创建草图平面的类型有两种。

1. 在平面上

在平面上是指以平面为参照面创建所需的草图工作平面，在 平面方法 下拉框中提供了 3 种指定草图工作平面的方式。

1）现有平面：选择该选项可以指定基准平面或三维实体模型中的任意平面作为草图工作平面。

2）创建平面：可以以现有的坐标系平面、基准平面、实体表面等平面为参照，创建出新的平面作为草图工作平面。

3）创建基准坐标系：创建一个新的坐标系，并选取该坐标系上的基准平面作为草图的工作平面。

2. 基于路径

该方式是以直线、圆、实体边缘、棱线等曲线为轨迹，通过与该轨迹设置垂直和平行等方位约束创建平面。

注意：当选择 基于路径类型创建草图平面时，绘图区必须存在可供选取的直线、圆、实体边等曲线轨迹。

1.4.3　草图曲线

1. 轮廓(O)...

在【直接草图】工具条中选择 （轮廓）图标，出现【轮廓】对话框，如图 1-59 所示，可进行外形轮廓的连续绘制，既可以绘制直线也可以绘制圆弧。

2. 直线(L)...、圆弧(A)...、圆(C)...

在【直接草图】工具条中选择 （直线）、（圆弧）、（圆）图标，分别出现相对应的对话框，如图 1-60、图 1-61、图 1-62 所示。这些几何体都具有比较简单的特征形状，通常利用几个简单的参数便可以创建。

图 1-59

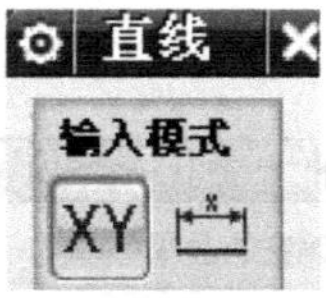

图 1-60

图 1-61

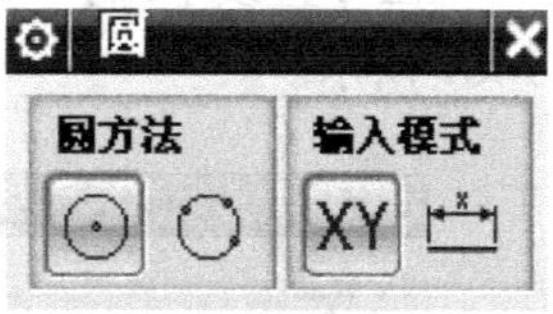

图 1-62

3. 圆角(F)...

在【直接草图】工具条中选择 （圆角）图标，出现【圆角】对话框，如图 1-63 所示，可以在两条或 3 条曲线之间进行倒圆角。

：修剪，表示对曲线进行修剪或延伸。

：取消修剪，表示对象不修剪也不延伸。

：删除第三条曲线，删除和该圆角相切的第三条曲线。

：创建备选圆角，表示圆角与两曲线形成环形。

4. 倒斜角(H)...

在【直接草图】工具条中选择 （倒斜角）图标，出现【倒斜角】对话框，如图 1-64

所示，可以在两条直线之间进行倒斜角。输入曲线有修剪或不修剪的选项，倒斜角的类型有对称、非对称和 偏置和角度 3 个选项。

5. 矩形(R)...

在【直接草图】工具条中选择（矩形）图标，出现【矩形】对话框，如图 1-65 所示。该命令可用三种方法绘制矩形，分别是（按两点）、（按 3 点）和（从中心）。

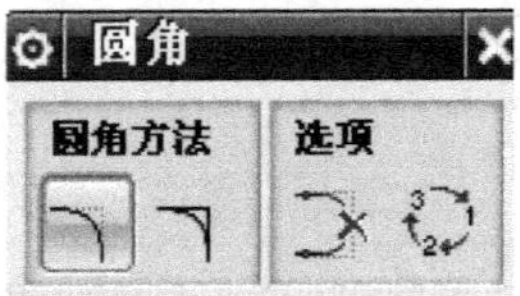

图 1-63

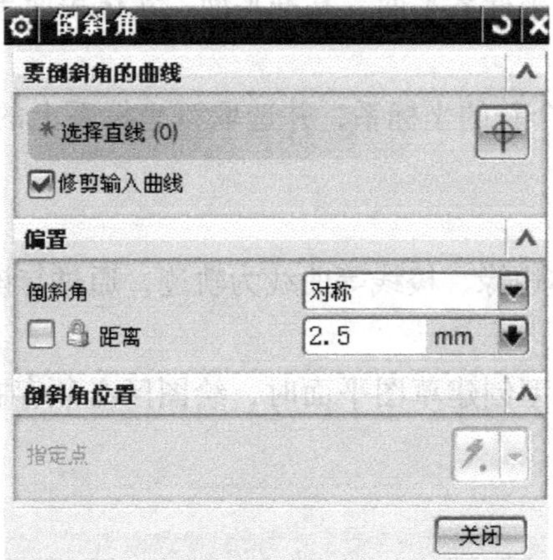

图 1-64

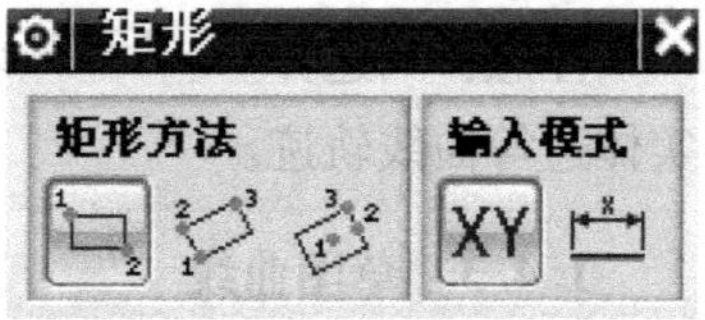

图 1-65

6. 多边形(Y)...

在【直接草图】工具条中选择（多边形）图标，出现【多边形】对话框，如图 1-66 所示。其 大小 下拉框有 3 个选项：内切圆半径、外接圆半径、边长。通过指定中心点、边数、半径和旋转角度，可以绘制出多边形。

7. 偏置曲线(V)...

在【直接草图】工具条中选择（偏置曲线）图标，出现【偏置曲线】对话框，如图 1-67 所示。

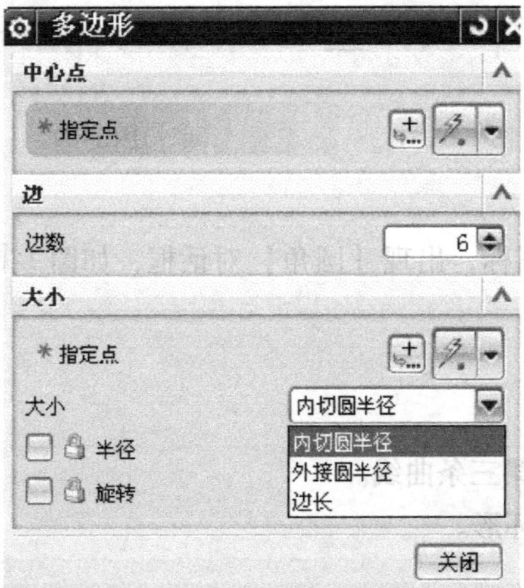

图 1-66

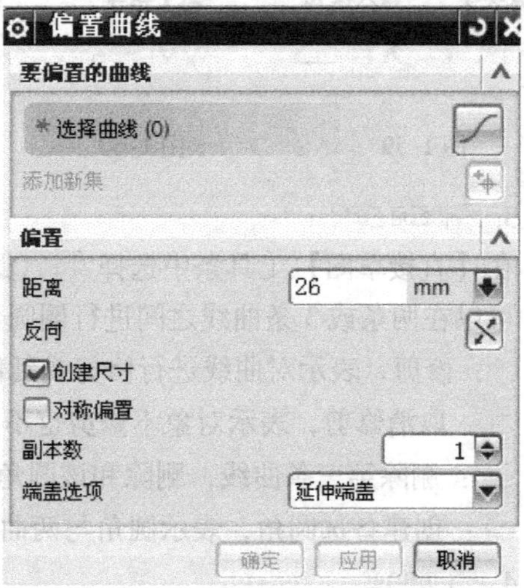

图 1-67

偏置曲线是指对草图平面内的曲线或曲线链进行偏置，并对偏置生成的曲线与原曲线进行约束。偏置曲线与原曲线具有关联性，即对原曲线进行的编辑修改，所偏置的曲线也会自动更新。

8. 派生直线(I)...

在【直接草图】工具条中选择（派生直线）图标，可激活该功能。对单个草图进行直线派生时，生成给定距离的等长平行线；也可在两平行线中间生成一条与两条平行线平行的直线；还可以创建两条不平行直线的角平分线。

9. 现有曲线(X)...

在【直接草图】工具条中选择（添加现有曲线）图标，出现【添加曲线】对话框，如图1-68所示。

该选项用于将已有的不属于草图对象的点或曲线添加到当前的草图平面中。

10. 投影曲线(J)...

在【直接草图】工具条中选择（投影曲线）图标，出现【投影曲线】对话框，如图1-69所示。

投影曲线可以将二维曲线、点、实体或片体的边界按垂直于草图工作平面的方向投射到草图中生成草图曲线。

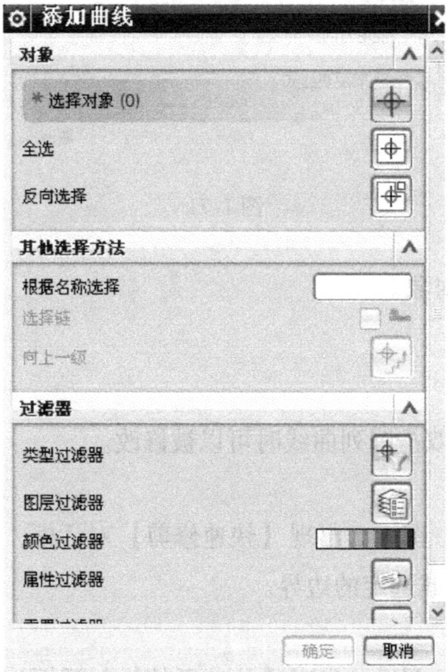

图1-68

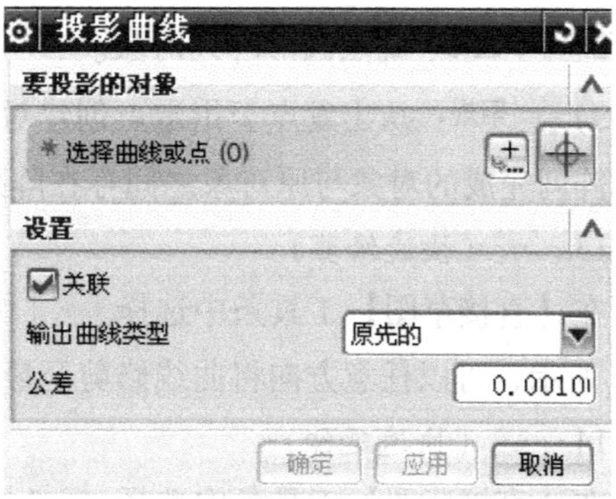

图1-69

11. 镜像曲线(M)...

在【直接草图】工具条中选择（镜像曲线）图标，出现【镜像曲线】对话框，如图1-70所示。

镜像曲线是指将草图几何对象以指定的一条直线或基准轴为对称中心线，镜像复制成新的草图对象。镜像的对象与原对象形成一个整体，并且保持相关性。镜像操作后，直线自动转换成中心线。

12. 阵列曲线(P)...

在【直接草图】工具条中选择（阵列曲线）图标，出现【阵列曲线】对话框，如图1-71所示。

阵列曲线的 布局 类型有3种。

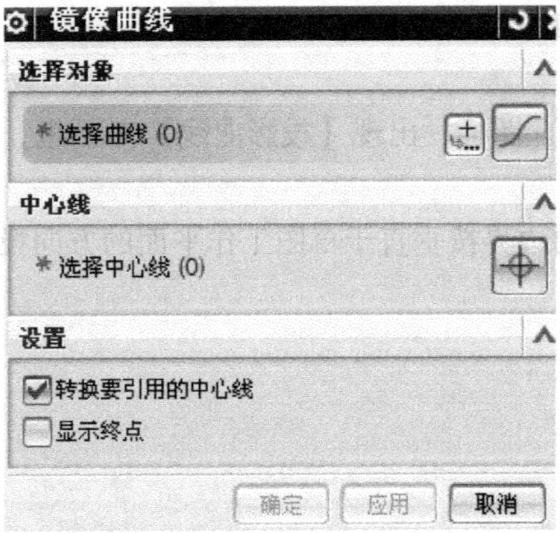

图 1-70

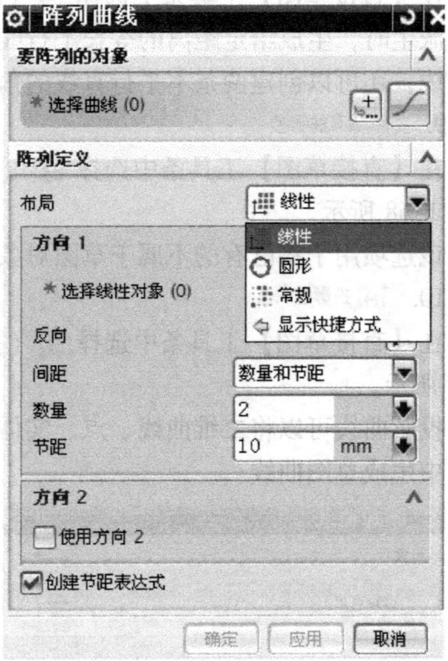

图 1-71

1) 线性：沿矢量（可以有两个方向）阵列对象。

2) 圆形：绕点圆形阵列对象。

3) 常规：从出发点至指定点创建对象。

阵列完成的对象与原对象之间存在阵列约束，双击阵列曲线时可以被修改。

13. （快速修剪）

在【直接草图】工具条中选择（快速修剪）图标，出现【快速修剪】对话框，如图1-72所示，可以任意方向将曲线修剪至最近的交点或选定的边界。

14. （快速延伸）

在【直接草图】工具条中选择（快速延伸）图标，出现【快速延伸】对话框，如图1-73所示，可延伸选定的曲线至最近的边界。

1.4.4 草图约束

创建完草图几何对象后，需要对其进行精确的约束和定位。通过草图约束可以控制草图对象的形状和大小，通过草图定位可以确定草图与实体边、参考面、基准轴等对象之间的位置关系。

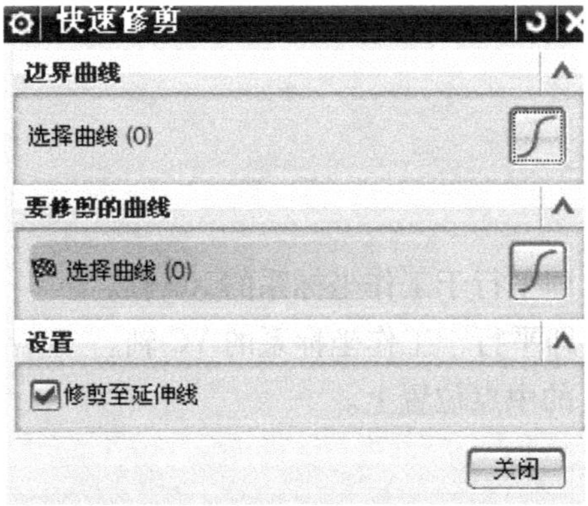

图 1-72

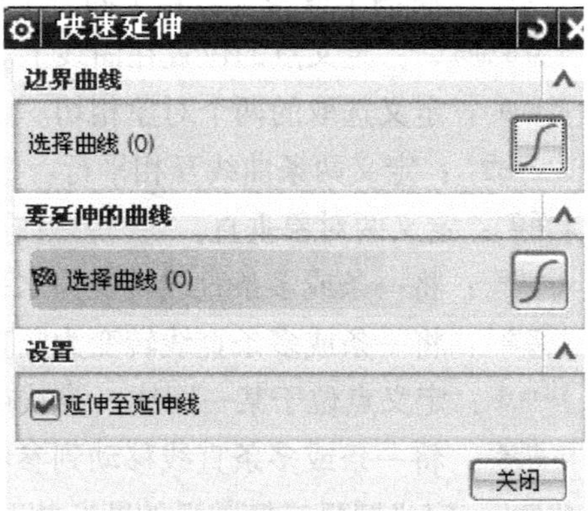

图 1-73

1. 几何约束

几何约束可对草图对象之间相互几何关系进行约束。在【直接草图】工具条中选择（显示草图约束）图标，在图形区可见所有几何约束。也可以选择（显示/移除约束）图标，出现【显示/移除约束】对话框，如图 1-74 所示，用于查看草图几何对象的约束类型和约束信息，也可以删除对草图对象的几何约束限制。

在【直接草图】工具条中选择（几何约束）图标，出现【几何约束】对话框，如图 1-75 所示，各选项说明如下：

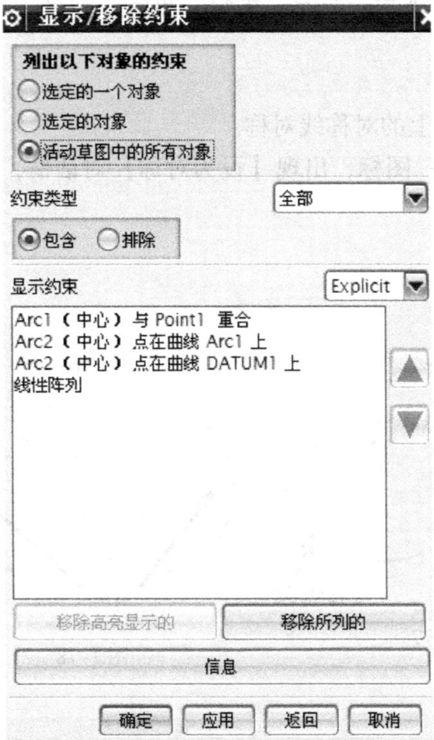

图 1-74

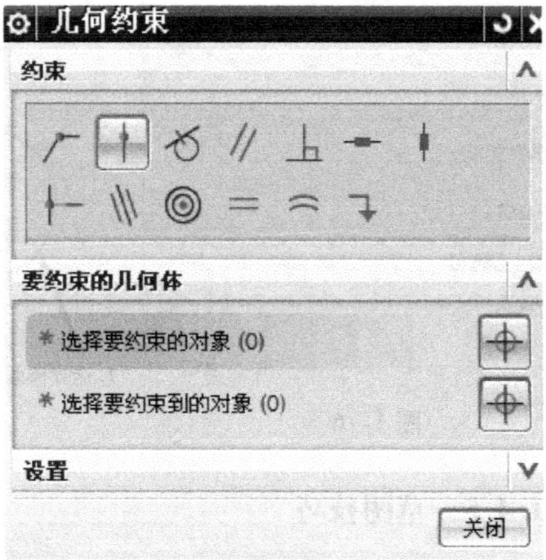

图 1-75

重合：将两个或多个点置于同一个位置上。

点在曲线上：定义点的位置在曲线上。

相切：定义选取的两个对象相切。

// 平行：定义两条曲线互相平行。

垂直：定义两对象垂直。

水平：将一条或多条直线转变为水平直线，即平行于工作坐标系的 XC 轴。

竖直：将一条或多条直线转变为竖直直线，即平行于工作坐标系的 YC 轴。

中点：定义点位于某一图线（直线或圆弧）的中点位置上。

共线：将一条或多条直线移动到参考直线上。

同心：定义圆弧或椭圆弧的圆心相互重合。

等长：定义选取的直线或曲线长度相等。

等半径：定义圆或圆弧半径相等。

固定：将草图对象固定到当前位置。点一般固定其所在的位置；线一般固定其角度或端点；圆或椭圆一般固定其圆心；圆弧一般固定其圆心或端点。

2. 尺寸约束

尺寸约束用于对图线的大小尺寸及相对位置进行标注，尺寸数值的变更直接驱动草图对象的大小和相对位置的变化。

在【直接草图】工具条中选择 （自动判断尺寸）图标，通过基于选定的对象和光标位置自动判断尺寸类型来创建尺寸约束，可以标注水平、竖直、平行、角度、垂直、直径、半径、周长等尺寸。

3. 设为对称(M)...

该选项可以将两个点或曲线约束为相对于草图上的对称线对称。

在【直接草图】工具条中选择 （设为对称）图标，出现【设为对称】对话框，如图 1-76 所示，对称操作如图 1-77 和图 1-78 所示。

图 1-76

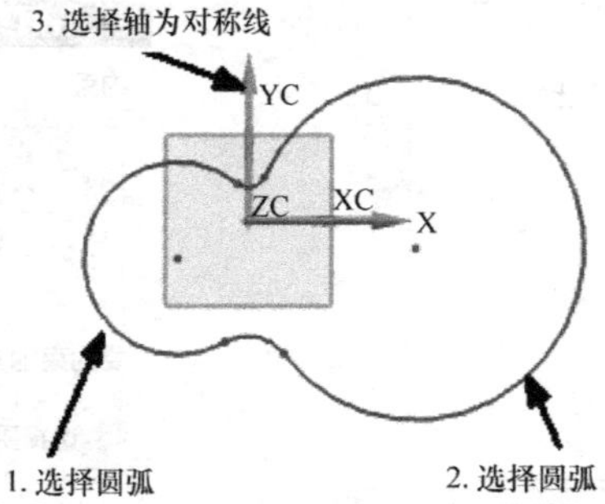

图 1-77

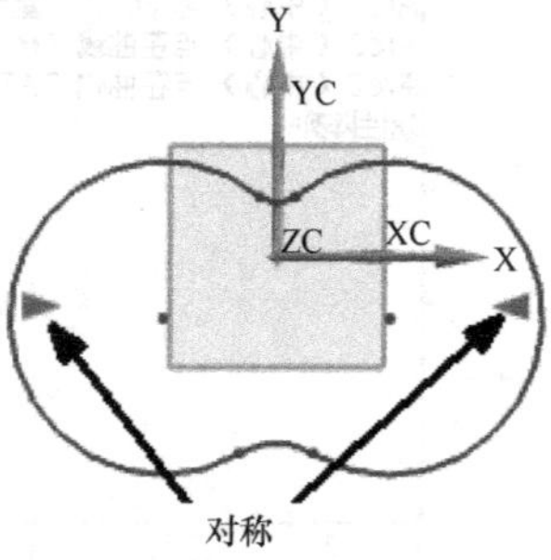

图 1-78

1.4.5 草图技巧

1）草图平面应该选择实体平面和相对基准平面。

2）草图尽可能绘制成封闭图形，一般先进行几何约束，再标注尺寸。

3）绘制草图对象时要时刻关注使用捕捉点的类型。

4）草图中尽量不要绘制倒圆角，可以在实体中进行倒圆角。

5）绘制复杂草图可以边约束几何，边标注尺寸。

6）能用几何约束的尽量不用尺寸约束。

7）草图中创建的投影曲线尽量不要修剪。

8）必须在草图对象已经完全约束的状态下再镜像曲线。

1.5　实体造型功能

UG NX 8.5 提供了特征建模模块、特征操作模块和特征编辑模块，具有强大的实体建模功能，并且在原有版本基础上进行了一定的改进，提高了表达用户设计意图的能力，造型操作更简便、直观、实用。

实体建模功能工具条主要包括特征（包括特征操作）工具条和编辑特征工具条，如图 1-79 所示。

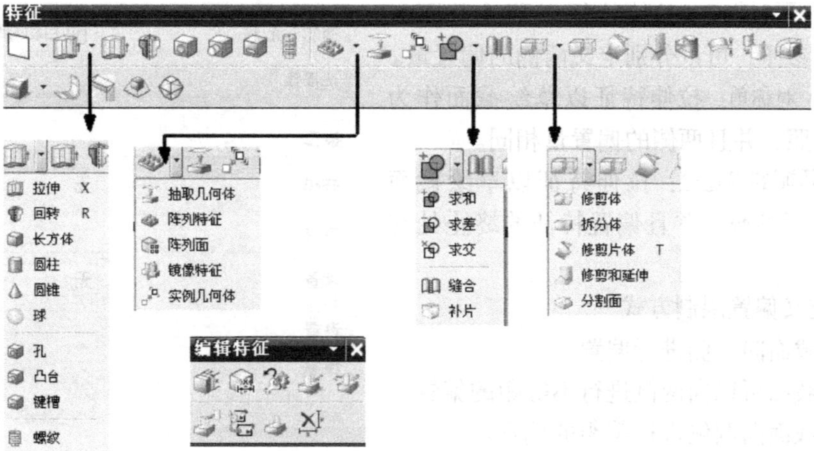

图 1-79

1.5.1　特征

1. 拉伸

拉伸是将拉伸对象沿某个矢量方向拉伸到某一指定位置所形成的实体或片体特征，一般用于建立截面形状比较复杂而在拉伸方向上各截面形状一致的实体。拉伸对象可以是曲线、草图、实体表面、实体边缘等几何元素。

选择菜单中的【插入(S)】/【设计特征(E)】/【拉伸(E)...】命令或在【特征】工具条中选择（拉伸）图标，出现【拉伸】对话框，如图 1-80 所示。

（1）定义拉伸限制方式　在【拉伸】对话框的【限制】选项卡中，【开始】或【结束】下拉框中的选项提供如下拉伸方式。

值：通过定义矢量方向和输入距离值生成实体特征。

对称值：通过指定距离值，拉伸特征从草绘平面向两侧均匀拉伸该值，生成对称结构。

直至下一个：直接将拉伸体拉伸至下一个特征。

直至选定：拉伸特征从草绘平面拉伸至所选的参照对象，所选的草绘对象必须在参照对象范围内，不能超过参照对象，否则系统报错。

直至延伸部分：拉伸特征从草绘平面延伸至所选的参照对象，所选的草绘对象可以超过参照对象范围。

贯通：拉伸特征从草绘平面沿某一矢量方向穿过所有的参照对象。

（2）定义拔模限制方式

从起始限制：拉伸特征以起始平面作为拔模时的固定平面参照，向模型内侧或外侧进行偏置。

从截面：拉伸特征以草绘截面作为固定平面参照，向模型内侧或外侧进行偏置。

从截面 - 不对称角：拉伸特征以草绘截面作为固定平面参照，可以分别定义两侧的偏置量。

从截面 - 对称角：拉伸特征以草绘截面作为固定平面参照，并且两侧的偏置量相同。

从截面匹配的终止处：拉伸特征以草绘截面作为固定平面参照，并且偏置特征的终止处与截面相匹配。

（3）定义偏置限制方式

单侧：截面向一侧进行偏置。

两侧：截面可以向两侧进行不等距的偏置。

对称：截面向两侧进行等距的偏置。

开放轮廓智能体积：勾选该选项，当绘制一个开放的曲线时，可以很方便地创建实体，并和边界进行延伸合成。

图 1-80

2. 回转

回转是将剖面绕着轴线旋转一定角度建立实体或片体特征的方法，旋转角度小于或等于360°。截面对象可以是曲线、草图、实体表面或实体边线等。

选择菜单中的【插入(S)】/【设计特征(E)】/【回转(R)...】命令或在【特征】工具条中选择（回转）图标，出现【回转】对话框，如图 1-81 所示。

当利用回转工具进行实体操作时，所指定的矢量是该对象的旋转中心，所设置的旋转参数是旋转的起始角度和终止角度。

3. 长方体

选择菜单中的【插入(S)】/【设计特征(E)】/【长方体(K)...】命令或在【特征】工具条中选择（拉伸）图标，出现【块】对话框，如图 1-82 所示。

图 1-81

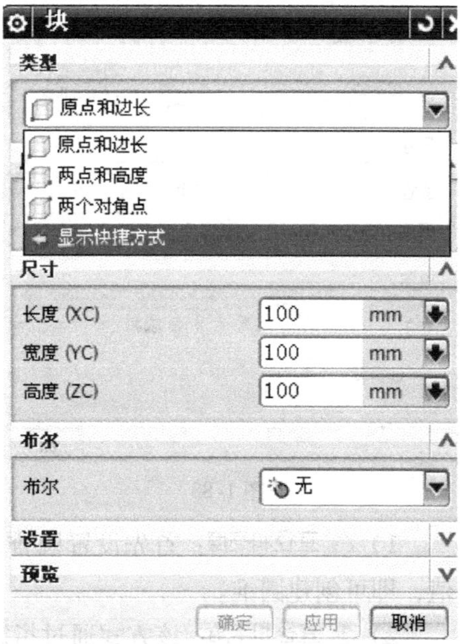

图 1-82

创建长方体的类型有 3 种。

1）原点和边长：利用点构造器创建一点，然后在长度（XC）、宽度（YC）和高度（ZC）数值输入栏输入具体数值，单击 确认 按钮生成长方体。

2）两点和高度：利用构造器创建两个点，然后在高度数值输入栏输入高度值，单击 确认 按钮生成长方体。

3）两个对角点：利用点构造器创建两个点作为长方体对角点，单击 确认 按钮生成长方体。

4. 圆柱

选择菜单中的【插入(S)】/【设计特征(E)】/【圆柱体(C)...】命令或在【特征】工具条中选择（圆柱）图标，出现【圆柱】对话框，如图 1-83 所示。

创建圆柱的类型有两种。

1）轴、直径和高度：首先设置圆柱的矢量方向，然后指定圆柱的底面中心位置，即可创建圆柱。注意：默认的方向为 +ZC，底面中心为原点。

2）圆弧和高度：首先选取圆弧曲线，该圆弧所在的圆作为圆柱的底面圆，然后设置圆柱的高度参数，即可生成圆柱。

5. 圆锥

选择菜单中的【插入(S)】/【设计特征(E)】/【圆锥(O)...】命令或在【特征】工具条中

选择 （圆锥）图标，出现【圆锥】对话框，如图1-84所示。创建圆锥的类型有5种。

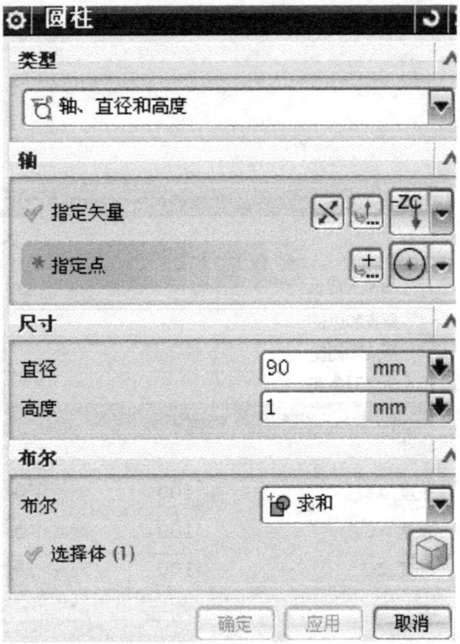

图1-83

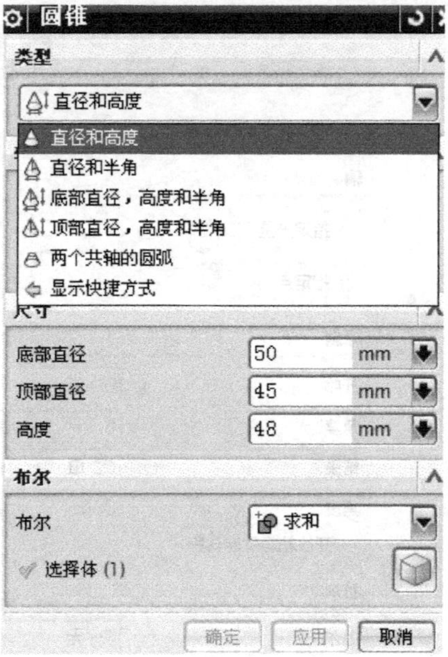

图1-84

1） 直径和高度：首先设置圆锥的矢量方向，然后指定圆柱底面和顶面的直径及高度值，即可创建圆锥。

2） 直径和半角：该方式通过指定锥体中心轴、底面中心点、底部和顶部直径、半角及生成方向来创建锥体。半角是由圆锥轴和它的轮廓边缘所构成的角度。

注意：半角的正负符号与底部和顶部的直径差值的符号一致。

3） 底部直径，高度和半角：该方式通过指定锥体中心轴、底面中心点、底部直径、高度数值、半角及生成方向来创建锥体，半角值可正可负。

4） 顶部直径，高度和半角：该方式通过指定锥体中心轴、底面中心点、顶部直径、高度数值、半角及生成方向来创建锥体，半角值可正可负。

5） 两个共轴的圆弧：该方式通过指定两轴向相同的圆弧来创建锥体，两圆弧所在的圆分别作为圆锥的底面和顶面。注意：两圆弧不一定同轴线。

6. 球

选择菜单中的【插入(S)】/【设计特征(E)】/【球(S)...】命令或在【特征】工具条中选择 （球）图标，出现【球】对话框，如图1-85所示。

创建球的类型有两种。

1） 中心点和直径：通过指定球体的直径，然后通过【点】对话框选取或创建球心来创建球体。

2） 圆弧：通过选取现有的圆或圆弧创建球体。圆或圆弧的半径决定球体的半径，圆或圆弧的中心点决定球体的球心。

7. 孔

在实体上生成一个简单孔、沉头孔或埋头孔，其深度值必须是正值。孔的放置面必须是平的。在不平整的表面上打孔时，应先创建基准平面。

选择菜单中的【插入(S)】/【设计特征(E)】/【孔(H)...】命令或在【特征】工具条中选择（孔）图标，出现【孔】对话框，如图1-86所示。

图1-85

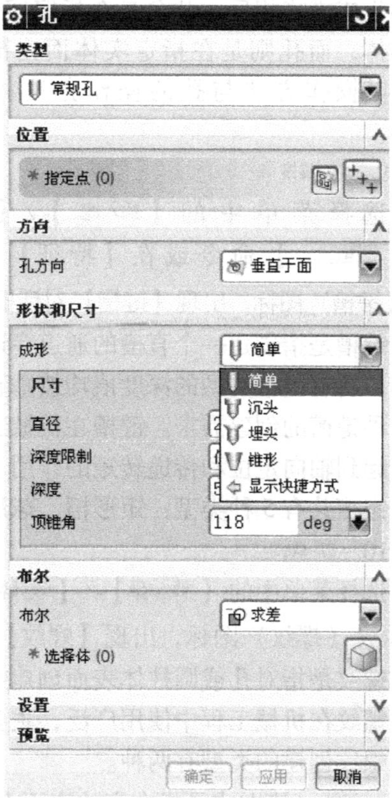

图1-86

孔的成形类型有4种。

1）简单：根据用户指定的直径、深度和顶尖角生成一个简单的孔。先选择孔的放置平面对孔进行定位，然后输入简单孔的参数，即可创建孔。

2）沉头：沉头孔是指将紧固件的头部完全沉入的阶梯孔。先选择孔的放置平面对孔进行定位，然后设置孔的参数，即可创建孔。

注意：沉头孔直径必须大于它的孔的直径，沉头孔深度必须小于孔深度，顶锥角必须在0°～180°之间。

3）埋头：埋头孔是指将紧固件的头部不完全沉入的阶梯孔。先选择孔的放置平面对孔进行定位，然后设置孔的参数，即可创建孔。

注意：埋头孔直径必须大于它的孔的直径，埋头孔深度必须小于孔深度，顶锥角必须在0°～180°。

4）锥形：该孔类型和简单孔相似，不同的是该孔可将孔的内表面进行拔模。首先选择孔的放置平面对孔进行定位，然后设置孔的参数，即可创建孔。

注意：已拔模孔的底部没有锥角。

8. 凸台

选择菜单中的【插入(S)】/【设计特征(E)】/【凸台(B)...】命令或在【特征】工具条中

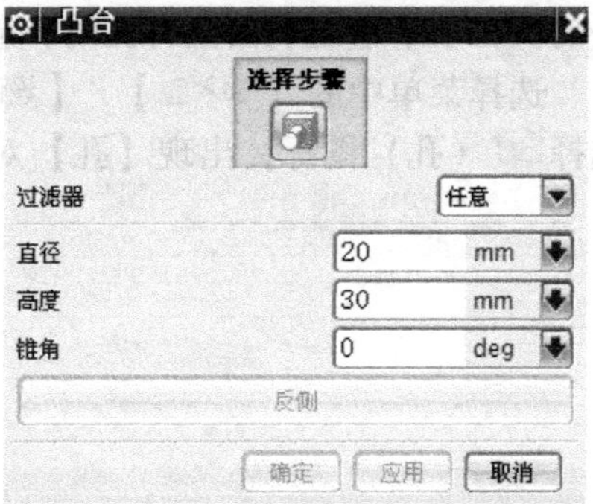

图 1-87

选择（凸台）图标，出现【凸台】对话框，如图1-87所示。

凸台特征与孔特征类似，区别在于其生成方式和孔的生成方式相反。凸台是在指定实体面的外表面生成实体，而孔则是在指定实体面内部去除指定的实体，其操作方法与孔的操作方法相似，这里不再叙述。

9. 键槽

选择菜单中的【插入(S)】/【设计特征(E)】/【键槽(L)...】命令或在【特征】工具条中选择（键槽）图标，出现【键槽】对话框，如图1-88所示。

键槽是指创建一个直槽的通道穿透实体或通到实体内，在当前目标实体上自动执行求差操作。所有键槽类型的深度值均按垂直于平面放置面的方向测量。此工具可以满足建模过程中各种键槽的创建需求。键槽在机械工程中应用广泛，通常情况用于各种轴类、齿轮等产品上，起到轴向定位和传递转矩的作用。

键槽共有5种类型：矩形槽、球形端槽、U形槽、T形键槽和燕尾槽。

10. 螺纹

选择菜单中的【插入(S)】/【设计特征(E)】/【螺纹(T)...】命令或在【特征】工具条中选择（螺纹）图标，出现【螺纹】对话框，如图1-89所示。

螺纹是指对孔或圆柱体表面创建螺纹特征，可以创建符号螺纹和详细螺纹。

螺纹在机械工程中使用广泛，主要起到联接和传递动力的作用。

螺纹创建的类型有两种。

符号：该方式是指在实体表面上用虚线圆来表示螺纹，不显示螺纹实体，在工程图中用于表示螺纹和标注螺纹。这种螺纹生成速度快，计算量小。

详细：该方式用来产生真实的螺纹，可以显示螺纹的所有细节。由于螺纹几何形状复杂，所以其计算量大，创建和更新的速度慢。

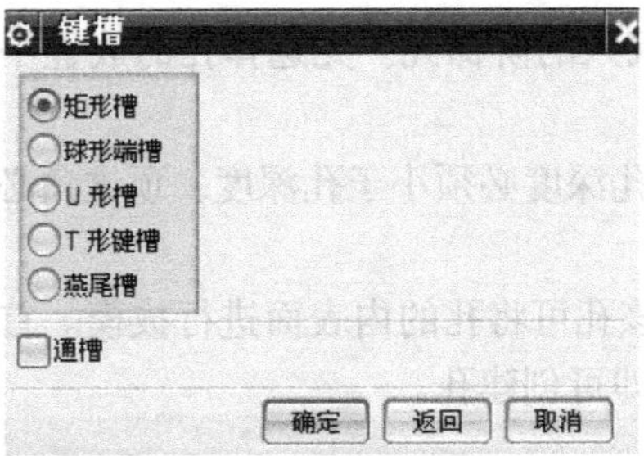

图 1-88

图 1-89

注：扫掠特征在曲面工具条介绍，扫掠特征既可以用于实体，也可以用于曲面造型。

1.5.2 特征操作

特征操作是对已创建特征模型进行局部修改，从而对模型进行细化，即在特征建模的基础上增加一些细节的表现，因此有时也称为细节特征。通过特征操作，可以用简单的特征创建比较复杂的特征实体。常用的特征操作有求和、求差、求交、缝合、修剪体、拆分体、抽壳、边倒圆、面倒圆、倒斜角、拔模、拔模体、偏置曲面、偏置面、抽取几何体、修剪片体、修剪与延伸、加厚、镜像特征、生成实例几何体特征、阵列面等，下面分别介绍。

1. 求和(U)...

求和是将两个或多个实体特征合并成一个独立的特征。

选择菜单中的【插入(S)】/【组合(B)】/【求和(U)...】命令或在【特征】工具条中选择（求和）图标，出现【求和】对话框，如图 1-90 所示。

2. 求差(S)...

求差是从一个目标体上减去一个或多个工具体特征。

选择菜单中的【插入(S)】/【组合(B)】/【求差(S)...】命令或在【特征】工具条中选择（求差）图标，出现【求差】对话框，如图 1-91 所示。

图 1-90

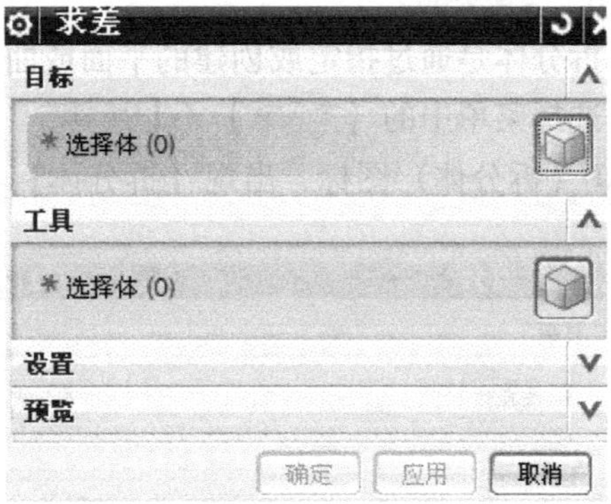

图 1-91

3. 求交(I)...

该方式可以得到两个相交实体特征的共有部分或重合部分。

选择菜单中的【插入(S)】/【组合(B)】/【求交(I)...】命令或在【特征】工具条中选择（求交）图标，出现【求交】对话框，如图 1-92 所示。

4. 缝合(W)...

缝合用于连接两个或多个片体产生单一的片体。如果缝合的片体是封闭的，则生成一个实体。如果两个实体特征具有一个或多个共同的表面，也可以用该命令把两个实体缝合成一个实体特征。

选择菜单中的【插入(S)】/【组合(B)】/【缝合(W)...】命令或在【特征】工具条中选择（缝合）曲面图标，出现【缝合】对话框，如图 1-93 所示。

5. 修剪体(T)...

修剪体是通过指定或创建的平面或曲面把实体的某部分修剪掉。

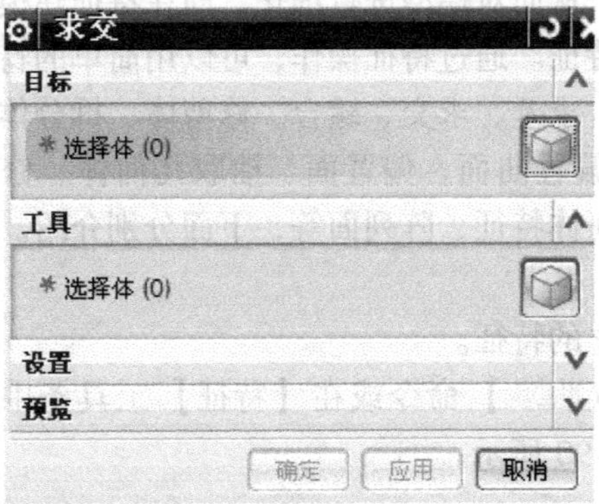

图 1-92

图 1-93

选择菜单中的【插入(S)】/【修剪(T)】/【修剪体(T)...】命令或在【特征】工具条中选择（修剪体）图标，出现【修剪体】特征对话框，如图 1-94 所示。

6. 拆分体(P)...

拆分体是通过指定或创建的平面或曲面把实体拆分、分割成为多个实体特征。

选择菜单中的【插入(S)】/【修剪(T)】/【拆分体(P)...】命令或在【特征】工具条中选择（拆分体）图标，出现【拆分体】特征对话框，如图 1-95 所示。

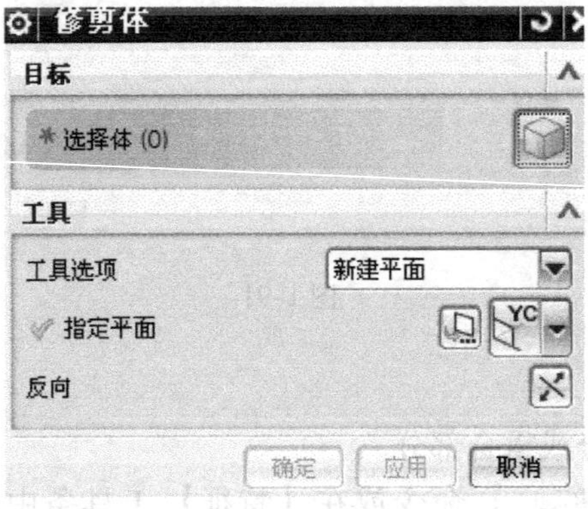

图 1-94

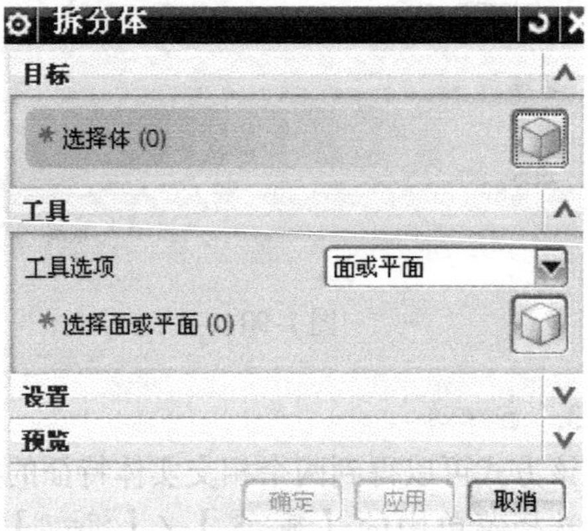

图 1-95

7. 抽壳(H)...

抽壳指按照指定的厚度将实体模型抽空为腔体或在其四周创建壳体，可以指定个别不同的厚度到表面并移去个别表面。

选择菜单中的【插入(S)】/【偏置/缩放(O)】/【抽壳(H)...】命令或在【特征】工具条中选择（抽壳）图标，出现【抽壳】对话框，如图 1-96 所示。

抽壳的类型有两种。

1）移除面，然后抽壳：该方式是在实体上选择一个或多个抽壳的面，即移除不需要保留的面，来创建薄壁体，壁厚可以相同也可以不同。

2）对所有面抽壳：该方式是指按照某个指定的厚度抽空实体，即创建中空的实体。

8. 边倒圆

边倒圆通过指定半径将实体或片体边缘变成圆柱面或圆锥面，可以对实体或片体边缘进行恒定半径或变半径倒圆角。

选择菜单中的【插入(S)】/【细节特征(L)】/【边倒圆(E)...】命令或在【特征】工具条中选择（边倒圆）图标，出现【边倒圆】对话框，如图1-97所示。

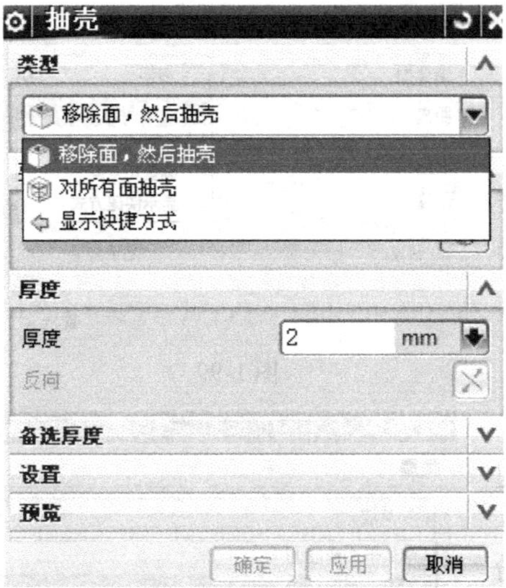

图1-96

图1-97

边倒圆的类型有两种。

1）恒定半径圆角：通过固定半径对实体或片体边缘进行圆角操作。

2）可变半径点：通过修改控制点处的半径，实现进行圆角变半径操作。首先需要选取要倒圆角的边，然后单击可变半径点选项中的【点】构造器按钮，指定边上不同点的位置，并设置不同参数值。

9. 面倒圆(F)...

对实体或片体的面集以指定半径进行倒圆，生成的倒圆面相切于选择的平面，圆角形状可以是圆形、二次曲线或规律控制。

选择菜单中的【插入(S)】/【细节特征(L)】/【面倒圆(F)...】命令或在【特征】工具条中选择（面倒圆）图标，出现【面倒圆】对话框，如图1-98所示。

10. 倒斜角(C)...

倒斜角是对实体边缘通过定义所需要的倒角尺寸形成实体边上的斜角。

选择菜单中的【插入(S)】/【细节特征(L)】/【倒斜角(C)...】命令或在【特征】工具条中选择（倒斜角）图标，出现【倒斜角】对话框，如图1-99所示。

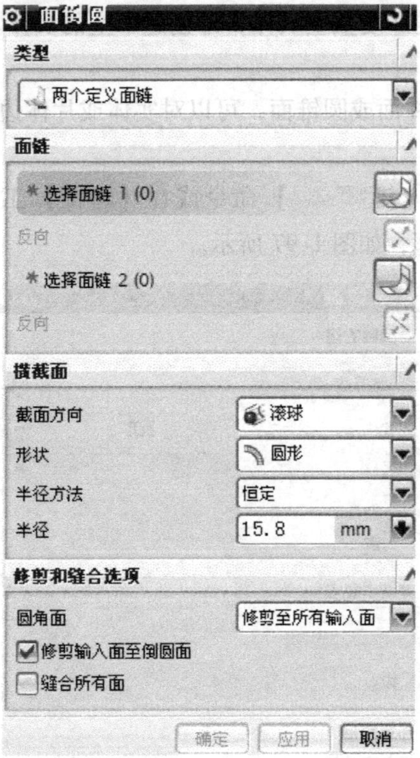

图 1-98

图 1-99

倒斜角的类型有 3 种。

1）对称：倒斜角边缘到两个面的距离都是相同的，斜角的固定值为45°。

2）非对称：倒斜角边缘到两个面的距离分别采用不同的偏置值。

3）偏置和角度：倒斜角特征通过偏置距离和角度创建，其中偏置距离是沿偏置面偏置的距离，角度是与偏置面生成的角度。

11. 拔模(T)...

拔模是通过指定一个拔模矢量方向、输入一个拔模角度使要拔模的面产生倾斜变化。

选择菜单中的【插入(S)】/【细节特征(L)】/【拔模(T)...】命令或在【特征】工具条中选择（拔模）图标，出现【拔模】对话框，如图 1-100 所示。

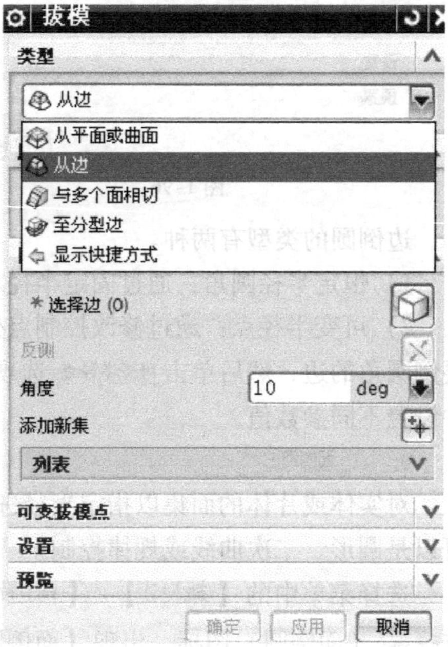

图 1-100

拔模的创建类型有 4 种。

1）从平面或曲面：该方式是指以选定的平面作为参考平面，指定拔模方向和角度来创建拔模特征。

2）从边：该方式由实体的一系列边缘产生拔模角度来创建拔模特征。

3）与多个面相切：该方式用于相切表面拔模后仍相切的情况。

4）至分型边：从固定平面开始，按指定的拔模方向和拔模角度，沿指定的分型边线对实体进行拔模。

注意：至分型边拔模方式必须要使用【特征】工具条下的分割面命令对拔模面进行分割，才能进行拔模操作。

【例 1-1】 拔模练习。

STEP 1：打开文件。

选择菜单中的【文件】/【打开(O)...】命令，打开光盘 1/bamo. prt，如图 1-101 所示。

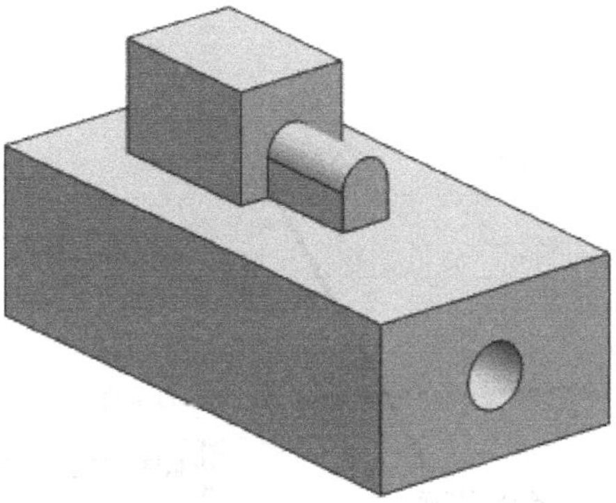

图 1-101

STEP 2：生成从边拔模斜度。

在【拔模】对话框中选择从边选项，在指定矢量下拉框中选择ZC选项，在图形中选择如图 1-102 所示的边线，在角度 1 栏输入“10”，单击应用按钮，生成从边拔模斜度，如图 1-103 所示。

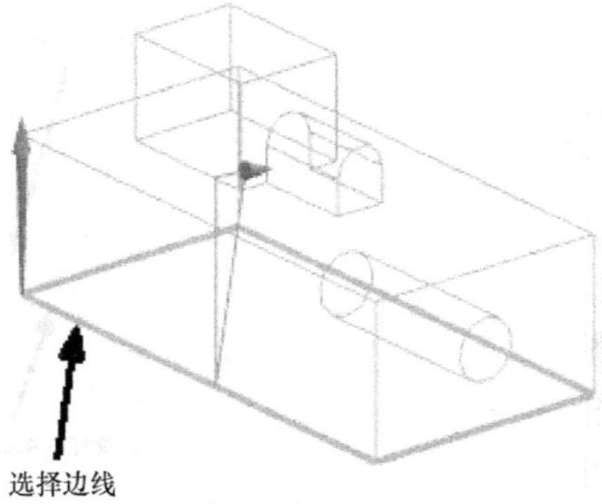

图 1-102

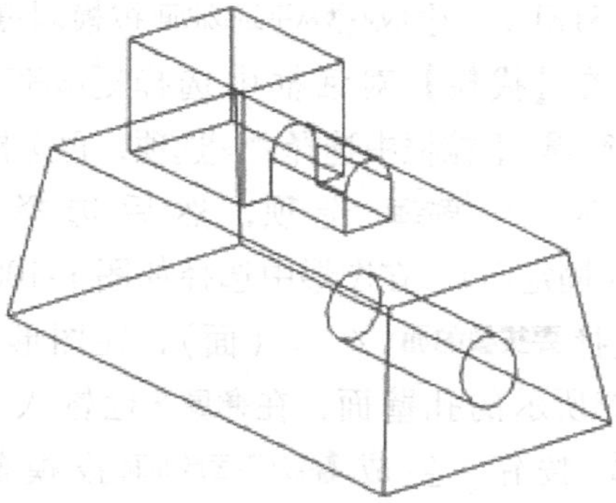

图 1-103

STEP 3：生成至分型边拔模斜度。

在【拔模】对话框中选择至分型边选项，在指定矢量下拉框中选择ZC选项，再选择固定面/选择平面 (1)/（平面），在图形中选择如图 1-104 所示的平面，然后选择分型边/选择边 (4)/（边），在图形中选择如图 1-104 所示的边线，在角度 1 栏输入“10”，单击应用按钮，生成至分型边拔模斜度，如图 1-105 所示。

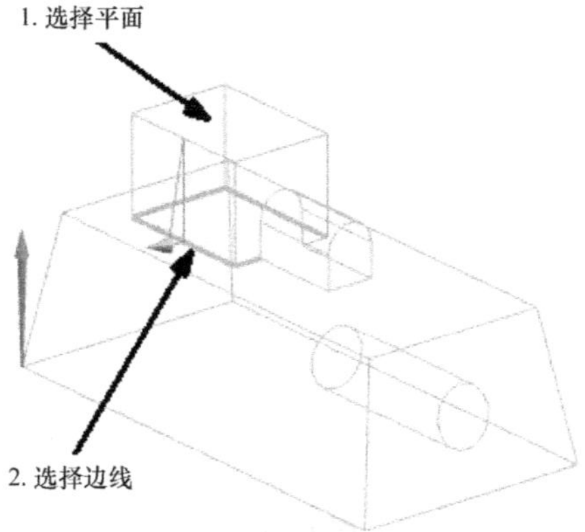

图 1-104

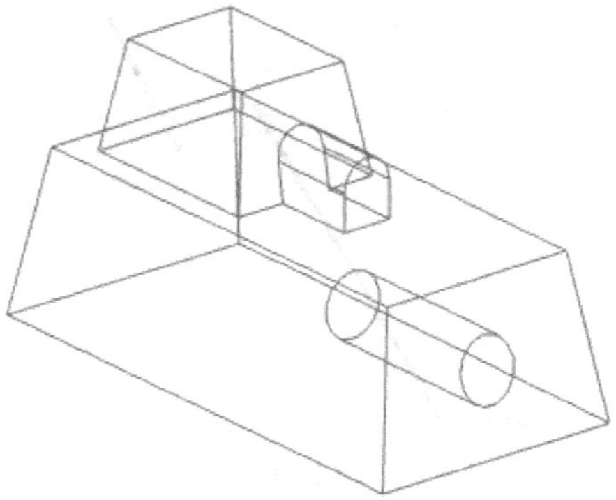

图 1-105

STEP 4：生成与多个面相切拔模斜度。

在【拔模】对话框中选择与多个面相切选项，在指定矢量下拉框中选择ZC选项，再选择**相切面** / 选择面 (3) / （面），在图形中选择如图 1-106 所示的相切面，在角度 1栏输入“10”，单击应用按钮，生成与多个面相切拔模斜度，如图 1-107 所示。

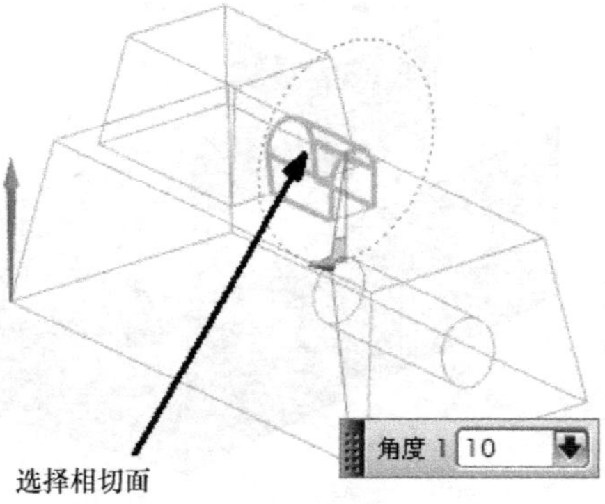

图 1-106

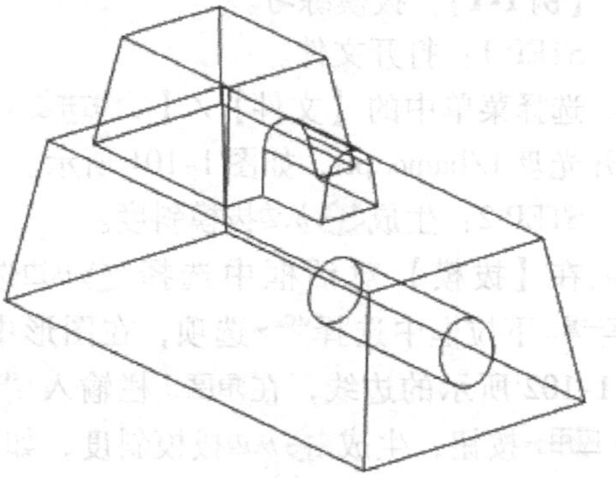

图 1-107

STEP 5：生成从平面或曲面拔模斜度。

在【拔模】对话框中选择从平面或曲面选项，在指定矢量下拉框中选择XC选项，再选择**拔模参考** / 拔模方法 / 固定面选项，然后选择选择固定面 (1) / （固定面），在图形中选择如图 1-108 所示的面，再选择**要拔模的面** / （面），在图形中选择如图 1-108所示的孔壁面，在角度 1栏输入“7”，单击应用按钮，生成从平面或曲面拔模斜度，如图 1-109所示。

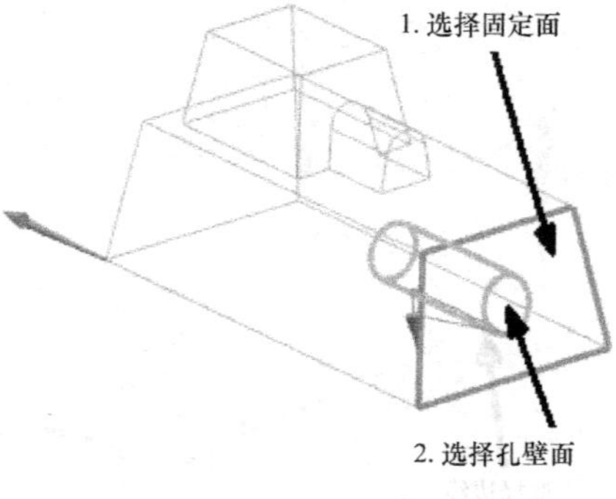

图 1-108

在【拔模】对话框中选择从平面或曲面选项，在指定矢量下拉框中选择ZC选项，再选择**拔模参考** / 拔模方法 / 固定面选项，然后选择选择固定面 (1) / （固定面），在图形中选择如图 1-109 所示的面，再选择**要拔模的面** / （面），在图形中选择如图 1-109 所示的实体面，在角度 1栏输入“10”，单击应用按钮，生成从平面或曲面拔模斜度，如图 1-110 所示。

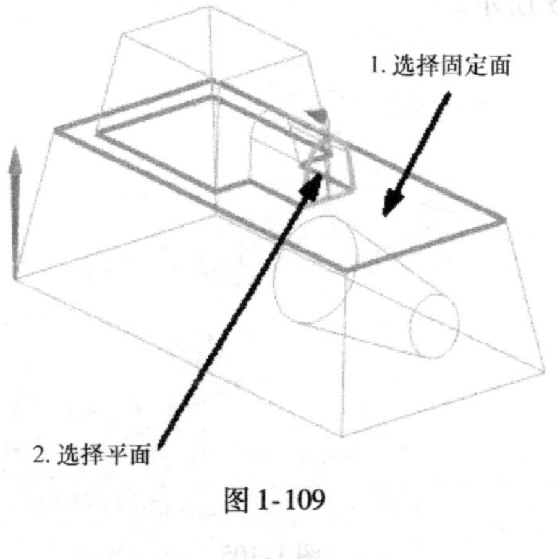

图 1-109

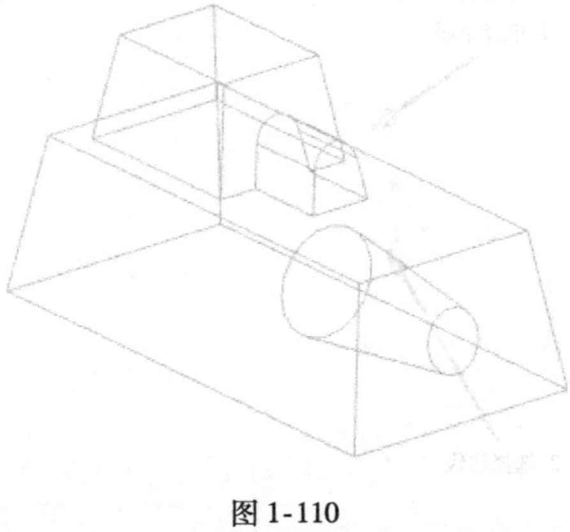

图 1-110

图 1-111

12. 拔模体(O)...

拔模体可以在分型面两侧对实体进行带一定角度的拔模操作。

选择菜单中的【插入(S)】/【细节特征(L)】/【拔模体(O)...】命令或在【特征】工具条中选择（拔模体）图标，出现【拔模体】对话框，如图 1-111 所示。

拔模体的创建类型有两种。

1）从边：该方式通过选取实体的分型面并制订拔模方向，然后选取分型面上面或下面的固定边，对实体进行上面或下面的拔模，同时选取上、下两条固定边，上、下两面同时拔模。

2）要拔模的面：该方式可以对多个表面同时进行拔模操作。通过选取实体的分型面并指定拔模方向，然后选取要进行拔模的多个表面并设置拔模角度，即可创建多平面同时拔模。

13. 偏置曲面(O)...

偏置曲面用于从一个或者更多已有的面生成曲面。系统利用沿选定面的法向偏置点的方法来生成正确的偏置曲面，指定的距离称为偏置距离，已有面称为基面，可以选择任何类型的面作为基面。如果要选择多个面进行偏置操作，则产生多个偏置体。

选择菜单中的【插入(S)】/【偏置/缩放(O)】/【偏置曲面(O)...】命令或在【特征】工具条中选择（偏置曲面）图标，出现【偏置曲面】对话框，如图 1-112 所示。

14. 偏置面(F)...

偏置面指系统利用沿选定面的法向偏置点的方法来生成正确的偏置曲面，并且取代原有曲面。

选择菜单中的【插入(S)】/【偏置/缩放(O)】/【偏置面(F)...】命令或在【特征】工具条中选择（偏置面）图标，出现【偏置面】对话框，如图 1-113 所示。

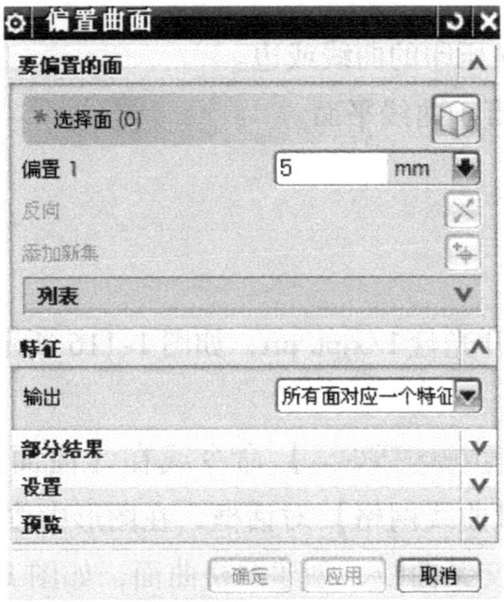

图 1-112

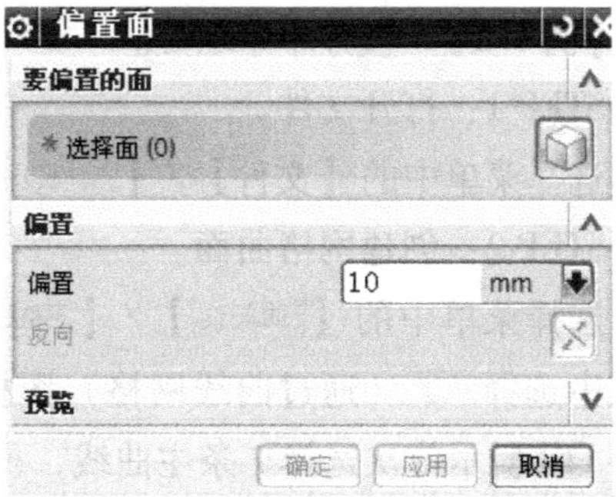

图 1-113

15. 抽取几何体(E)...

抽取几何体可以通过复制点、线、面、体、基准或一个特征来创建其副本。该功能可充分利用现有片体或实体来完成设计工作，且抽取的特征几何体与原特征具有关联性。

选择菜单中的【插入(S)】/【关联复制(A)】/【抽取几何体(E)...】命令或在【特征】工具条中选择（抽取几何体）图标，出现【抽取几何体】对话框，如图1-114所示。

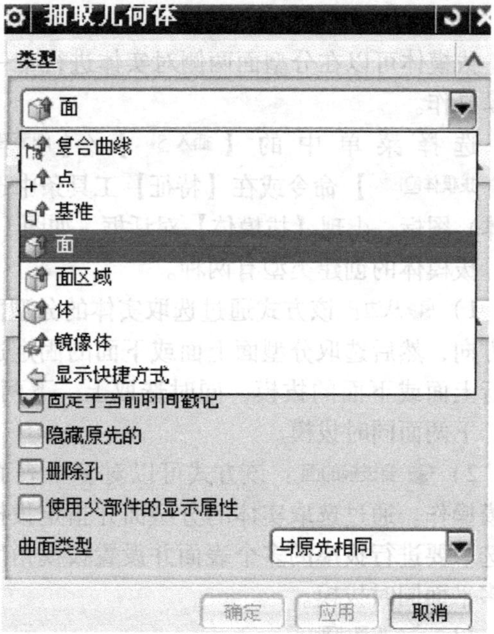

图1-114

固定于当前时间戳记：设置用于固定放置特征的时间戳记。

隐藏原先的：创建抽取特征时，隐藏原先的几何体。

删除孔：用于创建忽略原始曲面中的孔而创建的曲面，不适用体等其他类型。

使用父部件的显示属性：指定对抽取对象的显示属性进行的任何后续更改，都传播到通过WAVE几何链接器链接的任何子对象。

16. 修剪片体(R)...

在曲面设计中，构造的曲面长度往往大于实际模型的曲面长度，利用修剪片体功能可把曲面修剪成所需要的曲面形状。修剪的工具面可以是一个面或多个面，但是必须有一个面与目标面完全相交。

选择菜单中的【插入(S)】/【修剪(T)】/【修剪片体(R)...】命令或在【特征】工具条中选择（修剪片体）图标，出现【修剪片体】特征对话框，如图1-115所示。

投影方向有3个选项。

1）垂直于面：用于定义投影方向或沿着面法向压印的曲线或边。

2）垂直于曲线平面：用于将投影方向定义为垂直于曲线平面。

3）沿矢量：用于将投影方向定义为沿矢量。

【例1-2】 修剪片体练习。

STEP 1：打开文件。

选择菜单中的【文件】/【打开(O)...】命令，打开光盘1/xjpt. prt，如图1-116所示。

STEP 2：创建网格曲面。

选择菜单中的【插入(S)】/【网格曲面(M)】/【通过曲线网格(M)...】命令或在【曲面】工具栏中选择（通过曲线网格）图标，出现【通过曲线网格】对话框，在图形中按照如图1-117所示依次选择7条主曲线，再依次选择7条交叉曲线，创建网格曲面，如图1-118所示。

图 1-115

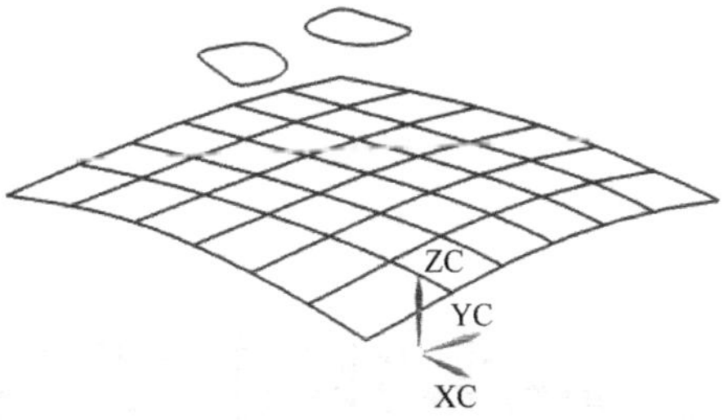

图 1-116

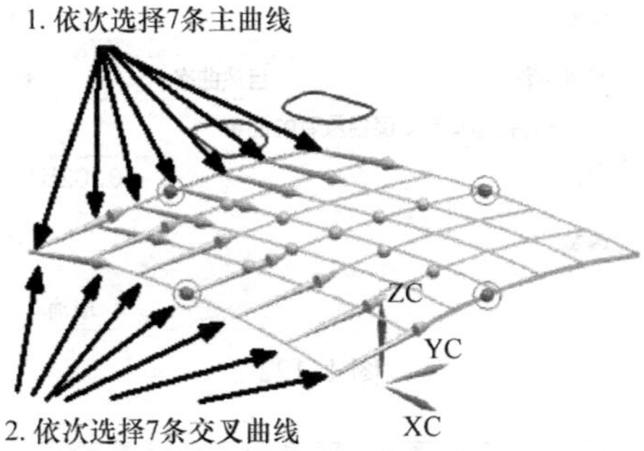

图 1-117

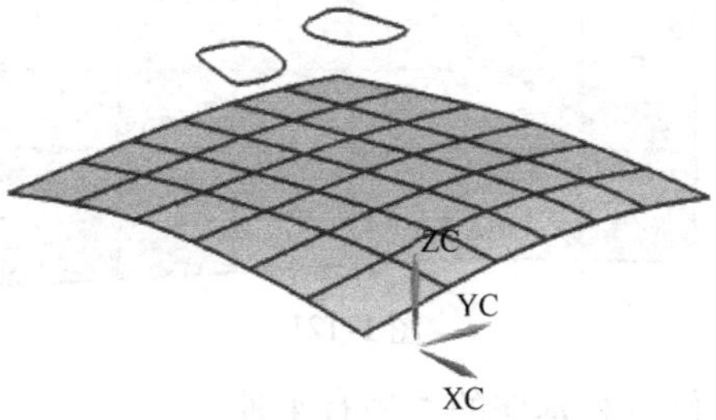

图 1-118

STEP 3：修剪片体（垂直于面）。

选择菜单中的【插入(S)】/【修剪(T)】/【修剪片体(R)...】命令或在【特征】工具条中选择（修剪片体）图标，出现【修剪片体】特征对话框，在图形中选择如图 1-119 所示的片体，按下鼠标中键，选择如图 1-119 所示的曲线，在【修剪片体】特征对话框的投影方向下拉框中选择垂直于面选项，单击应用按钮，创建修剪片体，如图 1-120 所示。

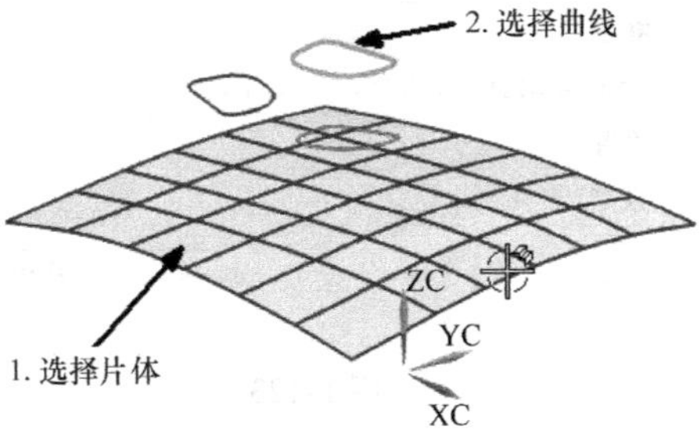

图 1-119

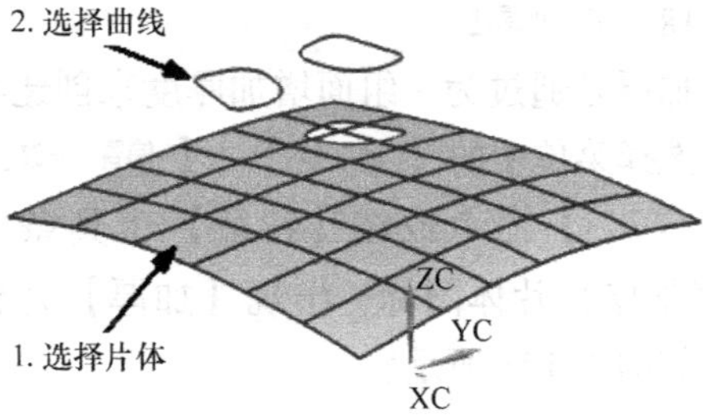

图 1-120

STEP 4：修剪片体（沿矢量）。

在图形中选择如图 1-120 所示的片体，按下鼠标中键，选择如图 1-120 所示的曲线，在【修剪片体】特征对话框的 投影方向 下拉框中选择 沿矢量选项，在 指定矢量 下拉框中选择 ZC 选项，单击 应用 按钮，创建修剪片体，如图 1-121 所示。

17. 修剪与延伸(N)...

修剪和延伸是指使用由边和曲面组成的工具体来修剪或延伸一个或多个曲面。

选择菜单中的【插入(S)】/【修剪(T)】/【修剪与延伸(N)...】命令或在【特征】工具条中选择（修剪和延伸）图标，出现【修剪和延伸】特征对话框，如图 1-122 所示。

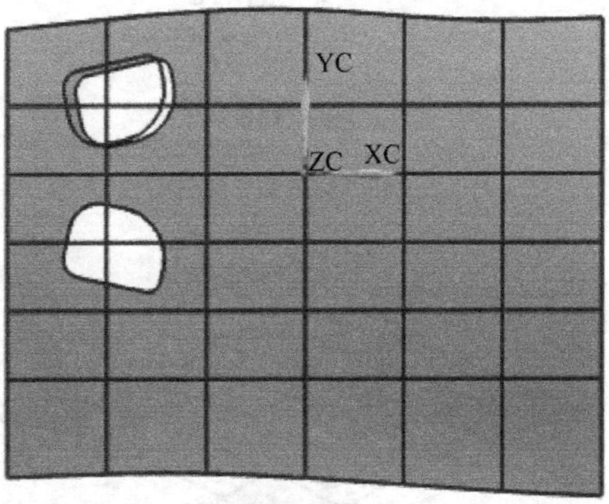

图 1-121

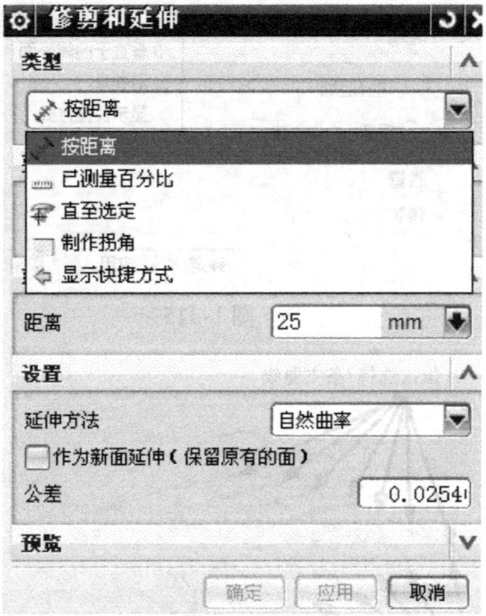

图 1-122

修剪和延伸的类型有 4 种。

1）按距离：可按指定的值延伸片体的边。

2）已测量百分比：可按所选的所有测量边的总弧长的百分比来延伸目标边。

3）直至选定：可以将目标体修剪至刀具体处。

4）制作拐角：可在目标和工具之间创建拐角。

18. 加厚(T)...

加厚是通过为一组面增加厚度来创建实体。

选择菜单中的【插入(S)】/【偏置/缩放(O)】/【加厚(T)...】命令或在【特征】工具条中选择（加厚）片体图标，出现【加厚】片体对话框，如图 1-123 所示。

图 1-123

19. 镜像特征

镜像特征用于对选定的特征以现有的平面、基准平面或新创建基准平面在同一体内关联对称地复制添加到体。

选择菜单中的【插入(S)】/【关联复制(A)】/【镜像特征(M)...】命令或在【特征】工具条中选择（镜像特征）图标，出现【镜像特征】对话框，如图1-124所示。

20. 生成实例几何特征(G)...

生成实例几何特征用于将选定的几何对象（包括点、线、边、面、实体和基准等）以指定的方法关联或非关联地复制引用。

选择菜单中的【插入(S)】/【关联复制(A)】/【生成实例几何特征(G)...】命令或在【特征】工具条中选择（实例几何体特征）图标，出现【实例几何体】特征对话框，如图1-125所示。

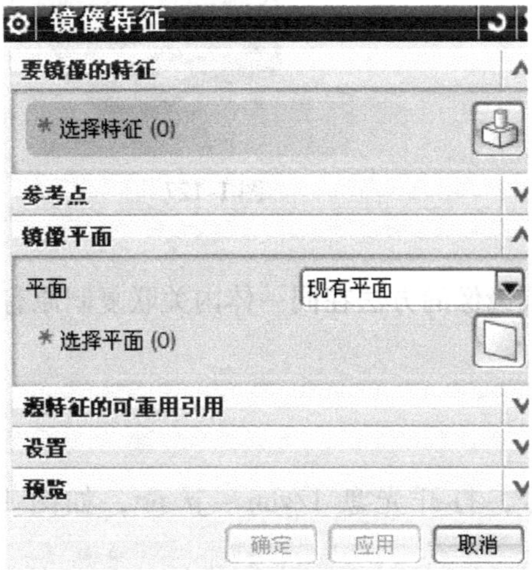

图1-124

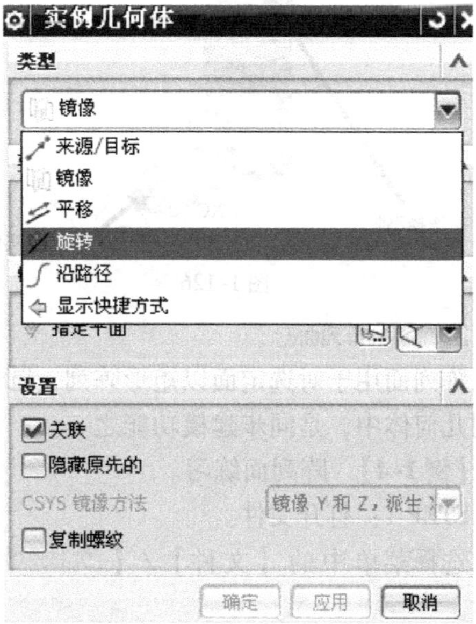

图1-125

实例几何体的类型有5种。

1) 来源/目标：可以将选取的实体特征以源位置点和目标位置点的距离为移动距离，以两点连线的方向为移动方向进行复制操作。

2) 镜像：将选取的实体或片体特征以现有的平面、基准平面或新创建基准平面进行镜像操作。

3) 平移：将实体沿指定的矢量方向、移动距离和副本数进行移动复制。

4) 旋转：将几何体绕指定的旋转轴、旋转角度、移动距离以及副本数进行旋转操作。

5) 沿路径：将几何体沿指定的路径（包括直线、圆弧、样条曲线等类型的曲线），通过设定距离和角度值以及副本数，可以进行平移和旋转的复合操作。

【例1-3】 实例几何体练习。

STEP 1：打开文件。

选择菜单中的【文件】/【打开(O)...】命令，打开光盘1/sljht. prt，如图1-126所示。

STEP 2：创建实例几何体。

选择菜单中的【插入(S)】/【关联复制(A)】/【生成实例几何特征(C)...】命令或在【特征】工具条中选择（实例几何体特征）图标，出现【实例几何体】特征对话框，在类型下拉框中选择旋转选项，在图形中选择如图1-126所示的实体，在指定矢量区域选择（自动判断的矢量）图标，在图形中选择Z轴，在角度栏输入“18”，距离栏输入“10”，副本数栏输入“19”，单击确定按钮，完成创建实例几何体，如图1-127所示。

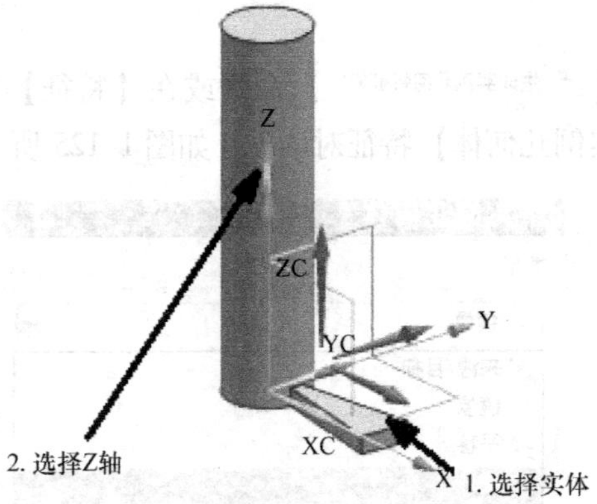

图1-126

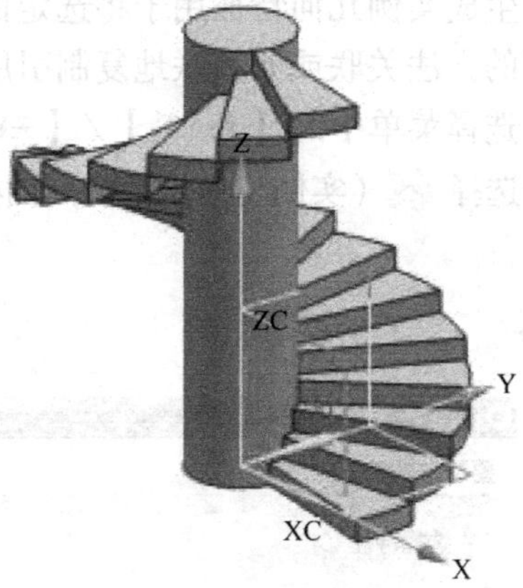

图1-127

21. 阵列面(F)...

阵列面用于对选定面以矩形阵列、圆形阵列或镜像的方法在同一体内关联复制原有面添加到几何体中，是同步建模功能之一。

【例1-4】 阵列面练习。

STEP 1：打开文件。

选择菜单中的【文件】/【打开(O)...】命令，打开光盘1/zlm－jz. prt，如图1-128所示。

STEP 2：创建阵列面——矩形阵列。

选择菜单中的【插入(S)】/【关联复制(A)】/【阵列面(F)...】命令或在【特征】工具条中选择（阵列面）图标，出现【阵列面】对话框，如图1-129所示。在类型下拉框中选择矩形阵列选项，在图形中框选凸台，选择实体边分别指定X、Y方向，如图1-130所示。在X距离、Y距离、X数量、Y数量栏分别输入“10”“10”“2”“2”，单击确定按钮，完成创建阵列面——矩形阵列，如图1-131所示。

STEP 3：打开文件。

选择菜单中的【文件】/【打开(O)...】命令，打开光盘1/zlm－yz. prt，如图1-132所示。

STEP 4：创建阵列面——圆形阵列。

选择菜单中的【插入(S)】/【关联复制(A)】/【阵列面(F)...】命令或在【特征】工具条中选择（阵列面）图标，出现【阵列面】对话框，在类型下拉框中选择圆形阵列选项，在图形中框选三角筋，选择Z轴，如图1-132所示。在角度、圆数量栏分别输入“90”和“4”，单击确定按钮，完成创建阵列面——圆形阵列，如图1-133所示。

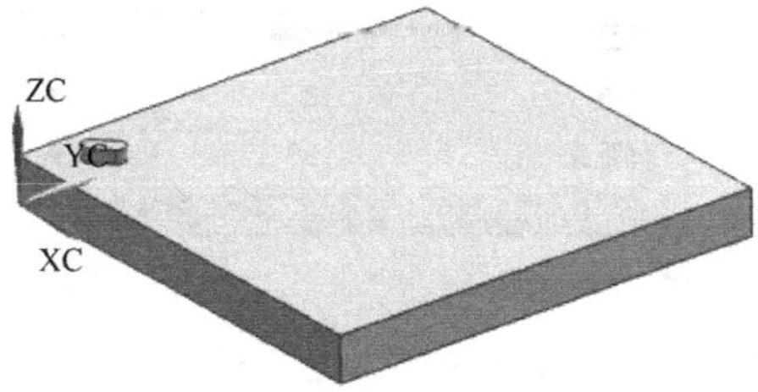

图 1-128

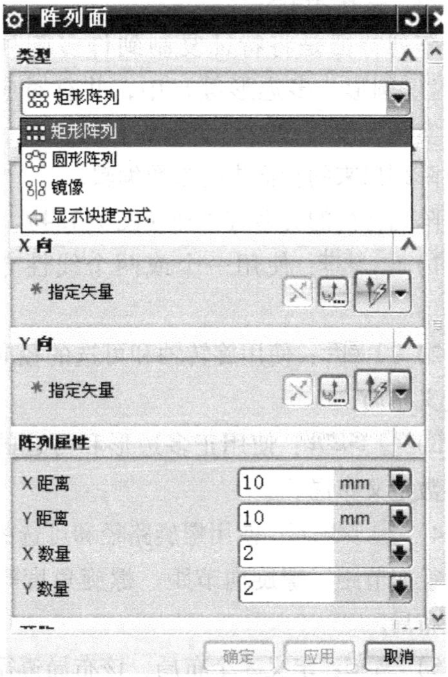

图 1-129

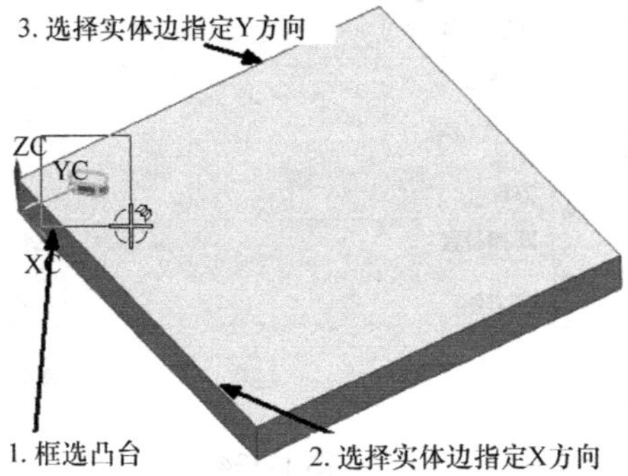

图 1-130

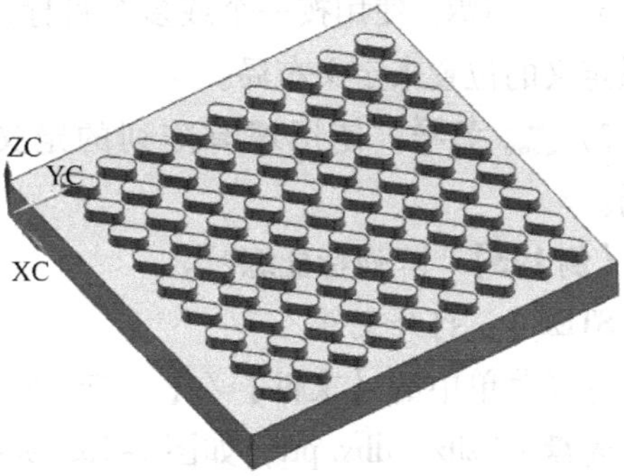

图 1-131

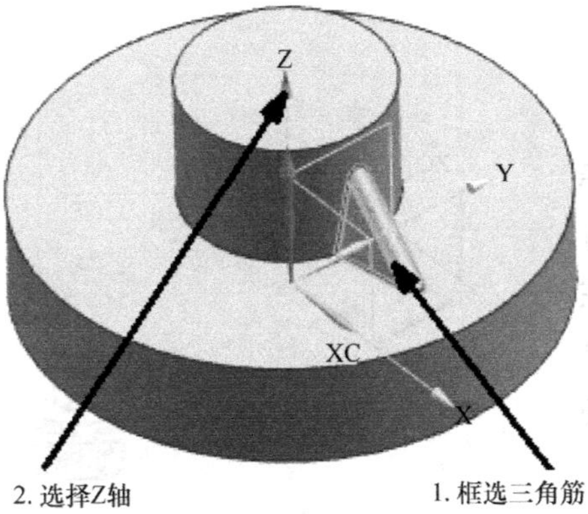

图 1-132

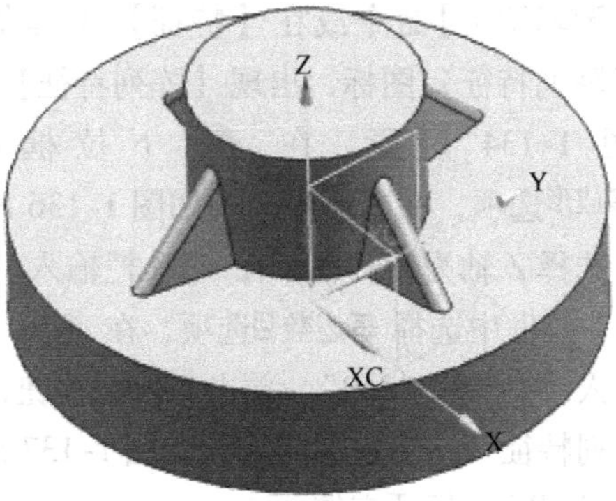

图 1-133

22. 阵列特征(A)...

阵列特征是将特征复制到许多阵列或布局（线性、圆形、多边形等）中，并有对应阵列边界、实例方位、旋转和变化的各种选项，而且可以对阵列出来的特征进行参数编辑。

阵列特征的类型有7种（图1-134）。

1）线性：使用一个或两个线性方向定义布局。

2）圆形：使用旋转轴和可选的径向间距参数定义布局。

3）多边形：使用正多边形和可选的径向间距参数定义布局。

4）螺旋式：使用螺旋路径和可选的螺旋圈数、径向节距、螺旋向节距、螺旋角度等参数来定义布局。

5）沿：定义一个布局，该布局遵循一个连续的曲线链和可选的第二曲线链或矢量。

6）常规：使用按一个或多个目标点或者坐标系定义的位置来定义布局。

7）参考：使用现有阵列的定义来定义布局。

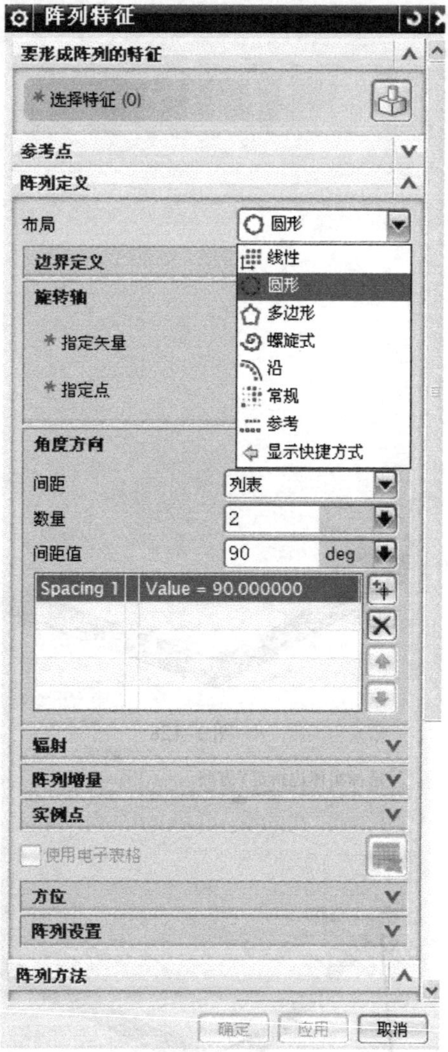

图1-134

【例1-5】 阵列特征练习。

STEP 1：打开文件。

选择菜单中的【文件】/【打开(O)...】命令，打开光盘1/ zltz－dbx. prt，如图1-135所示。

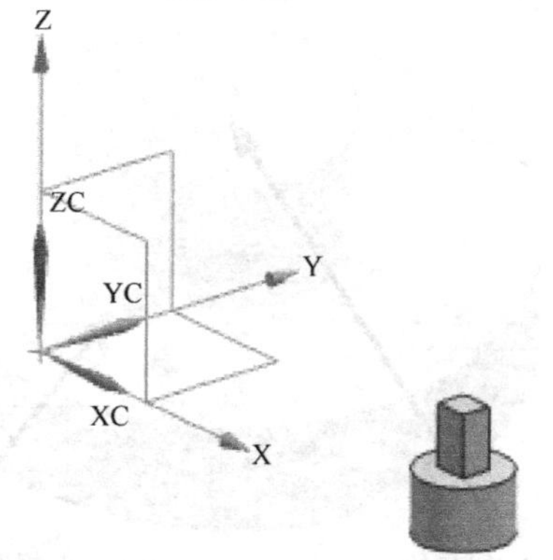

图1-135

STEP 2：创建阵列特征——多边形阵列。

选择菜单中的【插入(S)】/【关联复制(A)】/【阵列特征(A)...】命令或在【特征】工具条中选择（阵列特征）图标，出现【阵列特征】对话框，如图1-134所示。在布局下拉框中选择多边形选项，在图形中选择如图1-136所示的特征，选择Z轴为旋转轴，在边数栏输入“6”，在间距下拉框中选择每边数目选项，在数量、跨距栏分别输入“4”和“360”，单击确定按钮，完成创建阵列特征——多边形阵列，如图1-137所示。

STEP 3：打开文件。

选择菜单中的【文件】/【打开(O)...】命令，打开光盘1/ zltz－lx. prt，如图1-138所示。

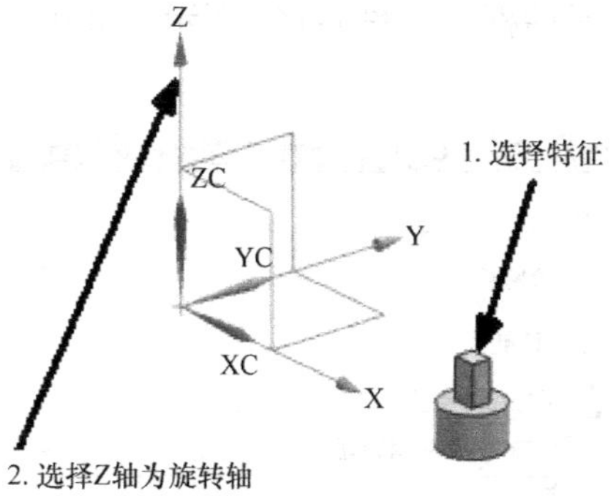

图 1-136

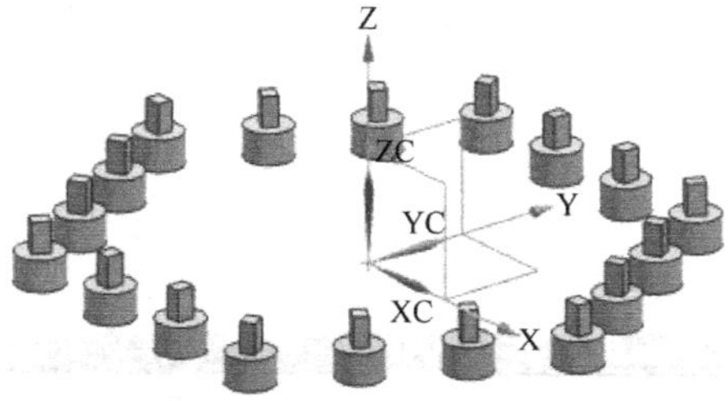

图 1-137

STEP 4：创建阵列特征——螺旋式阵列。

选择菜单中的【插入(S)】/【关联复制(A)】/【阵列特征(A)...】命令或在【特征】工具条中选择（阵列特征）图标，出现【阵列特征】对话框，在图形中选择如图 1-138 所示的特征，在布局下拉框中选择螺旋式选项，在指定平面法向下拉框中选择ZC选项，选择 X 轴为参考矢量，在方向下拉框中选择左手选项，在螺旋式大小增量下拉框中选择总角选项，在角度、径向节距、螺旋向节距栏分别输入“720”、“50”、“30”，单击确定按钮，完成创建阵列特征——螺旋式阵列，如图 1-139 所示。

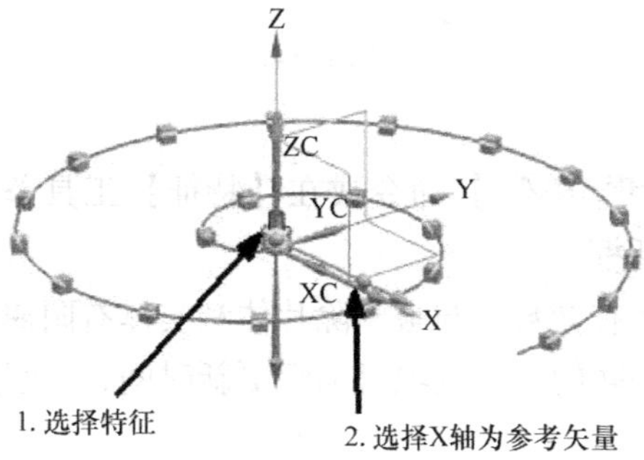

图 1-138

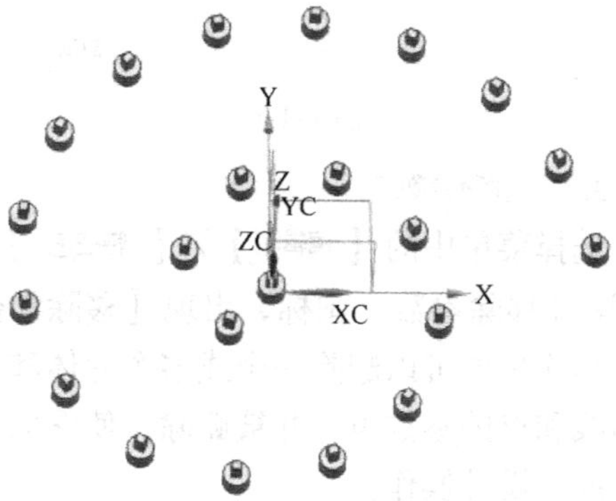

图 1-139

1.5.3 编辑特征

特征编辑是指对前面通过特征建模创建的实体特征进行编辑和修改。通过编辑实体的参数来驱动特征参数的更新，可以极大地提高工作效率和制图的准确性。编辑特征主要包括编辑参数、特征尺寸、移除参数等，下面分别介绍。

1. 编辑参数(P)...

选择菜单中的【编辑(E)】/【特征(F)】/【编辑参数(P)...】命令或在【特征】工具条中选择（编辑参数）图标，出现【编辑参数】对话框，如图 1-140 所示，可在列表框中选择一个特征进行参数编辑。

2. 特征尺寸(D)...

选择菜单中的【编辑(E)】/【特征(F)】/【特征尺寸(D)...】命令或在【特征】工具条中

选择（编辑特征尺寸）图标，出现【特征尺寸】对话框，如图1-141所示，可在列表框中选择一个特征进行尺寸编辑。

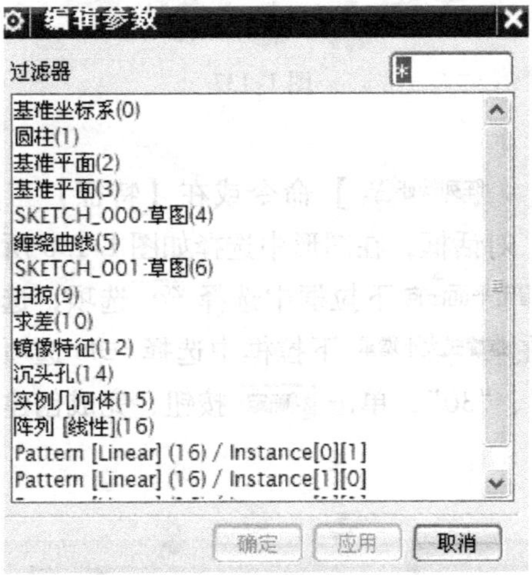

图1-140

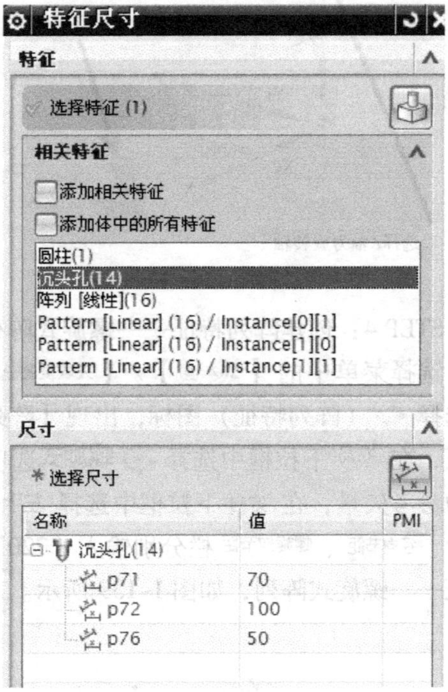

图1-141

3. 移除参数(V)...

选择菜单中的【编辑(E)】/【特征(F)】/【移除参数(V)...】命令或在【特征】工具条中选择（移除参数）图标，出现【移除参数】对话框。

移除参数可以删除一个或多个片体和实体的所有参数，与被删除片体和实体有附属关系的曲线和点的参数也一并被删除，使它们变成非关联的。此选项可缩短更新时间，一般用于零件的再设计操作。

1.6 曲面造型功能

曲面是指一个或多个没有厚度概念的面的集合曲面，有大小但没有质量。

曲面建模功能工具条主要包括曲面工具条和编辑曲面工具条，如图1-142所示。

图1-142

1.6.1 曲面的基本术语

1）片体：一个或多个没有厚度概念的面的集合，通常所说的曲面即是片体。

2）曲面栅格线：在【线框显示】模式下显示曲面栅格线，可以看出曲面的参数线构造位置。

3）曲面 U、V 方向：曲面的参数方程含有 U、V 两个参数变量，相应地，曲面模型也用 U、V 两个方向来表征。通常，曲面的引导线方向（行方向）是 U 方向，曲面的剖面线串的方向（列方向）是 V 方向。

4）曲面阶数：有时又称为次数。曲面由参数方程来表达，而阶数是参数方程的一个重要参数，每个曲面都包含了 U、V 两个方向的阶数。【曲面编辑】中的【更改阶次】命令可以更改曲面阶数。UG 系统在 U、V 两个方向的阶数为 2 ~ 24，但建议使用 3 ~ 5 阶来创建曲面，因为这样的曲面比较容易控制形状。UG 曲面的 U、V 两个方向的阶次一般推荐为 3 阶次，称为双 3 次曲面，工程上大多数使用的是这种双 3 次曲面。

5）曲面连续性：连续性描述了曲面或曲面的连续方式和平滑程度。在创建或编辑曲面时，可以利用连续性参数设置连续性，从而控制曲面的形状与质量。UG 中采用 G0、G1、G2 和 G3 来表示连续性。

G0：曲面或曲线点点相连，即曲线之间无断点，曲面相接处无裂缝，可归纳为“点连续（无连续性约束）”。

G1：曲面或曲线点点连续，并且所有连接的线段或曲面之间都是相切关系，可归纳为“相切连续（相切约束）”。

G2：曲面或曲线点点连续，并且其连接处的曲率分析结果为连续变化，可归纳为“曲率连续（曲率约束）”。

6）公差：一些自由形状曲面建立时采用近似方法，需要使用距离公差和角度公差，分别反映近似曲面和理论曲面所允许距离误差和面法向角度允许误差。

7）截面线：是指控制曲面 U 方向的方位和尺寸变化的曲线组，可以是多条或者是单条曲线。其不必光顺，而且每条截面线内的曲线数量可以不同，一般不超过 150 条。

8）引导线：用于控制曲线的 V 方向的方位和尺寸，可以是样条曲线、实体边缘和面的边缘，可以是单条曲线也可以是多条曲线。其最多可选择 3 条，并且需要 G1 连续。

1.6.2　曲面造型中一些经验与设计原则

1）创建曲面的边界曲线应尽可能简单。一般情况下，曲线阶次不大于 3。当需要曲率连续时，可以考虑使用 5 阶曲线。

2）用于创建曲面的边界曲线要保持光滑连续，避免产生尖角、交叉和重叠。另外，在创建曲面时，需要对所利用的曲线进行曲率分析，曲率半径尽可能大，否则会造成加工困难和使形状复杂。

3）避免创建非参数化曲面特征。

4）曲面要尽量简洁，面尽量做大，对不需要的部分要进行裁剪，曲面的张数要尽量少。

5）根据不同部件的形状特点，合理使用各种曲面特征创建方法。尽量采用实体修剪，再采用挖空方法创建薄壳零件。

6）曲面特征之间的圆角过渡尽可能在实体上进行操作。

7）曲面的曲率半径和内圆角半径不能太小，要略大于标准刀具的半径，否则容易造成加工困难。

1.6.3 曲面功能

1. 直纹(R)...

直纹曲面是通过两条截面线串生成曲面，每条截面线串可以是多条连续的曲线、曲面或体边界。

选择菜单中的【插入(S)】/【网格曲面(M)】/【直纹(R)...】命令或在【曲面】工具栏中选择（直纹）图标，出现【直纹】对话框，如图1-143所示。

2. 通过曲线组(T)...

通过曲线组曲面指通过一系列轮廓曲线（大致在同一方向）建立曲面或实体。轮廓曲线又称为截面线串。截面线串可以是曲线、实体边界或实体表面等几何体。其生成特征与截面线串相关联，当截面线串编辑修改后，特征会自动更新。截面线是在封闭情况下默认创建出实体。

通过曲线组方式与直纹方法类似，区别在于直纹面只适用于两条截面线串，并且两条截面线串之间总是相连的，而通过曲线组最多允许使用150条截面线串。

选择菜单中的【插入(S)】/【网格曲面(M)】/【通过曲线组(T)...】命令或在【曲面】工具栏中选择（通过曲线组）图标，出现【通过曲线组】对话框，如图1-144所示。

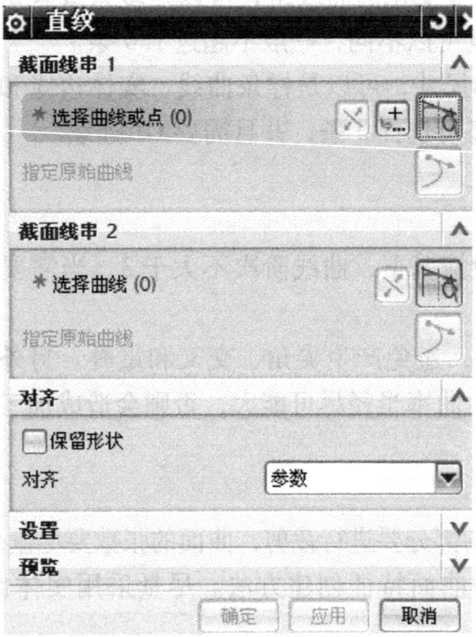

图1-143

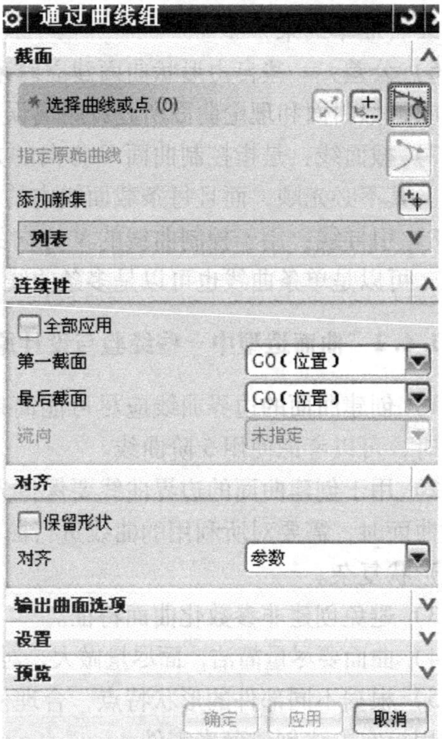

图1-144

3. 通过曲线网格(M)...

通过曲线网格曲面是指用主曲线和交叉曲线创建曲面的一种方法。其中主曲线是一组同方向的截面线串，而交叉曲线是另一组大致垂直于主曲线的截面线。通常把第一组曲线线串称为主曲线，把第二组曲线线串称为交叉曲线。由于没有对齐选项，在生成的曲面上，主曲线上的尖角不会生成锐边。通过曲线网格曲面建模有以下几个特点：

1）生成曲面或体与主曲线和交叉曲线相关联。

2）生成曲面为双多次三项式，即曲面在行与列两个方向均为3次。

3）主曲线环状封闭，可重复选择第一条交叉线作为最后一条交叉线，可形成封闭实体。

4）选择主曲线时，点可以作为第一条截面线和最后一条截面线的可选对象。

【例1-6】 通过曲线网格练习。

STEP 1：打开文件。

选择菜单中的【文件】/【打开(O)...】命令，打开光盘1/wg. prt，如图1-145所示。

STEP 2：创建通过曲线网格特征。

选择菜单中的【插入(S)】/【网格曲面(M)】/【通过曲线网格(M)...】命令或在【曲面】工具栏中选择（通过曲线网格）图标，出现【通过曲线网格】对话框，如图1-146所示。

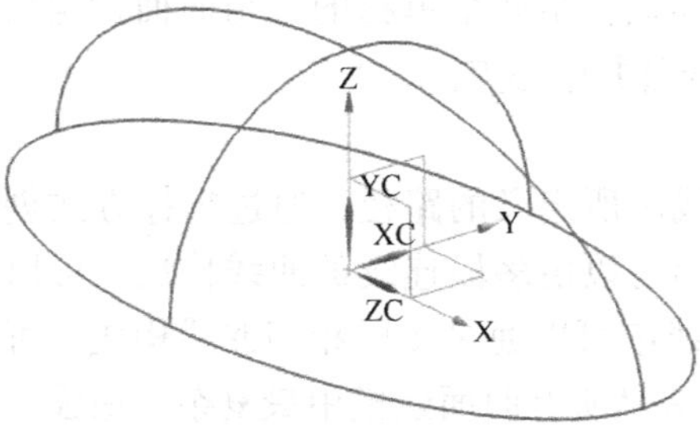

图1-145

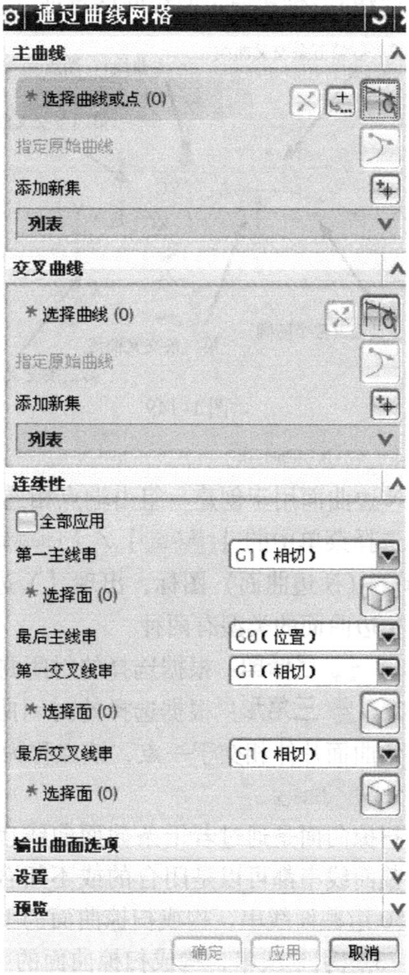

图1-146

在图形中按照如图1-147所示选择端点为主曲线1，选择曲线为主曲线2，选择端点为主曲线3，再依次选择3条交叉曲线，创建网格曲面，如图1-148所示。

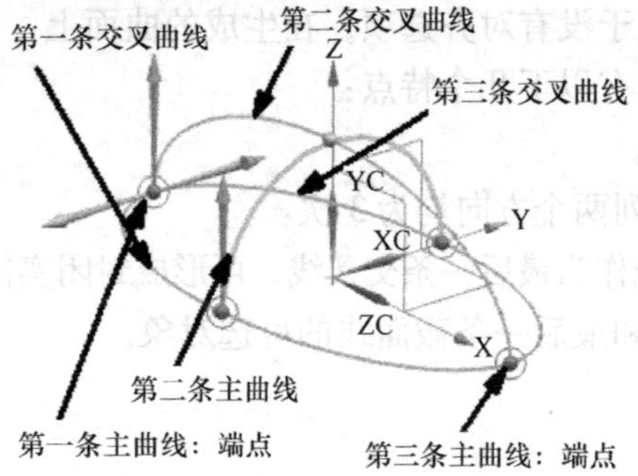

图 1-147

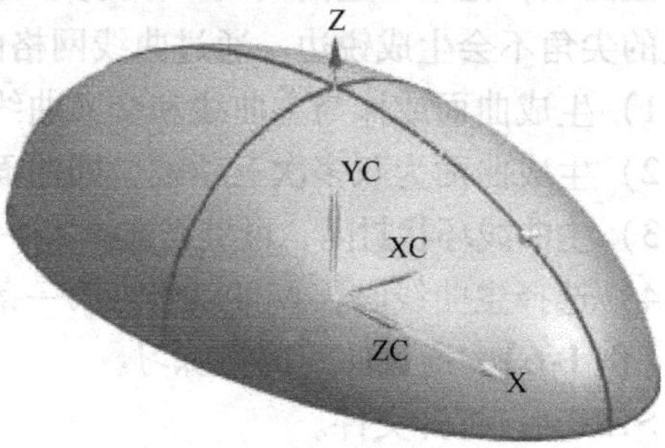

图 1-148

STEP 3：创建通过曲线网格特征。

更换一种选择主曲线和交叉曲线的方法，在图形中按照如图 1-149 所示选择端点为主曲线 1，选择曲线为主曲线 2，再依次选择 5 条交叉曲线（注意第一条曲线和第五条曲线为同一条曲线），创建通过曲线网格特征（实体），如图 1-150 所示。

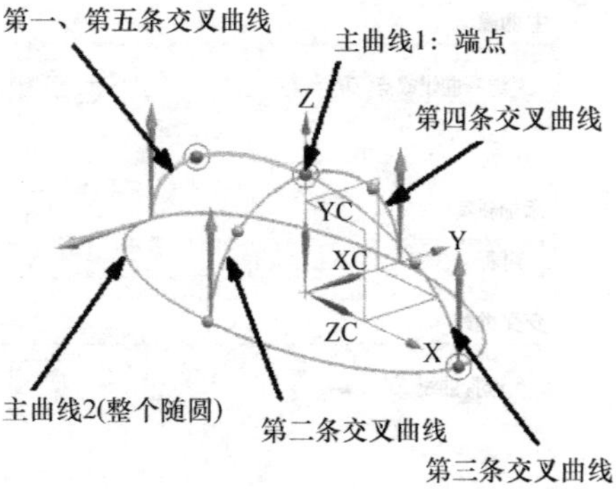

图 1-149

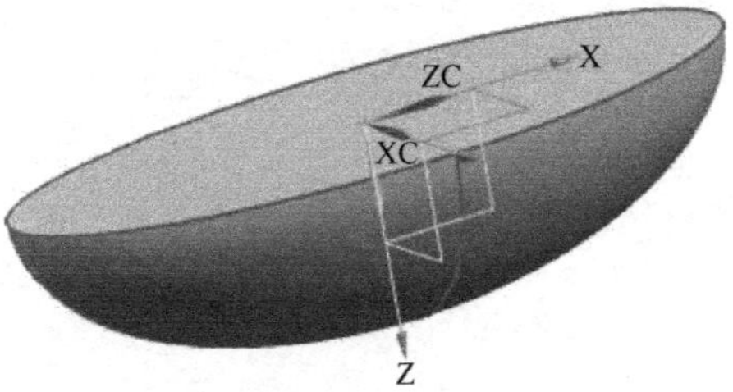

图 1-150

4. N 边曲面(N)...

N 边曲面用于创建一组由端点相连的曲线封闭的曲面，并指定其与外部面的连续性。

选择菜单中的【插入(S)】/【网格曲面(M)】/【N 边曲面(N)...】命令或在【曲面】工具栏中选择（N 边曲面）图标，出现【N 边曲面】对话框，如图 1-151 所示。

N 边曲面的类型有两种。

1）已修剪：根据选择的封闭曲线建立单一曲面。

2）三角形：根据选择的封闭曲线创建的曲面，由多个单独的三角曲面片组成。这些三角曲面片体相交于一点，该点称为 N 边曲面的公共中心点。

5. 扫掠(S)...

扫掠曲面是通过若干条截面曲线串，沿引导线串所定义的路径，通过扫掠方式创建曲面。截面线串都可以是闭合的或不闭合。截面线串可以由多段连续的曲线构成，可以选择 1 ~150 组截面线串，构成扫掠曲面的 U 向。引导线串可以通过多段相切曲线构成，可以选择 1 ~3 组引导线串，构成扫掠曲面的 V 向。该方法是所有曲面建模中最复杂、最强大的一种，在工业设计中使用广泛。

选择菜单中的【插入(S)】/【扫掠(W)】/【扫掠(S)...】命令或在【曲面】工具栏中选择（扫掠）图标，出现【扫掠】对话框，如图 1-152 所示。

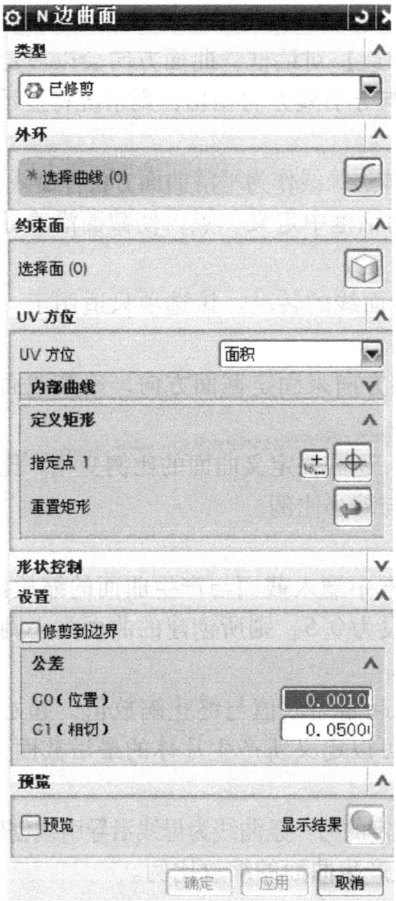

图 1-151

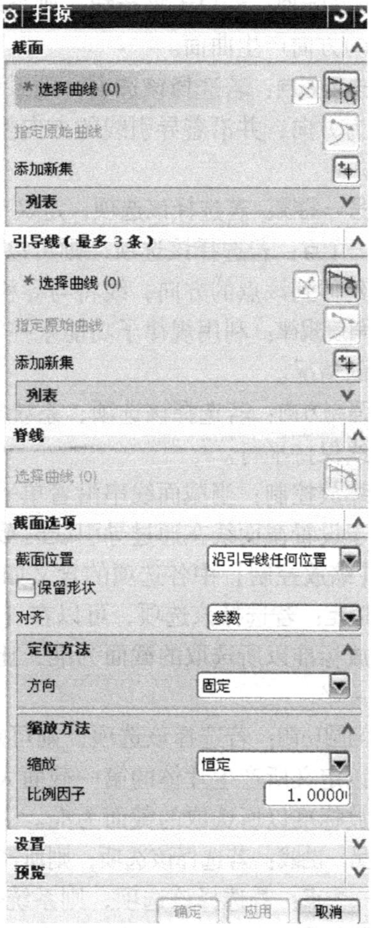

图 1-152

使用脊线扫掠时，系统在脊线上每个点构造一个平面，称为截平面，此平面垂直于脊线在该点的切线，然后系统求出截平面与引导线的交点，这些交点用于产生控制方向和收缩比例的矢量轴。

插补方式：

线性：设定第一条截面线与第二条截面线的比例变化为线性关系。

三次：设定第一条截面线与第二条截面线的比例变化为三次方关系。

对齐方式：

参数：沿定义曲线将等参数曲线将要通过的点以相等的参数隔开。

弧长：沿定义曲线将等参数曲线将要通过的点以相等的弧长隔开。

根据点：将不同外形的截面线串上的指定点对齐。

方向控制：当截面线沿着单一引导线串移动时，截面线串的方向控制对于生成所需的正确扫掠体是很重要的。

【方向控制】中各个选项的含义如下：

固定：若选择该选项，则不需要重新定义方向，截面线串将按照其所在的平面的法线方向生成曲面，并将沿着导引线保持这个方向。

面的法向：若单击该按钮，则系统会要求选取一个曲面，以所选取的曲面法向和沿着导引线的方向产生曲面。

矢量方向：若选择该选项，则系统会显示【矢量构造】对话框，曲面方向会以所定义的向量为方向，并沿着导引线的方向生成。若向量方向与导引线方向相切，则系统将显示错误信息。

另一曲线：若选择该选项，定义平面上的曲线或实体边缘线作为平滑曲面方位控制线。

一个点：若选择该选项，则可以在【点构造器】对话框中定义一点，使截面沿着导线的长度延伸到该点的方向，线将与导引线保持平行。

角度规律：利用规律子功能来控制扫掠体相对于截面线的转动。该选项只适用于一条截面线的情况。

强制方向：若选择该选项，系统要求用户选取强制方向来固定截面方向，使其截面线与导引线保持平行。

缩放控制：当截面线串沿着单一引导线串移动时，还需要定义曲面的比例变化。比例变化用于设置截面线在通过导引线时截面线尺寸的放大与缩小比例。

【缩放控制】中各选项的含义如下：

恒定：若选择该选项，可以在【比例因子】文本框中输入截面与产生曲面的缩放比率。其缩放标准以所选取的截面为准，比如：将缩放比率设为 0.5，则所创建的曲面大小则为截面的一半。

倒圆功能：若选择该选项，则可定义所产生曲面的起始缩放值与终止缩放值，起始缩放值可以定义所产生片体的第一截面大小，终止缩放值可以定义所产生片体的最后截面大小，其缩放标准以所选取的截面为准。

另一曲线：若选择该选项，则所产生的片体将以所指定的另一条曲线为母线沿导引线创建。

一个点：若选择该选项，则系统会以一个点来定义产生曲面的缩放比例。

面积规律：该选项可用面积法则定义片体的比例变化方式。

周长规律：该选项与【面积规律】按钮大致相同，其不同之处仅在于使用周长法则时，曲线 Y 轴定义的终点值为所创建片体的周长，而面积法则定义的为面积大小。

6. 截面(E)...

截面是通过一系列二次曲线生成曲面。创建截面可以理解为在截面曲线上创建曲面，主要是利用与截面曲线相关的条件来控制一组连续截面曲线的形状，从而生成一个连续的曲面。其特点是垂直于脊线的每个横截面内均为精确的二次（三次或五次）曲线，在飞机机身和汽车覆盖件建模中应用广泛。

选择菜单中的【插入(S)】/【扫掠(W)】/【截面(E)...】命令或在【曲面】工具栏中选择（剖切曲面）图标，出现【剖切曲面】对话框，如图 1-153 所示。

截面即剖切曲面，其类型有 20 种，其中“Rho”是投射判别式，是控制截面线“丰满度”的一个比例值。“顶点线串”用于完全定义截型体所需数据，其他线串用于控制曲面的起始和终止边缘以及曲面形状。

7. 规律延伸(L)...

规律延伸是在已有片体或表面上曲线或原始曲面的边上，动态地基于长度和角度按指函数规律变化对曲面的延伸进行控制。

选择菜单中的【插入(S)】/【弯边曲面(G)】/【规律延伸(L)...】命令或在【曲面】工具栏

中选择（规律延伸）图标，出现【规律延伸】对话框，如图 1-154 所示。

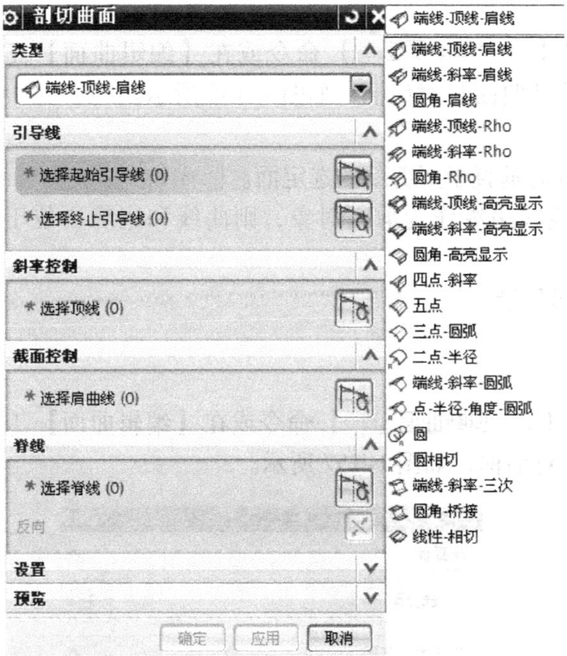

图 1-153

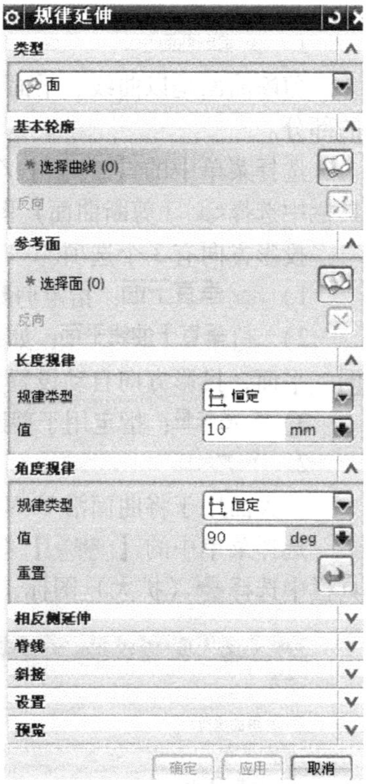

图 1-154

规律延伸的类型有两种。

1）面：用于选择规律延伸的参考方式，选择面激活。

2）矢量：用于定义延伸面的参考方向。

【规律延伸】对话框中各选项的功能和含义如下：

长度规律：用来选择一种控制延伸长度的方法，其选项有恒定、线性、三次、根据方程、根据规律曲线、多重过渡。

角度规律：用来选择一种控制延伸角度的方法，其选项有恒定、线性、三次、根据方程、多重过渡、根据规律曲线。

相反侧延伸：定义延伸类型，有对称和非对称两个选项。

8. 有界平面(B)...

有界平面用于通过在同一平面封闭且不自相交的曲线来创建平面，可以创建多个封闭曲线的曲面，内部的封闭曲线则挖空。

选择菜单中的【插入(S)】/【曲面(R)】/【有界平面(B)...】命令或在【曲面】工具栏中选择（有界平面）图标，出现【有界平面】对话框，如图 1-155 所示。

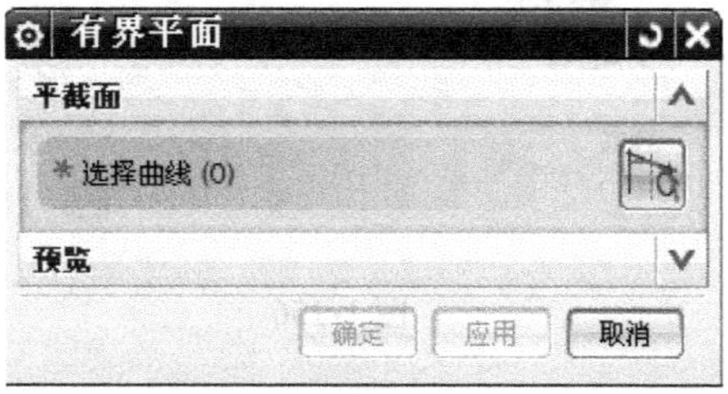

图 1-155

1.6.4 编辑曲面功能

1. 剪断曲面(S)...

剪断曲面是以曲线、平面、曲面为参照，分割或剪断一个或多个实体面或曲面中不需要的部分。

选择菜单中的【编辑(E)】/【曲面(R)】/【剪断曲面(S)...】命令或在【编辑曲面】工具栏中选择（剪断曲面）图标，出现【剪断曲面】对话框，如图 1-156 所示。

投影方向有 3 个选项。

1）垂直于面：指定剪断对象的投影方向垂直于要剪断的选定面。

2）垂直于曲线平面：如果选择多个曲线或边缘作为剪断对象，则曲线和边缘要位于同一平面，投影方向自动设置为垂直于该平面。

3）沿矢量：指定用于剪断面操作的投影矢量。

2. 扩大(L)...

扩大面用于将曲面沿 U/V 方向扩大或缩小。

选择菜单中的【编辑(E)】/【曲面(R)】/【剪断曲面(S)...】命令或在【编辑曲面】工具栏中选择（扩大）图标，出现【扩大】对话框，如图 1-157 所示。

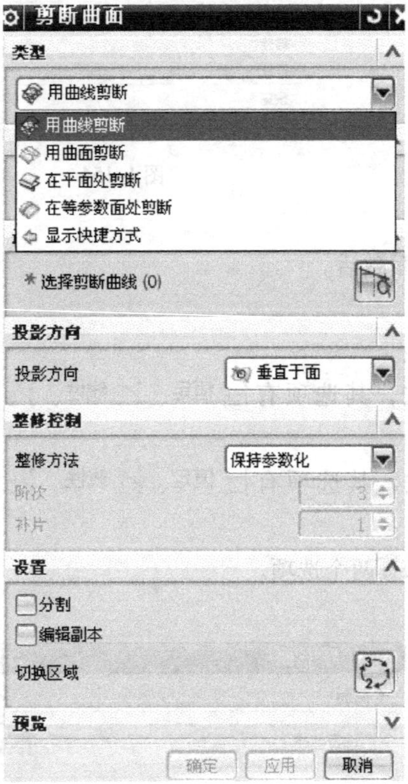

图 1-156

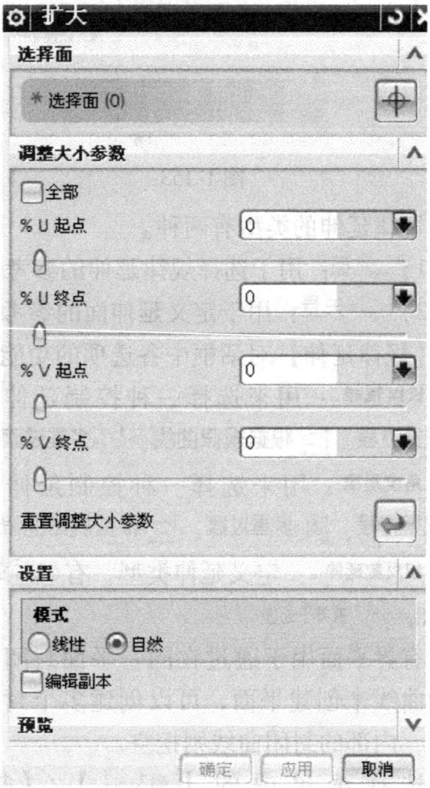

图 1-157

3. 边界(B)...

边界功能可以编辑片体的边界，具体包括删除孔、恢复修剪掉的部分和替换边界。

选择菜单中的【编辑(E)】/【曲面(R)】/【边界(B)...】命令或在【编辑曲面】工具栏中选择（边界）图标，出现【编辑片体边界】对话框，如图1-158所示，选择要编辑的片体后出现【编辑片体边界】选项对话框，如图1-159所示。

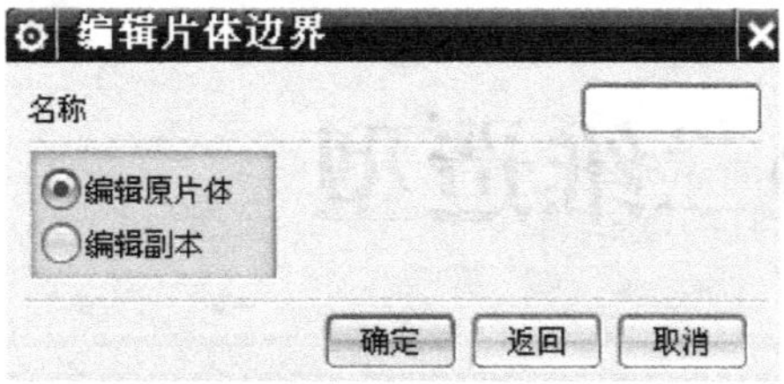

图1-158

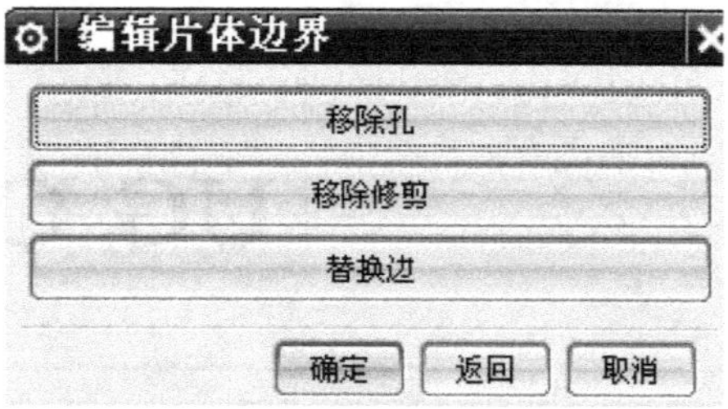

图1-159

移除孔：删除片体中指定的孔。

移除修剪：删除片体上所有的修剪（包括边界修剪和孔），恢复片体的原始形状。

替换边：可以用曲面内或曲面外的一组曲线或边界来替换原来的曲面边界。

4. 法向反向(N)...

法向反向用于改变曲面的法向，使其改变为法线方向的反方向。

选择菜单中的【编辑(E)】/【曲面(R)】/【法向反向(N)...】命令或在【编辑曲面】工具栏中选择（法向反向）图标，出现【法向反向】对话框，如图1-160所示。

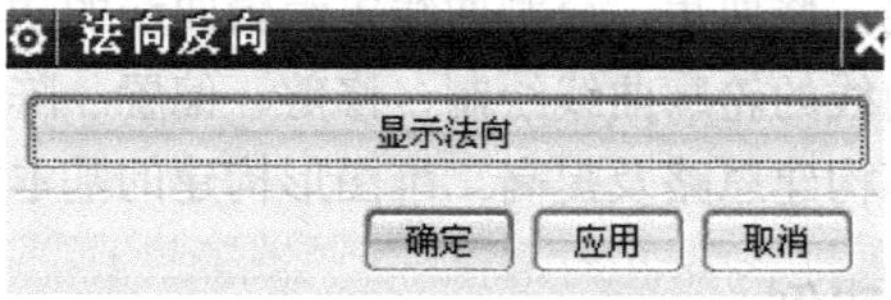

图1-160

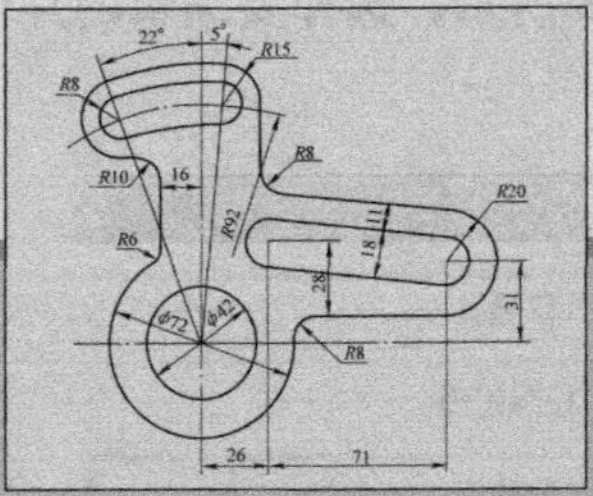

第 2 章 UG CAD二维造型

【实例说明】

本章主要讲述二维图形的构建。二维图形的构建思路为：首先分析图形的组成，确定原点的位置，绘制中心线，再计算重要的端点坐标，依次采用直线、圆/圆弧及其他基本曲线功能构建二维曲线，并用编辑、修剪功能构建二维截面；草图构建思路为：首先分析图形的组成，采用草图曲线工具绘制主要曲线，再加上相关约束，然后标注尺寸，最后生成草图。

【学习目标】

通过该章实例的练习，使读者能熟练掌握直线、圆、圆弧、偏置曲线、倒圆功能等的创建方法；熟练运用修剪曲线、修剪角、分割曲线等编辑曲线的功能，以及方程曲线的表达式创建功能；熟练掌握草图曲线的轮廓曲线绘制、修剪、偏置、阵列、镜像功能，以及如何约束曲线、标注尺寸等；开拓构建思路及提高二维图形构建的基本技巧。

2.1　二维图形构建实例一

截面图形及尺寸如图 2-1 所示。

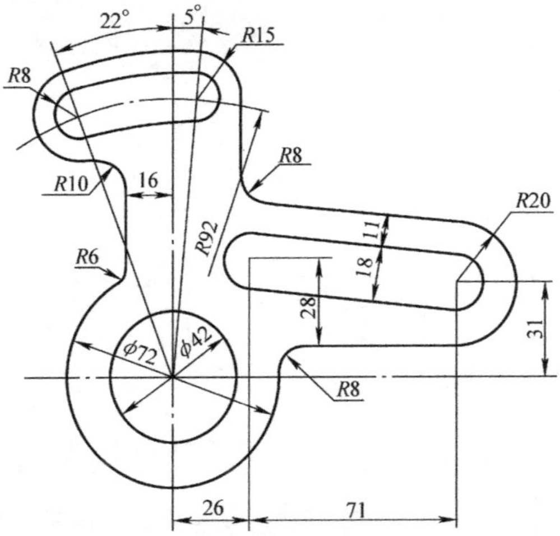

图 2-1

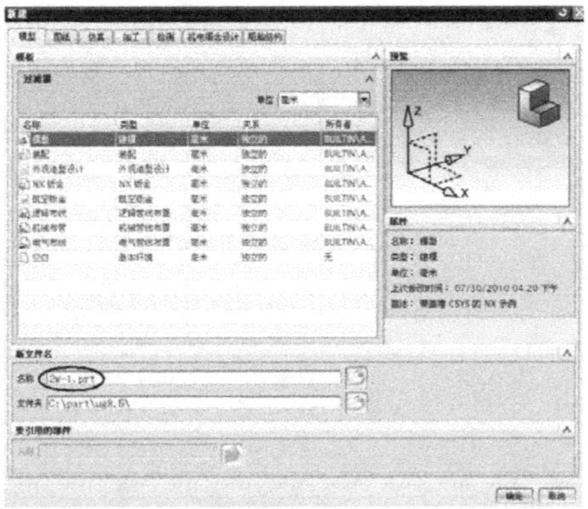

图 2-2

1. 新建文件

选择菜单中的【文件(F)】/【新建(N)...】命令或选择(新建)图标，出现【新建】部件对话框，如图 2-2 所示。在名称栏中输入“2w-1”，在【单位】下拉框中选择【毫米】选项，以毫米为单位，单击确定按钮，建立文件名为 2w-1. prt、单位为毫米的文件。

2. 对象预设置

选择菜单中的【首选项(P)】/【对象(O)...】命令，出现【对象首选项】对话框，如图 2-3 所示，在【类型】下拉框中选择【直线】，在【颜色】栏单击颜色区，出现【颜色】选择框，如图 2-4 所示，选择如图 2-4 所示的颜色，然后单击确定按钮，系统返回【对象首选项】对话框，在【线型】下拉框中选择【—·—·—】（中心线），最后单击确定按钮，完成预设置。

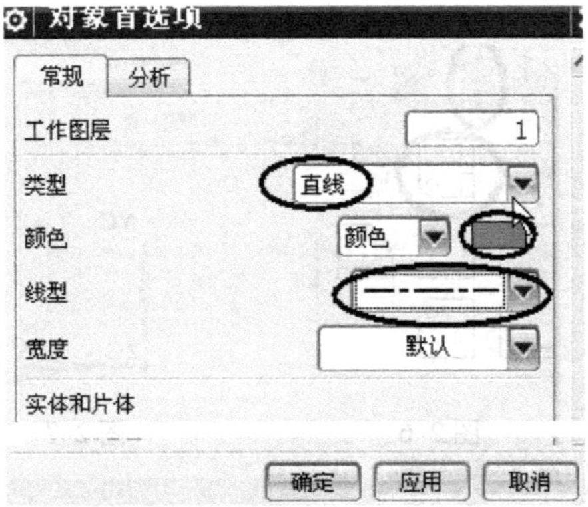

图 2-3

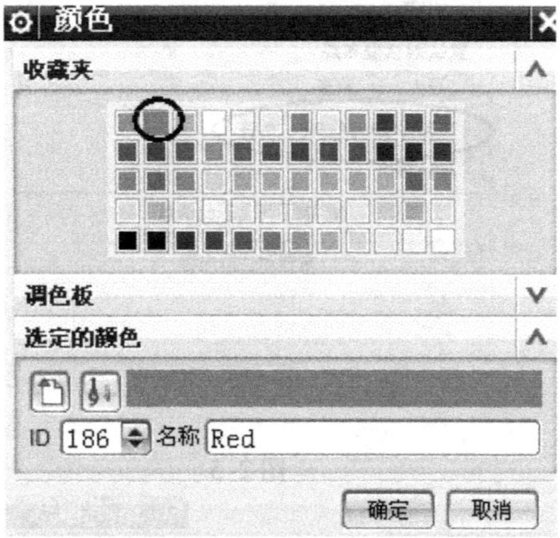

图 2-4

3. 取消跟踪设置

如果用户已经设置取消跟踪，可以跳过这一步。选择菜单中的【首选项(P)】/【用户界面(I)...】命令，出现【用户界面首选项】对话框，如图 2-5 所示，取消选中在跟踪条中跟踪光标位置选项，然后单击确定按钮，完成取消跟踪设置。

4. 旋转视图方向

在【视图】工具条中选择如图 2-6 箭头所指的（定向视图下拉菜单）图标，在出现的各种视图里选择（俯视图）图标，如图 2-6 所示，图形中的坐标已经转成如图 2-7 所示。

5. 绘制水平中心线

选择菜单中的【插入(S)】/曲线(C)】/基本曲线(B)...】命令或在【曲线】工具条中选择（基本曲线）图标，出现【基本曲线】对话框，选择（直线）图标，取消勾选线串模式选项，如图 2-8 所示，在【跟踪条】的【XC】、【YC】、【ZC】栏分别输入“-40”、“0”、“0”，如图 2-9 所示，然后按回车键，接着继续在【跟踪条】的【XC】、【YC】、【ZC】栏分别输入“140”、“0”、“0”，如图 2-10 所示，然后按回车键，画出一条中心线，如图 2-11 所示。

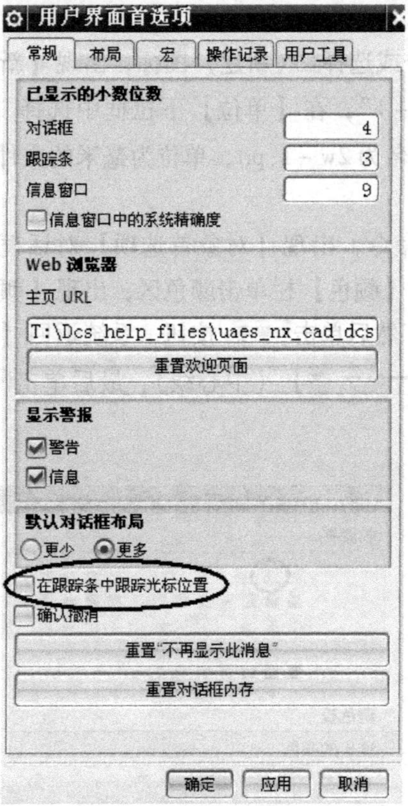

图 2-5

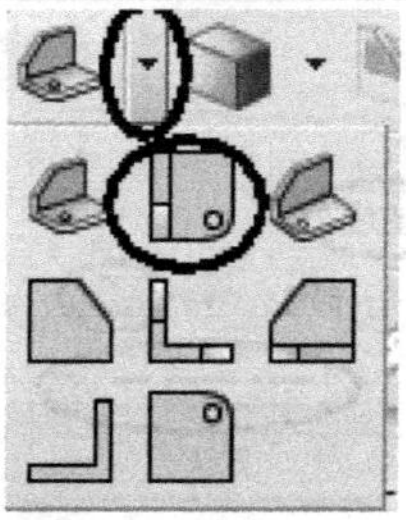

图 2-6

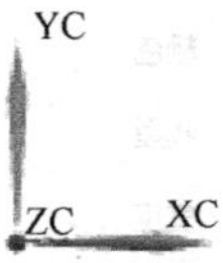

图 2-7

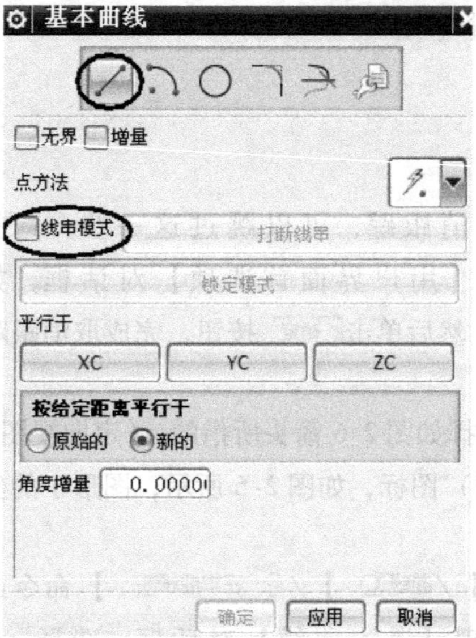

图 2-8

6. 绘制竖直中心线

接着继续在【跟踪条】的【XC】、【YC】、【ZC】栏分别输入“0”、“ −40”、“0”，如图2-12

所示，然后按回车键，接着继续在【跟踪条】的【XC】、【YC】、【ZC】栏分别输入“0”、“110”、“0”，如图2-13所示，然后按回车键，画出一条中心线，完成后如图2-14所示。

图2-9

图2-10

图2-11

图2-12

图2-13

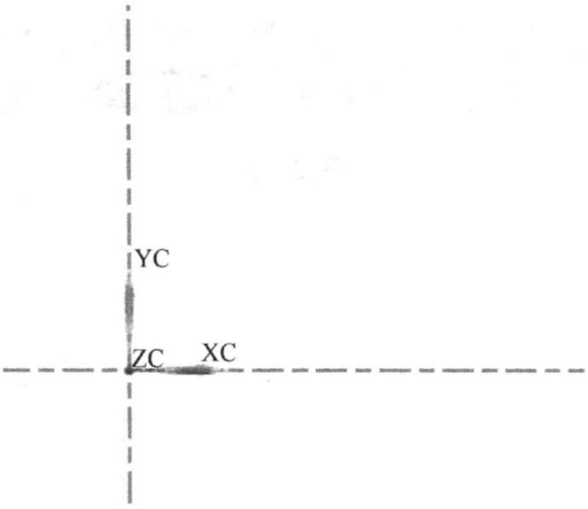

图2-14

7. 绘制辅助直线

接着继续在【跟踪条】的【XC】、【YC】、【ZC】栏分别输入“0”、“0”、“0”，如图2-15所示，然后按回车键，接着在【跟踪条】的栏输入“110”，栏输入“85”，如图2-16所示，然后按回车键，绘制一条直线，完成后如图2-17所示。

图 2-15

图 2-16

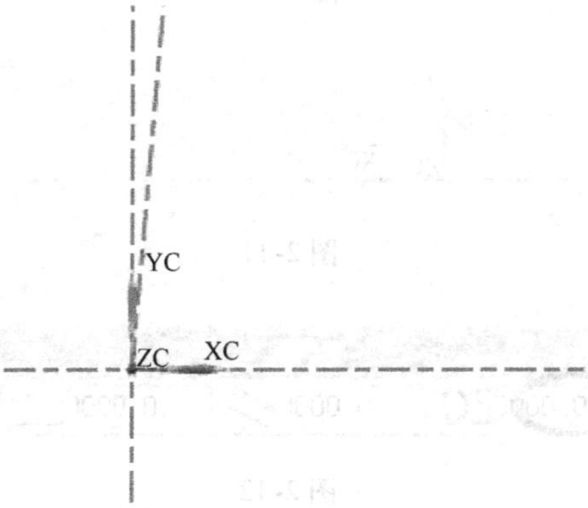

图 2-17

继续绘制直线，在【跟踪条】的【XC】、【YC】、【ZC】栏分别输入“0”、“0”、“0”，然后按回车键，接着在【跟踪条】的栏输入“110”，△栏输入“112”，如图 2-18 所示，然后按回车键，绘制一条直线，完成后如图 2-19 所示。

图 2-18

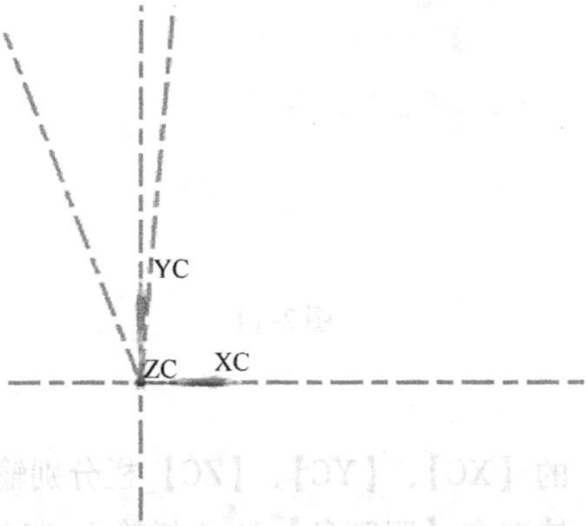

图 2-19

8. 对象预设置

选择菜单中的【首选项(P)】/【对象(O)...】命令，出现【对象首选项】对话框，在【类型】下拉框中选择圆弧，并进行圆弧预设置（步骤略）。

9. 绘制辅助圆弧

选择菜单中的【插入(S)】/【曲线(C)】/【基本曲线(B)...】命令或在【曲线】工具条中选择（基本曲线）图标，出现【基本曲线】对话框，选择（圆弧）图标，如图 2-20 所示，取消线串模式，在创建方法栏选择中心点，起点，终点选项，在【跟踪条】的【XC】、【YC】、【ZC】栏输入“0”、“0”、“0”，如图 2-21 所示，然后按回车键，接着在【跟踪条】的（半径）栏输入“92”，（起始角度）栏输入“75”，（终止角度）栏输入“130”，如图 2-22 所示，然后按回车键，画出一条圆弧，如图 2-23 所示。

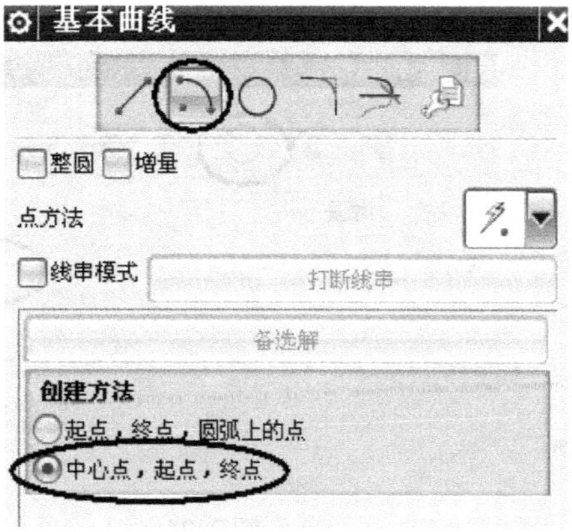

图 2-20

图 2-21

图 2-22

10. 对象预设置

选择菜单中的【首选项(P)】/【对象(O)...】命令，出现【对象首选项】对话框，在【类型】下拉框中选择【直线】，在【颜色】下拉框中选择【默认】，在【线型】下拉框中选择默认选项，然后单击应用按钮，完成预设置。

在【类型】下拉框中选择【圆弧】，在【颜色】下拉框中选择【默认】，在【线型】下拉框中选择默认选项，然后单击确定按钮，完成圆弧预设置。

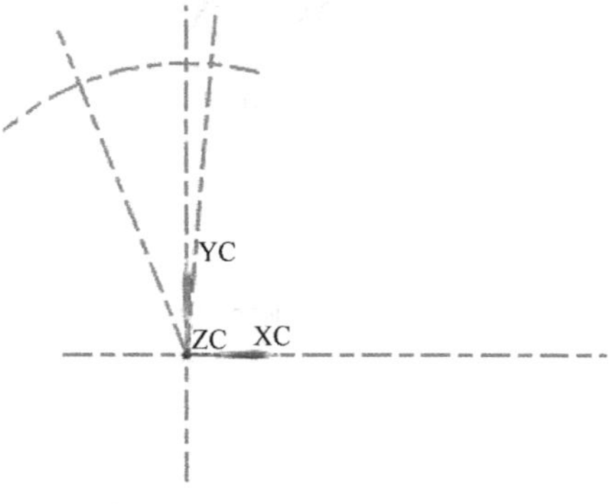

图 2-23

11. 绘制圆

选择菜单中的【插入(S)】/【曲线(C)】/【基本曲线(B)...】命令或在【曲线】工具条中选择（基本曲线）图标，出现【基本曲线】对话框，选择（圆）图标，如图 2-24 所示，在点方法下拉框中选择（交点）选项，然后在图形中选择辅助直线与圆弧，如图 2-25 所示，接着在【跟踪条】的（半径）栏输入“8”，如图 2-26 所示，然后按回车键，完成创建圆，如图 2-27 所示。

继续绘制圆，在图形中选择辅助直线与圆弧，如图 2-28 所示，接着在【跟踪条】的 ↗（半径）栏输入“8”，然后按回车键，完成创建圆，如图 2-29 所示。

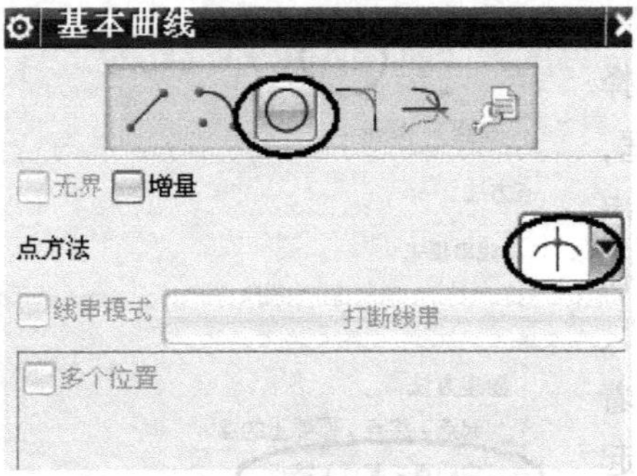

图 2-24

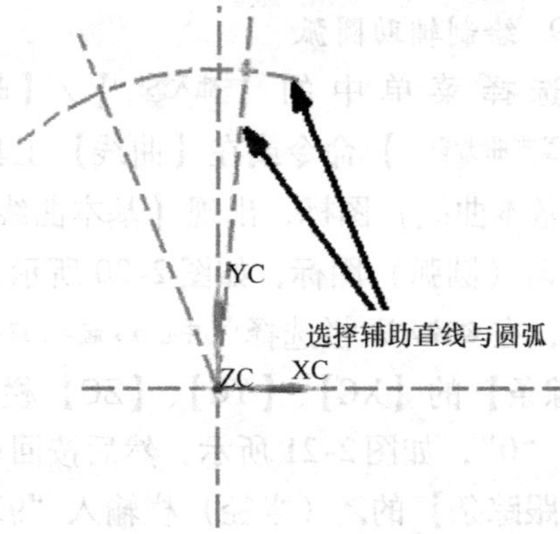

图 2-25

图 2-26

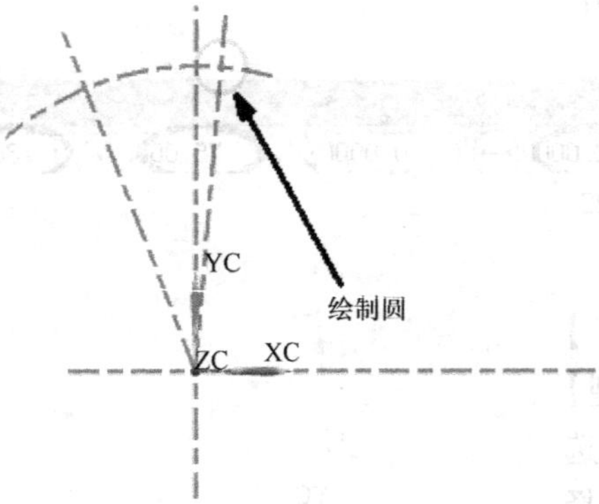

图 2-27

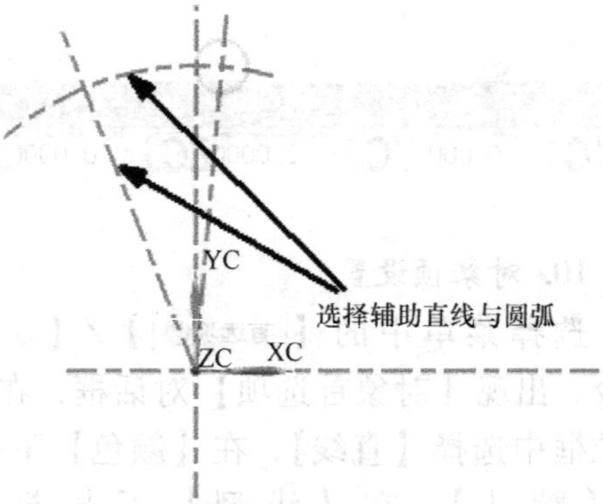

图 2-28

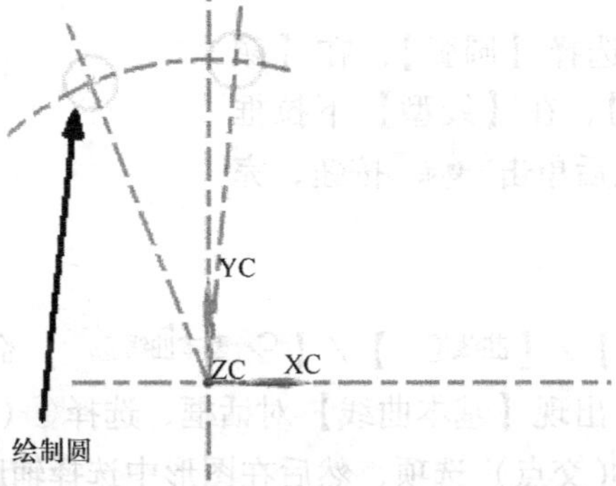

图 2-29

继续绘制圆，在【跟踪条】的【XC】、【YC】、【ZC】栏分别输入“0”、“0”、“0”，如图2-30所示，然后按回车键，接着在【跟踪条】的【⊖(直径)】栏输入“42”，如图2-31所示，然后按回车键绘制圆，如图2-32所示。

图2-30

图2-31

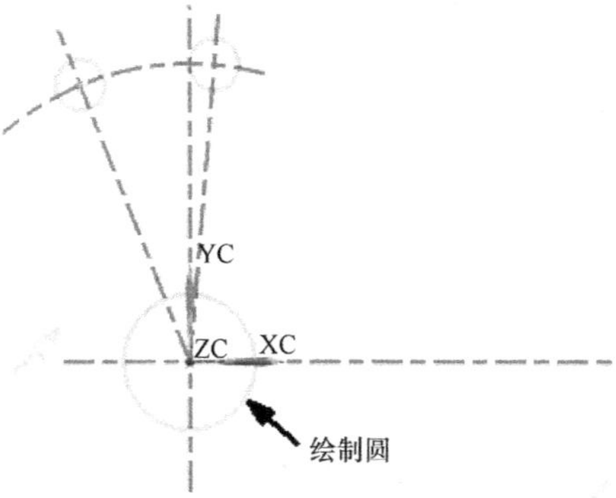

图2-32

图2-33

继续绘制圆，在【基本曲线】对话框中选择 (圆) 图标，在【跟踪条】的【⊖】(直径) 栏输入“72”，如图2-33所示，然后按回车键绘制圆，如图2-34所示。

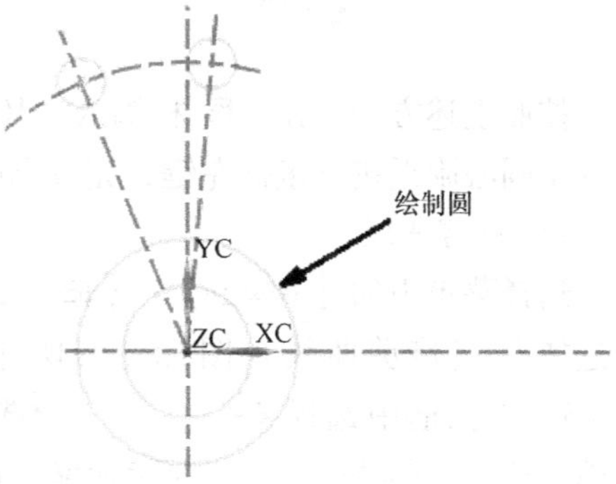

图2-34

12. 创建曲线倒圆

选择菜单中的【插入(S)】/【曲线(C)】/【基本曲线(B)...】命令或在【曲线】工具条中选择 (基本曲线) 图标，出现【基本曲线】对话框，如图2-35所示，选择 (圆角) 图标，出现【曲线倒圆】对话框，如图2-36所示，选择 (2曲线圆角) 图标，在半径栏输入“84”，并取消勾选修剪第一条曲线、修剪第二条曲线选项，然后在图形中依次选择如图2-37所示的曲线，最后在圆角圆心附近按下鼠标左键，完成倒圆角，如图 2-38 所示。

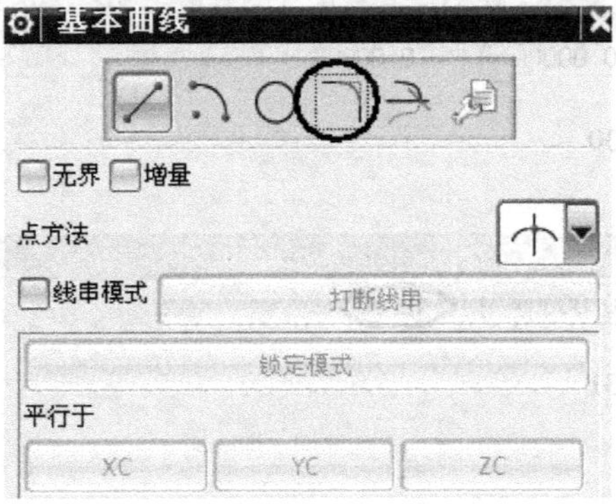

图 2-35

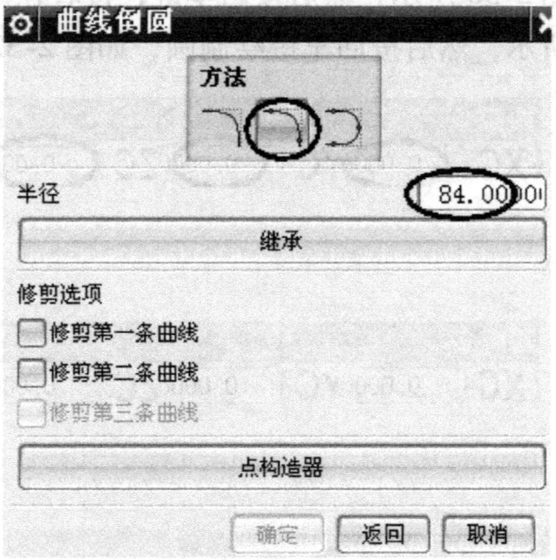

图 2-36

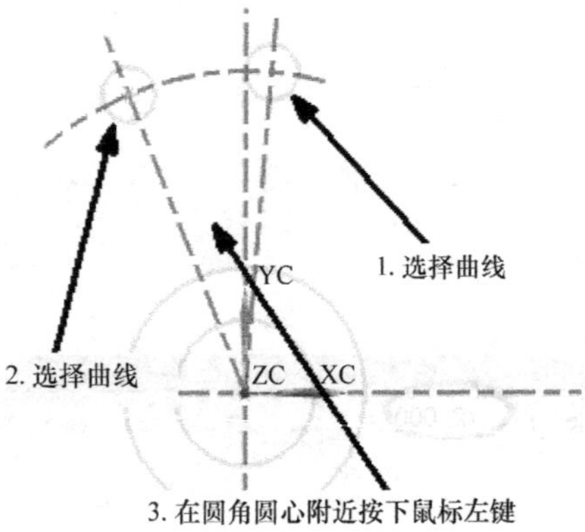

图 2-37

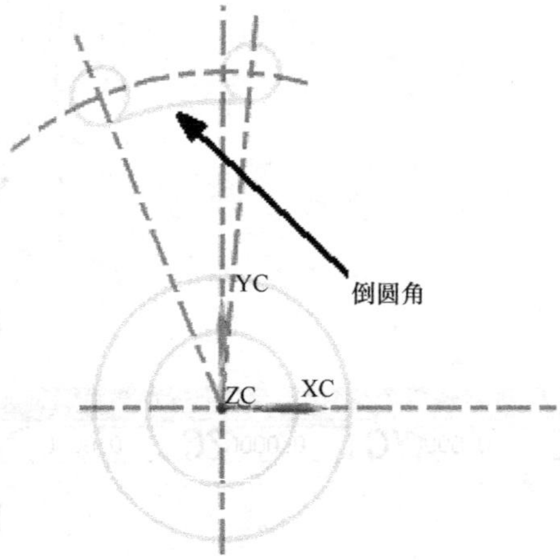

图 2-38

按照上述方法，在 半径 栏输入“100”，在图形中依次选择如图 2-39 所示的曲线，最后在圆角圆心附近按下鼠标左键，完成倒圆角，如图 2-40 所示。

13. 修剪曲线

选择菜单中的【编辑(E)】/【曲线(V)】/【修剪(T)...】命令或在【编辑曲线】工具条中选择（修剪曲线）图标，出现【修剪曲线】对话框，取消勾选 关联 复选框，在 输入曲线 下拉框中选择 替换 选项，在 曲线延伸 下拉框中选择 无 选项，取消勾选 修剪边界对象 、保持选定边界对象 复选框，如图 2-41 所示。在图形中选择如图 2-42 所示的圆弧为要修剪的对象，然后选择（启用捕捉点）图标，关闭捕捉点选项。

在图形中选择如图 2-42 所示的圆弧为修剪的第一边界，第二边界，最后在【修剪曲线】对话框中单击 应用 按钮，完成修剪曲线，如图 2-43 所示。

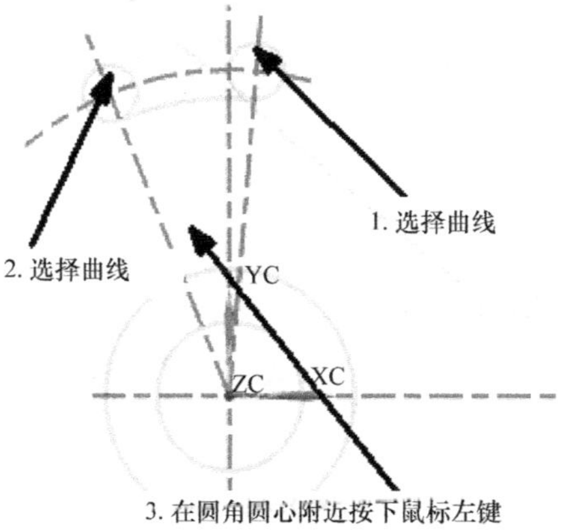

图2-39

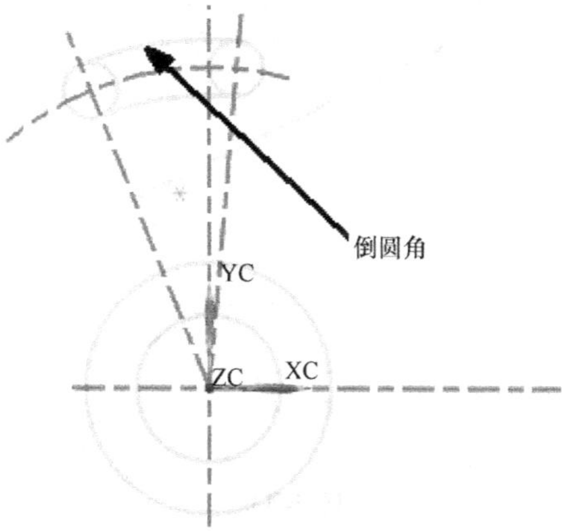

图2-40

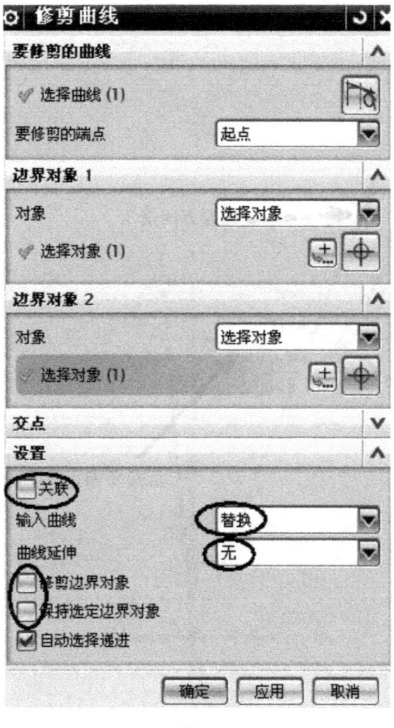

图2-41

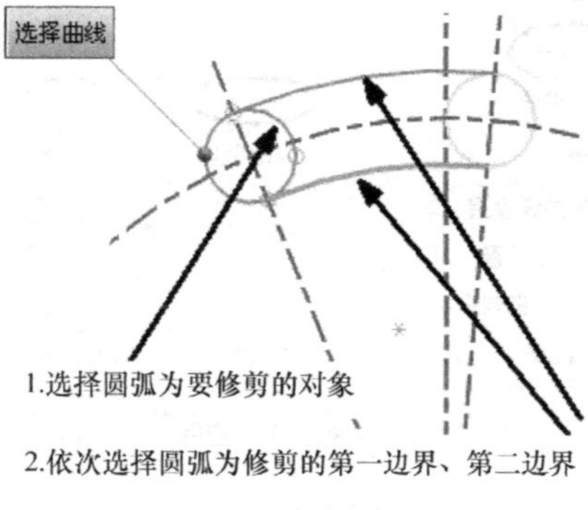

图2-42

继续修剪曲线。按照上述方法修剪另一侧的圆弧，完成后如图2-44所示。

14. 创建偏置曲线

选择菜单中的【插入(S)】/【来自曲线集的曲线(F)】/【偏置(O)...】命令或在【曲线】工具条中选择（偏置曲线）图标，出现【偏置曲线】对话框，如图2-45所示，在主界面曲线规则下拉框中选择相连曲线选项，根据提示在图形中选择如图2-46所示的要偏置的曲线，出现偏置方向箭头，如图2-46所示。

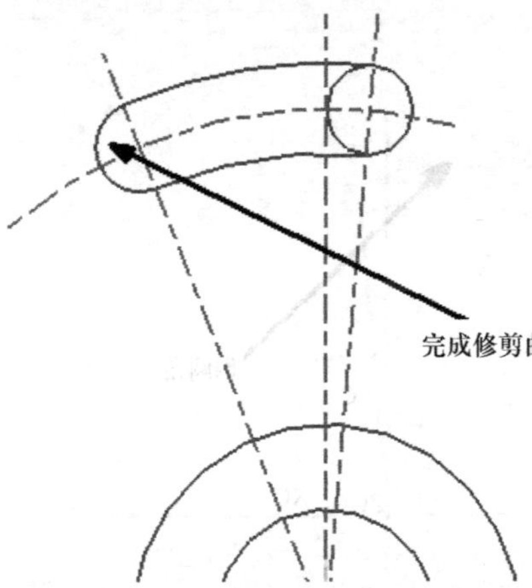

图 2-43

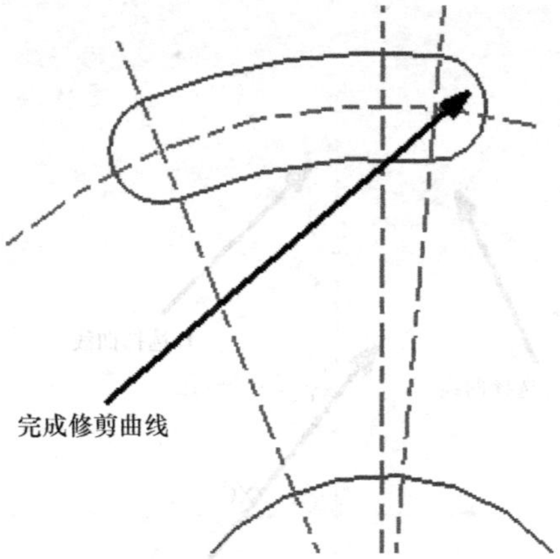

图 2-44

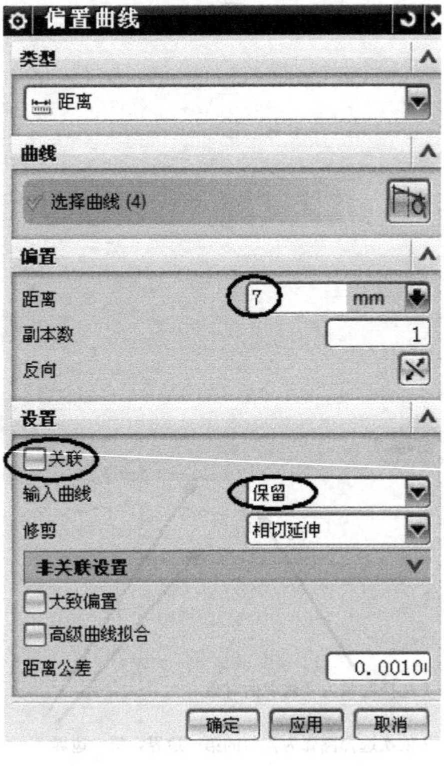

图 2-45

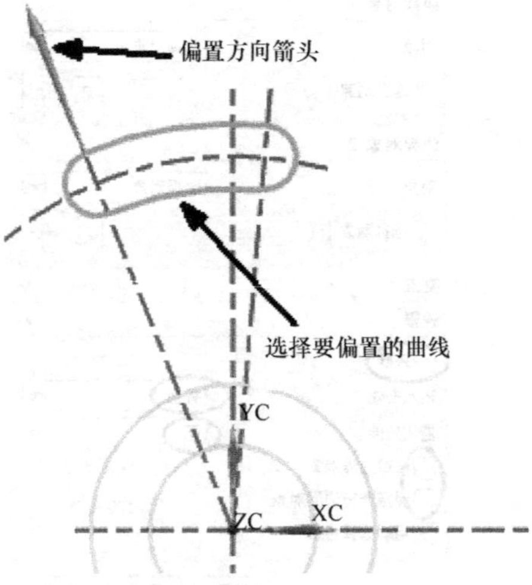

图 2-46

在【偏置曲线】对话框的距离栏输入“7”，取消勾选关联选项，在输入曲线下拉框中选择保留选项，如图 2-45 所示，最后单击确定按钮，创建偏置曲线，如图 2-47 所示。

继续偏置曲线，在图形中选择如图 2-48 所示的要偏置的曲线，然后在指定点区域选择（自动判断的点）图标，在图形中所选曲线的右侧任意选择一点，出现偏置方向箭头，如图 2-48 所示。

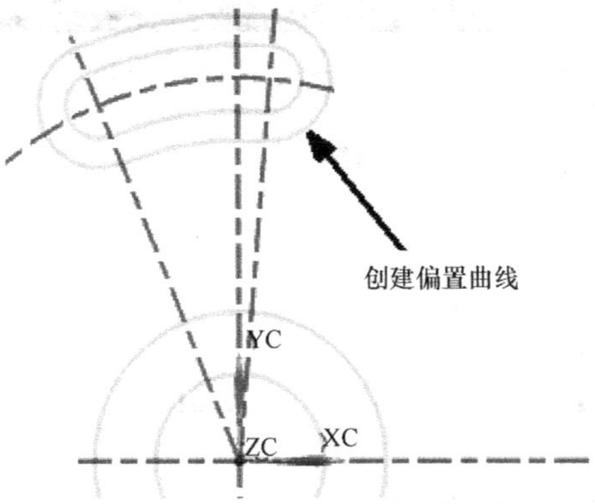

图 2-47

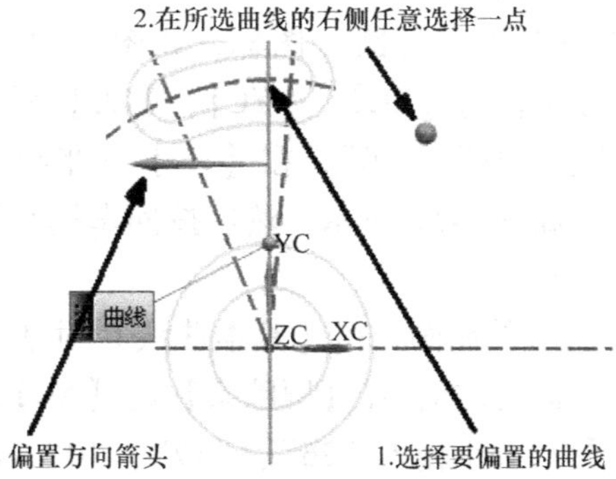

图 2-48

然后在【偏置曲线】对话框的距离栏输入“16”，取消勾选☐关联选项，在输入曲线下拉框中选择保留选项，如图 2-49 所示，最后单击确定按钮，创建偏置曲线，如图 2-50 所示。

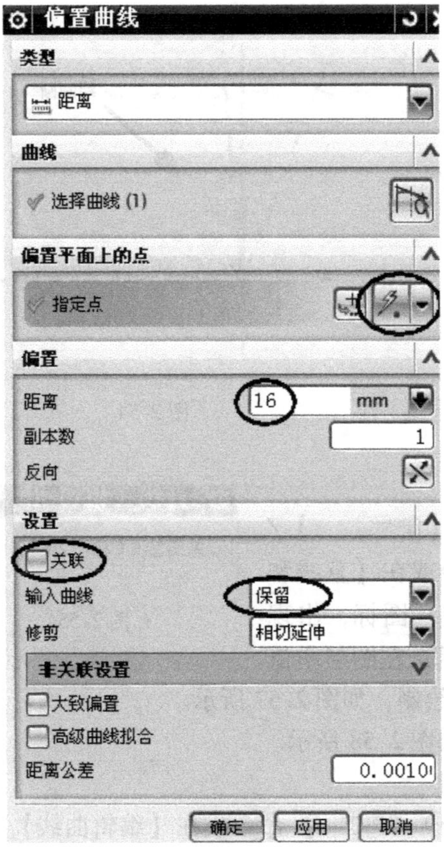

图 2-49

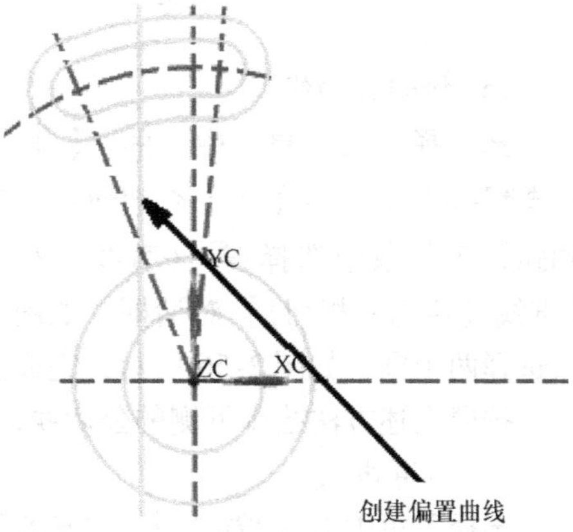

图 2-50

15. 绘制圆

选择菜单中的【插入(S)】/【曲线(C)】/【基本曲线(B)...】命令或在【曲线】工具条中

选择（基本曲线）图标，出现【基本曲线】对话框，选择（圆）图标，如图2-51所示，在【跟踪条】的【XC】、【YC】、【ZC】栏分别输入“97”、“31”、“0”，在【】（半径）栏输入“9”，如图2-52所示，然后按回车键绘制圆，如图2-53所示。

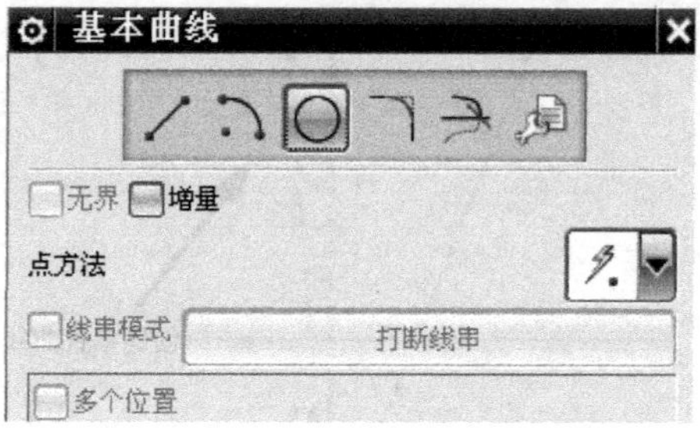

图2-51

继续绘制圆，在【基本曲线】对话框中选择（圆）图标，在【跟踪条】的【XC】、【YC】、【ZC】栏分别输入“26”、“39”、“0”，在【】（半径）栏输入“9”，然后按回车键绘制圆，如图2-54所示。

图2-52

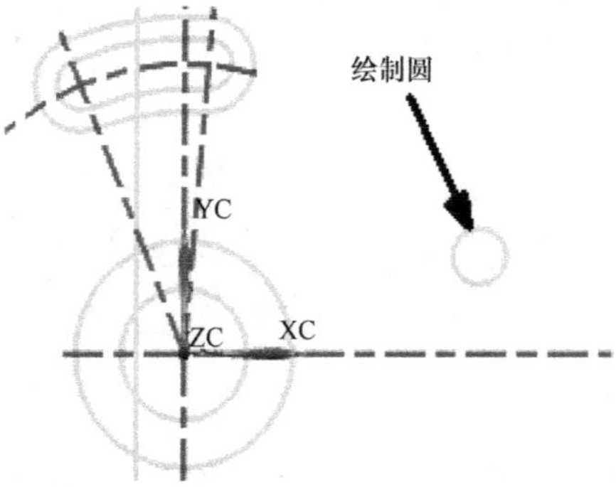

图2-53

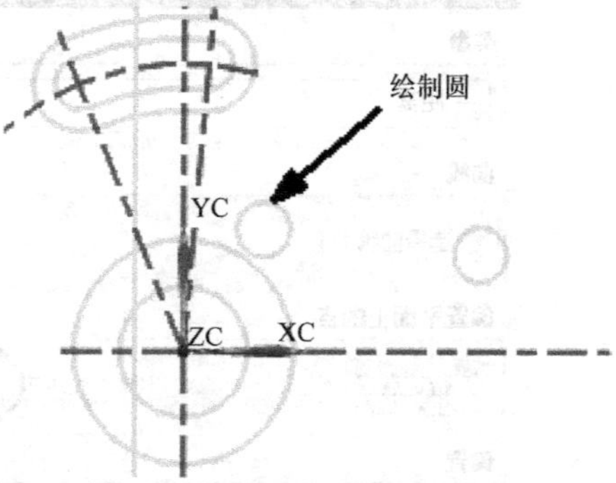

图2-54

16. 绘制公切线

选择菜单中的【插入(S)】/【曲线(C)】/【直线和圆弧(A)】/【直线(相切-相切)(T)...】命令或在【直线和圆弧】工具条中选择（直线 相切－相切）图标，出现【直线（相切－相切）】对话框，如图2-55所示，在图形中依次选择两个圆，如图2-56所示，完成公切线的绘制，如图2-57所示。

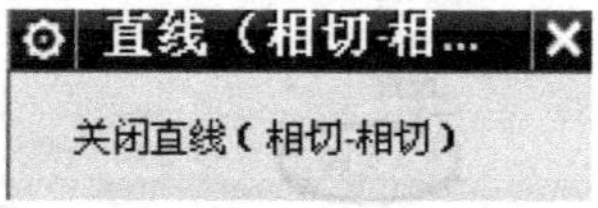

图2-55

按照上述方法绘制下侧的公切线，完成后如图2-58所示。

17. 修剪曲线

选择菜单中的【编辑(E)】/【曲线(C)】/【修剪(T)...】命令或在【编辑曲线】工具条中选择（修剪曲线）图标，出现【修剪曲线】对话框，取消勾选关联复选框，在输入曲线下拉框中选择替换选项，在曲线延伸下拉框中选择无选项，取消勾选修剪边界对象、保持选定边界对象复选框，如图2-59所示。在图形中选择如图2-60所示的圆弧为要修剪的对象，然后选择（启用捕捉点）图标，关闭捕捉点选项。

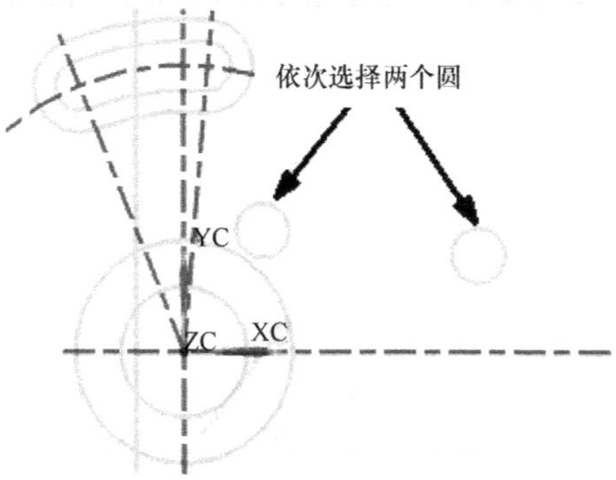

图 2-56

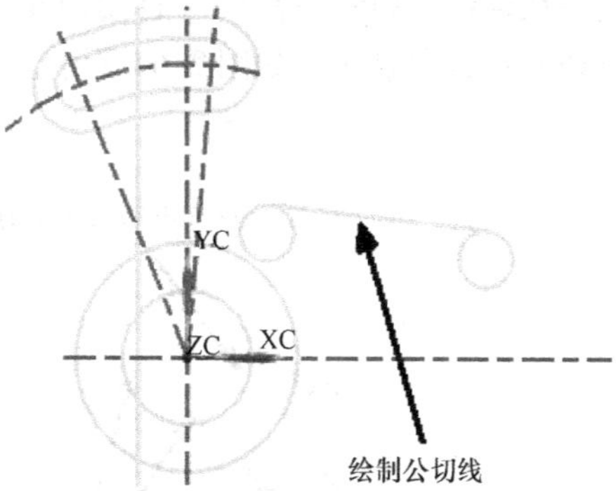

图 2-57

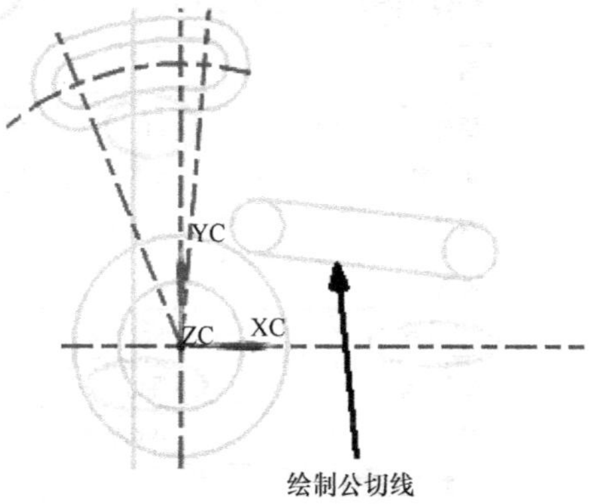

图 2-58

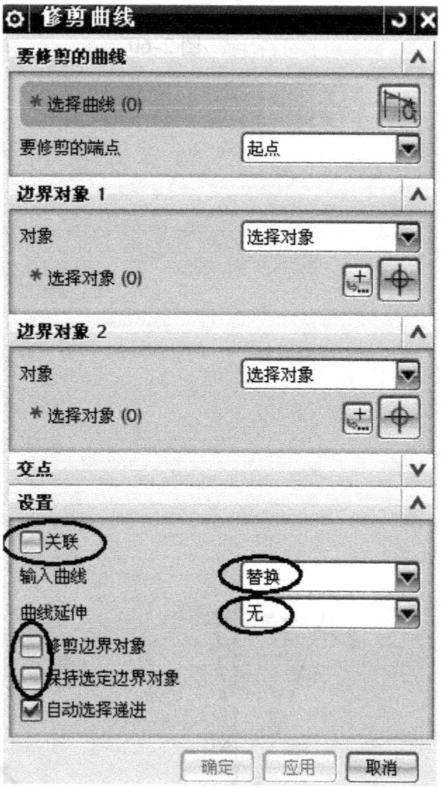

图 2-59

在图形中选择如图 2-60 所示的直线为修剪的第一边界、第二边界，最后在【修剪曲线】对话框中单击 应用 按钮，完成修剪曲线，如图 2-61 所示。

继续修剪曲线。按照上述方法修剪另一侧的圆弧，完成后如图 2-62 所示。

18. 创建偏置曲线

选择菜单中的【插入(S)】/【来自曲线集的曲线(F)】/【偏置(O)...】命令或在【曲线】工具条中选择（偏置曲线）图标，出现【偏置曲线】对话框，如图 2-63 所示，在主界面曲线规则下拉框中选择 单条曲线 选项，根据提示在图形中选择如图 2-64 所示的要偏置的曲线，然后在指定点区域选择⚡▾（自动判断的点）图标，在图形中所选曲线的下方任意选择一点，出现偏置方向箭头，如图2-64所示。

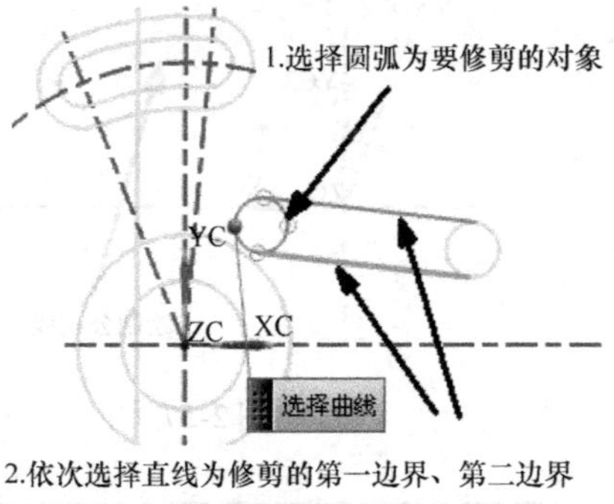

图2-60

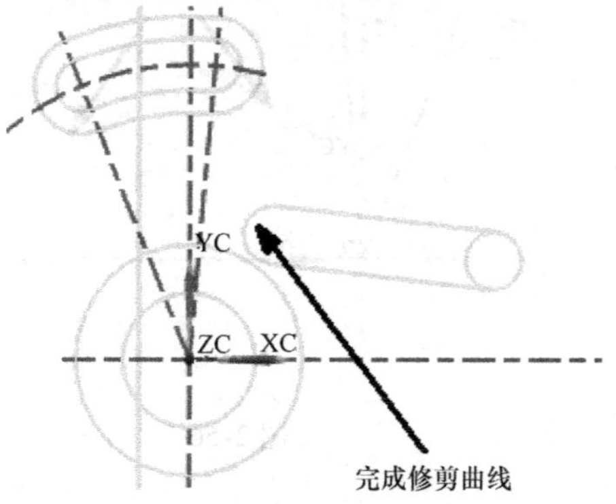

图2-61

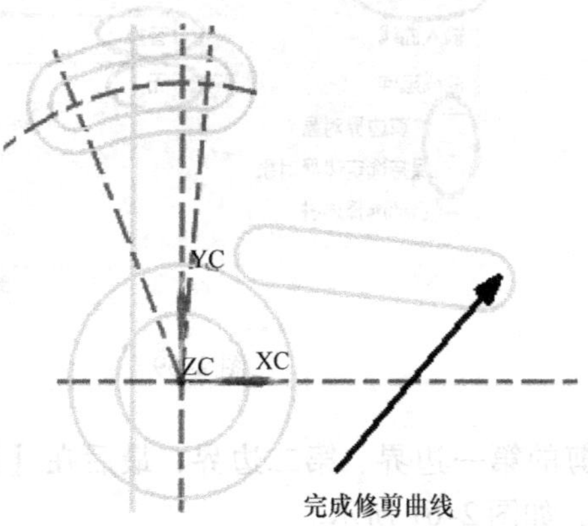

图2-62

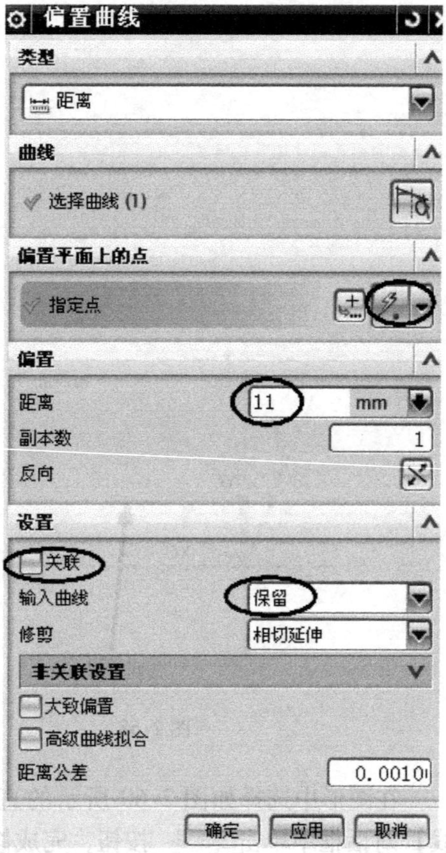

图2-63

然后在【偏置曲线】对话框的距离栏输入“11”，取消勾选☐关联选项，在输入曲线下拉框中选择保留选项，如图2-63所示，最后单击确定按钮，创建偏置曲线，如图2-65所示。

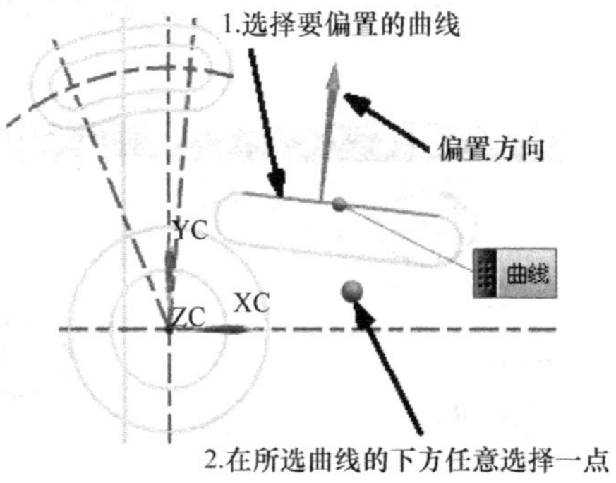

图 2-64

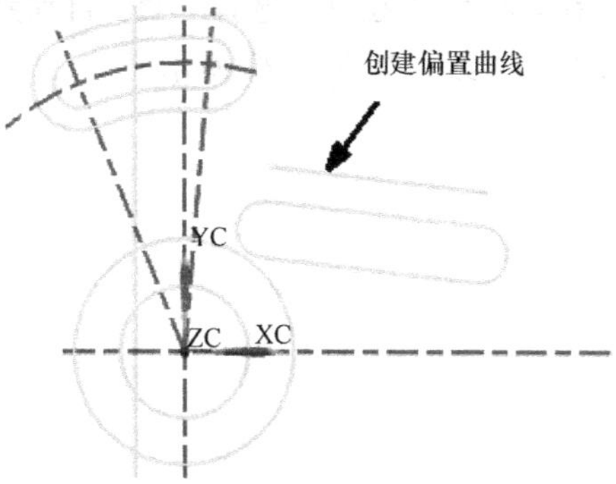

图 2-65

19. 绘制圆

选择菜单中的【插入(S)】/【曲线(C)】/【基本曲线(B)...】命令或在【曲线】工具条中选择（基本曲线）图标，出现【基本曲线】对话框，选择（圆）图标，如图 2-66 所示，在点方法下拉框中选择（圆弧中心/椭圆中心/球心）选项，然后在图形中选择如图 2-67 所示的圆弧，接着在【跟踪条】的（半径）栏输入“20”，如图 2-68 所示，然后按回车键，完成绘制圆，如图 2-69 所示。

图 2-66

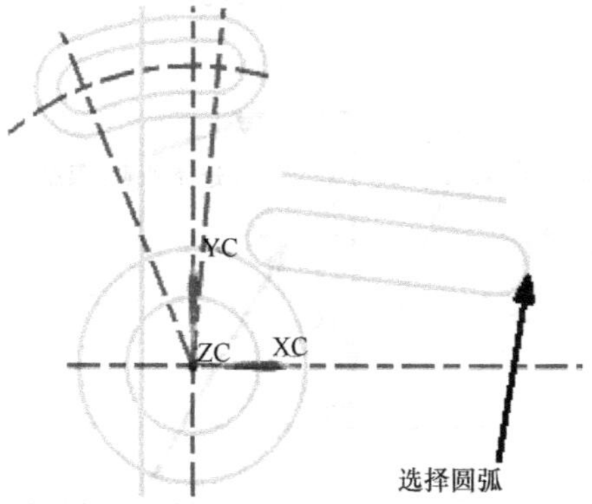

图 2-67

图 2-68

20. 绘制直线

选择菜单中的【插入(S)】/【曲线(C)】/【基本曲线(B)...】命令或在【曲线】工具条中选择（基本曲线）图标，出现【基本曲线】对话框，选择（直线）图标，取消勾选线串模式选项，如图 2-70 所示，在点方法下拉框中选择（象限点）选项，然后在图形中选择如图 2-71 所示的圆弧象限点，接着在【基本曲线】对话框的平行于区域单击 YC 按钮，在 点方法 下拉框中选择 (自动判断的点) 选项，在图2-71所示位置按下鼠标左键，完成绘制直线，如图2-72所示。

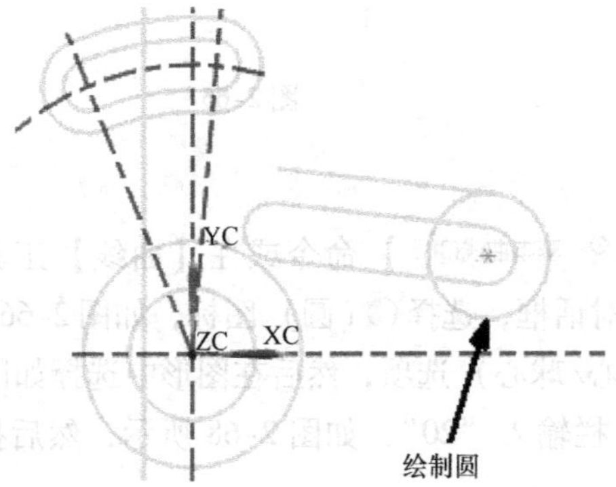

图2-69

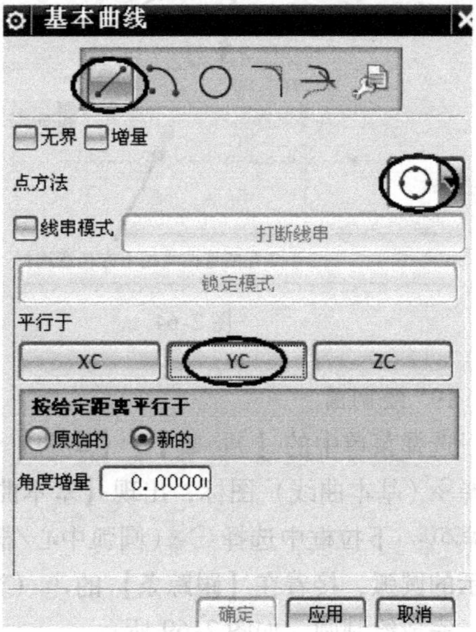

图2-70

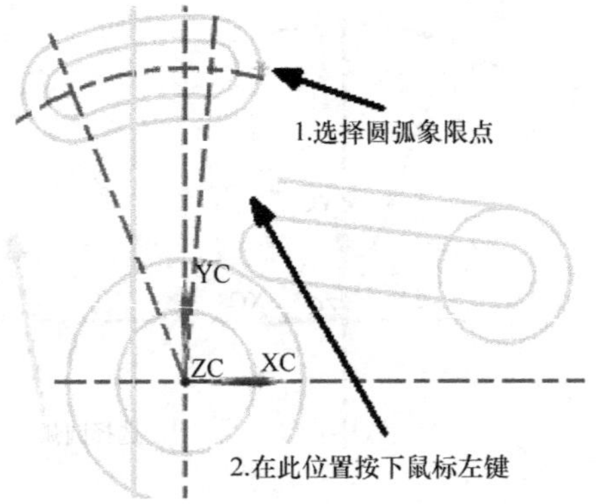

图2-71

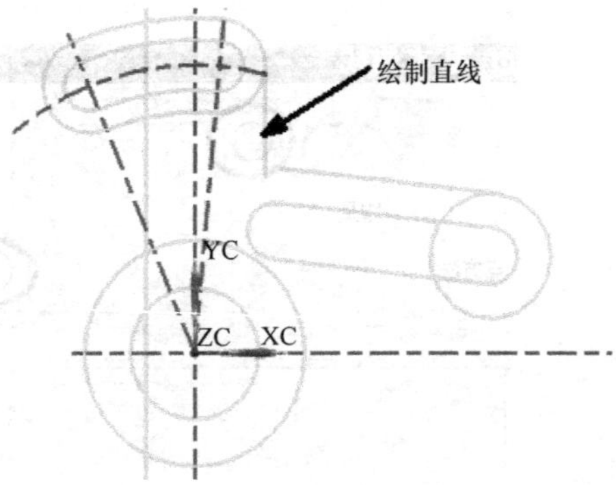

图2-72

继续绘制直线，在图形中选择如图2-73所示的圆弧象限点，接着在【基本曲线】对话框的 平行于 区域单击 XC 按钮，在 点方法 下拉框中选择 (自动判断的点) 选项，在图2-73所示位置按下鼠标左键，完成绘制直线，如图2-74所示。

21. 创建曲线倒圆

选择菜单中的【插入(S)】/【曲线(C)】/【基本曲线(B)...】命令或在【曲线】工具条中选择 (基本曲线) 图标，出现【基本曲线】对话框，选择 (圆角) 图标，出现【曲线倒圆】对话框，如图2-75所示，选择 (2曲线圆角) 图标，在 半径 栏输入“8”，并勾选 修剪第一条曲线、修剪第二条曲线 选项，然后在图形中依次选择如图2-76所示的曲线，最后在圆角圆心附近按下鼠标左键，完成倒圆角，如图2-77所示。

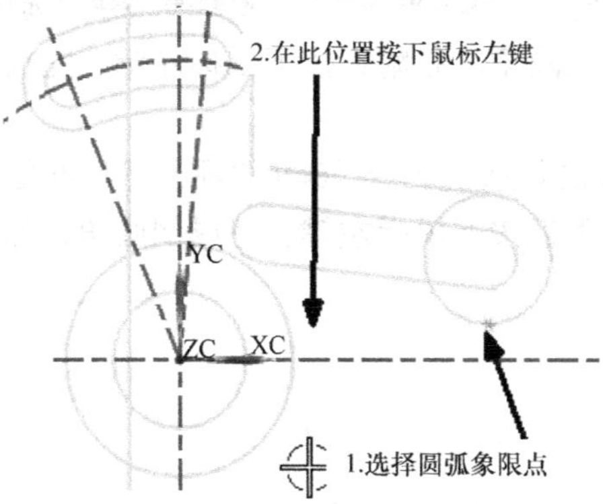

图 2-73

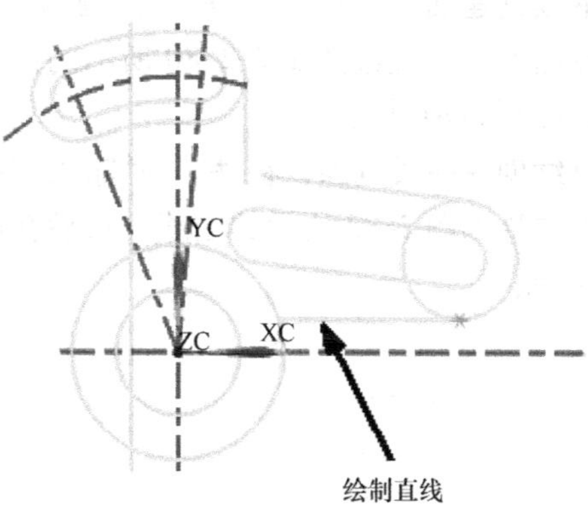

图 2-74

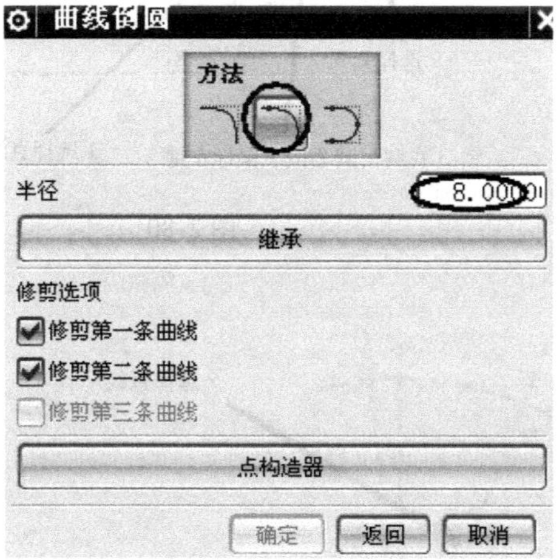

图 2-75

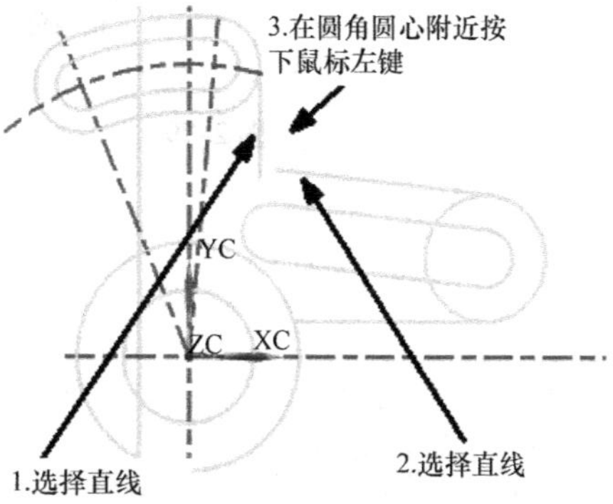

图 2-76

继续创建曲线倒圆，在【曲线倒圆】对话框中取消勾选 修剪第二条曲线 选项，在图形中依次选择如图 2-78 所示的曲线，最后在圆角圆心附近按下鼠标左键，完成倒圆角，如图 2-79所示。

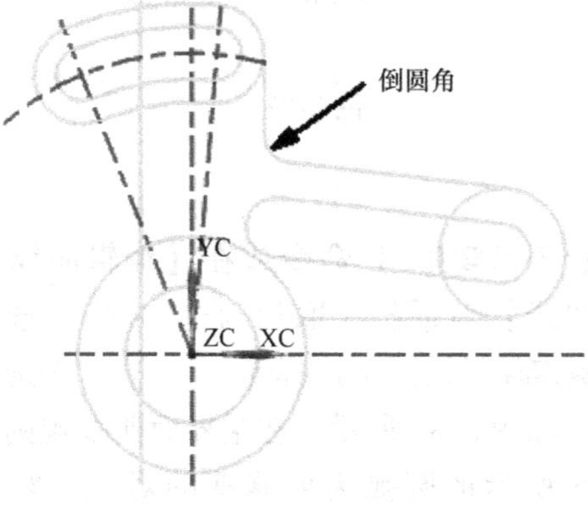

图 2-77

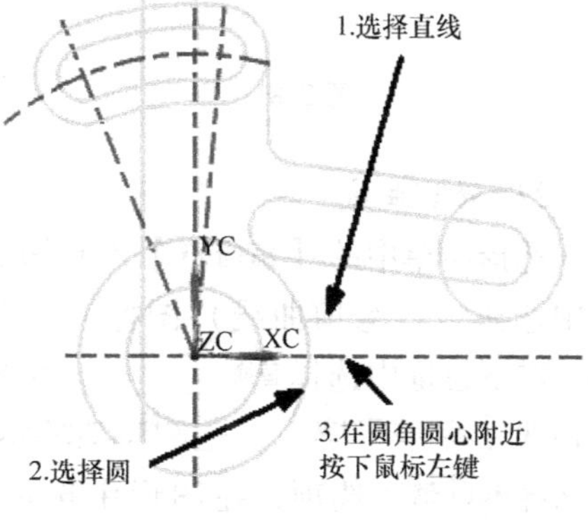

图 2-78

继续创建曲线倒圆，在 半径 栏输入“10”，并勾选 修剪第一条曲线、修剪第二条曲线 选项，然后在图形中依次选择如图 2-80 所示的曲线，最后在圆角圆心附近按下鼠标左键，完成倒圆角，如图 2-81 所示。

继续创建曲线倒圆，在 半径 栏输入“6”，并取消勾选 修剪第一条曲线选项，然后在图形中依次选择如图 2-82 所示的曲线，最后在圆角圆心附近按下鼠标左键，完成倒圆角，如图 2-83 所示。

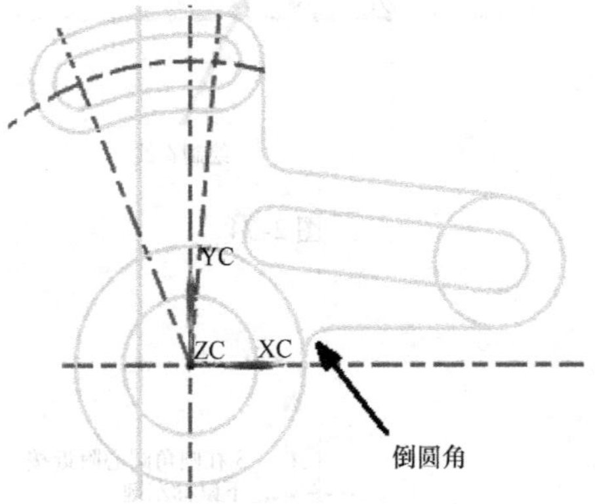

图 2-79

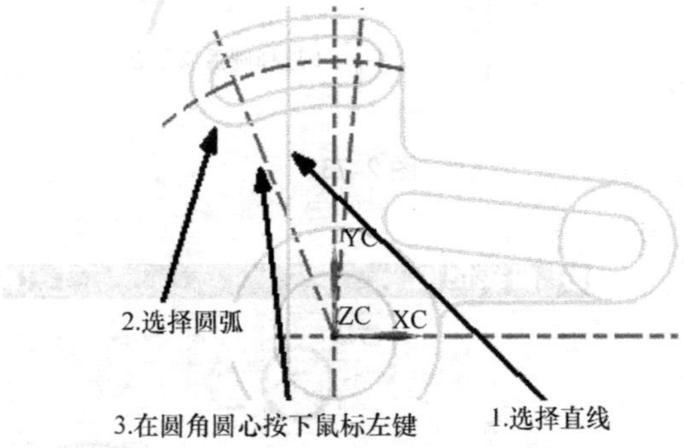

图 2-80

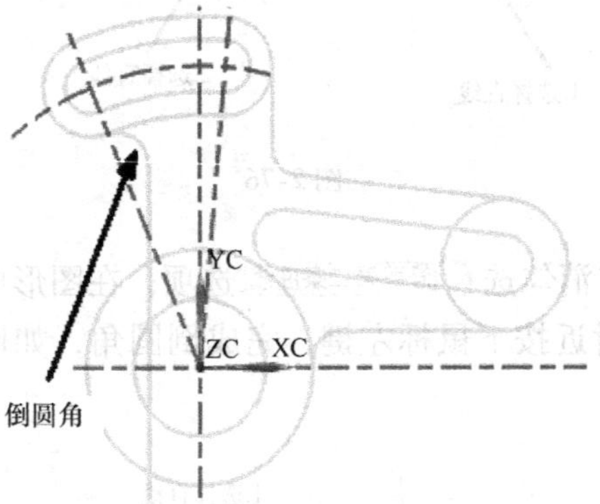

图 2-81

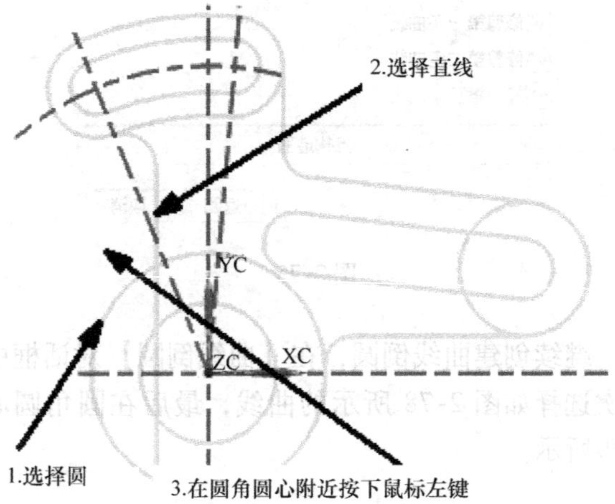

图 2-82

22. 修剪曲线

选择菜单中的【编辑(E)】/【曲线(V)】/【修剪(T)...】命令或在【编辑曲线】工具条中选择（修剪曲线）图标，出现【修剪曲线】对话框，取消勾选 关联 复选框，在 输入曲线下拉框中选择 替换 选项，在 曲线延伸下拉框中选择 无 选项，取消勾选 修剪边界对象、保持选定边界对象 复选框，如图 2-84 所示。在主界面曲线规则下拉框中选择 相切曲线 选项，在图形中选择如图 2-85 所示的圆弧为要修剪的对象，然后选择（启用捕捉点）图标，关闭捕捉点选项。

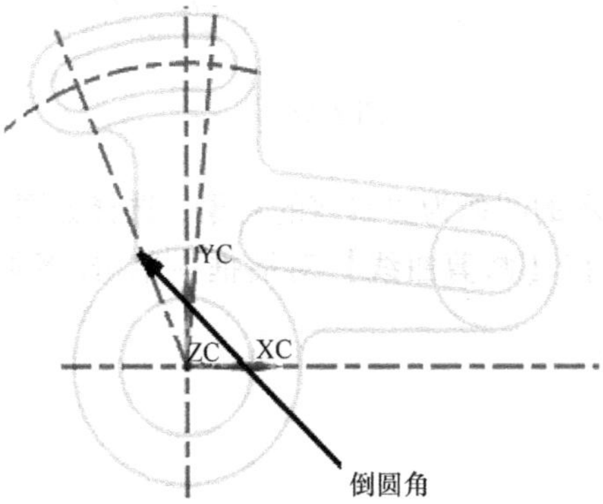

图 2-83

图 2-84

在图形中选择如图 2-85 所示的直线为修剪的第一边界，最后在【修剪曲线】对话框中单击 应用 按钮，完成修剪曲线，如图 2-86 所示。

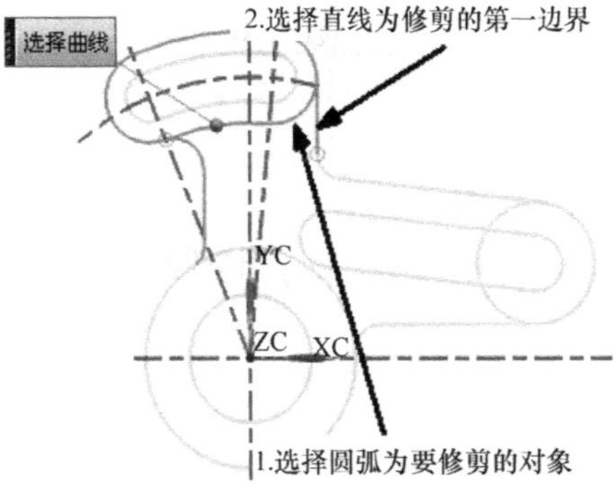

图 2-85

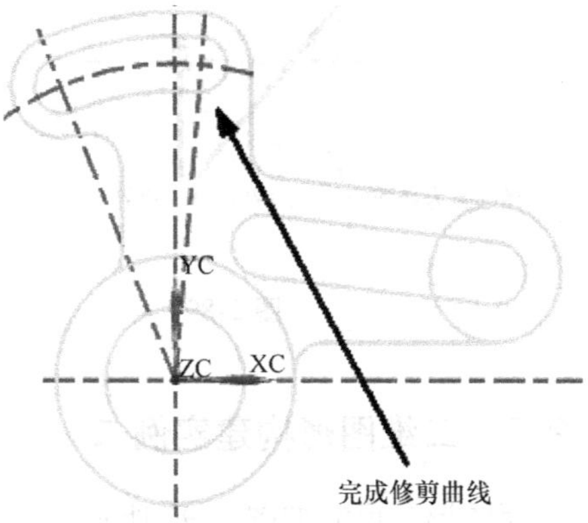

图 2-86

继续修剪曲线，在图形中选择如图 2-87 所示的圆弧为要修剪的对象，选择如图 2-87 所示的直线为修剪的第一边界、第二边界，最后在【修剪曲线】对话框中单击 应用 按钮，完成修剪曲线，如图 2-88 所示。

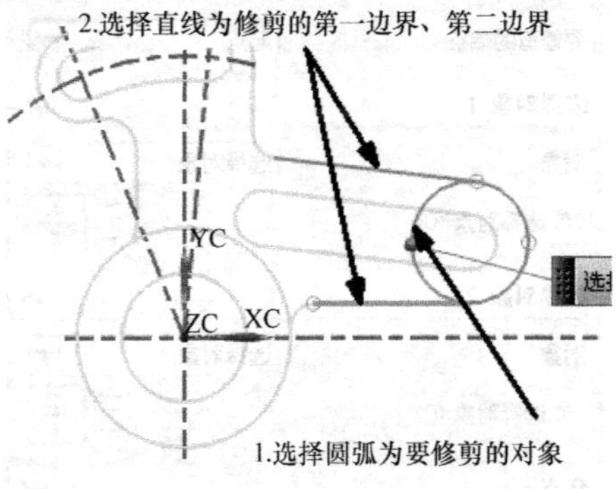

图 2-87

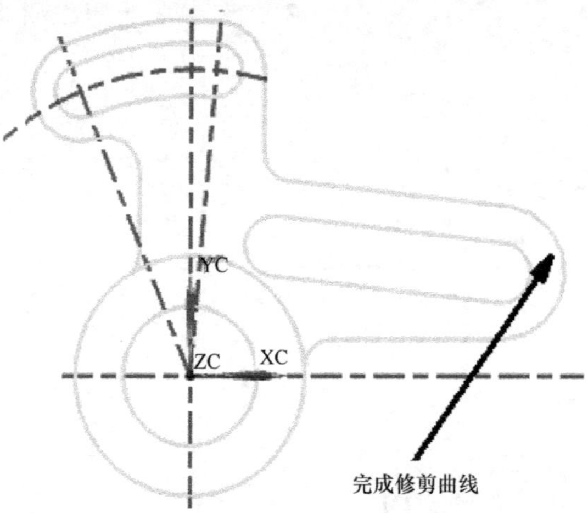

图 2-88

继续修剪曲线，在图形中选择如图 2-89 所示的圆弧为要修剪的对象，选择如图 2-89 所示的圆弧为修剪的第一边界、第二边界，最后在【修剪曲线】对话框中单击 应用 按钮，完成修剪曲线，如图 2-90 所示。

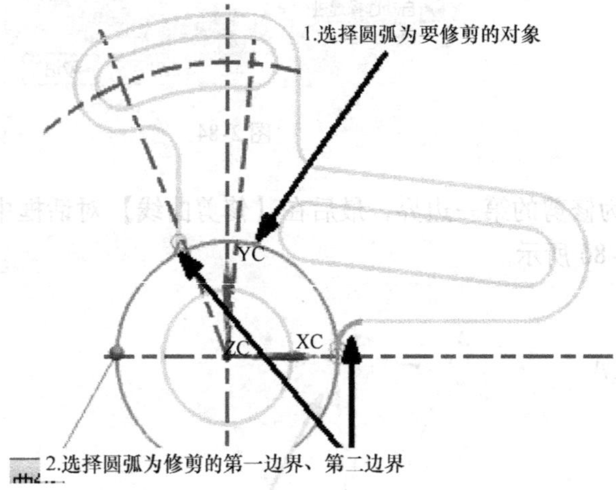

图 2-89

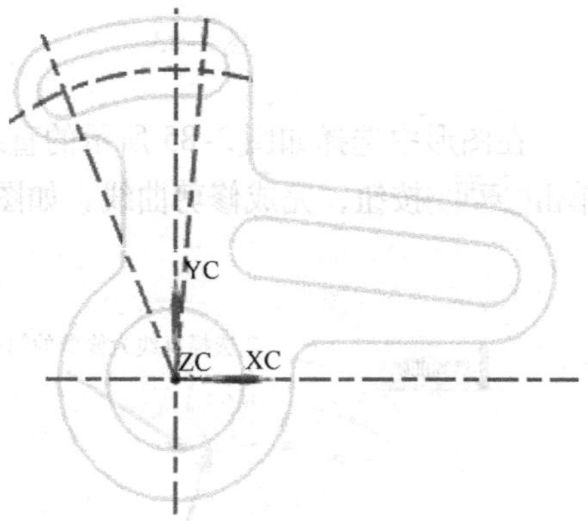

图 2-90

2.2 二维图形构建实例二

截面图形及尺寸如图 2-91 所示。

1. 新建文件

选择菜单中的【文件(F)】/【新建(N)...】命令或选择（新建）图标，出现【新建】部件对话框，在名称栏中输入“2w-2”，在【单位】下拉框中选择【毫米】选项，以毫米为单位，单击 确定 按钮，建立文件名为 2w-2. prt、单位为毫米的文件。

2. 对象预设置、取消跟踪设置、旋转视图（步骤略，详见 2.1）。

3. 绘制水平中心线

选择菜单中的【插入(S)】/【曲线(C)】/【基本曲线(B)...】命令或在【曲线】工具条中选择（基本曲线）图标，出现【基本曲线】对话框，选择（直线）图标，取消勾选线串模式选项，如图2-92所示，在【跟踪条】的【XC】、【YC】、【ZC】栏分别输入“-150”、“0”、“0”，如图2-93所示，然后按回车键，接着继续在【跟踪条】的【XC】、【YC】、【ZC】栏分别输入“150”、“0”、“0”，如图2-94所示，然后按回车键，画出一条中心线，如图2-95所示。

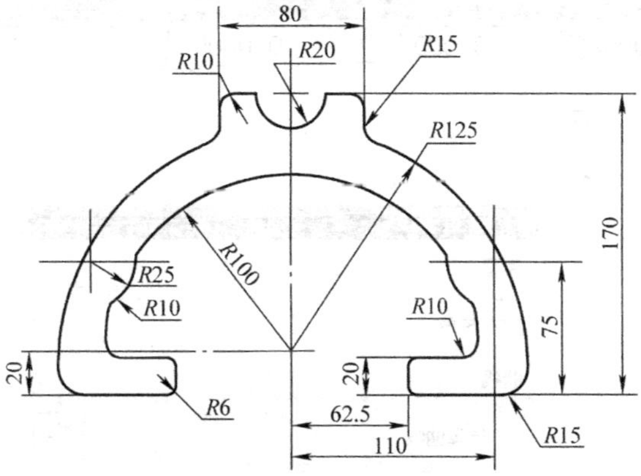

图2-91

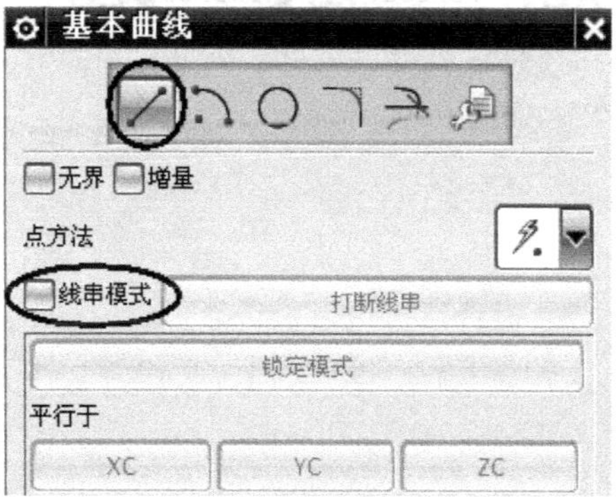

图2-92

图2-93

图2-94

4. 绘制竖直中心线

接着继续在【跟踪条】的【XC】、【YC】、【ZC】栏分别输入“0”、“-50”、“0”，如图2-96所示，然后按回车键，接着在【跟踪条】的【XC】、【YC】、【ZC】栏分别输入“0”、“180”、“0”，如图2-97所示，然后按回车键，画出一条中心线，在【基本曲线】对话框中单击取消按钮，完成后如图2-98所示。

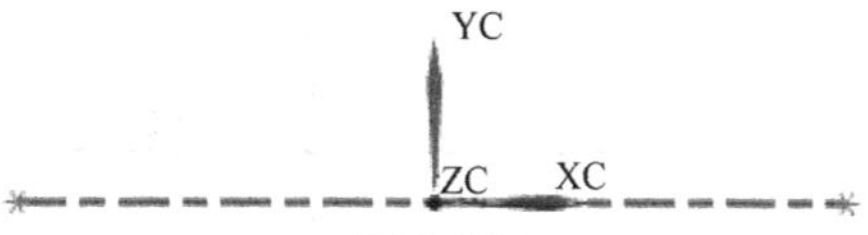

图2-95

5. 创建偏置曲线

选择菜单中的【插入(S)】/【来自曲线集的曲线(F)】/【偏置(O)...】命令或在【曲线】工具条中选择（偏置曲线）图标，出现【偏置曲线】对话框，如图2-99所示，根据提示在图形中选择如图 2-100 所示的要偏置的曲线，然后在指定点 区域选择 (自动判断的点) 图标，在图形中所选曲线的左侧任意选择一点，出现偏置方向箭头，如图 2-101 所示。

图 2-96

图 2-97

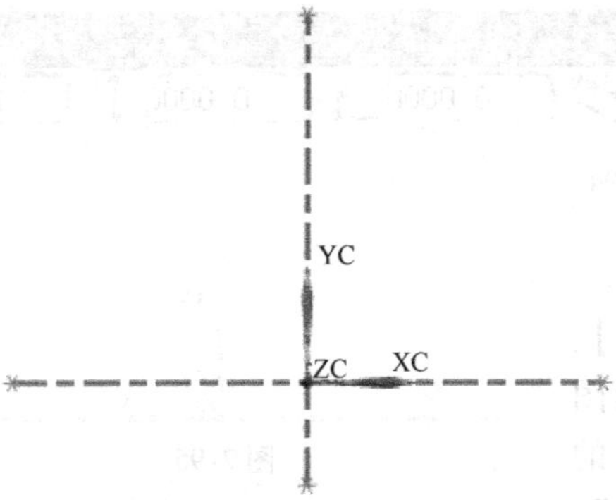

图 2-98

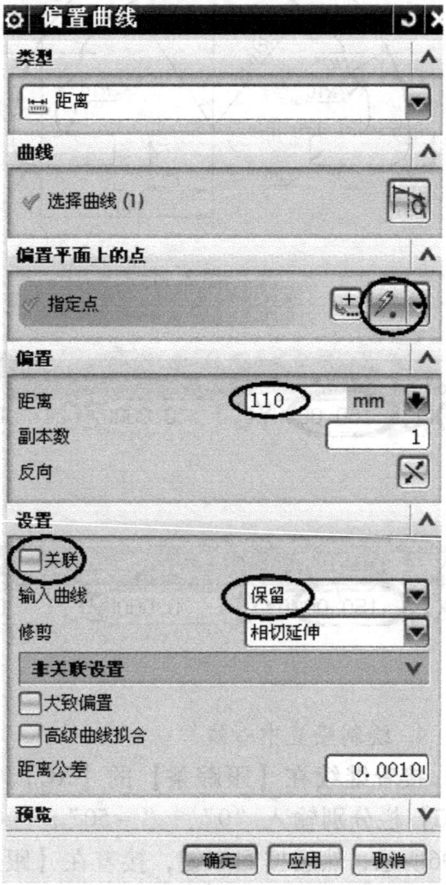

图 2-99

然后在【偏置曲线】对话框的距离 栏输入“110”，取消勾选关联 选项，在输入曲线下拉框中选择保留 选项，如图 2-99 所示，最后单击确定 按钮，完成创建偏置曲线，如图 2-102 所示。

继续创建偏置曲线，按照上述方法在图形中选择如图 2-103 所示的要偏置的曲线，然后

在指定点 区域选择（自动判断的点）图标，在图形中所选曲线的下方任意选择一点，出现偏置方向箭头，如图 2-104 所示。

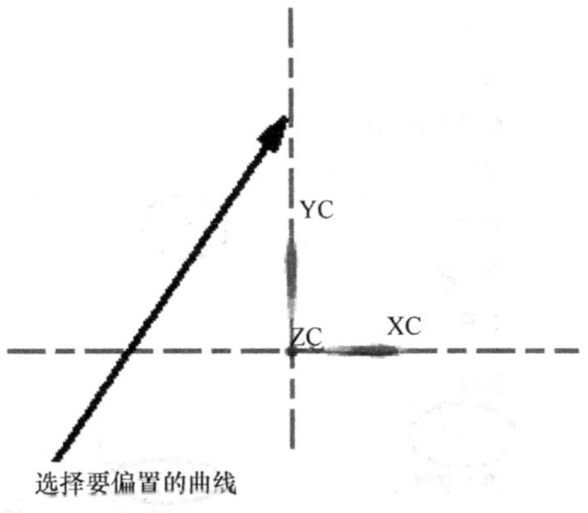

图 2-100

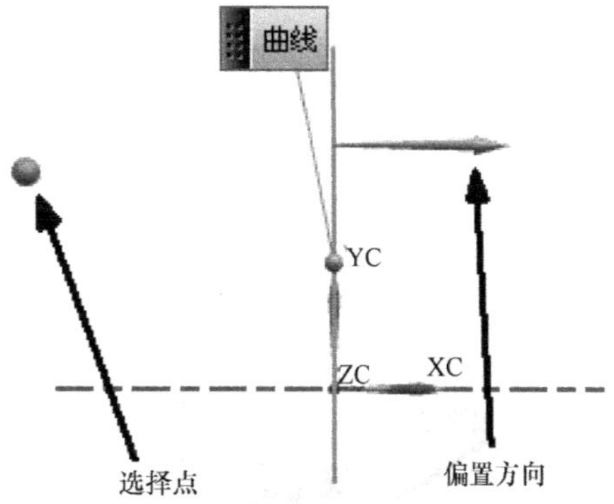

图 2-101

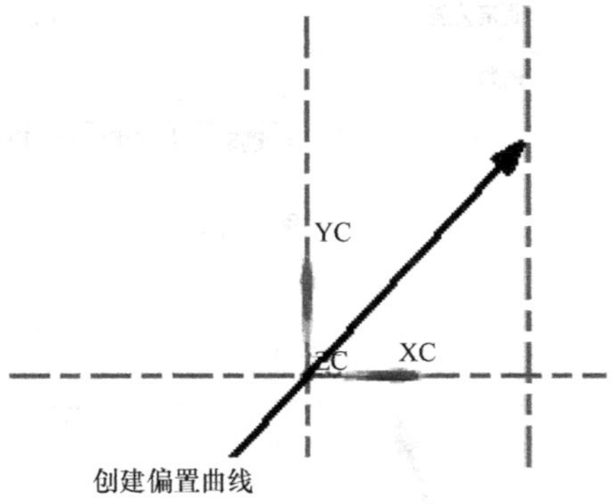

图 2-102

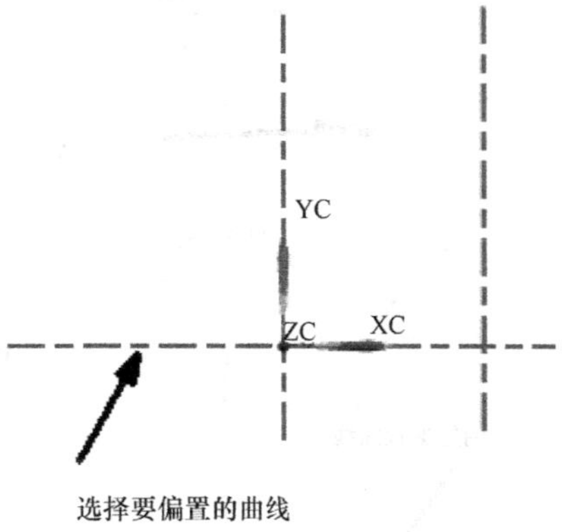

图 2-103

然后在【偏置曲线】对话框的距离 栏输入“50”，取消勾选关联 选项，在输入曲线 下拉框中选择保留选项，如图 2-105 所示，最后单击确定按钮，完成创建偏置曲线，如图 2-106 所示。

继续创建偏置曲线。按照上述方法，在图形中选择如图 2-103 所示的要偏置的曲线，然后在指定点 区域选择（自动判断的点）图标，在图形中所选曲线的下方任意选择一点，出现偏置方向箭头，如图 2-104 所示。

然后在【偏置曲线】对话框的距离 栏输入“145”，取消勾选关联 选项，在输入曲线下拉框中选择保留选项，最后单击确定按钮，完成创建偏置曲线，如图 2-107 所示。

6. 分割曲线

选择菜单中的【编辑(E)】/【曲线(V)】/【分割(D)...】命令或在【编辑曲线】工具条中选择（分割曲线）图标，出现【分割曲线】对话框，如图 2-108 所示，在类型 下拉框中选择按边界对象选项，然后在图形中选择要分割的曲线，如图 2-109 所示。

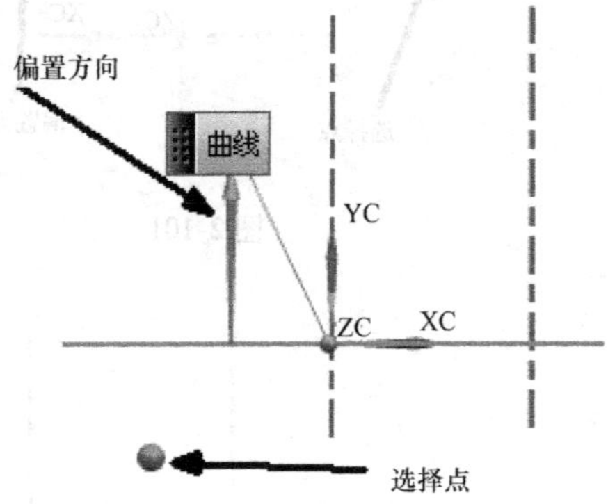

图 2-104

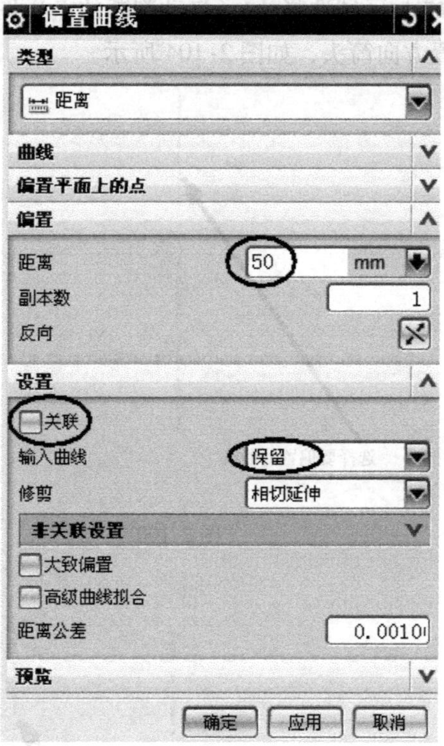

图 2-105

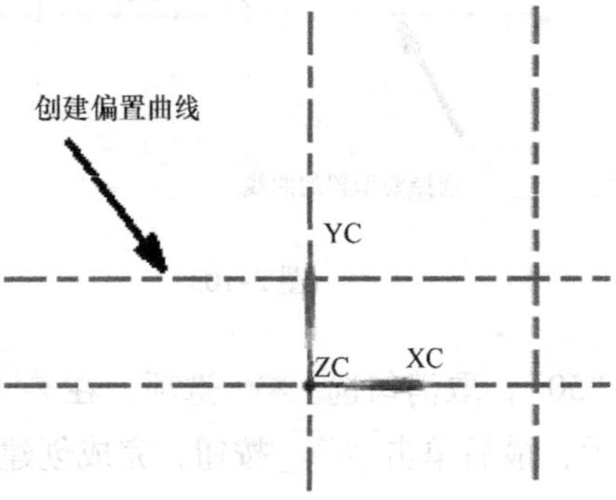

图 2-106

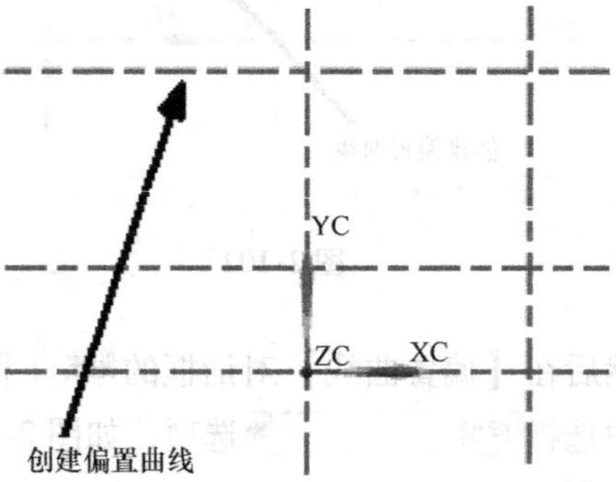

图 2-107

接着在【分割曲线】对话框的 对象 下拉框中选择 投影点 选项，然后在主界面捕捉点工具条中选择 (点在曲线上) 选项，在图形中选择如图 2-110 所示的曲线上的两个点，单击 应用 按钮，完成分割曲线，如图 2-111 所示。

继续进行分割曲线。按照上述方法，依次选择如图 2-112 所示的两个点来分割右边竖直中心线。

继续进行分割曲线。按照上述方法，依次选择如图 2-113 所示的两个点来分割中间水平中心线。

7. 删除曲线

选择菜单中的【编辑(E)】/【删除(D)...】命令或在【标准】工具条中选择（删除）图标，出现【类选择】对话框，如图 2-114 所示，在图形中选择如图 2-115 所示的 6 段曲线进行删除，最后在【类选择】对话框中单击确定按钮，完成删除曲线，如图 2-116 所示。

图 2-108

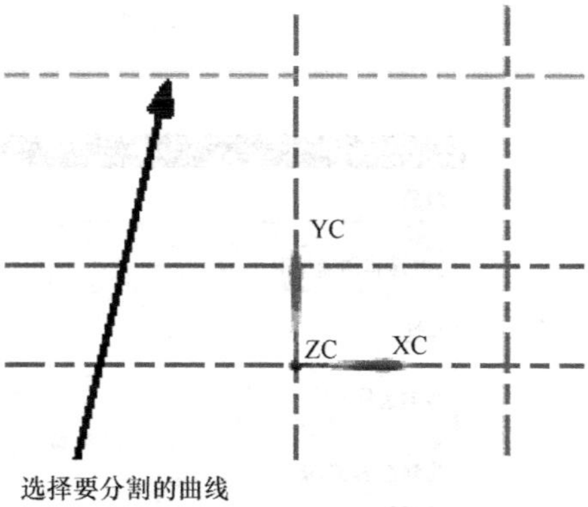

图 2-109

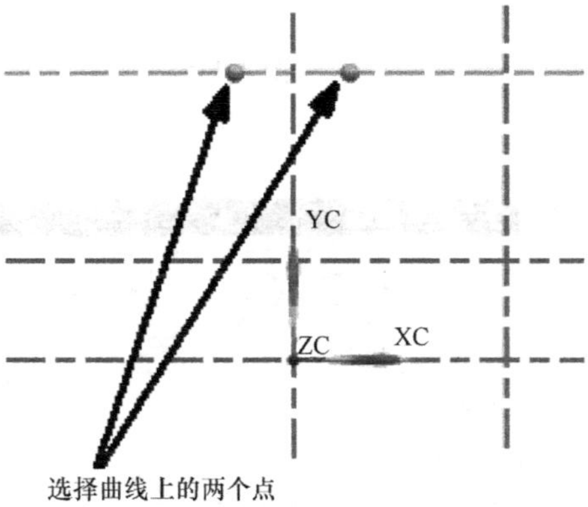

图 2-110

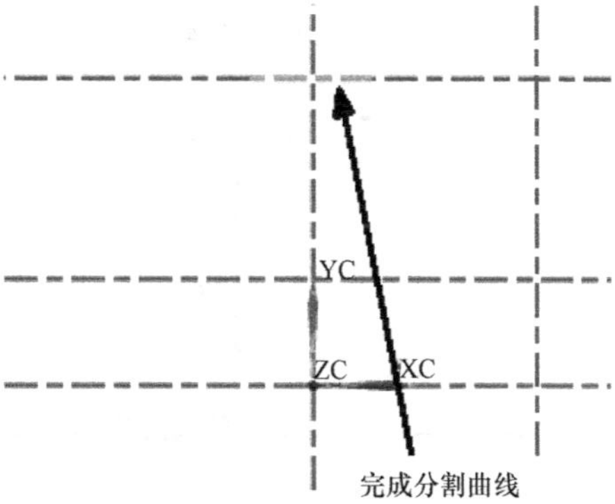

图 2-111

8. 绘制圆

选择菜单中的【插入(S)】/【曲线(C)】/【基本曲线(B)...】命令或在【曲线】工具条中选择（基本曲线）图标，出现【基本曲线】对话框，选择（圆）图标，如图 2-117 所示，在【跟踪条】的【XC】、【YC】、【ZC】栏分别输入“0”、“0”、“0”，在（半径）栏输入“100”，如图2-118所示，然后按回车键，完成创建圆，如图2-119所示。

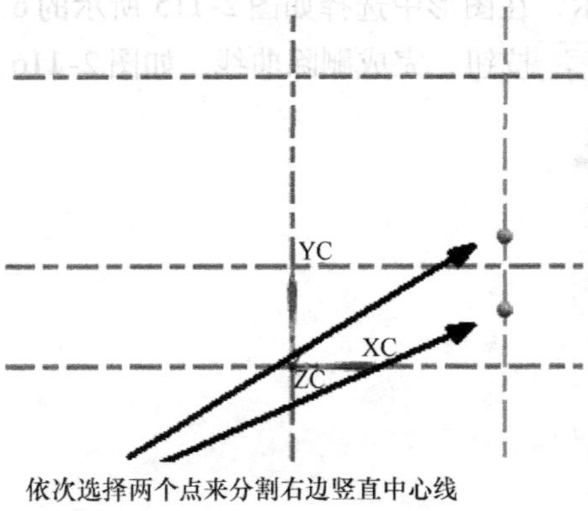

图2-112

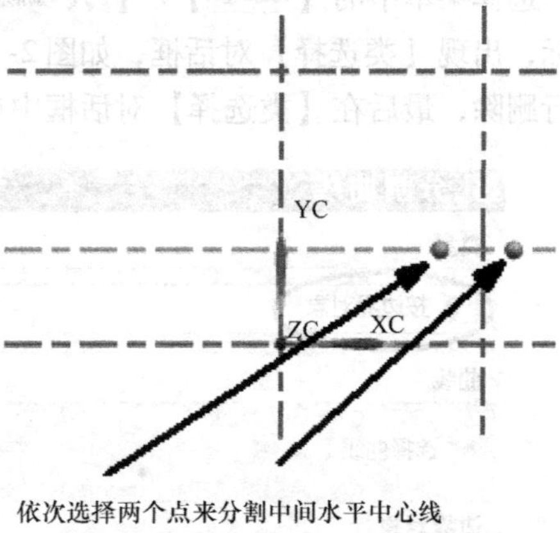

图2-113

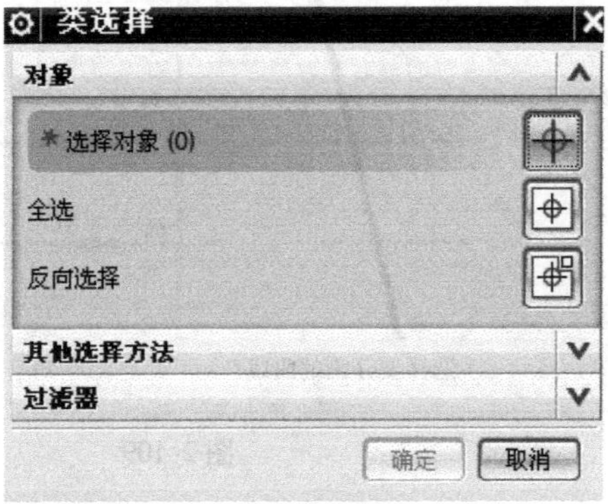

图2-114

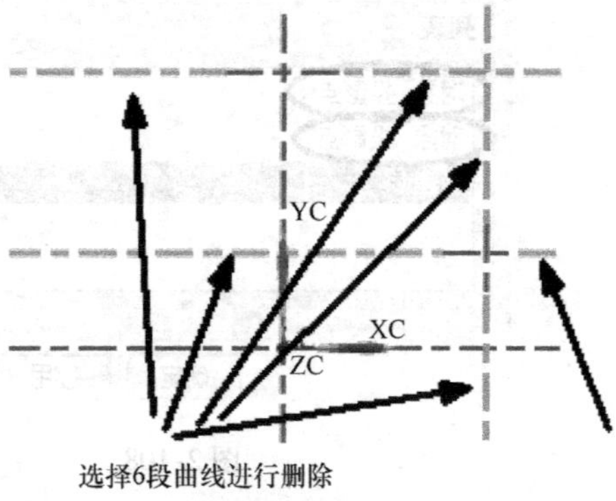

图2-115

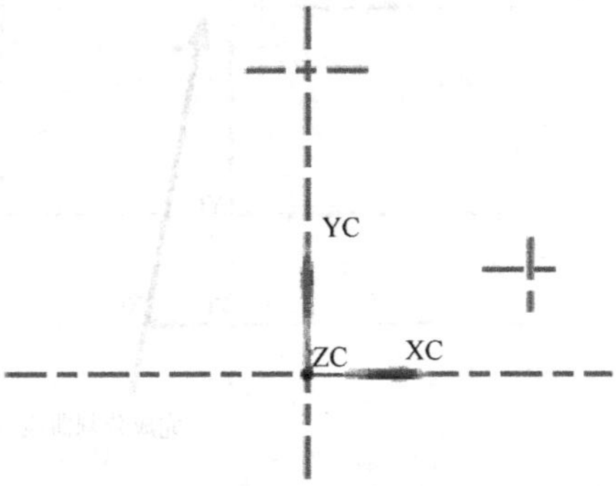

图2-116

图2-117

按照上述方法，选择◯（圆）图标，在【跟踪条】的【XC】、【YC】、【ZC】栏分别输入“0”、“0”、“0”，在↗（半径）栏输入“125”，如图2-120所示，然后按回车键，完成创建圆，如图2-121所示。

图 2-118

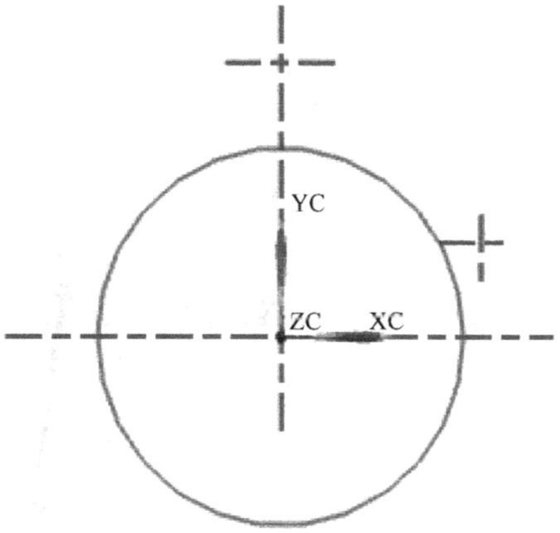

图 2-119

继续绘制圆，在点方法下拉框中选择（交点）选项，然后在图形中选择如图 2-122 所示的两条中心线，接着在【跟踪条】的（半径）栏输入“25”，如图 2-123 所示然后按回车键，完成创建圆，如图 2-124 所示。

继续绘制圆，在图形中选择如图 2-125 所示两条中心线，接着在【跟踪条】的（半径）栏输入“20”，如图 2-126 所示，然后按回车键，完成创建圆，如图 2-127 所示。

9. 对象预设置

选择菜单中的【首选项(P)】/【对象(O)...】命令，出现【对象首选项】对话框，如图 2-128 所示，在【类型】下拉框中选择【直线】，在【颜色】下拉框中选择【默认】，在【线型】下拉框中选择默认选项，然后单击确定按钮，完成预设置。

图 2-120

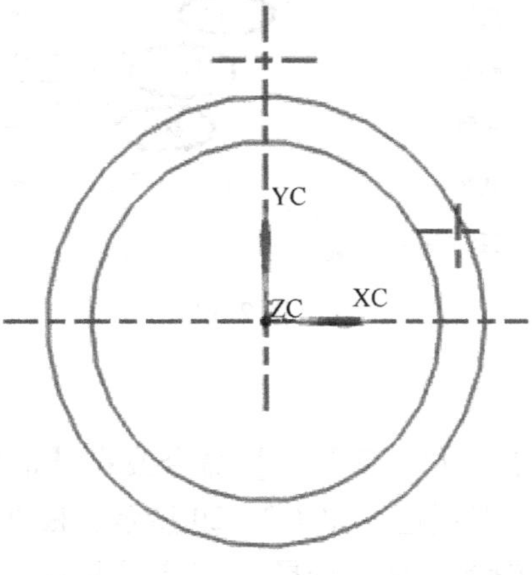

图 2-121

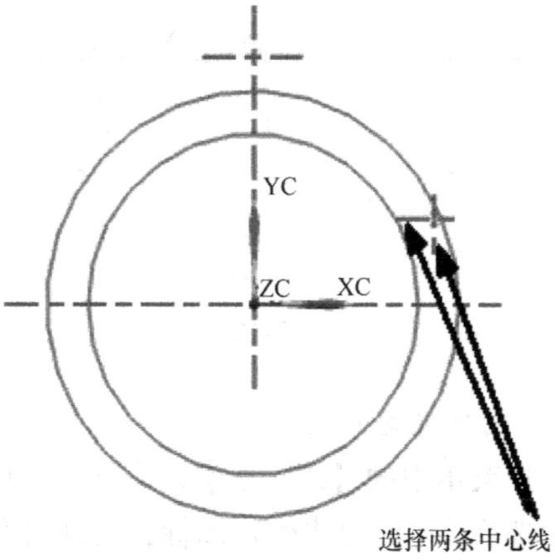

图 2-122

图 2-123

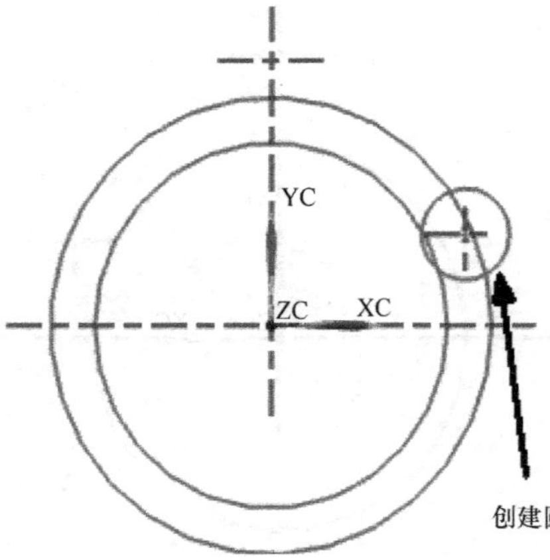

图 2-124

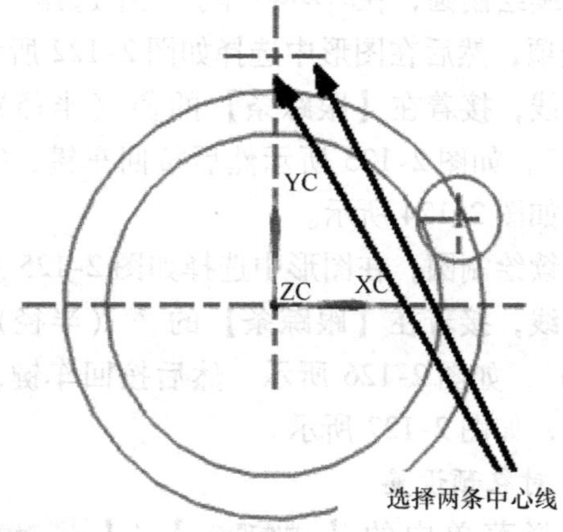

图 2-125

图 2-126

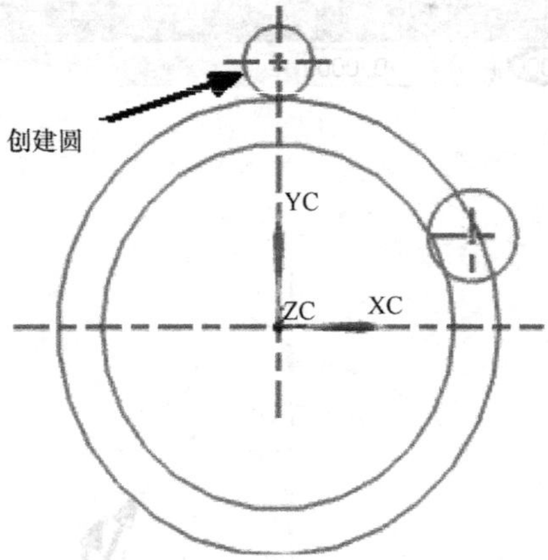

图 2-127

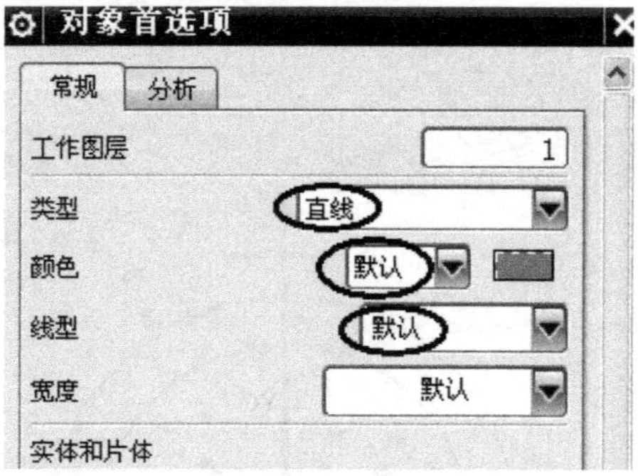

图 2-128

10. 创建偏置曲线

选择菜单中的【插入(S)】/【来自曲线集的曲线(F)】/【偏置(O)...】命令或在【曲线】工具条中选择(偏置曲线)图标，出现【偏置曲线】对话框，如图 2-129 所示，根据提示在图形中选择如图 2-130 所示的要偏置的曲线，然后在指定点区域选择（自动判断的点）图标，在图形中所选曲线的左侧任意选择一点，出现偏置方向箭头，如图 2-131 所示。

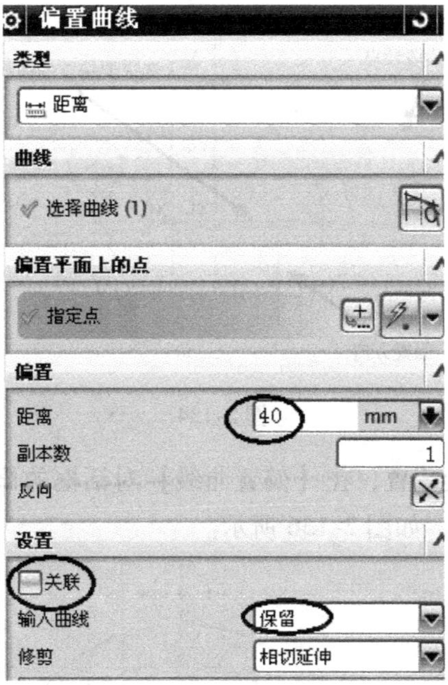

图 2-129

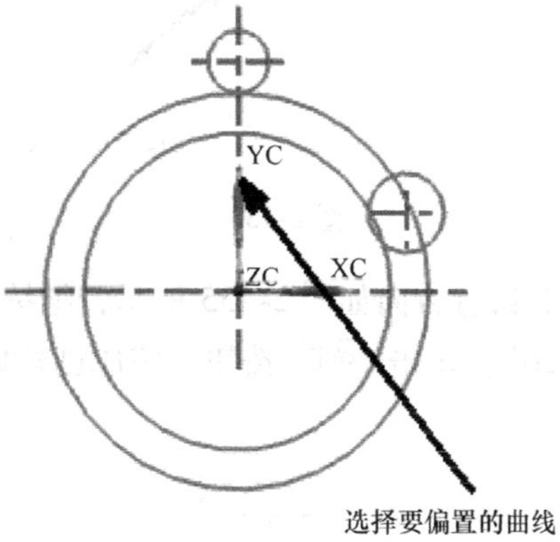

图 2-130

然后在【偏置曲线】对话框的距离栏输入“40”，取消勾选关联选项，在输入曲线下拉框中选择保留选项，如图 2-129 所示，最后单击应用按钮，完成创建偏置曲线，如图 2-132 所示。

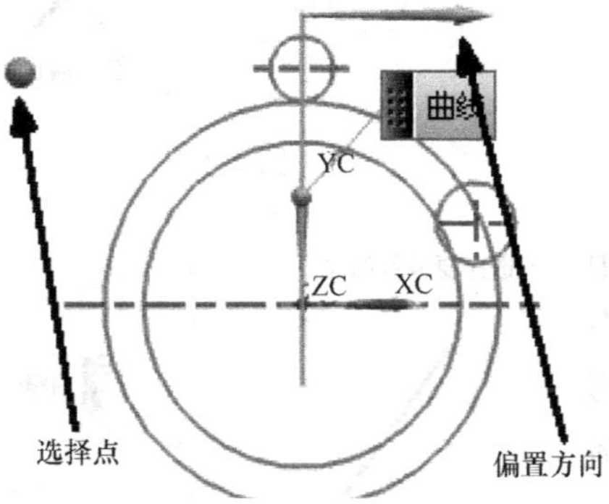

图 2-131

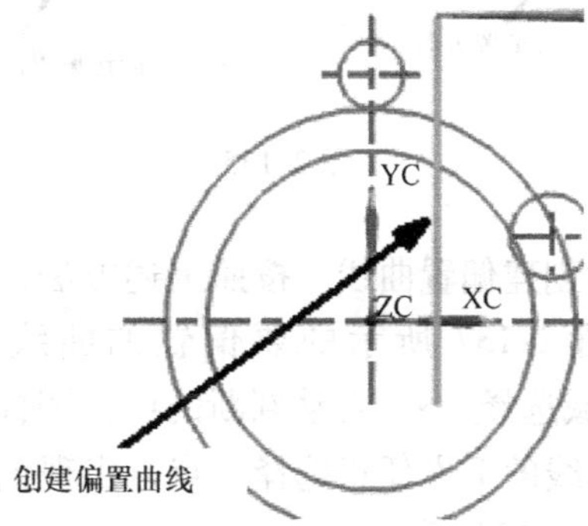

图 2-132

此时偏置方向如图 2-132 所示。继续进行连续偏置，在【偏置曲线】对话框的距离栏输入“22.5”，单击确定按钮，完成创建偏置曲线，如图 2-133 所示。

继续创建偏置曲线。按照上述方法，在图形中选择如图 2-134 所示的要偏置的曲线，然后在指定点区域选择（自动判断的点）图标，在图形中所选曲线的上方任意选择一点，出现偏置方向箭头，如图 2-134 所示。

然后在【偏置曲线】对话框的距离栏输入“5”，取消勾选关联选项，在输入曲线下拉框中选择保留选项，最后单击应用按钮，完成创建偏置曲线，如图 2-135 所示。

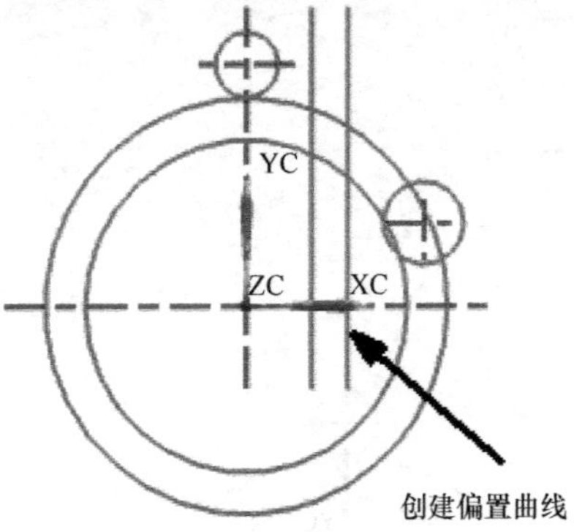

图 2-133

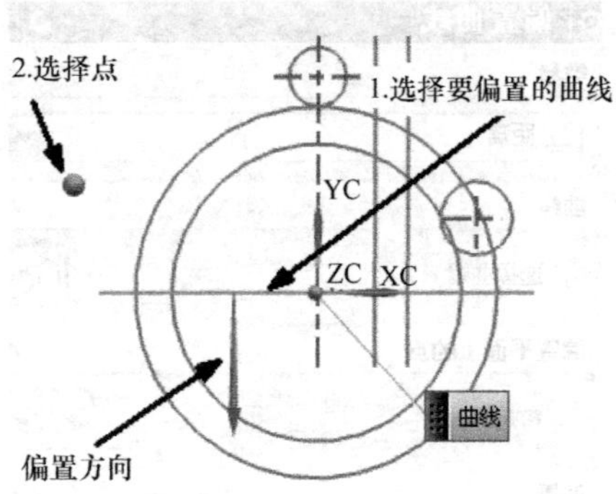

图 2-134

此时偏置方向如图 2-135 所示，继续进行连续偏置，在【偏置曲线】对话框的距离栏输入“20”，单击确定按钮，完成创建偏置曲线，如图 2-136 所示。

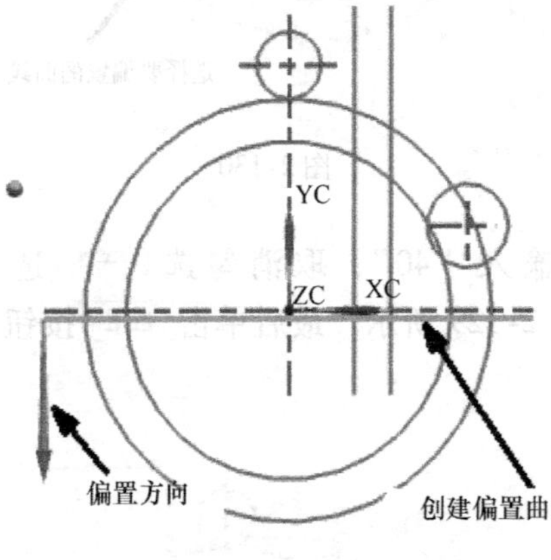

图 2-135

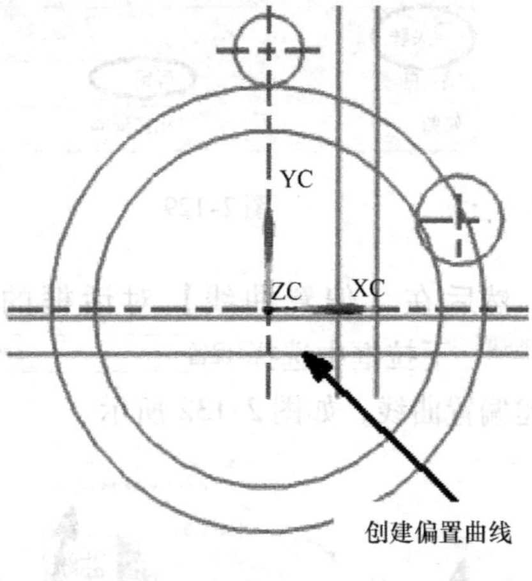

图 2-136

继续创建偏置曲线。按照上述方法，在图形中选择如图 2-137 所示的要偏置的曲线，然后在指定点区域选择（自动判断的点）图标，在图形中所选曲线的下方任意选择一点，出现偏置方向箭头，如图 2-137 所示。

然后在【偏置曲线】对话框的距离栏输入“145”，取消勾选关联选项，在输入曲线下拉框中选择保留选项，最后单击应用按钮，完成创建偏置曲线，如图 2-138 所示。

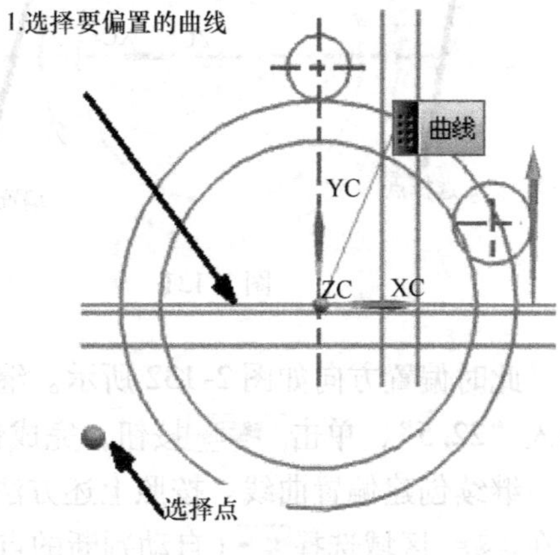

图 2-137

11. 创建曲线倒圆

选择菜单中的【插入(S)】/【曲线(C)】/【基本曲线(B)...】命令或在【曲线】工具条中选择（基本曲线）图标，出现【基本曲线】对话框，如图 2-139 所示，选择（圆角）图标，出现【曲线倒圆】对话框，如图 2-140 所示，选择 （2 曲线圆角）图标，在 半径 栏输入 "6"，并勾选 修剪第一条曲线 、修剪第二条曲线选项，然后在图形中依次选择如图 2-141 所示的曲线，最后在圆角圆心附近按下鼠标左键，完成倒圆角，如图 2-142 所示。

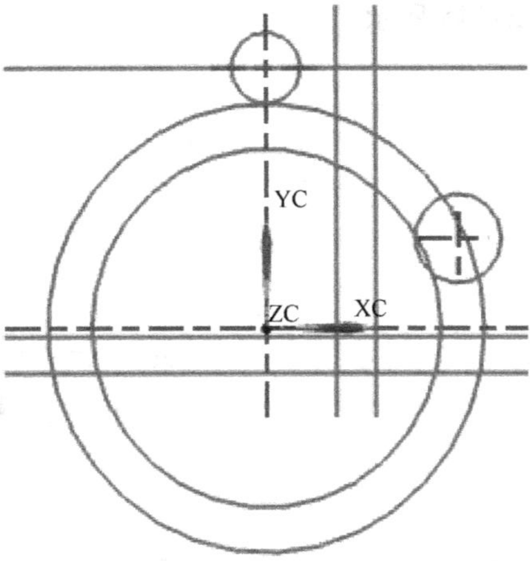

图 2-138

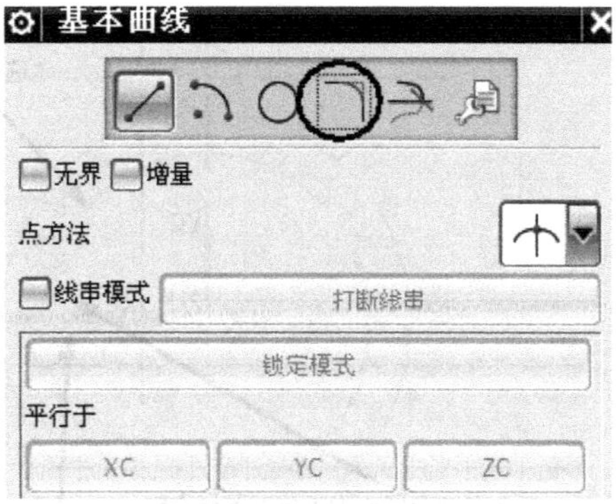

图 2-139

图 2-140

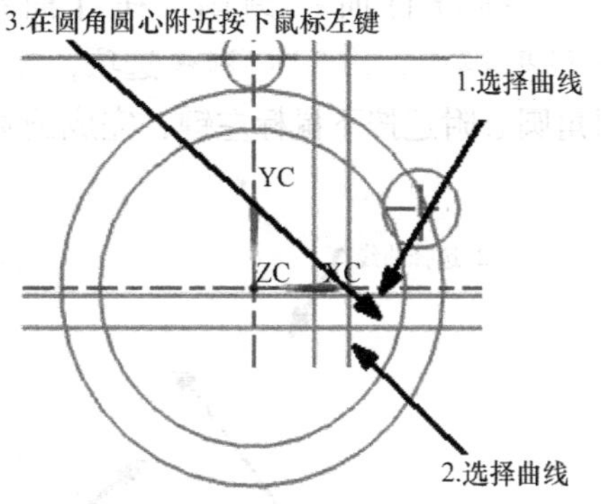

图 2-141

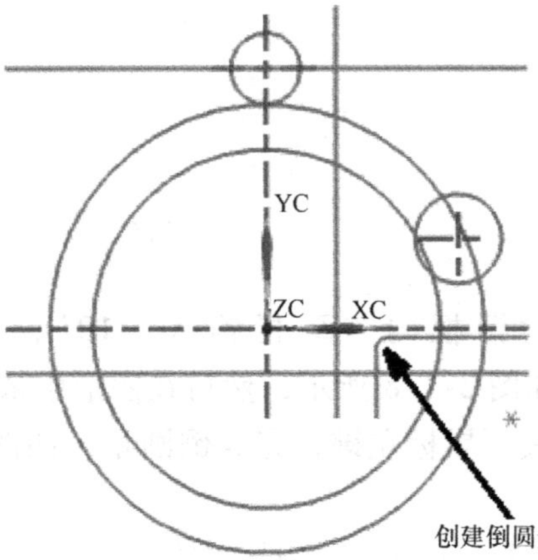

图 2-142

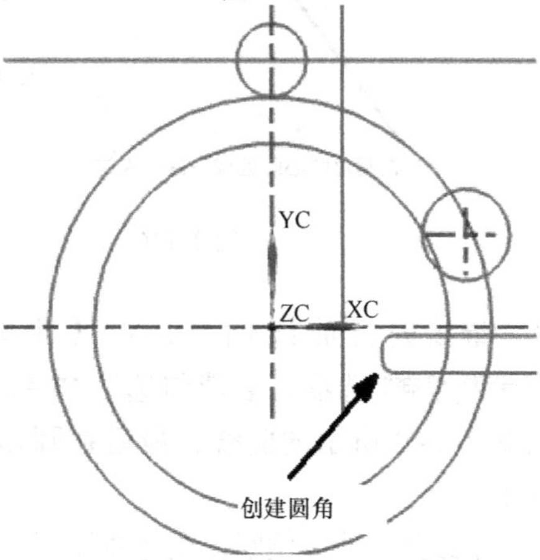

图 2-143

按照上述方法，对下方的曲线进行倒圆角，完成后如图 2-143 所示。

继续进行曲线倒圆，在【曲线倒圆】对话框的 半径 栏输入“10”，并勾选 ☑修剪第一条曲线 、☑修剪第二条曲线 选项，然后在图形中依次选择如图 2-144 所示的曲线，最后在圆角圆心附近按下鼠标左键，完成倒圆角，如图 2-145 所示。

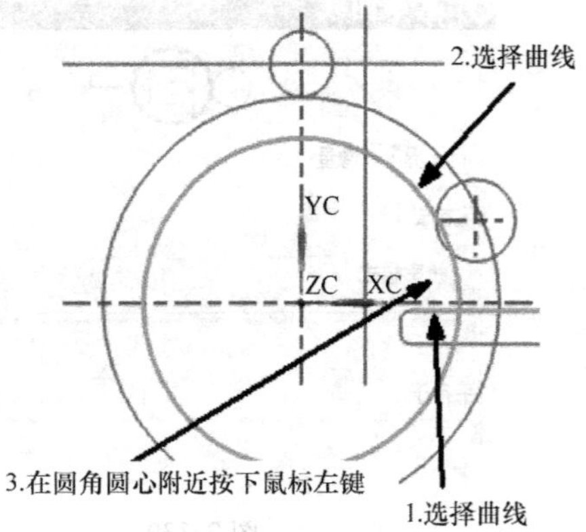

图 2-144

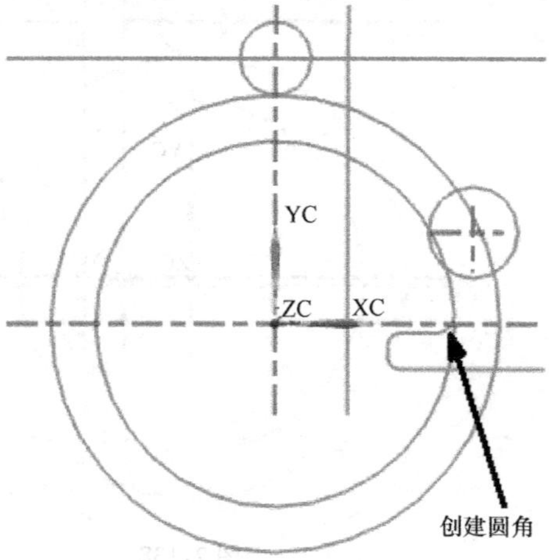

图 2-145

继续进行曲线倒圆，在【曲线倒圆】对话框的 半径 栏输入“10”，并勾选 ☑修剪第一条曲线 、☑修剪第二条曲线 选项，然后在图形中依次选择如图 2-146 所示的曲线，最后在圆角圆心附近按下鼠标左键，完成倒圆角，如图 2-147 所示。

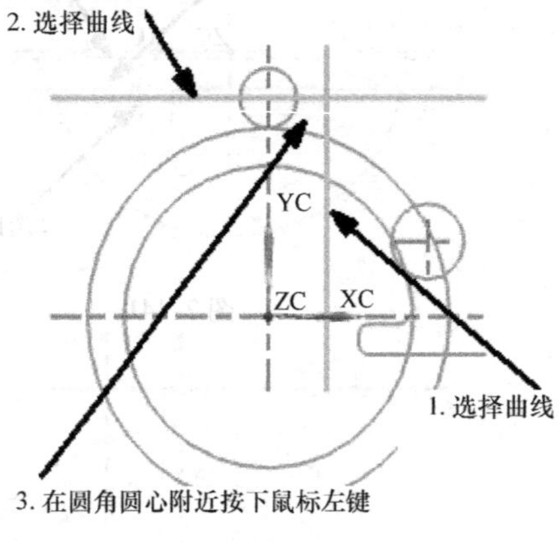

图 2-146

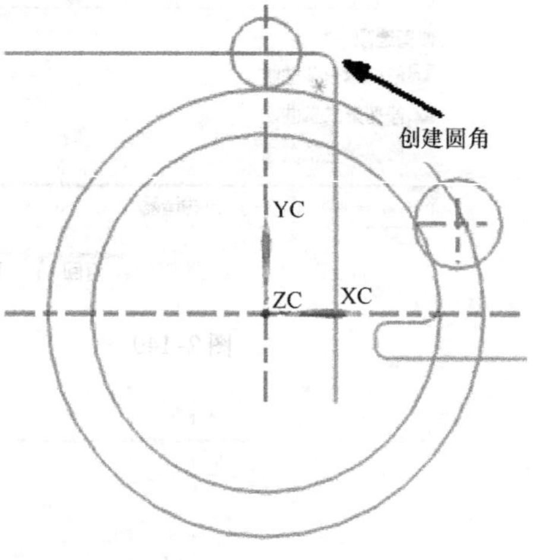

图 2-147

继续进行曲线倒圆，在【曲线倒圆】对话框的 半径 栏输入“10”，并勾选 ☑修剪第一条曲线 选项，取消勾选 ☐修剪第二条曲线 选项如图 2-148 所示，然后在图形中依次选择如图 2-149 所示的曲线，最后在圆角圆心附近按下鼠标左键，完成倒圆角，如图 2-150 所示。

继续进行曲线倒圆，在【曲线倒圆】对话框的 半径 栏输入“10”，并勾选 ☑修剪第二条曲线 选

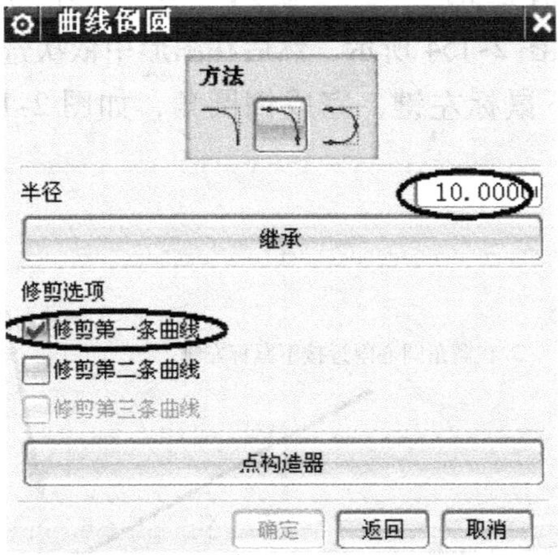

图 2-148

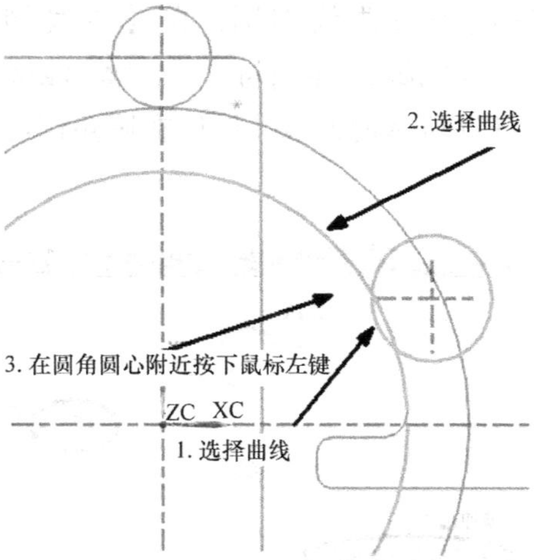

图 2-149

项，取消勾选 修剪第一条曲线 选项，如图 2-151 所示，然后在图形中依次选择如图 2-152 所示的曲线，最后在圆角圆心附近按下鼠标左键，完成倒圆角，如图 2-153 所示。

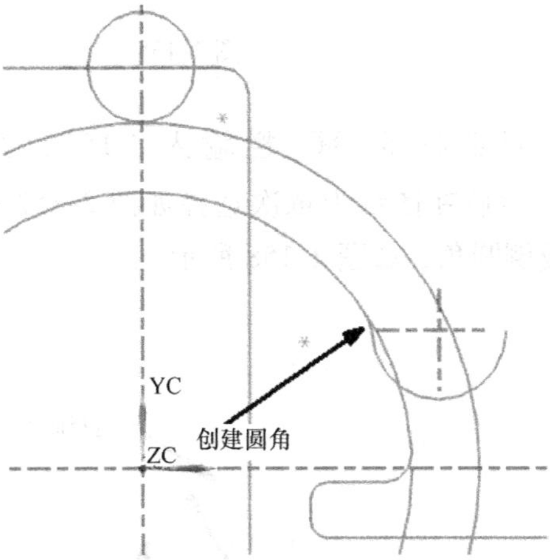

图 2-150

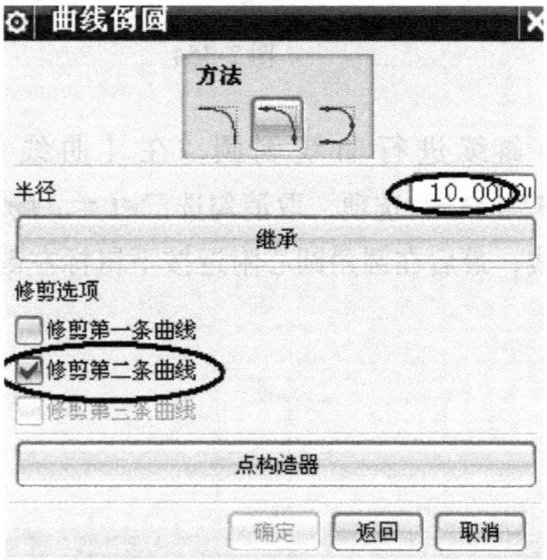

图 2-151

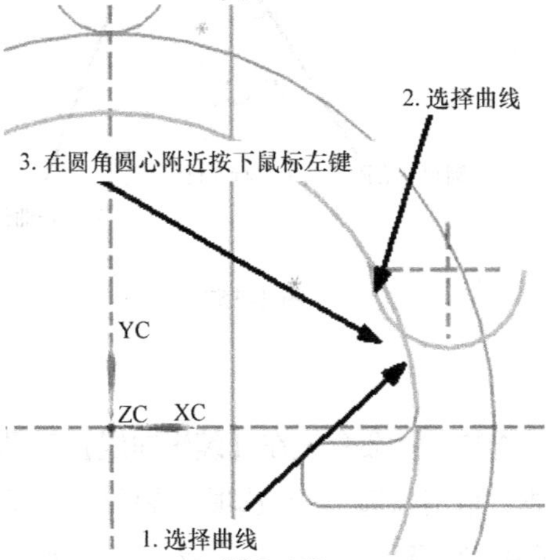

图 2-152

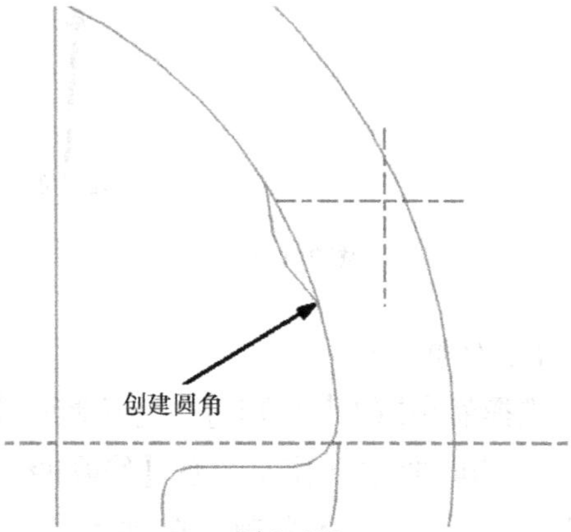

图 2-153

继续进行曲线倒圆，在【曲线倒圆】对话框的 半径 栏输入“15”，并勾选 ☑修剪第一条曲线 选项，取消勾选 ☐修剪第二条曲线 选项，如图2-154所示，然后在图形中依次选择如图2-155所示的曲线，最后在圆角圆心附近按下鼠标左键，完成倒圆角，如图2-156所示。

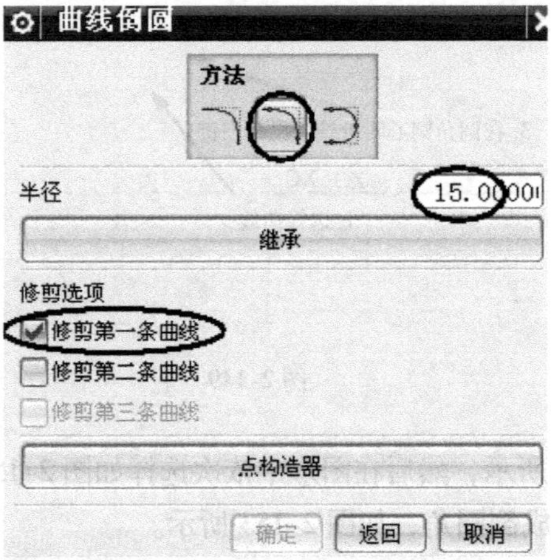

图2-154

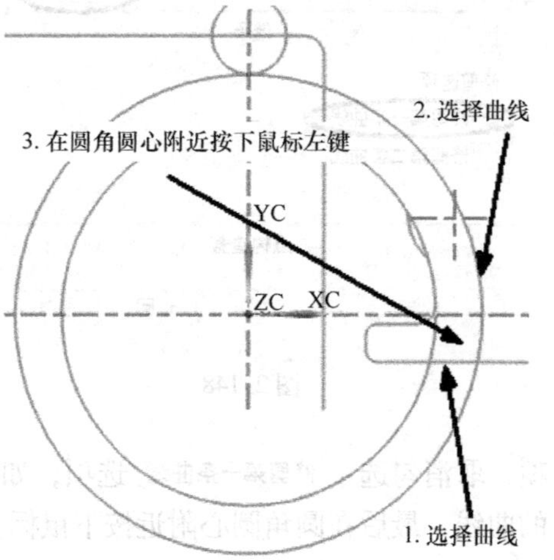

图2-155

继续进行曲线倒圆，在【曲线倒圆】对话框的 半径 栏输入“15”，并勾选 ☑修剪第一条曲线 选项，取消勾选 ☐修剪第二条曲线 选项，然后在图形中依次选择如图2-157所示的曲线，最后在圆角圆心附近按下鼠标左键，完成倒圆角，如图2-158所示。

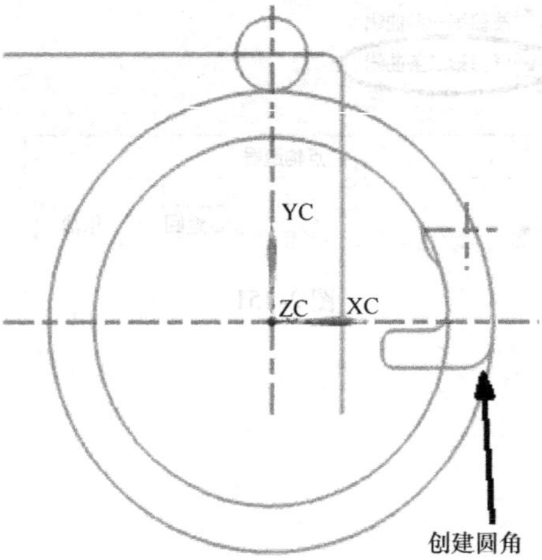

图2-156

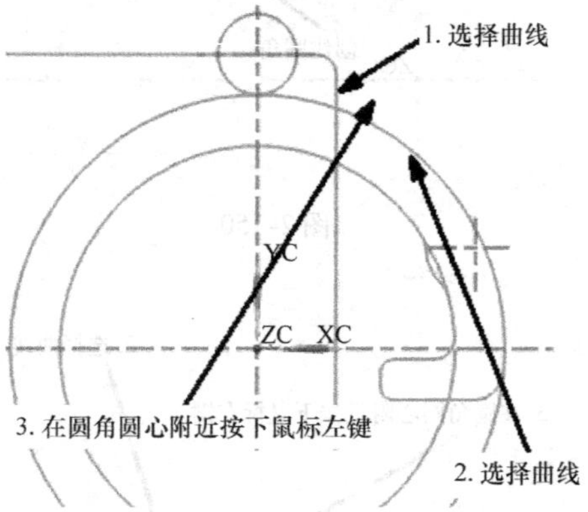

图2-157

12. 修剪曲线

选择菜单中的【编辑(E)】/【曲线(V)】/【修剪(T)...】命令或在【编辑曲线】工具条中选择 (修剪曲线) 图标，出现【修剪曲线】对话框，取消勾选 ☐关联 选项，在 输入曲线 下拉框中选择 替换 选项，在 曲线延伸 下拉框中选择 无 选项，取消勾选修剪边界对象、保持选定边界对象选项，如图 2-159 所示。在图形中选择如图 2-160 所示的直线为要修剪的对象，然后在主界面捕捉点工具条中选择（交点）选项，在图形中选择如图 2-160 所示的交点为修剪的边界，最后在【修剪曲线】对话框中单击 应用 按钮，完成修剪曲线，如图 2-161所示。

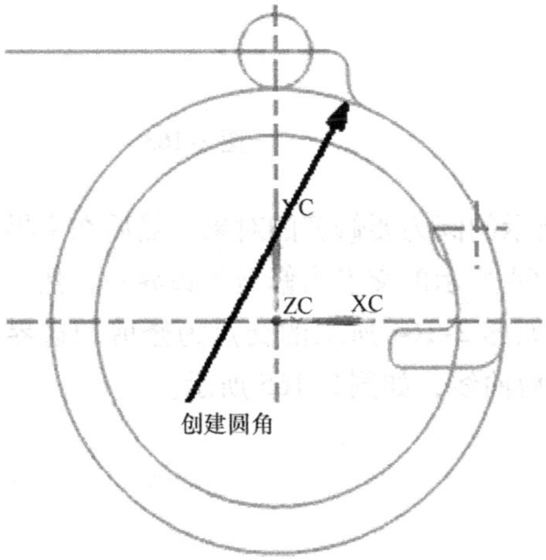

图 2-158

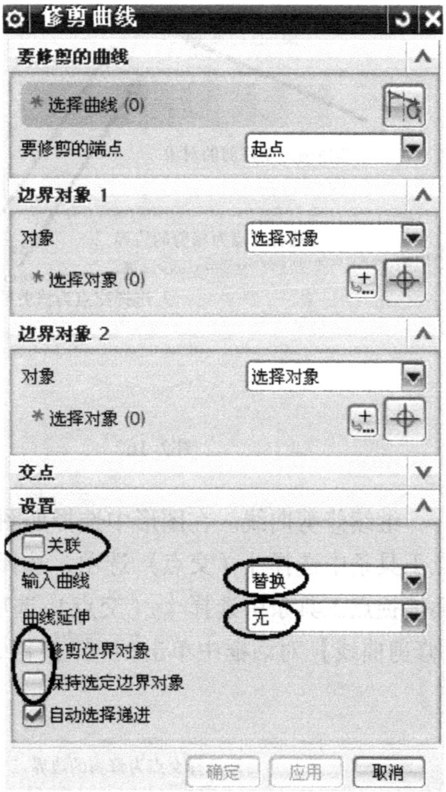

图 2-159

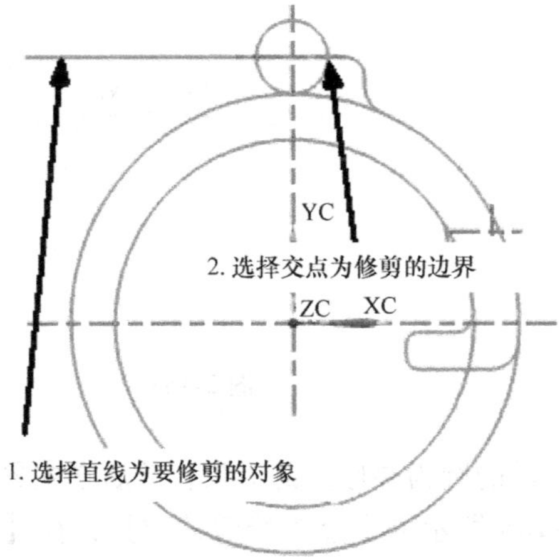

图 2-160

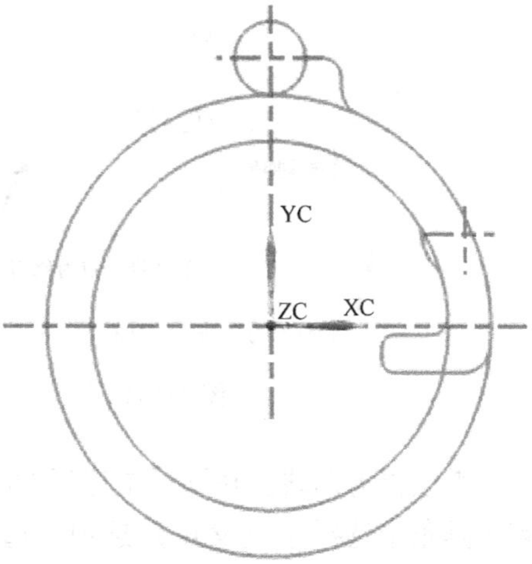

图 2-161

继续修剪曲线。在图形中选择如图 2-162 所示的圆为要修剪的对象，然后在主界面捕捉点工具条中选择（交点）选项，选择如图 2-162 所示的交点为修剪的边界一，然后在主界面捕捉点工具条中选择（交点）选项，选择如图 2-162 所示的交点为修剪的边界二，在【修剪曲线】对话框中单击 应用 按钮，完成修剪曲线，如图 2-163 所示。

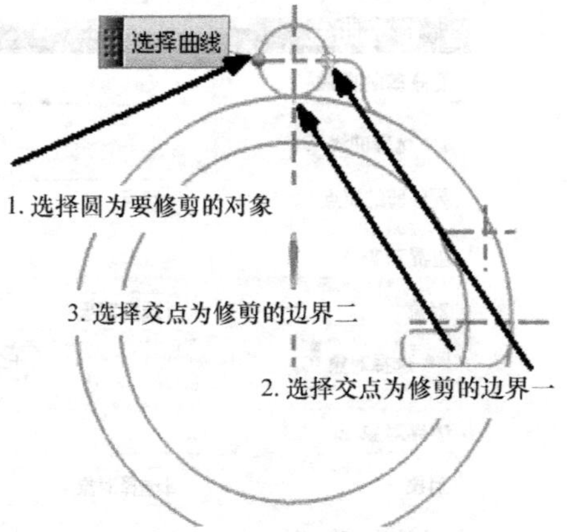

图 2-162

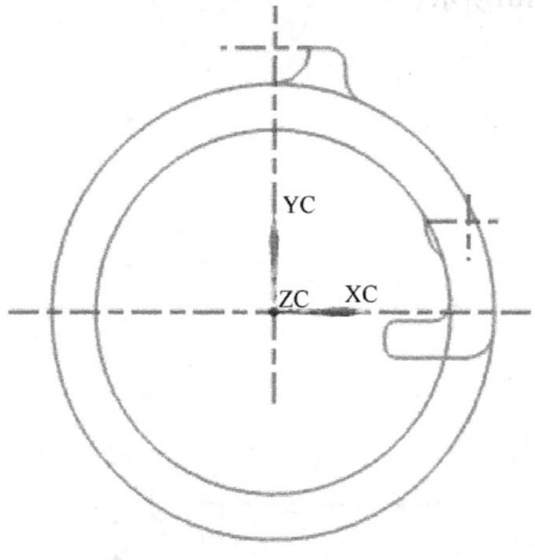

图 2-163

继续修剪曲线。在图形中选择如图 2-164 所示的圆为要修剪的对象，然后在主界面捕捉点工具条中选择（交点）选项，选择如图 2-164 所示的交点为修剪的边界一，然后在主界面捕捉点工具条中选择（交点）选项，选择如图 2-164 所示的交点为修剪的边界二，在【修剪曲线】对话框中单击 应用 按钮，完成修剪曲线，如图 2-165 所示。

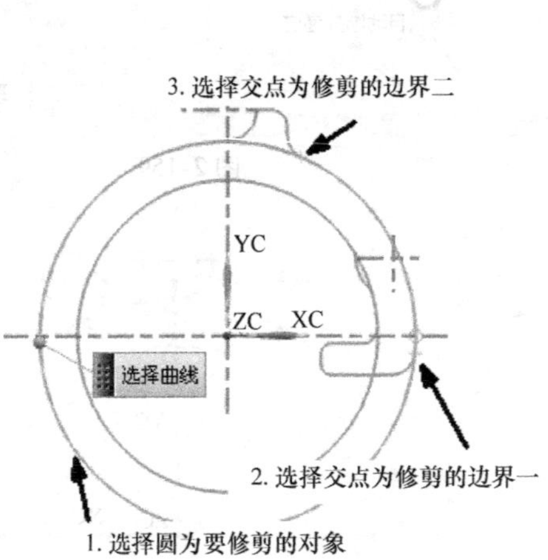

图 2-164

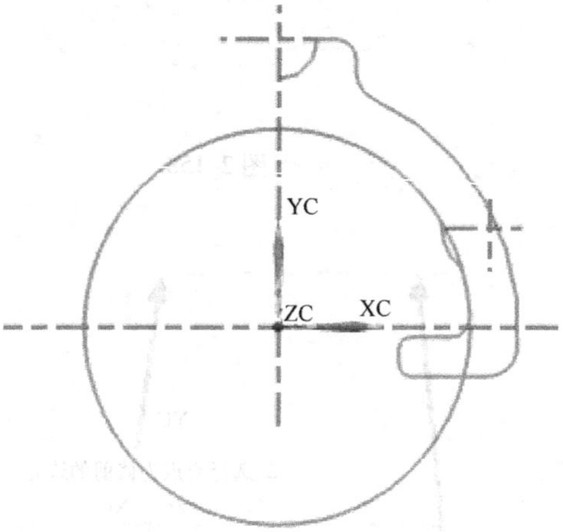

图 2-165

继续修剪曲线。在图形中选择如图 2-166 所示的圆为要修剪的对象，然后在主界面捕捉点工具条中选择（交点）选项，选择如图 2-166 所示的交点为修剪的边界，在【修剪曲线】对话框中单击 应用 按钮，完成修剪曲线，如图 2-167 所示。

继续修剪曲线。在图形中选择如图 2-168 所示的圆弧为要修剪的对象，然后在主界面捕捉点工具条中选择（交点）选项，选择如图 2-168 所示的交点为修剪的边界一，然后在主界面捕捉点工具条中选择✢（交点）选项，选择如图2-168所示的交点为修剪的边界二，在【修剪曲线】对话框中单击 应用 按钮，完成修剪曲线，如图2-169所示。

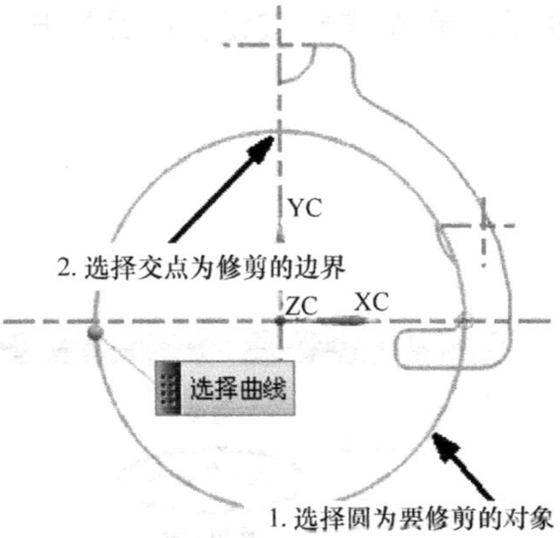

图2-166

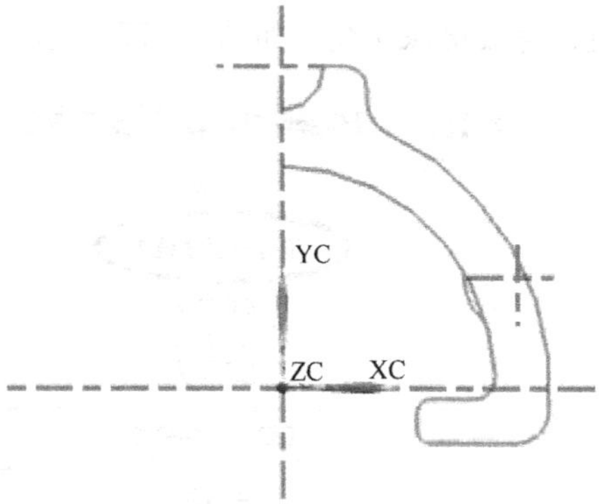

图2-167

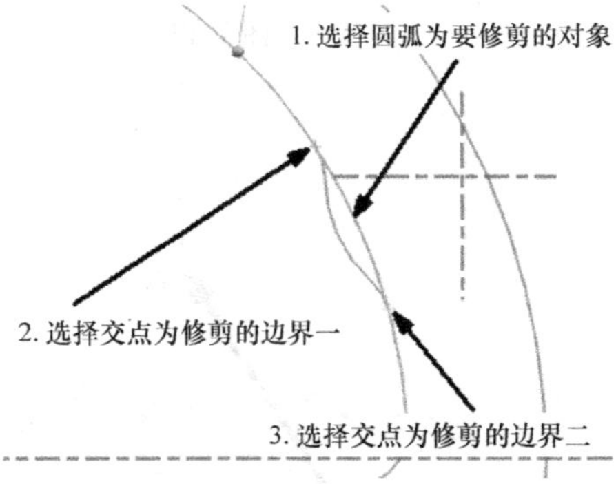

图2-168

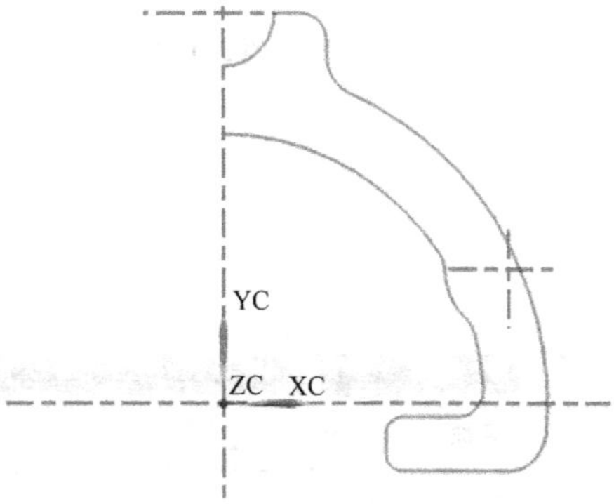

图2-169

13. 镜像曲线

在【标准】工具条中选择（变换）图标，出现【变换】类选择对话框，如图2-170所示，在图形中框选如图2-171所示的曲线，然后在【变换】类选择对话框中单击 确定 按钮，出现【变换】对话框，如图2-172所示，单击 通过一直线镜像 按钮，系统出现【变换】选

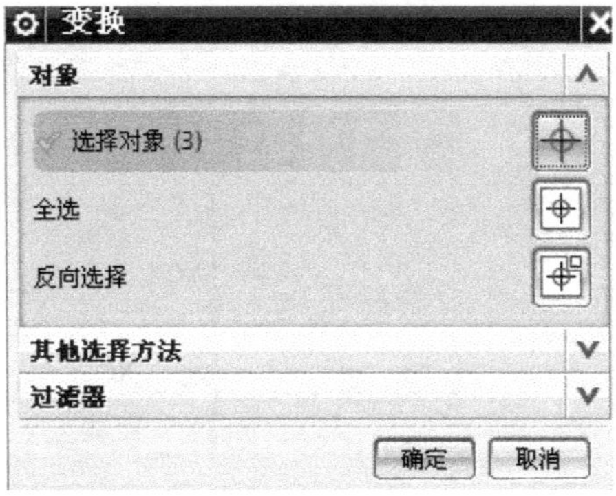

图2-170

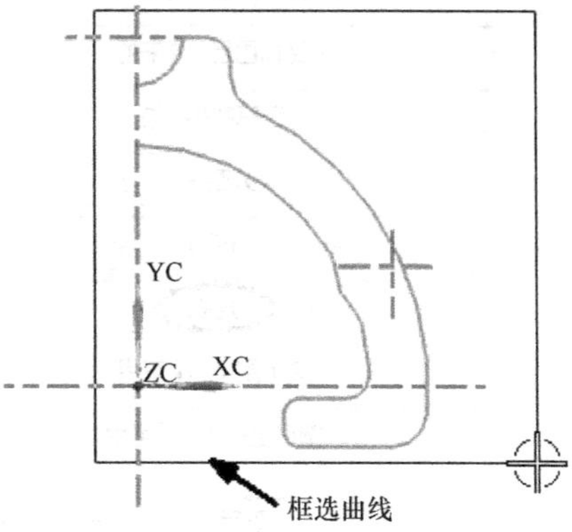

图2-171

择镜像对称线选项对话框，如图2-173所示，单击现有的直线按钮，系统出现【变换】选择镜像对称线对话框，如图2-174所示。然后在图形中选择如图2-175所示的中心线为对称线，出现【变换】操作选项对话框，如图2-176所示，单击复制按钮，最后单击取消按钮，完成镜像曲线，如图2-177所示。

图2-172

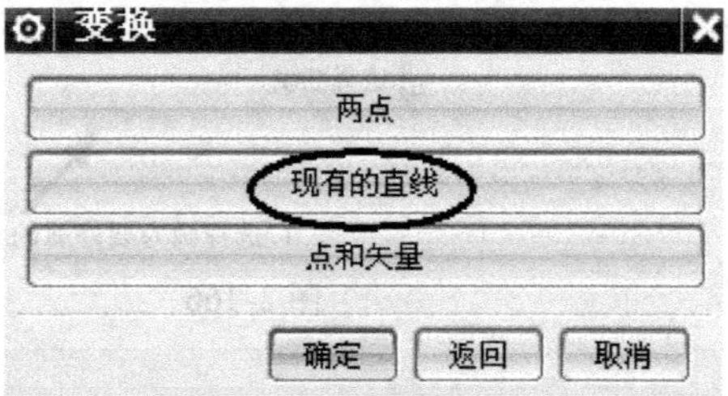

图2-173

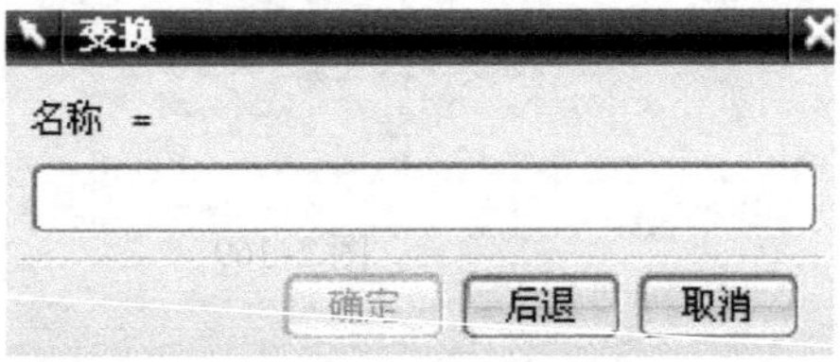

图2-174

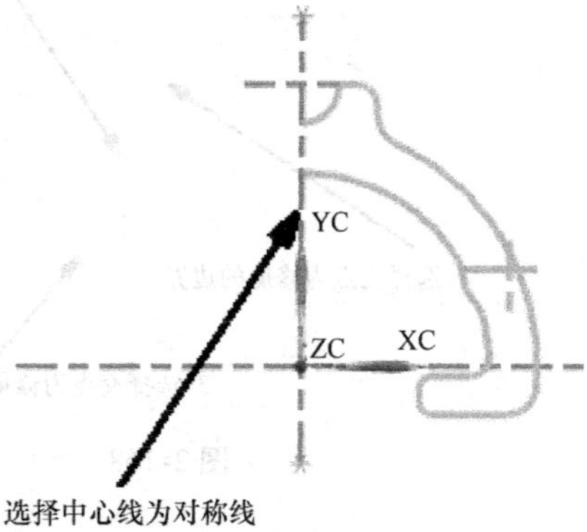

图2-175

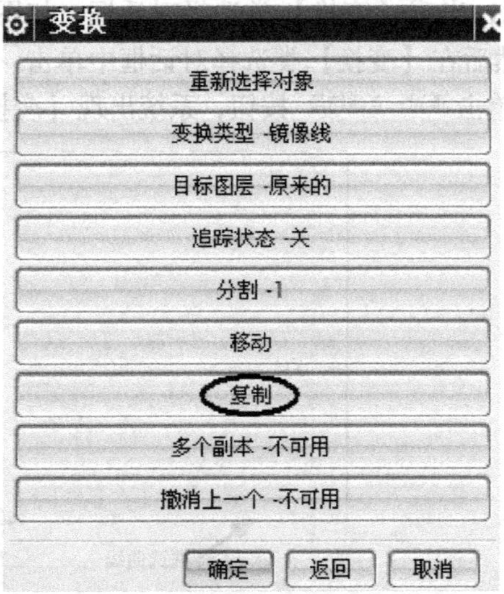

图2-176

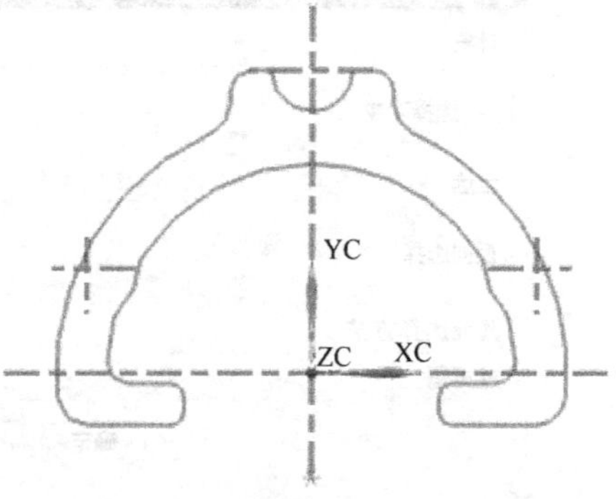

图2-177

2.3 草图构建实例一

实例图形及尺寸如图 2-178 所示。

1. 新建文件

选择菜单中的【文件(F)】/【新建(N)...】命令或选择（新建）图标，出现【新建】部件对话框，在名称栏中输入“ct－1”，在【单位】下拉框中选择【毫米】选项，以毫米为单位，单击确定按钮，建立文件名为 ct－1. prt、单位为毫米的文件。

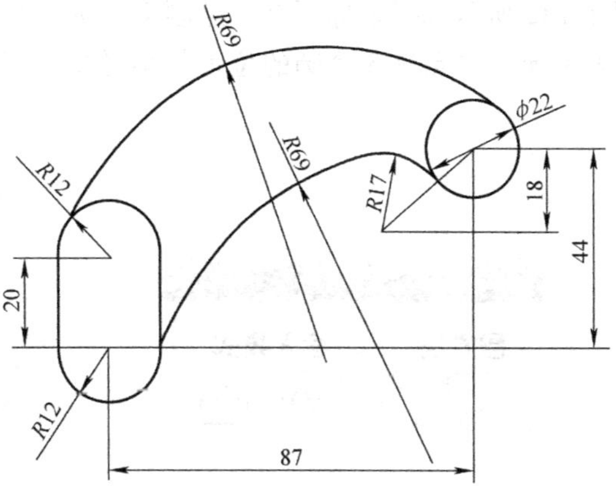

图 2-178

2. 关闭连续自动标注尺寸

选择菜单中的【首选项(P)】/【草图(S)...】命令，出现【草图首选项】对话框，如图 2-179 所示，取消勾选 连续自动标注尺寸 选项，单击确定按钮，关闭连续自动标注尺寸。

3. 草绘截面

选择菜单中的【插入(S)】/【草图(H)...】或在【直接草图】工具条中选择（草图）图标，出现【创建草图】对话框，如图 2-180 所示，系统默认 XC－YC 平面为草图平面，单击< 确定 >按钮，出现草图绘制区。

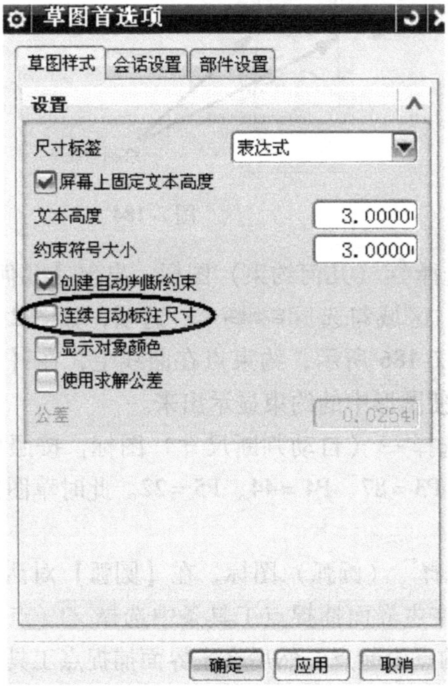

图 2-179

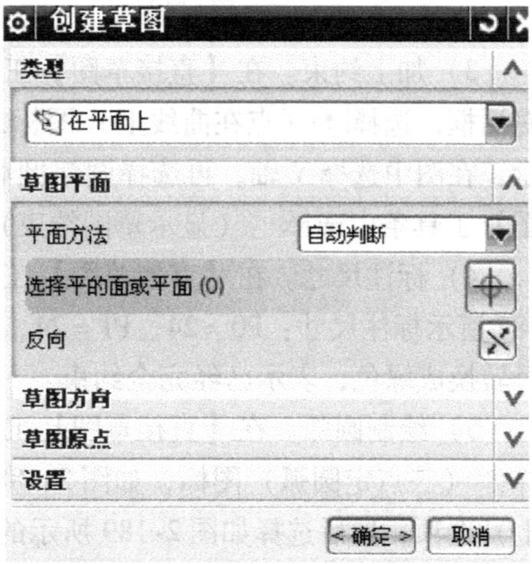

图 2-180

具体步骤如下：

1）在【直接草图】工具条中选择（圆）图标，出现【圆】对话框，选择（圆心和直径定圆）图标，如图2-181所示，在主界面捕捉点工具条中选择（现有点）选项，按照图2-182所示选择坐标原点，绘制1个圆，在上方适当位置再绘制1个圆，在右上方适当位置绘制圆。注意这3个圆的位置与半径要与图样尺寸相近。

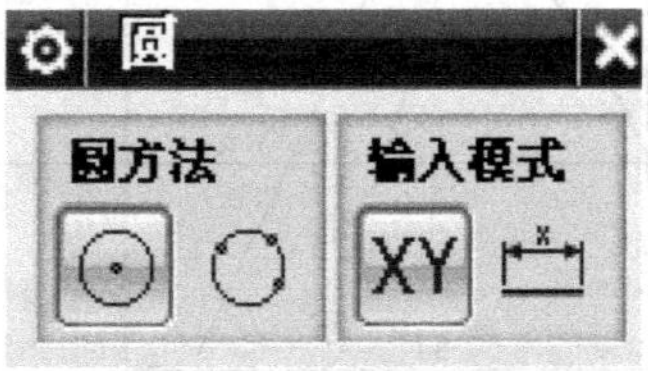

图2-181

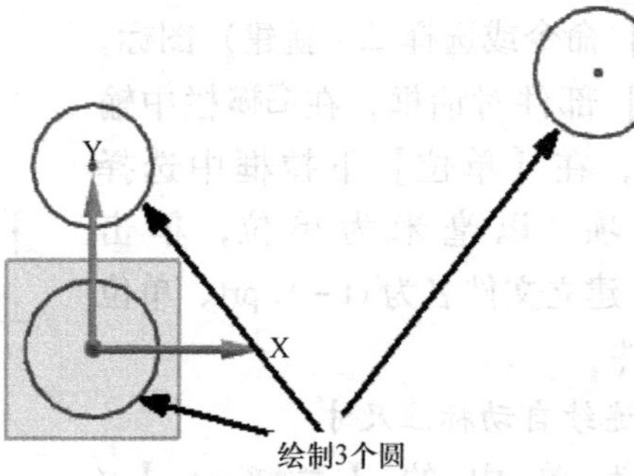

图2-182

2）绘制直线。在【直接草图】工具栏中选择（直线）图标，在主界面捕捉点工具条中选择（点在曲线上）图标，然后选择两段圆弧大致切点附近，按照如图2-183所示绘制一条切线，再绘制右侧的一条切线，如图2-184所示。

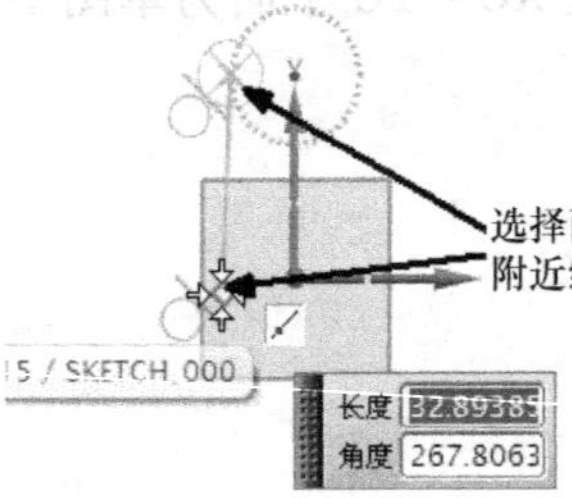

图2-183

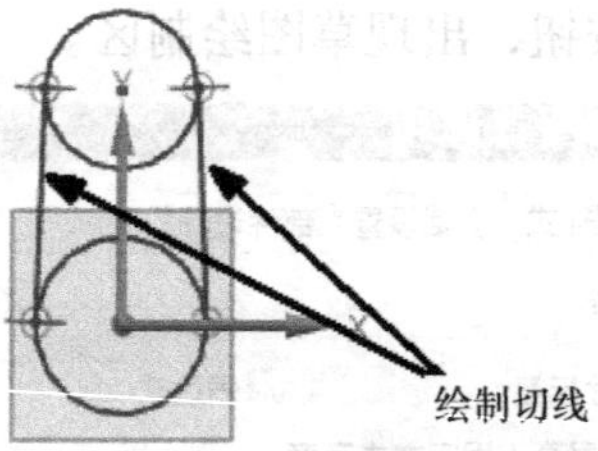

图2-184

3）加上约束。在【直接草图】工具条中选择（几何约束）图标，出现【几何约束】对话框，选择（点在曲线上）图标，在 **设置** 区域勾选 自动选择递进 选项，如图2-185所示，在图中选择Y轴，再选择圆弧圆心，如图2-186所示，约束点在曲线上，在【直接草图】工具条中选择（显示草图约束）图标，使图形中的约束显示出来。

4）标注尺寸。在【直接草图】工具条中选择（自动判断尺寸）图标，按照如图2-187所示标注尺寸：P0=24、P1=24、P2=20、P3=87、P4=44、P5=22。此时草图曲线已经转换成绿色，表示已经完全约束。

5）绘制圆弧。在【直接草图】工具条中选择（圆弧）图标，在【圆弧】对话框中选择（三点定圆弧）图标，如图2-188所示，在主界面捕捉点工具条中选择（点在曲线上）选项，然后选择如图2-189所示的圆弧上的点为起点，然后在主界面捕捉点工具条中选择（点在曲线上）图标，选择圆弧上的点为终点，如图2-189所示，然后在出现相切标记的情况下按下鼠标左键作为弧上点，完成绘制圆弧，如图2-190所示（隐藏尺寸后）。

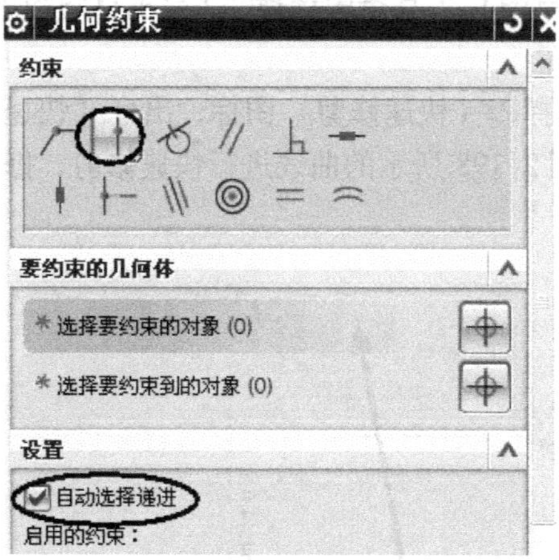

图 2-185

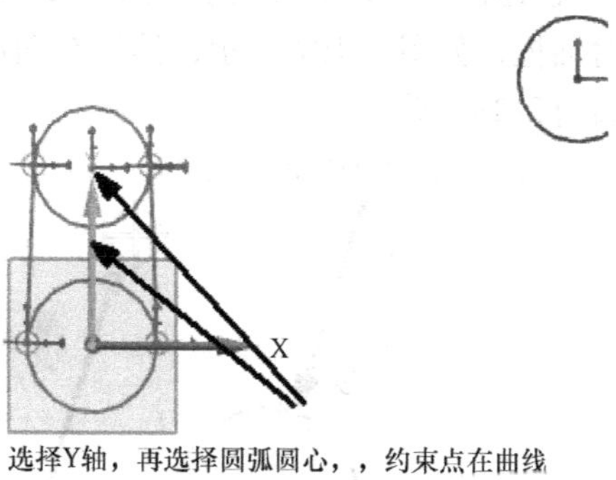

图 2-186

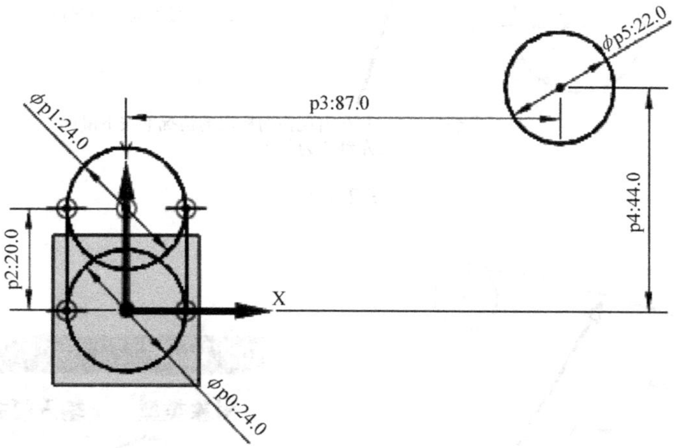

图 2-187

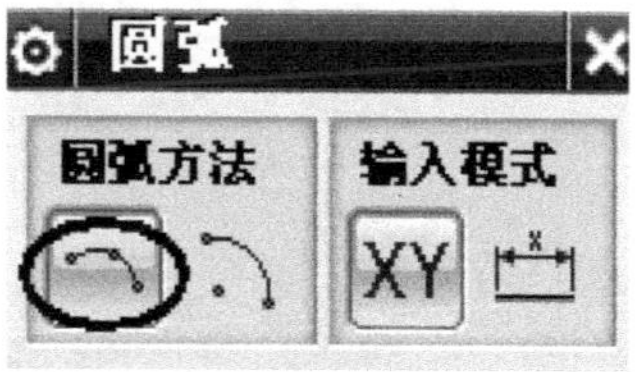

图 2-188

6）在【直接草图】工具条中选择（轮廓）图标，出现【轮廓】对话框，在【轮廓】对话框中选择（圆弧）图标，如图 2-191 所示，在主界面捕捉点工具条中选择（点在曲线上）图标，选择圆弧上的点为起点，绘制圆弧 *R*12，然后在【轮廓】对话框中选择（圆弧）图标，绘制一条与圆弧 *R*12 相切的圆弧 *R*23，且圆弧端点 3 在圆上，如图 2-192 所示。

7）加上约束。在【直接草图】工具条中选择（几何约束）图标，出现【几何约束】对话框，选择（相切）图标，如图 2-193 所示，在图中选择圆与圆弧，约束相切，如图 2-194 所示，约束的结果如图 2-195 所示，在【直接草图】工具条中选择（显示草图约束）图标，使图形中的约束显示出来。

按照相同的方法，约束圆弧 *R*23 与圆相切，在图中选择圆与圆弧，约束相切，如图

2-195所示，约束的结果如图2-196所示，在【直接草图】工具条中选择（显示草图约束）图标，使图形中的约束显示出来。

8）快速修剪曲线。在【直接草图】工具条中选择（快速修剪）图标，出现【快速修剪】对话框，如图2-197所示，然后在图形中选择图2-198所示的曲线进行快速修剪，修剪结果如图2-199所示。

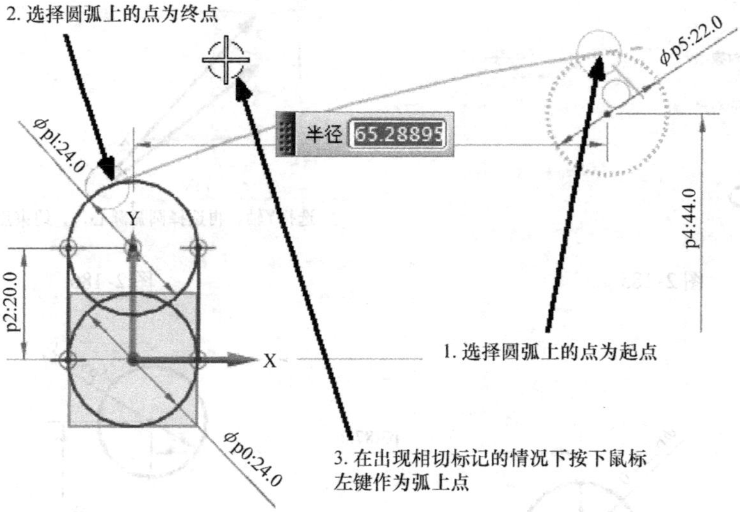

图2-189

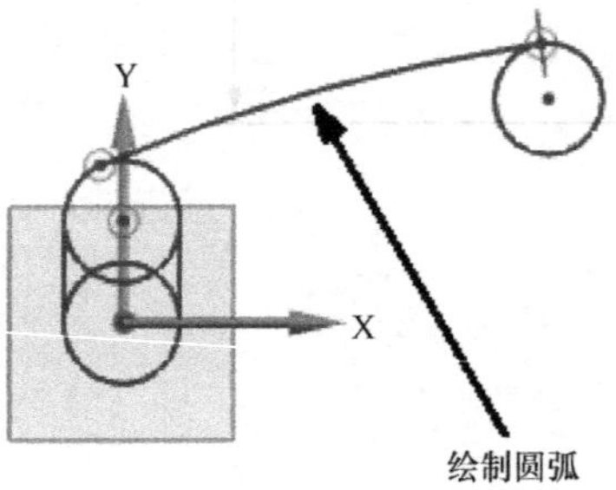

图2-190

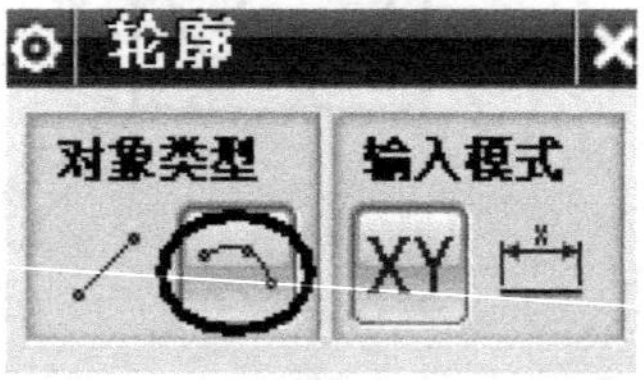

图2-191

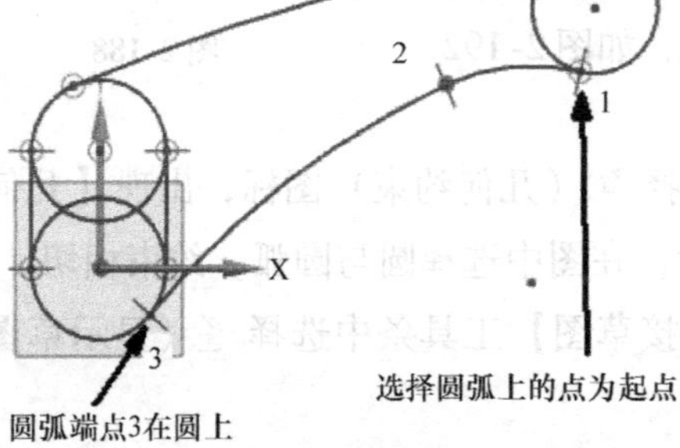

图2-192

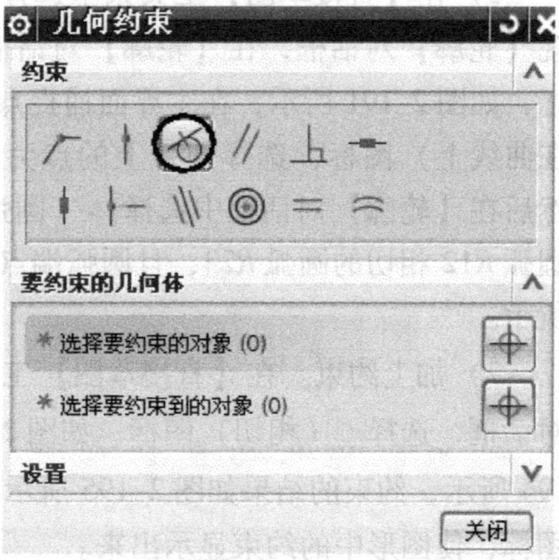

图2-193

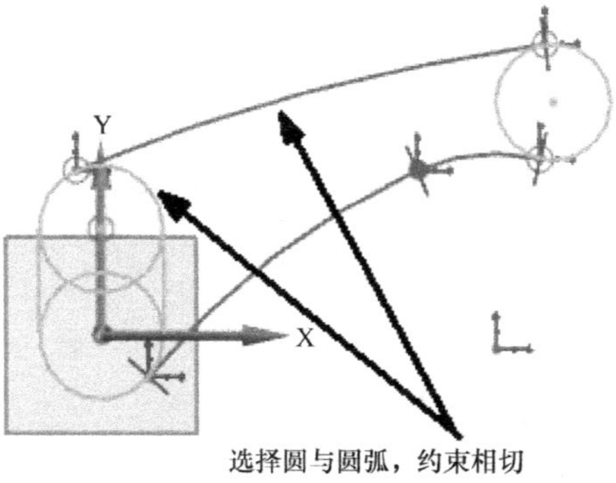

图 2-194

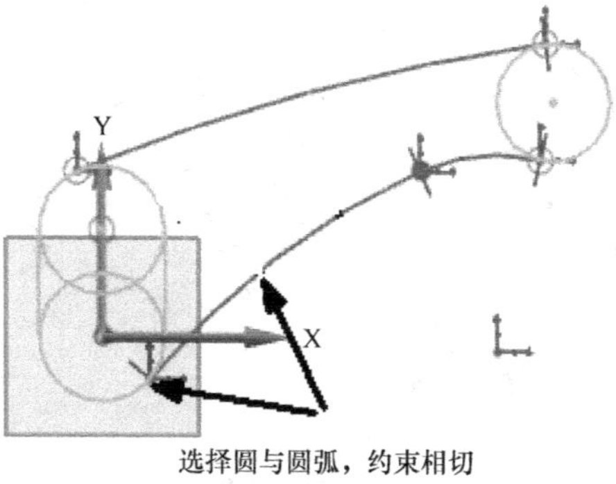

图 2-195

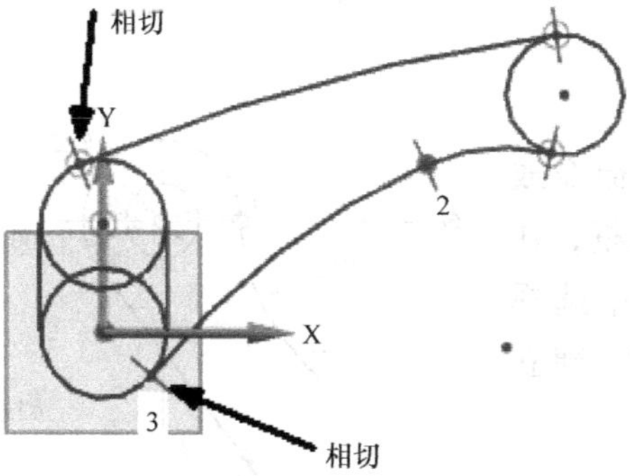

图 2-196

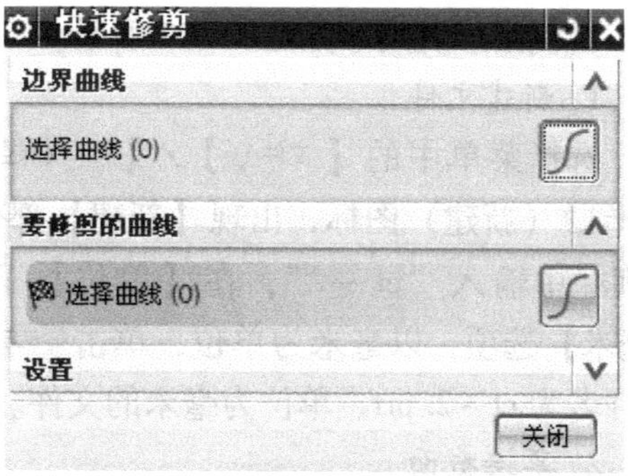

图 2-197

9）标注尺寸。在【直接草图】工具条中选择（自动判断尺寸）图标，按照如图 2-200 所示标注尺寸：P6 =69、P7 =69、P8 =17、P9 =18。此时草图曲线已经转换成翠绿色，表示已经完全约束。

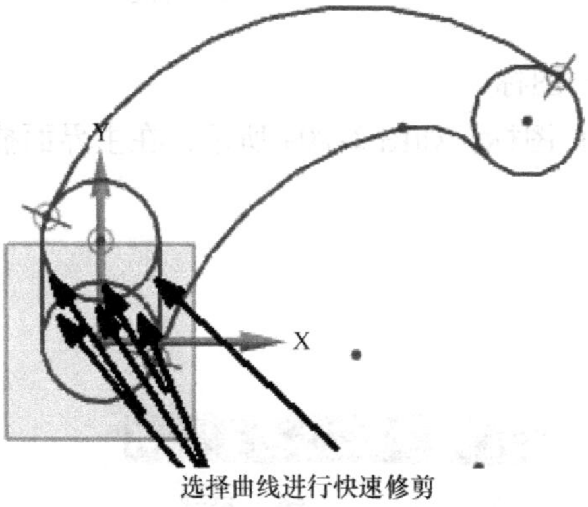

图 2-198

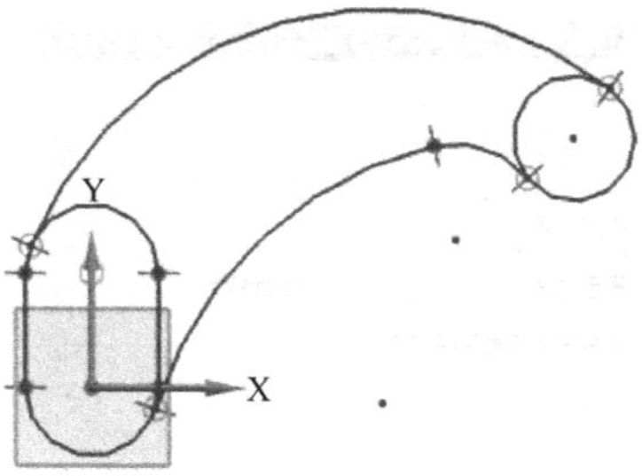

图 2-199

10）在【直接草图】工具条中选择完成草图图标，窗口回到建模界面，截面如图 2-201 所示。

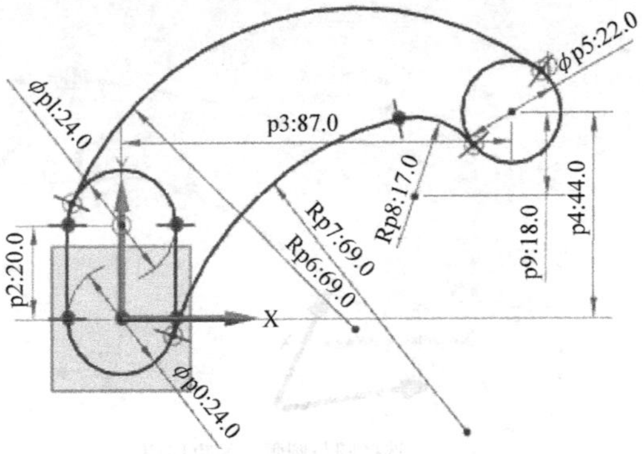

图 2-200

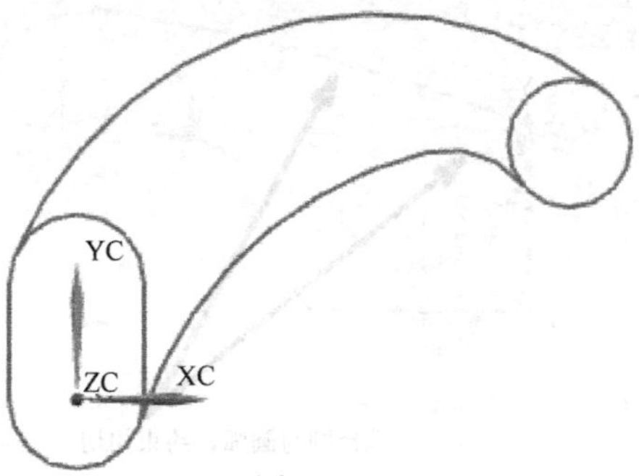

图 2-201

2.4 草图构建实例二

实例图形及尺寸如图 2-202 所示。

1. 新建文件

选择菜单中的【文件(F)】/【新建(N)...】命令或选择（新建）图标，出现【新建】部件对话框，在名称栏中输入“ct－2”，在【单位】下拉框中选择【毫米】选项，以毫米为单位，单击确定按钮，建立文件名为 ct－2. prt、单位为毫米的文件。

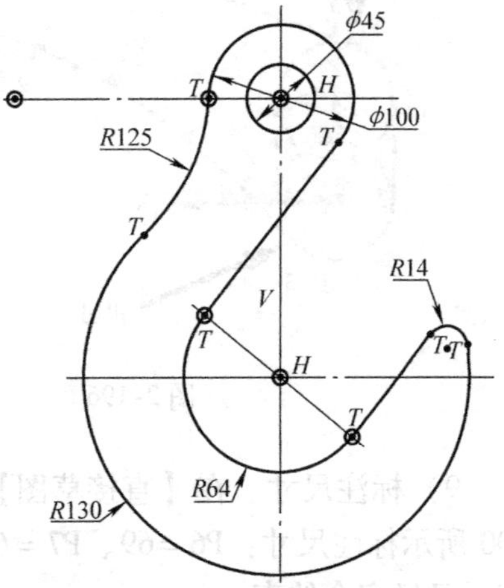

图 2-202

2. 草绘截面

选择菜单中的【插入(S)】/【草图(H)...】或在【直接草图】工具条中选择（草图）图标，出现【创建草图】对话框，如图 2-203 所示，系统默认 XC－YC 平面为草图平面，单击< 确定 >按钮，出现草图绘制区。

具体步骤如下：

1）在【直接草图】工具条中选择（圆）图标，出现【圆】对话框，选择（圆心和直径定圆）图标，如图 2-204 所示，在主界面捕捉点

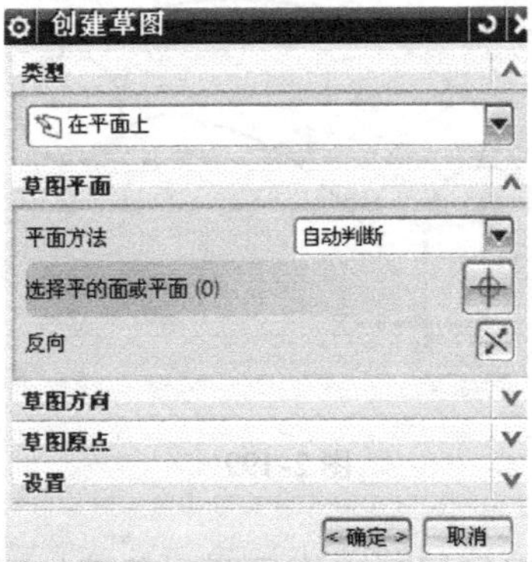

图 2-203

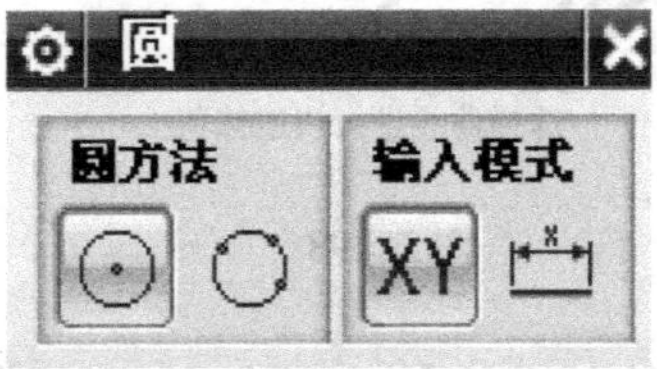

图 2-204

工具条中选择＋（现有点）选项，按照如图 2-205 所示选择坐标原点，绘制两个圆，在下方适当位置再绘制两个圆，注意上、下方各为两个同心圆且半径与图样尺寸相近。

2）加上约束。在【直接草图】工具条中选择（几何约束）图标，出现【几何约束】对话框，选择（同心）图标，如图 2-206 所示，在图中选择两个圆，如图 2-207 所示，约束其同心，约束的结果如图 2-208 所示，在【直接草图】工具条中选择（显示草图约束）图标，使图形中的约束显示出来。

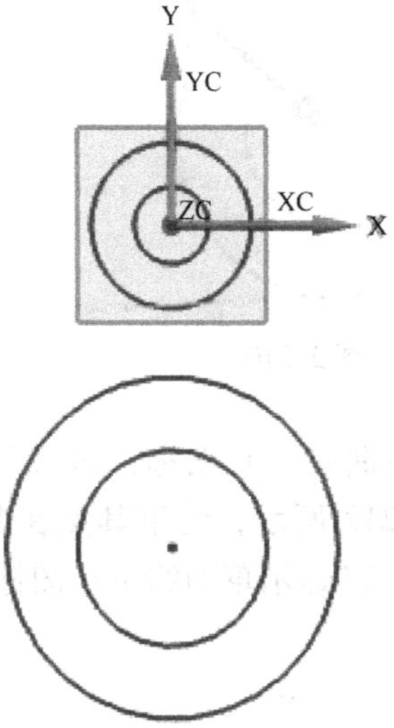

图 2-205

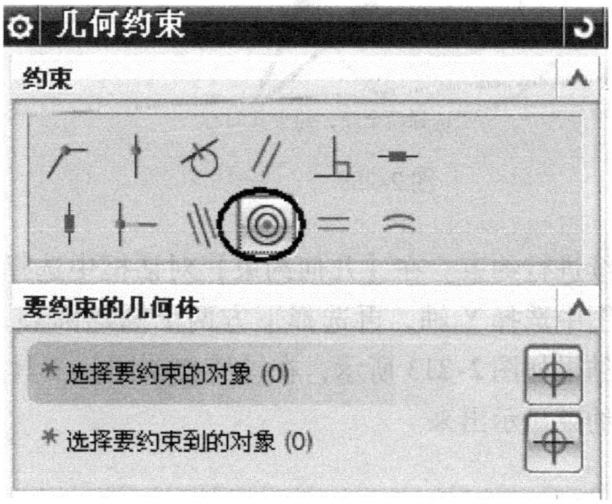

图 2-206

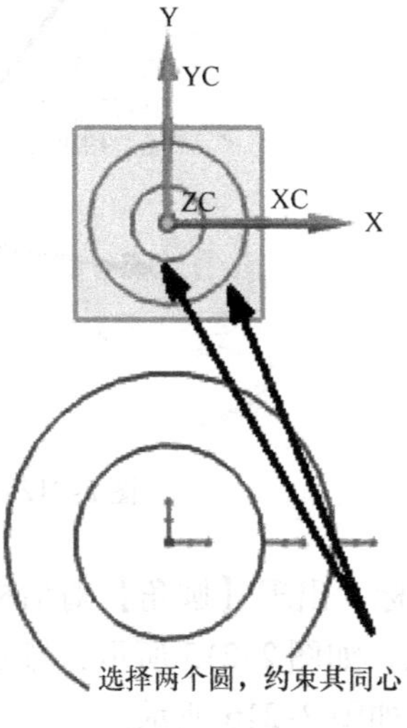

图 2-207

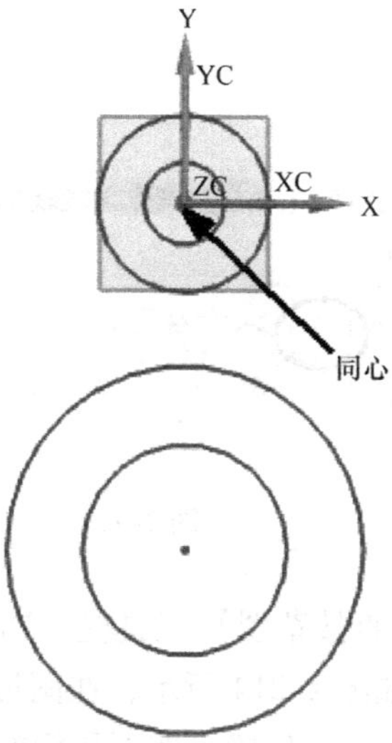

图 2-208

继续进行约束。在图中选择两个圆，如图 2-209 所示，约束其同心，约束的结果如图 2-210所示，在【直接草图】工具条中选择（显示草图约束）图标，使图形中的约束显示出来。

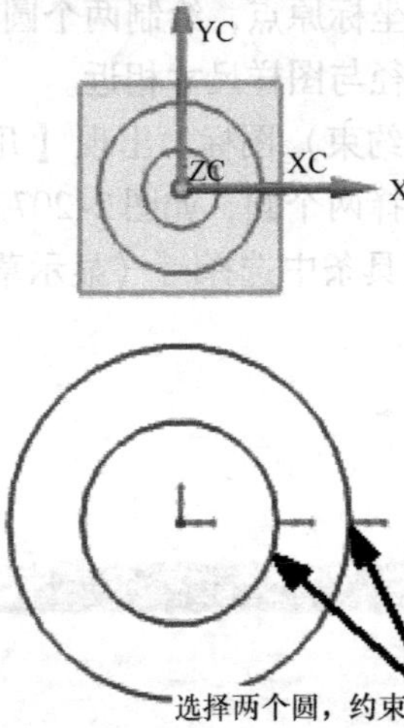

图 2-209

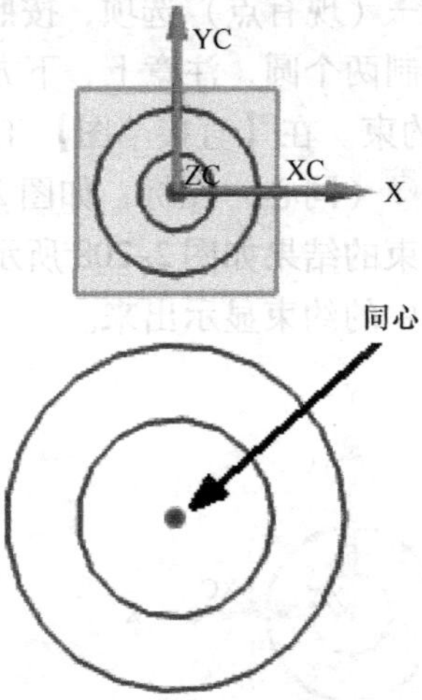

图 2-210

继续进行约束。在【几何约束】对话框中选择（点在曲线上）图标，如图 2-211 所示，在图中选择 Y 轴，再选择下方两个圆的圆心，如图 2-212 所示，约束其点在曲线上，约束的结果如图 2-213 所示，在【直接草图】工具条中选择（显示草图约束）图标，使图形中的约束显示出来。

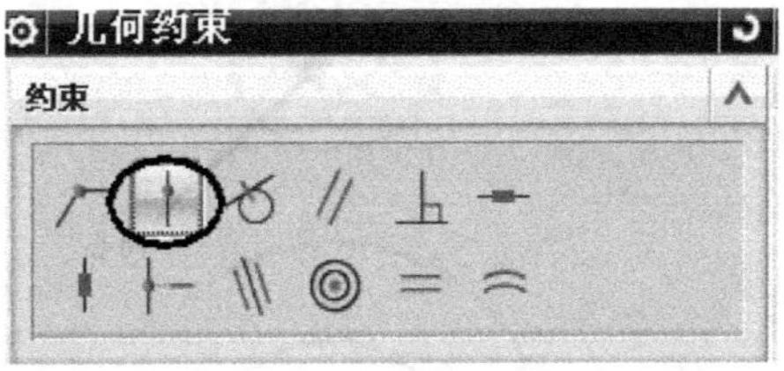

图 2-211

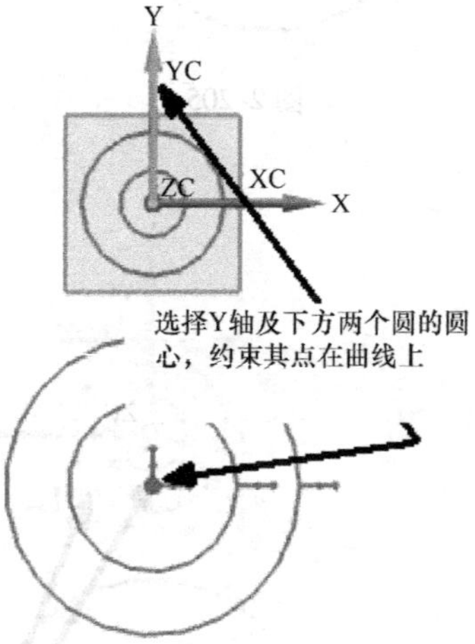

图 2-212

3）在【直接草图】工具栏中选择（圆角）图标，出现【圆角】对话框，选择（修剪）图标，如图 2-214 所示，在图形中依次选择圆弧，如图 2-215 所示，然后将选择球放在如图 2-215 所示的位置，按下鼠标左键，创建圆角，如图 2-216 所示。

4）绘制直线。在【直接草图】工具栏中选择（直线）图标，在主界面捕捉点工具条中选择（点在曲线上）图标，然后选择两段圆弧大致切点附近，按照如图 2-217 所示绘制一条切线，继续选择另一条圆弧的切点，当出现平行标记时，按下鼠标左键，绘制一条切线，如图 2-218 所示。

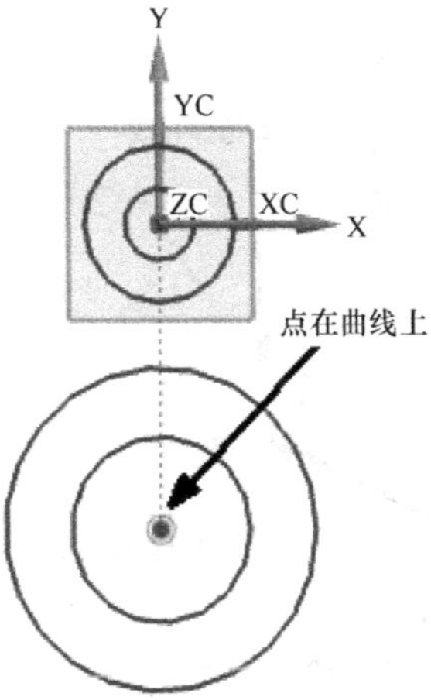

图 2-213

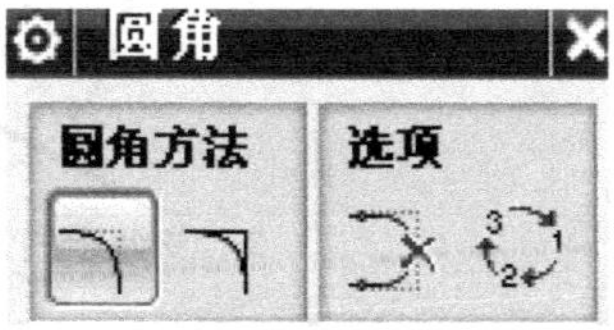

图 2-214

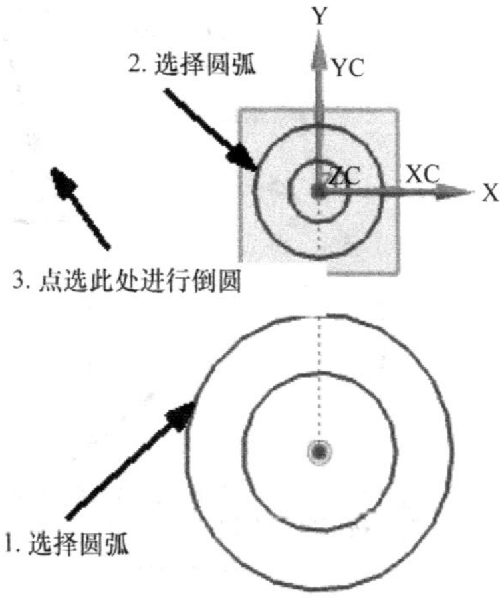

图 2-215

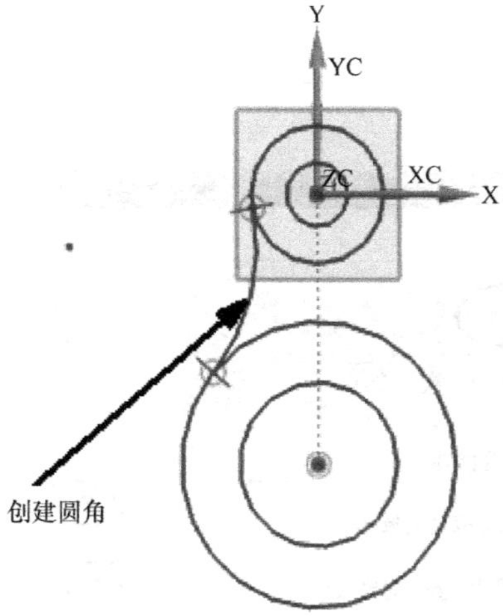

图 2-216

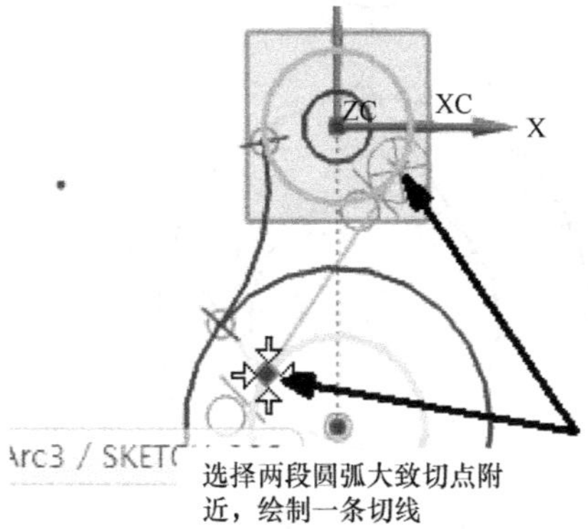

图 2-217

5）在【直接草图】工具栏中选择（圆角）图标，在图形中依次选择圆弧、直线，如图 2-219 所示，然后将选择球放在如图 2-219 所示的位置，按下鼠标左键，创建圆角，如图 2-220 所示。

6）加上约束。在【直接草图】工具条中选择（几何约束）图标，出现【几何约束】对话框，选择（点在曲线上）图标，如图 2-221 所示，在图中选择 X 轴与圆弧圆心，约束点在曲线上，如图 2-222 所示，约束的结果如图 2-223 所示，在【直接草图】工具条中选择（显示草图约束）图标，使图形中的约束显示出来。

7）快速修剪曲线。在【直接草图】工具栏中选择（快速修剪）图标，出现【快速修剪】对话框，如图 2-224 所示，然后在图形中选择图 2-225 所示的曲线进行快速修剪，修剪结果如图 2-226 所示。

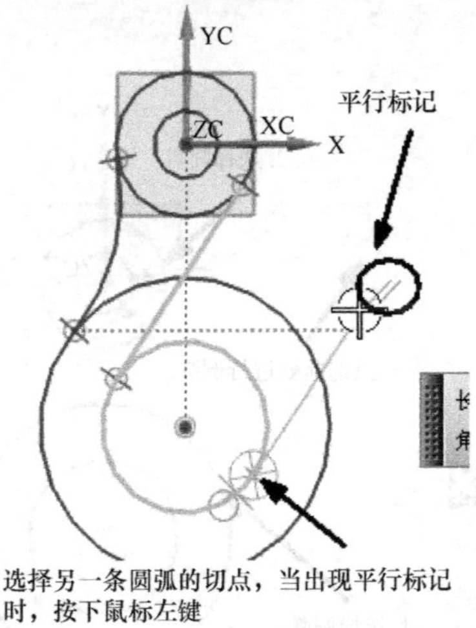

图 2-218

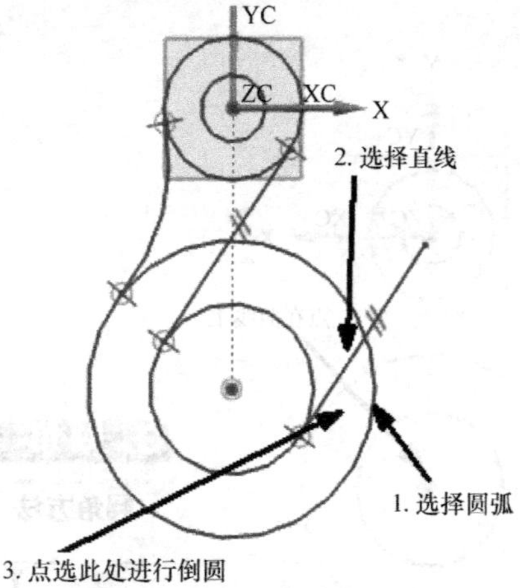

图 2-219

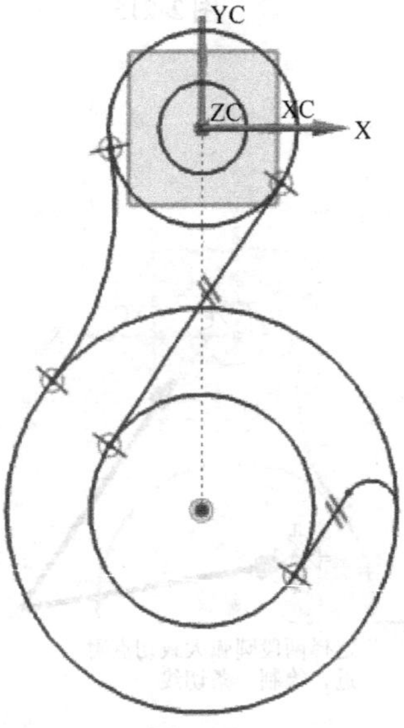

图 2-220

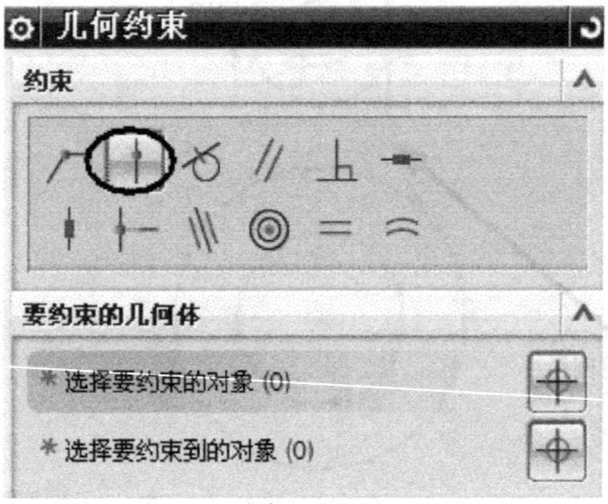

图 2-221

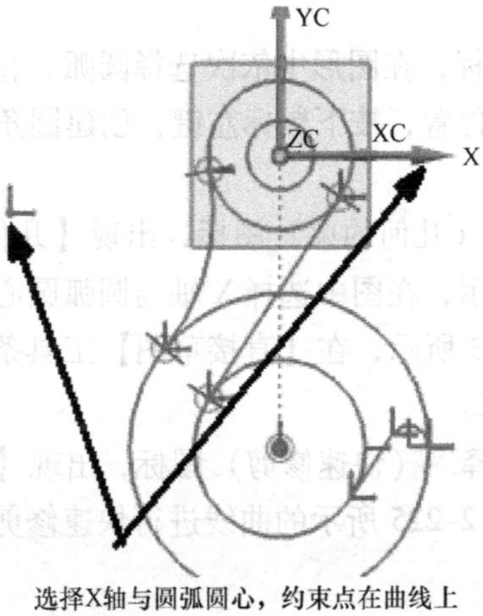

图 2-222

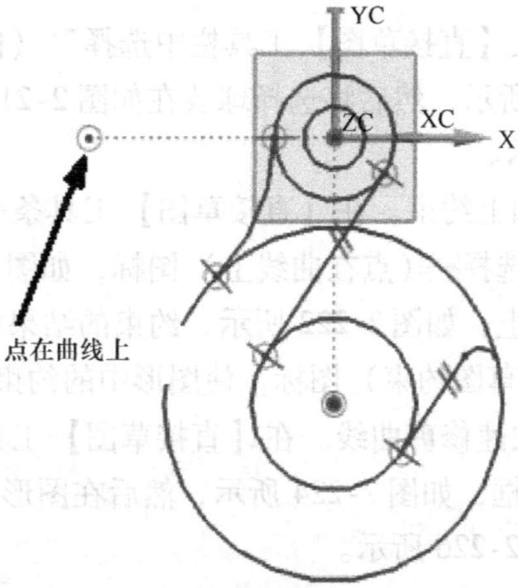

图 2-223

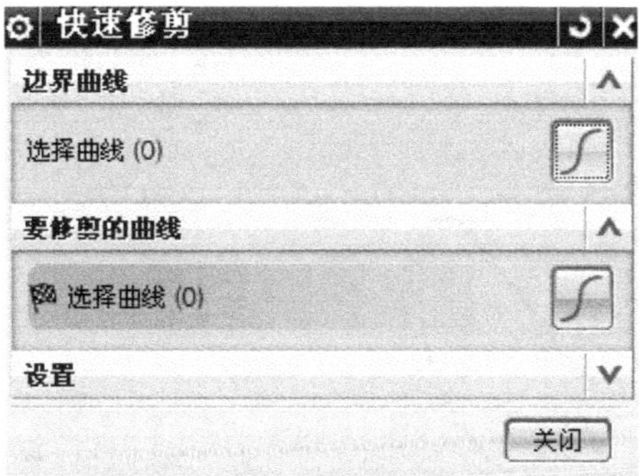

图 2-224

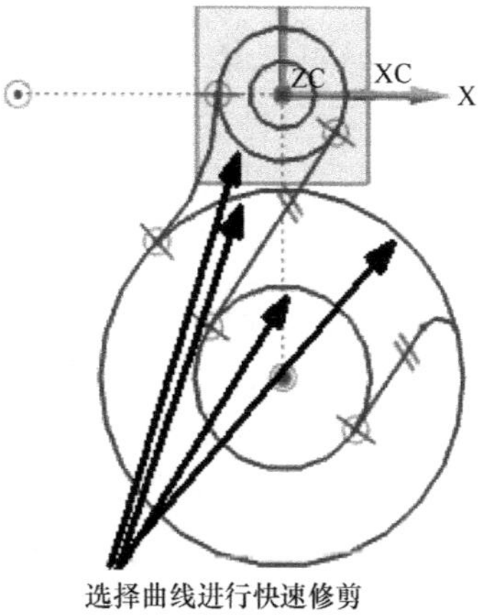

图 2-225

8）标注尺寸。在【直接草图】工具条中选择（自动判断尺寸）图标，按照如图 2-227 所示标注尺寸：P0 = 45、P1 = 50、P2 = 125、P3 = 130、P4 = 64、P5 = 14。此时草图曲线已经转换成绿色，表示已经完全约束。

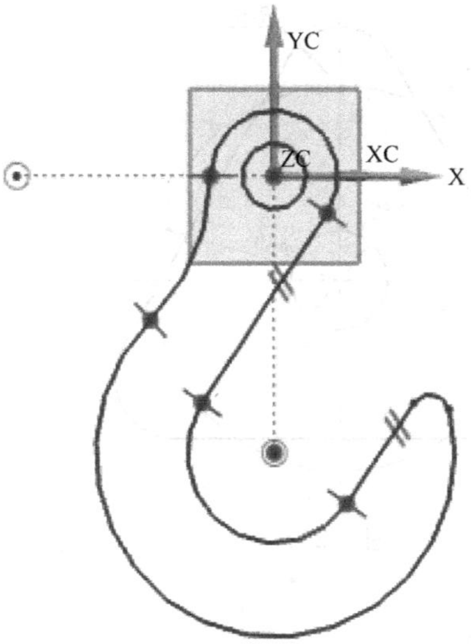

图 2-226

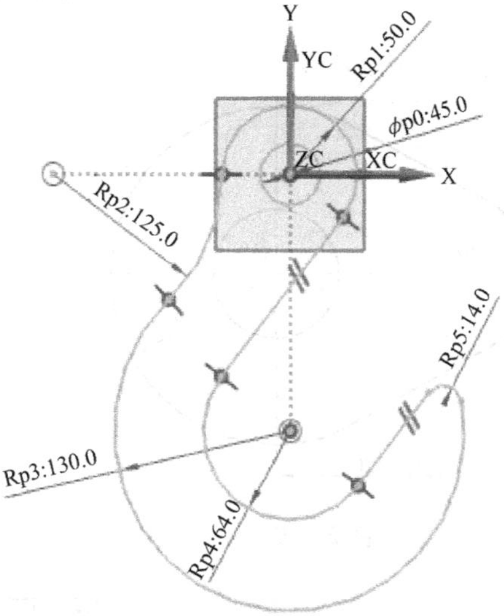

图 2-227

9）在【直接草图】工具条中选择 完成草图 图标，窗口回到建模界面，截面如图 2-228 所示。

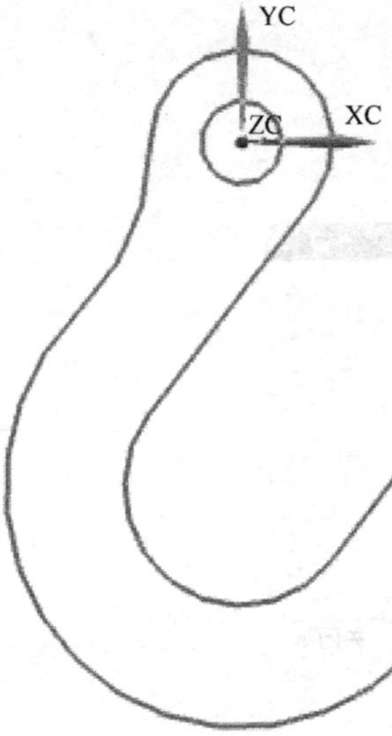

图 2-228

习 题

根据图 2-229 ~ 图 2-245 所示图样尺寸绘制二维图形。

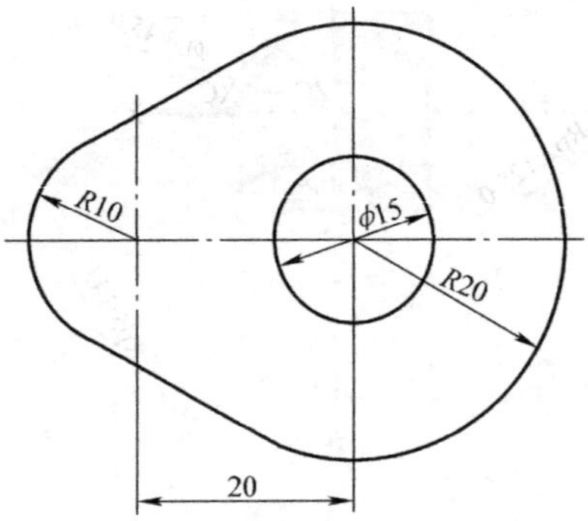

图 2-229

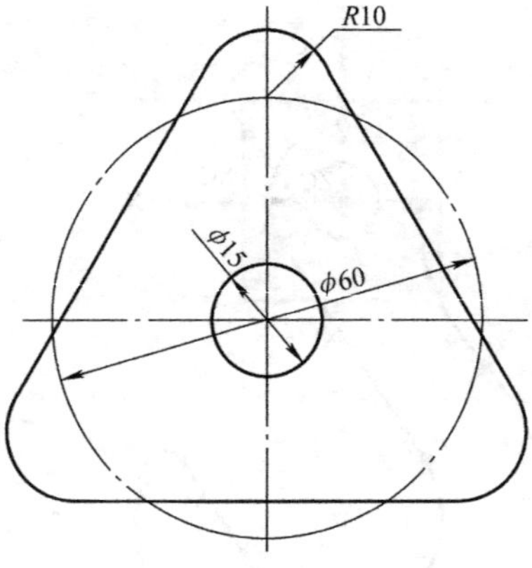

图 2-230

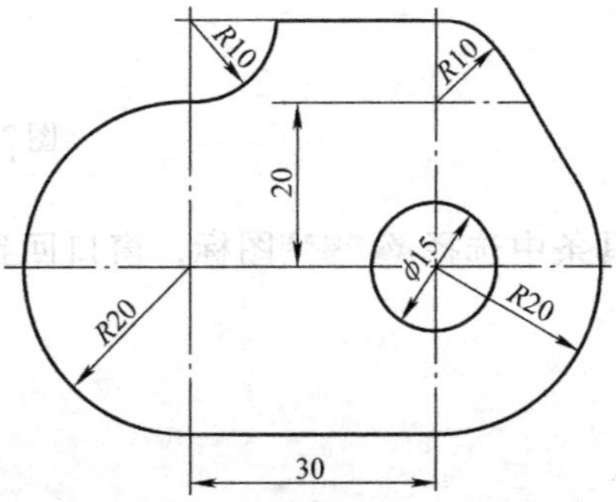

图 2-231

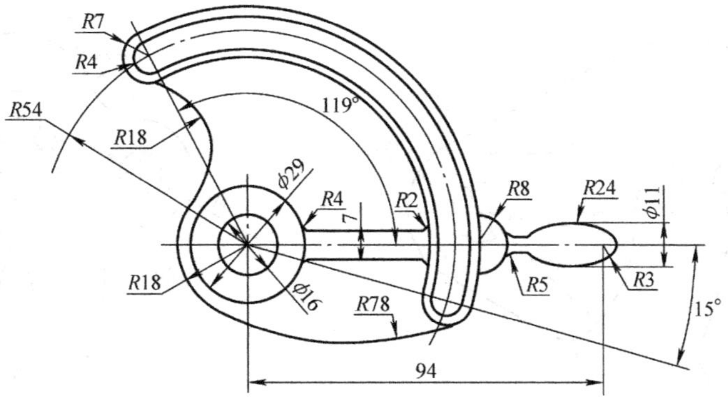

图 2-232

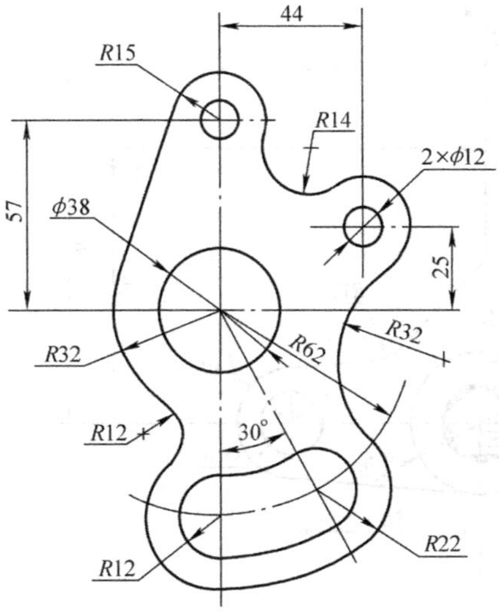

图 2-233

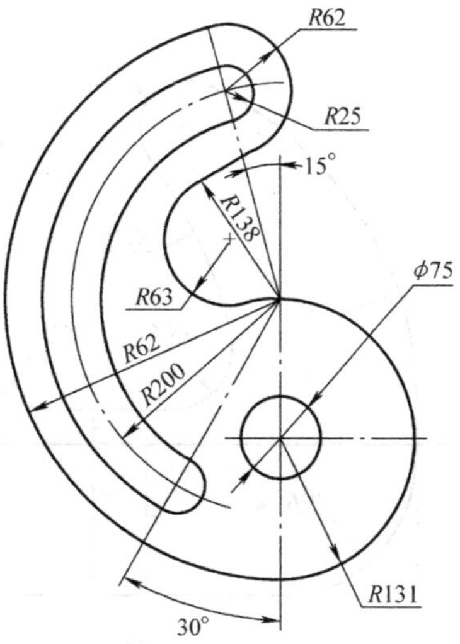

图 2-234

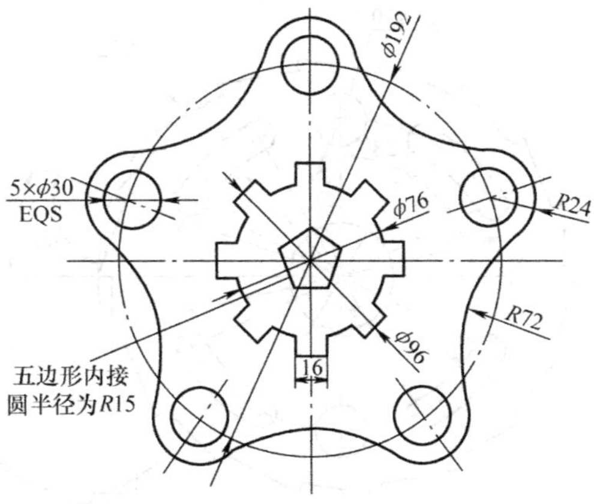

图 2-235

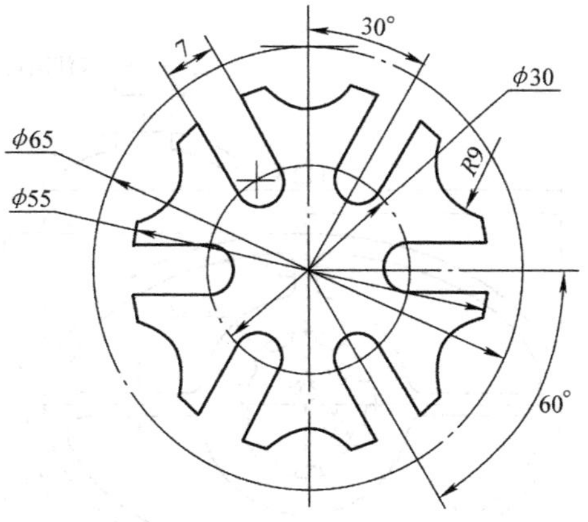

图 2-236

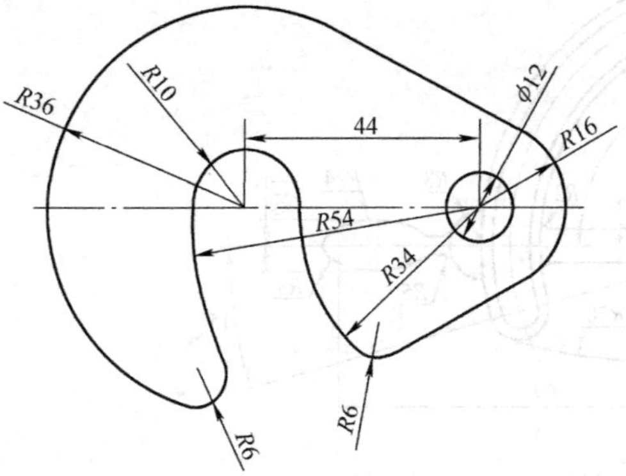

图 2-237

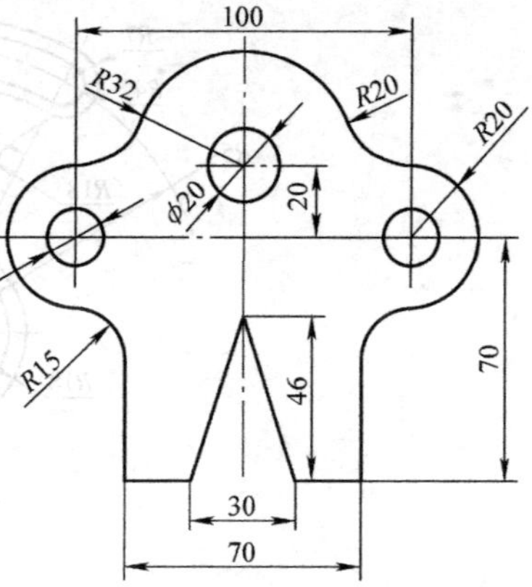

图 2-238

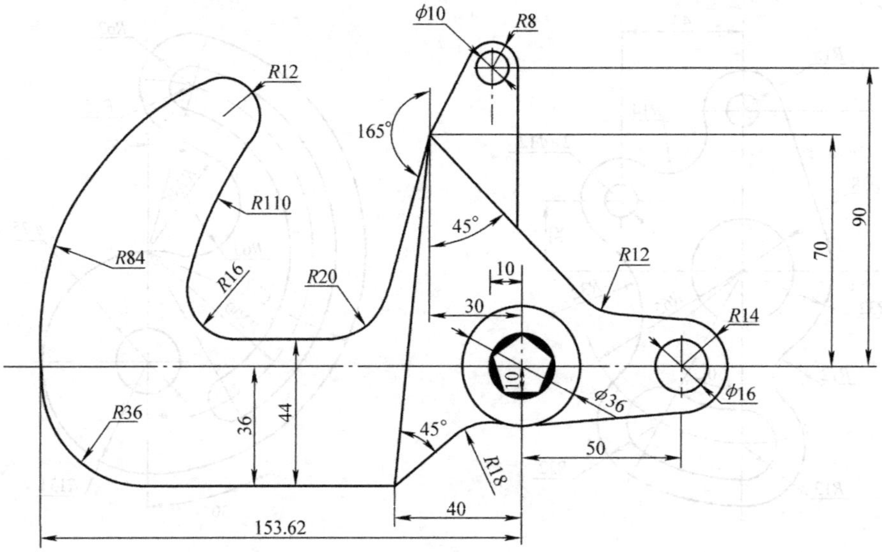

图 2-239

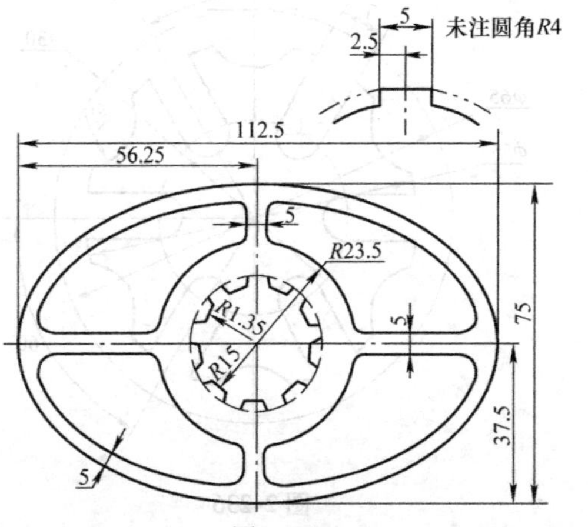

图 2-240

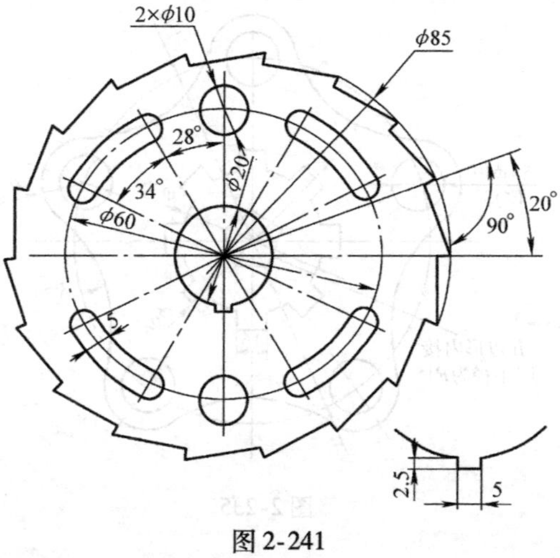

图 2-241

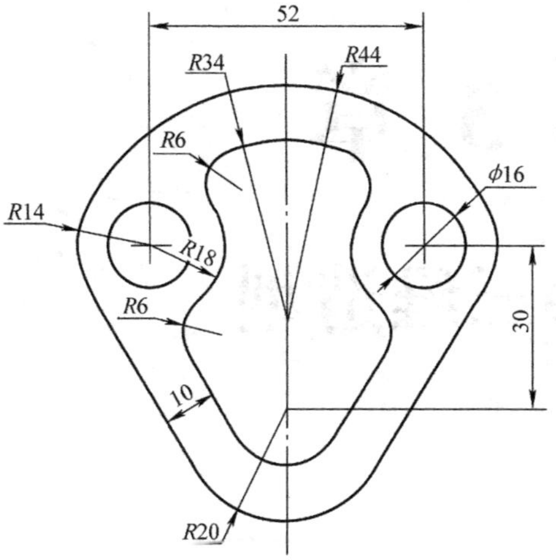

图 2-242

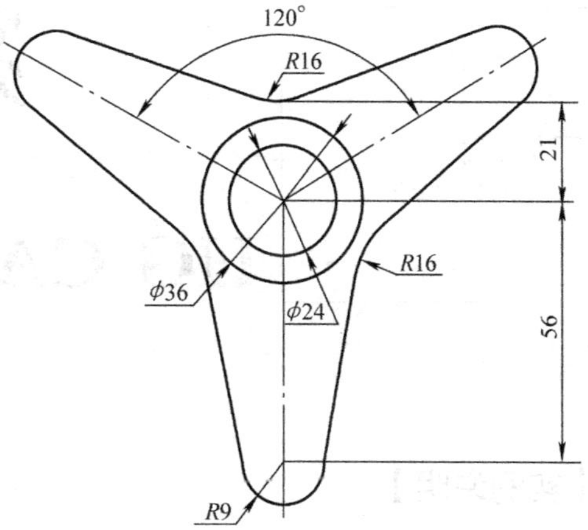

图 2-243

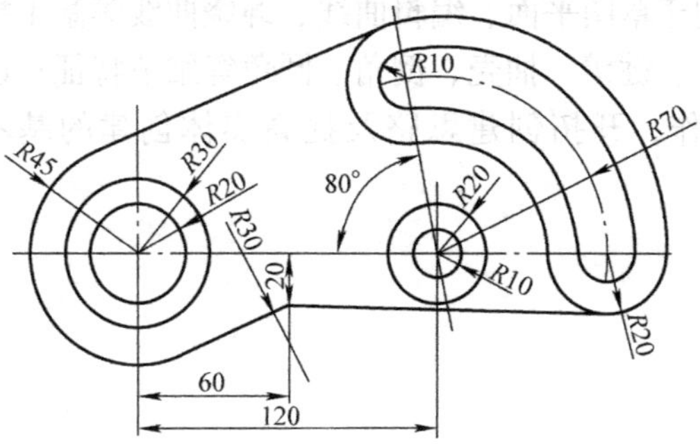

图 2-244

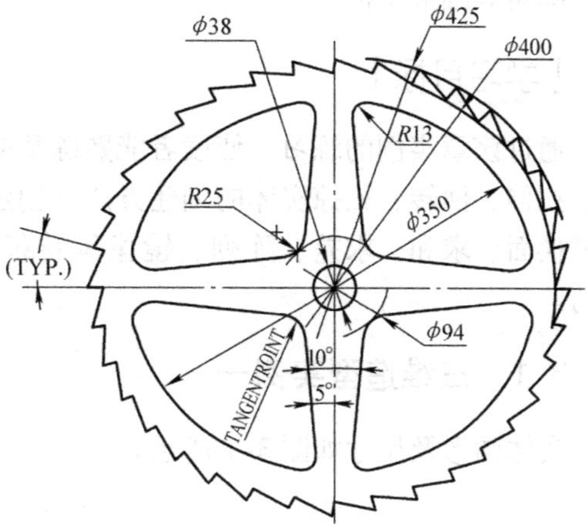

图 2-245

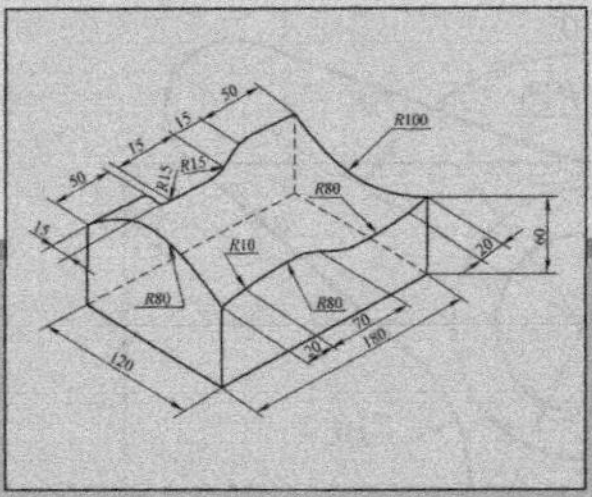

第 3 章

UG CAD三维造型

【实例说明】

本章主要讲述实体构建。其构建思路为：首先分析图形的组成，分别画出截面，然后用拉伸、回转、扫掠等建模方法来构建主实体，再在主实体上创建各种孔、键槽、抽壳、倒角、圆角等细节特征。

【学习目标】

通过该章实例的练习，使读者能熟练掌握创建草图平面、编辑曲线、缠绕曲线等基本操作；拉伸、回转、扫掠实体的创建方法；创建孔、键槽、抽壳、倒角、圆角等细节特征；以及替换面、求和、求差、阵列、镜像等特征操作，开拓创建思路及提高实体创建的基本技巧。

3.1　三维造型实例一

实体图形及尺寸如图 3-1 所示。

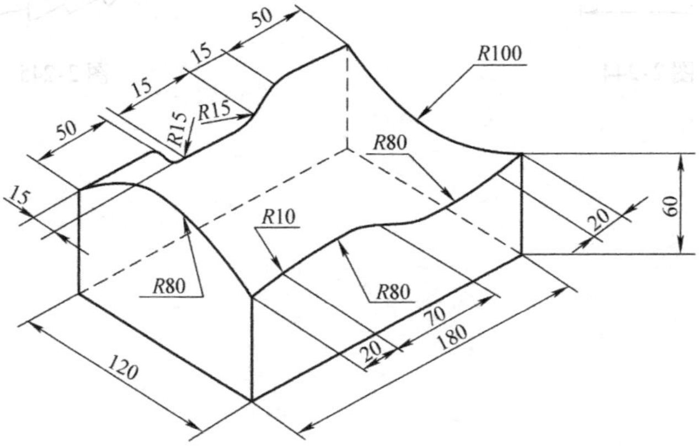

图 3-1

1. 新建文件

选择菜单中的【文件(F)】/【新建(N)...】命令或选择（新建）图标，出现【新建】部件对话框，在名称栏输入“xk－1”，在【单位】下拉框中选择【毫米】选项，以毫米为单位，单击 确定 按钮，建立文件名为 xk－1. prt、单位为毫米的文件。

2. 取消跟踪设置

如果用户已经设置取消跟踪，可以跳过这一步。选择菜单中的【首选项(P)】/【用户界面(I)...】命令，出现【用户界面首选项】对话框，如图 3-2 所示，取消选中 在跟踪条中跟踪光标位置 选项，然后单击 确定 按钮，完成取消跟踪设置。

3. 绘制矩形

选择菜单中的【插入(S)】/【曲线(C)】/【矩形(R)...】命令或在【曲线】工具栏中选择（矩形）图标，出现【点】构造器对话框，如图3-3 所示，系统提示定义矩形顶点 1，在此对话框的【XC】、【YC】、【ZC】栏分别输入“0”“0”“0”，然后单击 确定 按钮，系统提示定义矩形顶点 2，在此对话框的【XC】、【YC】、【ZC】栏分别输入“120”“180”“0”，如图 3-4 所示，然后单击 确定 按钮，最后在【点】构造器对话框中单击 取消 按钮，完成绘制矩形，如图 3-5 所示。

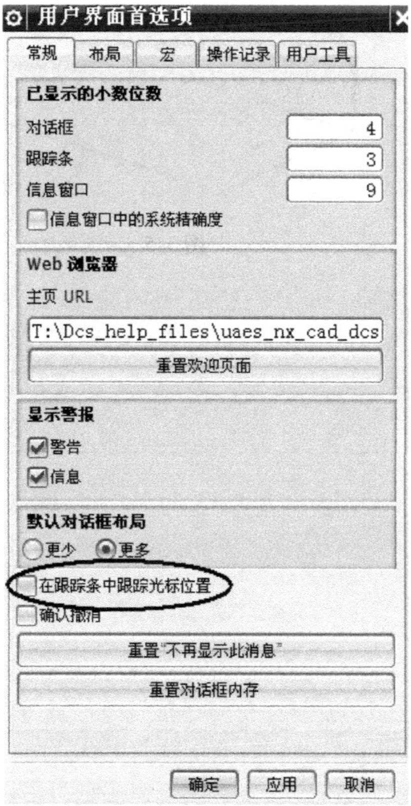

图 3-2

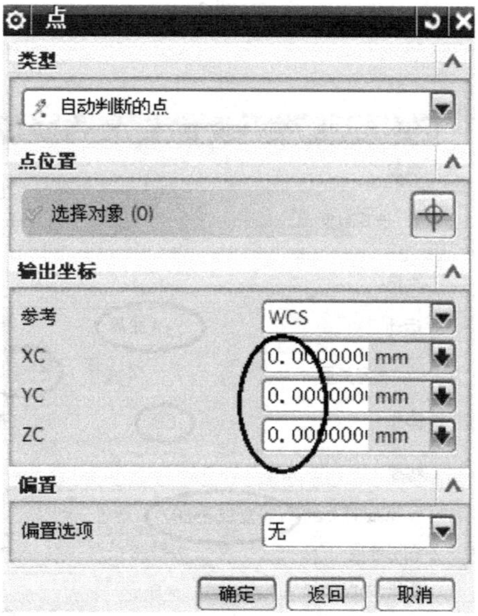

图 3-3

4. 平移曲线

选择菜单中的【编辑(E)】/【移动对象(O)...】命令或在【标准】工具栏中选择（移动对象）图标，出现【移动对象】对话框，如图 3-6 所示，然后在图形中选择如图 3-7 所示的曲线。在【移动对象】对话框中的 运动 下拉框中选择 距离 选项，然后在 指定矢量 下拉框中选择ZC选项，在距离栏输入“60”，在结果区域中选择复制原先的选项，在距离/角度分割、非关联副本数栏分别输入“1”、“1”，在设置区域勾选创建追踪线选项，如图3-6所示，单击确定按钮，完成效果如图3-8所示。

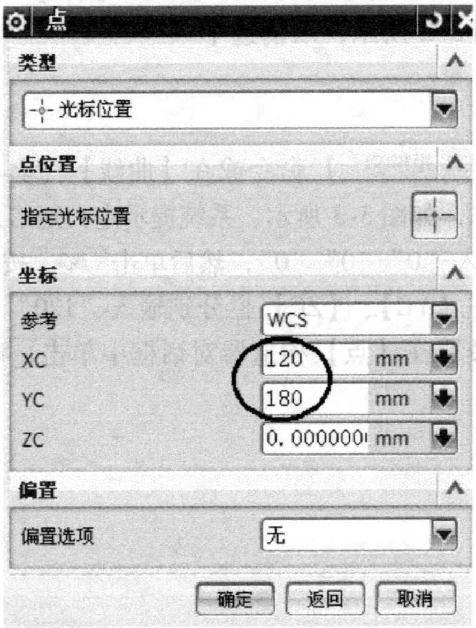

图3-4

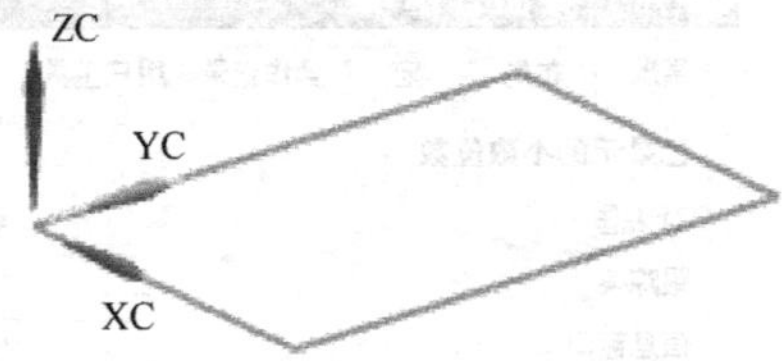

图3-5

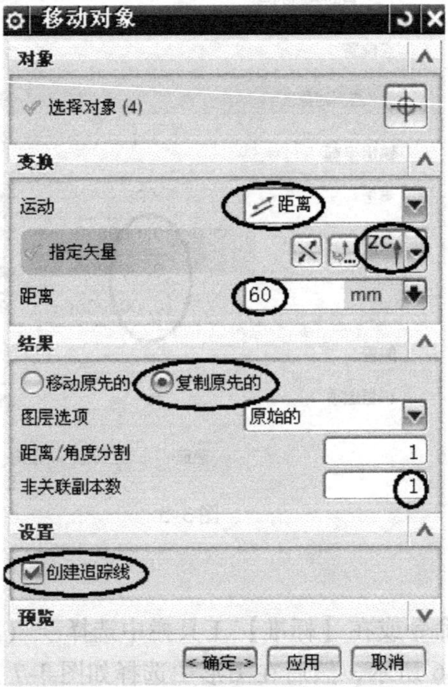

图3-6

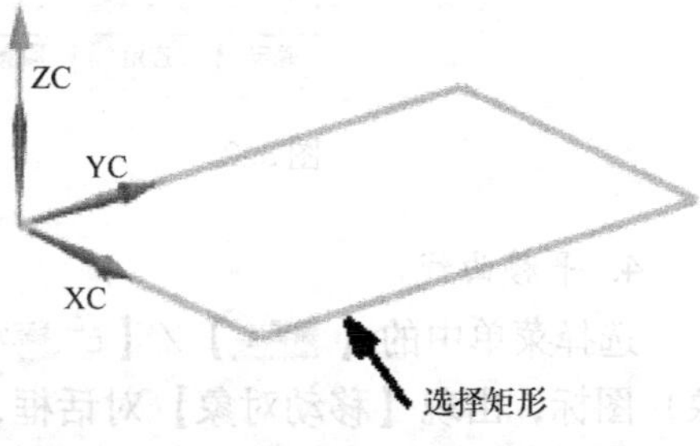

图3-7

5. 旋转工作坐标系

选择菜单中的【格式(R)】/【WCS】/【旋转(R)...】命令或在【实用】工具条中选择（旋转 WCS）图标，出现【旋转 WCS 绕…】工作坐标系对话框，如图 3-9 所示，选中 +XC 轴：YC --> ZC 选项，在旋转 角度 栏输入“90”，单击 确定 按钮，将坐标系转成如图 3-10 所示。

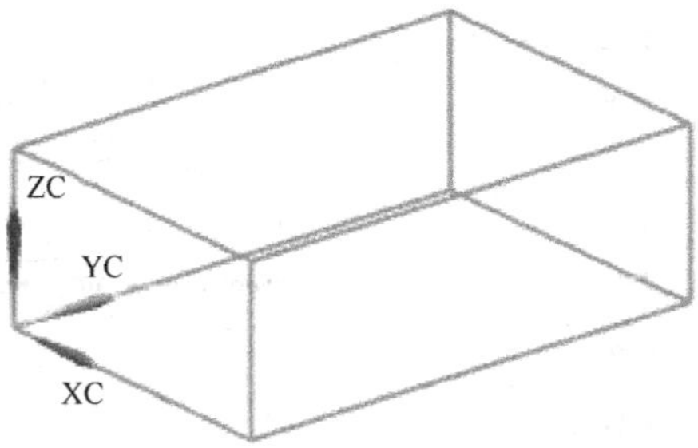

图 3-8

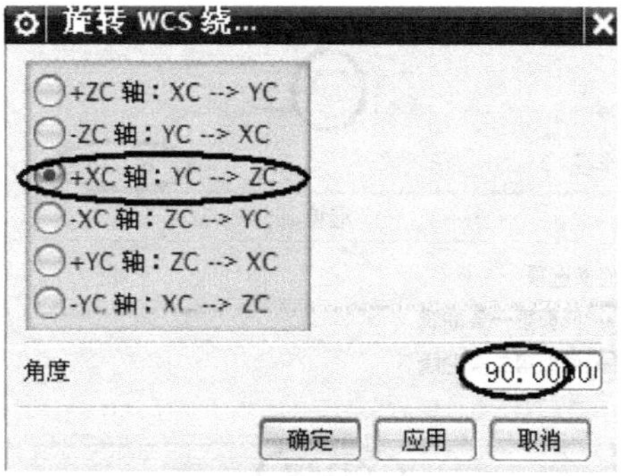

图 3-9

6. 创建曲线倒圆（一）

选择菜单中的【插入(S)】/【曲线(C)】/【基本曲线(B)...】命令或在【曲线】工具条中选择（基本曲线）图标，出现【基本曲线】对话框，如图 3-11 所示，选择（圆角）图标，出现【曲线倒圆】对话框，如图 3-12 所示，选择（2 曲线圆角）图标，在 半径 栏输入“80”，然后在【曲线倒圆】对话框中单击 点构造器 按钮，系统出现【点】构造器对话框，在 类型 下拉框中选择 终点 选项，如图 3-13 所示，然后在图形中依次选择端点 1 与端点 2，接着点选圆心处，如图 3-14 所示，创建圆角，如图 3-15 所示。

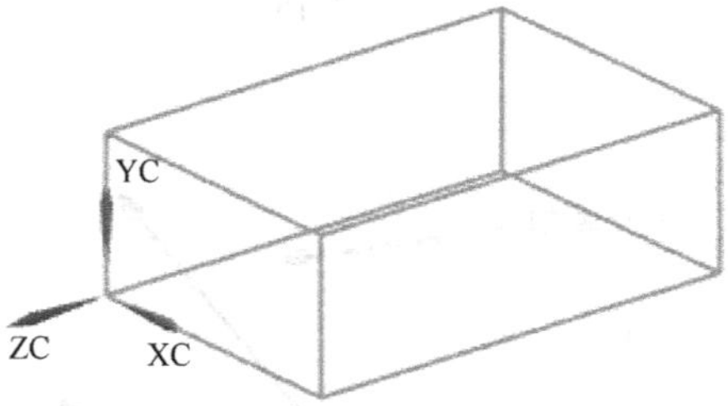

图 3-10

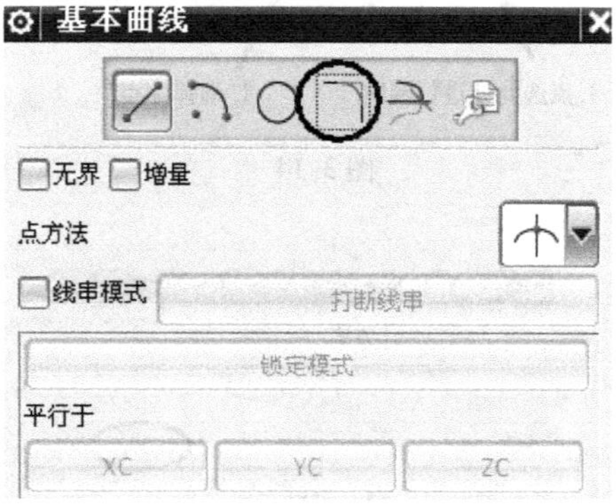

图 3-11

继续进行曲线倒圆。在【曲线倒圆】对话框的 半径 栏输入“100”，如图 3-16 所示，然后单击 点构造器 按钮，系统出现【点】构造器对话框，在 类型 下拉框中选择 终点 选项，然后在图形中依次选择端点 1 与端点 2，接着点选中心处，如图 3-17 所示，创建圆角，如图 3-18 所示。

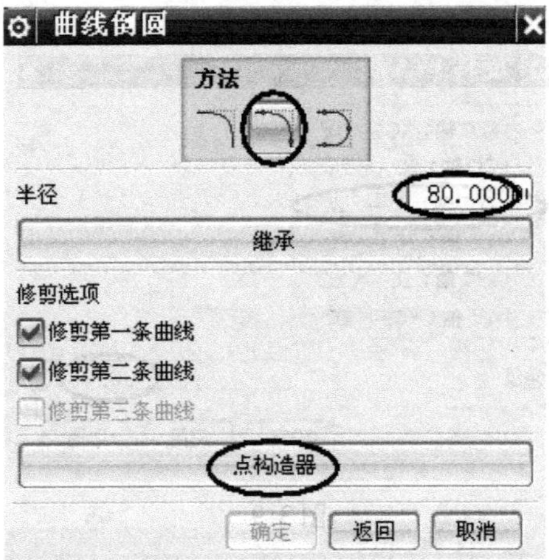

图 3-12

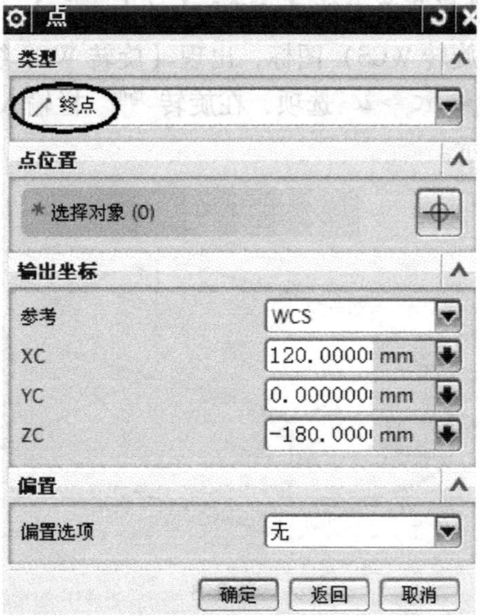

图 3-13

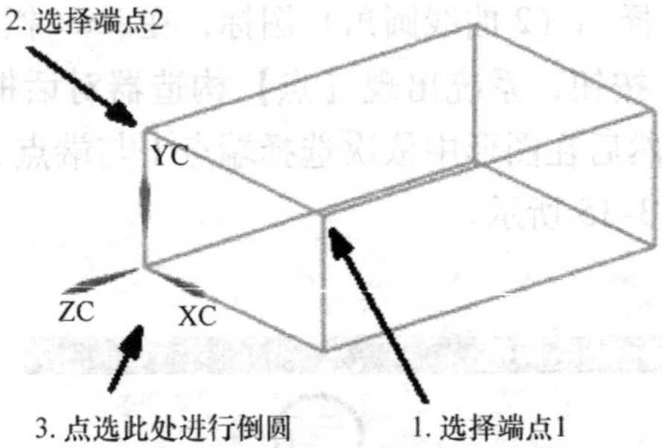

图 3-14

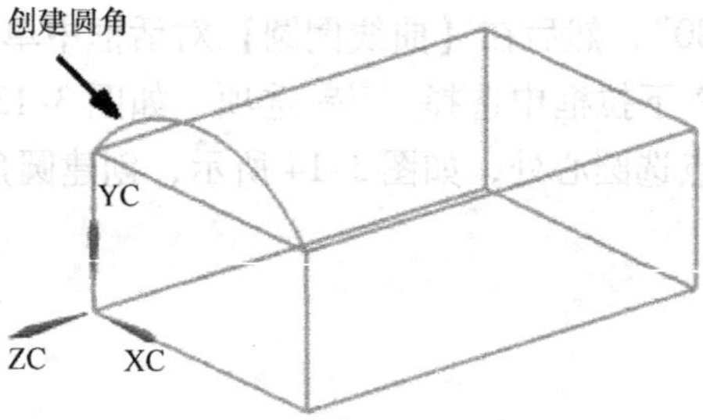

图 3-15

图 3-16

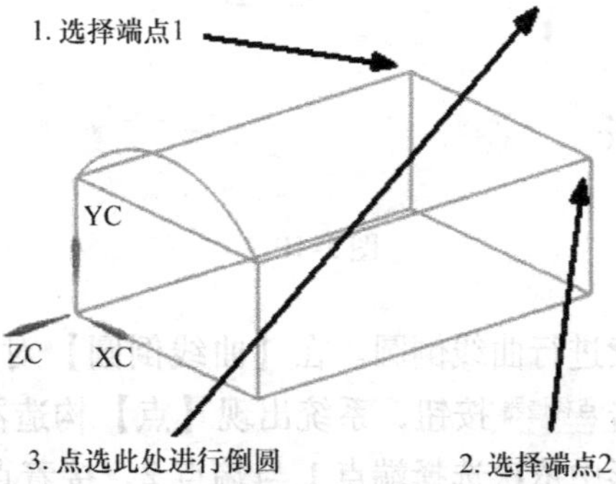

图 3-17

7. 构造工作坐标系 CSYS

选择菜单中的【格式(R)】/【WCS】/【定向(N)...】命令或在【实用】工具条中选择（WCS 定向）图标，出现【CSYS】构造器对话框，如图 3-19 所示，在类型下拉框中选择X轴，Y轴选项，然后依次选择 X、Y 轴的方向，如图 3-20 所示，最后单击确定按钮，完成工作坐标系的构造，如图 3-21 所示。

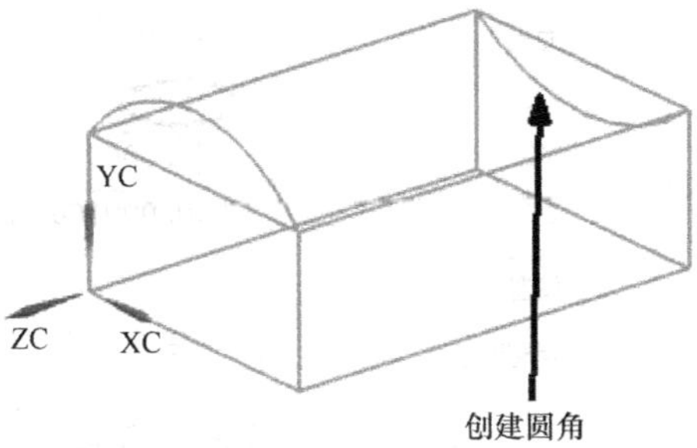

图 3-18

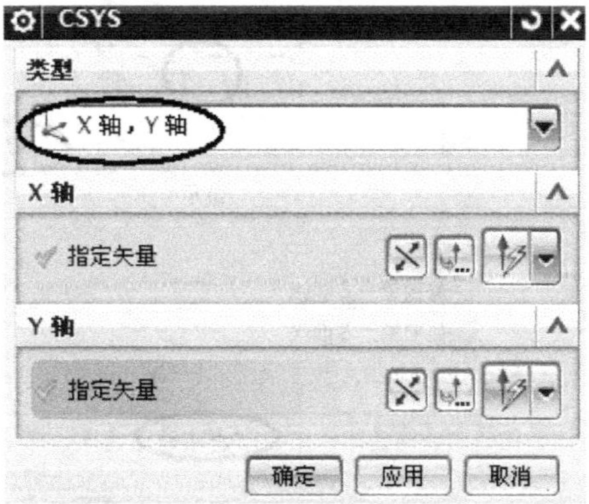

图 3-19

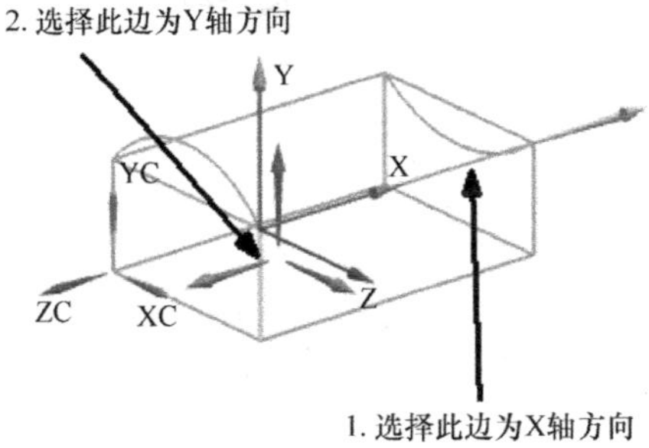

图 3-20

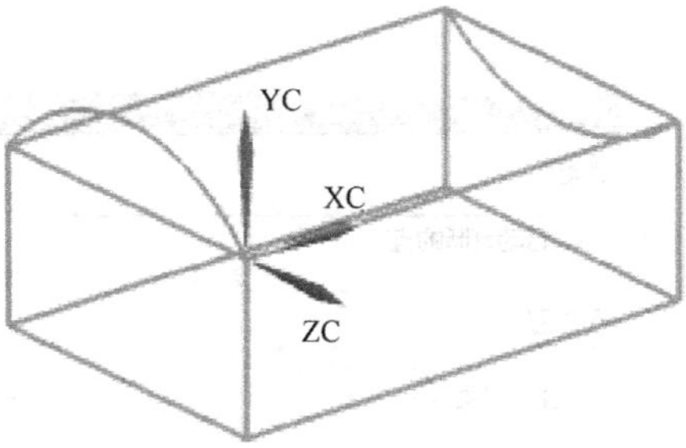

图 3-21

8. 创建曲线倒圆（二）

选择菜单中的【插入(S)】/【曲线(C)】/【基本曲线(B)...】命令或在【曲线】工具条中选择（基本曲线）图标，出现【基本曲线】对话框，选择（圆角）图标，出现【曲线倒圆】对话框，如图 3-22 所示，选择(2 曲线圆角）图标，在半径栏输入“80”，然后单击点构造器按钮，系统出现【点】构造器对话框，在【坐标】栏的【XC】、【YC】、【ZC】栏分别输入“90”、“0”、“0”，如图 3-23 所示，然后单击确定按钮，接着系统提示选择圆角第 2 点，在【坐标】栏的【XC】、【YC】、【ZC】栏分别输入“20”、“0”、“0”，如图 3-24 所示，然后单击确定按钮，接着系统提示选择圆角中心点，在如图 3-25 所示位置选择圆角中心点，创建圆角，如图 3-26 所示。

继续进行曲线倒圆。在【曲线倒圆】对话框中单击点构造器按钮，系统出现【点】构造器对话框，在【坐标】栏的【XC】、【YC】、【ZC】栏分别输入“90”、“0”、“0”，如图 3-27 所示，然后单击确定按钮，接着系统提示选择圆角第 2 点，在【坐标】栏的【XC】、【YC】、【ZC】栏分别输入“160”、“0”、“0”，如图 3-28 所示，然后单击确定按钮，接着系统提示选择圆角中心点，在如图3-29所示位置选择圆角中心点，创建圆角，如图3-30所示。

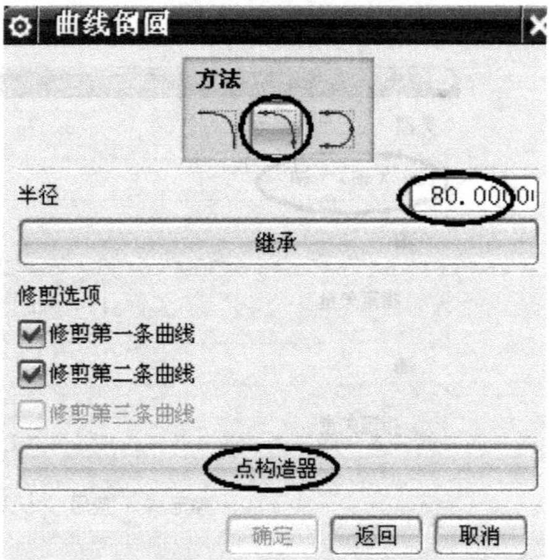

图3-22

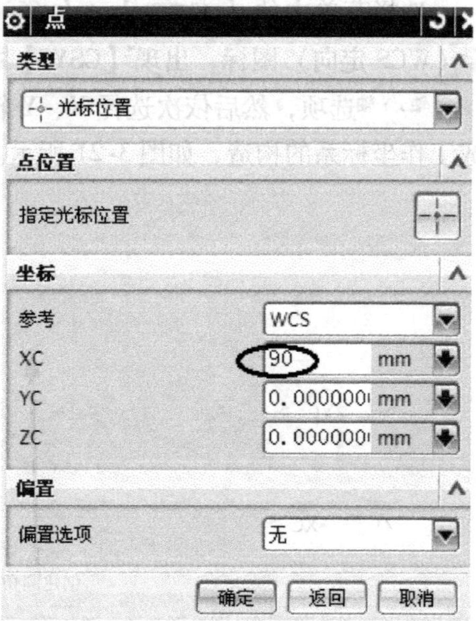

图3-23

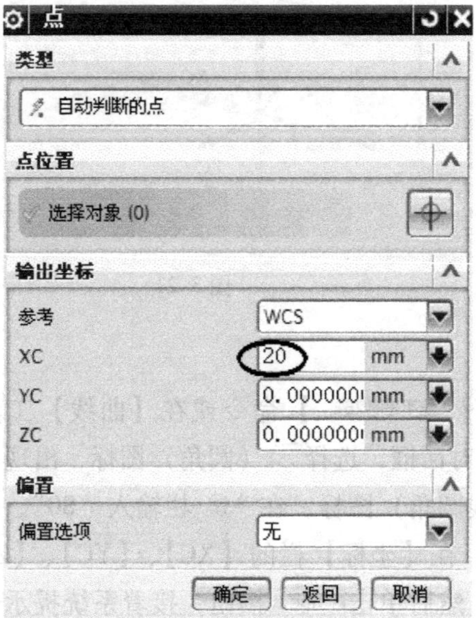

图3-24

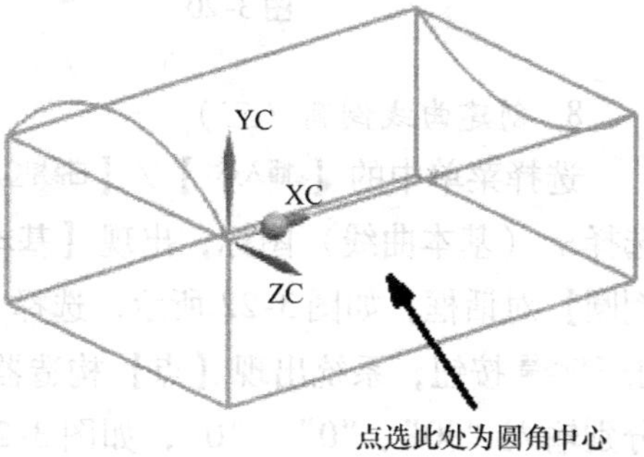

图3-25

9. *移动工作坐标系*

选择菜单中的【格式(R)】/【WCS】/【原点(O)...】命令或在【实用】工具条中选择 (WCS原点）图标，出现【点】构造器对话框，在类型下拉框中选择／终点选项，如图3-31所示，在图形中选择如图3-32所示的曲线的端点，然后单击确定按钮，将工作坐标系移至指定点，结果如图3-33所示。

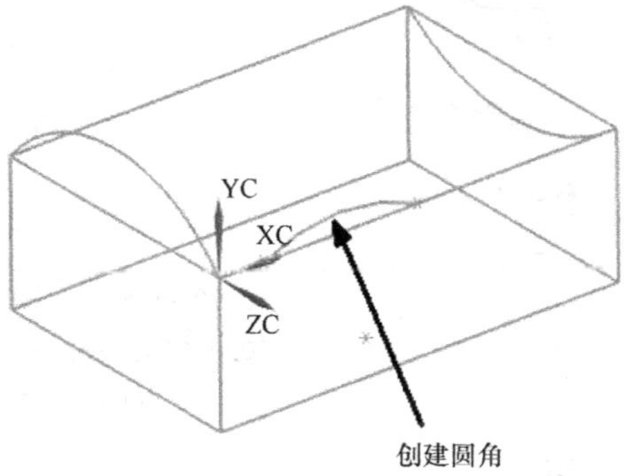

图 3-26

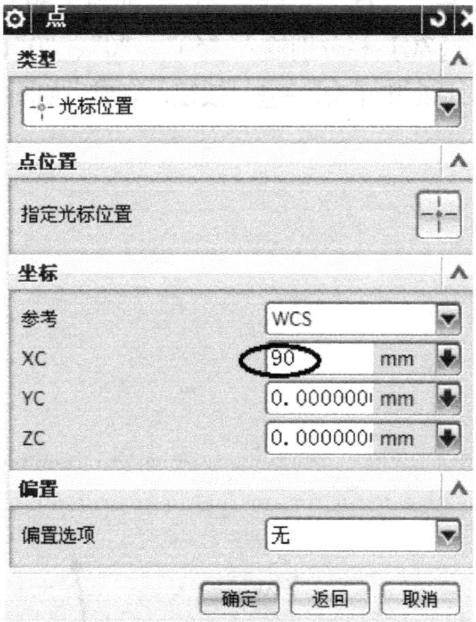

图 3-27

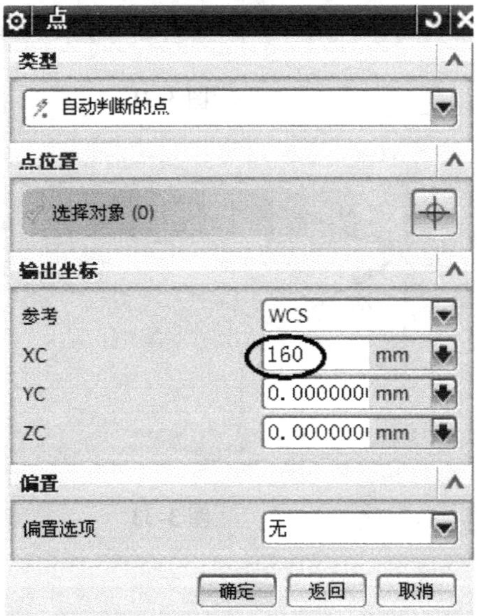

图 3-28

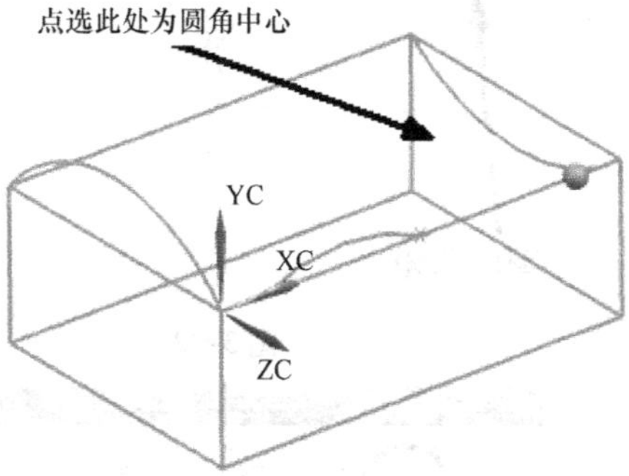

图 3-29

10. 绘制直线

选择菜单中的【插入(S)】/【曲线(C)】/【基本曲线(B)...】命令或在【曲线】工具条中选择（基本曲线）图标，出现【基本曲线】对话框，选择（直线）图标，勾选增量、线串模式选项，在【点方法】下拉框中选择（端点）选项，如图 3-34 所示，在图形中选择如图 3-35 所示的直线端点，在【跟踪条】的【XC】、【YC】、【ZC】栏分别输入“50”、“0”、“0”，如图 3-36 所示，然后按回车键，接着在【跟踪条】的【XC】、【YC】、【ZC】栏分别输入“15”、“-15”、“0”，如图 3-37 所示，然后按回车键，接着在【跟踪条】的【XC】、【YC】、【ZC】栏分别输入“50”、“0”、“0”，如图 3-38 所示，然后按回车键，接着在【跟踪条】的【XC】、【YC】、【ZC】

栏分别输入“15”、“15”、“0”，如图3-39所示，然后按回车键，接着在【跟踪条】的【XC】、【YC】、【ZC】栏分别输入“50”、“0”、“0”，如图3-40所示，然后按回车键，最后在【基本曲线】对话框中单击 取消 按钮，完成后如图3-41所示。

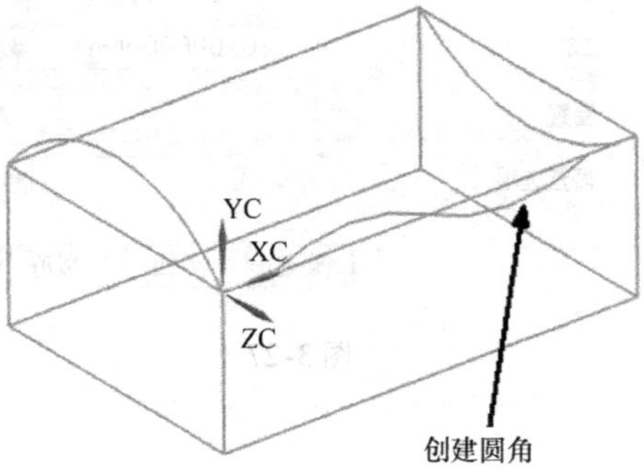

图3-30

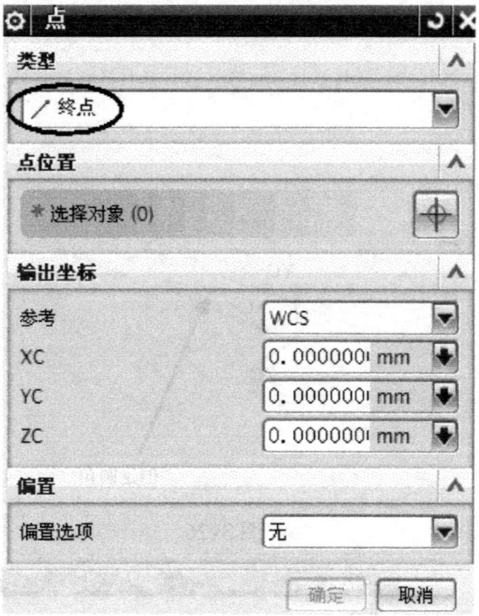

图3-31

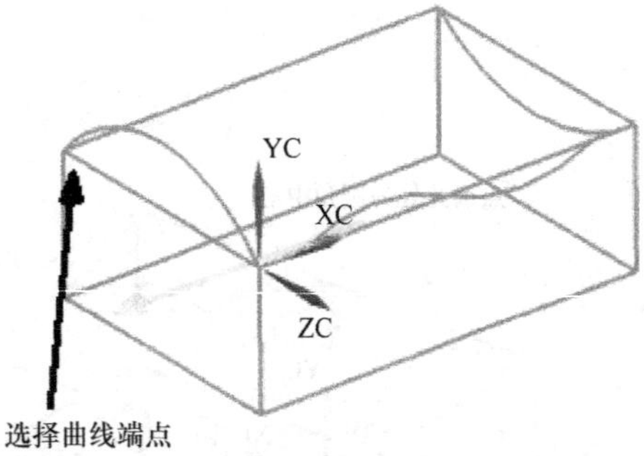

图3-32

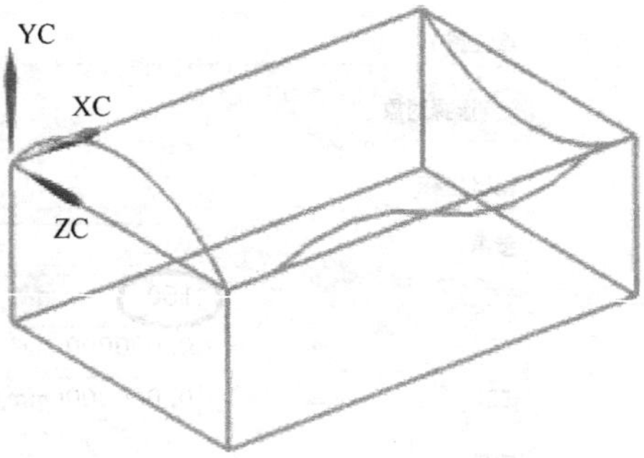

图3-33

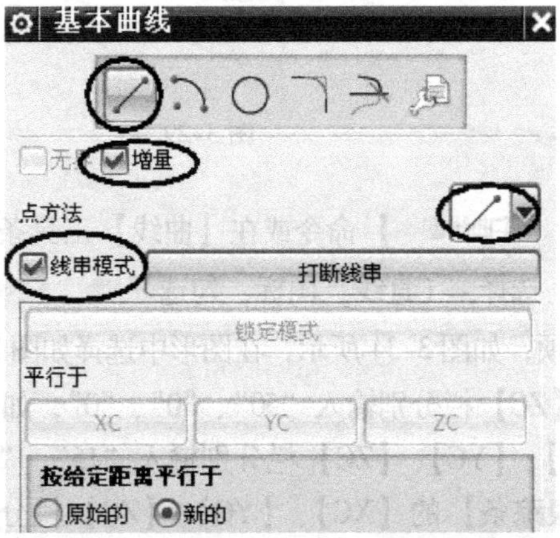

图3-34

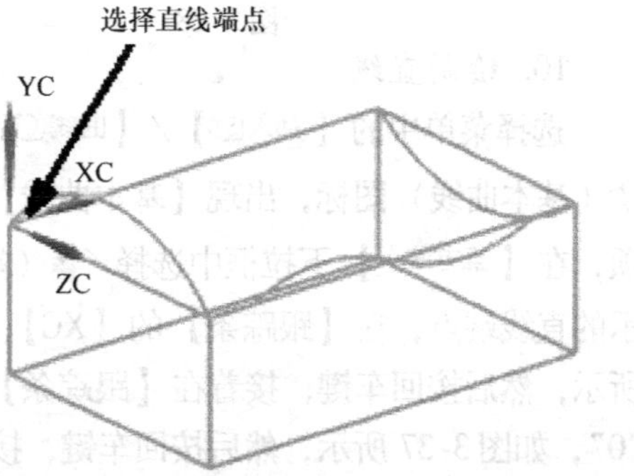

图3-35

图 3-36

图 3-37

图 3-38

图 3-39

图 3-40

11. 隐藏曲线

选择菜单中的【编辑(E)】/【显示和隐藏(H)】/【隐藏(H)...】命令或在【实用】工具条中选择（隐藏）图标，出现【类选择】对话框，如图 3-42 所示，选择如图 3-43 所示曲线，单击确定按钮，完成隐藏曲线，如图 3-44 所示。

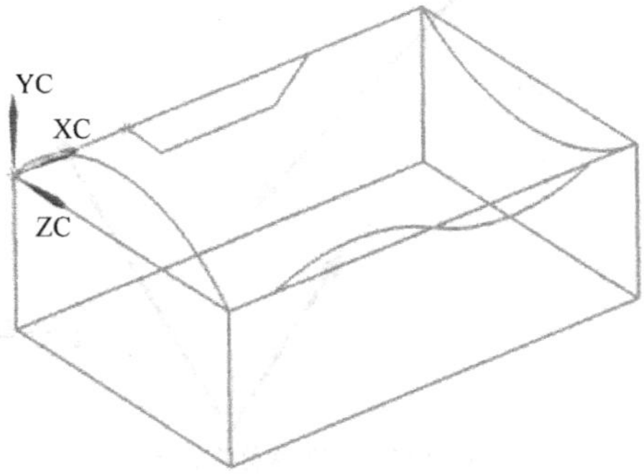

图 3-41

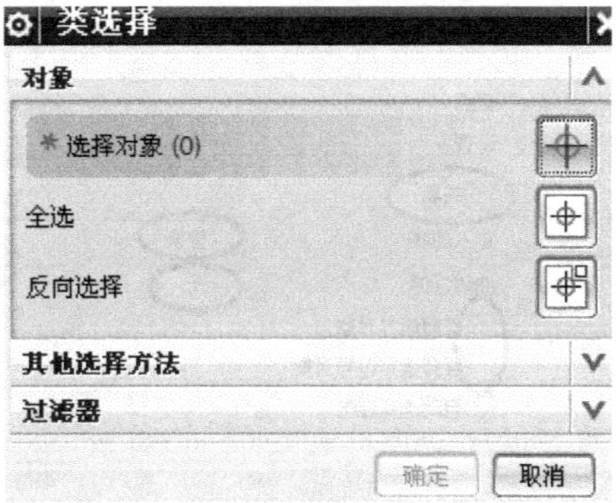

图 3-42

12. 修剪曲线

选择菜单中的【编辑(E)】/【曲线(V)】/【修剪(T)...】命令或在【编辑曲线】工具条中选择（修剪曲线）图标，出现【修剪曲线】对话框，取消勾选关联选项，在输入曲线下拉框中选择替换选项，在曲线延伸下拉框中选择无选项，取消勾选修剪边界对象、保持选定边界对象选项，如图 3-45 所示。

在图形中选择如图 3-46 所示的直线为要修剪的对象，然后在主界面捕捉点工具条中选择十（交点）选项，在图形中选择如图 3-46 所示的两个交点为修剪的第一、第二边界，最后在【修剪曲线】对话框中单击确定按钮，完成修剪曲线，如图 3-47 所示。

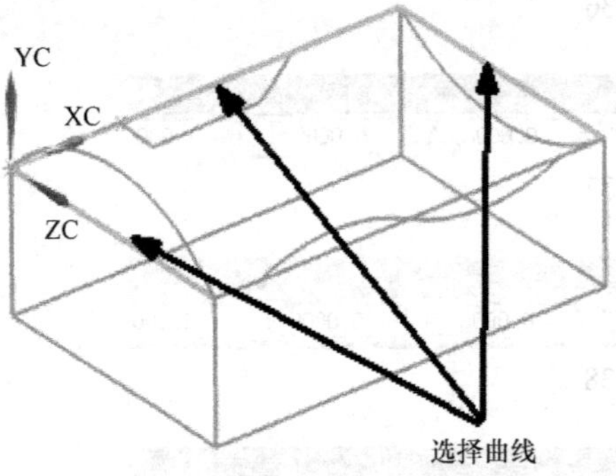

图 3-43

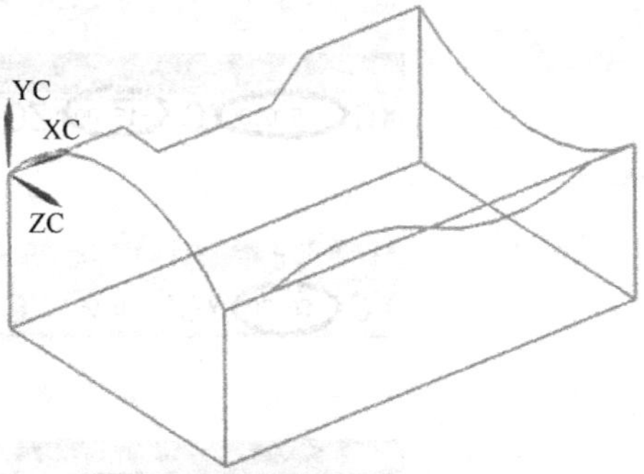

图 3-44

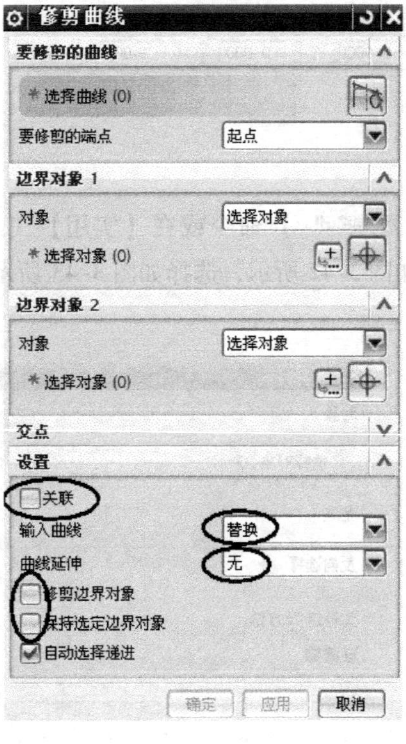

图 3-45

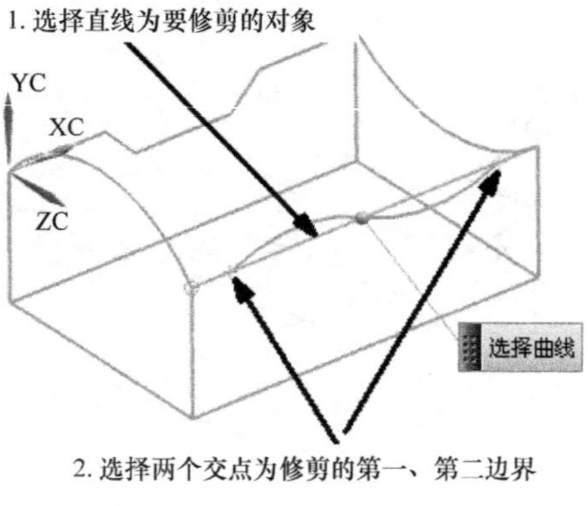

图 3-46

13. 创建曲线倒圆三

选择菜单中的【插入(S)】/【曲线(C)】/【基本曲线(B)...】命令或在【曲线】工具条中选择（基本曲线）图标，出现【基本曲线】对话框，选择（圆角）图标，出现【曲线倒圆】对话框，如图 3-48 所示，选择（2 曲线圆角）图标，在半径栏输入“10”，然后在图形中依次选择直线和圆弧，如图 3-49 所示，点选圆心创建倒圆，如图 3-50 所示。

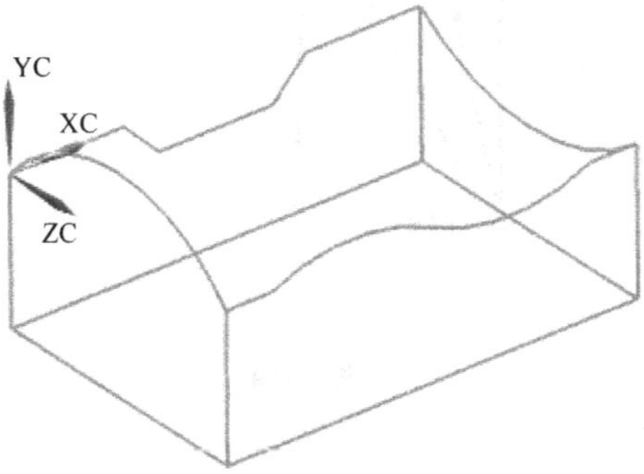

图 3-47

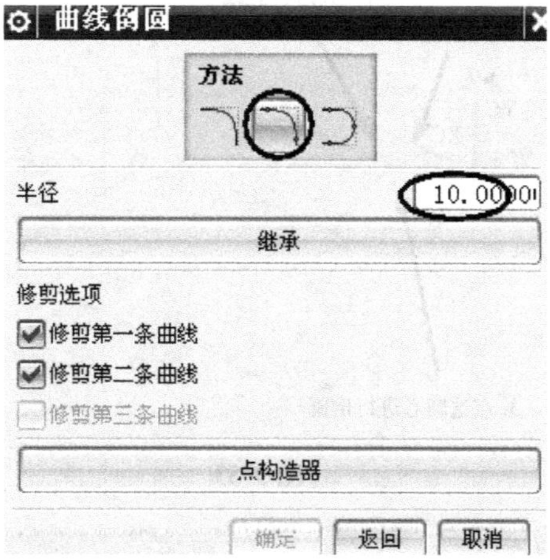

图 3-48

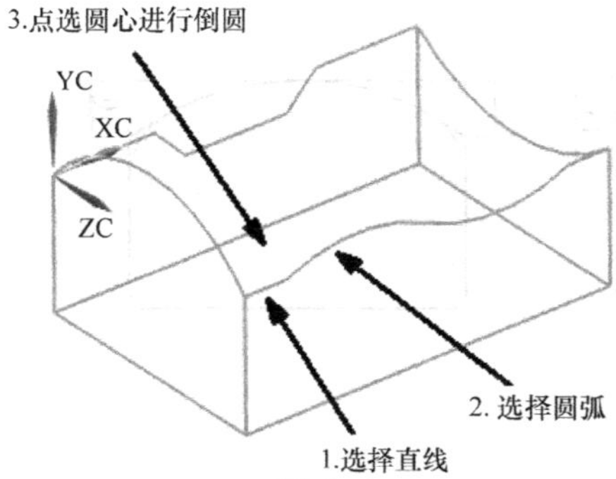

图 3-49

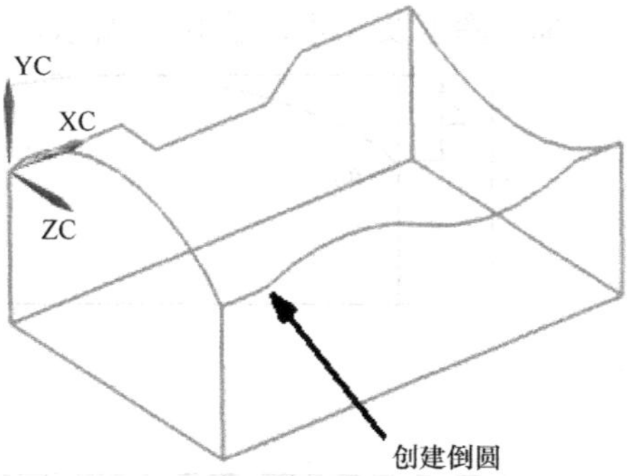

图 3-50

按照相同的方法，对右侧角进行曲线倒圆，完成后结果如图 3-51 所示。然后对后侧的直线与圆弧交叉处进行曲线倒圆操作，在 半径 栏输入“15”，如图 3-52 所示。然后在图形中依次选择直线，如图 3-53 所示，点选圆心进行创建倒圆，接着对另外 3 处直线交叉处进行同样的倒圆，完成后如图 3-54 所示。

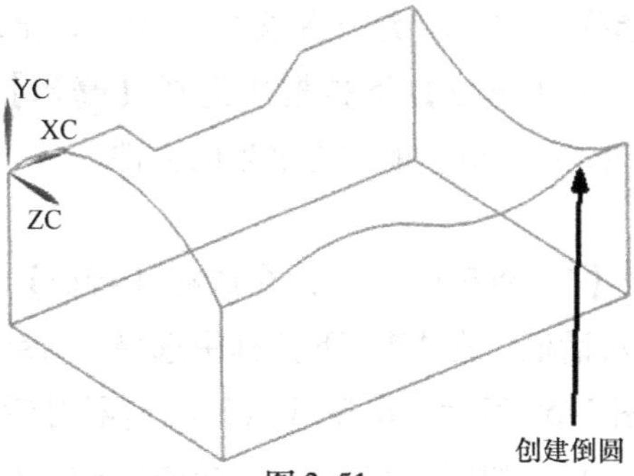

图 3-51

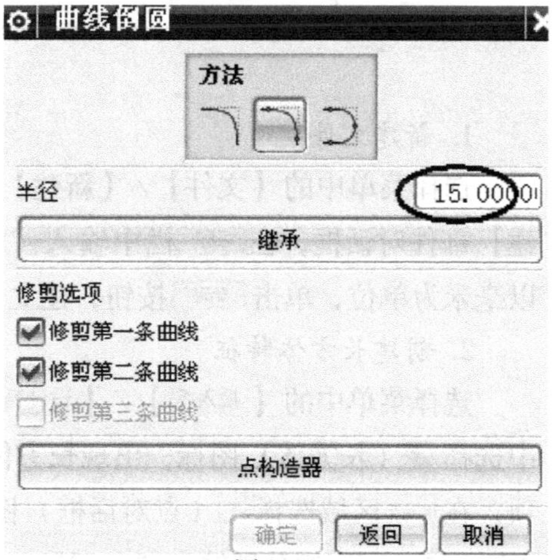

图 3-52

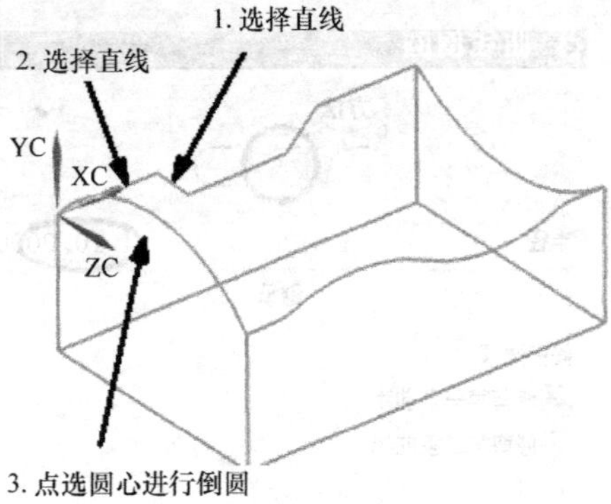

图 3-53

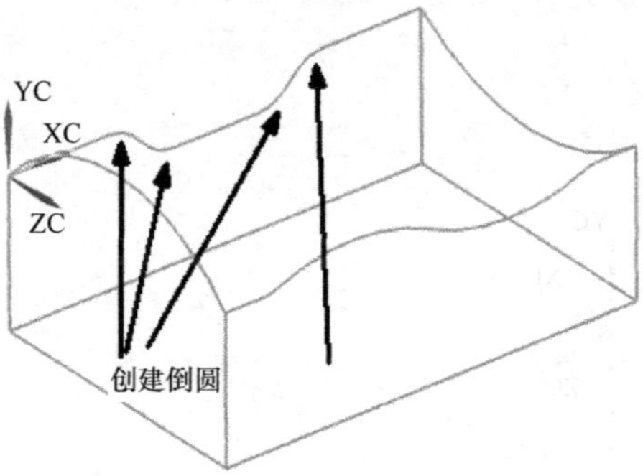

图 3-54

3.2 三维造型实例二

曲面图形及尺寸如图 3-55 所示。

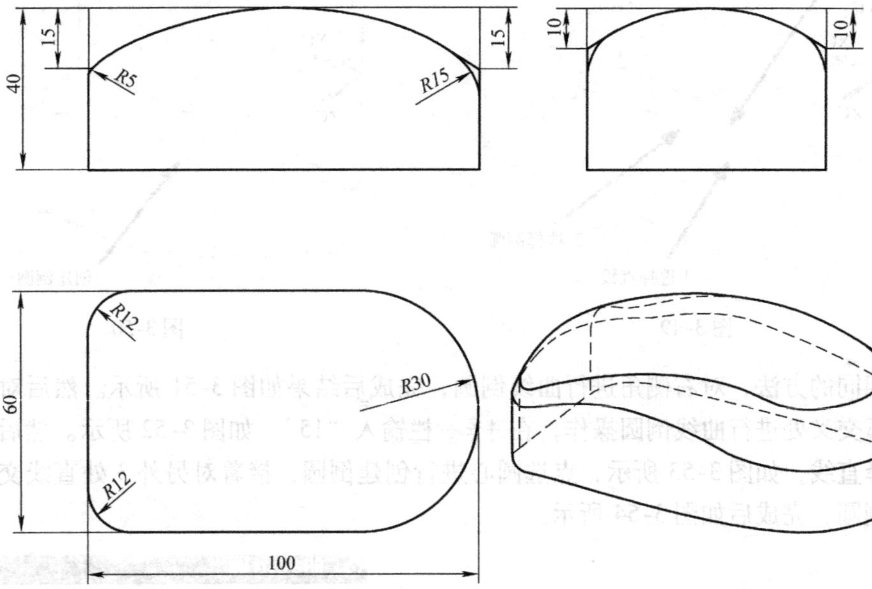

图 3-55

1. 新建文件

选择菜单中的【文件】/【新建】命令或选择 (New 建立新文件) 图标，出现【新建】部件对话框，在 名称 栏中输入“qm-1”，在【单位】下拉框中选择【毫米】选项，以毫米为单位，单击 确定 按钮，建立文件名为 qm-1. prt、单位为毫米的文件。

2. 创建长方体特征

选择菜单中的【插入(S)】/【设计特征(E)】/【长方体(K)...】命令或在【特征】工具条中选择 (长方体) 图标，出现长方体【块】对话框，在 类型 下拉框中选择 原点和边长 选项，在 指定点 区域选择 (点对话框) 图标，如图 3-56 所示，出现【点】构造器对话框，在 XC、YC、ZC 栏分别输入“-50”、“-30”、“0”，如图 3-57 所示，单击 确定 按钮，系统返回【块】对话框，在 长度(XC) 、 宽度(YC) 、 高度(ZC) 栏分别输入“100”、“60”、“40”，然后单击确定按钮，完成创建长方体特征，如图3-58所示。

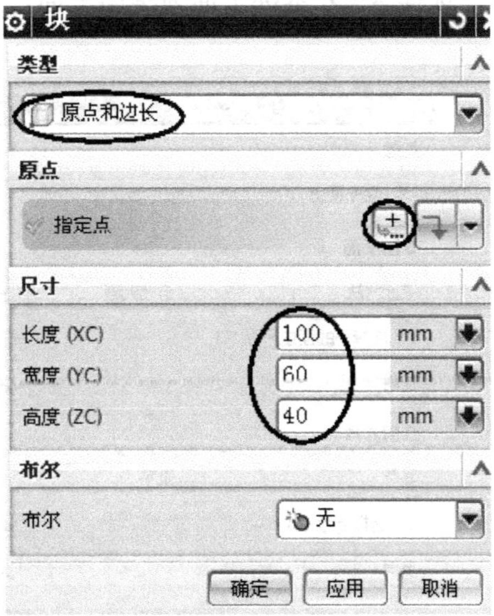

图3-56

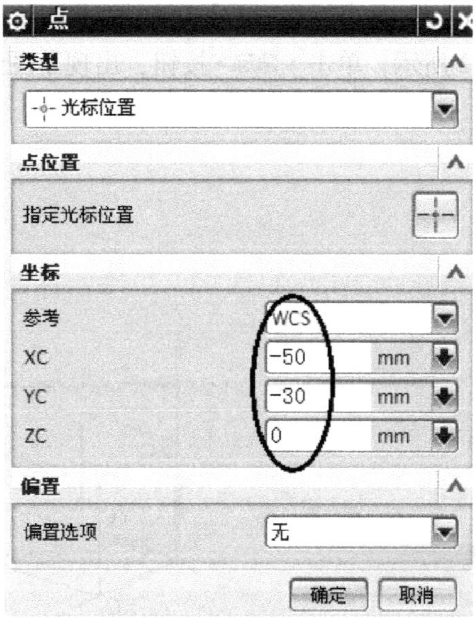

图3-57

3. 显示基准平面

选择菜单中的【格式(R)】/【图层设置(S)...】命令，出现【图层设置】对话框，如图3-59所示，勾选 61 层，完成显示基准平面，如图3-60所示。

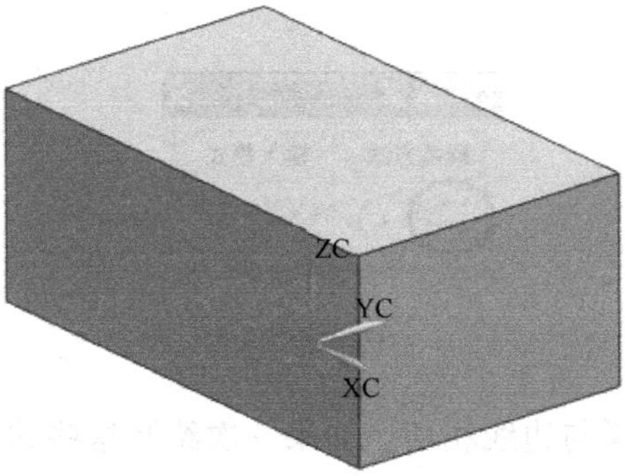

图3-58

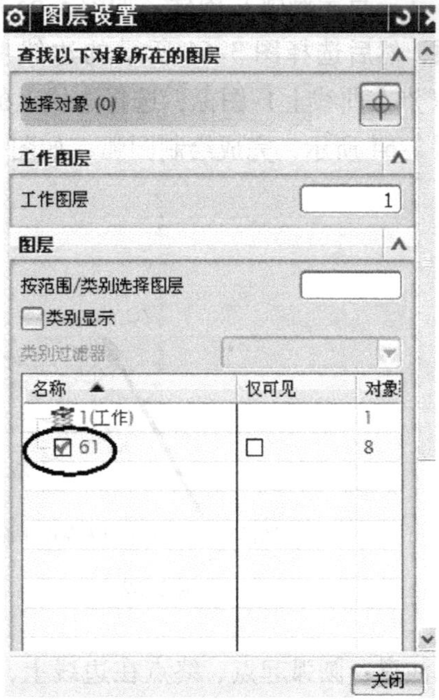

图3-59

4. 草绘截面一

选择菜单中的【插入(S)】/【草图(H)...】或在【直接草图】工具条中选择(草图)图标，出现【创建草图】对话框，如图 3-61 所示，选择 X—Z 基准平面为草图平面，如图 3-62 所示，单击< 确定 >按钮，出现草图绘制区。

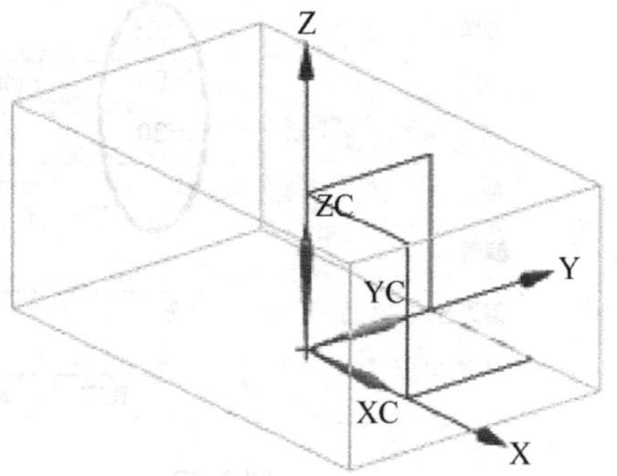

图 3-60

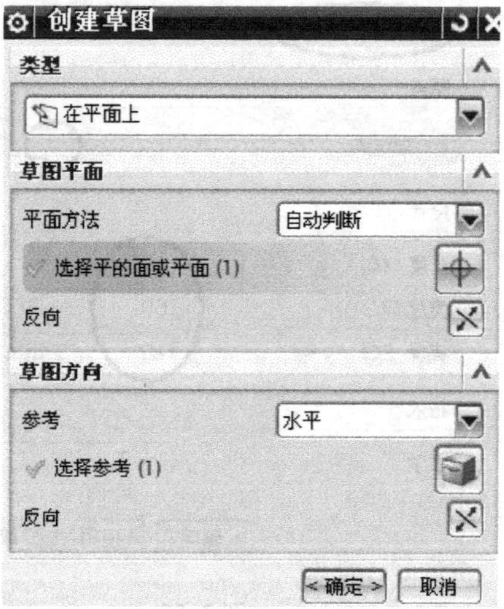

图 3-61

具体步骤如下：

1）绘制圆弧。在【直接草图】工具条中选择(圆弧)图标，在【圆弧】对话框中选择(三点定圆弧)图标，如图 3-63 所示，在主界面捕捉点工具条中选择(点在曲线上)选项，然后选择图 3-64 所示的边线上的点为起点，然后在主界面捕捉点工具条中选择(点在曲线上)图标，选择边线上的点为终点，在出现相切标记的情况下按下鼠标左键，如图 3-64 所示，完成绘制圆弧，如图 3-65 所示。

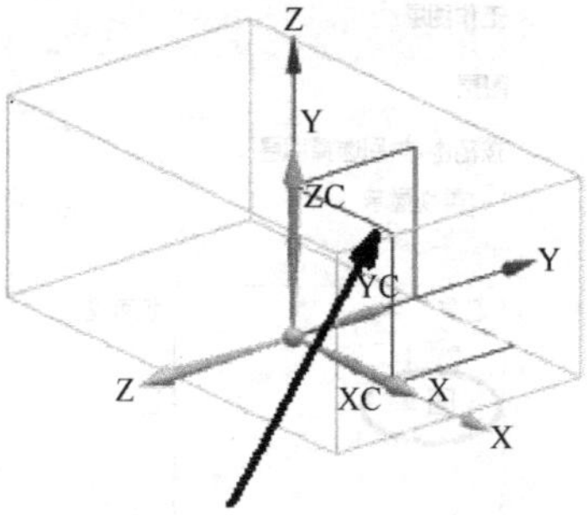

图 3-62

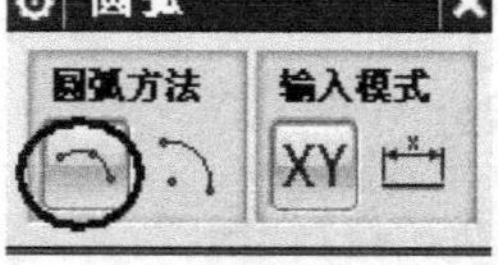

图 3-63

注意：圆弧起点、终点在边线上，并且圆弧与边线相切。如果一次绘制这些约束不成功，可以追加约束。

2）标注尺寸。在【直接草图】工具条中选择(自动判断尺寸)图标，按照如图 3-66

所示标注尺寸：P10 = 15、P11 = 15。此时草图曲线已经转换成绿色，表示已经完全约束。

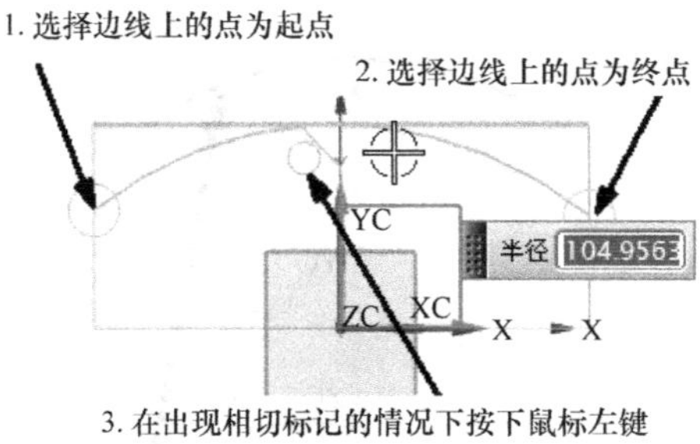

图 3-64

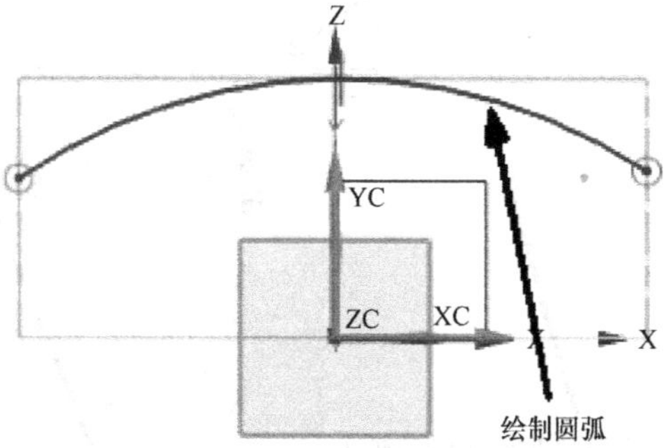

图 3-65

3）在【直接草图】工具条中选择 完成草图 图标，窗口回到建模界面。

5. 草绘截面二

选择菜单中的【插入(S)】/【草图(H)...】或在【直接草图】工具条中选择（草图）图标，出现【创建草图】对话框，选择 Y—Z 基准平面为草图平面，如图 3-67 所示，单击 < 确定 > 按钮，出现草图绘制区。

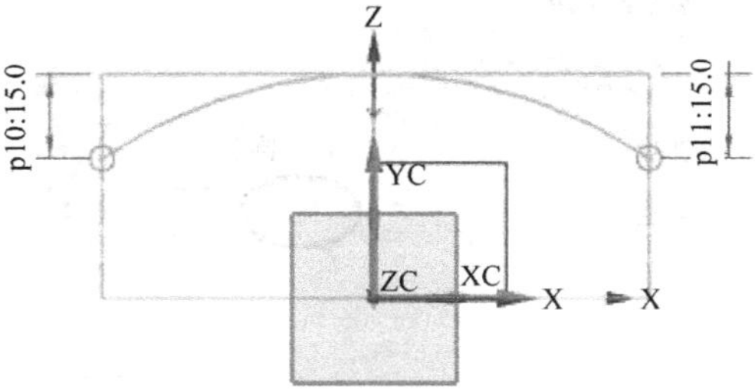

图 3-66

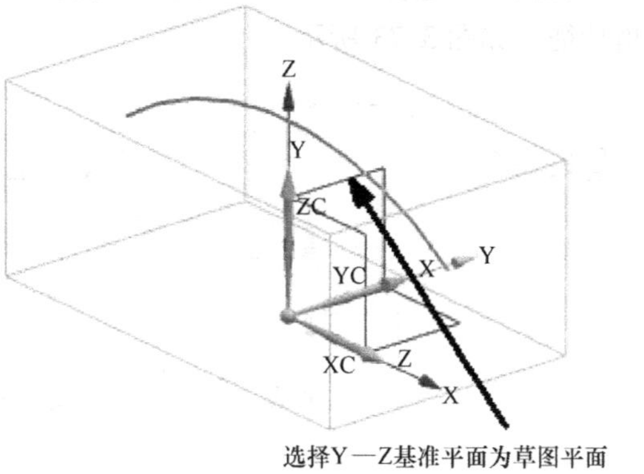

图 3-67

具体步骤如下：

1）绘制圆弧。在【直接草图】工具条中选择（圆弧）图标，在【圆弧】对话框中选择（三点定圆弧）图标，在主界面捕捉点工具条中仅选择（点在曲线上）选项，然后选择如图 3-68 所示的边线上的点为起点，然后在主界面捕捉点工具条中仅选择（点在曲线上）图标，选择边线上的点为终点，在出现相切标记的情况下按下鼠标左键，如图 3-68 所示，完成绘制圆弧，如图 3-69 所示。

注意：圆弧起点、终点在边线上，并且圆弧与边线相切。如果一次绘制这些约束不成功，可以追加约束。

2）标注尺寸。在【直接草图】工具条中选择（自动判断尺寸）图标，按照如图 3-70 所示标注尺寸：P12 = 10、P13 = 10。此时草图曲线已经转换成绿色，表示已经完全约束。

3）在【直接草图】工具条中选择 完成草图 图标，窗口回到建模界面。

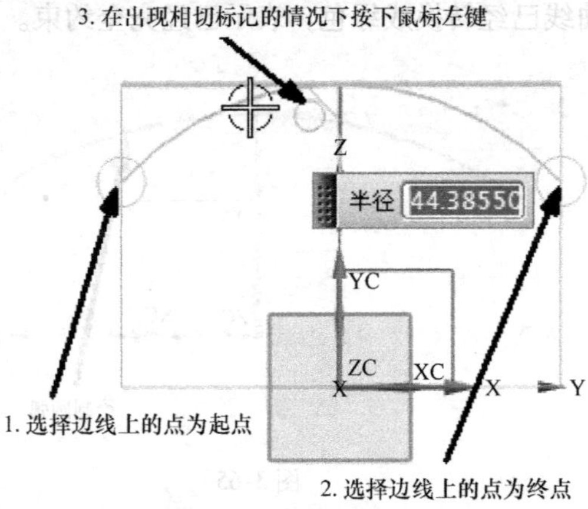

图 3-68

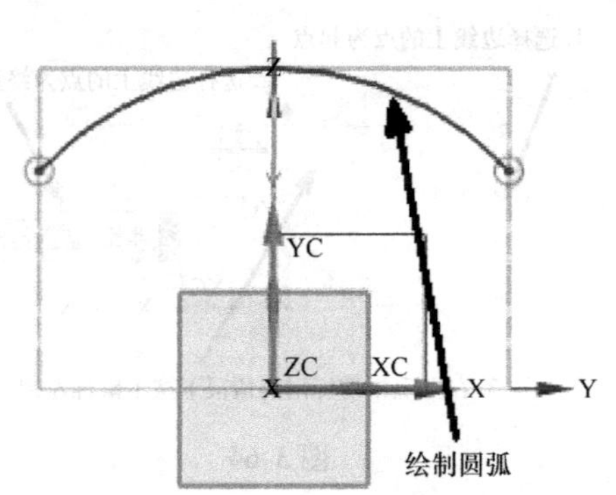

图 3-69

6. 创建边倒圆特征

选择菜单中的【插入(S)】/【细节特征(L)】/【边倒圆(E)...】命令或在【特征】工具条中选择（边倒圆）图标，出现【边倒圆】对话框，在半径 1 栏输入“12”，如图 3-71 所示，在图形中选择如图 3-72 所示的边线作为倒圆角边，最后单击 应用 按钮，完成创建圆角特征，如图 3-73 所示。

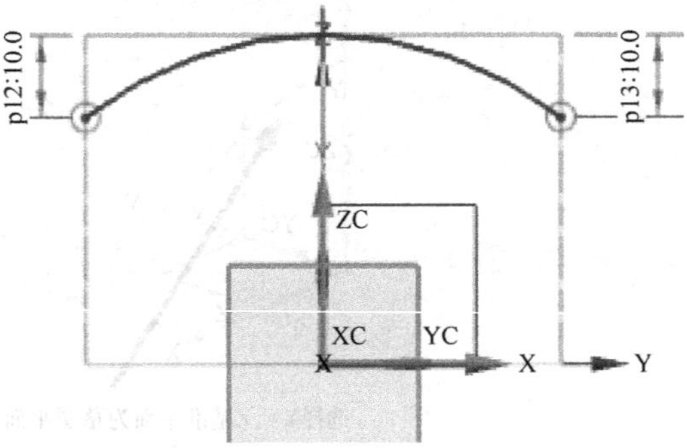

图 3-70

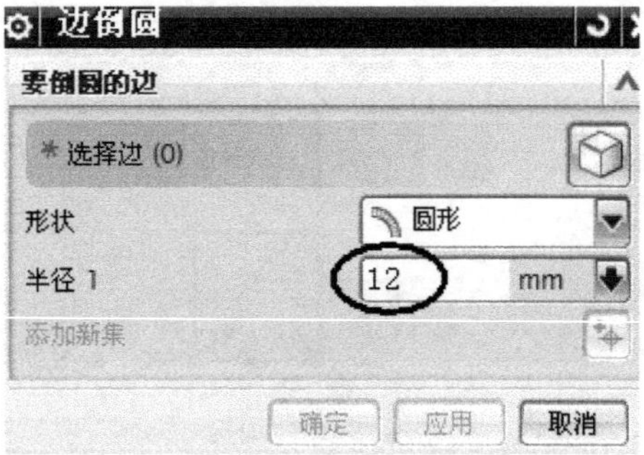

图 3-71

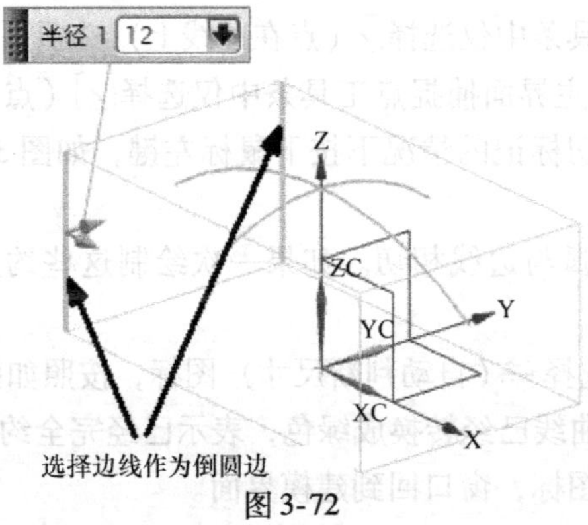

图 3-72

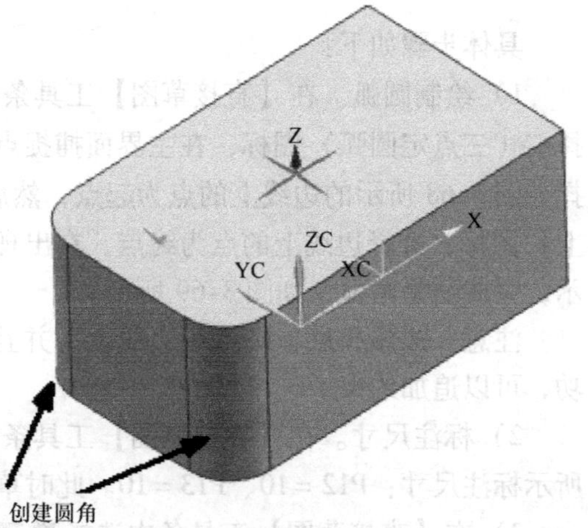

图 3-73

继续创建边倒圆特征。在 半径 1 栏输入“30”，在图形中选择如图 3-74 所示的边线作为倒圆角边，最后单击 确定 按钮，完成圆角特征，如图 3-75 所示。

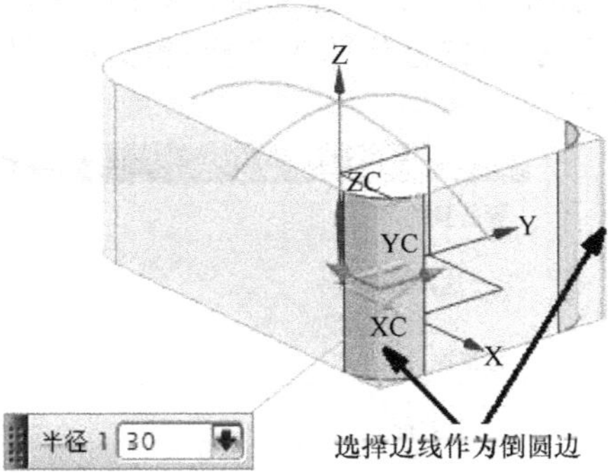

图 3-74

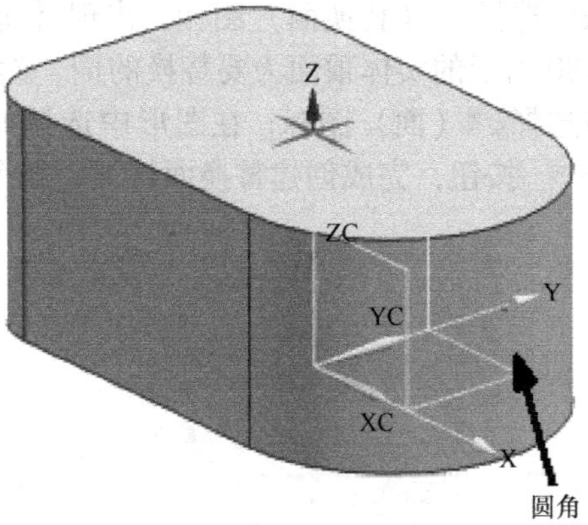

图 3-75

7. 创建扫掠特征

选择菜单中的【插入(S)】/【扫掠(W)】/【扫掠(S)...】命令或在【曲面】工具条中选择 (扫掠) 图标，出现【扫掠】对话框，如图 3-76 所示，系统提示选择截面曲线，在图形中选择如图 3-77 所示的圆弧，然后在对话框中选择 (引导线) 图标，在图形中选择如图 3-77 所示的圆弧为引导线，然后在【扫掠】对话框中单击 确定 按钮，完成创建扫掠特征，如图 3-78 所示。

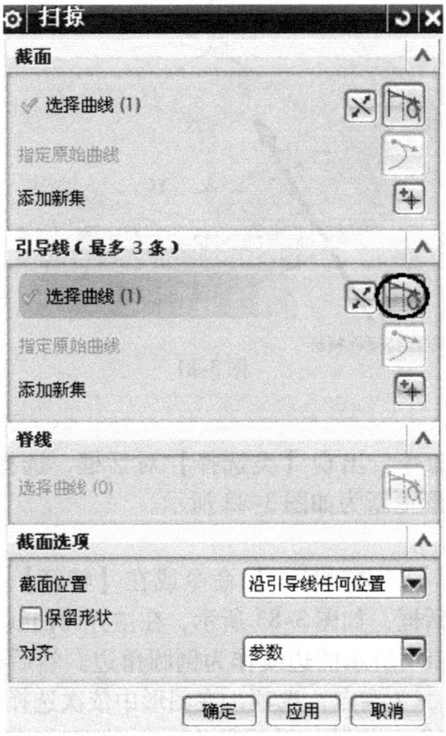

图 3-76

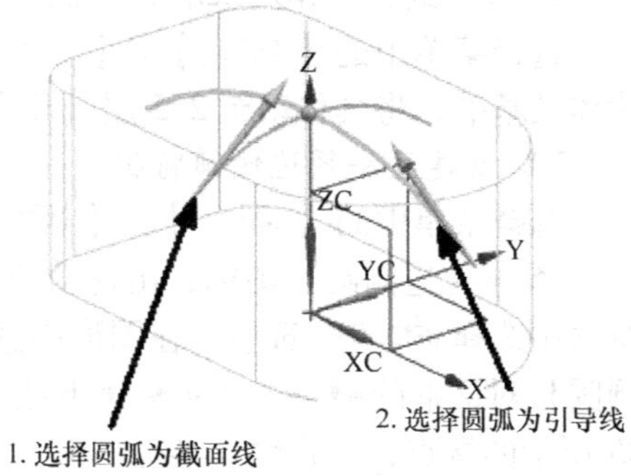

图 3-77

8. 创建替换面特征

选择菜单中的【插入(S)】/【同步建模(Y)】/【替换面(R)...】命令或在【同步建模】工具条中选择(替换面)图标，出现【替换面】对话框，如图3-79所示，在图形中选择如图3-80所示的实体顶面为要替换的面，然后按下鼠标中键或在【替换面】对话框的替换面区域选择(面)图标，在图形中选择如图3-80所示的扫掠片体为替换目标面，最后单击确定按钮，完成创建替换面特征，如图3-81所示。

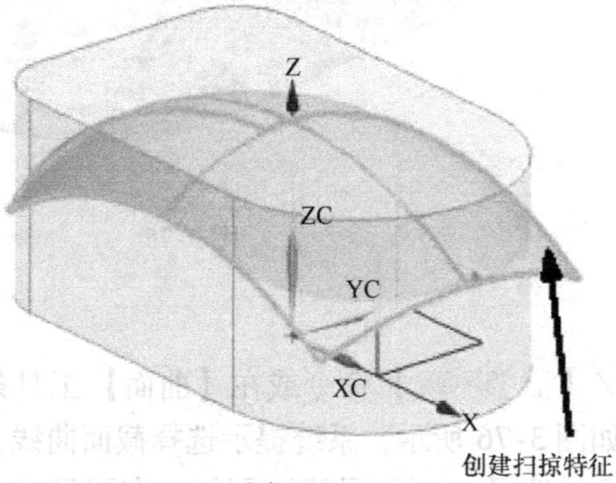

图3-78

图3-79

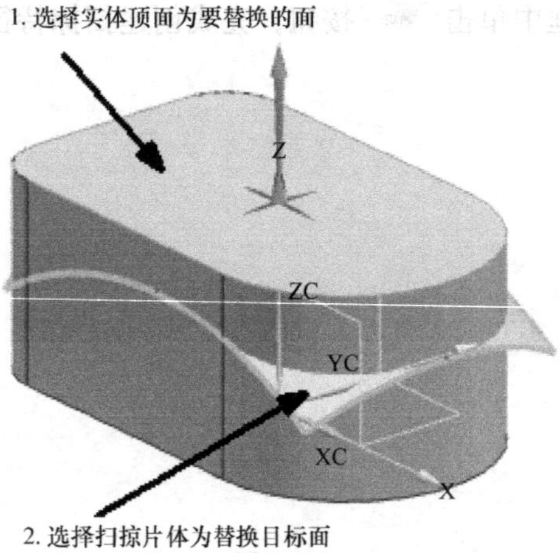

图3-80

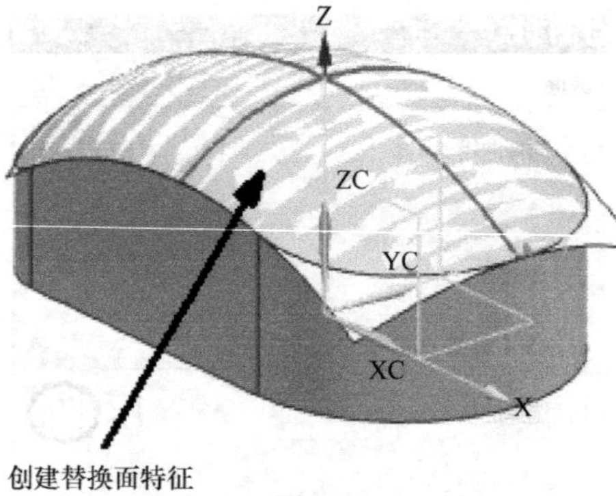

图3-81

9. 将曲线、片体及基准移至255层

选择菜单中的【格式(R)】/【移动至图层(M)...】命令，出现【类选择】对话框，选择曲线、片体及基准，将其移动至255层(步骤略)，图形更新为如图3-82所示。

10. 创建变半径边倒圆特征

选择菜单中的【插入(S)】/【细节特征(L)】/【边倒圆(E)...】命令或在【特征】工具条中选择(边倒圆)图标，出现【边倒圆】对话框，如图3-83所示，在主界面曲线规则下拉框中选择相切曲线选项，在图形中选择如图3-84所示的边线作为倒圆角边。然后在【边倒圆】对话框的可变半径点/指定新的位置下拉框中选择(端点)选项，在图形中依次选择如图3-85所示的端点，分别输入半径“5”、“5”、“15”、“15”，最后单击确定按钮，完成变半径边倒圆特征，如图3-86所示。

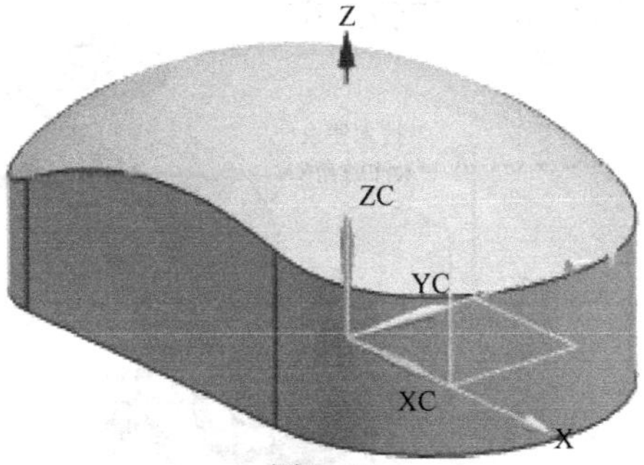

图 3-82

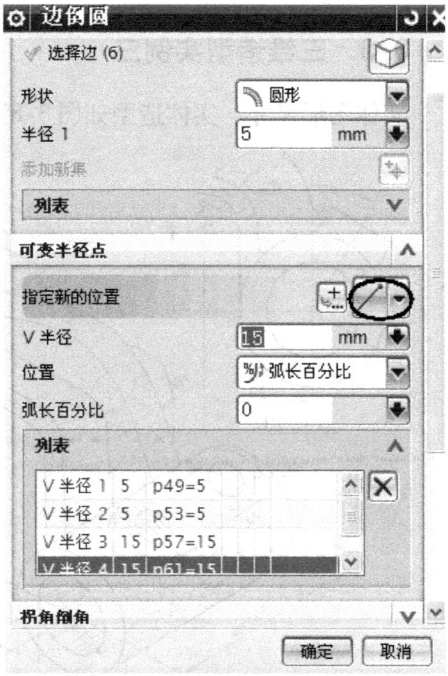

图 3-83

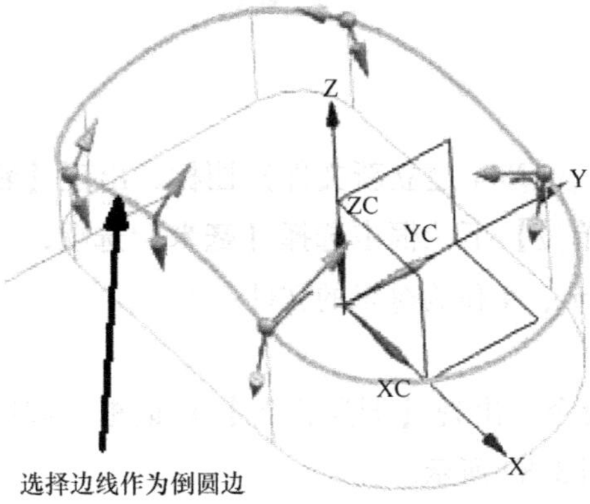

图 3-84

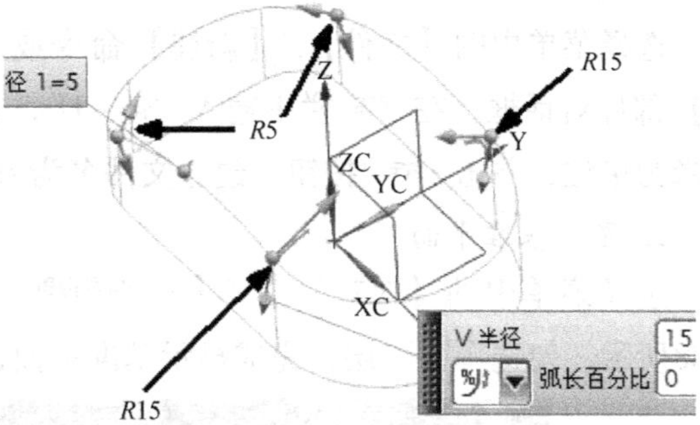

图 3-85

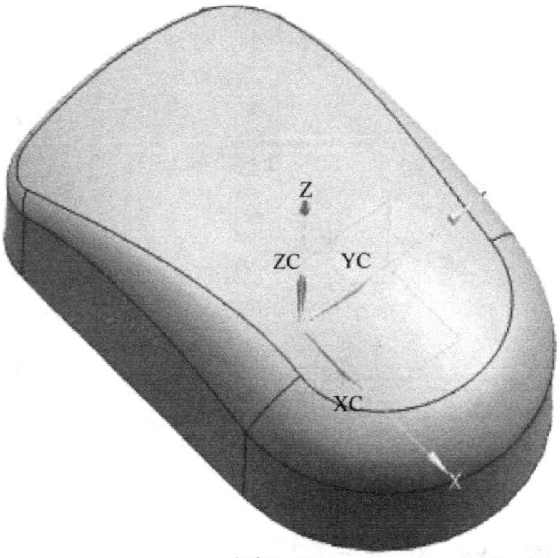

图 3-86

3.3 三维造型实例三

实体图形尺寸、实体造型如图3-87所示。

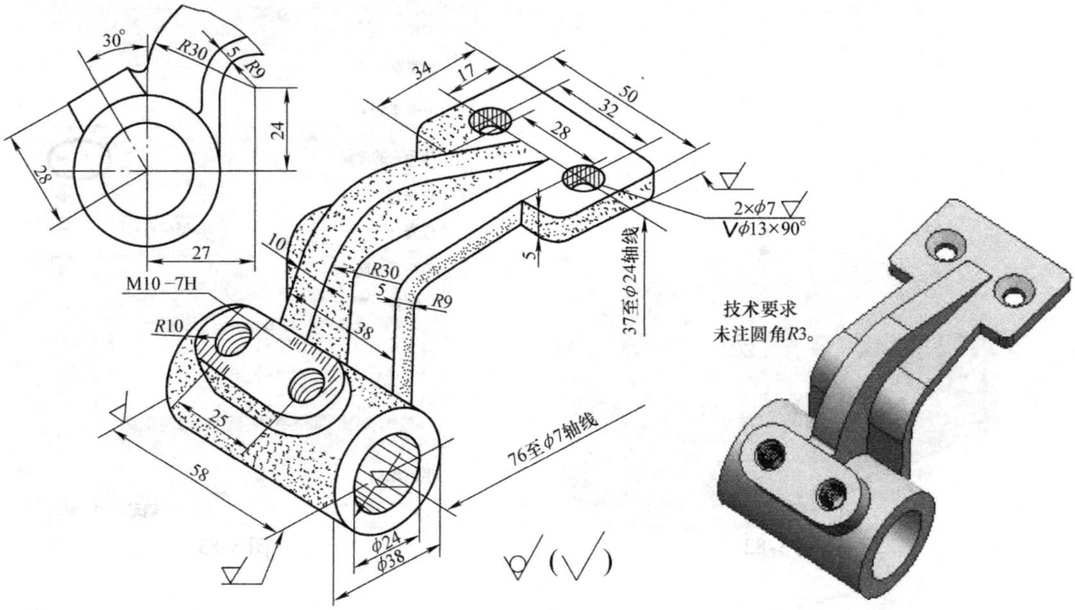

图3-87

1. 新建文件

选择菜单中的【文件】/【新建】命令或选择(New建立新文件)图标,出现【新建】部件对话框,在名称栏中输入"st-1",在【单位】下拉框中选择【毫米】选项,以毫米为单位,单击确定按钮,建立文件名为st-1.prt、单位为毫米的文件。

2. 显示基准平面

选择菜单中的【格式(R)】/【图层设置(S)...】命令,出现【图层设置】对话框,如图3-88所示,勾选☑61层,完成显示基准平面,如图3-89所示。

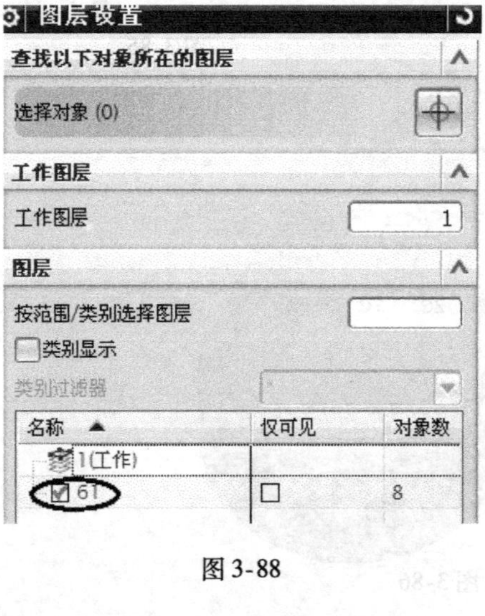

图3-88

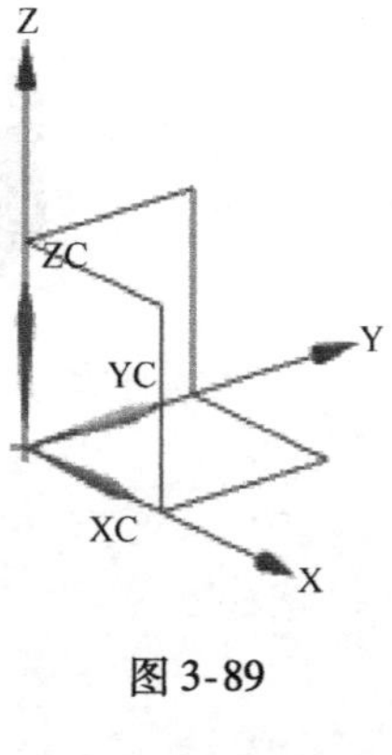

图3-89

3. 草绘截面一

选择菜单中的【插入(S)】/【草图(H)...】或在【直接草图】工具条中选择（草图）图标，出现【创建草图】对话框，如图 3-90 所示，选择 Y—Z 基准平面为草图平面，如图 3-91所示，单击< 确定 >按钮，出现草图绘制区。

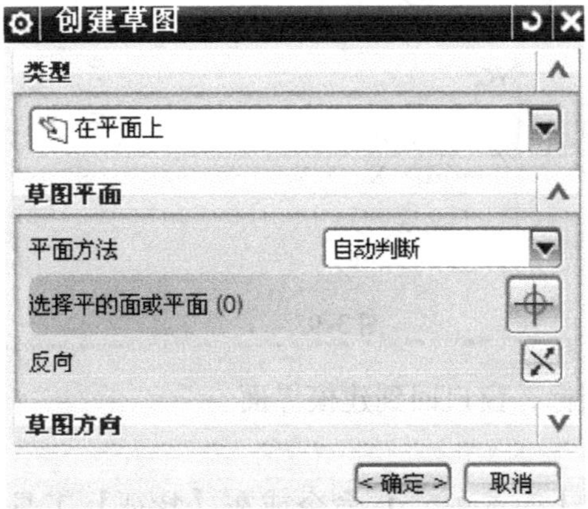

图 3-90

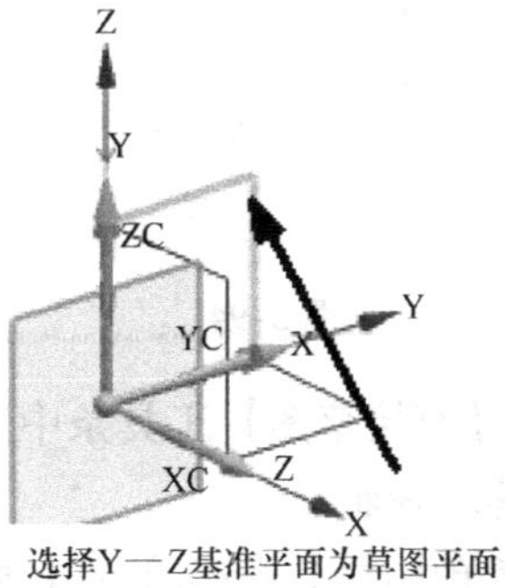

图 3-91

具体步骤如下：

1）绘制圆。在【直接草图】工具条中选择（圆）图标，出现【圆】对话框，选择（圆心和直径定圆）图标，如图3-92 所示，在主界面捕捉点工具条中选择（现有点）选项，按照如图 3-93 所示选择坐标原点，绘制圆。

注意：圆的圆心为坐标原点；半径尽量与图样接近。

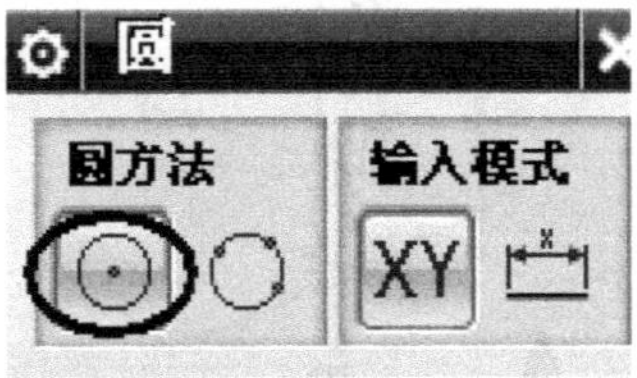

图 3-92

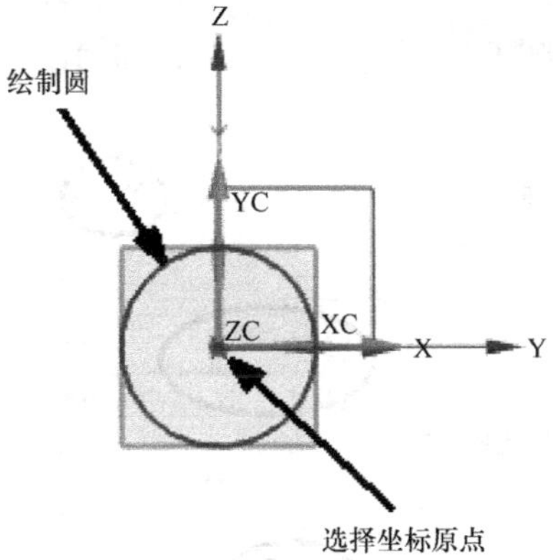

图 3-93

2）在【直接草图】工具条中选择（轮廓）图标，出现【轮廓】对话框，选择（直线）图标，在主界面捕捉点工具条中选择（象限点）选项，适时切换（圆弧）图标，选择如图 3-94 所示的象限点，按照如图 3-94 所示绘制直线 12、圆弧 23、直线 34。

注意：直线 12 与圆相切；直线 12 与圆弧 23 相切；圆弧 23 与直线 34 相切，直线 12 竖直；直线 34 水平。如果一次绘制这些约束不成功，可以追加约束。

3）标注尺寸。在【直接草图】工具条中选择（自动判断尺寸）图标，按照如图 3-95

所示标注尺寸：P0 = 38、P1 = 32、P2 = 9、P3 = 76。此时草图曲线已经转换成绿色，表示已经完全约束。

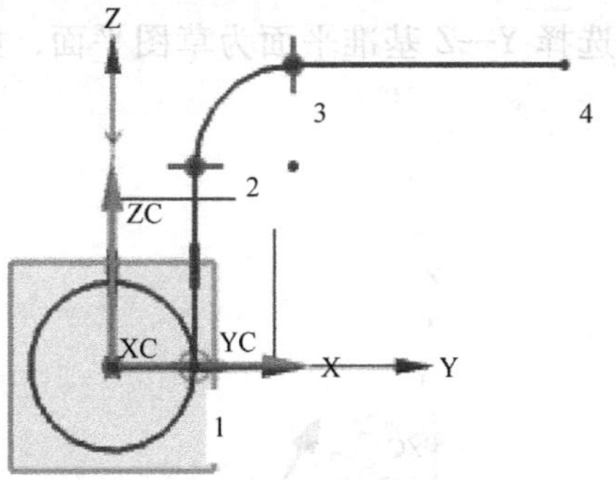

图 3-94

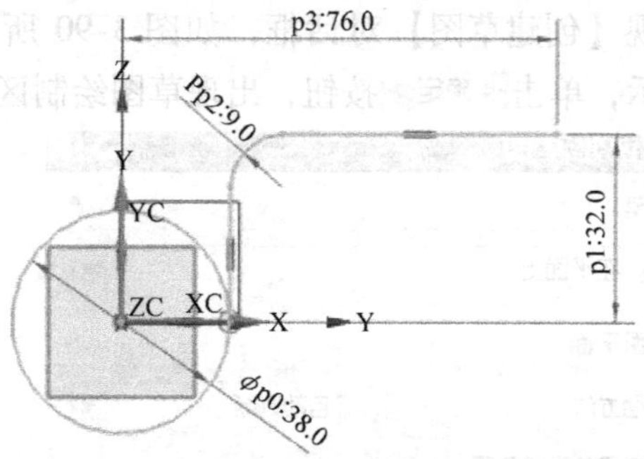

图 3-95

4）在【直接草图】工具条中选择 完成草图 图标，窗口回到建模界面。

4. 创建拉伸特征

选择菜单中的【插入(S)】/【设计特征(E)】/【拉伸(E)...】命令或在【特征】工具条中选择（拉伸）图标，出现【拉伸】对话框，如图 3-96 所示，在主界面曲线规则下拉框中选择 相连曲线 选项，选择如图 3-97 所示的圆为拉伸对象，然后在【拉伸】对话框的 指定矢量 下拉框中选择 XC 选项，在 结束 下拉框中选择 对称值 选项，在 距离 栏输入“29”，在 布尔 下拉框中选择 无 选项，如图 3-96 所示，单击 应用 按钮，创建拉伸特征，如图 3-98所示。

图 3-96

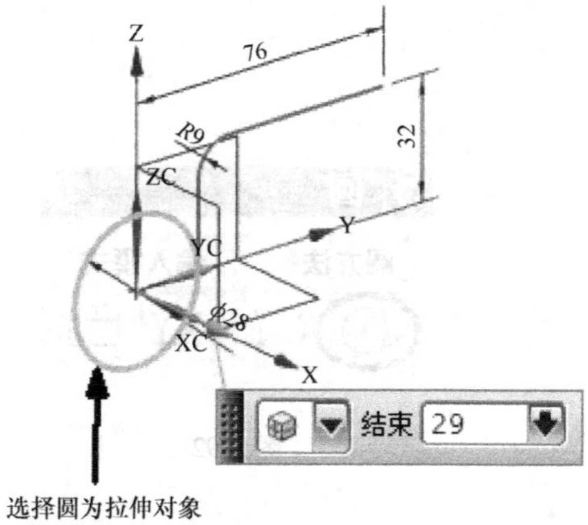

图 3-97

继续创建拉伸特征。在主界面曲线规则下拉框中选择 相连曲线 选项，选择如图 3-99所示的曲线为拉伸对象，然后在【拉伸】对话框的 指定矢量 下拉框中选择 XC 选项，在 结束 下拉框中选择 对称值 选项，在 距离 栏输入“14”，在 偏置 下拉框中点选 两侧 选项，在 开始 和 结束 栏分别输入“0”和“5”，在 布尔 下拉框中选择 求和选项，如图 3-100 所示，单击 确定 按钮，创建拉伸特征，如图 3-101 所示。

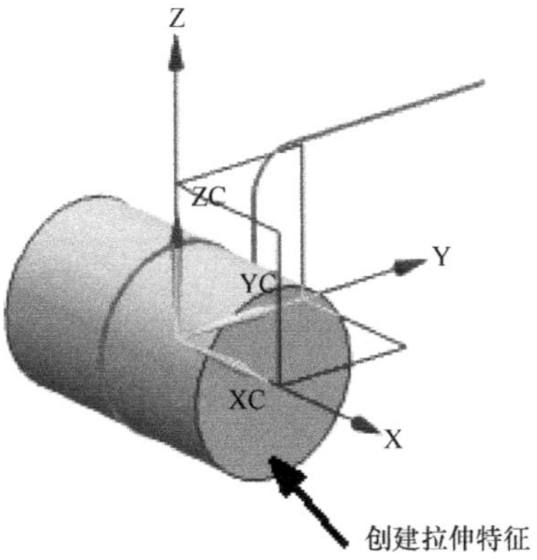

图 3-98

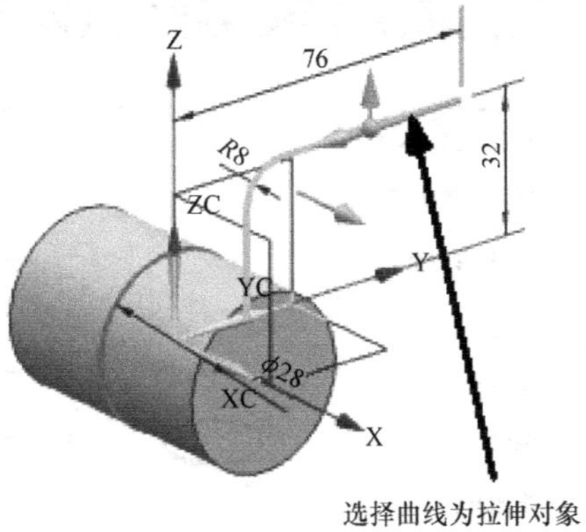

图 3-99

图 3-100

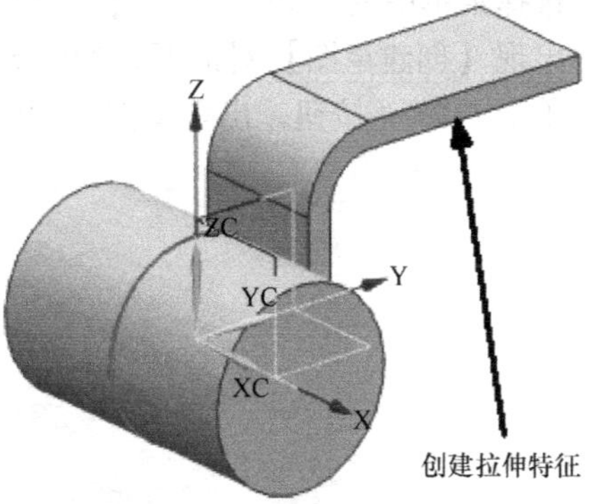

图 3-101

5. 创建基准平面

选择菜单中的【插入(S)】/【基准/点(D)】/【基准平面(D)...】命令或在【特征】工具栏中选择（基准平面）图标，出现【基准平面】对话框，如图 3-102 所示，在类型下拉框中选择自动判断选项，在图形中选择如图 3-103 所示的 XC—YC 基准平面与 X 轴，然后在【基准平面】对话框的角度栏中输入“-30”，勾选偏置选项，在距离栏输入“28”，出现基准平面预览，然后在【基准平面】对话框中单击 确定 按钮，创建基准平面，如图 3-104

所示。

图 3-102

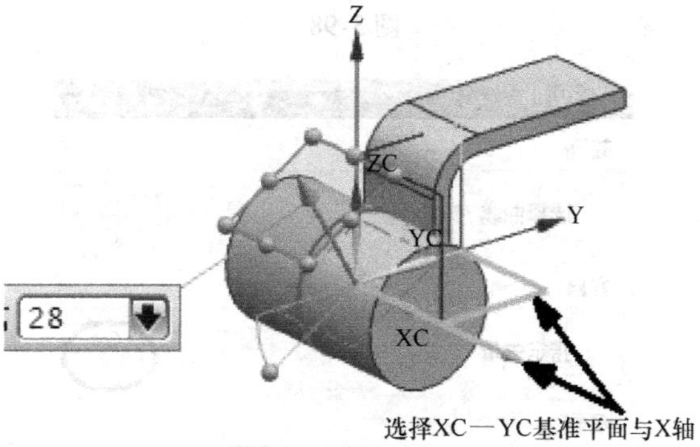

图 3-103

6. 草绘截面二

选择菜单中的【插入(S)】/【草图(H)...】或在【直接草图】工具条中选择（草图）图标，出现【创建草图】对话框，如图 3-105 所示，选择如图 3-106 所示的基准平面为草图平面，单击< 确定 >按钮，出现草图绘制区。

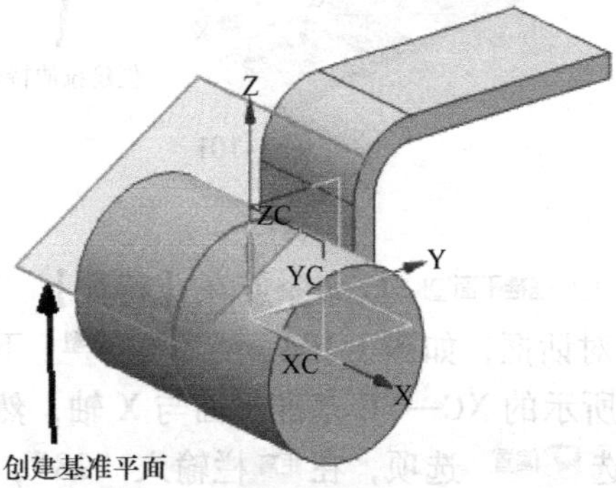

图 3-104

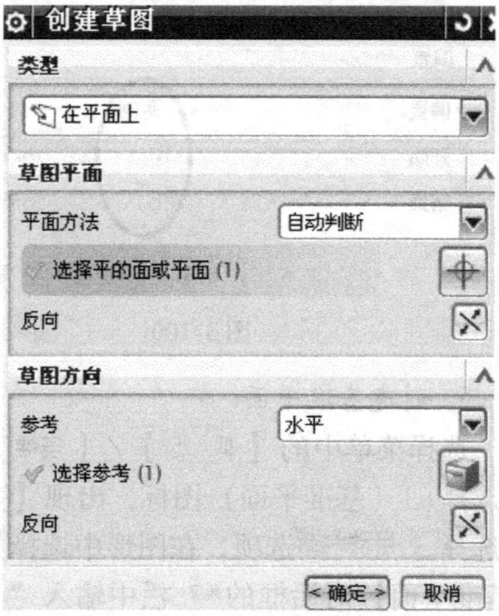

图 3-105

具体步骤如下：

1）在【直接草图】工具条中选择（轮廓）图标，出现【轮廓】对话框，选择（直线）图标，适时切换（圆弧）图标，按照如图3-107所示绘制直线12、圆弧23、直线34、圆弧41。

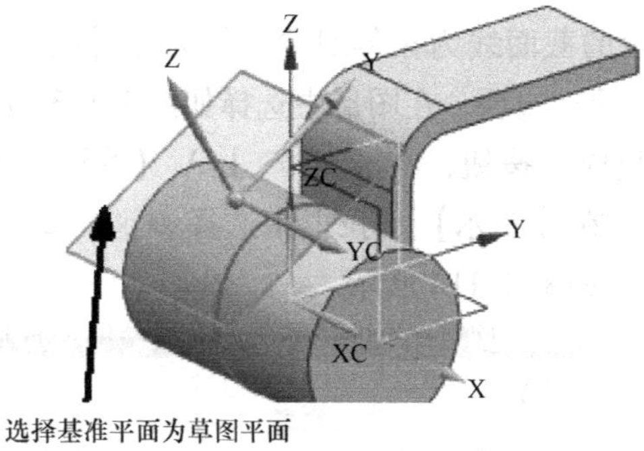

图3-106

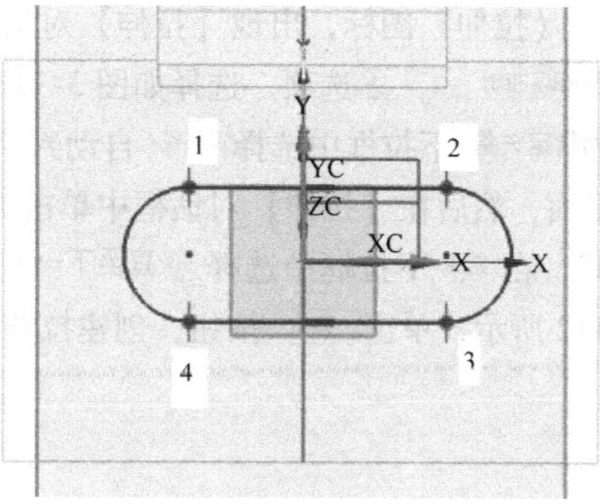

图3-107

注意：直线12与圆弧23相切；圆弧23与直线34相切，直线34与圆弧41相切；直线12、直线34水平。如果一次绘制这些约束不成功，可以追加约束。

2）加上约束。在【直接草图】工具条中选择（几何约束）图标，出现【几何约束】对话框，选择（点在曲线上）图标，如图3-108所示，在图中选择X轴，再选择右侧圆弧的圆心，如图3-109所示，约束点在曲线上，在图中选择X轴，再选择左侧圆弧的圆心，约束点在曲线上，约束的结果如图3-110所示。在【直接草图】工具条中选择（显示草图约束）图标，使图形中的约束显示出来。

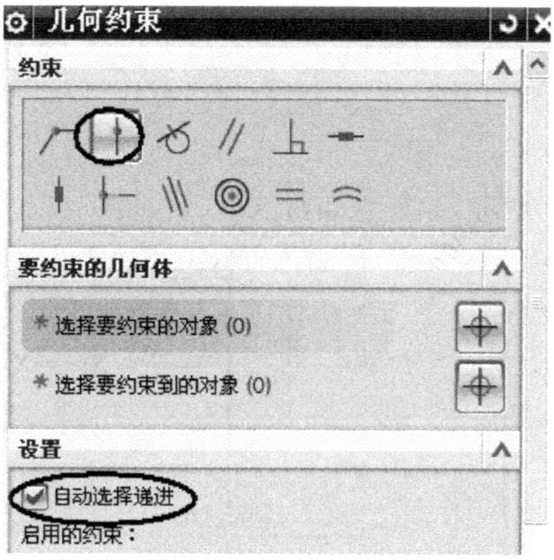

图3-108

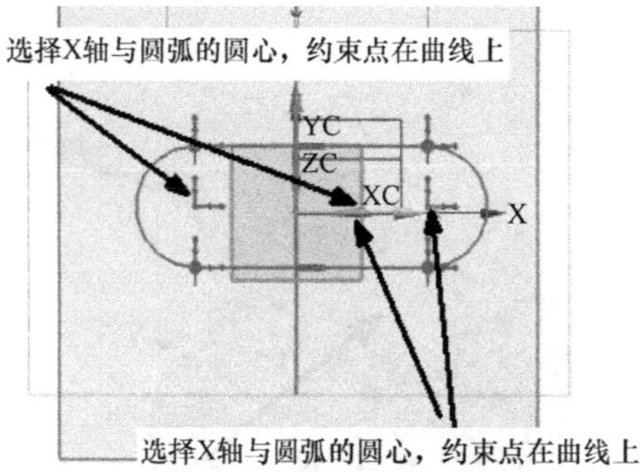

图3-109

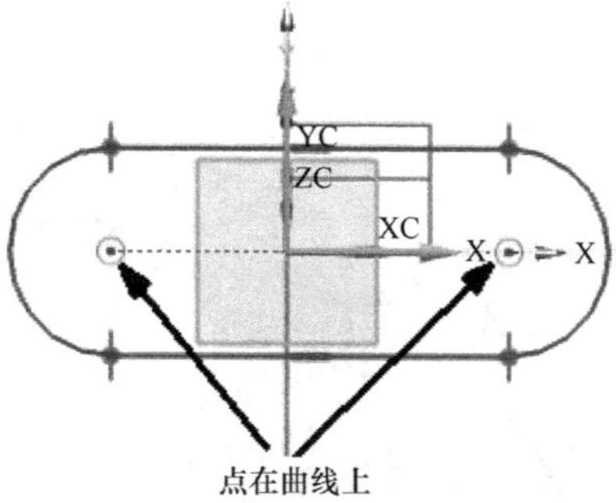

图3-110

3）标注尺寸。在【直接草图】工具条中选择（自动判断尺寸）图标，按照如图3-111所示标注尺寸：P15＝10、P16＝25、P17＝12.5。此时草图曲线已经转换成绿色，表示已经完全约束。

4）在【直接草图】工具条中选择完成草图图标，窗口回到建模界面。

7. 创建拉伸特征

选择菜单中的【插入(S)】/【设计特征(E)】/【拉伸(E)...】命令或在【特征】工具条中选择（拉伸）图标，出现【拉伸】对话框，如图 3-112 所示，在主界面曲线规则下拉框中选择相连曲线选项，选择如图 3-113 所示的截面线为拉伸对象，然后在【拉伸】对话框的指定矢量下拉框中选择（自动判断的矢量）选项，在图形中选择如图 3-113 所示的基准平面，然后在【拉伸】对话框中单击（反向）按钮，在【开始】\【距离】栏输入“0”，在结束下拉框中选择直至下一个选项，在【布尔】下拉框中选择求和选项，如图 3-112 所示，单击确定按钮，创建拉伸特征，如图 3-114 所示。

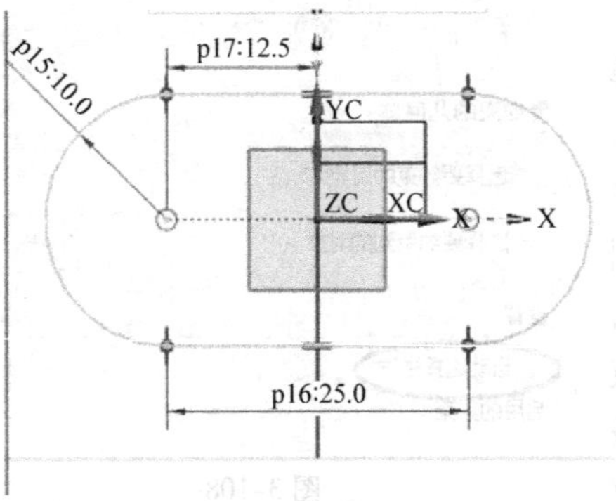

图 3-111

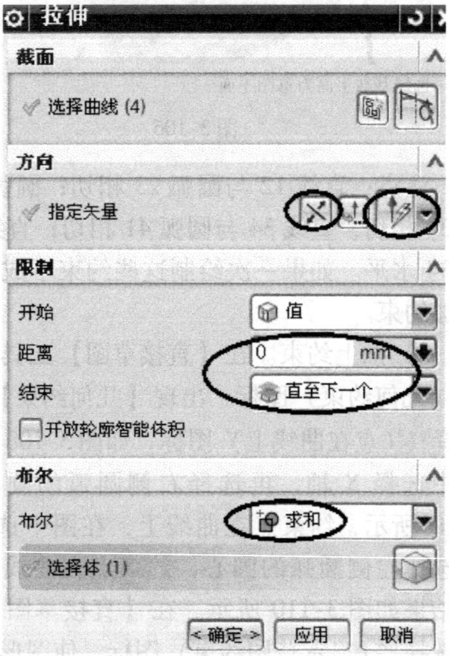

图 3-112

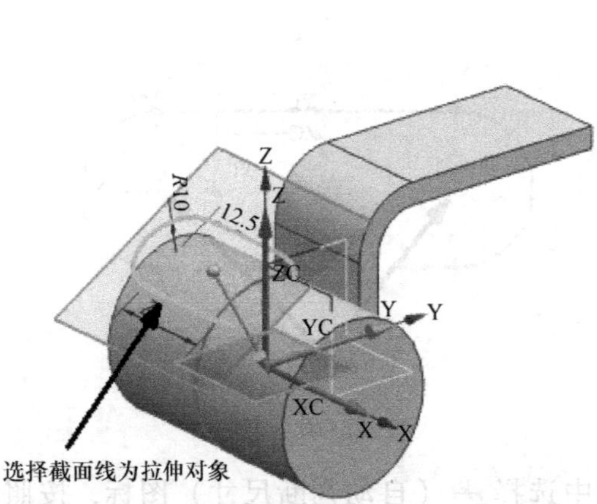

图 3-113

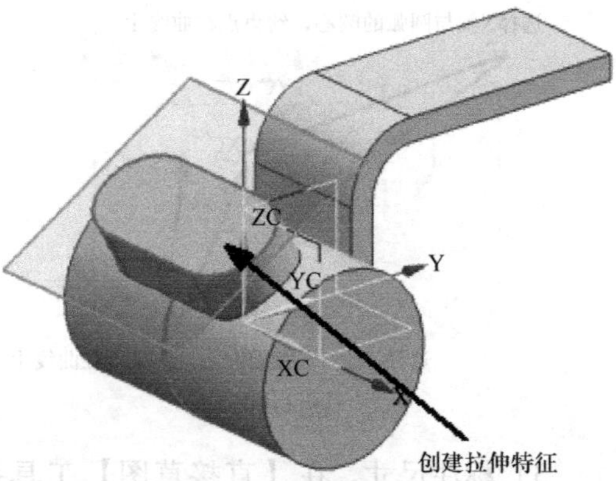

图 3-114

8. 草绘截面三

选择菜单中的【插入(S)】/【草图(H)...】命令或在【直接草图】工具条中选择(草图)图标，出现【创建草图】对话框，选择如图3-115所示的Y—Z基准平面为草图平面，单击< 确定 >按钮，出现草图绘制区。

具体步骤如下：

1）投影曲线。在【直接草图】工具条中选择（投影曲线）图标，出现【投影曲线】对话框，如图3-116所示，在主界面曲线规则下拉框中选择相连曲线选项，在图形中选择如图3-117所示的边线进行投影，单击确定按钮，完成投影曲线。

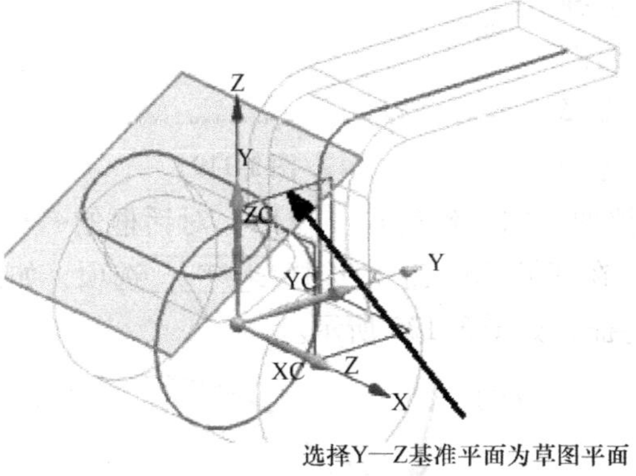

图3-115

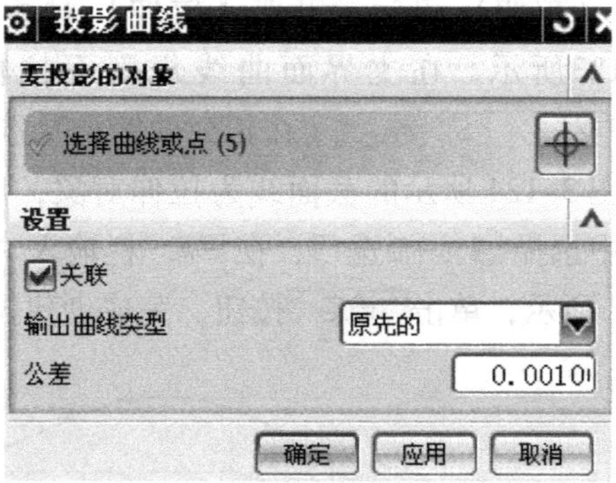

图3-116

2）在【直接草图】工具条中选择（轮廓）图标，出现【轮廓】对话框，选择（直线）图标，适时切换（圆弧）图标，在捕捉点工具条中选择（端点）图标，按照如图3-118所示绘制直线12、圆弧23、圆弧34。

注意：直线12的端点1为投影曲线端点；直线34的端点4为投影曲线端点；直线12与圆弧23相切；圆弧23与圆弧线34相切，圆弧34与投影曲线相切。如果一次绘制这些约束不成功，可以追加约束。

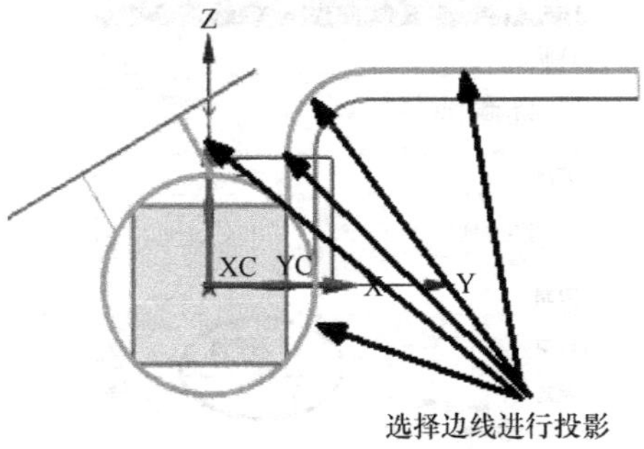

图3-117

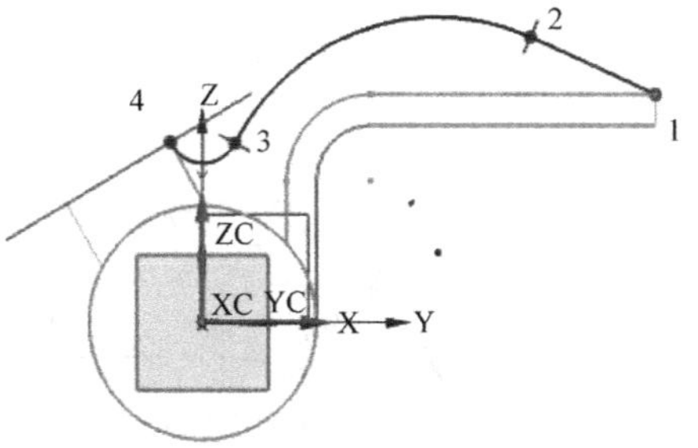

图3-118

3）加上约束。在【直接草图】工具条中选择（几何约束）图标，出现【几何约束】对话框，选择（相切）图标，如图3-119所示，在图中选择圆弧与投影曲线，如图3-120所示，约束相切，约束的结果如图3-121所示，在【直接草图】工具条中选择（显示草图约束）图标，使图形中的约束显示出来。

4）标注尺寸。在【直接草图】工具条中选择（自动判断尺寸）图标，按照如图 3-122 所示标注尺寸：P19＝27、P20＝24、P21＝30。此时草图曲线已经转换成绿色，表示已经完全约束。

5）在【直接草图】工具条中选择 完成草图 图标，窗口回到建模界面。

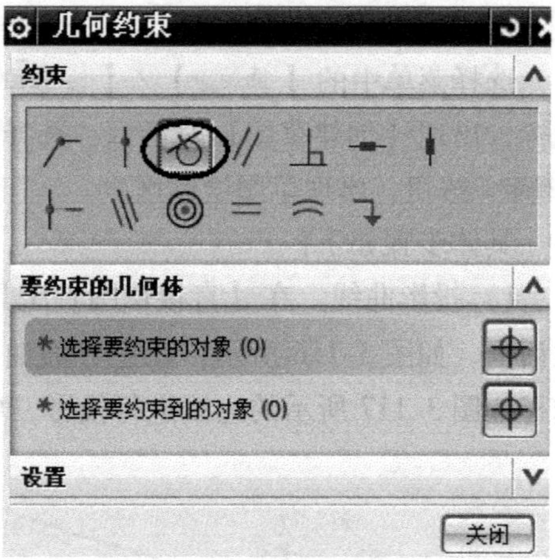

图 3-119

9. 创建拉伸特征

选择菜单中的【插入(S)】/【设计特征(E)】/【拉伸(E)...】命令或在【特征】工具条中选择（拉伸）图标，出现【拉伸】对话框，如图 3-123所示，在主界面曲线规则下拉框中选择 相连曲线 （在相交处停止）选项，选择如图 3-124 所示的截面线为拉伸对象，出现拉伸方向，然后在【拉伸】对话框的 结束 下拉框中选择 对称值 选项，在 距离 栏输入“5”，在 布尔 下拉框中选择 求和 选项，如图 3-123 所示，单击 确定 按钮，完成创建拉伸特征，如图 3-125 所示。

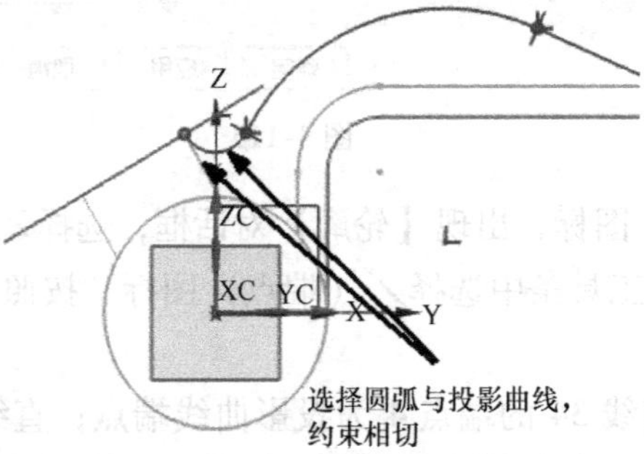

图 3-120

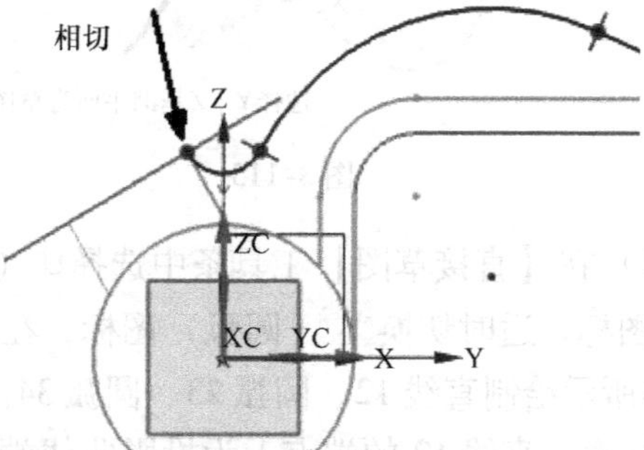

图 3-121

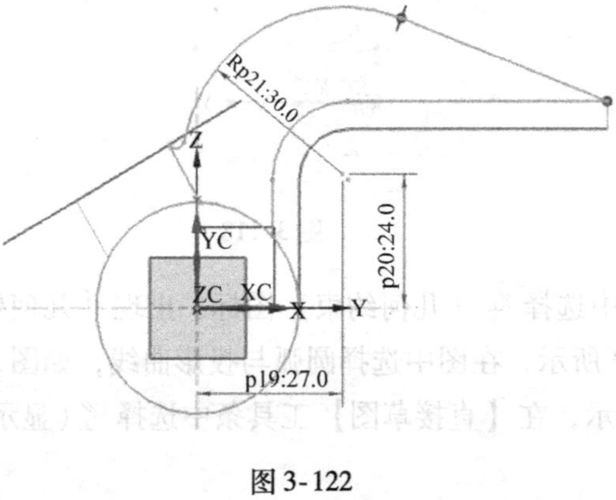

图 3-122

图 3-123

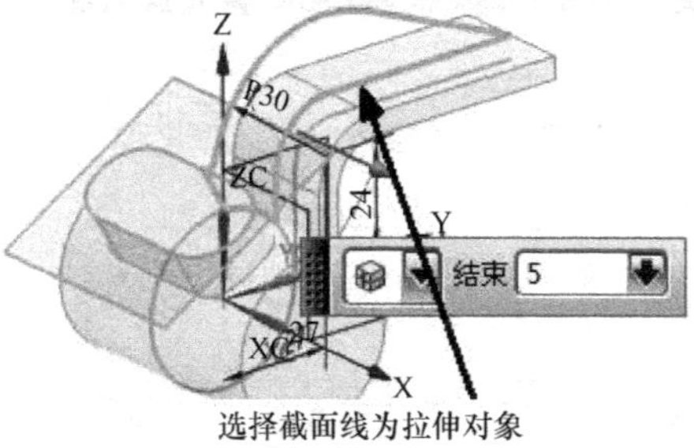

图 3-124

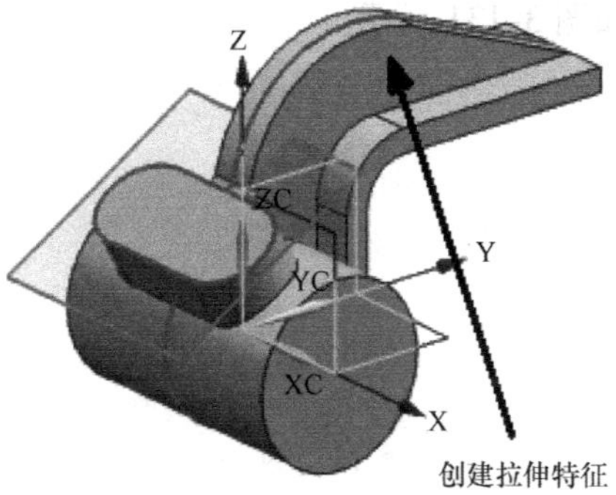

图 3-125

10. 草绘截面四

选择菜单中的【插入(S)】/【草图(H)...】或在【直接草图】工具条中选择（草图）图标，出现【创建草图】对话框，在图形中选择如图 3-126 所示的实体面为草图平面，单击确定按钮，出现草图绘制区。

具体步骤如下：

1）绘制矩形。在【直接草图】工具条中选择（矩形）图标，出现【矩形】对话框，选择（按两点）图标，使用对角点绘制矩形，如图 3-127 所示。

2）标注尺寸。在【直接草图】工具条中选择（自动判断尺寸）图标，按照如图 3-128所示标注尺寸：P24 = 34、P25 = 17、P26 = 50，P27 = 25。此时草图曲线已经转换成绿色，表示已经完全约束。

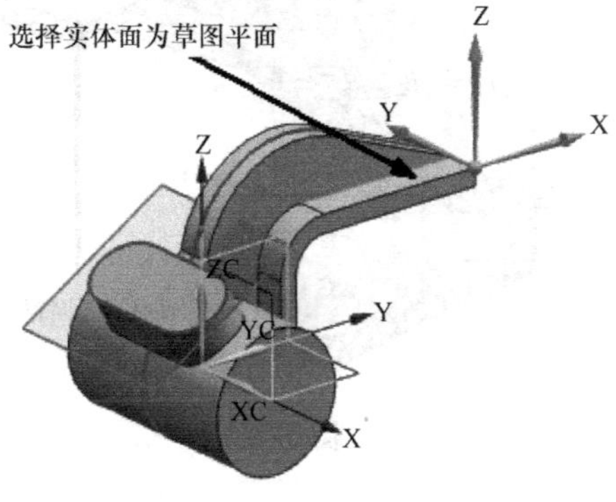

图 3-126

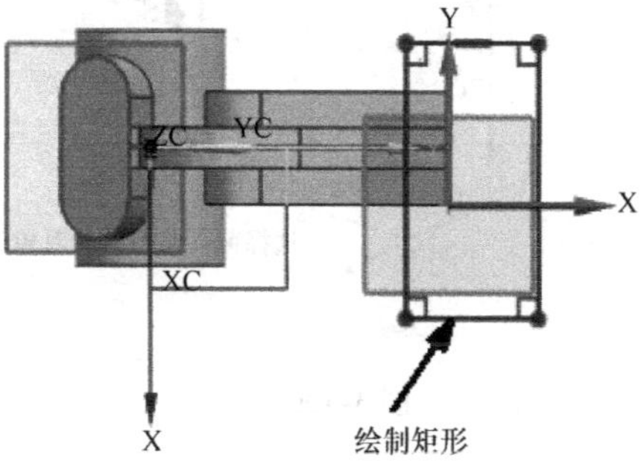

图 3-127

3）在【直接草图】工具条中选择完成草图图标，窗口回到建模界面。

11. 创建拉伸特征

选择菜单中的【插入(S)】/【设计特征(E)】/【拉伸(E)...】命令或在【特征】工具条中选择（拉伸）图标，出现【拉伸】对话框，如图 3-129 所示，在主界面曲线规则下拉框中选择相连曲线选项，选择如图 3-130 所示的截面线为拉伸对象，然后在【拉伸】对话框的方向区域单击（反向）按钮，出现拉伸方向，在开始\距离栏和结束\距离栏分别输入“0”“5”，在【布尔】下拉框中点选求和选项，单击确定按钮，完成创建拉伸特征，如图 3-131 所示。

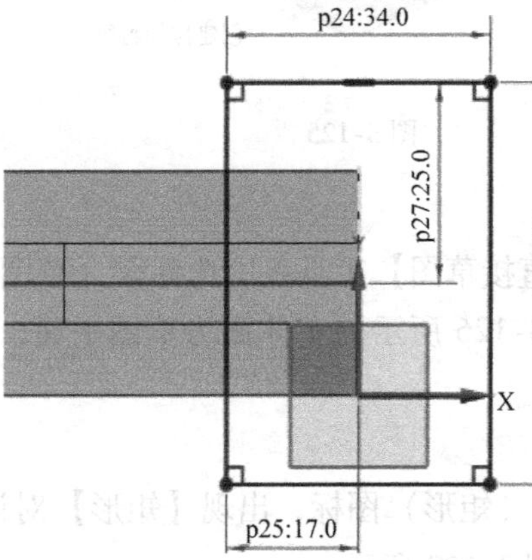

图 3-128

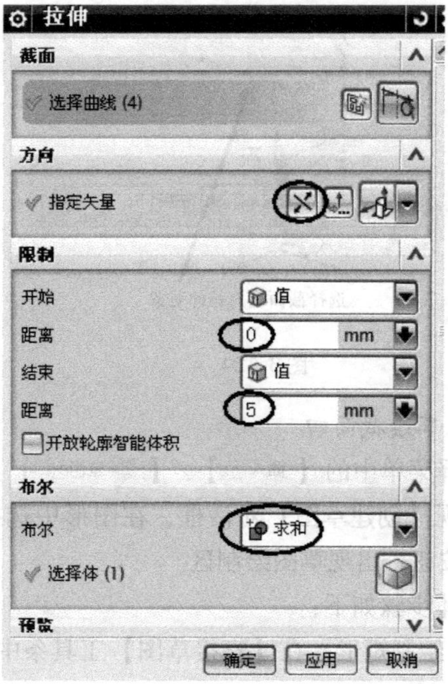

图 3-129

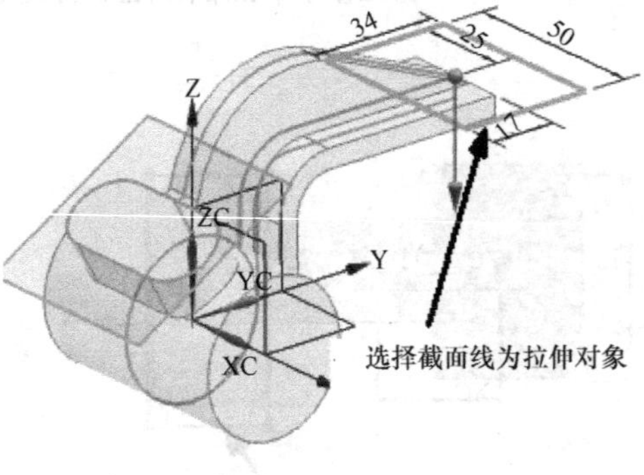

图 3-130

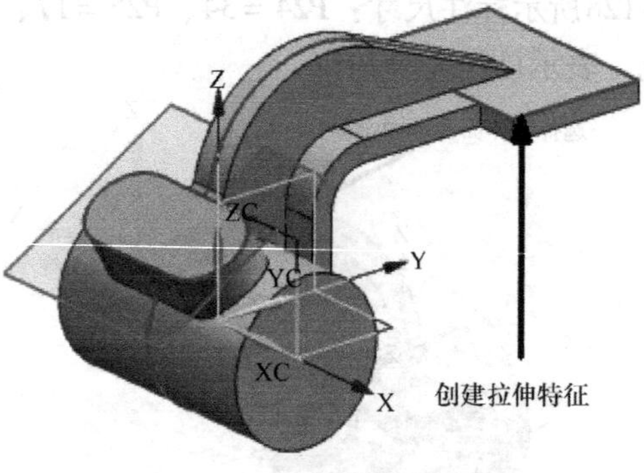

图 3-131

12. 将曲线及基准移至 255 层

选择菜单中的【格式(R)】/【移动至图层(M)...】命令或在【实用】工具条中选择（移动至图层）图标，将草图曲线及辅助基准平面移动至 255 层（步骤略），图形更新为如图 3-132所示。

13. 创建孔特征

选择菜单中的【插入(S)】/【设计特征(E)】/【孔(H)...】命令或在【特征】工具条中选择(孔) 图标，出现【孔】对话框，如图 3-133 所示，系统提示选择孔放置点，在主界面捕捉点工具条中选择(圆弧中心) 图标，然后在图形中选择如图 3-134 所示的实体圆弧边。

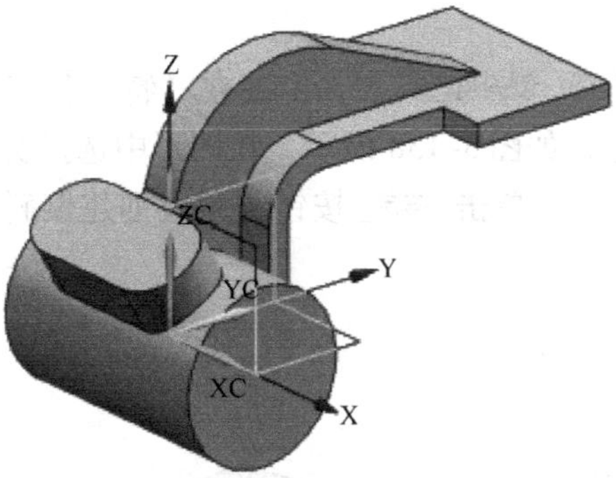

图 3-132

图 3-133

在 孔方向 下拉框中选择 垂直于面 选项，在 成形 下拉框中选择 简单选项，在 直径 栏输入“24”，在 深度限制 下拉框中选择 贯通体 选项，在 布尔 下拉框中选择 求差 选项，最后单击 确定 按钮，完成孔的创建，如图 3-135 所示。

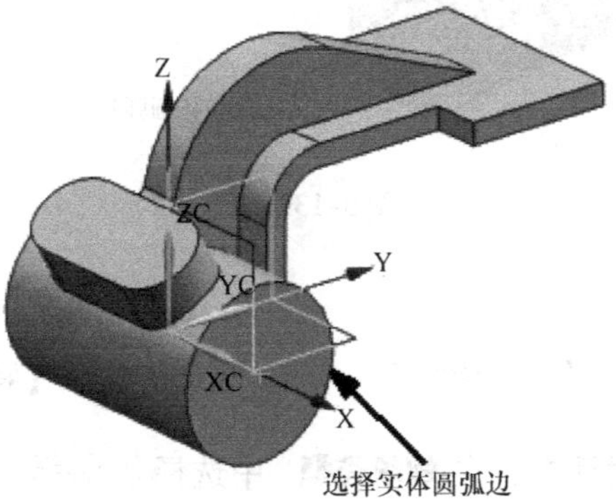

图 3-134

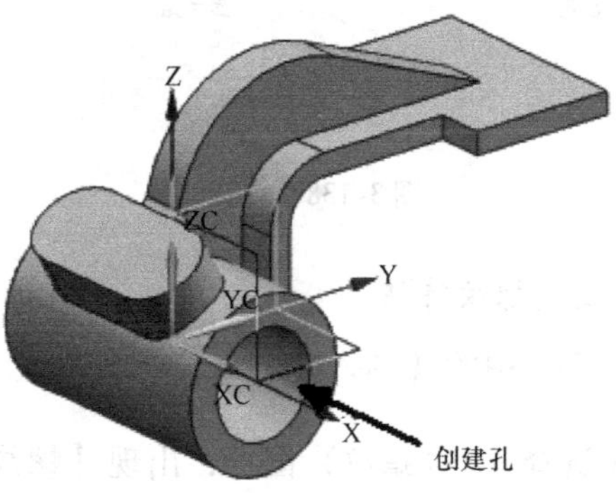

图 3-135

继续创建孔特征。在图形中选择如图 3-136 所示的实体圆弧边，在 孔方向 下拉框中选择 垂直于面 选项，在 成形 下拉框中选择 简单选项，在 直径 栏输入“8”，在 深度限制 下拉框中选择 直至下一个 选项，在 布尔 下拉框中选择 求差 选项，最后单击 确定 按钮，完成孔的创建，如图 3-137 所示。

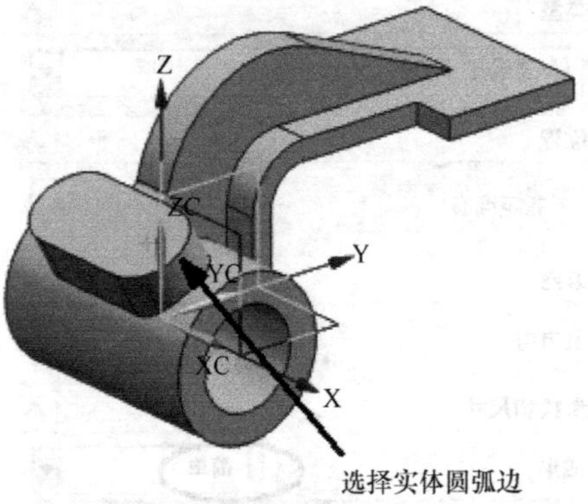

图 3-136

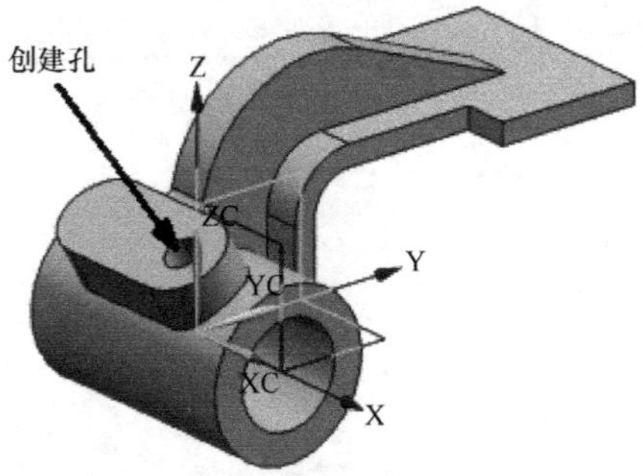

图 3-137

14. 创建倒斜角特征

选择菜单中的【插入(S)】/【细节特征(L)】/【倒斜角(C)...】命令或在【特征】工具条中选择(倒斜角) 图标，出现【倒斜角】对话框，如图 3-138 所示，在图形中选择实体圆弧边，如图 3-139 所示，在对话框的距离栏输入“1”，单击确定按钮，完成创建倒斜角特征，如图 3-140 所示。

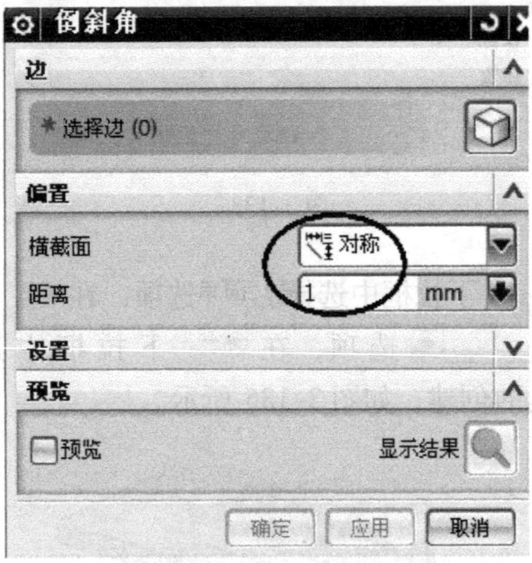

图 3-138

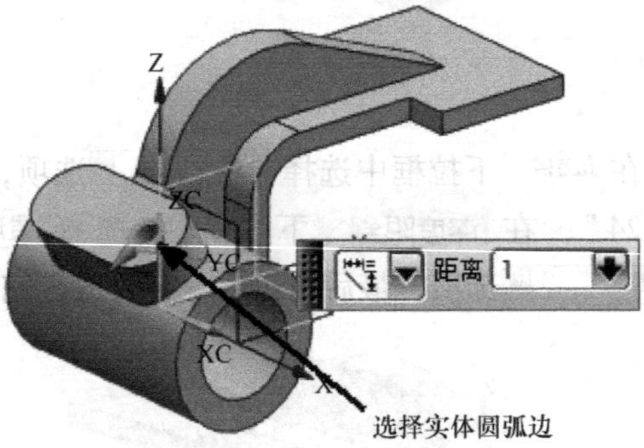

图 3-139

15. 创建螺纹特征

选择菜单中的【插入(S)】/【设计特征(E)】/【螺纹(T)...】命令或在成形【特征】工具条中选择(螺纹) 图标，出现【螺纹】对话框，在螺纹类型中选择详细选项，在旋转中选择右旋选项，如图 3-141 所示，在图形中选择如图 3-142 所示的圆孔面，出现【螺纹】选择螺纹起始平面对话框，如图 3-143 所示，在图形中选择如图 3-142 所示的平面为起始平面，图形中出现螺纹轴方向，系统出现确认【螺纹】轴方向对话框，如图 3-144所示，单击确定按钮，系统返回【螺纹】对话框，在大径、长度、螺距、

角度 栏分别输入“10”、“16.25”、“1.5”、“60”，如图3-141所示，最后单击 确定 按钮，完成创建螺纹特征，如图3-145所示。

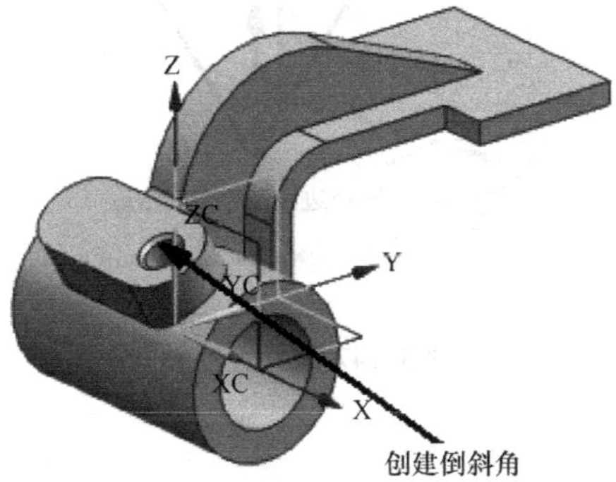

图3-140

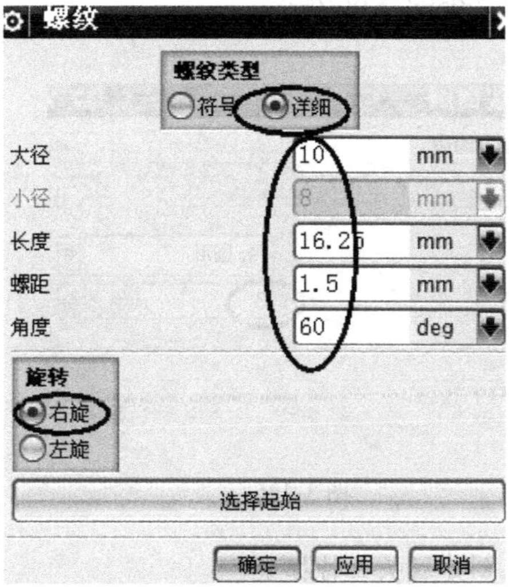

图3-141

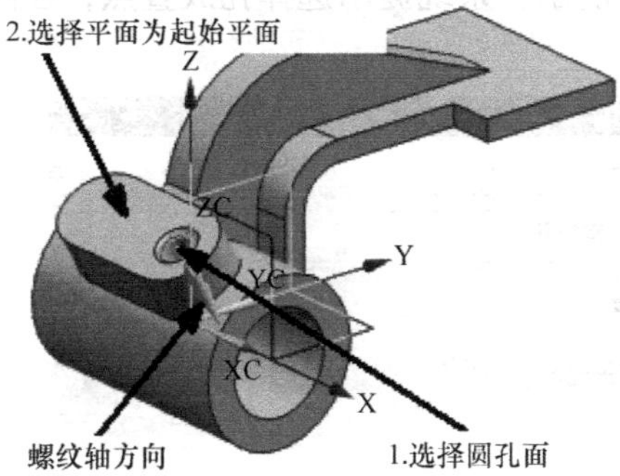

图3-142

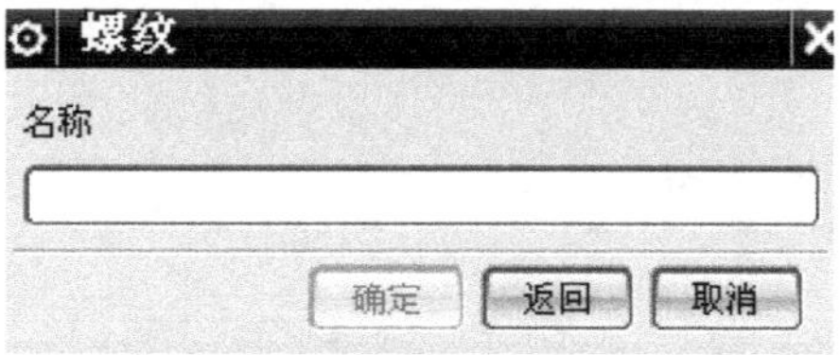

图3-143

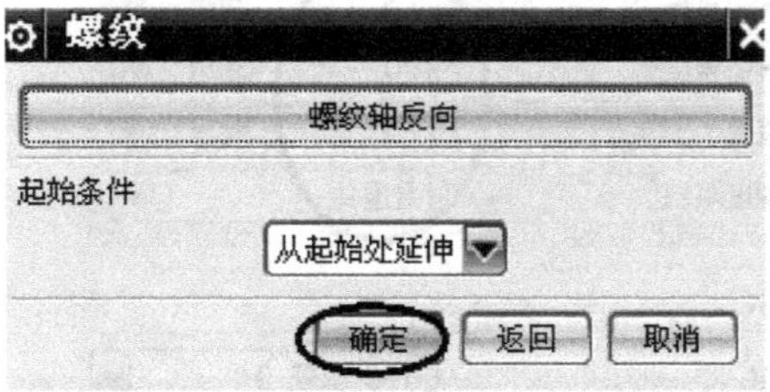

图3-144

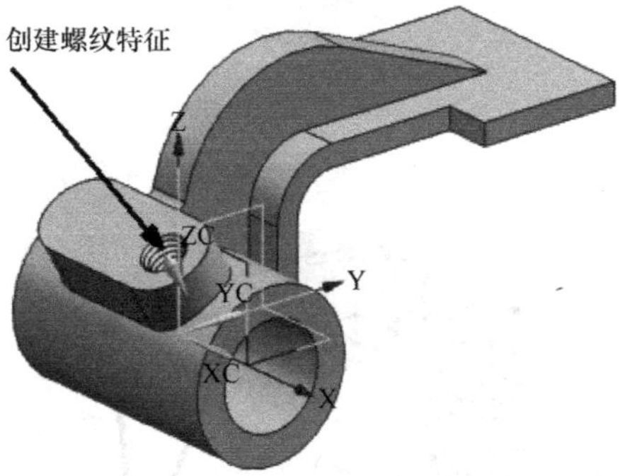

图3-145

16. 创建边倒圆特征

选择菜单中的【插入(S)】/【细节特征(L)】/【边倒圆(E)...】命令或在【特征】工具条

中选择 （边倒圆）图标，出现【边倒圆】对话框，在 半径 1 栏输入“3”，如图 3-146 所示，在图形中选择如图 3-147 所示的边线作为倒圆角边，最后单击 确定 按钮，完成创建圆角特征，如图 3-148 所示。

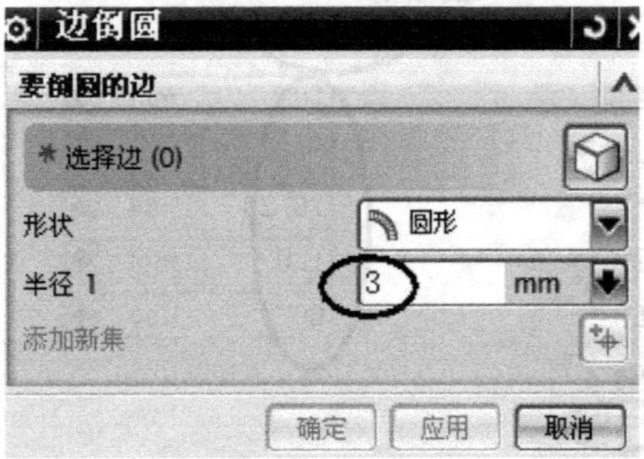

图 3-146

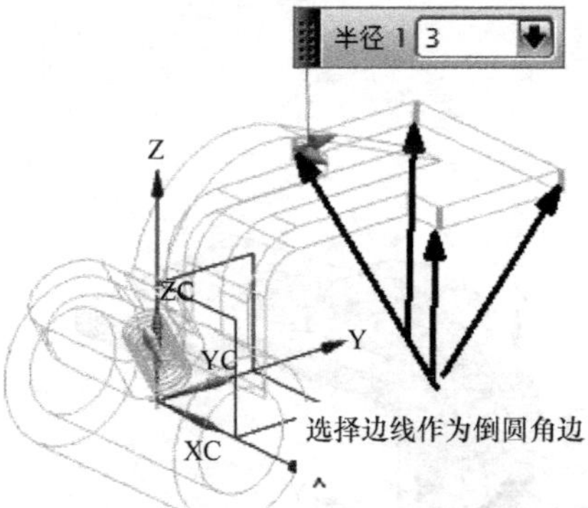

图 3-147

17. 创建埋头孔特征

选择菜单中的【插入(S)】/【设计特征(E)】/【孔(H)...】命令或在【特征】工具条中选择 （孔）图标，出现【孔】对话框，如图 3-149 所示，系统提示选择孔放置点，在图形中选择如图 3-150 所示的实体面。

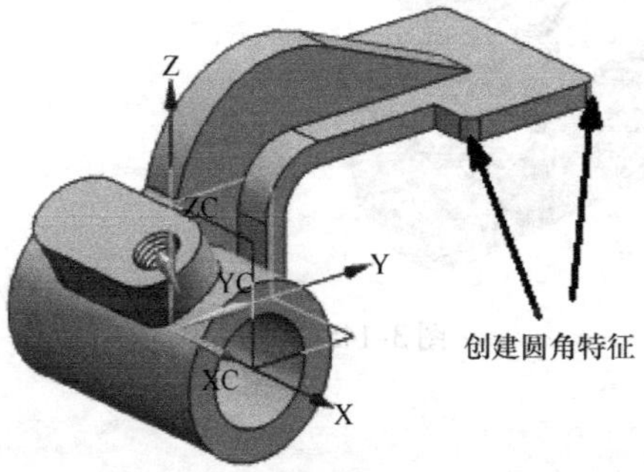

图 3-148

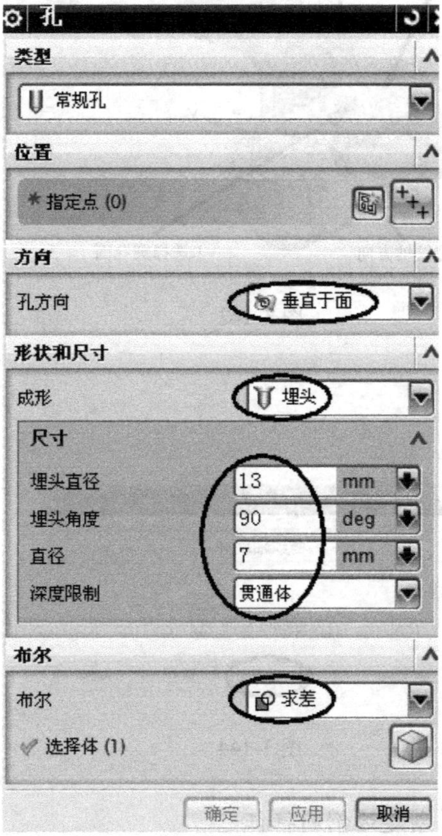

图 3-149

系统进入草图，出现【草图点】对话框，如图3-151所示。

在【草图工具】工具条中选择（自动判断尺寸）图标，按照如图3-152所示标注尺寸：P259=17、P260=11。此时草图曲线已经转换成绿色，表示已经完全约束。

然后在【草图】工具条中选择完成草图图标，窗口回到建模界面。

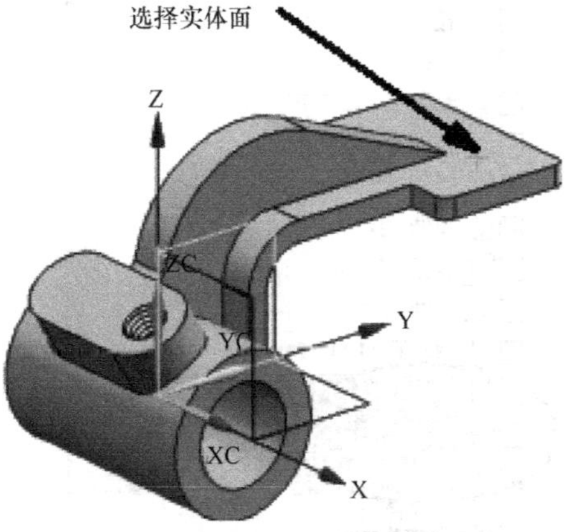

图3-150

图3-151

系统返回【孔】对话框，在孔方向下拉框中选择垂直于面选项，在成形下拉框中选择埋头选项，在埋头直径、埋头角度、直径栏分别输入“13”、“90”、“7”，在深度限制下拉框中选择贯通体选项，在布尔下拉框中选择求差选项，最后单击确定按钮，完成埋头孔的创建，如图3-153所示。

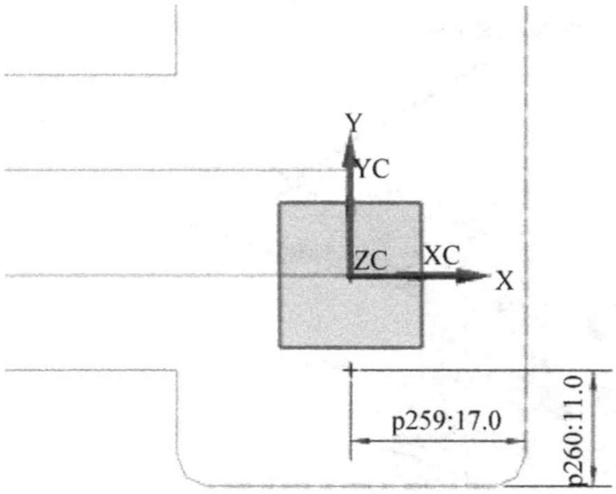

图3-152

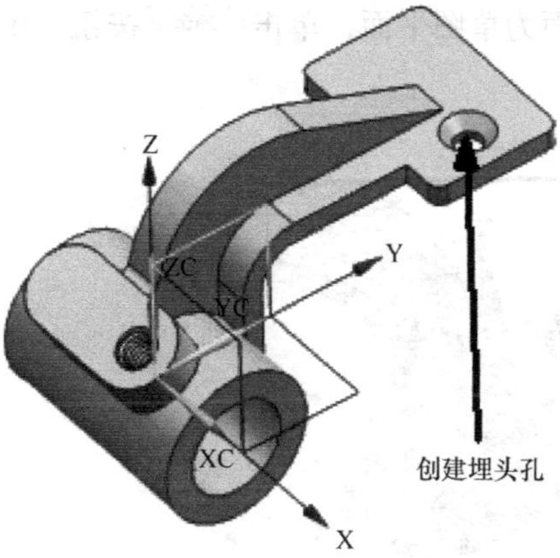

图3-153

18. 创建镜像特征

选择菜单中的【插入(S)】/【关联复制(A)】/【镜像特征(M)...】命令或在【特征操作】工具栏中选择（镜像特征）图标，出现【镜像特征】对话框，如图3-154所示，在部件导航器栏选择简单孔(12)、倒斜角(13)、螺纹(14)、埋头孔(16)4个特征，如图3-155所示，然后在【镜像特征】对话框的平面下拉框中选择新平面选项，在指定平面下拉框中选择（YC—ZC基准平面）选项，单击确定按钮，完成创建镜像特征，如图 3-156 所示。

图 3-154

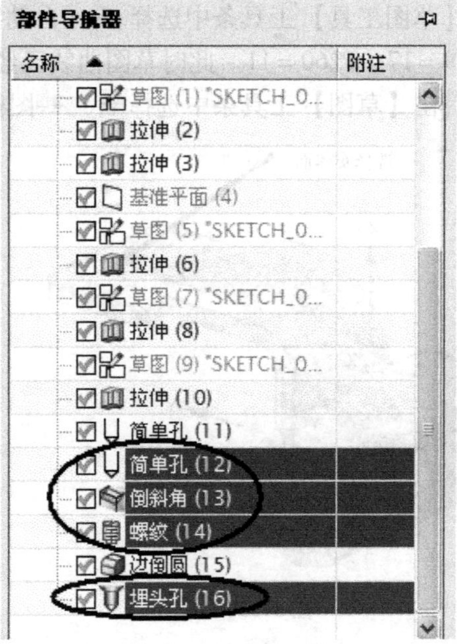

图 3-155

19. 草绘截面五

选择菜单中的【插入(S)】/【草图(H)...】或在【直接草图】工具条中选择（草图）图标，出现【创建草图】对话框，根据系统提示选择草图平面，在图形中选择如图 3-157 所示的实体面为草图平面，单击确定按钮，出现草图绘制区。

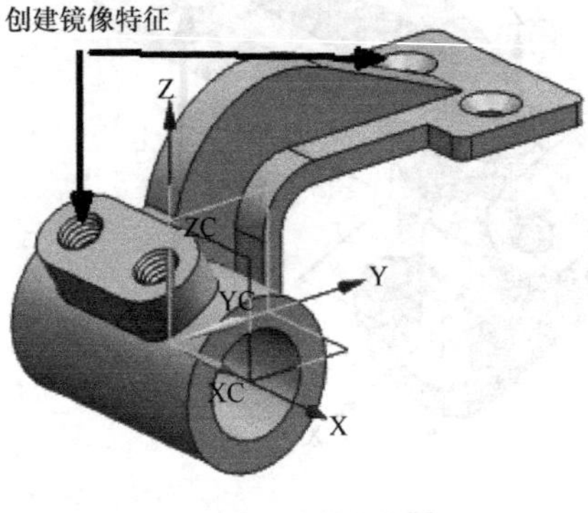

图 3-156

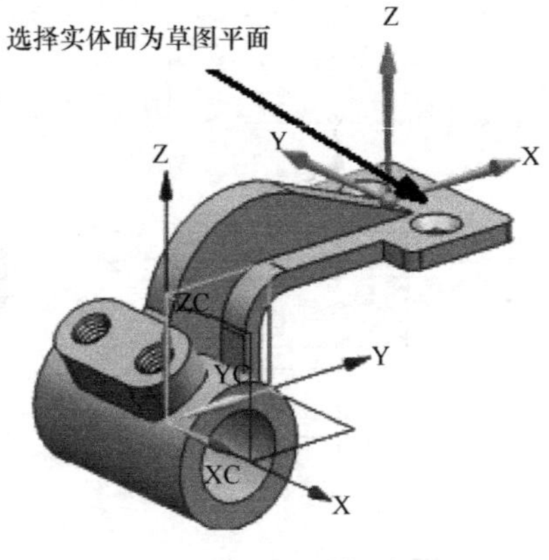

图 3-157

具体步骤如下：

1）绘制直线。在【直接草图】工具栏中选择（直线）图标，在捕捉点工具条中选择（端点）图标，然后选择如图 3-158 所示的边线端点，绘制一条直线。

2）加上约束。在【直接草图】工具条中选择（几何约束）图标，出现【几何约束】对话框，选择（点在曲线上）图标，如图 3-159 所示，在图中选择直线端点与实体边线，约束点在曲线上，如图 3-160 所示，约束的结果如图 3-161 所示，在【直接草图】工具条中

选择 (显示草图约束) 图标，使图形中的约束显示出来。

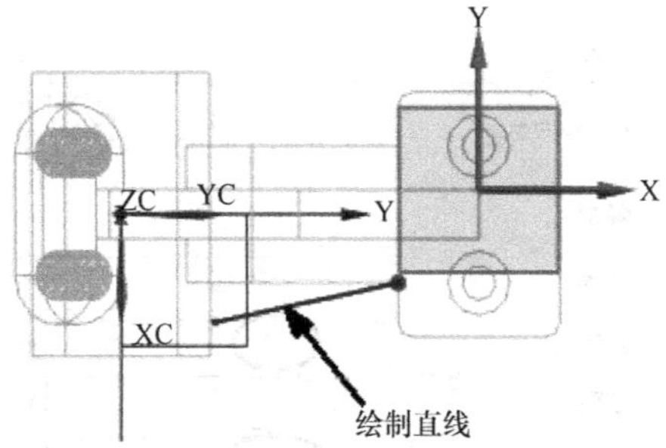

图 3-158

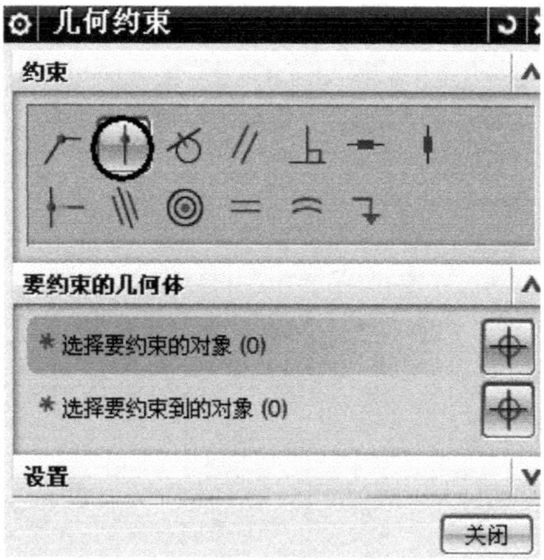

图 3-159

3）标注尺寸。在【直接草图】工具条中选择 （自动判断尺寸）图标，按照如图 3-162所示标注尺寸：P334 = 19。此时草图曲线已经转换成绿色，表示已经完全约束。

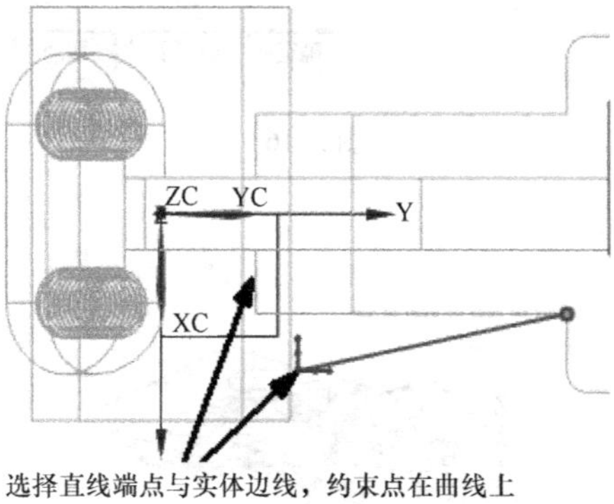

图 3-160

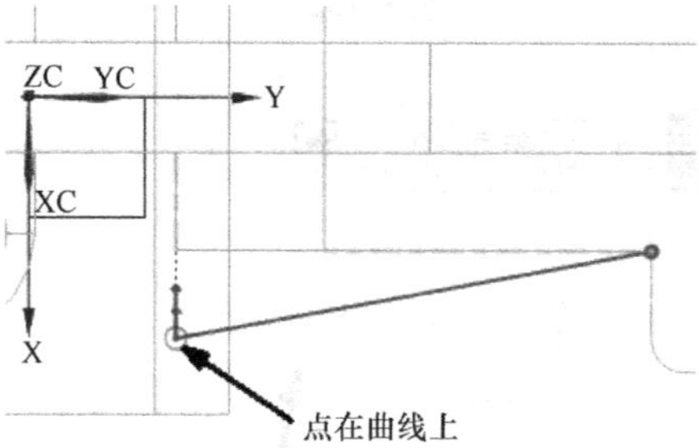

图 3-161

4）在【直接草图】工具条中选择 完成草图 图标，窗口回到建模界面。

20. 创建拉伸特征

选择菜单中的【插入(S)】/【设计特征(E)】/【拉伸(E)...】命令或在【特征】工具条中选择 （拉伸）图标，出现【拉伸】对话框，如图 3-163 所示，在主界面曲线规则下拉框中选择 单条曲线 选项，选择如图 3-164 所示的直线为拉伸对象，在【拉伸】对话框的 指定矢量 下拉框中选择 ZC 选项，出现拉伸方向，然后在【拉伸】对话框的 开始 \ 距离 栏、结束 \ 距离 栏分别输入“0”、“10”，在 布尔 下拉框中选择 无 选项，如图 3-163 所示，单击 应用 按钮，完成创建拉伸特征，如图 3-165 所示。

21. 创建镜像特征

选择菜单中的【插入(S)】/【关联复制(A)】/【镜像特征(M)...】命令或在【特征操作】工具栏中选择 （镜像特征）图标，出现【镜像特征】对话框，如图 3-166 所示，在图形中选择如图 3-165 所示的拉伸片体特征，然后在【镜像特征】对话框的 平面 下拉框中选择新平面选项，在指定平面下拉框中选择 xc（YC—ZC 基准平面）选项，单击确定按钮，完成创建镜像特征，如图 3-167 所示。

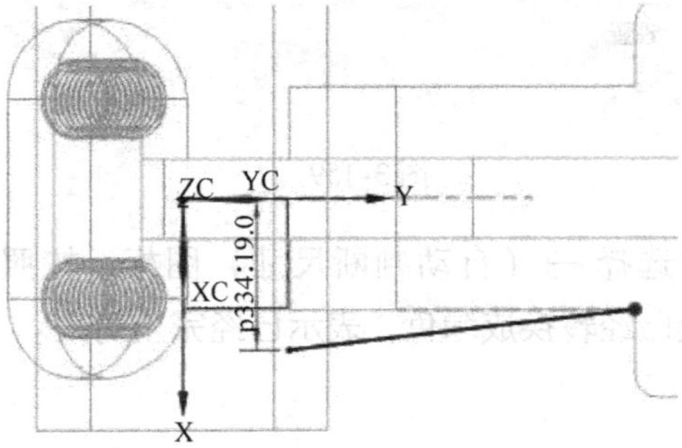

图 3-162

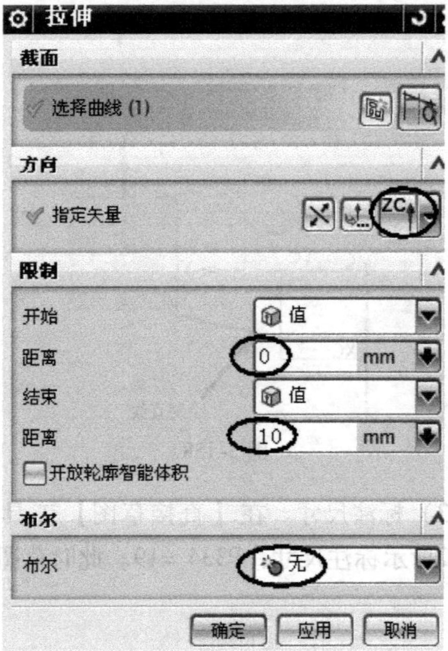

图 3-163

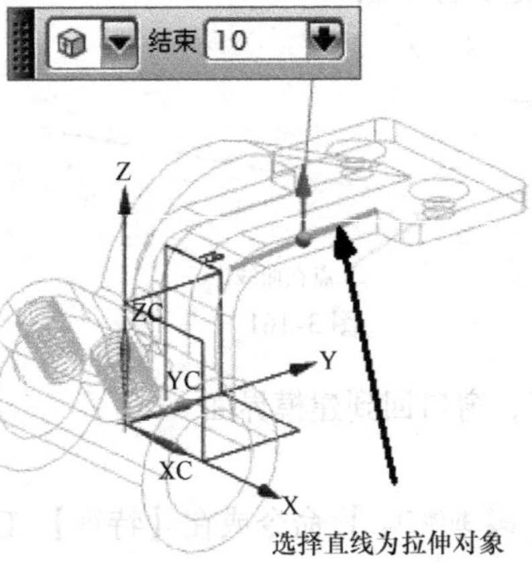

图 3-164

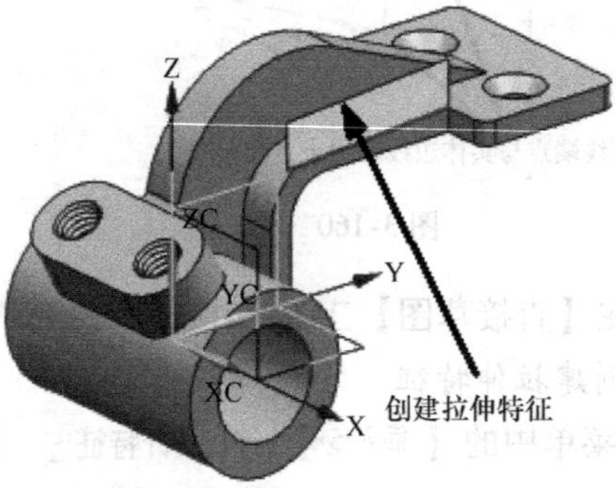

图 3-165

22. 创建替换面特征

选择菜单中的【插入(S)】/【同步建模(Y)】/【替换面(R)...】命令或在【同步建模】工具条中选择（替换面）图标，出现【替换面】对话框，如图 3-168 所示，在图形中选择如图 3-169 所示的实体面为要替换的面，然后按下鼠标中键或在【替换面】对话框的替换面区域选择（面）图标，在图形中选择如图 3-169 所示的拉伸片体为替换目标面，单击确定按钮，创建替换面特征，如图 3-170 所示。

按照上述方法，创建另一侧的替换特征，完成后如图 3-171 所示。

图 3-166

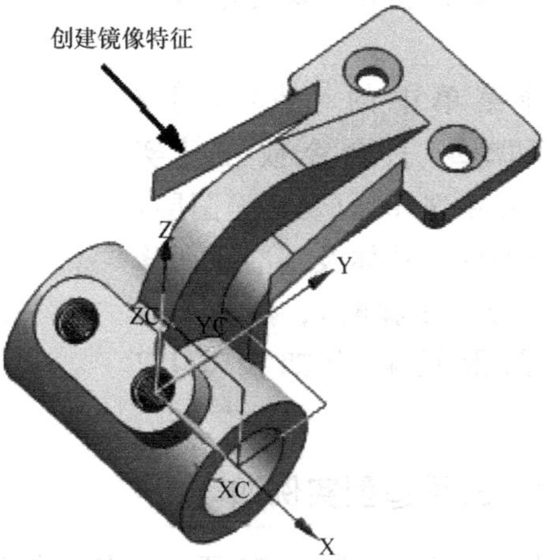

图 3-167

图 3-168

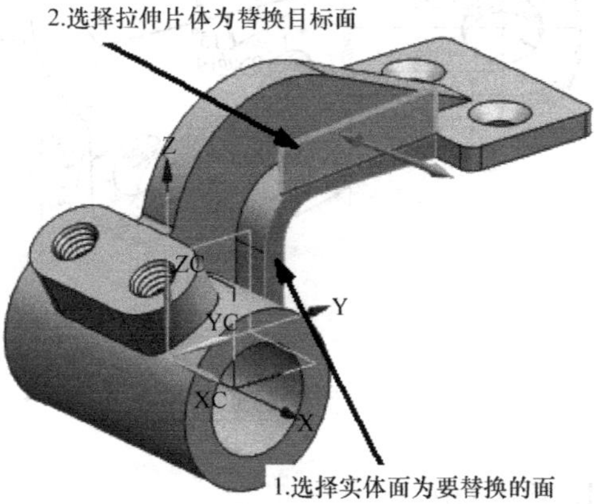

图 3-169

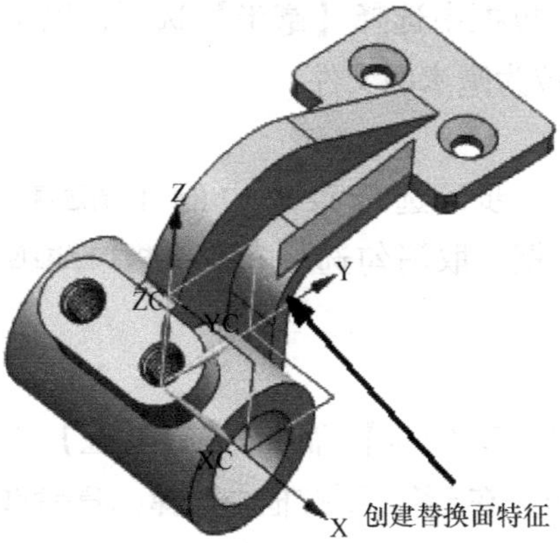

图 3-170

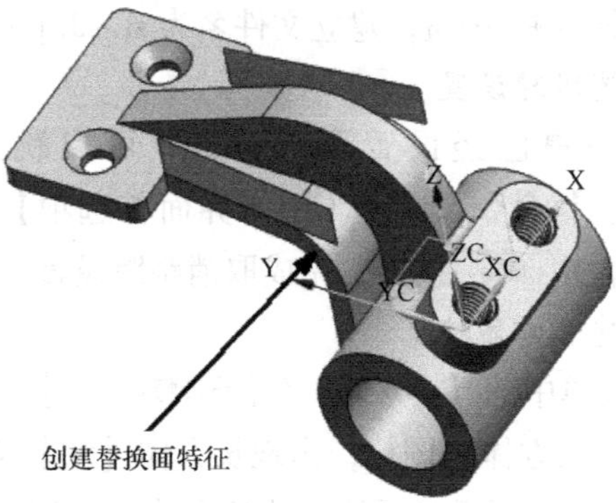

图 3-171

23. 将曲线、片体及基准移至255层

选择菜单中的【格式(R)】/【移动至图层(M)...】命令或在【实用】工具条中选择(移动至图层)图标，将曲线、片体及基准平面移动至255层（步骤略），然后关闭61层，图形更新为如图3-172所示。

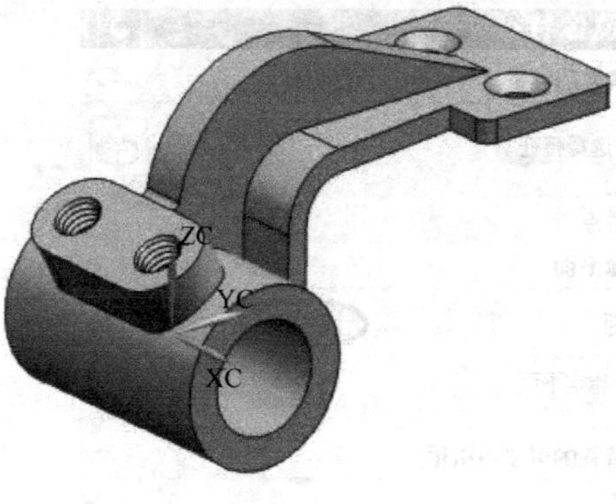

图3-172

3.4 三维造型实例四

实体图形尺寸如图3-173所示，实体造型如图3-174所示。

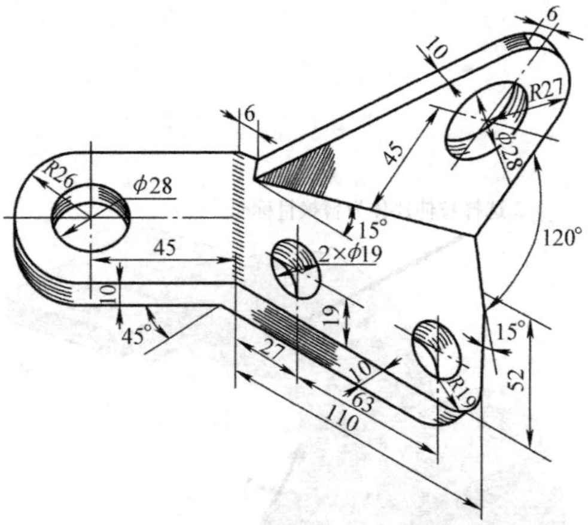

图3-173

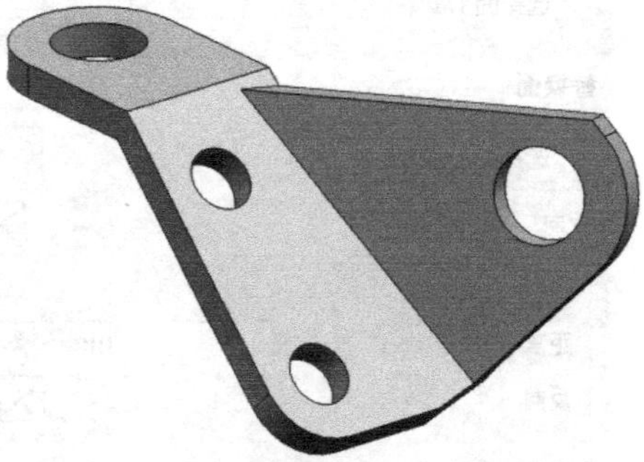

图3-174

1. 新建文件

选择菜单中的【文件(F)】/【新建(N)...】命令或选择(新建)图标，出现【新建】部件对话框，在名称栏中输入“st－3”，在【单位】下拉框中选择【毫米】选项，以毫米为单位，单击确定按钮，建立文件名为st－3. prt、单位为毫米的文件。

2. 取消跟踪设置

如果用户已经设置取消跟踪，可以跳过这一步，选择菜单中的【首选项(P)】/【用户界面(I)...】命令，出现【用户界面首选项】对话框，取消勾选在跟踪条中跟踪光标位置选项，然后单击确定按钮，完成取消跟踪设置。

3. 创建长方体特征

选择菜单中的【插入(S)】/【设计特征(E)】/【长方体(K)...】命令或在【特征】工具条中选择(长方体)图标，出现长方体【块】对话框，在类型下拉框中选择原点和边长选项，如图3-175所示，系统默认长方体左下端点在原点，在长度(XC)、宽度(YC)、高度(ZC)栏分别输入“71”、“52”、“10”，然后单击确定按钮，完成后如图3-176所示。

4. 创建边倒圆特征

选择菜单中的【插入(S)】/【细节特征(L)】/【边倒圆(E)...】命令或在【特征】工具条中选择（边倒圆）图标，出现【边倒圆】对话框，在半径 1 栏输入“26”，如图 3-177 所示，在图形中选择如图 3-178 所示的边线作为倒圆角边，最后单击确定按钮，完成创建圆角特征，如图 3-179 所示。

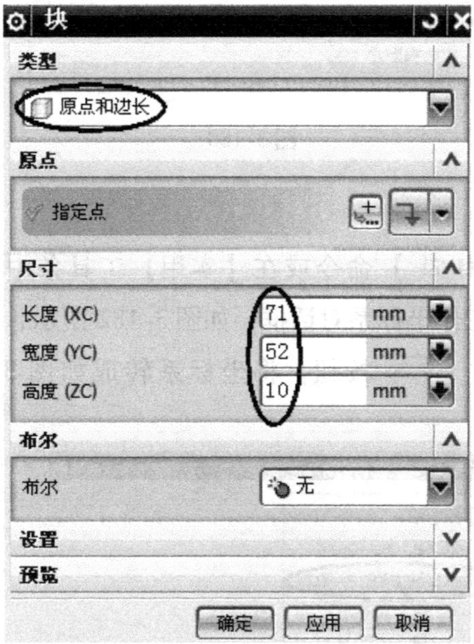

图 3-175

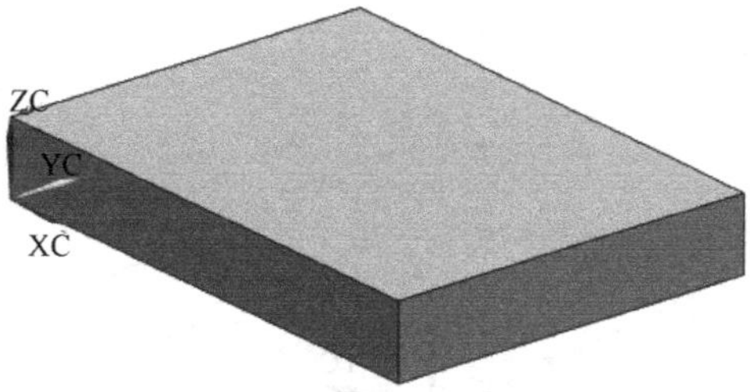

图 3-176

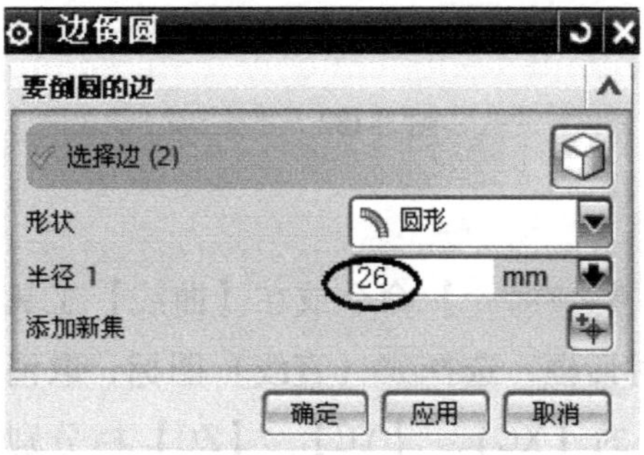

图 3-177

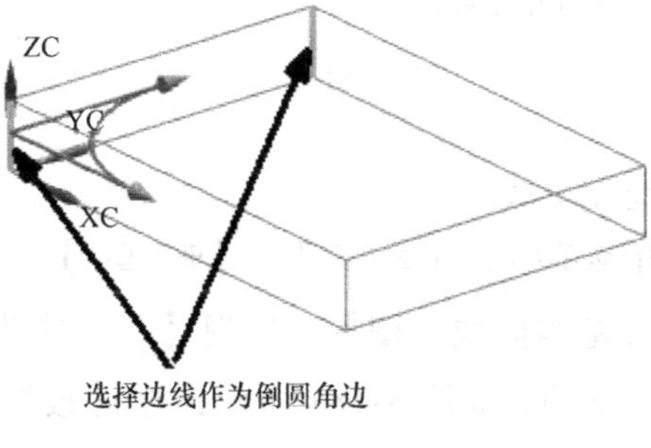

图 3-178

5. 移动工作坐标系

选择菜单中的【格式(R)】/【WCS】/【原点(O)...】命令或在【实用】工具条中选择（WCS 原点）图标，出现【点】构造器对话框，在类型下拉框中选择终点选项，如图 3-180 所示，在图形中选择如图 3-181 所示的实体边端点，然后单击确定按钮，将工作坐标系移至端点，结果如图 3-181 所示。

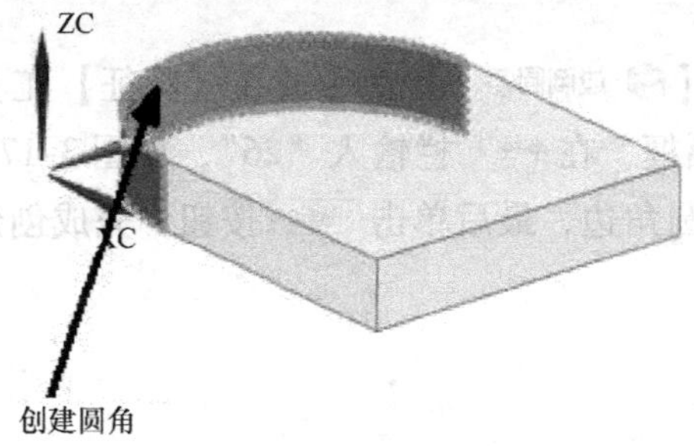

图 3-179

图 3-180

6. 旋转工作坐标系

选择菜单中的【格式(R)】/【WCS】/【旋转(R)...】命令或在【实用】工具条中选择（旋转 WCS）图标，出现【旋转 WCS 绕…】工作坐标系对话框，如图 3-182 所示，选中 +XC 轴：YC --> ZC 选项，在角度栏输入“90”，单击确定按钮，将坐标系转成如图 3-183 所示。

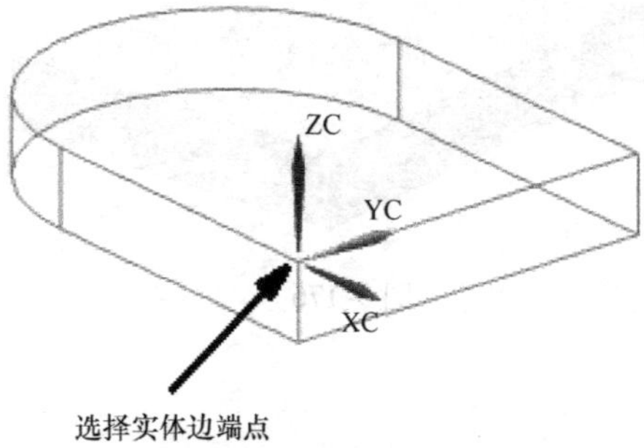

图 3-181

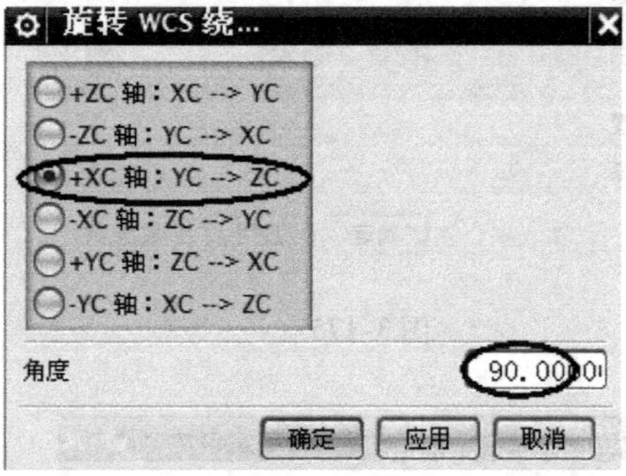

图 3-182

7. 绘制直线

选择菜单中的【插入(S)】/【曲线(C)】/【基本曲线(B)...】命令或在【曲线】工具条中选择（基本曲线）图标，出现【基本曲线】对话框，选择（直线）图标，取消勾选线串模式选项，如图 3-184 所示，在【跟踪条】的【XC】、【YC】、【ZC】栏分别输入“0”、“0”、“0”，如图 3-185 所示，然后按回车键，接着在【跟踪条】的（长度）栏输入“110”，在（角度）栏输入“－45”，如图 3-186 所示，然后按回车键，绘制一条直线，在【基本曲线】对话框中单击取消按钮，完成后如图 3-187 所示。

8. 构造工作坐标系 CSYS

选择菜单中的【格式(R)】/【WCS】/【定向(N)...】命令或在【实用】工具条中选择（WCS 定向）图标，出现【CSYS】构造器对话框，如图 3-188 所示，在类型下拉框中选择 X 轴，Y 轴选项，然后依次选择 X、Y 轴的方向，如图 3-189 所示，最后单击确定按钮，完成工作坐标系的构造，如图 3-190 所示。

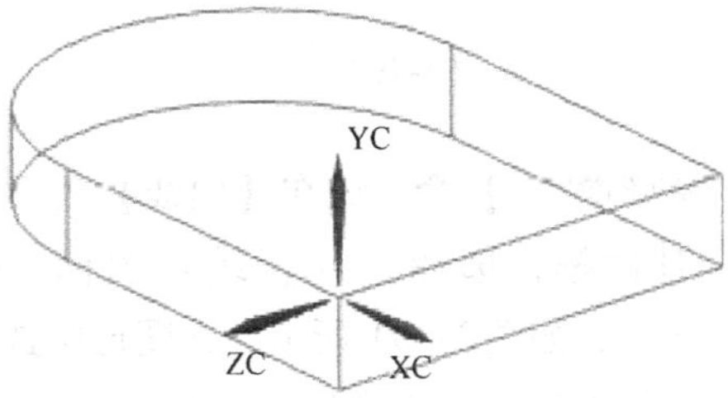

图 3-183

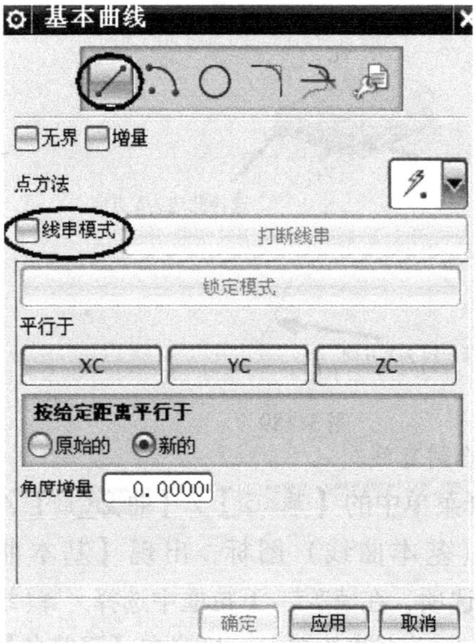

图 3-184

图 3-185

图 3-186

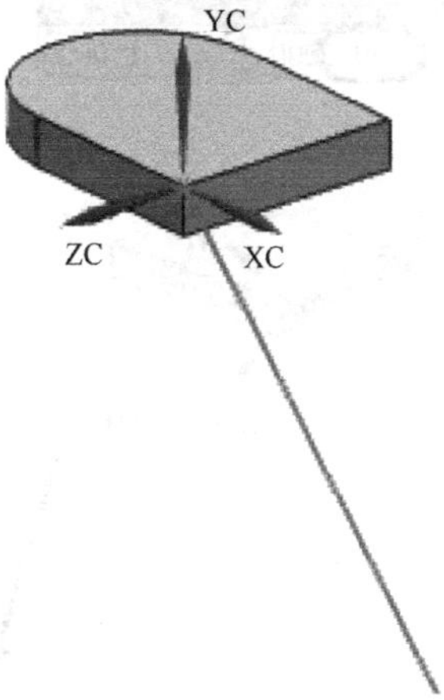

图 3-187

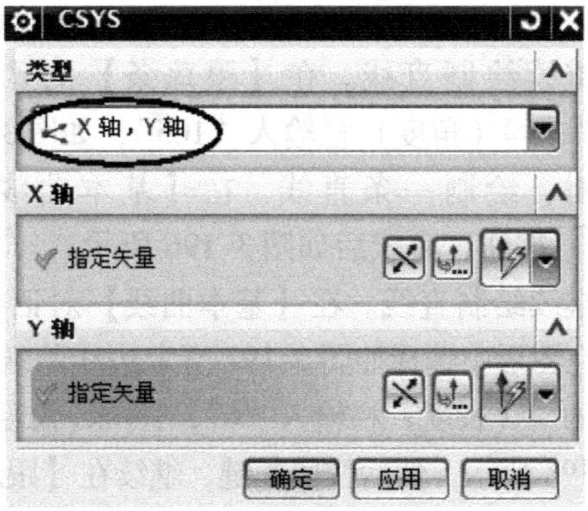

图 3-188

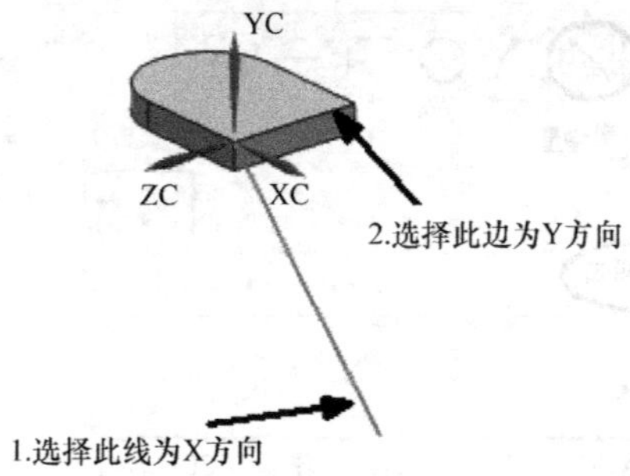

图 3-189

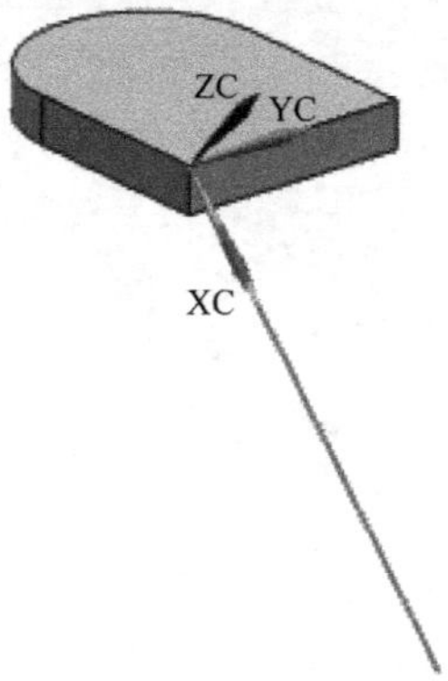

图 3-190

9. 绘制直线

选择菜单中的【插入(S)】/【曲线(C)】/【基本曲线(B)...】命令或在【曲线】工具条中选择（基本曲线）图标，出现【基本曲线】对话框，选择（直线）图标，勾选线串模式选项，在点方法下拉框中选择（端点）选项，如图3-191所示，在图形中选择如图3-192所示直线的端点，接着在【跟踪条】的（长度）栏输入“52”，（角度）栏输入“90”，如图3-193所示，然后按回车键，绘制一条直线，完成后如图3-194所示。

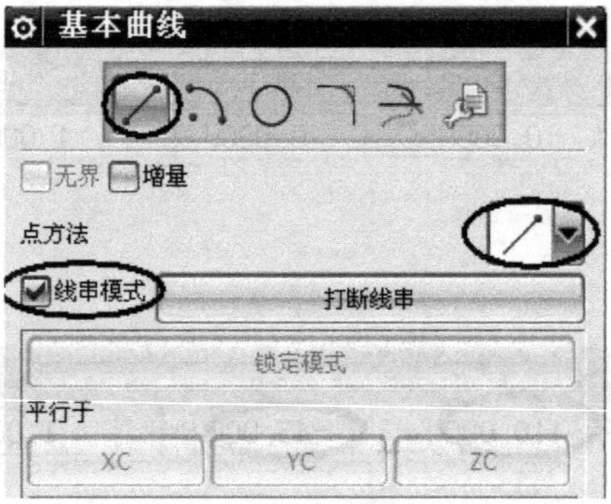

图 3-191

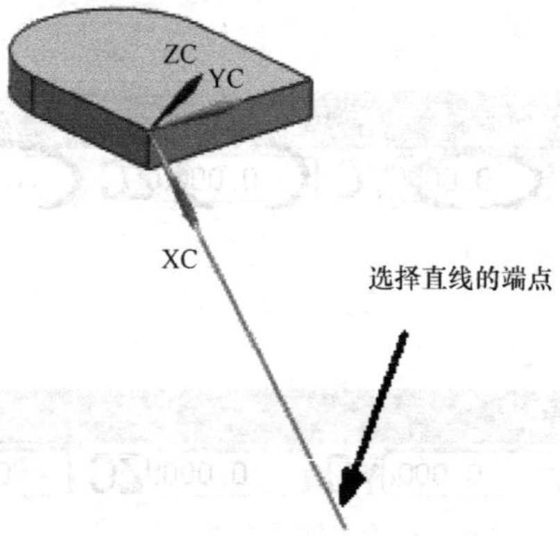

图 3-192

图 3-193

继续绘制直线。在【跟踪条】的（长度）栏输入“100”，（角度）栏输入“105”，如图3-195所示，然后按回车键，绘制一条直线，在【基本曲线】对话框中单击取消按钮，完成后如图3-196所示。

继续绘制直线。在【基本曲线】对话框中单击打断线串按钮，在图形中选择如图3-197所示边线的端点，接着在【跟踪条】的（长度）栏输入“6”，在（角度）栏输入“0”，如图3-198所示，然后按回车键，继续在【跟踪条】的（长度）栏输入“150”，（角度）栏输入“15”，如图3-199所示，然后按回车键，绘制两条直线，完成后如图3-200所示。

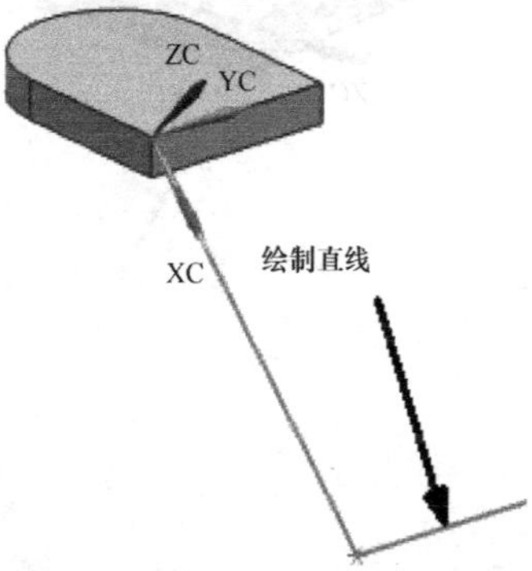

图 3-194

图 3-195

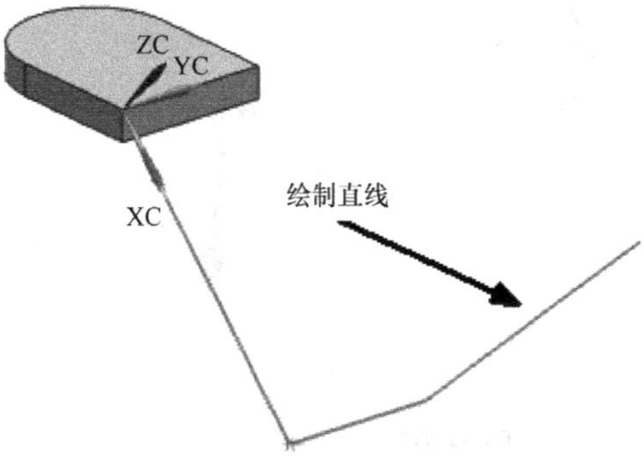

图 3-196

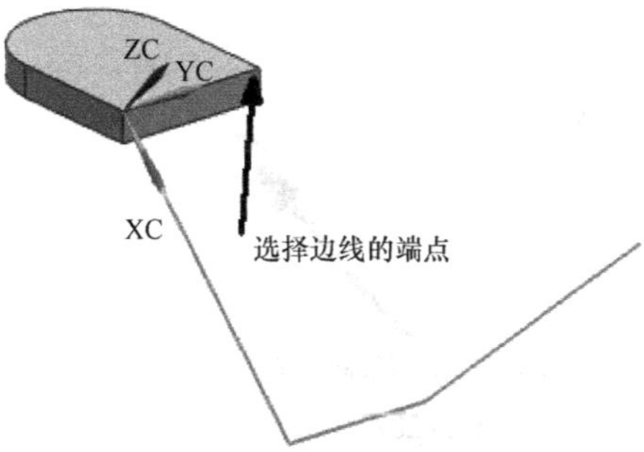

图 3-197

图 3-198

图 3-199

10. 修剪角

选择菜单中的【编辑(E)】/【曲线(V)】/【修剪角(C)...】命令或在【编辑曲线】工具条中选择（修剪拐角）图标，出现【修剪拐角】对话框，如图 3-201 所示，在图形中选择如图 3-202 所示的位置，按下鼠标左键，完成修剪角，如图 3-203 所示。

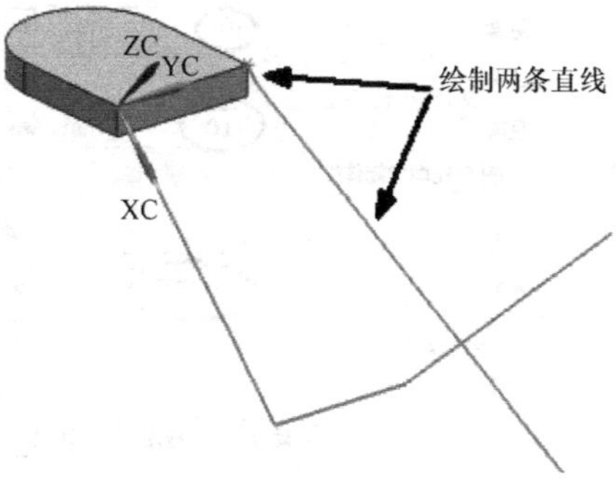

图 3-200

11. 创建拉伸特征

选择菜单中的【插入(S)】/【设计特征(E)】/【拉伸(E)...】命令或在【特征】工具条中选择（拉伸）图标，出现【拉伸】对话框，如图 3-204 所示，在主界面曲线规则下拉框中选择 相连曲线 选项，选择如图 3-205所示的截面线及实体边线为拉伸对象，在【拉伸】对话框的指定矢量 区域单击（反向）按钮，出现如图 3-205 所示的拉伸方向，在【拉伸】对话框的 开始 \ 距离 栏、结束 \ 距离 栏分别输入“0”、“10”，然后在 布尔 下拉框中选择 求和选项，单击 确定 按钮，完成创建拉伸特征，如图 3-206 所示。

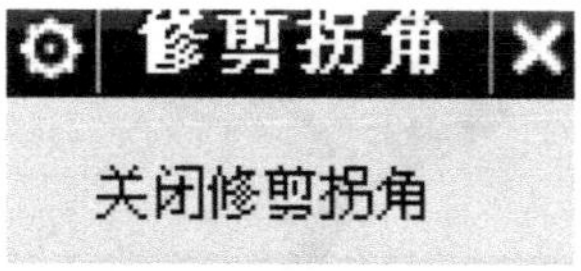

图 3-201

12. 构造工作坐标系 CSYS

选择菜单中的【格式(R)】/【WCS】/【定向(N)...】命令或在【实用】工具条中选择（WCS 定向）图标，出现【CSYS】构造器对话框，如图 3-207 所示，在 类型 下拉框中选择 X 轴，Y 轴选项，然后依次选择 X、Y 轴的方向，如图 3-208 所示，最后单击 确定 按钮，完成工作坐标系的构造，如图 3-209 所示。

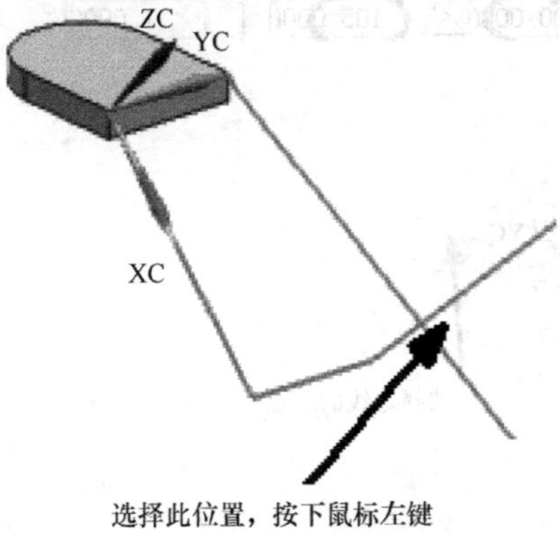

图 3-202

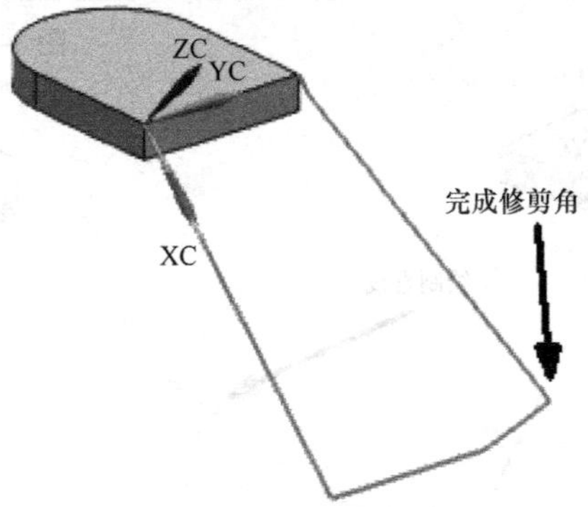

图 3-203

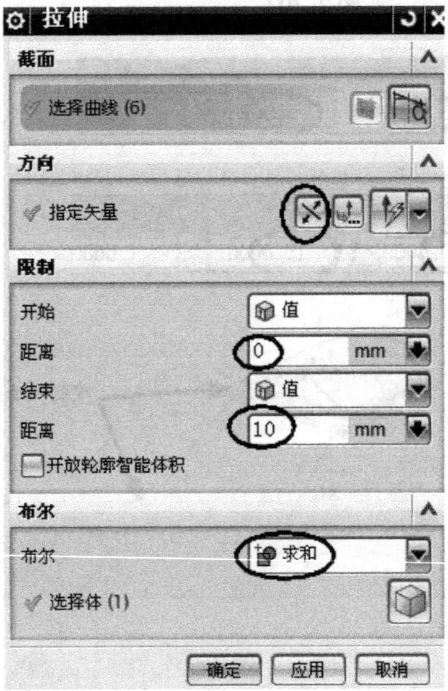

图 3-204

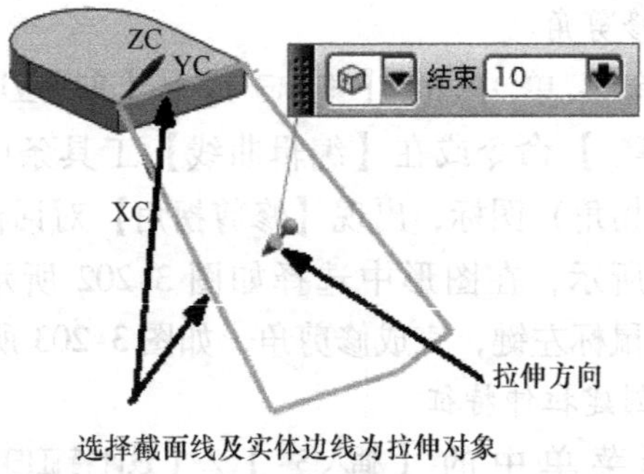

图 3-205

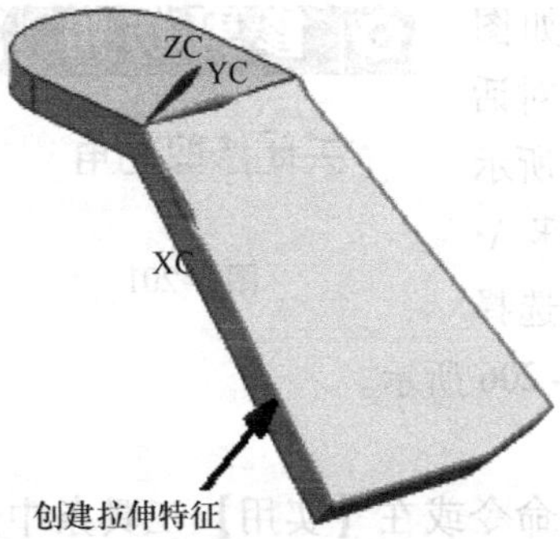

图 3-206

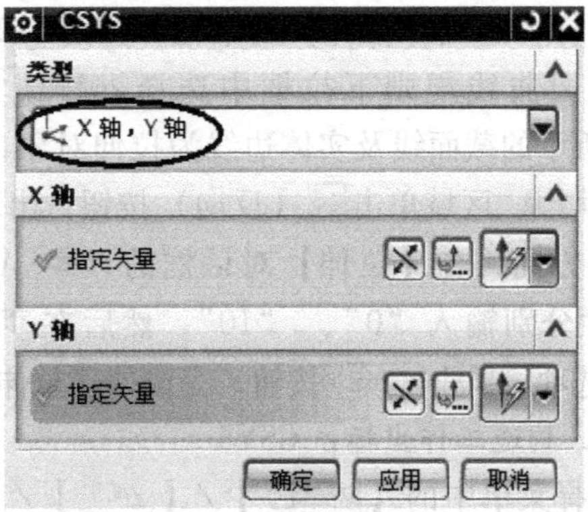

图 3-207

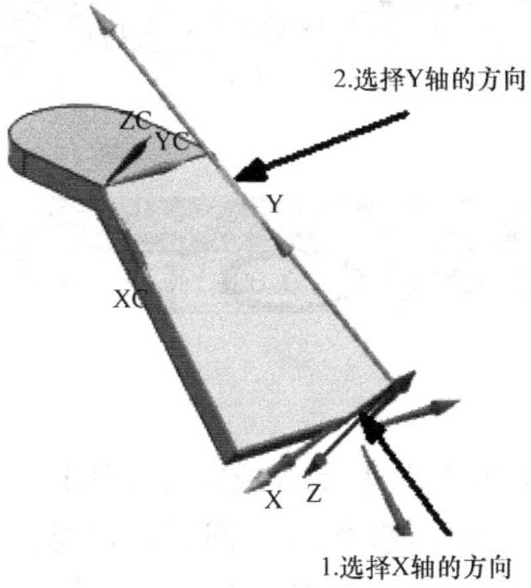

图 3-208

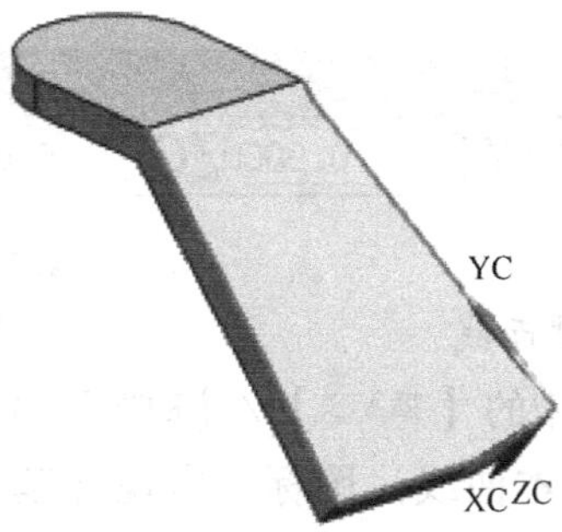

图 3-209

13. 旋转工作坐标系

选择菜单中的【格式(R)】/【WCS】/【旋转(R)...】命令或在【实用】工具条中选择 (旋转 WCS) 图标，出现【旋转 WCS 绕...】工作坐标系对话框，如图 3-210 所示，选择 +XC 轴：YC --> ZC 选项，在 角度 栏输入“120”，单击 确定 按钮，将坐标系转成如图 3-211 所示。

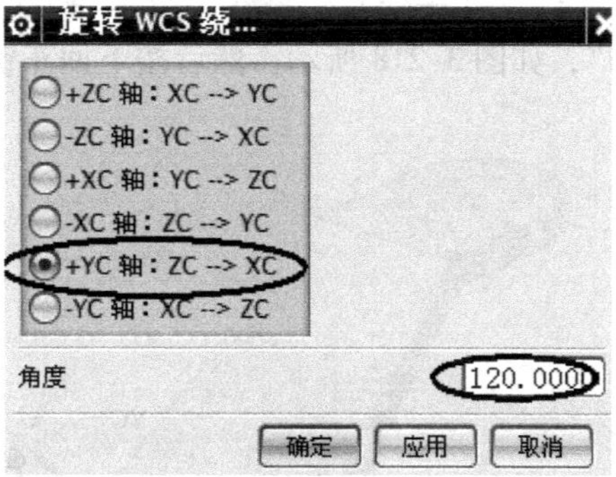

图 3-210

14. 绘制直线

选择菜单中的【插入(S)】/【曲线(C)】/【基本曲线(B)...】命令或在【曲线】工具条中选择 (基本曲线) 图标，出现【基本曲线】对话框，选择 (直线) 图标，取消勾选 线串模式 选项，如图 3-212 所示，在【跟踪条】的【XC】、【YC】、【ZC】栏分别输入“0”、“0”、“0”，如图 3-213 所示，然后按回车键，接着在【跟踪条】的 (长度) 栏输入“45”，在 (角度) 栏输入“0”，如图 3-214 所示，然后按回车键，绘制一条直线，在【基本曲线】对话框中单击 确定 按钮，完成后如图 3-215 所示。

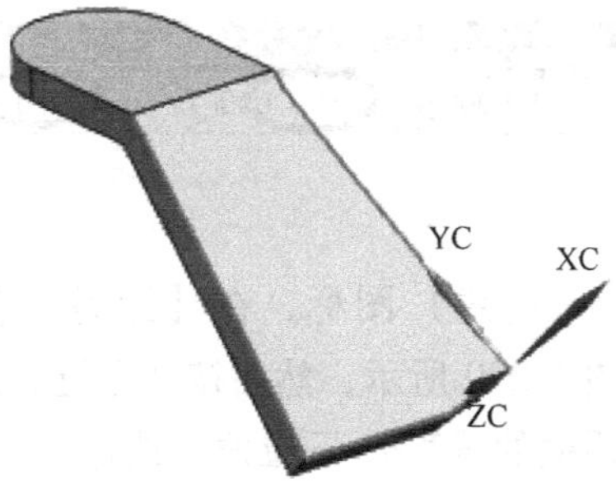

图 3-211

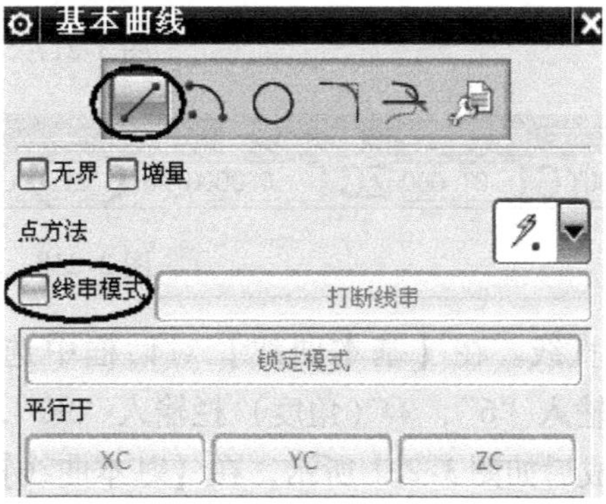

图 3-212

图 3-213

图 3-214

15. 创建截面线

选择菜单中的【插入(S)】/【曲线(C)】/【基本曲线(B)...】命令或在【曲线】工具条中选择（基本曲线）图标，出现【基本曲线】对话框，选择（圆弧）图标，勾选线串模式选项，在创建方法栏选择中心点，起点，终点选项，如图 3-216 所示，在【跟踪条】的【XC】、【YC】、【ZC】栏分别输入“45”、“27”、“0”，然后按下回车键，如图 3-217 所示，在（半径）栏输入“27”，（起始角度）栏输入“-90”，（终止角度）栏输入“0”，如图 3-218 所示，然后按下回车键，画出一条圆弧，如图 3-219 所示。

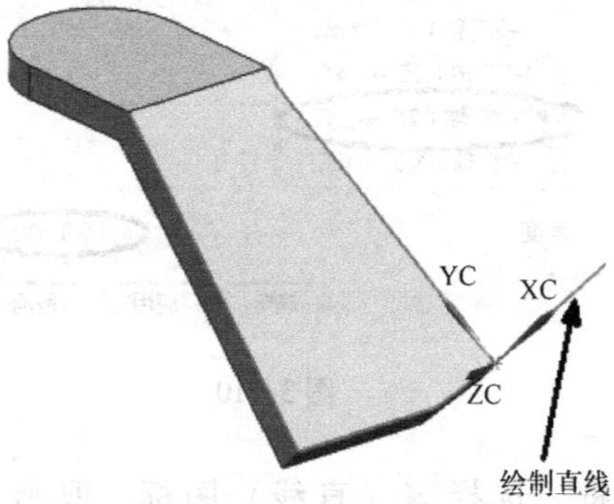

图 3-215

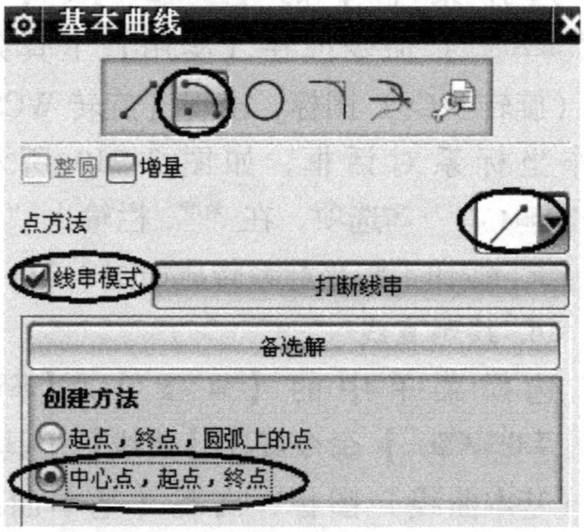

图 3-216

图 3-217

图 3-218

继续绘制直线。在【基本曲线】对话框中选择（直线）图标，在【跟踪条】的（长度）栏输入“6”，（角度）栏输入“90”，如图 3-220 所示，然后按回车键，绘制一条直线，完成后如图 3-221 所示，在【基本曲线】对话框的点方法下拉框中选择（端点）选项，选择如图 3-222 所示的直线端点，然后按回车键，绘制一条直线，完成后如图 3-223 所示。

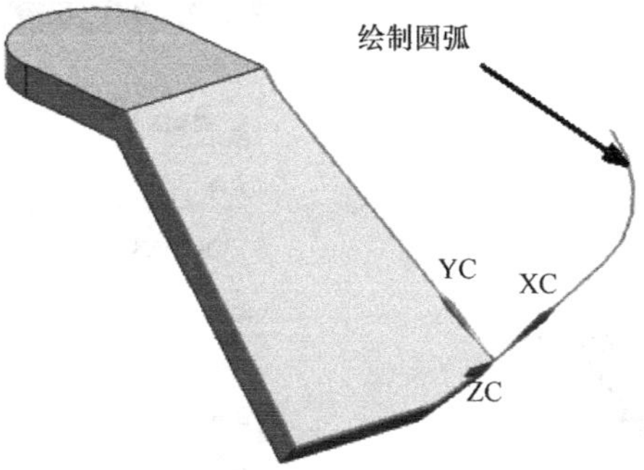

图 3-219

图 3-220

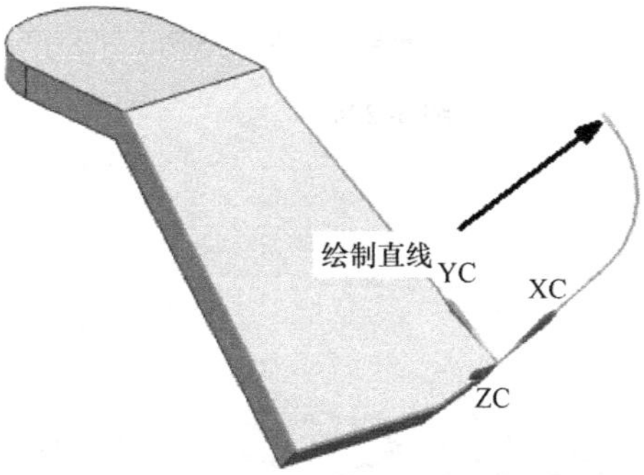

图 3-221

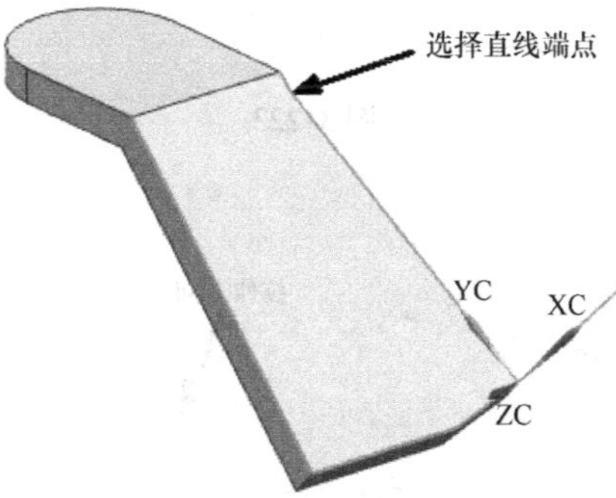

图 3-222

16. 创建拉伸特征

选择菜单中的【插入(S)】/【设计特征(E)】/【拉伸(E)...】命令或在【特征】工具条中选择（拉伸）图标，出现【拉伸】对话框，如图 3-224 所示，在主界面曲线规则下拉框中选择相连曲线选项，选择如图 3-225 所示的截面线为拉伸对象，出现拉伸方向，然后在【拉伸】对话框的开始\距离栏、结束\距离栏分别输入“0”、“10”，在布尔下拉框中选择无选项，如图 3-224 所示，单击确定按钮，完成创建拉伸特征，如图 3-226 所示。

17. 创建替换面特征

选择菜单中的【插入(S)】/【同步建模(Y)】/【替换面(R)...】命令或在【同步建模】工具条中选择（替换面）图标，出现【替换面】对话框，如图 3-227 所示，在图形中选择如图 3-228 所示的底面为要替换的面，然后按下鼠标中键或在【替换面】对话框的替换面区域选择（面）图标，在图形中选择如图 3-228 所示的顶面为替换目标面，最后单击确定按钮，创建替换面特征，如图 3-229 所示。

18. 创建求和操作

选择菜单中的【插入(S)】/【组合(B)】/【求和(U)...】命令或在【特征操作】工具条中选择（求和）图标，出现【求和】操作对话框，如图 3-230 所示，系统提示选择目标实体，按照图 3-231 所示选择目标实体和工具实体，单击确定按钮，完成创建求和操作。

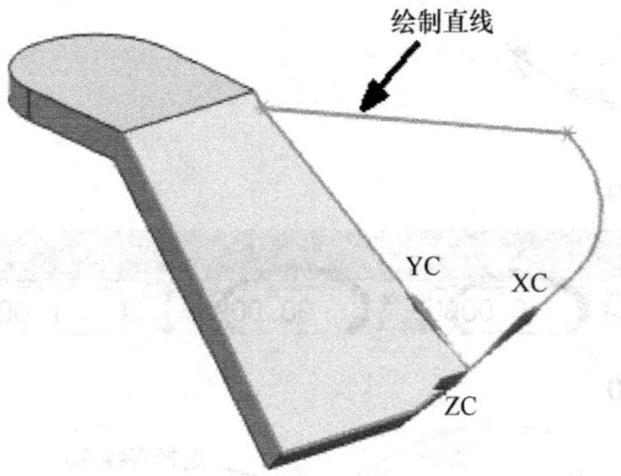

图 3-223

图 3-224

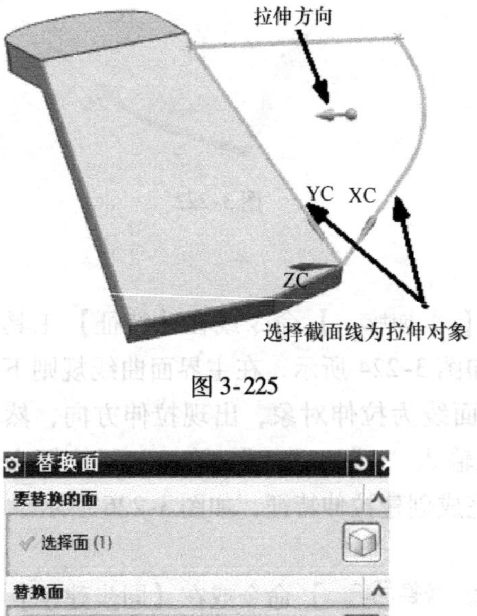

图 3-225

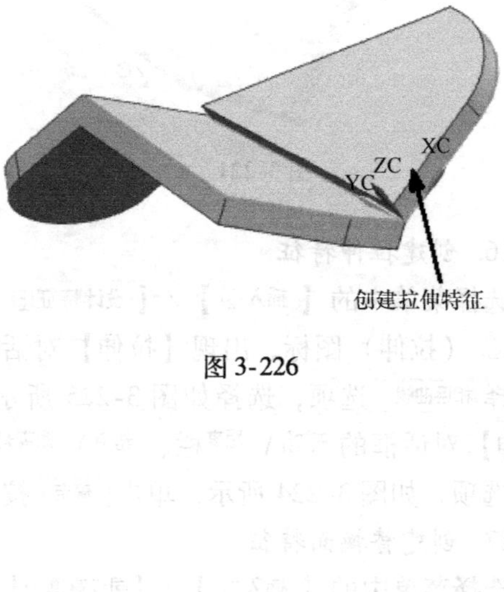

图 3-226

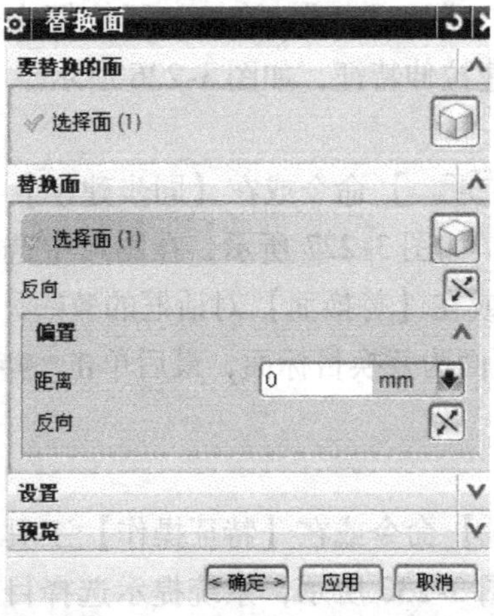

图 3-227

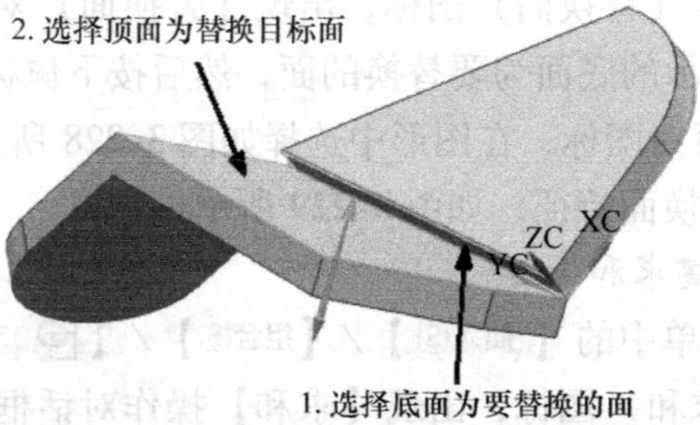

图 3-228

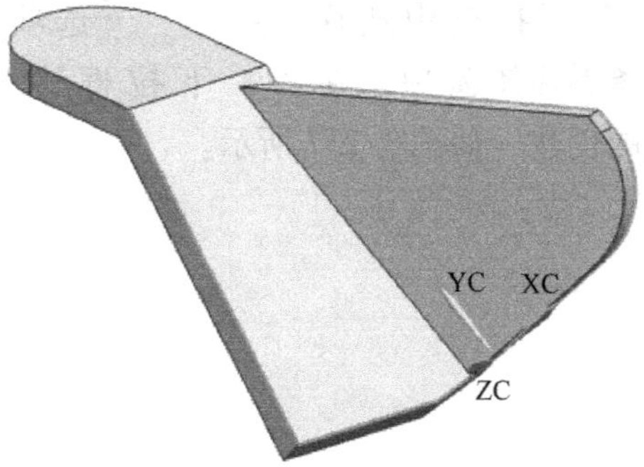

图 3-229

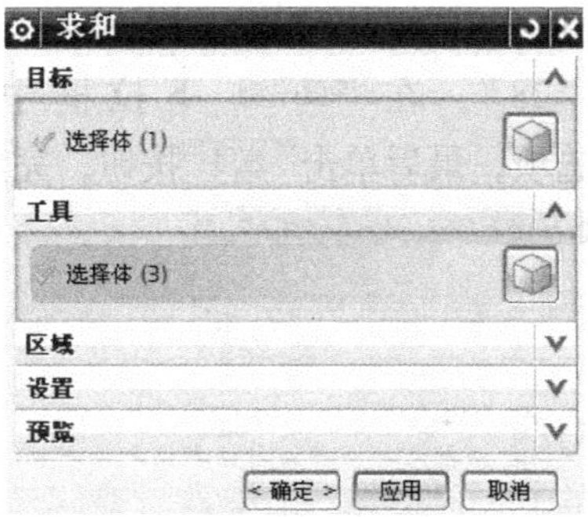

图 3-230

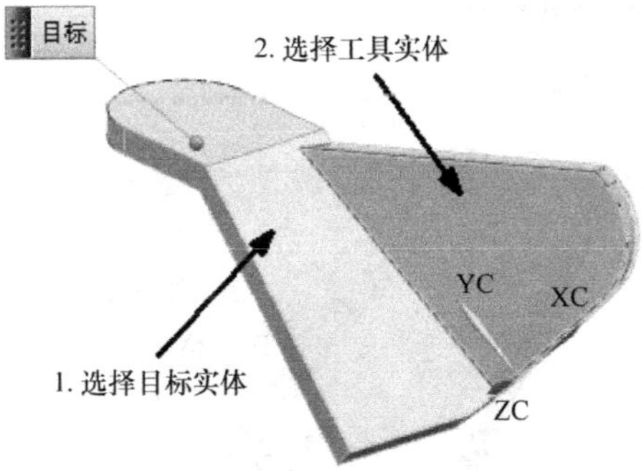

图 3-231

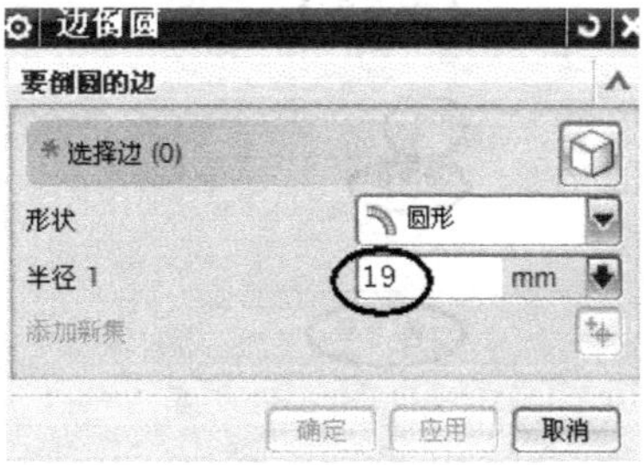

图 3-232

19. 创建边倒圆特征

选择菜单中的【插入(S)】/【细节特征(L)】/【边倒圆(E)...】命令或在【特征】工具条中选择（边倒圆）图标，出现【边倒圆】对话框，在半径 1栏输入“19”，如图 3-232 所示，在图形中选择如图 3-233 所示的边线作为倒圆角边，最后单击确定按钮，完成创建圆角特征，如图 3-234 所示。

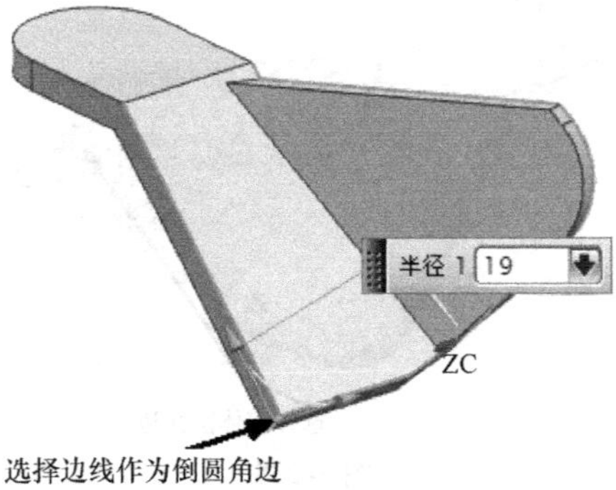

图 3-233

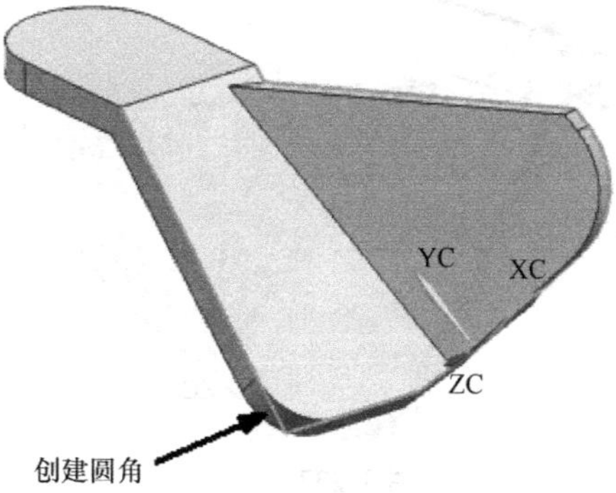

图 3-234

20. 创建孔特征

选择菜单中的【插入(S)】/【设计特征(E)】/【孔(H)...】命令或在【特征】工具条中选择（孔）图标，出现【孔】对话框，如图 3-235 所示，系统提示选择孔放置点，在主界面捕捉点工具条中选择（圆弧中心）图标，在图形中选择如图 3-236 所示的实体圆弧边，在孔方向下拉框中选择垂直于面选项，在成形下拉框中选择简单选项，在直径栏输入“28”，在深度限制下拉框中选择贯通体选项，在布尔下拉框中选择求差选项，最后单击应用按钮，完成孔的创建，如图 3-237 所示。

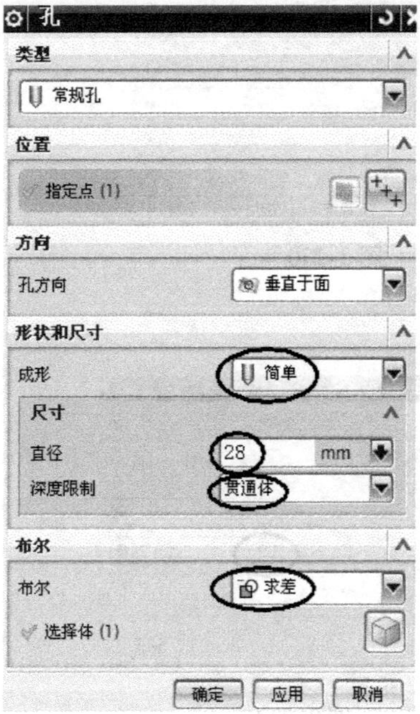

图 3-235

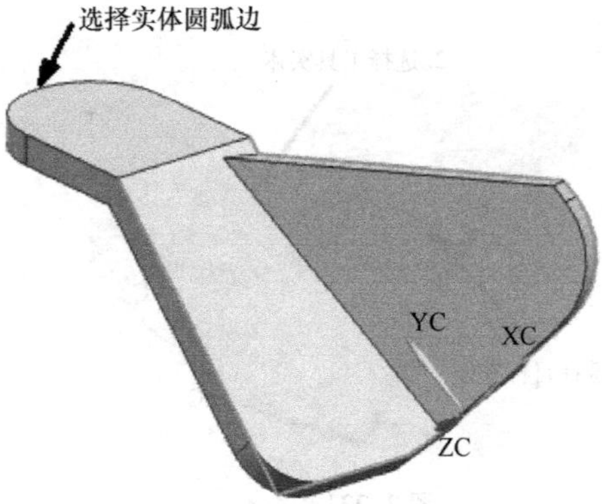

图 3-236

继续创建孔特征。在图形中选择如图 3-238 所示的实体圆弧边，在孔方向下拉框中选择垂直于面选项，在成形下拉框中选择简单选项，在直径栏输入“28”，在深度限制下拉框中选择贯通体选项，在布尔下拉框中选择求差选项，最后单击应用按钮，完成孔的创建，如图 3-239 所示。

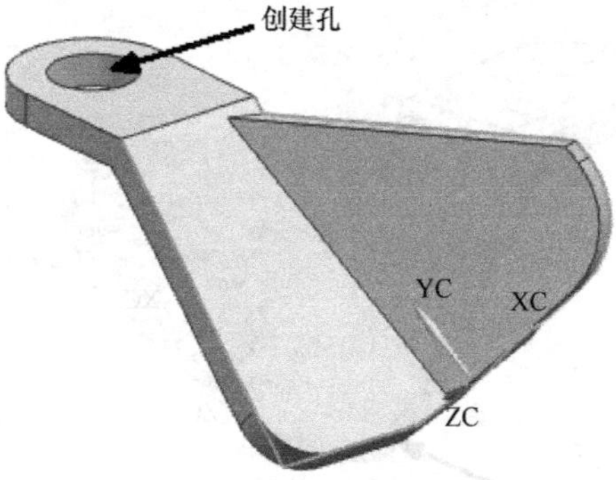

图 3-237

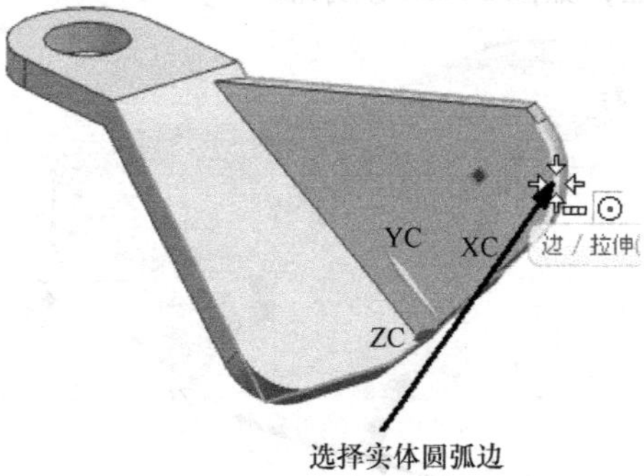

图 3-238

继续创建孔特征。在图形中选择如图 3-240 所示的实体面为放置面，进入草绘界面，出现【草图点】对话框，如图 3-241 所示，然后在【草图工具】工具条中选择（自动判断尺寸）图标，在主界面选择范围下拉框中选择仅在工作部件内选项，按照如图 3-242 所示标注尺寸：P246 = 27、P247 = 19。此时草图曲线已经转换成绿色，表示已经完全约束。

在【草图】工具条中选择完成草图图标，窗口回到建模界面，如图 3-243 所示。

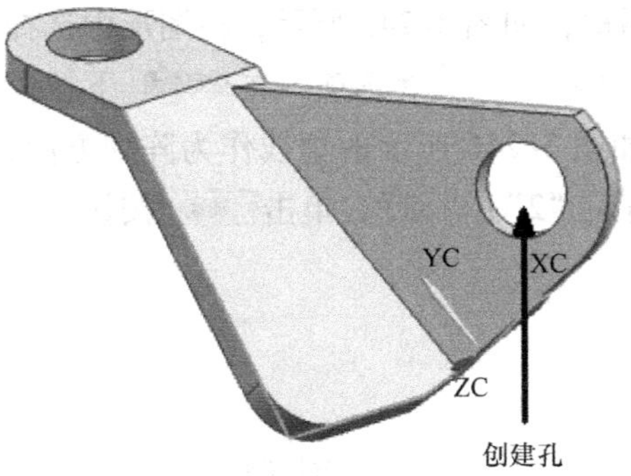

图 3-239

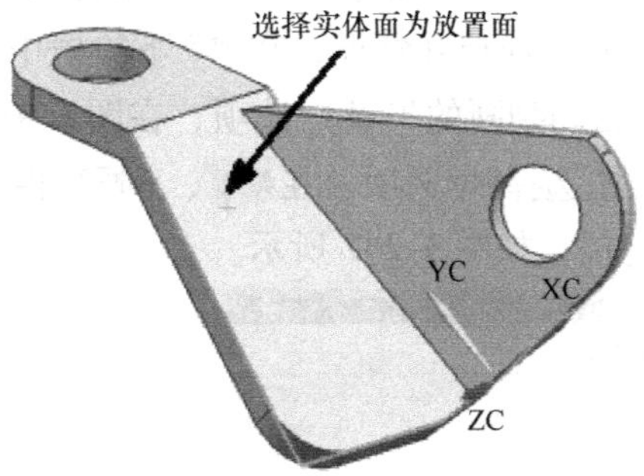

图 3-240

图 3-241

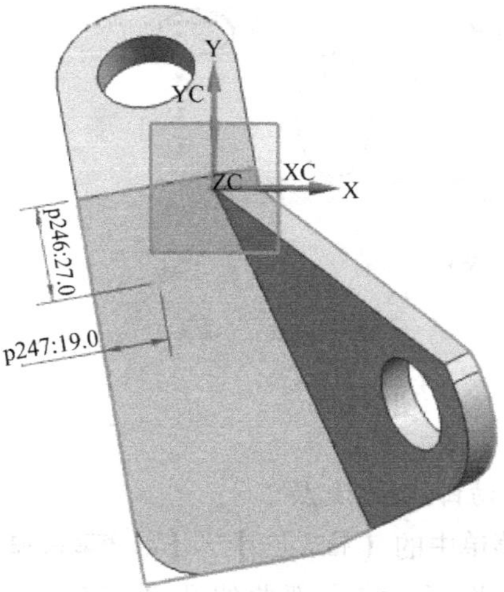

图 3-242

系统返回【孔】对话框，在 孔方向 下拉框中选择 垂直于面 选项，在 成形 下拉框中选择 简单 选项，在 直径 栏输入“19”，在 深度限制 下拉框中选择贯通体选项，在 布尔 下拉框中选择 求差 选项，最后单击 确定 按钮，完成孔的创建，如图 3-244 所示。

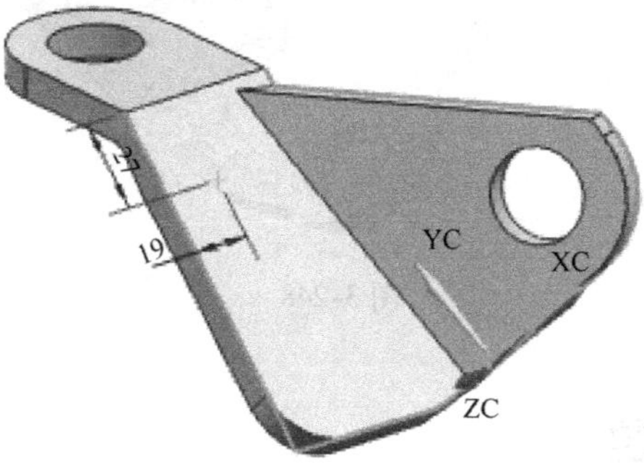

图 3-243

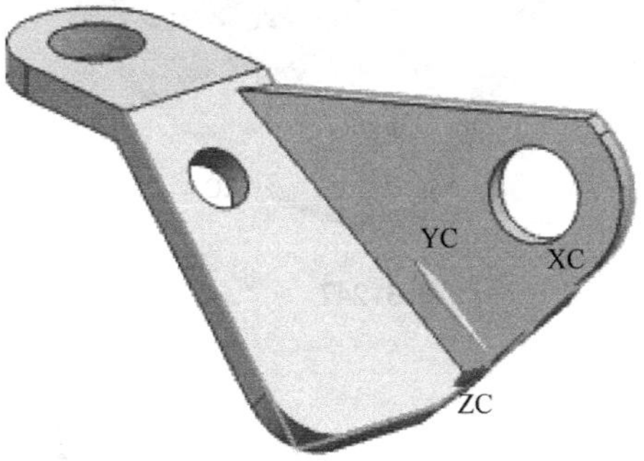

图 3-244

21. 创建阵列特征

选择菜单中的【插入(S)】/【关联复制(A)】/【阵列特征(A)...】命令或在【特征】工具条

中选择（实例特征）图标，出现【阵列特征】对话框，如图 3-245 所示，在图形中选择如图 3-246 所示的简单孔特征，在布局下拉框中选择线性选项，在指定矢量下拉框中选择（自动判断的矢量）选项，在图形中选择如图 3-246 所示的边线作为阵列方向，在间距下拉框中选择列表选项，在数量、间距值栏分别输入“2”、“63”，单击确定按钮，完成创建阵列特征，如图 3-247 所示。

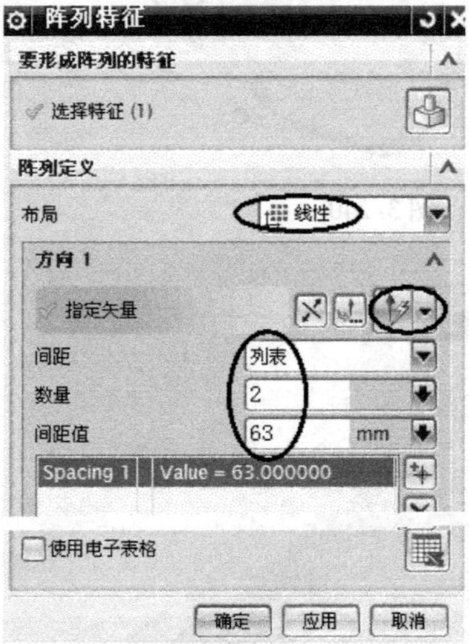

图 3-245

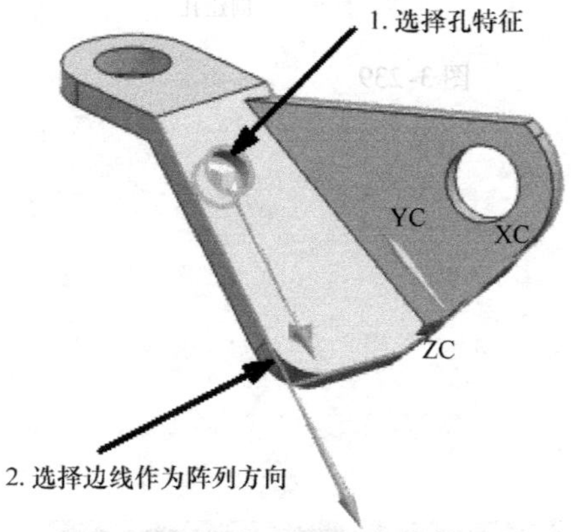

图 3-246

22. *移动曲线至 21 层*

选择菜单中的【格式(R)】/【移动至图层(M)...】命令或在【实用】工具条中选择（移动至图层）图标，将全部曲线移动至 21 层（具体步骤见 3.1），图形更新为如图 3-248 所示。

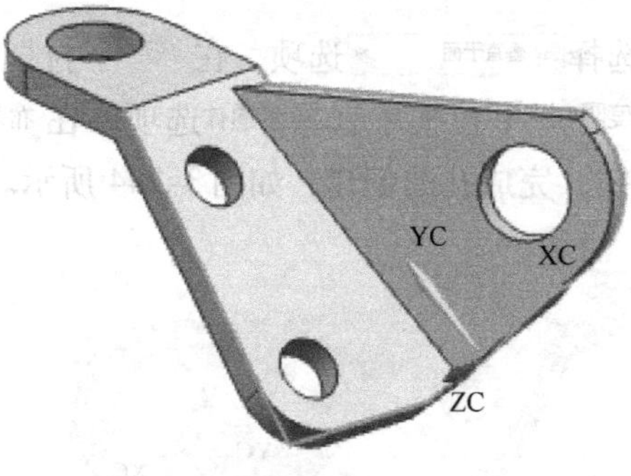

图 3-247

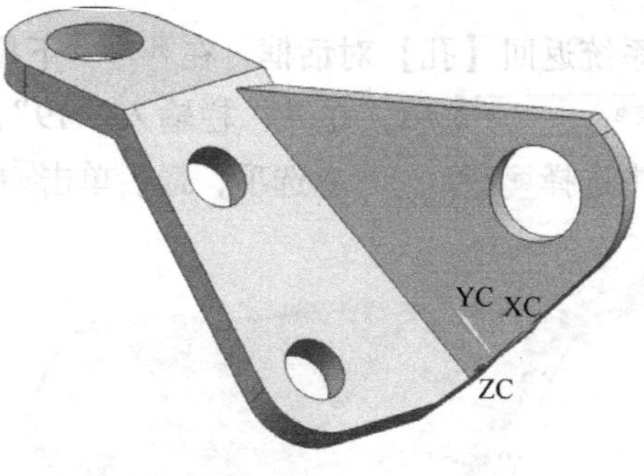

图 3-248

习　题

根据图 3-249 ~ 图 3-268 所示图样尺寸绘制三维图形。

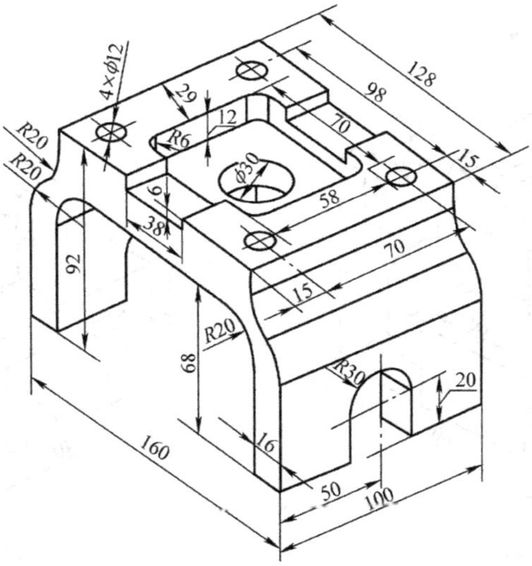

图 3-249

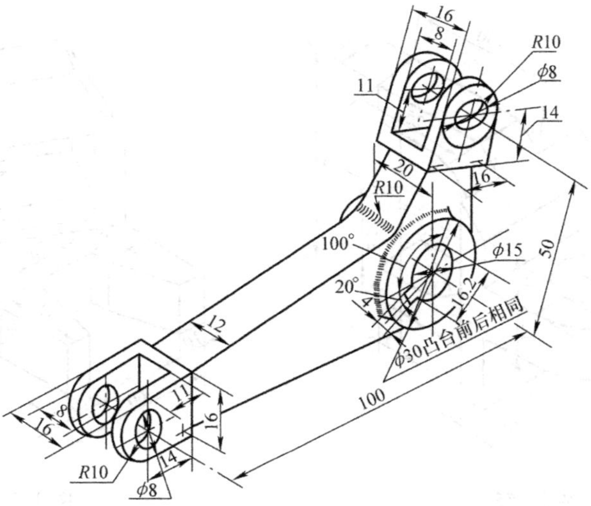

图 3-250

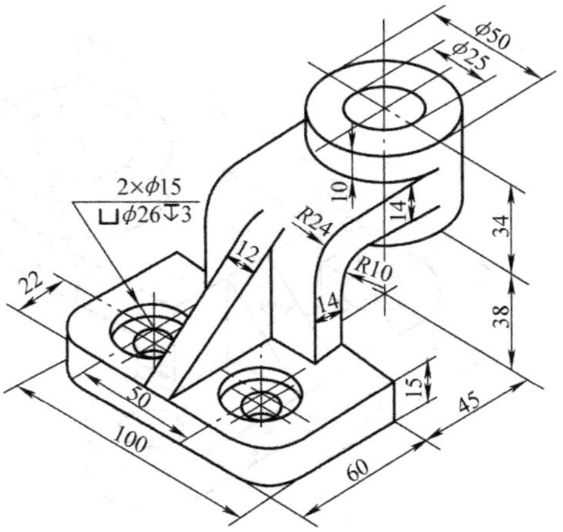

图 3-251

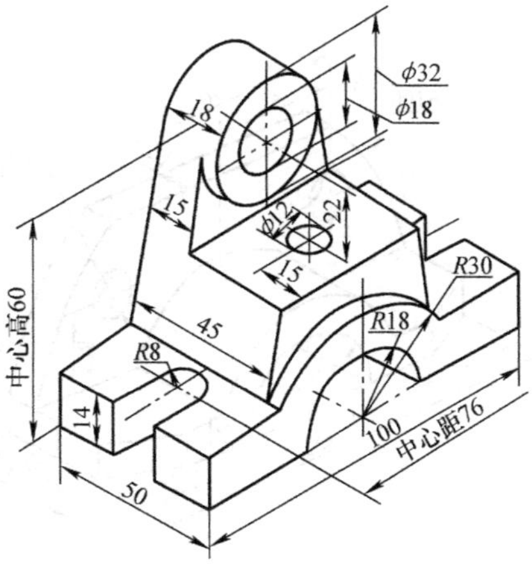

图 3-252

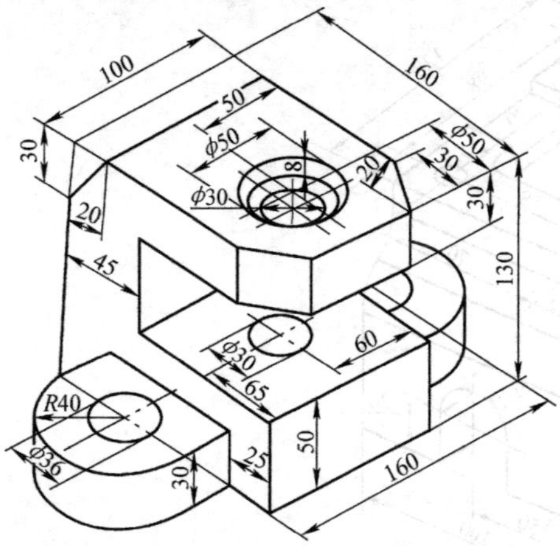

图 3-253

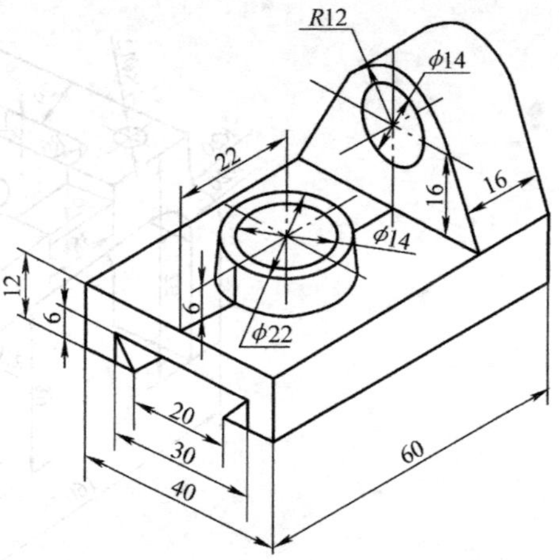

图 3-254

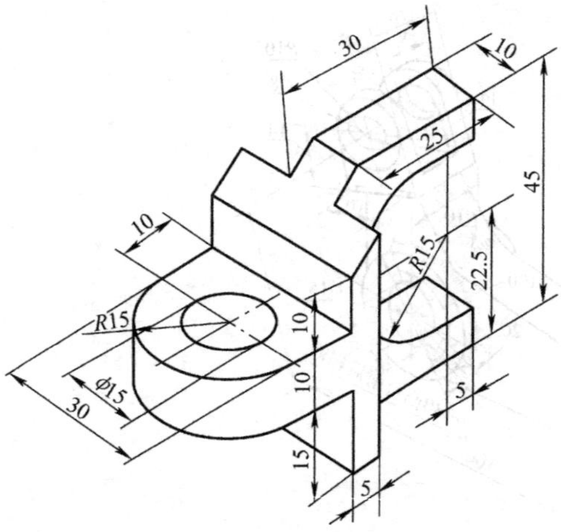

图 3-255

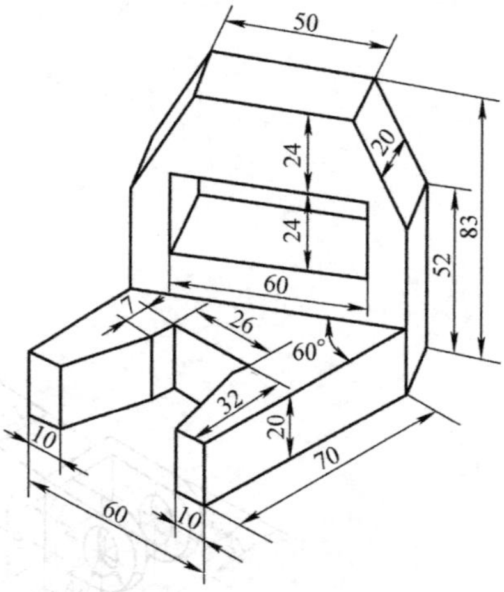

图 3-256

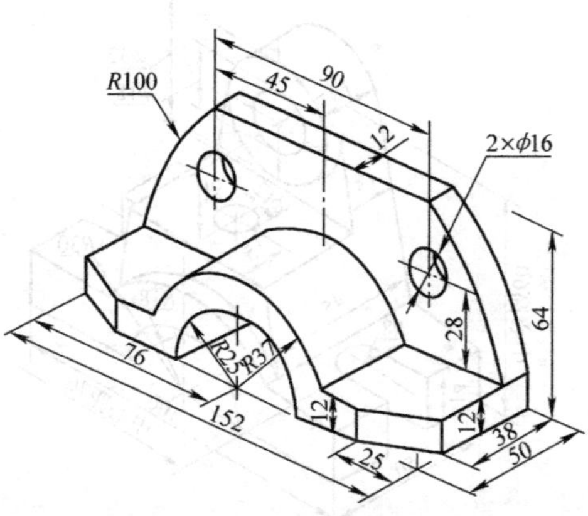

图 3-257

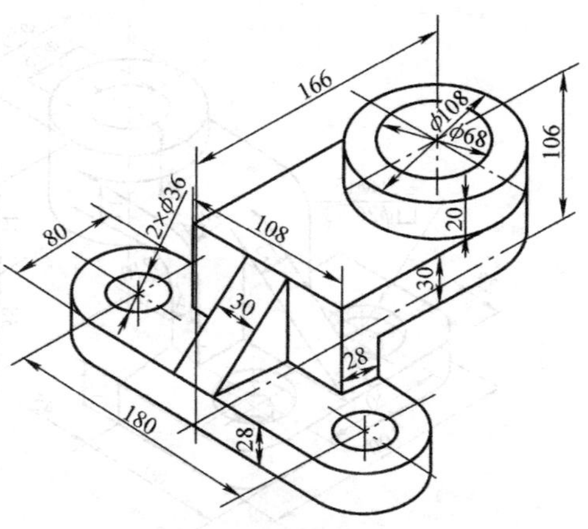

图 3-258

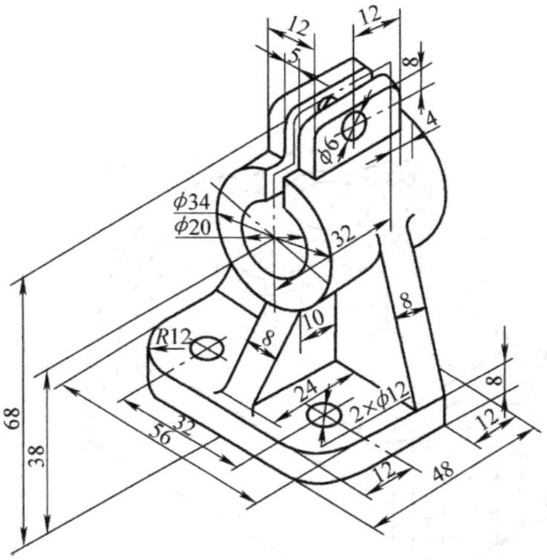

图 3-259

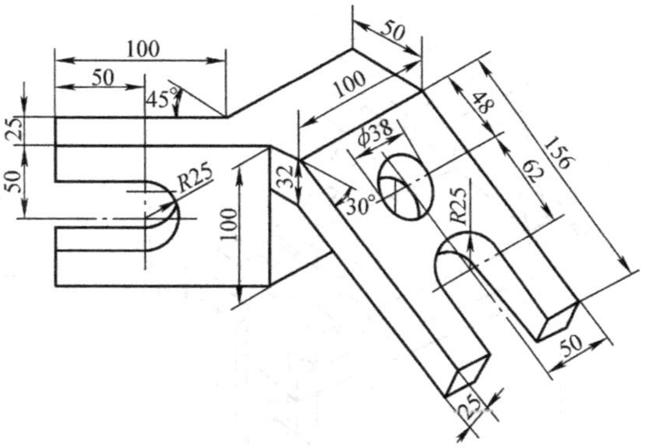

图 3-260

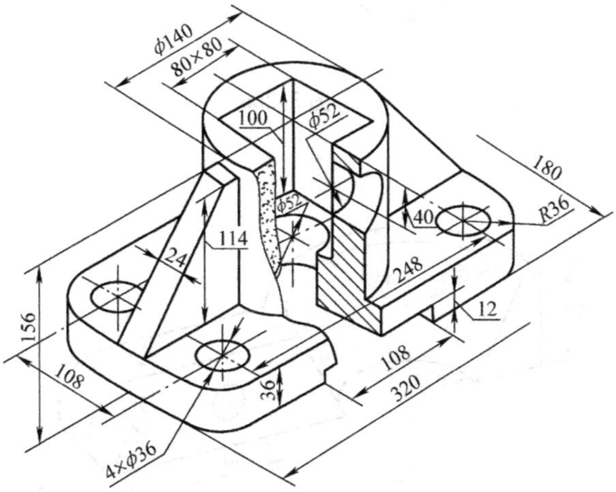

图 3-261

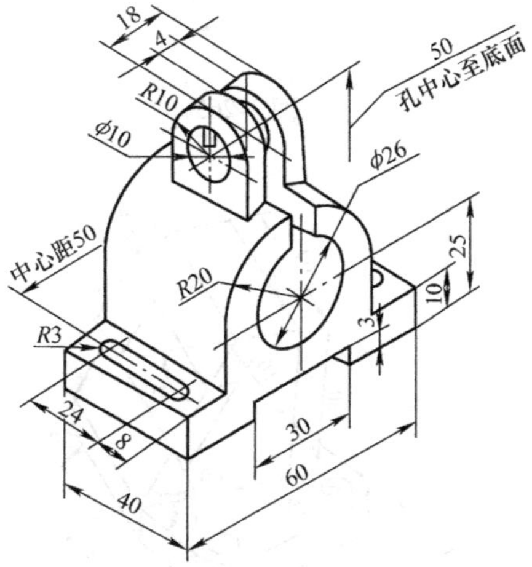

图 3-262

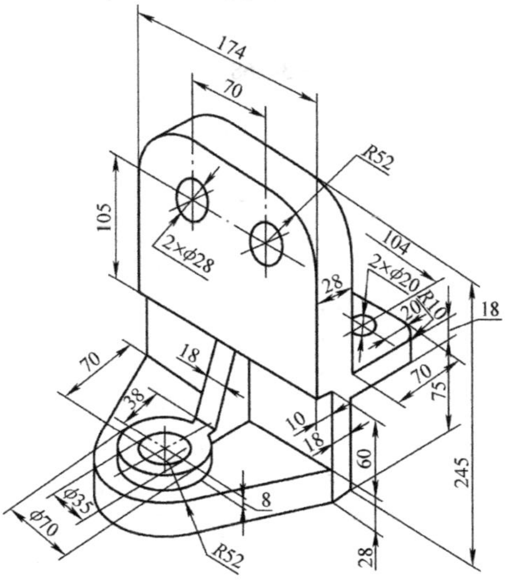

图 3-263

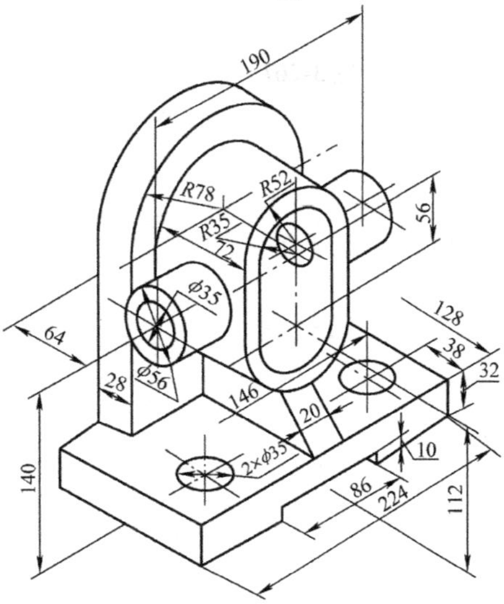

图 3-264

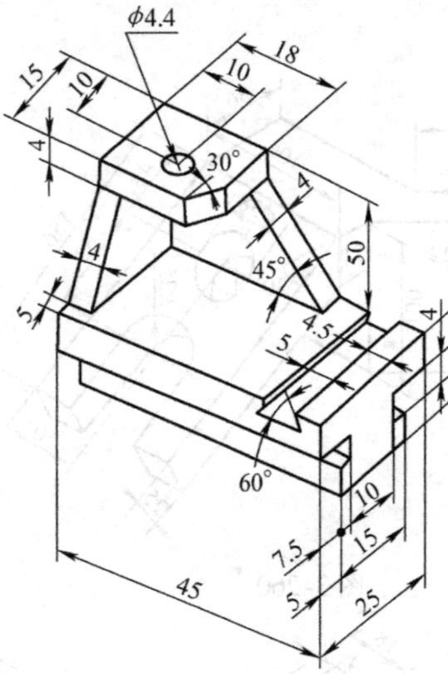

图 3-265

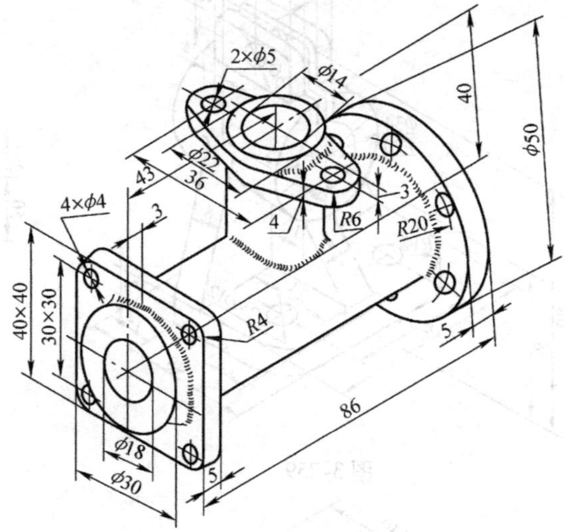

图 3-266

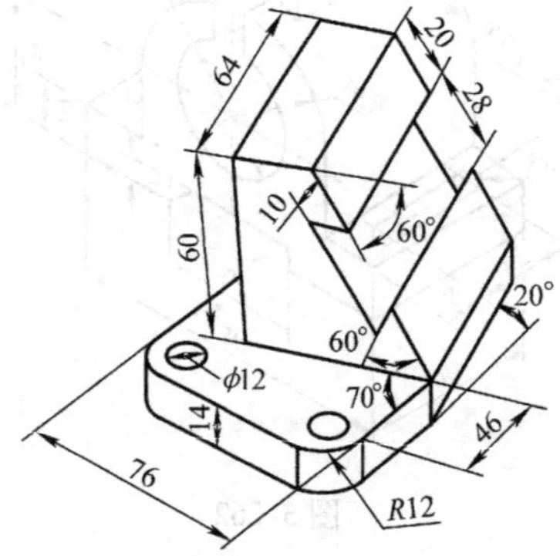

图 3-267

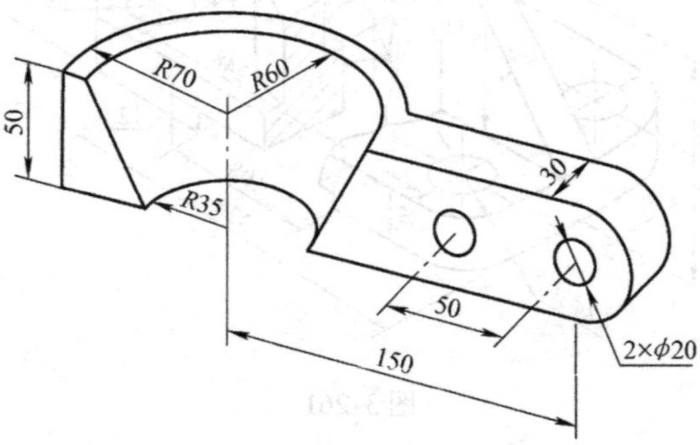

图 3-268

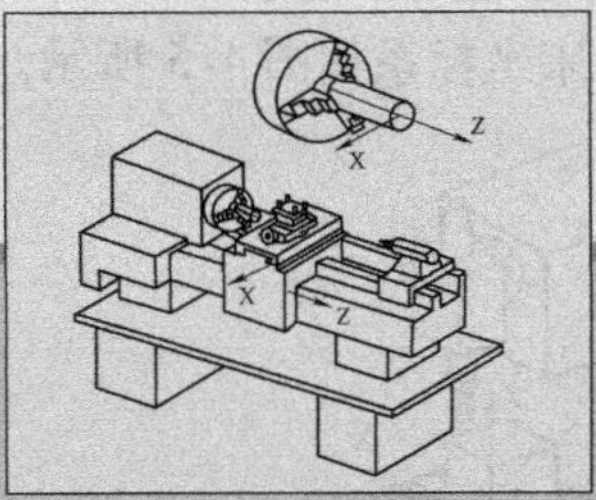

第4章 UG CAM基础与常用功能介绍

4.1 数控机床坐标系

1. 机床坐标系的确定

数控机床坐标系是为了确定工件在机床中的位置、机床运动部件的特殊位置（如换刀点、参考点等）以及运动范围（如行程范围）等而建立的几何坐标系。

数控机床上的坐标系采用右手直角笛卡儿坐标系。如图4-1所示，图中大拇指的指向为X轴的正方向，食指指向为Y轴的正方向，中指指向为Z轴的正方向，而围绕X、Y、Z轴旋转的圆周进给坐标轴A、B、C则按右手螺旋定则判定。机床各坐标轴及其正方向的确定原则如下：

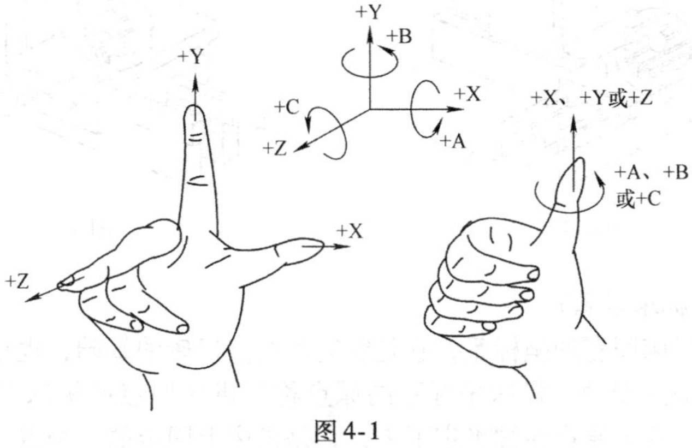

图4-1

1）先确定Z轴。以平行于机床主轴的刀具运动坐标轴为Z轴，若有多根主轴，则可选垂直于工件装夹面的主轴为主要主轴，Z坐标则平行于该主轴轴线。若没有主轴，则规定垂直于工件装夹表面的坐标轴为Z轴。如立式铣床，主轴箱的上、下或主轴本身的上、下即可定为Z轴，且向上为正；若主轴不能上下动作，则工作台的上、下便为Z轴，此时工作台向下运动的方向定为正向。

2）再确定X轴。X轴为水平方向且垂直于Z轴并平行于工件的装夹面。在工件旋转的机床（如车床、外圆磨床）上，X轴的运动方向是径向的，与横向导轨平行。刀具离开工件旋转中心的方向是正方向。对于刀具旋转的机床：若Z轴为水平（如卧式铣床、镗床），则沿刀具主轴后端向工件方向看，右手平伸出方向为X轴正向；若Z轴为垂直（如立式铣床、镗床，钻床），则从刀具主轴向床身立柱方向看，右手平伸出方向为X轴正向。

3）最后确定 Y 轴。在确定了 X、Z 轴的正方向后，即可按右手定则定出 Y 轴正方向。

数控车床的机床坐标系如图 4-2 所示，数控铣床的机床坐标系如图 4-3 所示。

卧式镗铣床的机床坐标系如图 4-4 所示，5 轴加工中心的机床坐标系如图 4-5 所示。

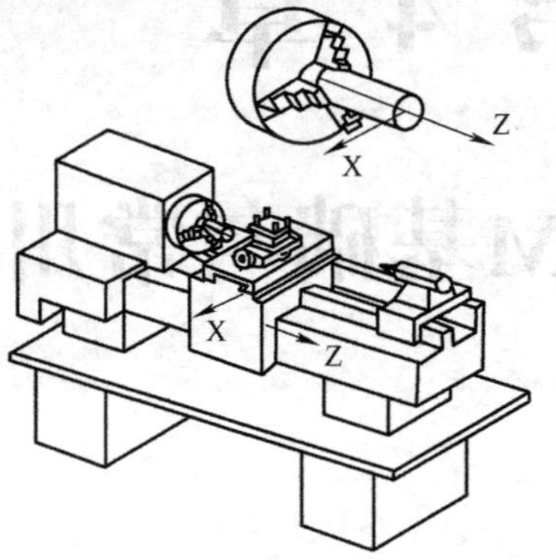

图 4-2

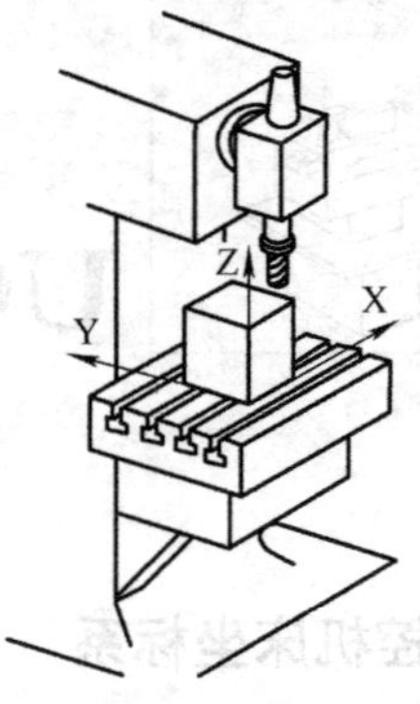

图 4-3

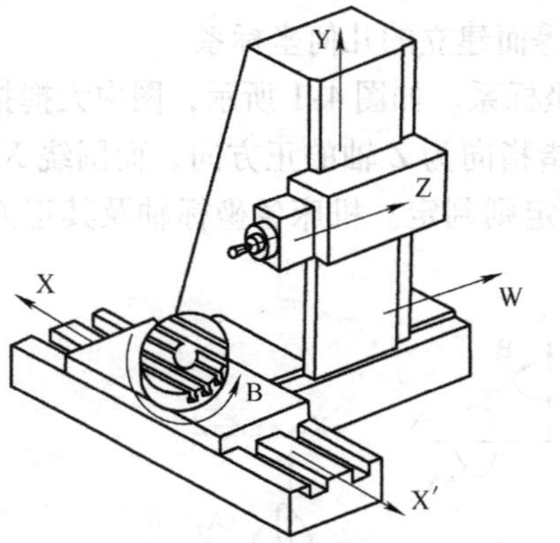

图 4-4

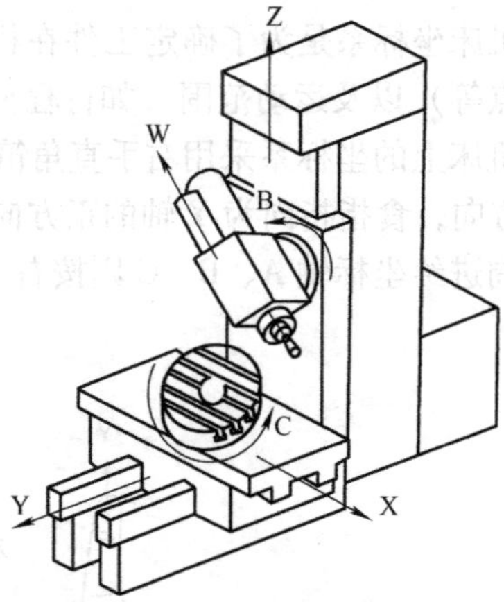

图 4-5

2. 机床原点（机床零点）

机床坐标系是机床固有的坐标系，它是制造和调整机床的基础，也是设置工件坐标系的基础，一般不允许随意变动。机床坐标系的原点称为机床原点或机床零点，在机床经过设计、制造和调整后，这个原点便被确定下来，它是机床上固定的一个点。数控车床一般将机床原点定义在卡盘后端面与主轴旋转中心的交点上，数控铣床的机床原点一般设在机床加工范围下平面的左前角，如图 4-6 所示。

3. 参考点

参考点是机床上另一个固定点，该点是刀具退离到一个固定不变的极限点，其位置由机械挡块或行程开关来确定。数控机床的型号不同，其参考点的位置也不同。一般在机床起动后，首先要执行手动返回参考点的操作，这样数控系统才能通过参考点间接确认出机床零点的位置，从而在数控系统内部建立一个以机床零点为坐标原点的机床坐标系。这样在执行加工程序时，才能有正确的工件坐标系。

4. 工件坐标系（编程坐标系、加工坐标系）

工件坐标系是编程时使用的坐标系，也称编程坐标系或加工坐标系。编制数控程序时，

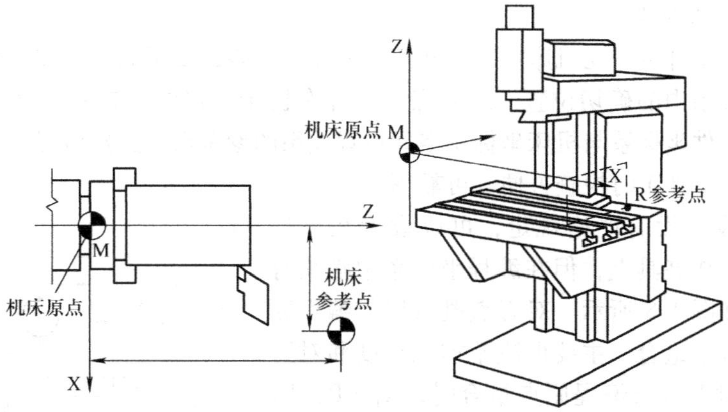

图 4-6

首先要建立一个工件坐标系，程序中的坐标值均以此坐标系为依据。工件坐标系是编程人员在编程时使用的。在编程时，应首先设定工件坐标系。工件坐标系采用与机床运动坐标系一致的坐标方向。

5. 工件原点（编程原点、工件零点）

工件坐标系的原点简称工件原点或工件零点，也是编程的程序原点，即编程原点或加工原点。工件原点的位置是任意的，由编程人员在编制程序时根据零件的特点选定。程序中的坐标值均以工件坐标系为依据，将编程原点作为计算坐标值时的起点。编程人员在编制程序时，不用考虑工件在机床上的安装位置，只要根据零件的特点及尺寸来编程。工件原点一般选择在便于测量或对刀的基准位置，同时要便于编程计算。选择工件原点的位置时应注意以下几点。

1）工件原点应选在零件图的尺寸基准上，以便坐标值的计算，使编程简单。

2）尽量选在精度较高的加工表面上，以提高被加工零件的加工精度。

3）对于对称的零件，一般工件原点设在对称中心上。

4）对于一般零件，通常设在工件外轮廓的某一角上。

5）工件原点在 Z 轴方向，一般设在工件表面上。

图 4-7 所示为数控铣床机床坐标系与工件坐标系的关系图。图中的 X、Y、Z 为机床坐标系，X′、Y′、Z′为工件坐标系。工件坐标系原点与机床坐标系原点间各坐标系的偏置量可通过测量后，将其数值输入到机床可设定零点偏置寄存器中，加工时在程序中用相应的可设定零点偏置指令 G54、G55 等直接调用相应偏置寄存器中存储的偏置量，建立起工件坐标系。

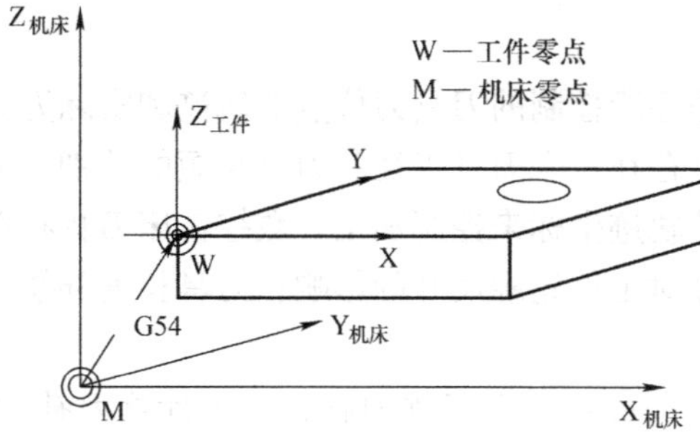

图 4-7

6. 对刀点与刀位点

在加工时，工件可以在机床加工尺寸范围内任意安装，要正确执行加工程序，必须确定工件在机床坐标系中的确切位置。对刀点是工件在机床上定位装夹后，设置在工件坐标系中，用于确定工件坐标系与机床坐标系空间位置关系的参考点。选择对刀点时要考虑编程方便，对刀误差小，加工时检查方便、可靠等。

对刀点的设置没有严格规定，可以设置在工件上，也可以设置在夹具上，但在编程坐标系中必须有确定的位置，如图 4-8 所示。对刀点既可以与编程原点重合，也可以不重合，主要取决于加工精度和对刀的方便性。当对刀点与编程原点重合时，$X_1=0$，$Y_1=0$。

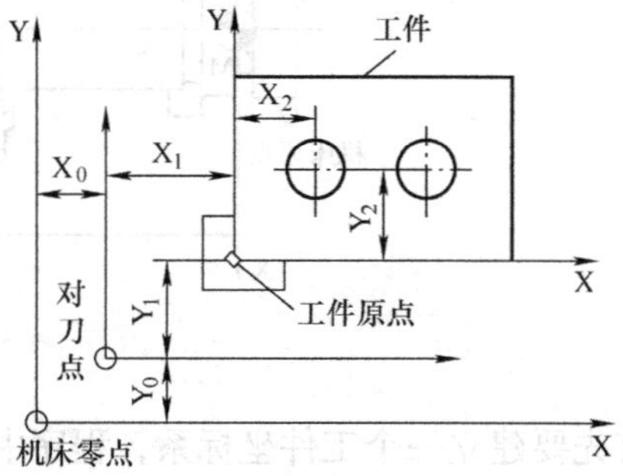

图 4-8

对刀点尽可能选择在零件的设计基准或者工艺基准上，这样能保证零件的精度要求。在使用对刀点确定加工原点时，就需要进行对刀。所谓对刀是指使刀位点与对刀点重合的操作。每把刀具的半径与长度尺寸都是不同的，刀具装在机床上后，应在控制系统中设置刀具的基本位置。

刀位点是指刀具的定位基准点。如图 4-9 所示，圆柱铣刀的刀位点是刀具中心线与刀具底面的交点；球头铣刀的刀位点是球头的球心点或球头顶点；车刀的刀位点是刀尖或刀尖圆弧中心；钻头的刀位点是钻头顶点。

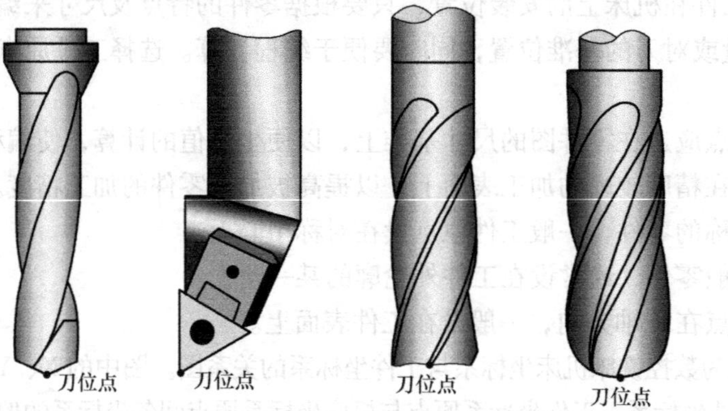

a) 钻头的刀位点　b) 车刀的刀位点　c) 圆柱铣刀的刀位点　d) 球头铣刀的刀位点

图 4-9

4.2 刀具补偿

在数控铣床上，由于程序所控制的刀具刀位点的轨迹和实际刀具切削刃切削出的形状并不重合，它们在尺寸大小上存在一个刀具半径和刀具长短的差别，因此需要根据实际加工的形状尺寸算出刀具刀位点的轨迹坐标来控制加工。数控铣床刀具补偿类型分为以下两类：刀具半径补偿，补偿刀具半径对工件轮廓尺寸的影响；刀具长度补偿，补偿刀具长度方向尺寸的变化。

刀具补偿的方法也分为两种：即人工预刀补，人工计算刀补量进行编程；机床自动刀补，数控系统具有刀具补偿功能。

1. 刀具半径补偿

(1) 刀具半径补偿的作用　在数控铣床上进行轮廓铣削时，由于刀具半径的存在，刀具中心轨迹与工件轮廓不重合。人工计算刀具中心轨迹编程，计算相当复杂，且刀具直径变化时必须重新计算，修改程序。

当数控系统具备刀具半径补偿功能时，数控编程只需按工件轮廓进行，数控系统自动计算刀具中心轨迹，使刀具偏离工件轮廓一个半径值，即进行刀具半径补偿。

(2) 刀具半径补偿的过程　刀具半径补偿的过程主要分为以下三步。

1) 刀具半径补偿创建：在刀具从起点接近工件时，刀具中心轨迹从与编程轨迹重合过渡到与编程轨迹偏离一个偏置量的过程。

2) 刀具半径补偿进行：刀具中心始终与编程轨迹相距一个偏置量直到刀补取消。

3) 刀具半径补偿取消：刀具离开工件，刀具中心轨迹要过渡到与编程轨迹重合的过程。

(3) 刀具半径补偿指令　G41 为刀具半径左补偿，G42 为刀具半径右补偿。刀具半径补偿位置的左右应是顺着编程轨迹前进的方向进行判断的，如图 4-10 所示。G40 为取消刀具半径补偿。使用刀具半径补偿的注意事项如下：

1) 在进行刀具半径补偿前，必须用 G17 或 G18、G19 指定刀具半径补偿是在哪个平面上进行的。平面选择的切换必须在补偿取消的方式下进行，否则将产生报警。

2) 刀具半径补偿的引入和取消要求应在 G00 或 G01 程序段，不要在 G02/G03 程序段上进行。

3) 当刀具半径补偿数据为负值时，则 G41、G42 功效互换。

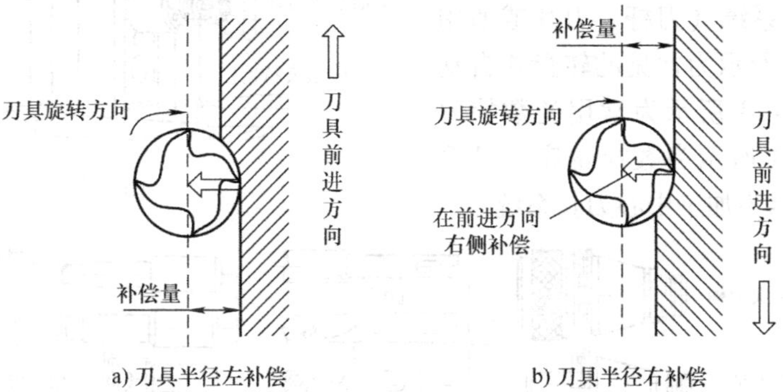

图 4-10

2. 刀具长度补偿

(1) 刀具长度补偿的作用　刀具长度补偿用于刀具轴向（Z 向）的补偿，使刀具在轴向的实际位移量比程序给定值增加或减少一个偏置量。刀具长度尺寸变化时，可以在不改动程序的情况下，通过改变偏置量达到加工尺寸。利用该功能，还可在加工深度方向上进行分层铣削，即通过改变刀具长度补偿值的大小，通过多次运行程序实现。

(2) 刀具长度补偿的方法　刀具长度补偿方法有如下三种。

1) 将不同长度刀具通过对刀操作获取差值。

2) 通过 MDI 方式将刀具长度参数输入刀具参数表。

3）执行程序中刀具长度补偿指令。

(3) 刀具长度补偿指令 刀具长度补偿可以使用以下指令：G43为刀具长度正补偿；G44为刀具长度负补偿；G49为取消刀具长度补偿。G43、G44、G49均为模态指令。具体的计算方法如图4-11所示，其中Z为指令终点位置，H为刀补号地址，用H00～H99来指定，用来调用内存中刀具长度补偿的数值。

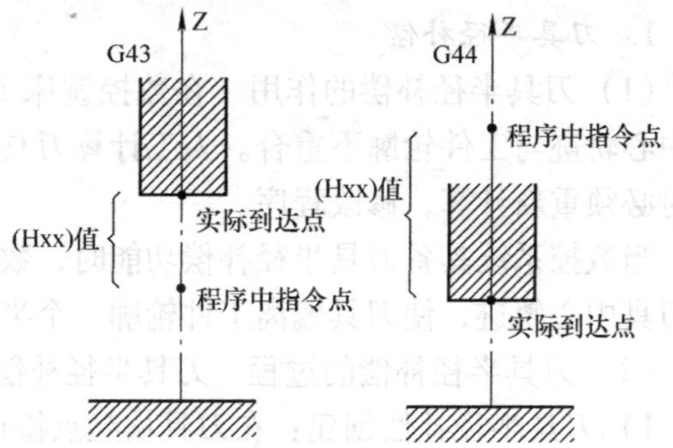

图4-11

4.3 数控刀具

4.3.1 数控刀具系统

数控机床必须有与其相适应的切削刀具配合。随着数控机床功能、结构的发展，数控机床上所使用的数控刀具已经不是普通机床“一机一刀”的模式，而是多种不同类型的刀具同时在数控机床上轮换使用，来达到自动换刀和快速换刀的目的。因此，数控刀具的含义应该理解为数控刀具系统。

数控刀具系统除了包括机床的自动换刀机构外，为了保证刀具的可互换性，还必有刀柄和工具系统（刀杆、刀片或通用刀具）。图4-12所示为常见的转盘式自动换刀系统，图4-13所示为常用的数控刀具系统，图4-14所示为数控铣床刀具系统，图4-15所示为加工中心刀具系统。

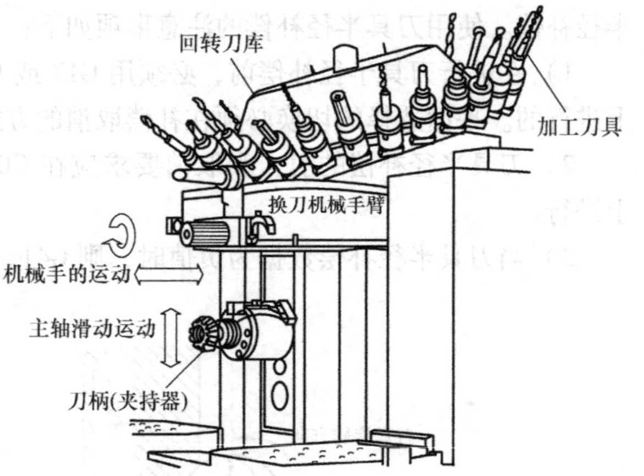

图4-12

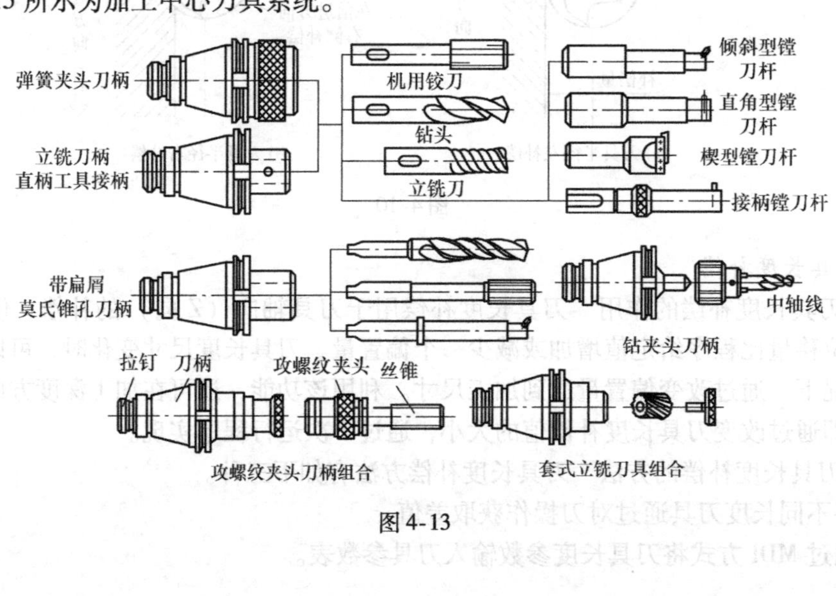

图4-13

图 4-14

图 4-15

4.3.2 数控加工对刀具的要求

1. 刀具性能方面

数控加工具有高速、高效和自动化程度高等特点。为了适应数控加工技术的需要，保证优质、高效地完成数控加工任务，对数控加工刀具材料提出了比传统的刀具材料更高的要求。它不仅要求刀具耐磨损、寿命长、可靠性好、精度高、刚性好，而且要求刀具尺寸稳定、安装调整方便，具体要求如下：

(1) 刀具材料应具有高的可靠性　数控加工在数控机床上进行，切削速度和自动化程度高，要求刀具要有很高的可靠性，并且要求刀具的寿命长、切削性能稳定、质量一致性好、重复精度高。

(2) 刀具材料应具有高的耐热性、抗热冲击性和高温力学性能　为了提高生产率，现在的数控机床向着高速度、高刚性和大功率发展。切削速度的增大，往往会导致切削温度急剧升高，因此要求刀具材料的熔点高、氧化温度高、耐热性好、抗热冲击性能强，同时还要求刀具材料具有很高的高温力学性能，如高温强度、高温硬度和高温韧性等。

(3) 数控刀具应具有高的精度　由于在数控加工生产中，要求在一次装夹后完成被加工零件的加工精度，因此要求借助专用的对刀装置或对刀仪将刀具调整到所要求的尺寸精度后，再安装到机床上使用。这样就要求刀具的制造精度要高，尤其在使用可转位结构的刀具时，对刀片的尺寸公差、刀片转位后刀尖空间位置尺寸的重复精度，都有严格的精度要求。

(4) 数控刀具应能实现快速更换　数控刀具应能与数控机床快速、准确地接合和脱开，能适应机械手和机器人的操作，并且要求刀具互换性好、更换迅速、尺寸调整方便、安装可靠，以减少因更换刀具而造成的停顿时间。刀具的尺寸应能借助于对刀仪在机外进行预调，以减少换刀调整的停机时间。

(5) 数控刀具应系列化、标准化和通用化　数控刀具应系列化、标准化和通用化，尽量减少刀具规格，以利于数控编程和便于刀具管理，降低加工成本，提高生产率。应建立刀具准备单元，进行集中管理，负责刀具的保管、维护、预调、配置等工作。

(6) 数控设备应尽量采用机夹可转位刀具　由于机夹可转位刀具能满足耐用、稳定、易调和可换等要求，目前在数控机床设备上，广泛采用机夹可转位刀具结构。机夹可转位刀具在数量上达到整个数控刀具的30%～40%。

(7) 数控设备应尽量采用多功能复合刀具及专用刀具　为了充分发挥数控机床的技术优势，提高加工效率，对复杂零件加工要求在一次装夹中进行多工序的集中加工，并淡化传统的车、铣、镗、螺纹加工等不同切削工艺的界限，这是提高数控机床效率、加快产品开发的有效途径。为此，对数控刀具提出了多功能（复合刀具）的新要求，要求一种刀具能完成零件不同工序的加工，减少换刀次数，节省换刀时间，减少刀具的数量和库存量，便于刀具管理。

(8) 数控刀具应能可靠地断屑或卷屑　为了保证生产稳定进行，数控加工对切屑处理有更高的要求。切削塑性材料时，切屑的折断与卷曲常常是决定数控加工能否正常进行的重要因素。因此，数控刀具必须具有很好的断屑、卷屑和排屑性能。要求切屑不缠绕在刀具或工件上、不影响工件的已加工表面、不妨碍冷却浇注效果。数控刀具一般都采取了一定的断屑措施（例如可靠的断屑槽型、断屑台和断屑器等），以便可靠地断屑或卷屑。

(9) 数控刀具材料应能适应难加工材料和新型材料加工的需要　随着科学技术的发展，对工程材料提出了越来越高的要求，各种高强度、高硬度、耐腐蚀和耐高温的工程材料越来越多地被采用。它们中多数属于难加工材料，目前难加工材料已占工件材料的40%以上。因此，数控加工刀具应能适应难加工材料和新型材料加工的需要。

2. 刀具材料方面

刀具材料的选择对刀具寿命、加工效率、加工质量和加工成本等的影响很大。刀具切削时要承受高压、高温、摩擦、冲击和振动等作用，因此刀具材料应具备如下一些基本性能。

(1) 硬度和耐磨性　刀具材料的硬度必须高于工件材料的硬度，一般要求在60HRC以上。刀具材料的硬度越高，耐磨性就越好。

(2) 强度和韧性　刀具材料应具备较高的强度和韧性，以便承受切削力、冲击和振动，防止刀具脆性断裂和崩刃。

(3) 耐热性　刀具材料的耐热性要好，能承受高的切削温度，具备良好的抗氧化能力。

(4) 工艺性能和经济性　刀具材料应具备较好的可锻性、热处理性能、焊接性、磨削加工性能以及高的性价比。

4.3.3 常用数控刀具材料

刀具材料是决定刀具切削性能的根本因素，对于加工质量、加工效率、加工成本以及刀具寿命都有着重大的影响。要实现高效合理的切削，必须有与之相适应的刀具材料。数控刀具材料是较活跃的材料科技领域。近年来，数控刀具材料基础科研和新产品的成果集中应用在高速、超高速、硬质（含耐热、难加工）、干式、精细、超精细数控加工领域，刀具材料新产品的研发在超硬材料（如金刚石、Al_2O_3、Si_3N_4基类陶瓷、TiC 基类金属陶瓷、立方氮化硼、表面涂层材料），W、Co 类涂层和细晶粒（超细晶粒）硬质合金体及含 Co 类粉末冶金高速钢等领域发展速度较快。尤其是应用超硬刀具材料后，产生了许多新的切削概念，如高速切削、硬切削和干切削等。

数控刀具的材料主要有高速钢、硬质合金、涂层刀具、陶瓷、人造金刚石和立方氮化硼六类，目前数控机床用得最普遍的刀具是硬质合金刀具。

1. 高速钢

高速钢全称高速合金工具钢，也称为白钢。高速钢是含有较多钨、钼、铬、钒等元素的高合金工具钢，具有较高的硬度（热处理硬度达 62～67HRC）和耐热性（切削温度可达 550～600℃），切削速度比碳素工具钢和合金工具钢高 3～5 倍（因此而得名），刀具寿命长 10～40 倍，甚至更多，可以加工从非铁金属材料到高温合金范围广泛的材料。

2. 硬质合金

硬质合金是用高耐热性和高耐磨性的金属碳化物（碳化钨、碳化铁、碳化钽、碳化铌等）与金属粘结剂（钴、镍、钼等）在高温下烧结而成的粉末冶金制品。常用的硬质合金有钨钴类（YG 类）、钨钛钴类（YT 类）和通用硬质合金（YW 类）3 类。

1）钨钴类硬质合金（YG 类）：主要由碳化钨和钴组成，抗弯强度和冲击韧性较好，不易崩刃，很适宜切削切屑呈崩碎状的铸铁等脆性材料。YG 类硬质合金的刃磨性较好，刃口可以磨得较锋利，故切削非铁金属材料及合金的效果也较好。

2）钨钛钴类硬质合金（YT 类）：主要由碳化钨、碳化钛和钴组成。由于 YT 类硬质合金的抗弯强度和冲击韧性较差，故主要用于切削切屑呈带状的普通碳钢及合金钢等塑性材料。

3）钨钛钽（铌）钴类硬质合金（YW 类）：在普通硬质合金中加入了碳化钽或碳化铌，从而提高了硬质合金的韧性和耐热性，使其具有较好的综合切削性能，主要用于不锈钢、耐热钢、高锰钢的加工，也适用于普通碳钢和铸铁的加工，因此被称为通用型硬质合金。

3. 涂层刀具

涂层刀具是在韧性较好的硬质合金或高速钢刀具基体上，涂覆一薄层耐磨性高的难熔金属化合物而获得的。常用的涂层材料有碳化钛、氮化钛、氧化铝等。碳化钛的硬度比氮化钛高，耐磨性好，对于会产生剧烈磨损的刀具，碳化钛涂层较好。氮化钛与金属的亲和力小，润湿性能好，在容易粘接的条件下氮化钛涂层较好。在高速切削产生大量热量的场合，以采用氧化铝涂层为好，因为氧化铝在高温下有良好的热稳定性能。

涂层硬质合金刀具的寿命至少可提高 3～5 倍，涂层高速钢刀具的寿命则可提高 2～10 倍。加工材料的硬度越高，则涂层刀具的加工效果越好。

4. 陶瓷材料

陶瓷材料是以氧化铝为主要成分，经压制成形后烧结而成的一种刀具材料。它的硬度可达到 95HRA，在 1200℃的切削温度下仍可保持 80HRA 的硬度。另外，它的化学惰性大，摩擦因数小，耐磨性好，加工钢件时的寿命为硬质合金的 10～12 倍。其最大缺点是脆性大，抗弯强度和冲击韧性低。因此，它主要用于半精加工和精加工高硬度、高强度钢和冷硬铸铁等材料。常用的陶瓷刀具材料有氧化铝陶瓷、复合氧化铝陶瓷以及复合氧化硅陶瓷等。

5. 人造金刚石

人造金刚石是通过合金触媒的作用，在高温、高压下由石墨转化而成的。人造金刚石具有极高的硬度（显微硬度可达 10 000HV）和耐磨性，其摩擦因数小，切削刃可以做得非常锋利。因此，用人造金刚石做刀具可以获得很高的加工表面质量，多用于在高速下精细车削或镗削非铁金属材料及非金属材料，尤其是用它切削加工硬质合金、陶瓷、高硅铝合金及耐磨塑料等高硬度、高耐磨性的材料时，具有很大的优越性。

6. 立方氮化硼（CBN）

立方氮化硼是由氮化硼在高温、高压下加入催化剂转变而成的超硬刀具材料。它是 20 世纪 70 年代才发展起来的一种新型刀具材料，立方氮化硼的硬度很高（可达到 8000 ~ 9000HV），并具有很高的热稳定性（在 1370℃以上时才由立方晶体转变为六面晶体而开始软化），它最大的优点是在高温（1200 ~ 1300℃）时也不易与钛族金属起反应。因此，它能胜任淬火钢、冷硬铸铁的粗车和精车，同时还能高速切削高温合金、热喷涂材料、硬质合金及其他难加工材料。

4.3.4 常用的铣削加工刀具

铣刀是一种在回转体表面上或端面上分布有多个刀齿的多刃刀具，是金属切削加工中应用非常广泛的一种刀具，主要用于在卧式铣床、立式铣床、数控铣床、加工中心机床上加工平面、台阶面、沟槽、切断、齿轮和成形表面等，如图 4-16 所示。加工形状与铣刀的选择如图 4-17 所示。

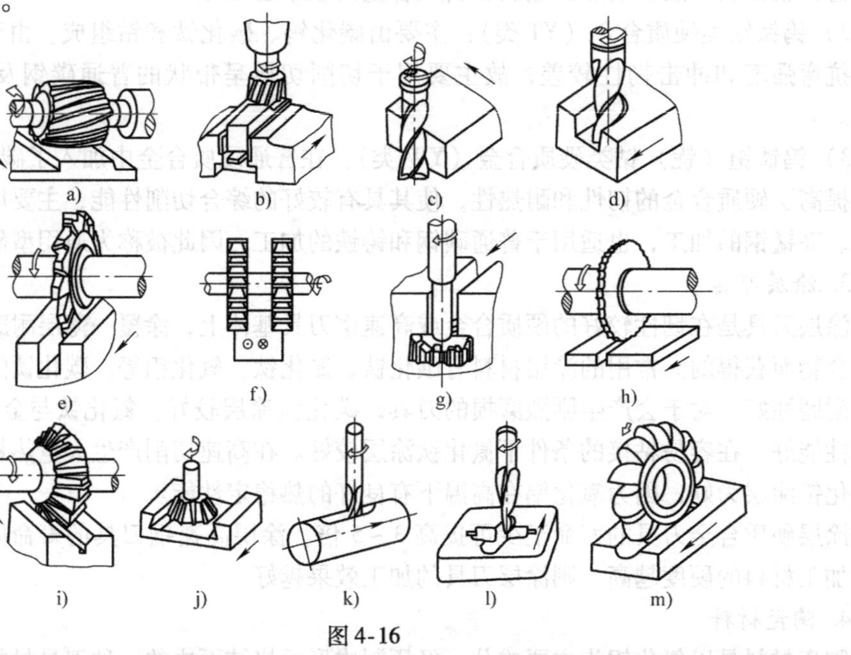

图 4-16

a）圆柱铣刀铣平面 b）面铣刀铣平面 c）立铣刀铣侧平面 d）立铣刀铣槽 e）三角刃铣刀铣槽 f）三角刃铣刀铣台阶面 g）T 形刀铣 T 形槽 h）锯片铣刀切断工件 i）角度铣刀铣角度 j）角度铣刀铣燕尾槽 k）键槽铣刀铣键槽 l）模具铣刀铣型腔 m）成形铣刀铣圆弧面

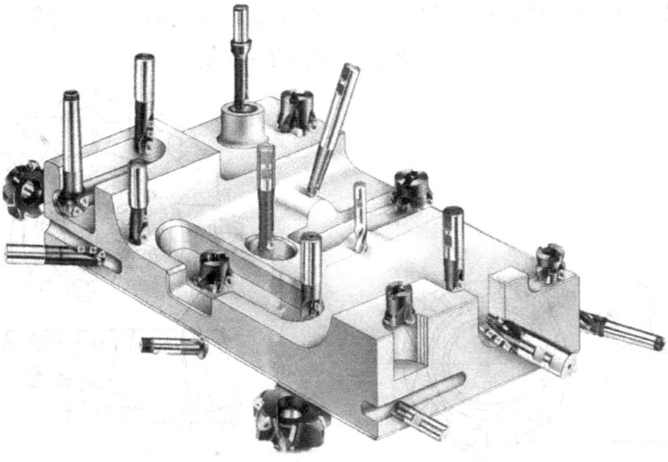

图 4-17

1. 面铣刀

面铣刀主要用于在立式铣床上加工平面和台阶面等，如图 4-18 所示。

面铣刀的主切削刃分布在铣刀的圆柱面上或圆锥面上，副切削刃分布在铣刀的端面上。

面铣刀按结构可以分为整体式面铣刀、硬质合金整体焊接式面铣刀、硬质合金机夹焊接式面铣刀、硬质合金可转位式面铣刀和硬质合金可转位模块式面铣刀等形式。

（1）整体式面铣刀（见图 4-19） 由于该铣刀往往采用高速钢材料，使其切削速度、进给量等都受到限制，阻碍了生产率的提高；又由于该铣刀的刀齿损坏后很难修复，所以整体式面铣刀目前已很少应用。

（2）硬质合金整体焊接式面铣刀（见图 4-20） 该铣刀由硬质合金刀片与合金钢体经焊接而成，其结构紧凑，切削效率高，制造较方便。但是，其刀齿损坏后很难修复，所以该铣刀应用也不多。

图 4-18

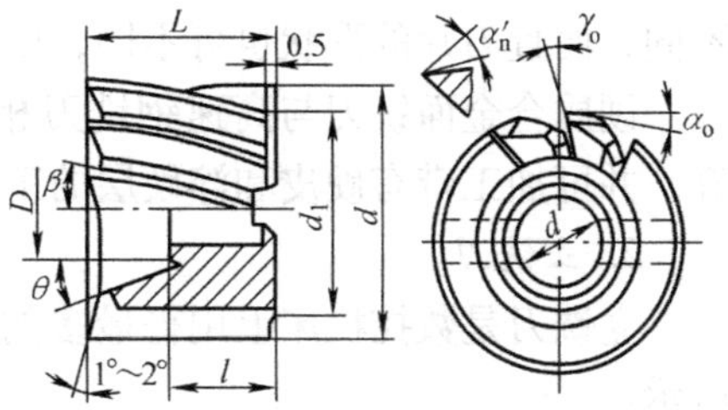

图 4-19

（3）硬质合金机夹焊接式面铣刀（见图 4-21） 该铣刀是将硬质合金刀片焊接在小刀头上，再采用机械夹固的方法将小刀头装夹在刀体槽中，其切削效率高。其刀头损坏后，只要更换新刀头即可，延长了刀体的使用寿命，所以该铣刀应用较多。

（4）硬质合金可转位式面铣刀 该铣刀是将硬质合金可转位刀片直接装夹在刀体槽中，切削刃用钝后，将刀片转位或更换新刀片即可继续使用，如图 4-22 和图 4-23 所示。

装夹转位刀片的机构形式有多种，图 4-22 所示为上压式的压板螺钉装夹机构，螺钉的夹紧力大，且夹紧可靠。当刀片的一个切削刃用钝后，可直接在机床上将刀片转位或更换新刀片。可转位式铣刀要求刀片定位精度高、夹紧可靠、排屑容易、更换刀片迅速等，同时各定位、夹紧元件通用性要好，制造要方便，并且应经久耐用。

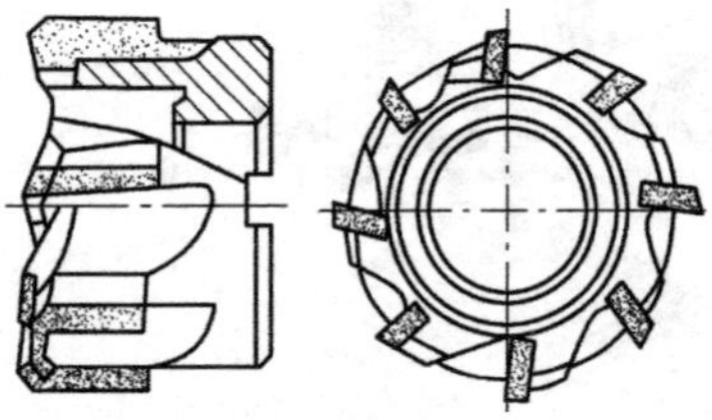

图 4-20

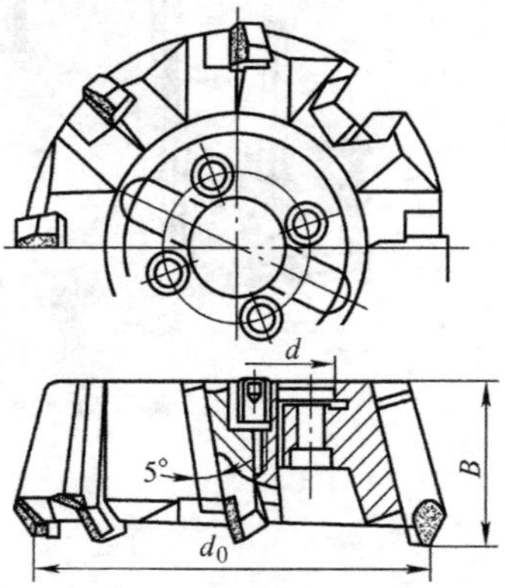

图 4-21

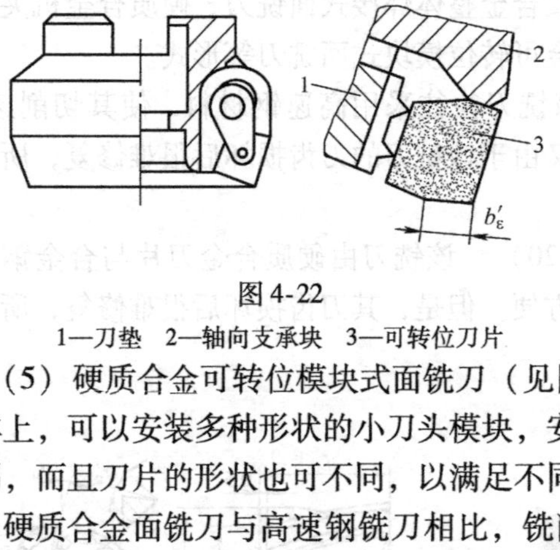

图 4-22

1—刀垫　2—轴向支承块　3—可转位刀片

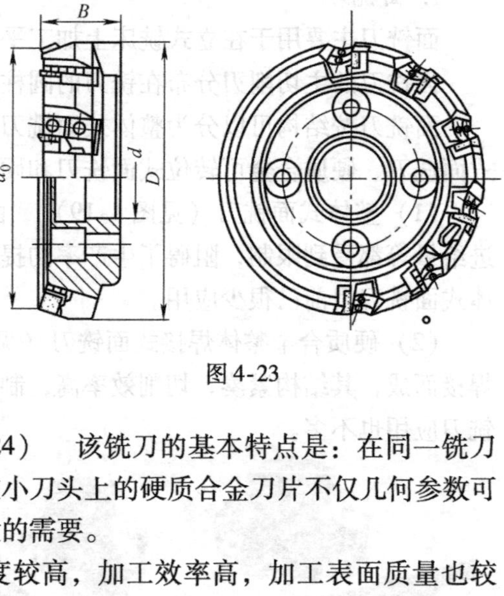

图 4-23

(5) 硬质合金可转位模块式面铣刀（见图 4-24）　该铣刀的基本特点是：在同一铣刀刀体上，可以安装多种形状的小刀头模块，安装在小刀头上的硬质合金刀片不仅几何参数可不同，而且刀片的形状也可不同，以满足不同用途的需要。

硬质合金面铣刀与高速钢铣刀相比，铣削速度较高，加工效率高，加工表面质量也较好，并可加工带有硬皮和淬硬层的工件，故得到了广泛应用。

2. **立铣刀**

立铣刀是数控机床上用得最多的一种铣刀，主要用于加工凹槽和台阶面等，如图 4-25 所示。

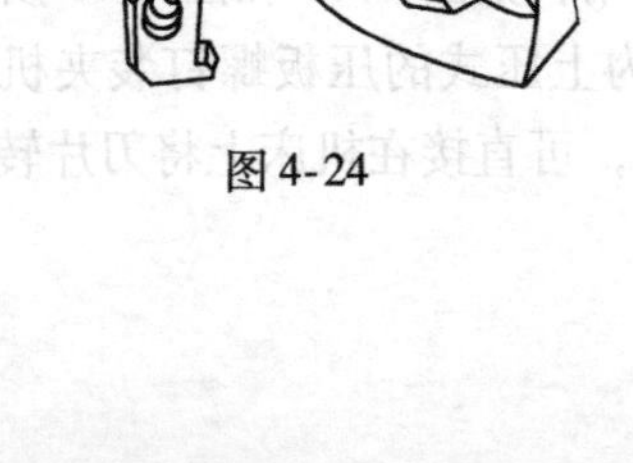

图 4-24

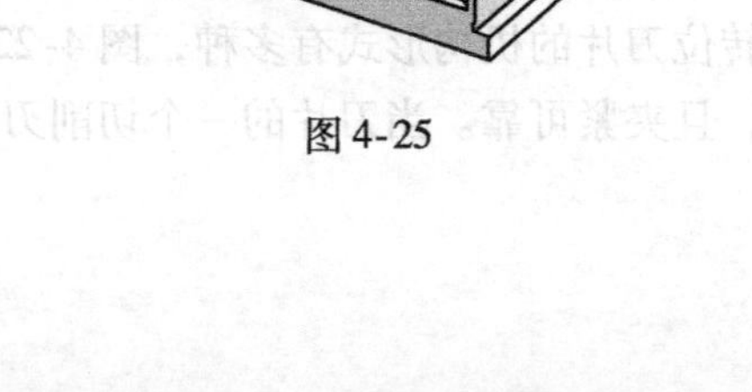

图 4-25

图4-26所示为高速钢立铣刀。该立铣刀的主切削刃分布在铣刀的圆柱面上，一般为螺旋齿；副切削刃分布在铣刀的端面上，且端面中心有顶尖孔。因此，铣削时一般不能沿铣刀轴向做进给运动，只能沿铣刀径向做进给运动。端面刃主要用来加工与侧面相垂直的底平面。

立铣刀有粗细齿之分，粗齿齿数为3~6个，适用于粗加工，细齿齿数为5~10个，适用于半精加工。立铣刀柄部有直柄、莫氏锥柄、7:24锥柄等多种形式。

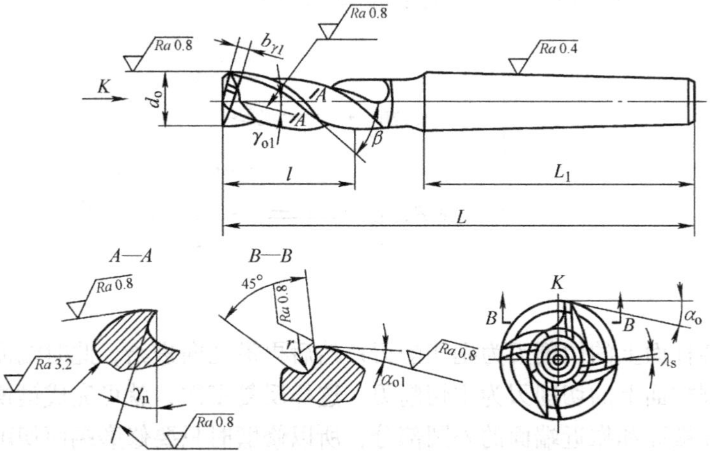

图4-26

图4-27所示为硬质合金立铣刀，其基本结构与高速钢立铣刀相差不多，但切削效率大大提高，为高速钢立铣刀的2~4倍，广泛适用于数控铣床、加工中心的切削加工。

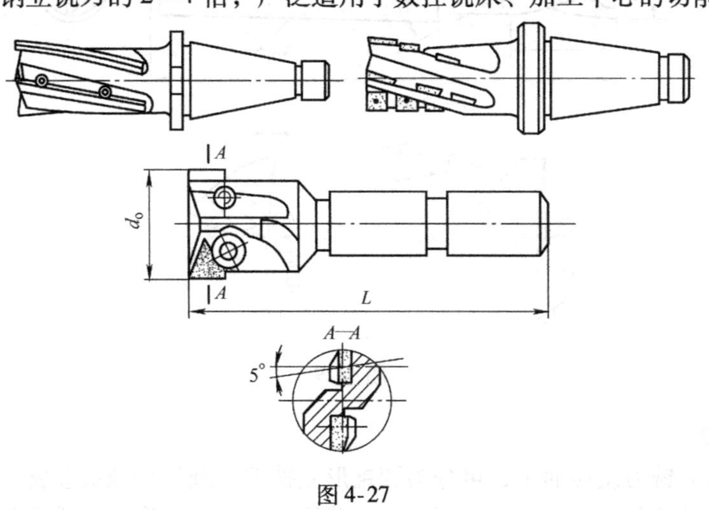

图4-27

立铣刀的铣削方式有直线铣削、斜线铣削、圆弧铣削、螺旋铣削和钻削铣削等，如图4-28所示。

3. 键槽铣刀

键槽铣刀主要用于在立式铣床上加工圆头封闭键槽等，如图4-29所示。该铣刀外形似立铣刀，仅有两个切削刃，端面无顶尖孔，端面刀齿从外圆开至轴心，且螺旋角较小，增强了端面刀齿的强度。加工键槽时，每次先沿铣刀轴向进给较小的量，此时端面刀齿上的切削

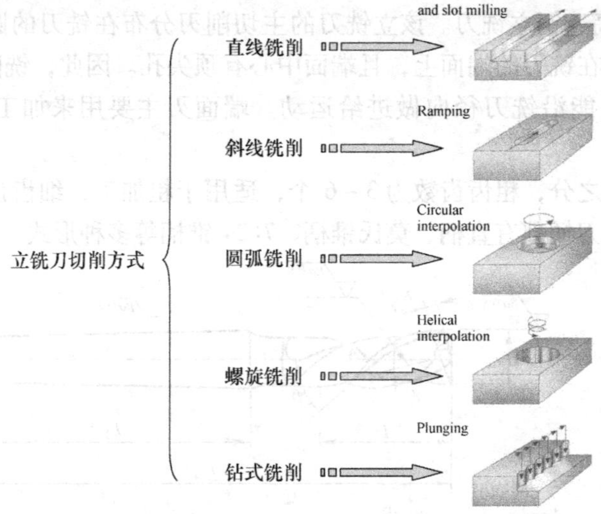

图 4-28

刃为主切削刃，圆柱面上的切削刃为副切削刃；然后再沿径向进给，此时端面刀齿上的切削刃为副切削刃，圆柱面上的切削刃为主切削刃。这样反复多次，就可完成键槽的加工。由于该铣刀的磨损是在端面和靠近端面的外圆部分，所以修磨时只要修磨端面切削刃。这样，铣刀直径可保持不变，使加工键槽精度较高，铣刀寿命较长。

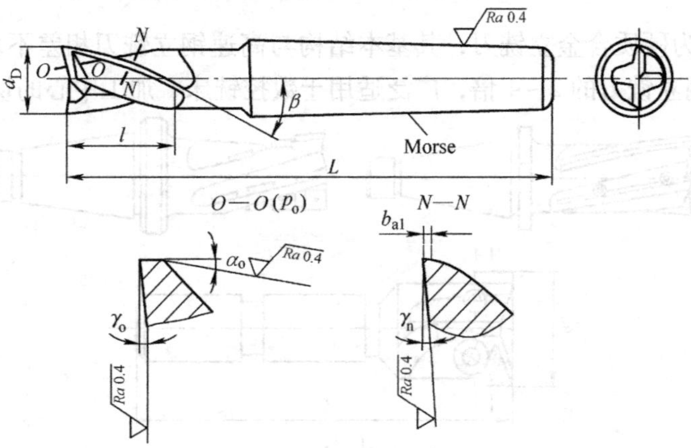

图 4-29

4. 模具铣刀

模具铣刀由立铣刀发展而来，可分为圆锥形立铣刀、圆柱形球头立铣刀和圆锥形球头立铣刀三种形式，其柄部有直柄、削平型直柄和莫氏锥柄。圆柱形球头铣刀与圆锥形球头铣刀的圆柱面、圆锥面和球面上的切削刃均为主切削刃，圆周刃与球头刃圆弧连接，铣削时不仅能沿铣刀轴向做进给运动，也能沿铣刀径向做进给运动，球头与工件接触为点接触。模具铣刀在数控铣床的控制下能加工出各种复杂的成形表面。

圆锥形立铣刀的作用与上述的球头立铣刀基本相同，只是该铣刀可以利用本身的圆柱体，方便地加工出模具型腔的拔模角。

图 4-30 所示为高速钢制造的模具铣刀，图 4-31 所示为硬质合金制造的模具铣刀。小规

格的硬质合金模具铣刀多制成整体结构，ϕ16mm 以上直径的，制成焊接或机夹可转位刀片结构。

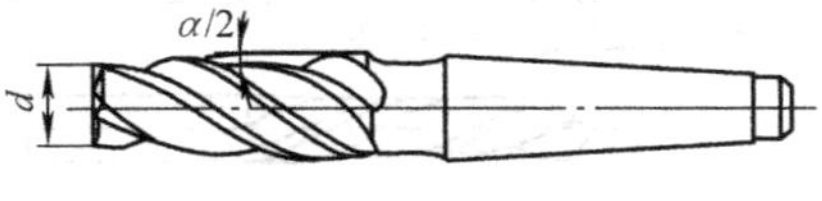

a) 圆锥形立铣刀

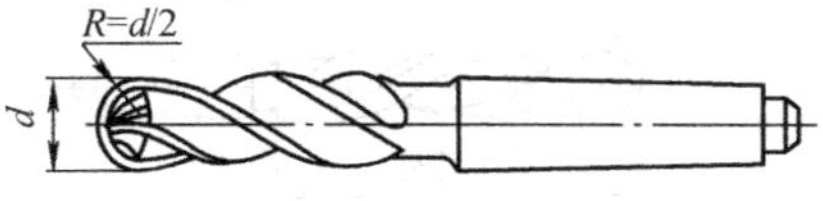

b) 圆柱形球头立铣刀

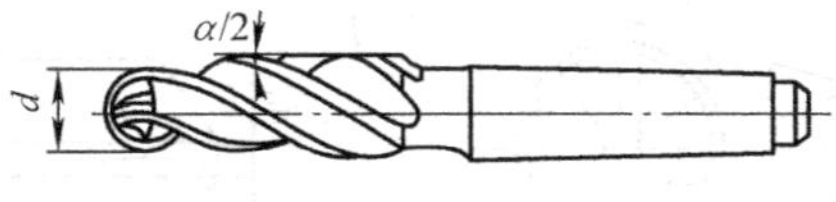

c) 圆锥形球头立铣刀

图 4-30

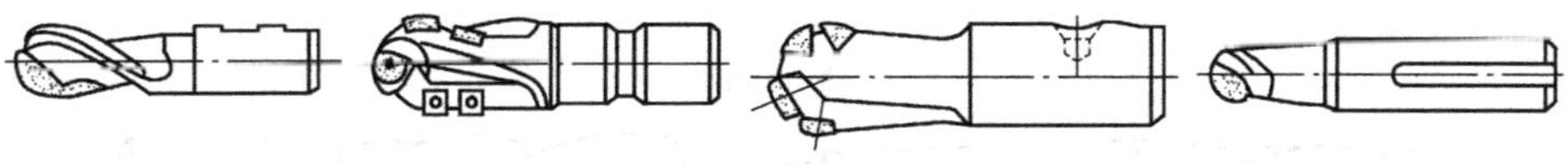

图 4-31

4.3.5　常用的孔加工刀具

从实体材料上加工出孔或扩大已有孔的刀具称为孔加工刀具。如麻花钻、中心钻、深孔钻等可以在实体材料上加工出孔，而扩孔钻、锪钻、铰刀、镗刀等可以在已有孔的材料上进行扩孔加工。常用的钻削加工刀具如图 4-32 所示。

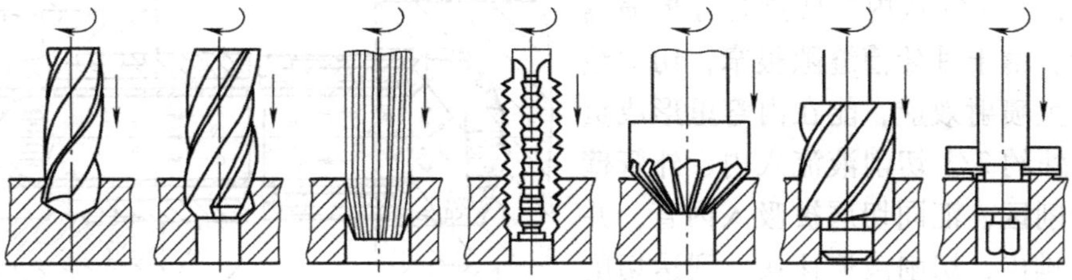

a) 钻孔　b) 扩孔　c) 铰孔　d) 攻螺纹　e) 沉头孔　f) 沉头孔　g) 锪端面

图 4-32

1. 麻花钻

麻花钻俗称钻头，是目前孔加工中应用最广的一种刀具。钻头能在钻床、铣床、车床和加工中心等机床上对孔进行加工，因为它的结构适应性较强，又有成熟的制造工艺及完善的刃磨方法，所以特别是加工直径 <30mm 的孔，麻花钻仍为主要工具。硬质合金钻头包括无横刃硬质合金钻头和硬质合金可转位浅孔钻头等，适用于高速、大功率的切削，其切削速度是高速钢麻花钻的 2 ~5 倍。高速钢麻花钻的结构如图 4-33 所示，硬质合金麻花钻的结构如图 4-34 所示。

2. 中心钻

中心钻主要用来加工轴类工件中心孔或在平面上预先钻出孔的中心位置。中心钻有三种结构形式：带护锥中心钻、无护锥中心钻和弧形中心钻。

3. 深孔钻

通常把孔深与孔径之比大于 5 ~10 的孔称为深孔，加工深孔所用的钻头称为深孔钻。深孔钻有很多种，常用的有外排屑深孔钻、内排屑深孔钻、喷吸钻及套料钻。

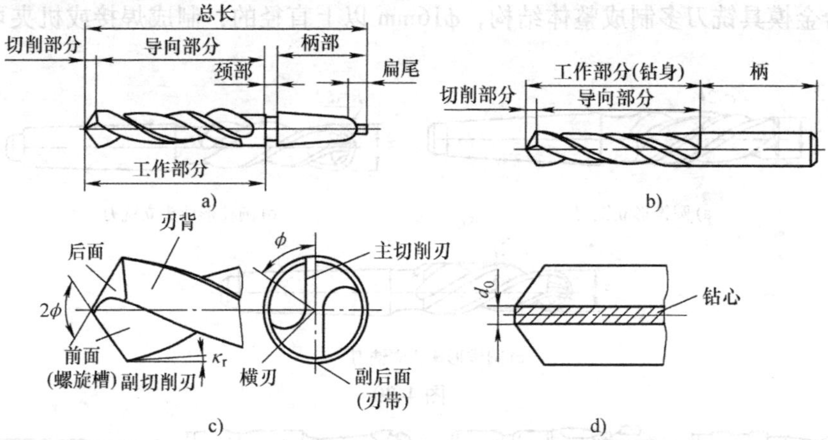

图 4-33

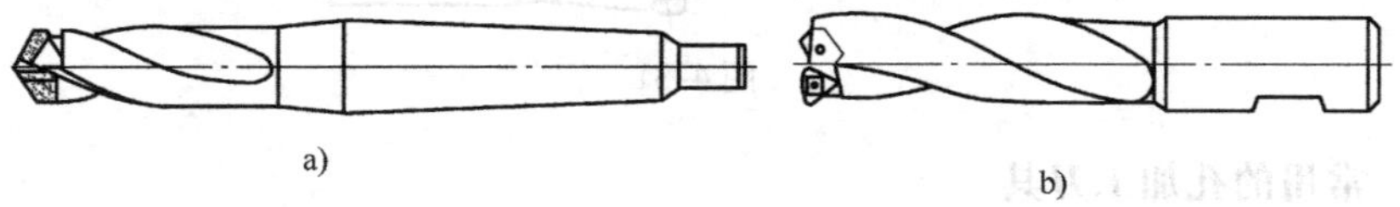

图 4-34

图 4-35 所示为用于深孔加工的喷吸钻。工作时，带压力的切削液从进液口流入连接套，其 1/3 从内管四周月牙形喷嘴喷入内管。由于月牙槽缝隙很窄，切削液喷入时产生喷射效应，能在内管里形成负压区。另外约 2/3 切削液流入内、外管壁间隙到切削区，汇同切屑被吸入内管，并迅速向后排出，切削液流速快，到达切削区时呈雾状喷出，有利于冷却，经喷口流入内管的切削液流速增大，加强“吸”的作用，提高排屑效果。

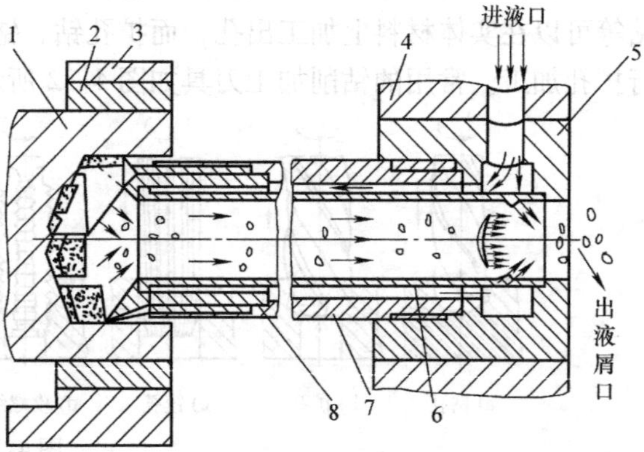

图 4-35

1—工件 2—卡爪 3—中心架 4—支持座
5—连接套 6—内管 7—外管 8—钻头

喷吸钻一般用于加工直径为 65 ~ 180mm 的深孔，孔的加工精度可达 IT7 ~ IT10 级，表面粗糙度值 Ra 达 0.8 ~ 1.6μm。

4. 扩孔钻

扩孔钻专门用来扩大已有的孔，标准扩孔钻一般有 3 ~ 4 条主切削刃，切削部分的材料为高速钢或硬质合金。扩孔钻的结构形式有直柄式、锥柄式和套式等，图 4-36a、b、c 所示即分别为锥柄式高速钢扩孔钻、套式高速钢扩孔钻和套式硬质合金扩孔钻。在小批量生产时，常用麻花钻改制扩孔钻。

扩孔直径较小时，可选用直柄式扩孔钻；扩孔直径中等时，可选用锥柄式扩孔钻；扩孔直径较大时，可选用套式扩孔钻。

扩孔钻的加工余量较小，主切削刃较短，因而容屑槽浅，刀体的强度和刚度较好。它无麻花钻的横刃，加上刀齿多，所以导向性好，切削平稳，加工质量和生产率都比麻花钻高，

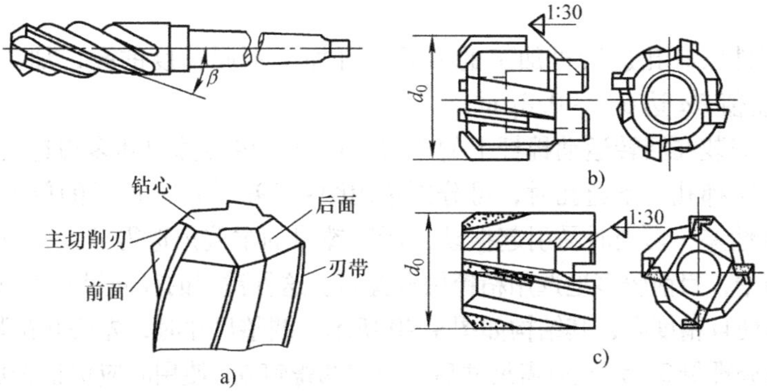

图 4-36

可达 IT15 ~ ITl0 级，表面粗糙度值 Ra 达 6.3 ~ 3.2μm。

5. 锪钻

常见的锪钻有三种：圆柱形沉头孔锪钻、锥形沉头孔锪钻及端面凸台锪钻。

6. 铰刀

铰刀常用来对已有孔进行最后精加工，也可对要求精确的孔进行预加工。

铰刀是对已有孔进行精加工的一种刀具。铰削切除余量很小，一般只有 0.1 ~ 0.5mm。它能在钻床、铣床、车床和加工中心等机床上加工直径为 1 ~ 100mm 的圆柱孔、圆锥孔、通孔和不通孔，是一种应用十分普遍的孔加工刀具。铰削加工精度可达 IT15 ~ IT6 级，表面粗糙度值 Ra 达 1.6 ~ 0.2μm。铰刀的具体结构组成如图 4-37 所示。

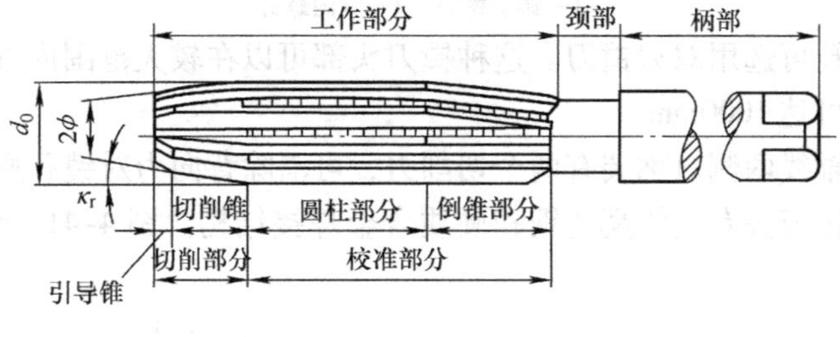

图 4-37

当加工精度为 IT5 ~ IT7 级、表面粗糙度值 Ra 为 0.7μm 时，可采用机夹硬质合金刀片的单刃铰刀，其结构如图 4-38 所示，刀片 3 通过楔套 4 用螺钉 1 固定在刀体上，通过螺钉 7、销子 6 可调节铰刀尺寸，导向块 2 可采用粘接和铜焊固定。

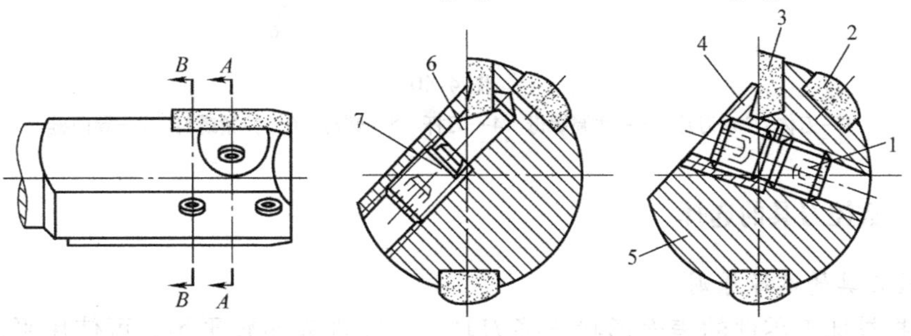

图 4-38

1、7—螺钉 2—导向块 3—刀片 4—楔套 5—刀体 6—销子

7. 镗刀

镗刀是对工件已有孔进行再加工的刀具，可加工不同精度的孔，加工精度可达 IT7 ~ IT6，表面粗糙度值 Ra 达 6.3 ~ 0.8μm。

镗刀也就是安装在回转运动镗杆上的车刀，可分为单刃镗刀和多刃镗刀。

镗削通孔、阶梯孔、不通孔时，可分别选用图 4-39a、b、c 所示的单刃镗刀。

单刃镗刀刚性差，切削时易引起振动，所以镗刀的主偏角选得较大，以减小背向力。

在孔的精镗中，目前较多地选用精镗微调镗刀。这种镗刀的径向尺寸可以在一定范围内进行微调，调节方便且精度高，其结构如图 4-40 所示。调整尺寸时，先松开拉紧螺钉 6，然后转动带刻度盘的微调螺母 3，调至所需尺寸后，再拧紧螺钉 6。使用时应保证锥面靠近大端接触，且与直孔部分同心。键与键槽配合间隙不能太大，否则微调时就不能达到较高的精度。

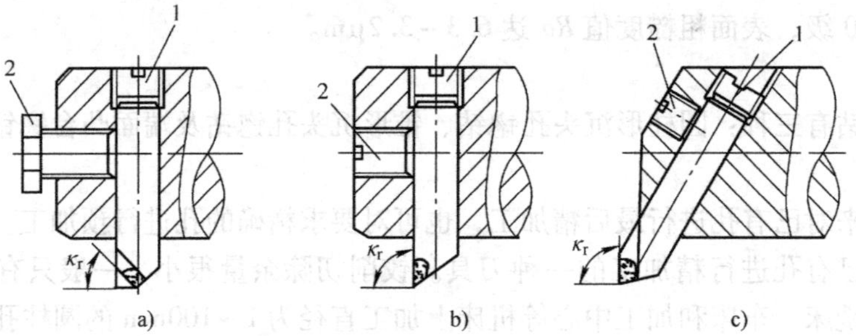

图 4-39

a）通孔镗刀 b）阶梯孔镗刀 c）不通孔镗刀

1—调节螺钉 2—紧固螺钉

镗削大直径的孔可选用双刃镗刀。这种镗刀头部可以在较大范围内进行调整，且调整方便，最大镗孔直径可达 1000mm。

双刃镗刀镗杆轴线两侧对称装有两个切削刃，可消除背向力对镗孔质量的影响，多采用装配式浮动结构，镗刀头有整体高速钢和硬质合金焊接结构。图 4-41 所示为大直径不重磨可调双刃镗刀。

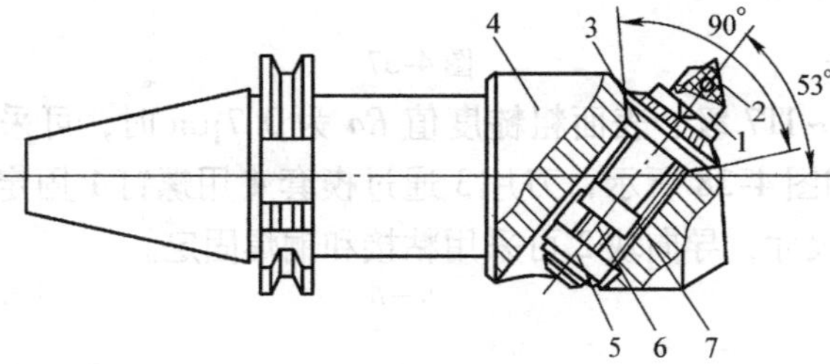

图 4-40

1—刀体 2—刀片 3—微调螺母 4—刀杆 5—螺母 6—拉紧螺钉 7—导向键

4.3.6 数控刀具的选择

1. 数控刀具的选择原则

1）根据被加工零件的表面形状选择刀具：若零件表面较平坦，可使用平底刀或飞刀（镶硬质合金刀片的圆鼻刀）进行加工；若零件表面凹凸不平，应使用球头铣刀进行加工，

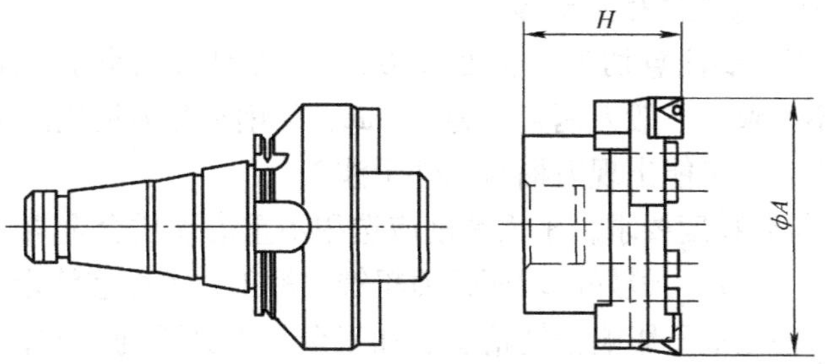

图4-41

以免切伤工件。

2）根据从大到小的原则选择刀具：刀具直径越大，所能切削到的毛坯材料范围越广，加工效率越高。

3）根据曲面曲率大小选择刀具：通常针对圆角或拐角位置的加工，圆角位越小选用的刀具直径越小，且通常圆角位的加工选用球头铣刀。

4）根据粗、精加工选择刀具：粗加工时强调获得最快的开粗过程，则刀具的选用偏向于大直径的平底刀或飞刀；精加工强调获得好的表面质量，此时应选用相应小直径的平底刀（飞刀）或球头铣刀。

2. 数控刀具的选择因素

刀具的选择是数控加工工艺中的重要内容之一。选择刀具通常要考虑机床的加工性能、工序内容和工件材料等因素。选取刀具时，要使刀具的尺寸和形状相适应。刀具选择应考虑的主要因素如下：

1）被加工工件的材料和性能，如金属、非金属，及其硬度、刚度、塑性、韧性及耐磨性等。

2）加工工艺类别，如车削、钻削、铣削、镗削或粗加工、半精加工、精加工和超精加工等。

3）加工工件信息，如加工件几何形状、加工余量、零件的技术指标。

4）刀具能承受的切削用量，主要包括切削用量三要素，主轴转速、切削速度与切削深度。

5）辅助因素，如操作间断时间、振动、电力波动或突然中断等。

3. 数控刀具的选择注意事项

1）刀具尺寸。刀具尺寸的选择要使刀具的尺寸与被加工工件的表面尺寸相适应。刀具直径的选用主要取决于设备的规格和工件的加工尺寸，还需要考虑刀具所需功率应在机床功率范围之内。

2）刀具形状。刀具形状的选择应符合铣削面。生产中，平面零件周边轮廓的加工，常采用立铣刀；铣削平面时，应选端铣刀或面铣刀；加工凸台、凹槽时，应选高速钢立铣刀；加工毛坯表面或粗加工孔时，可选取镶硬质合金刀片的玉米铣刀；对一些立体型面和变斜角轮廓外形的加工，常采用球头铣刀、环形铣刀、锥形铣刀和盘形铣刀。

3）大工件尽量使用大直径的刀具，以提高刀具的加工效率和刚性。曲面光刀和清角时，根据参考曲面凹陷和拐角处的最小半径值选择刀具。开粗先采用大直径刀具，以提高效率，再采用小直径刀具进行二次开粗，二次开粗的目的是清除上一步开粗的残余料。

4）在保证刀具刚性的前提下，刀具装夹长度依曲面形状和深度来确定，一般比加工范围高出2mm，防止刀具与工件相互干涉。

5）选择小直径刀具要注意切削刃长度（刃长）。刀具直径小于ϕ6mm时，刀具切削刃的直径与刀柄直径不一致，一般刀柄直径为ϕ6mm，切削刃与刀柄之间形成锥形过渡，加工区域狭窄、深度较大时，可能出现刀柄与工件干涉。

6）选择刀具应符合精度要求，平面铣削应选用不重磨硬质合金端面铣刀或立铣刀。一般采用二次走刀，第一次走刀最好用端面铣刀粗铣，沿工件表面连续走刀，选好每次走刀的宽度和铣刀的直径，使接痕不影响精铣精度。加工余量大又不均匀时，铣刀直径要选小些；精加工时，铣刀直径要选大些，最好能够包容加工面的整个宽度；表面要求高时，还可以选择具有修光效果的刀片。

7）在进行自由曲面（模具）加工时，由于球头铣刀的端部切削速度为零，因此为了保证加工精度，切削行距一般采用顶端密距，因此球头铣刀常用于曲面的精加工。而平头刀具在表面加工质量和切削效率方面都优于球头铣刀，因此在保证不过切的前提下，无论是曲面的粗加工还是精加工，都应该优先选择平头刀。另外，刀具的寿命和精度与刀具价格关系极大，选择好的刀具虽然增加了刀具成本，但由此带来的加工质量和加工效率的提高，则可以使整个加工成本大大降低。

8）在加工中心上，各种刀具分别装在刀库上，按照程序规定可以随时进行选刀和换刀动作。因此，必须采用标准刀柄，以便使钻、镗、扩、铣等工序用的标准刀具迅速、准确地装到机床主轴或刀库上。编程人员应该了解机床上所用刀柄的结构尺寸、调整方法及调整范围，以便在编程时确定刀具的径向和轴向尺寸。

4.4 UG CAM主要加工方式及功能特点

UG NX是Siemens PLM Software新一代数字化产品开发系统，它可以通过过程变更来驱动产品革新，独特之处是其知识管理基础。它使得工程专业人员能够推动革新，以创造出更大的利润。UG NX 8.5中文版的主要加工方式及特点如下：

1. 平面铣削（Planar Milling）

平面铣削用于平面轮廓或平面区域的粗、精加工，刀具平行于工件底面进行多层铣削。每一切削层均与刀轴垂直，各加工部位的侧面与底面垂直。平面铣削用边界定义加工区域，切除的材料为各边界投射到底面之间的部分，但是平面铣削不能加工底面与侧面不垂直的部位。

2. 型腔铣削（Cavity Milling）

型腔铣削用于对型腔或型芯进行粗加工。用户根据型腔或型芯的形状，将要切除的部位在深度方向上分成多个切削层进行切削，每个切削层可指定不同的切削深度，并可用于加工侧壁与底面不垂直的部位，但在切削时要求刀轴与切削层垂直。型腔铣削在刀具路径的同一高度内完成一层切削；遇到曲面时将绕过，并下降一个高度进行下一层的切削，系统按照零件在不同深度的截面形状计算各层的刀具轨迹。

3. 固定轴曲面轮廓铣削（Fixed Axis Milling）

固定轴曲面轮廓铣削用于对由轮廓曲面形成的区域进行精加工。它允许通过精确控制刀具的轴线和投影矢量来使刀具沿着非常复杂的曲面轮廓运动。其刀具路径通过投射导向点到零件表面来产生。

固定轴曲面轮廓铣削刀具轨迹的产生过程可以分为两个阶段：首先从驱动几何体上产生

驱动点，然后将驱动点沿着一个指定的矢量投射到零件几何体上，产生刀具轨迹点，同时检查该刀具轨迹点是否过切或超差。如果该刀具轨迹点满足要求，则输出该点，并驱动刀具运动；否则放弃该点。

4. 可变轴曲面轮廓铣削（Variable Axis Milling）

可变轴曲面轮廓铣削模块支持在曲面上的固定和多轴铣功能，完全是3～5轴轮廓运动。其刀具方位和曲面的表面质量可以由用户规定。利用曲面参数，通过投射刀具轨迹到曲面上和用任一曲线或点，可以控制刀具轨迹。

5. 顺序铣削（Sequential Milling）

顺序铣削模块用在用户要求创建刀具轨迹的每一步上。它只在完全进行控制的加工情况下有效。顺序铣削是完全相关的，它允许用户构造一段接一段的刀具轨迹，但保留每一个步骤上的总控制。其循环的功能允许用户通过定义内、外轨迹，在曲面上生成多个刀路。

6. 点位加工（Pointto Point）

点位加工可产生钻、扩、镗、铰和攻螺纹等操作的加工路径。该加工的特点是用点作为驱动器的几何规格，可根据需要选择不同的固定循环。

7. 螺纹铣削（Thread Milling）

对于一些因为螺纹直径太大，不适合用攻螺纹加工的螺纹，都可以利用螺纹铣削加工。螺纹铣削利用特别的螺纹铣刀通过铣削的方式加工螺纹。

8. 车削加工（Lathe）

车削加工提供为高质量车削零件需要的所有能力。UG NX/Lathe 为了自动更新，其零件几何体与刀具轨迹间是完全相关的，包括粗车、多刀路精车、车沟槽、车螺纹和中心钻等子程序，输出时可以直接带后处理，产生机床可读的一个源文件，用户控制的参数（除非改变参数保持模态）可以通过生成刀具轨迹和图形显示进行测试。

9. 线切割（Wire EDM）

利用线切割模块可以方便地在二轴和四轴方式中切削零件。线切割支持线框或实体的UG模型，在编辑和模型更新中，所有操作是完全相关的。多种类型的线切割操作是有效的，如多刀路轮廓、线反向和区域移去，也允许粘接线停止的轨迹和使用各种线尺寸和功率设置。用户可以使用通用的后处理器，从一个特定的后置中开发出一个加工机床的数据文件。线切割模块也支持许多流行的 EDM 软件包，包括 AGIE Charmil－les 和其他工具。

UG NX 8.5 中文版数控加工的其他特点如下：

（1）仿真功能　UG NX 8.5 数控加工提供了完整的工具，HD 3D 的三维精确描述功能，以及开放、直观的可视化环境，用于对整套加工流程进行模拟和确认。UG NX 8.5 拥有一系列可扩展的模拟仿真方案，从机床刀路显示到动态切削模拟，以及完全的机床运动仿真。

1）机床刀路验证。作为 UG NX 8.5 的标准功能，用户可以立即重新执行已计算好的机床刀路。UG NX 8.5 有一系列显示选择项，包括在毛坯上进行动态切削模拟。

2）机床运动仿真。UG NX 8.5 数控加工模块内完整的机床运动仿真可以由 UG NX 8.5 后处理程序输出并进行驱动。机床上的三维实体模型以及加工部件、夹具和刀具将会按照加工代码以已经设定好的机床移动方式进行运动。

3）同步显示。使用 UG NX 8.5 可以全景或放大模式，动态地观察在完整的机床模拟环境中对毛坯进行动态切削仿真。

4）VCR（录像机）模式控制。UG NX 8.5 提供了简单的屏幕按钮以控制模拟显示，与录像回放装置中的典型控制一样。

使用仿真功能具有以下优点。

1）缩短在机床上的验证时间。使用 UG NX 8.5，程序员无须在机床上进行耗时的检测，在计算机上验证部件程序即可。

2）碰撞检测。UG NX 8.5 可检测部件、正在加工的毛坯、刀具、刀柄和夹具以及机床结构之间是否存在实际的或接近的碰撞。

3）输出显示。随着模拟的运行，NC 执行代码将实时显示在滚动屏上。

（2）后处理和车间工艺文档　UG NX 8.5 拥有后处理生成器，可以图形方式创建 5 轴的后处理程序。运用后处理程序生成器，用户可以指定 NC 编码所需的参数文本于工厂以及用于阐释内部 NX 加工机床刀路所需的机床运动参数。

车间工艺文档的编制，包括工艺流程图、操作顺序信息和工具列表等，通常需要消耗很多时间，并被公认为是最大的流程瓶颈。UG NX 8.5 可以自动生成车间工艺文档，并以各种格式进行输出，包括 ASCⅡ内部局域网的 HTML 格式。

（3）定制编程环境　UG NX 8.5 加工编程环境可以由用户自己定制，即用户可以根据自己的工作需要来定制编程环境，排除与工作不相关的功能，简化编程环境，使环境最符合工作需要，以减少过于复杂的编程界面带来的烦恼，有利于提高工作效率。

4.5 UG CAM 界面介绍

1. 进入加工模块

在菜单的【开始】下拉框中选择【加工(N)...】模块，如图 4-42 所示，进入加工应用模块。

2. 设置加工环境

选择【加工(N)...】模块后系统出现【加工环境】对话框，如图 4-43 所示，在 CAM 会话配置 列表框中选择 cam_general，在 要创建的 CAM 设置 列表框中选择 mill_contour，单击 确定 按钮，进入加工初始化，加工界面如图 4-44 所示。

3. 工具条

（1）导航器工具条。

（程序顺序视图）：在工序导航器中显示程序顺序视图；

（机床视图）：在工序导航器中显示机床视图；

（几何视图）：在工序导航器中显示几何视图；

（加工方法视图）：在工序导航器中显示加工方法视图。

（2）插入工具条。

（创建程序）：新建程序对象，该对象显示在工序导航器的程序视图中；

（创建刀具）：新建刀具对象，该对象显示在工序导航器的机床视图中；

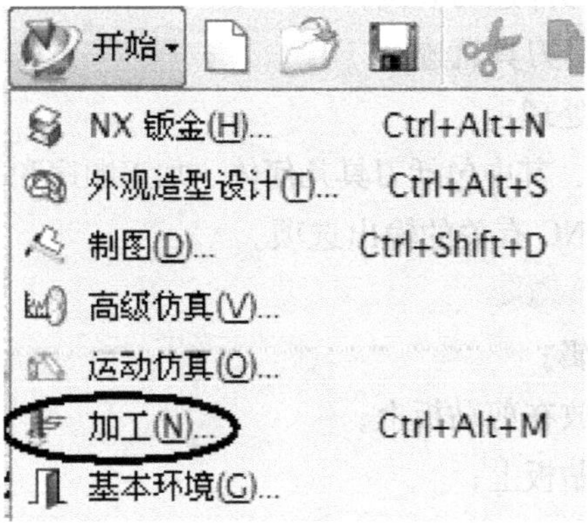

图 4-42

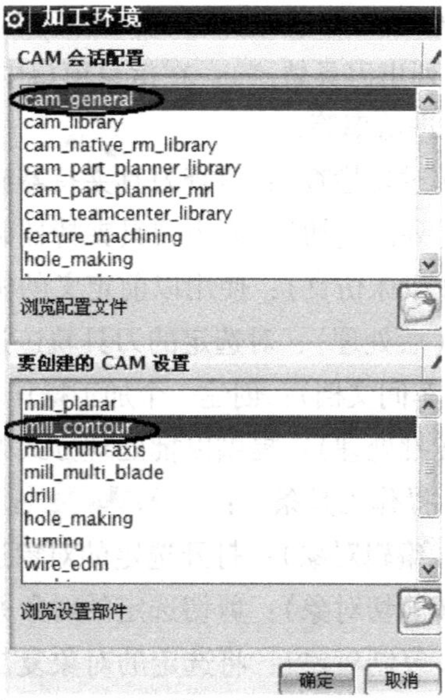

图 4-43

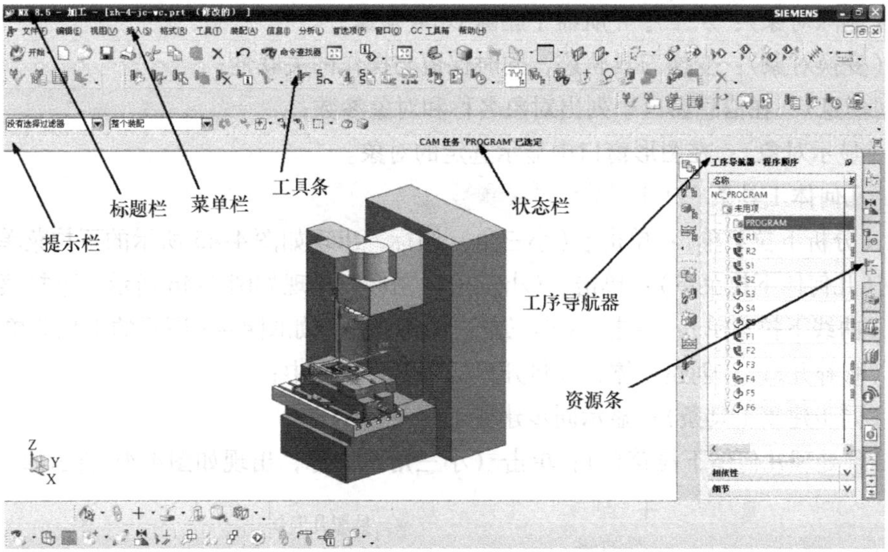

图 4-44

(创建几何体)：新建几何体组对象，该对象显示在工序导航器的几何视图中；

(创建方法)：新建方法组对象，该对象显示在工序导航器的加工方法视图中；

(创建工序)：新建操作，该操作显示在工序导航器的所有视图中。

(3) 操作工具条—

(生成刀具轨迹)：为选定操作生成刀具轨迹；

(平行生成刀具轨迹)：交互会话继续时，在后台生成所选操作的刀具轨迹；

(编辑刀具轨迹)：为选定操作编辑刀具轨迹；

(删除刀具轨迹)：为选定操作删除刀具轨迹；

(重播刀具轨迹)：在图形窗口中重现选定的刀具轨迹；

（确认刀具轨迹）：确认选定的刀具轨迹并显示刀具运动和材料移除；

（列出刀具轨迹）：在信息窗口中列出选定刀具轨迹 GOTO（相对于 MCS）、机床控制信息以及进给率等；

（过切检查）：检查刀具夹持器碰撞和部件过切；

（列出过切）：列出刀具夹持器碰撞和部件过切事例；

（机床仿真）：使用以前定义的机床仿真刀具轨迹；

（后处理）：对选定的刀具轨迹进行后处理；

（车间文档）：创建一个加工操作的报告，其中包括刀具几何体、加工顺序和控制参数；

（批处理）：提供以批处理方式处理与 NC 有关的输出选项。

（4）操作工具条二：

（编辑对象）：打开选定的对象进行编辑；

（剪切对象）：剪切选定的对象并将其放在剪贴板上；

（复制对象）：将选定的对象复制到剪贴板上；

（粘贴对象）：从剪贴板粘贴对象；

（重命名对象）：重命名工序导航器中的 CAM 对象；

（删除对象）：从工序导航器中删除 CAM 对象；

（变换对象）：变换刀具轨迹，同时保留与操作的关联性；

（信息）：在信息窗口中列出对象名称和对象参数；

（显示对象）：在图形窗口中显示选定的对象。

（5）几何体工具条

（分析下拉菜单）：单击（小三角）图标，出现如图 4-45 所示的下拉菜单；

＋（几何体下拉菜单）：单击（小三角）图标，出现如图 4-46 所示的下拉菜单；

（曲线下拉菜单）：单击（小三角）图标，出现如图 4-47 所示的下拉菜单；

（修补开口）：创建片体，以将开口插入到一组面中；

（同步建模工具条）：显示同步建模工具条；

（预处理几何体下拉菜单）：单击（小三角）图标，出现如图 4-48 所示的下拉菜单。

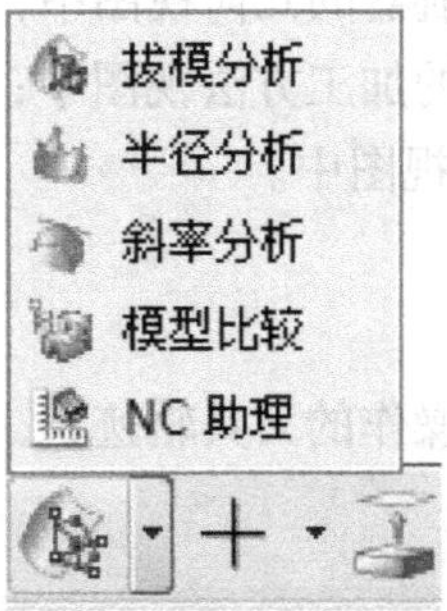

图 4-45

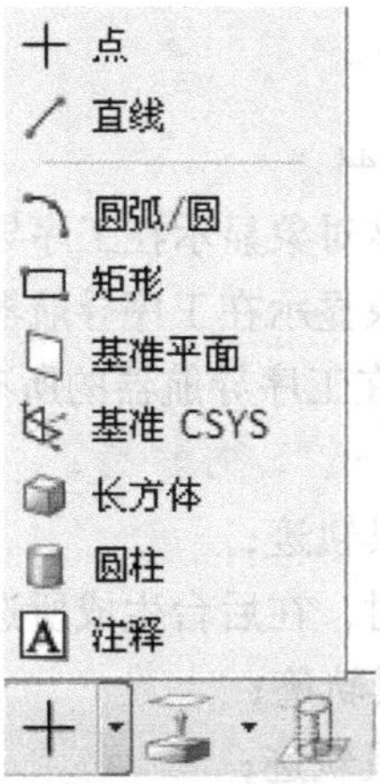

图 4-46

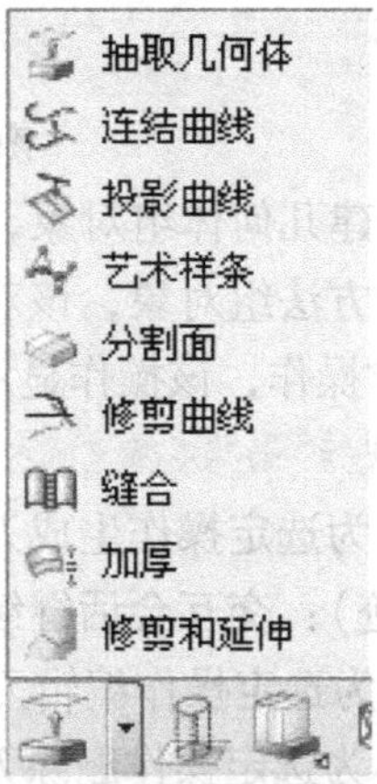

图 4-47

图 4-48

4. 工序导航器工具视图

工序导航器是各加工模块的入口位置，是用户进行交互编辑操作的图形界面，它以树形结构显示程序顺序、加工方法、几何对象、机床（刀具）等对象，以及它们的从属关系。在资源条单击（工序导航器）图标，可以打开或关闭工序导航器工具。单击工序导航器中各节点前的展开号（+）或折叠号（-），可展开或折叠各节点包含的对象。

工序导航器工具可以显示四种视图，分别是：程序顺序视图、机床视图、加工方法视图、几何视图。通过工序导航器工具条中四个命令控制显示哪种视图。

（1）程序顺序视图　图4-49所示为程序顺序视图，在该视图中，每个操作名称的后面显示了该操作的相关信息。换刀列显示该操作相对于前一个操作是否更换刀具，若是更换了将显示一个▮（刀具符号）；刀轨列显示该操作对应的刀具路径是否生成，如果生成则显示✔符号，若是通过其他操作转换得来将显示↪符号。除此以外，还显示了该操作所使用的刀具、刀具号、时间、几何体和方法的名称。

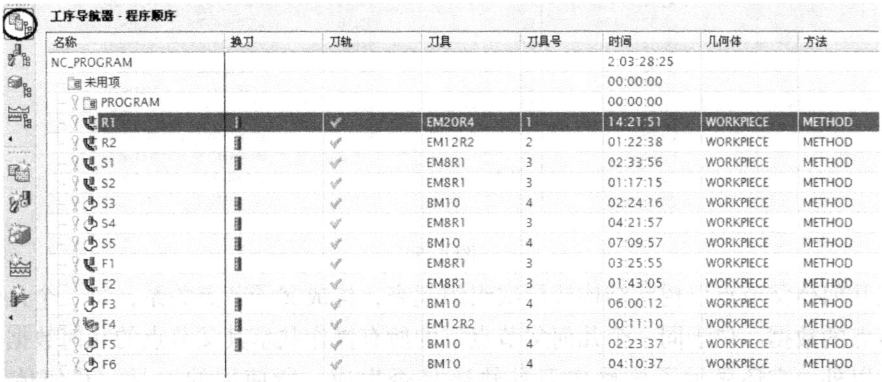

工序导航器 - 程序顺序

名称	换刀	刀轨	刀具	刀具号	时间	几何体	方法
NC_PROGRAM					2:03:28:25		
未用项					00:00:00		
PROGRAM					00:00:00		
R1	▮	✔	EM20R4	1	14:21:51	WORKPIECE	METHOD
R2	▮	✔	EM12R2	2	01:22:38	WORKPIECE	METHOD
S1	▮	✔	EM8R1	3	02:33:56	WORKPIECE	METHOD
S2		✔	EM8R1	3	01:17:15	WORKPIECE	METHOD
S3	▮	✔	BM10	4	02:24:16	WORKPIECE	METHOD
S4	▮	✔	EM8R1	3	04:21:57	WORKPIECE	METHOD
S5	▮	✔	BM10	4	07:09:57	WORKPIECE	METHOD
F1	▮	✔	EM8R1	3	03:25:55	WORKPIECE	METHOD
F2		✔	EM8R1	3	01:43:05	WORKPIECE	METHOD
F3	▮	✔	BM10	4	06:00:12	WORKPIECE	METHOD
F4	▮	✔	EM12R2	2	00:11:10	WORKPIECE	METHOD
F5	▮	✔	BM10	4	02:23:37	WORKPIECE	METHOD
F6		✔	BM10	4	04:10:37	WORKPIECE	METHOD

图 4-49

（2）机床视图　图4-50所示为机床视图，该视图按加工刀具来组织各个操作，其中列出了当前零件中存在的各种刀具以及使用这些刀具的操作名称，一个操作只能使用一把刀具。

工序导航器 - 机床

名称	刀轨	刀具	描述	刀具号	几何体	方法	程序组
GENERIC_MACHINE			Generic Machine				
未用项			mill_contour				
EM20R4			铣刀-5 参数	1			
R1	✔	EM20R4	CAVITY_MILL	1	WORKPIECE	METHOD	NC_PROGRAM
EM12R2			铣刀-5 参数	2			
R2	✔	EM12R2	CAVITY_MILL	2	WORKPIECE	METHOD	NC_PROGRAM
F4	✔	EM12R2	FACE_MILLING_AREA	2	WORKPIECE	METHOD	NC_PROGRAM
EM8R1			铣刀-5 参数	3			
S1	✔	EM8R1	ZLEVEL_PROFILE	3	WORKPIECE	METHOD	NC_PROGRAM
S2	✔	EM8R1	ZLEVEL_PROFILE	3	WORKPIECE	METHOD	NC_PROGRAM
S4	✔	EM8R1	CONTOUR_AREA	3	WORKPIECE	METHOD	NC_PROGRAM
F1	✔	EM8R1	ZLEVEL_PROFILE	3	WORKPIECE	METHOD	NC_PROGRAM
F2	✔	EM8R1	ZLEVEL_PROFILE	3	WORKPIECE	METHOD	NC_PROGRAM
BM10			铣刀-球头铣	4			
S3	✔	BM10	CONTOUR_AREA	4	WORKPIECE	METHOD	NC_PROGRAM
S5	✔	BM10	CONTOUR_AREA	4	WORKPIECE	METHOD	NC_PROGRAM
F3	✔	BM10	CONTOUR_AREA	4	WORKPIECE	METHOD	NC_PROGRAM
F5	✔	BM10	CONTOUR_AREA	4	WORKPIECE	METHOD	NC_PROGRAM
F6	✔	BM10	CONTOUR_AREA	4	WORKPIECE	METHOD	NC_PROGRAM

图 4-50

在该视图中每个刀具就是个刀具父节点，其下面的操作都可以通过剪切和粘贴来改变其在刀具父节点下的位置，将一个操作从一把刀具下移到另一把刀具下实际上就是改变了操作所使用的刀具。

除此以外，它还显示了该操作刀轨是否生成、所使用的刀具、描述、刀具号、几何体、方法、程序组的名称。

（3）几何视图　图4-51所示为几何视图，该视图列出了当前零件存在的几何体父节点组和坐标系，以及使用这些几何体组和坐标系的操作名称和相关操作信息。加工几何体父节点就是生成刀具路径所需要指定的几何数据，它们是操作参数的主要组成部分。比如，一个型腔铣削操作需要指定加工坐标系（MCS）、毛坯几何体和部件几何体。

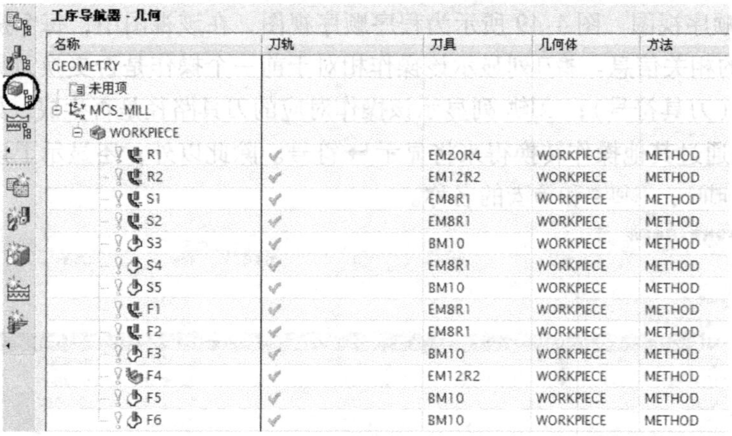

图4-51

加工几何体父节点以树状结构按层次组织起来，构成父子节点关系，每一个几何节点继承其父节点的数据。位于同一个几何父节点下的所有操作共享其父节点的几何数据。

除此以外，它还显示了该操作刀具轨迹是否生成、所使用的刀具、几何体、方法的名称。

（4）加工方法视图　如图4-52所示为加工方法视图，该视图列出了当前零件中存在的加工方法（粗加工、半精加工、精加工）以及使用这些加工方法的操作名称。

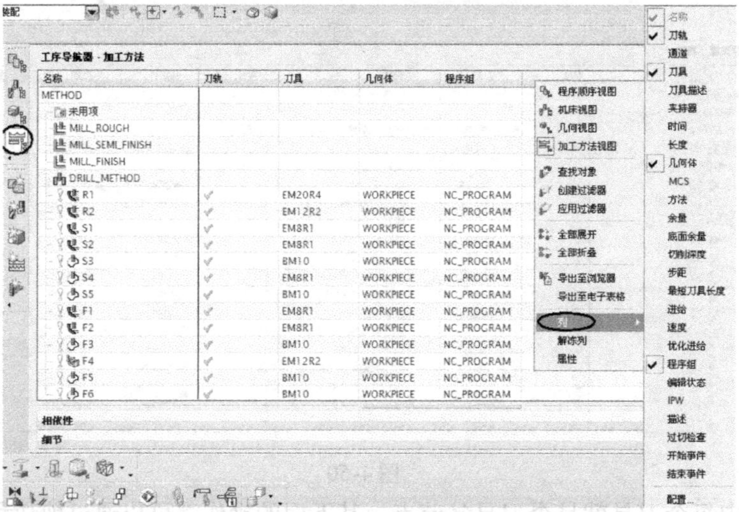

图4-52

加工方法不是生成刀具轨迹必须使用的参数，只是为了自动计算切削进给量和主轴转速才有必要指定加工方法。

除此以外，它还显示了该操作刀轨是否生成、所使用的刀具、几何体、程序组的名称。其中的列选项可以通过选择列标题，单击鼠标右键来勾选各选项，如图4-52所示。

4.6　UG CAM 数控加工几何体类型

几何体用来指定加工区域和设置对加工边界及区域进行限制加工的参数，其中的各个参数都是通用的，无论是平面铣削还是型腔铣削，相同的几何体所代表的意思都是相同的。

1. WORKPIECE 几何体

WORKPIECE 几何体又称为铣削几何体，包括部件几何体、毛坯几何体和检查几何体，如图4-53所示。

图4-53

（1）部件几何体　部件几何体用来指定加工的轮廓表面，通常直接选择部件被加工后的实际表面。部件几何体可以是实体、曲面、曲线。直接选择实体或者实体表面作为部件几何体，可以保持加工刀具轨迹与几何体的相关性。部件几何体是有界的，即刀具只能定位在指定部件几何体的已存位置上（包括边界），而不能定位在其扩展的表面上。一般情况下指定绘图区域内的加工零件为部件几何体。

（2）毛坯几何体　毛坯几何体用来指定加工毛坯范围的参数，可以通过建模把毛坯绘制出来，或利用【指定毛坯】自带的【自动块】功能来创建毛坯。一般情况下，毛坯是一个实体。在进行二维模拟切削时，一定要指定毛坯才可以进行模拟切削，否则将出现警告。

（3）检查几何体　检查几何体是通过【指定检查】命令来实现的。检查几何体是指切削过程，保护刀具不能侵犯的几何对象。刀具碰到检查几何体时，会自动避开，并行进到下一个安全切削位置才开始进给。

2. 面铣与平面铣几何体

面铣与平面铣几何体用于计算刀具轨迹、定义刀具运动的范畴，并以底平面控制刀具的切削深度。平面铣中的有效切削是一个边界，而不是一个面，但可以用面或者边界来确定切削范围。如图4-54和图4-55所示，在面铣与平面铣的对话框中，几何体的参数有很多不同之处。

图4-54

（1）部件　与 WORKPIECE 几何体中的部件几何体相同。

（2）面边界　面边界是在面铣中指定面铣加工范围的参数，可以通过平面、曲线和点来指定加工范围。

（3）检查体 与WORKPIECE几何体中的检查几何体相同。

（4）检查边界 检查边界用于描述刀具不能碰撞的区域，如夹具和压板的位置。检查边界的定义和毛坯边界定义的方法是一样的，注意没有敞开的边界，只有封闭的边界。用户可以通过指定检查边界的余量来定义刀具离开检查边界的距离。当刀具碰到检查几何体时，可以在检查边界的周围产生刀具轨迹，也可以产生退刀运动，这可以根据需要在【切削参数】对话框中设置。

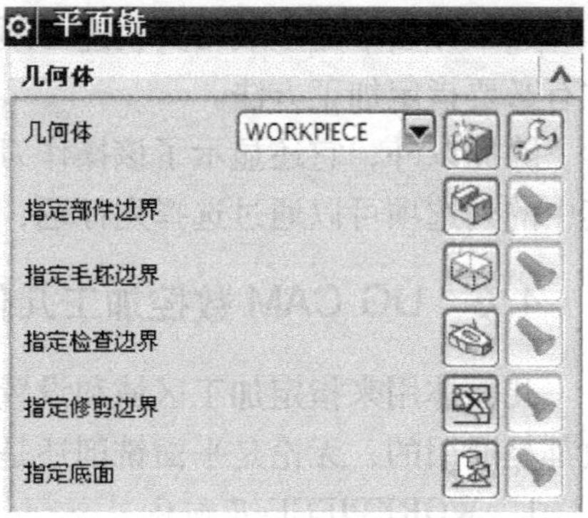

图4-55

（5）部件边界 部件边界用于表示加工零件的几何对象，也就是描述完成的零件。它控制刀具运动的范围，是系统计算刀具轨迹的重要依据。可以通过选择面、曲线和点来定义部件边界。面是作为一个封闭的边界来定义的，其材料侧为内部保留或者外部保留。当通过曲线和点来定义部件边界时，边界有开放和封闭之分。对于封闭的边界，其材料侧为内部保留或者外部保留；对于开放的边界，其材料侧为左侧保留或右侧保留。

（6）毛坯边界 毛坯边界用于表示被加工零件的毛坯的几何对象，也就是用于描述将要被加工的材料的范围。毛坯边界的定义和部件边界定义的方法相似，只是毛坯边界只有封闭的边界。当部件边界和毛坯边界都定义时，系统根据毛坯边界和部件边界共同定义的区域（即两种边界相交的区域）定义刀具运动的范围。利用这一特性，可以进一步控制刀具运动的范围。

（7）修剪边界 修剪边界用于进一步控制刀具的运动范围。修剪边界的定义方法与部件边界的定义是一样的，与部件边界一同使用时，可对由部件边界生成的刀轨做进一步的修剪。修剪的材料侧可以是内部的、外部的或者是左侧的、右侧的。

（8）底面 底面用于指定平面铣床加工最低高度的参数。

3. 型腔铣、固定轮廓铣、可变曲面轮廓铣几何体

在型腔铣、固定轮廓铣、可变曲面轮廓铣几何体中，大部分的几何体所指的参数和平面铣中的相同。其中不同的只有（切削区域）几何体，如图4-56和图4-57所示。

图4-56

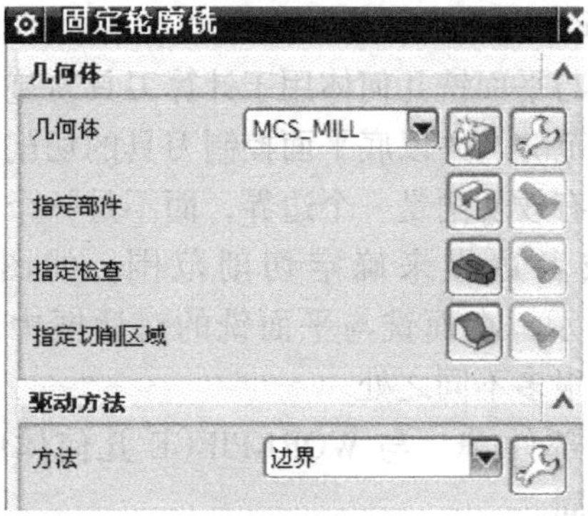

图4-57

（1）部件 与WORKPIECE几何体中的部件几何体相同。

（2）毛坯 与 WORKPIECE 几何体中的毛坯几何体相同。

（3）检查体 与 WORKPIECE 几何体中的检查几何体相同。

（4）切削区域 表示加工区域。使用切削区域来创建局部的铣削操作，可以选择部件上特定的面来包含切削区域，而不需要选择整个实体，这样可以省去剪切边界这一操作。

（5）修剪边界 与平面铣几何体中的修剪边界相同。

4. 钻削几何体

钻削几何体中包括孔、顶面和底面三个几何体参数，如图 4-58 所示。

图 4-58

（1）孔 指定钻孔的位置。UG CAM 提供了各种点捕捉方式来实现在模型上指定加工孔的位置。

（2）部件表面 指定孔加工的起始面，也就是顶面。可以选择模型上的平面来指定，也可用平面构造器来指定。

（3）底面 指定孔加工的终止面，也就是加工底面。可以选择模型上的平面来指定，也可以用平面构造器来指定。

4.7　UG NX 加工余量的设置

工件的数控加工一般要经过粗加工、半精加工和精加工等工序，创建每一个操作时都需要为下一个操作或工序保留加工余量。UG NX 提供了多种定义余量的方式。

1. 部件余量

在工件所有的表面上指定剩余材料的厚度值，如图 4-59 所示。

2. 部件侧面余量

在工件的侧边上指定剩余材料的厚度值。在每一切削层上，它是在水平方向测量的数值，应用于工件的所有表面，如图 4-60 所示。

3. 部件底面余量

在工件的底面上指定剩余材料的厚度值。它是在刀具轴线方向测量的数值，只应用于工件上的水平表面，如图 4-61 所示。

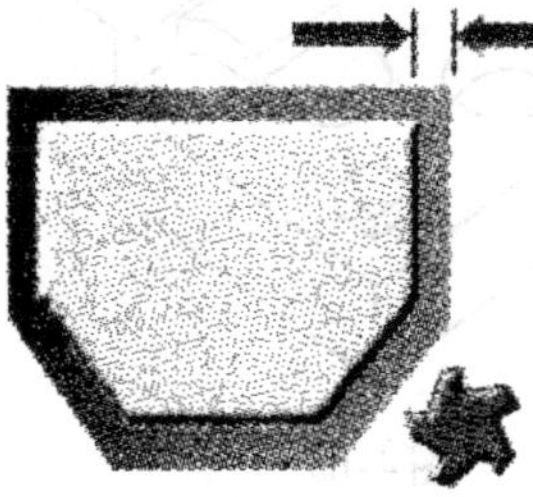
图 4-59

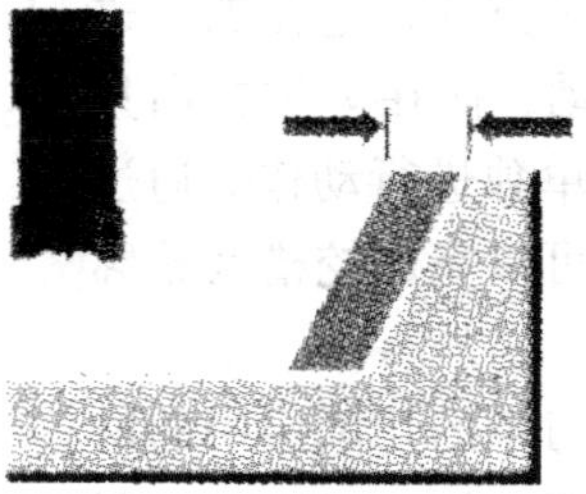
图 4-60

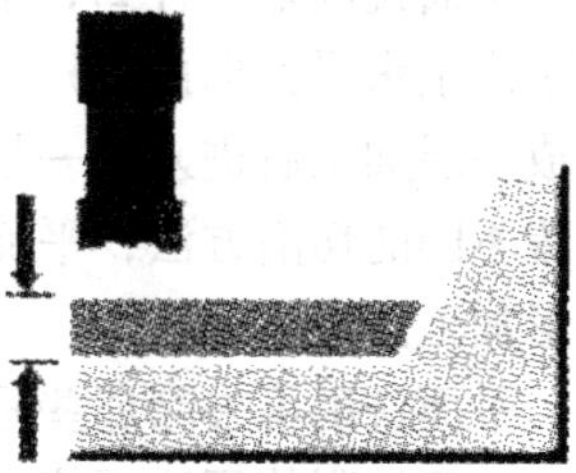
图 4-61

4. 检查余量

指定切削时刀具离开检查几何体的距离，如图 4-62 所示。将一些重要的加工面或者夹具设置为检查几何体，设置余量可以起到安全保护作用。

5. 修剪余量

指定切削时刀具离开修剪几何体的距离，如图4-63所示。

6. 毛坯余量

指定切削时刀具离开毛坯几何体的距离。毛坯余量可以使用负值，所以使用毛坯余量可以放大或缩小毛坯几何体，如图4-64所示。

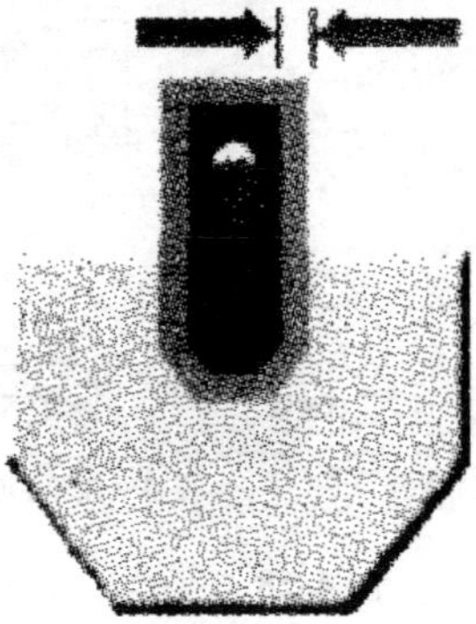

图4-62

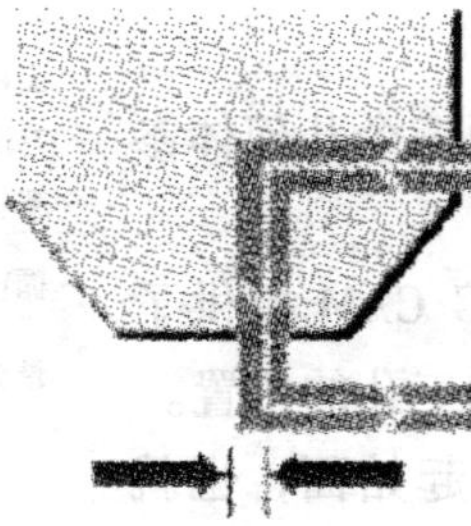

图4-63

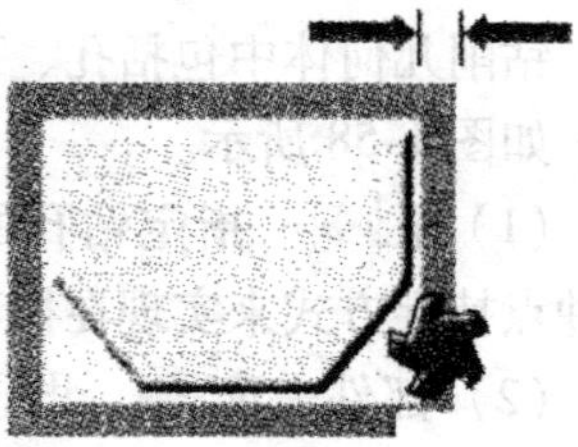

图4-64

在切削参数中，还需要说明另外一个参数：毛坯距离。

毛坯距离：在工件边界或者工件几何体上增加一个偏置距离，而产生的新的边界或几何体作为新定义的毛坯几何体，此偏置距离即为毛坯距离。

4.8 UC NX数控加工常用技术

4.8.1 平面铣削（Planar Milling）加工技术

1. 平面铣削概述

平面铣削操作可以创建去除平面层中的材料量的刀具轨迹，这种操作类型最常用于粗加工，为精加工操作做准备；也可以用于精加工零件的表面及垂直于底平面的侧面。平面铣削可以不做出完整的造型，而只依据二维图形直接生成刀具路径，如图4-65所示。

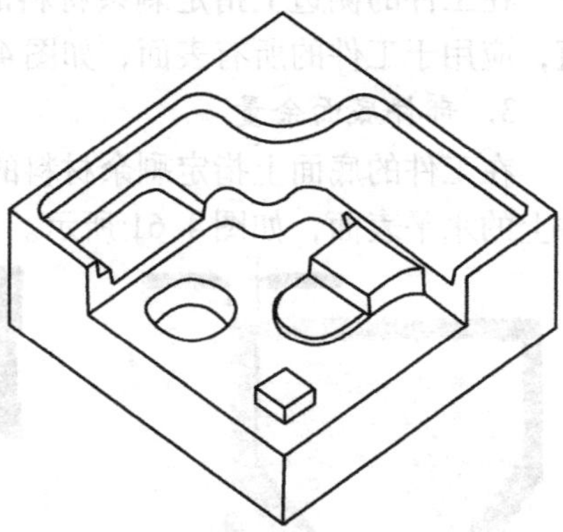

图4-65

平面铣削是一种2.5轴的加工方式，它在加工过程中产生水平方向的XY两轴联动，而在Z轴方向只完成一层加工后进入下一层时才单独进行动作。通过设置不同的切削方法，平面铣削可以完成挖槽及轮廓外形加工。

平面铣削可去除那些垂直于刀轴的切削层中的材料。平面铣削使用边界来定义材料，用于切削具有竖直壁的部件，以及垂直于刀杆的平面岛和底面。

2. 平面铣削的特点

平面铣削的特点是刀轴固定，底面是平面，各侧面垂直于底面。

3. 平面铣削的应用

平面铣削可把直壁的、岛屿的顶面和槽腔的底面加工为平面。

4. 平面铣削加工环境

打开文件，进入加工模块。当首次进入加工模块时，系统会弹出【加工环境】对话框，如图4-66所示，首先要求进行初始化，【CAM会话设置】需在制造方式中指定加工设定的默认文件，即要选择一个加工模板集，图示选择【mill－planar】。在【加工环境】对话框中单击【确定】按钮，系统则根据指定的加工配置，调用平面铣削模板和相关的数据进行加工环境的初始化。

5. 平面铣削各子类型功能

选择菜单中的【插入(S)】/【操作(E)...】命令或在【插入】工具条中选择（创建工序）图标，出现【创建工序】对话框，如图4-67所示。

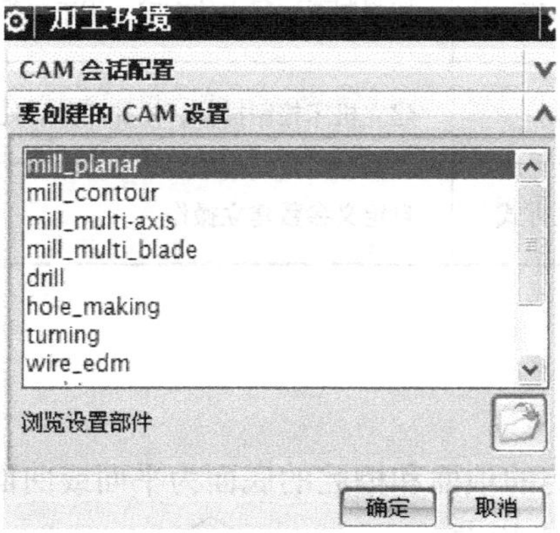

图4-66

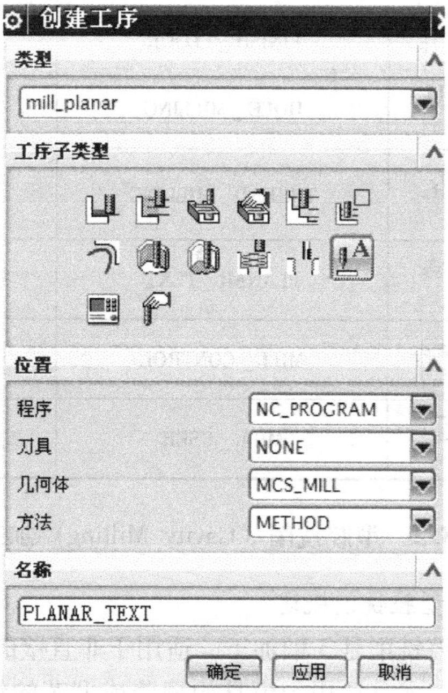

图4-67

平面铣削各常用子类型功能的说明见表4-1。

表4-1 平面铣削各常用子类型功能的说明

序号	图标	英文	中文	说明
1		FLOOR_WALL	底面壁	切削底面和壁
2	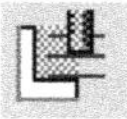	FLOOR_WALL_IPW	底面壁 IPW	带 IPW 切削底面和壁

（续）

序号	图标	英文	中文	说明
3		FACE_MILLING	面铣	基本的面切削操作，用于切削实体上的平面
4		FACE_MILLING_MANUAL	手工面铣削（混合切削）	仅铣削平面的工艺，需要定义刀具轨迹
5	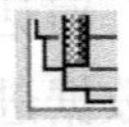	PLANAR_MILL	平面铣	通用的平面铣工艺，允许选择不同的切削方法
6		ROUGH_PROFILE	平面轮廓铣	特殊的二维轮廓铣削类型，用于在不定义毛坯的情况下进行轮廓铣削，常用于修边
7		CLEANUP_CORNERS	清理拐角	使用来自于前一操作的二维 IPW，按跟随部件切削类型进行平面铣削，常用于清除角落材料
8		FINISH_WALLS	精加工直壁	仅切削侧壁
9		FINISH_FLOOR	精加工底面	仅切削底面
10		HOLE_MILLING	铣削孔	使用螺旋式或螺旋切削模式来加工不通孔和通孔或凸台
11	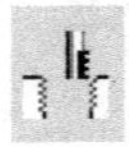	THREAD_MILLING	螺纹铣	使用螺纹切削铣削螺纹孔和凸台螺纹
12		PLANAR_TEXT	平面文本刻字	切削制图注释中的文字，用于二维雕刻
13		MILL_CONTROL	切削控制	建立机床控制操作，添加相关后处理命令
14		MILL_USER	铣削自定义方式	自定义参数建立操作

4.8.2 型腔铣削（Cavity Milling）加工技术

1. 型腔铣削概述

型腔铣削是3轴加工，适用于非直壁的、岛屿的顶面和槽腔的底面为平面或曲面的零件的加工，尤其适用于模具的型腔或型芯的粗加工，以及其他带有复杂曲面的零件的粗加工，如图4-68所示。

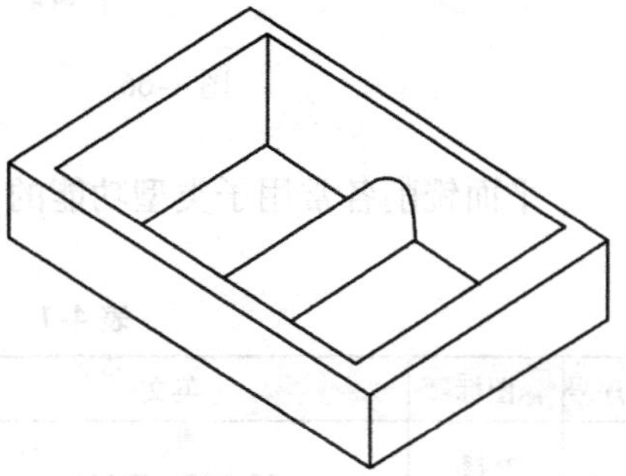

图4-68

型腔铣削的加工特征是刀具轨迹在同一个高度内完成一层切削，遇到曲面时将绕过，然后下降一个高度进行下一层的切削。系统按照零件在不同深度的截面形状计算各层的刀具轨迹。

型腔铣削的原理：切削刀具轨迹在垂直于刀轴的平面内，通过多层的逐层切削材料的加工方法进行加工。其中每一层刀具轨迹称为一个切削层，每一个刀具轨迹都是2轴刀具轨迹。

2. 型腔铣削的特点

型腔铣削操作与平面铣削一样是在与XY平面平行的切削层上创建刀具轨迹，其操作有以下特点。

1）刀具轨迹为层状，切削层垂直于刀杆，一层一层进行切削。

2）采用边界、面、曲线或实体定义要切除的材料（刀具切削运动区域，定义部件几何体和毛坯几何体），在实际应用中大多数采用实体。

3）切削效率高，但会在零件表面上留下层状余料，因此型腔铣削主要用于粗加工，某些型腔铣削操作也可以用于精加工。

4）可以适用于带有倾斜侧壁、陡峭曲面及底面为曲面的工件的粗加工与精加工，典型零件如模具的凹模、凸模及各类型腔等。

5）刀具轨迹创建容易，只要指定零件几何体和毛坯几何体，即可生成刀具轨迹。

6）型腔铣削的特点：刀轴固定，底面可以是曲面，侧壁可以不垂直于底面。

3. 型腔铣削的应用

型腔铣削可把非直壁的、岛屿的顶面，以及槽腔的底面加工为平面或曲面。在很多情况下，型腔铣削可以代替平面铣削。型腔铣削在数控加工应用中最为广泛，可用于大部分粗加工及有直壁或者斜度不大的侧壁的精加工；通过限定高度值，只加工一层，型腔铣削也可用于平面的精加工及清角加工等。

4. 型腔铣削加工环境

打开文件，进入加工模块。当一个工件首次进入加工模块时，系统将弹出【加工环境】对话框，如图4-69所示，首先要求进行初始化，【CAM 会话设置】需在制造方式中指定加工设定的默认文件，即要选择一个加工模板集，图示选择【mill _ contourl】。在【加工环境】对话框中单击【确定】按钮，系统则根据指定的加工配置，调用型腔铣模板和相关的数据进行加工环境的初始化。

5. 型腔铣削各子类型功能（图4-70）

图4-69

图4-70

型腔铣各常用子类型功能的说明见表4-2。

表4-2　型腔铣削各常用子类型功能的说明

序号	图标	英文	中文	说明
1		CAVITY _ MILl	型腔铣	基本型腔铣操作，创建后可以选择不同的走刀方式，多用于去除毛坯或IPW过程毛坯，带有许多平面铣削模式
2		PLUNGE _ MILl	插铣	从UG NX 4.0开始增加的功能，用于深腔模的插铣操作，可以快速去除毛坯材料，对刀具和机床的刚度有很高的要求，一般较少使用
3		CORNER _ ROUGH	拐角粗加工	轮廓清根粗加工，主要对角落进行粗加工操作，用于手动或自动选取工件的角落粗铣操作
4		REST _ MILL	剩余铣	参考切削，从基本型腔铣操作中独立来的功能，对粗加工留下的余量进行二次开粗
5		ZLEVEL _ PROFILE	深度加工轮廓	等高轮廓铣是一种固定轴铣操作，通过切削多个切削层来加工零件实体轮廓和表面轮廓
6		ZLEVEL _ CORNER	深度加工拐角	使用轮廓切削模式精加工之前刀具处理不到的指定层的拐角

4.8.3　固定轴曲面轮廓铣削（Fix _ Contour）加工技术

1. 固定轴曲面轮廓铣削概述

固定轴曲面轮廓铣削是用于精加工由轮廓曲面形成的区域的加工方式，它允许通过投影矢量使刀具沿着非常复杂的曲面轮廓运动，可通过将驱动点投射到部件几何体来创建刀具轨迹。驱动点是从曲线、边界、面或曲面等驱动几何体生成的，并沿着指定的投射矢量投射到部件几何体上，然后，刀具定位到部件几何体以生成刀具轨迹。

2. 固定轴曲面轮廓铣削的特点

1）刀具沿复杂曲面轮廓运动，主要用于曲面的半精加工和精加工，也可进行多层铣削，如图4-71所示。

2）刀具始终沿一个固定矢量方向，采用3轴联动方式切削。

3）通过设置驱动几何体与驱动方式，可产生适合不同场合的刀具轨迹。

4）刀轴固定，具有多种切削形式和进刀、退刀控制，可投射空间点、曲线、曲面和边界等驱动几何进行加工，可进行螺旋线切削（Spiral Cut）、射线切削（Radial Cut）以及清根切削（Flow Cut）。

5）提供了功能丰富的清根操作。

6）非切削运动设置灵活。

3. 固定轴曲面轮廓铣削各子类型的功能（图4-72）

固定轴曲面轮廓铣削各常用子类型功能的说明见表4-3。

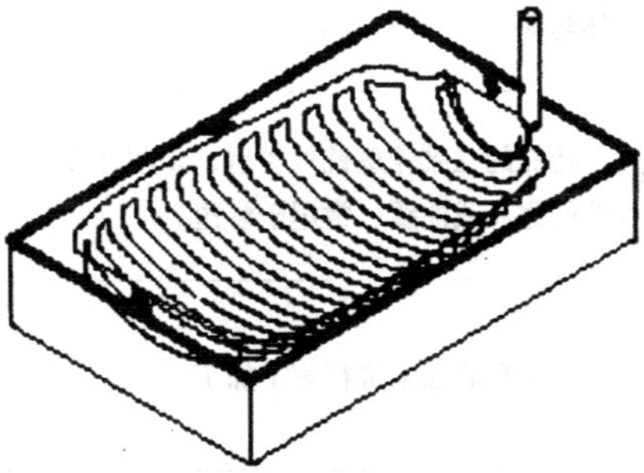

图4-71

图4-72

表4-3 固定轴曲面轮廓铣削各常用子类型功能的说明

序号	图标	英文	中文	说明
1		FIXED _ CONTOUR	固定轴曲面轮廓铣	基本的固定轴曲面轮廓铣操作，用于采用各种驱动方式、空间范围和切削模式对部件或切削区域进行轮廓铣，刀轴上 + ZM
2		CONTOUR _ AREA	区域轮廓铣	区域铣削驱动，用于以各种切削模式切削选定的面或切削区域。常用于半精加工和精加工
3		CONTOUR _ SURFACE _ AREA	面积轮廓铣	曲面区域驱动，常用单一的驱动曲面的 U - V 方向，或者上曲面的直角坐标栅格
4		STREAMLINE	流线铣	跟随自动或用户定义流线以及交叉曲线切削面
5		CONTOUR _ AREA _ NON _ STEEP	区域轮廓陡峭铣	与 CONTOUR _ AREA 基本相同，但只切削非陡峭区域（一般陡峭角为小于65°的区域），与 ZLEVEL _ PRORFILE _ STEEP 结合使用，以在精加工某一切削区域时控制残余高度
6		CONTOUR _ AREA _ DIR _ STEEP	区域轮廓方向陡峭铣	用于陡峭区域的切削加工，常与 CONTOUR _ ZIGZAG 或 CONTOUR _ AREA 结合使用，通过与前一次往复切削成十字交叉的方式来减小残余高度
7		FLOWCUT _ SINGLE	单刀路径清根铣	用于对零件根部刀具未加工的部分进行铣削加工，只创建单一清根刀具路径
8		FLOWCUT _ MULTIPLE	多刀路径清根铣	用于对零件根部刀具未加工的部分进行铣削加工，创建多道清根刀具路径
9		FLOWCUT _ REF _ TOO	参考刀具清根	用于对零件根部刀具未加工的部分进行铣削加工，以上道加工刀具作为参考刀具来生成清根刀具路径

（续）

序号	图标	英文	中文	说明
10		SOLID_ PROOFILE_3D	实体轮廓三维铣削	特殊的三维轮廓铣削类型，切削深度取决于实体轮廓
11		PROFILE_3D	深度加工轮廓铣削	特殊的三维轮廓铣削类型，切削深度取决于工件的边界或曲线，常用于修边
12		CONTOUR_ TEXT	曲面刻字加工	用于在曲面上进行刻字加工
13		MILL_ USER	铣削自定义方式	自定义参数建立操作
14		MILL_ CONTROL	切削控制	机床控制操作，添加后处理命令

4.8.4 多轴铣削（Mill_ Multi_ Axis）加工技术

UG NX 除了提供强大的 3 轴加工外，还提供了比较成熟的多轴加工模块。3 轴加工中刀具同时做 X、Y、Z 三个方向的移动，且 Z 轴的移动总是保持与 XY 平面垂直。在 5 轴加工中刀具总是垂直于加工曲面，因此 5 轴加工相对于 3 轴加工而言具有很大的优越性，比如可扩大加工范围、减少装夹次数、提高加工效率和加工精度。多轴铣可加工如图 4-73 所示叶轮等各种复杂曲面，主要是用于飞机、模具、汽车等行业的特殊加工。

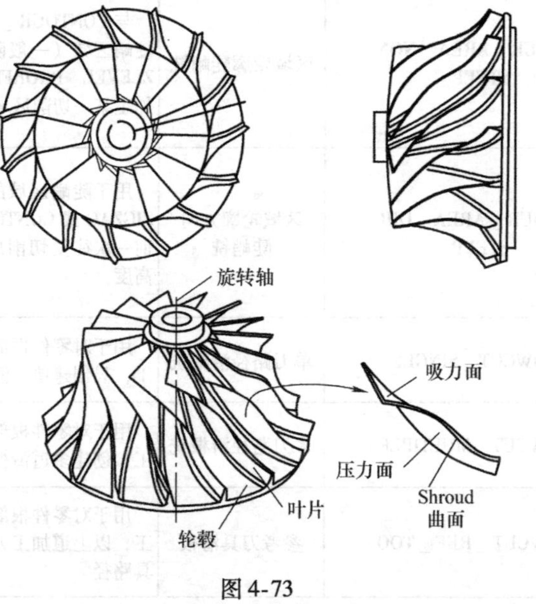

图 4-73

1. 多轴铣削加工概述

多轴铣削（Mill_Multi_Axis）指刀轴沿刀具路径移动时，可不断改变方向的铣削加工，包括可变轴曲面轮廓铣削（Variable_Contour）、型腔轮廓铣削（Contour_Profile）、顺序铣削（Sequential_Mill）和往复式曲面铣削（Zig_Zag_Surface）等，常用的为可变轴曲面轮廓铣削和顺序铣削。

2. 多轴铣削加工环境

打开文件，进入加工模块。当一个工件首次进入加工模块时，系统将弹出【加工环境】对话框，如图4-74所示，首先要求进行初始化，【CAM 会话设置】需在制造方式中指定加工设定的默认文件，即要选择一个加工模板集，图示选择【mill_multi-axis】。在【加工环境】对话框中单击【确定】按钮，系统则根据指定的加工配置，调用多轴铣削模板和相关的数据进行加工环境的初始化。

3. 多轴铣削各子类型的功能（图4-75）

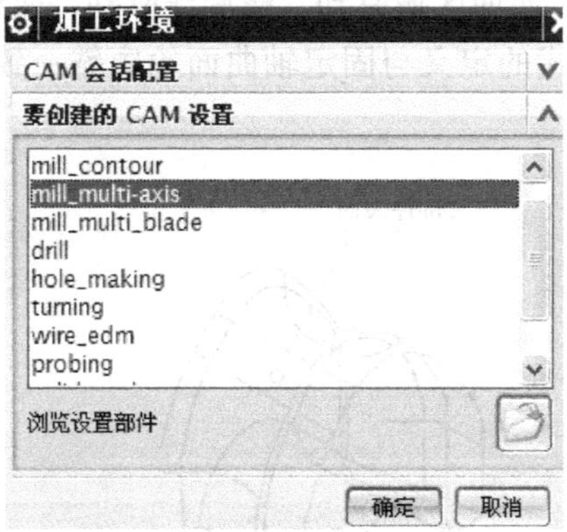

图4-74

图4-75

多轴铣削各常用子类型功能的说明见表4-4。

表4-4 多轴铣削各常用子类型功能的说明

序 号	图 标	英 文	中 文	说 明
1		VARIABLE_CONTOUR	可变轴曲面轮廓铣	用于以各种驱动方法、空间范围和切削模式对部件或切削区域进行轮廓铣。对于刀轴控制，有多种选项
2		VARIABLE_STREAMLINE	可变流线铣	根据自动或用户定义流线和交叉曲线来切削面
3		CONTOUR_PROFILE	外形轮廓加工	使用外形轮廓铣驱动方法，用于以刀具面轮廓铣削带有外角的壁
4		FIXED_CONTOUR	固定轴曲面轮廓铣	用于以各种驱动方法、空间范围和切削模式对部件或切削区域进行轮廓铣

（续）

序号	图标	英文	中文	说明
5		ZLEVEL_5AXIS	5 轴等高轮廓铣	可变的 5 轴等高轮廓铣，适用于加工各种有陡峭角的斜面、曲面
6		SEQUENTIAL_ MILL	顺序铣	是为连续加工一系列边缘相连的曲面而设计的可变轴曲面轮廓铣

（1）可变轴曲面轮廓铣削　可变轴曲面轮廓铣削（VARIABLE_ CONTOUR）是相对固定轴加工而言的，指加工过程中刀轴的轴线方向是可变的，即可随着加工表面的法线方向不同而改变，从而改善加工过程中刀具的受力情况，放宽对加工表面复杂性的限制，使得原来用固定轴曲面轮廓加工时的陡峭表面变成非陡峭表面而一次加工完成。

可变轴曲面轮廓铣削的驱动方法包括边界驱动、曲面区域驱动、螺旋线驱动、曲线/点驱动、刀具轨迹驱动和径向切削驱动。这些驱动方式的定义与固定轴曲面轮廓铣一致。图 4-76 所示为使用驱动曲面的可变轴曲面轮廓铣削。

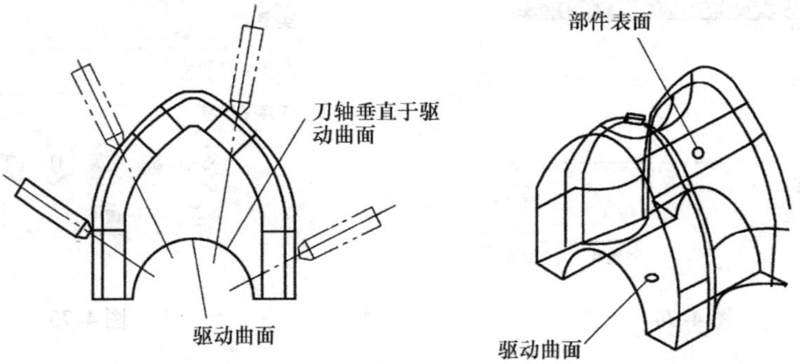

图 4-76

（2）顺序铣削（Sequential Milling）　顺序铣削用于连续加工一系列相接表面，并对面与面之间的交线进行清根加工，如图 4-77 所示，一般用于零件的精加工。顺序铣削可进行 3

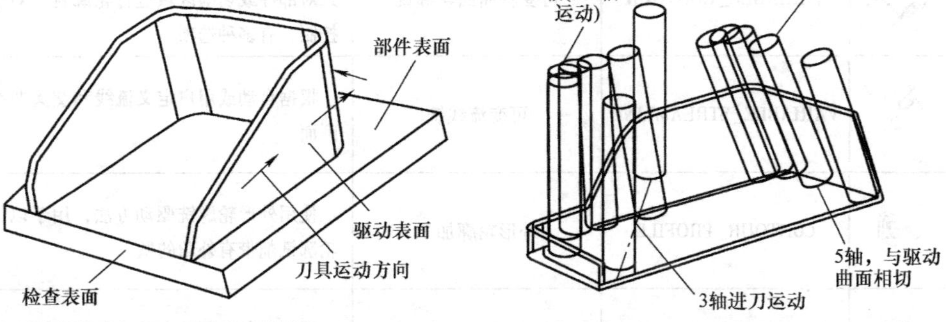

图 4-77

轴、4 轴和 5 轴加工。顺序铣削加工的特点：可进行多轴加工，通过零件表面（Part Surface）、驱动表面（Drive Sur－face）、检查表面（Check Surface）控制刀具运动，是一种空间曲线加工。

顺序铣削的加工特点：利用部件表面控制刀具底部，驱动面控制刀具侧刃，检查面控制刀具停止位置。

以上各铣削类型的关系如图 4-78 所示。

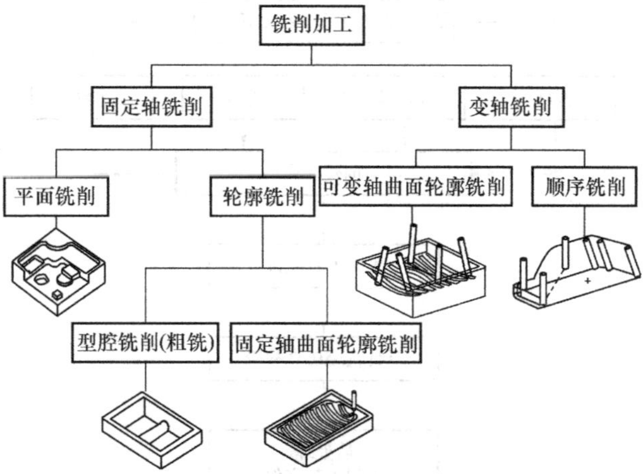

图 4-78

4.9 UG CAM 数控编程步骤

UG CAM 提供了多种加工方式，在进行数控编程的过程中可根据零件特点选择合理的加工工艺。加工方式的优劣将直接影响到零件的加工质量和精度。例如平面铣削有粗加工和精加工两种，对于粗加工平面来说，为提高加工效率，应建立辅助工艺曲面或曲线，进给量和切削速度要合理搭配，另外应采用指定进刀点的进刀方式，避免直接进刀，降低切削面的垂直受力等；而对于精加工平面来说，最理想的加工方法是沿被加工面的切矢量方向倾斜接近加工曲面，这样在工件表面不会留有刀痕，就提高了表面的加工质量和精度。

加工刀具轨迹生成后，就可将其转化成刀具轨迹源文件。刀具轨迹源文件必须经过后置处理程序进行格式转换，才能生成能够被特定机床接受的 NC 代码。不同的机床数控系统有不同的代码格式，因此针对不同的数控系统应编制不同的后置处理程序。

首先，编程人员根据图样或 CAD 模型分析零件几何体的特征和加工精度，构思加工过程，确定加工方法，结合机床的具体情况考虑工件的定位、夹紧，创建刀具、方法、几何体和程序四个父节点组，指定操作参数，创建操作，生成刀具轨迹，并用 UG CAM 的切削仿真进一步检查刀具轨迹，然后对所有的刀具轨迹进行后处理，生成符合机床标准格式的数控程序，最后建立车间工艺文件，把加工信息送达给需要的使用者。具体过程和步骤如图4-79所示。

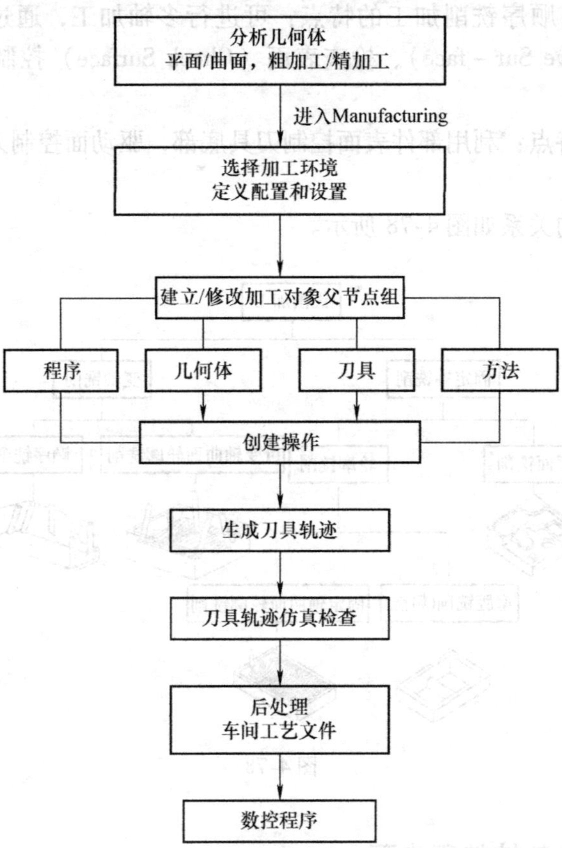
分析几何体
平面/曲面，粗加工/精加工
进入Manufacturing
选择加工环境
定义配置和设置
建立/修改加工对象父节点组
程序
几何体
刀具
方法
创建操作
生成刀具轨迹
刀具轨迹仿真检查
后处理
车间工艺文件
数控程序

图 4-79

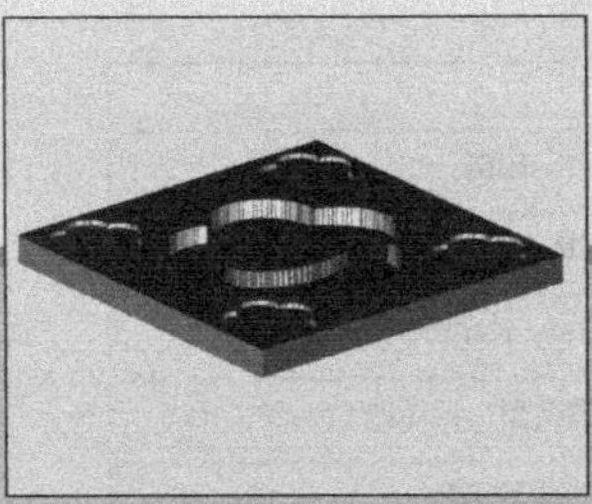

第 5 章 平面铣削加工

平面铣削加工是 UG 编程的基础，其刀路简洁，而且其参数具有代表性。充分掌握平面铣削的各选项参数，是以后学习型腔铣削和曲面轮廓铣削的基础。

平面铣削具有以下特点。

1）平面铣削是一种 2.5 轴的加工方式，它在加工过程中产生在水平方向的 XY 两轴联动，而 Z 轴方向只在完成一层加工后进入下一层时才做单独的动作。

2）平面铣削的加工对象是边界，是以曲线/边界来限制切削区域的。它生成的刀具轨迹上下一致。通过设置不同的切削方法，平面铣削可以完成挖槽或者是轮廓外形的加工。

3）平面铣削用于直壁的，并且岛屿顶面和槽腔底面为平面的零件的加工。对于直壁的、水平底面为平面的零件，常选用平面铣削操作进行粗加工和精加工，如加工产品的基准面、内腔的底面、敞开的外形轮廓等。

4）平面铣削的刀具轨迹生成速度快，调整方便，可以控制刀具在边界上的位置。

5.1 平面铣削边界介绍

5.1.1 平面铣削的边界类型

边界是定义刀具切削运动的区域。边界分为永久边界和临时边界两种，其中临时边界最为常用，使用起来方便、快捷。

1. 永久边界

永久边界的优点是边界可以重复使用，但是一旦被创建，会一直显示在屏幕上。

2. 永久边界的创建

选择菜单中的【工具(T)】/【边界(D)...】命令，出现【边界管理器】对话框，如图 5-1 所示，单击 创建 按钮，出现【创建边界 B1】对话框，如图 5-2 所示。

【创建边界 B1】对话框中各选项的含义如下：

成链：单击此按钮后，选择开始的曲线，再选择结束的曲线，可以选择相连的一组曲线。

刀具位置 - 相切：此按钮用于切换刀具接近边界的位置，相切是刀具与边界相切，如图5-3 所示。

刀具位置 - 开：此按钮用于切换刀具接近边界的位置，开是刀具中心位于边界上，如图 5-4 所示。

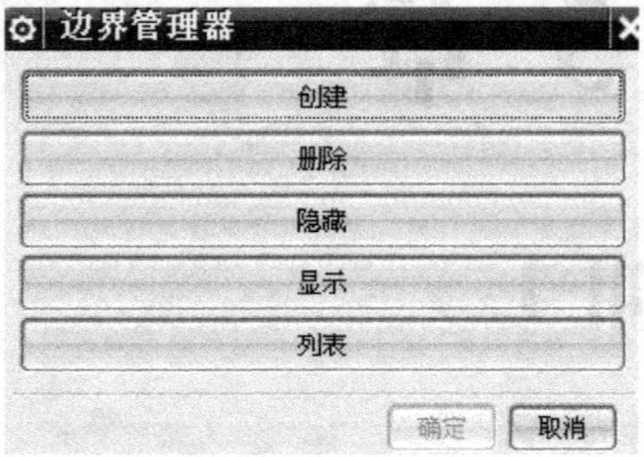

图 5-1

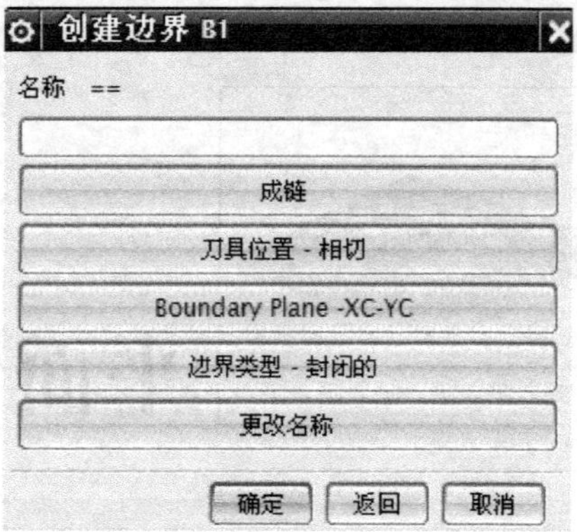

图 5-2

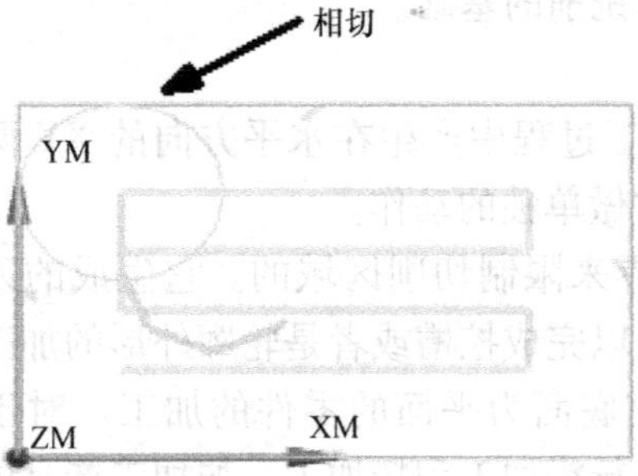

图 5-3

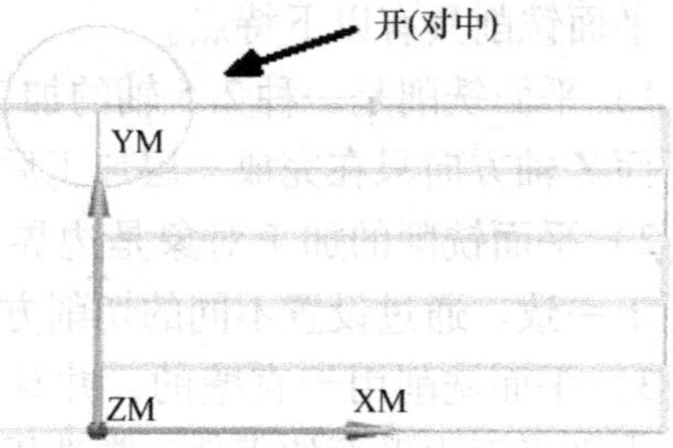

图 5-4

Boundary Plane -XC-YC：边界平面，使用平面构造器定义所选择的几何体为投影平面。

边界类型 - 封闭的：此按钮用于切换开放边界和封闭边界，封闭边界若没有用封闭区域来定义边界，则系统自动延伸第一条和最后一条边界，使其形成一个封闭的边界，如图 5-5 所示。

边界类型 - 打开：打开边界用于定义一个敞开的轨迹，如图 5-6 所示。

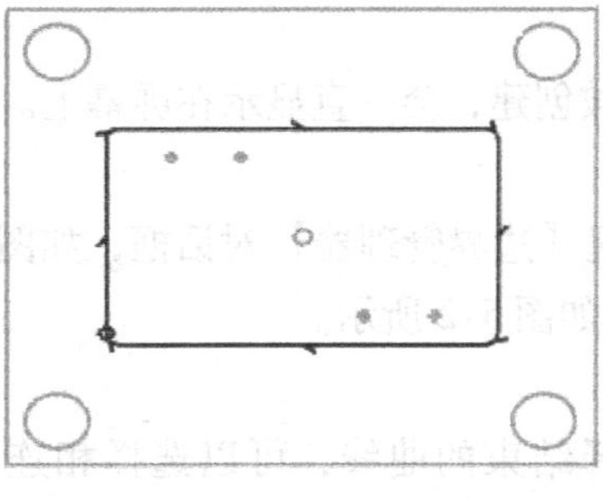

图 5-5

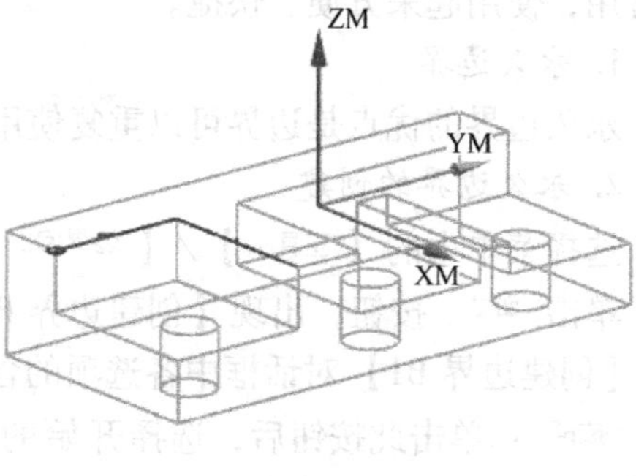

图 5-6

永久边界的另外一种创建方式是用户已经创建临时边界，选择（部件边界）图标，出现【编辑边界】对话框，单击 创建永久边界 按钮，如图 5-7 所示。

3. 临时边界

临时边界的优点是边界临时显示在屏幕上，刷新后会消失，编辑时又会显示，且与父几何体是关联的，可以反映几何体的更改。

4. 临时边界的创建

临时边界是在加工模块中创建的，在平面铣削工序中选择（部件边界）、（毛坯边界）、（修剪边界）、（检查边界）图标，出现【边界几何体】对话框，如图5-8所示，各选项及按钮含义如下：

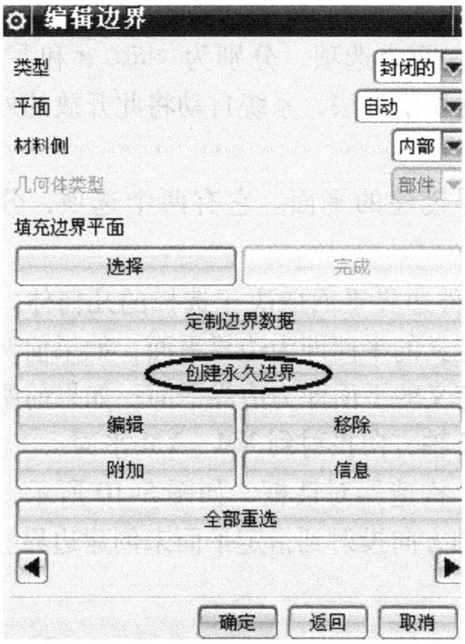

图5-7

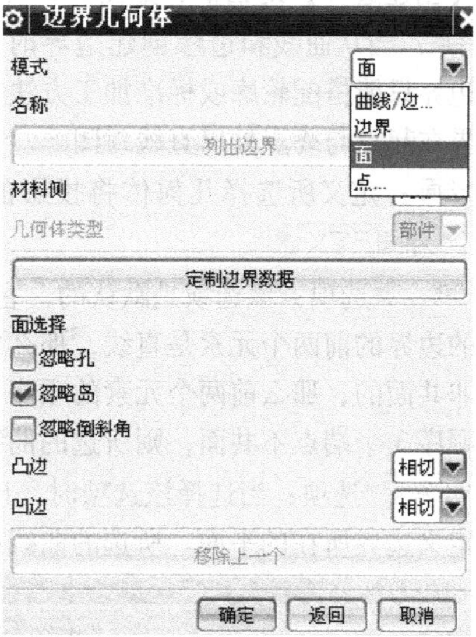

图5-8

模式：定义边界的选择方式有4种模式，面、曲线/边...、边界、点...，如图5-8所示。

名称：用于输入永久边界的名称。

材料侧：定义在边界的某一侧材料是被去除或保留。

定制边界数据：设定所选择边界的公差、侧边余量、毛坯距离和切削速度等参数。

5.1.2 平面铣削的边界选项导读

学好平面铣削的关键是正确掌握边界的创建方法，平面铣削边界的定义方式比较灵活，主要有以下几种方法。

1. 面模式定义边界

面模式是通过选择面的轮廓来定义边界的。选择面选项后，出现【边界几何体】对话框，如图5-8所示。

忽略孔：启用该选项，在所选平面上忽略面中孔的边缘，也就是在孔的边缘上不产生边界。

忽略岛：启用该选项，在所选平面上忽略面中岛的边缘，也就是在岛的边缘上不产生边界。

忽略倒斜角：启用该选项，在所选平面上忽略面中与面相邻的倒斜角、倒圆角和圆角面的边缘，也就是在倒斜角、倒圆角和圆角面的边缘上不产生边界，而是在倒斜角、倒圆角和圆角面前的边缘产生边界，二次倒斜角此选项不起作用。

凸边：定义刀具在凸边的位置，即刀具与边界相切还是对中（通过边界）。

凹边：定义刀具在凹边的位置，即刀具与边界相切还是对中（通过边界）。

移除上一个：移除最后定义的边界。

2. 曲线/边模式定义边界

曲线/边模式是通过选择曲线和实体边、曲面边来定义边界的。选择曲线/边...选项后，出现【创建边界】对话框，如图5-9所示。

类型：当从曲线和边缘创建边界时，指定边界有两个选项，分别为封闭的和开放的。开放边界只能搭配轮廓或标准加工方法，如使用其他切削方法，系统自动将此开放的外打开的边界在起点与终点处以直线封闭。

平面：定义所选择几何体将投影的平面和边界创建的平面。它有两个选项，分别为自动和用户定义。

自动选项：该选项是默认的。它所决定的零件边界平面取决于选择的几何体。如果选择的边界的前两个元素是直线，那么两条直线所定义的平面即为边界平面；如果前两个元素是非共面的，那么前两个元素的顺序3个端点所定义的平面即为边界平面；如果前两个元素的顺序3个端点不共面，则所选的曲线或边缘沿Z轴方向投射到XM—YM平面。

用户定义选项：当选择该选项时，出现【平面】构造器对话框，如图5-10所示，用户自己定义边界所在的平面。所选的曲线或边缘沿Z轴方向投射到指定平面来创建边界。

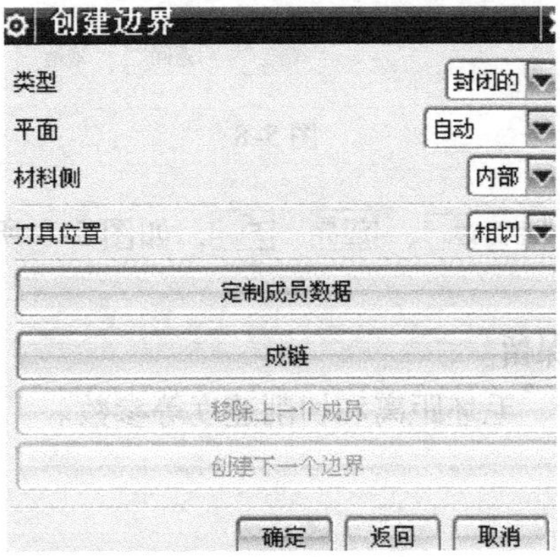

图5-9

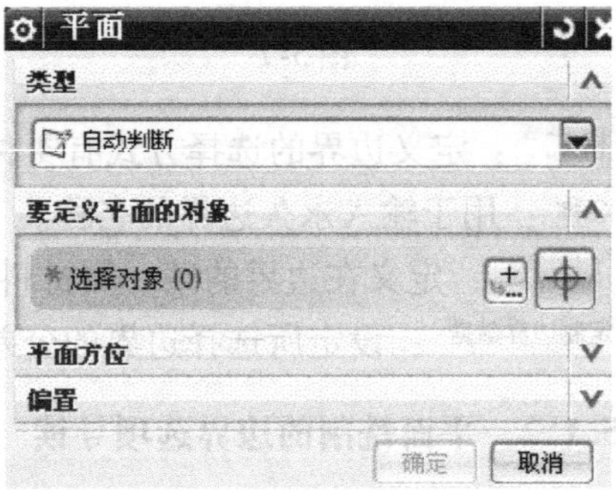

图5-10

材料侧：定义在边界某一侧的材料是被去除或保留。

对于不同类型的边界，其内、外侧的定义是不同的，如作为部件边界使用时，其材料侧为保留侧，即为不加工的一侧。当边界类型是封闭的的时，有两个选项，分别为内部和外部；当边界类型是开放的的时，有两个选项，分别为左和右。

如作为毛坯边界使用时，其材料侧为切除部分；作为检查边界时，其材料侧是保留部分；而作为修剪边界时，修剪侧为保留材料的部分。

刀具位置：此选项决定刀具接近边界时的位置。它有相切和对中两种状态。当设置为相切时，刀具与边界相切；设置为对中时，刀具中心处于边界上。

定制成员数据：允许对所选择的边界进行公差、侧边余量、切削速度和后处理命令等参数的设置。

成链：单击此按钮后，选择开始的曲线，再选择结束的曲线，可以选择相连的一组曲线。

移除上一个成员：如选择轮廓边界时选错了，可使用此选项移除最后一次定义的边界。此选项可以连续使用，直到选择的元素全部被移除为止。

创建下一个边界：如果边界有一个以上，则选择下一个外形边界前，须单击创建下一个边界，以告知系统创建下一个边界。

3. 点模式定义边界

该模式以直线连接定义点来定义边界，通过点方法选项来定义点，创建封闭的或开放的边界。

4. 边界模式定义边界

使用已经定义的永久边界来定义边界，选择永久边界作为边界时，定义方式比较简单，由于部分参数在创建永久边界时已经确定了，所以只需选择某一永久边界，并指定其材料侧，即可完成边界的定义。

5.1.3　平面铣削的边界编辑

如果已经定义的边界不能产生满意的刀具轨迹时，在平面铣削工序中选择（部件边界）、（毛坯边界）、（修剪边界）、（检查边界）图标，出现【编辑边界】对话框，如图 5-11 所示。

在编辑边界元素时，可以对每一条边界的参数进行编辑，激活的边界以高亮显示，也可以单击▶（下一个）、◀（上一个）按钮来切换激活的边界并进行编辑。

1. 编辑

在【编辑边界】对话框中单击编辑按钮，出现【编辑成员】对话框，如图 5-12 所示。

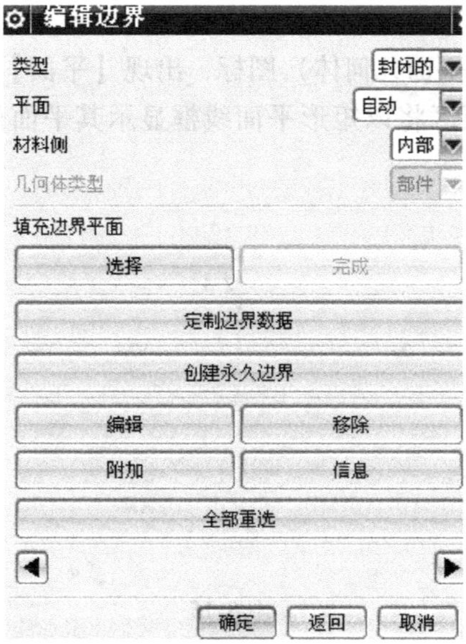

图 5-11

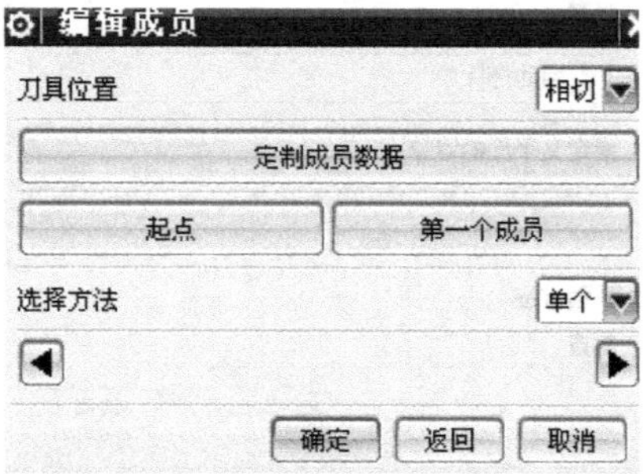

图 5-12

在【编辑成员】对话框的刀具位置下拉框中可以重新定义相切和对中两种状态。

定制成员数据：允许对所选择的边界进行公差、侧边余量、切削速度和后处理命令等参数的设置修改。

起点：单击该按钮，出现【修改边界起点】对话框，如图5-13所示，可以通过百分比、距离选项来修改边界起点，对于开放边界，可以单击起点、终点按钮来延伸或修剪边界的起点或终点。

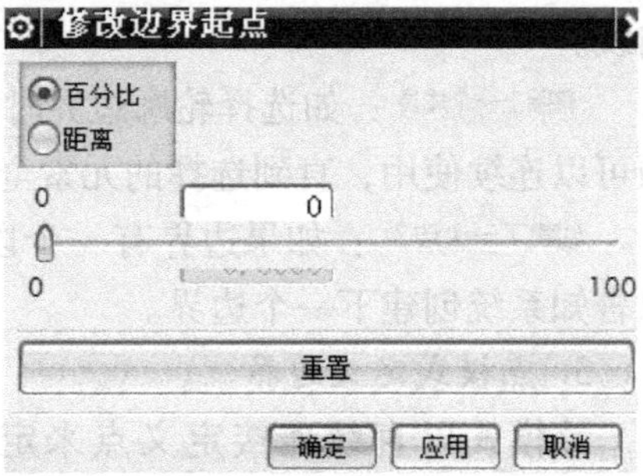

图5-13

▶（下一个）、◀（上一个）：该按钮可以在该边界的成员之间进行切换。

2. 移除

在【编辑边界】对话框中单击移除按钮，可以将所选择的边界删除。

3. 附加

在【编辑边界】对话框中单击附加按钮，可以进行新边界的创建。

4. 信息

在【编辑边界】对话框中单击信息按钮，可以查看边界的相关信息。

5. 全部重选

在【编辑边界】对话框中单击全部重选按钮，可以去除所有选择的边界。

5.2 底平面选项介绍

底平面用于指定平面铣削加工的最低高度，每一个操作中只能有一个底平面，第二个选取的面会自动替代第一个选取的面而成为底平面。可以直接在工件上选取水平的表面作为底平面，也可以选择共面的两条曲线作为底平面；也可以将选取的表面进行偏置作为底平面；或者指定3个主要平面（XC—YC、YC—ZC、ZC—XC），且偏置一个距离后的平行平面作为底平面。

在【平面铣】对话框中选择（选择或编辑底平面几何体）图标，出现【平面】构造器对话框，如图5-14所示，创建底平面后，在绘图区将以矩形平面线框显示其平面位置，如图5-15所示。

图5-14

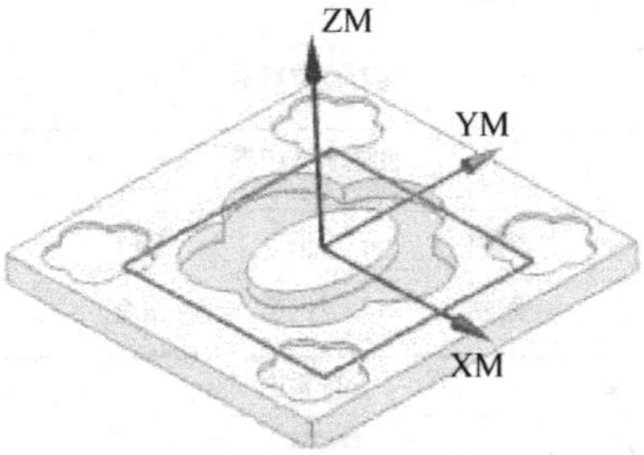

图5-15

5.3 表面铣削

表面铣削简称面铣，是平面铣削的一种方式。它是通过选择平面区域来定义加工范围的，平面区域可以通过平面、曲线、边缘、点来定义。表面铣削又分为底面壁铣和面边界面铣两种方式。

5.3.1 底面壁铣削的几何体设置

选择菜单中的【插入(S)】/【工序(E)...】命令或在【插入】工具条中选择（创建工序）图标，出现【创建工序】对话框，如图 5-16 所示。

在【创建工序】对话框的 类型 下拉框中选择 mill_planar （平面铣）选项，在 工序子类型 区域选择（底面和壁）图标，出现【底面壁】对话框，如图 5-17 所示。

图 5-16

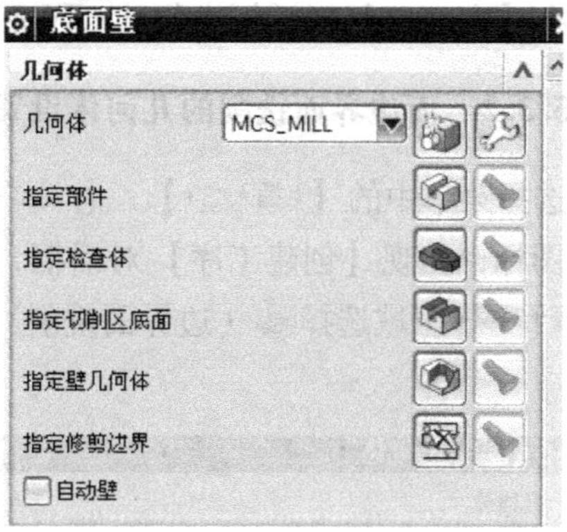

图 5-17

1. 指定部件

部件可以从 WORKPIECE 继承，也可以指定实体为部件，这样可以方便仿真和过切检查。

2. 指定切削区域

在【底面壁】对话框中选择（选择或编辑切削区域几何体）图标，出现【切削区域】对话框，如图 5-18 所示，可以通过选择面或特征来定义切削区域。

3. 指定壁几何体

为了让壁留余量，在【底面壁】对话框中选择（选择或编辑壁几何体）图标，出现【壁几何体】对话框，如图 5-19 所示，可以通过选择面或特征来定义壁几何体。

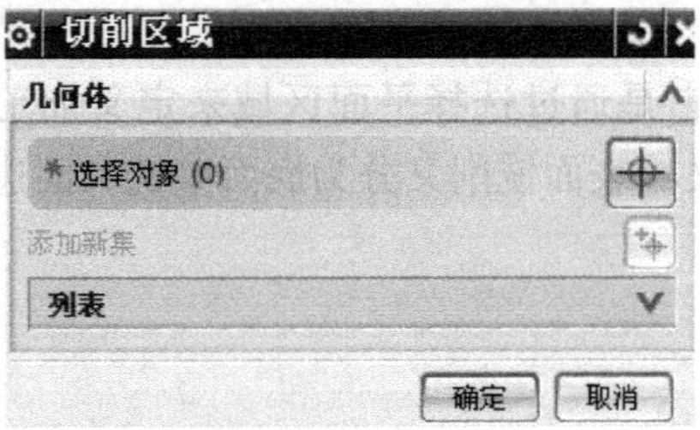

图 5-18

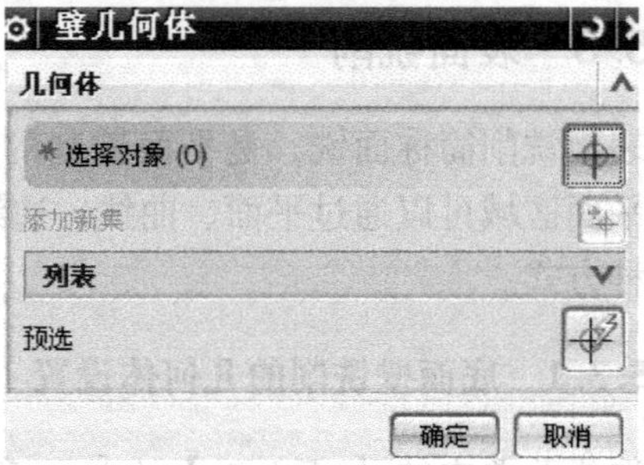

图 5-19

4. 指定检查体

在【底面壁】对话框中选择（选择或编辑检查几何体）图标，出现【检查几何体】对话框，如图 5-20 所示，选择夹具或加工过程中要避开的几何体，来避免刀具与其发生碰撞。

5. 自动壁

在【底面壁】对话框中勾选 自动壁 选项，系统将自动判断出壁，可以定义壁面余量。

5.3.2 面边界面铣削的几何体设置

选择菜单中的【插入(S)】/【工序(E)...】命令或在【插入】工具条中选择（创建工序）图标，出现【创建工序】对话框，在 类型 下拉框中选择 mill_planar （平面铣）选项，在 工序子类型 区域选择（边界面铣削）图标，出现【面铣】对话框，如图 5-21 所示。

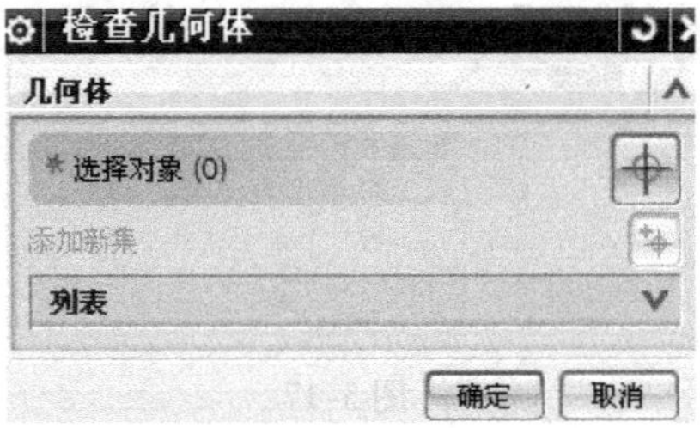

图 5-20

图 5-21

1. 指定面边界

在【面铣】对话框的 指定面边界 区域选择（选择或编辑面几何体）图标，出现【指定面几何体】对话框，如图 5-22 所示，可以通过选择（面边界）、（曲线边界）、（点边界）来定义面边界。

2. 指定检查体

在【面铣】对话框中选择（选择或编辑检查几何体）图标，出现【检查几何体】对话框，选择夹具或加工过程中要避开的几何体，来避免刀具与其发生碰撞。

3. 指定检查边界

在【面铣】对话框中选择（选择或编辑检查边界）图标，出现【检查边界】对话框，如图 5-23 所示，选择夹具或加工过程中要避开的几何体边界，该边界必须是封闭的，来避免刀具与其发生碰撞。

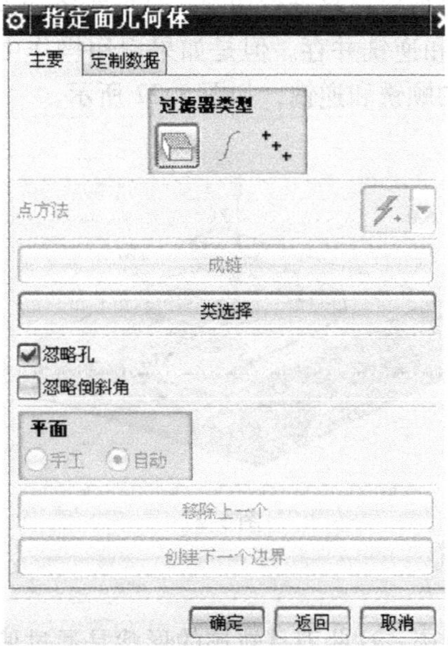

图 5-22

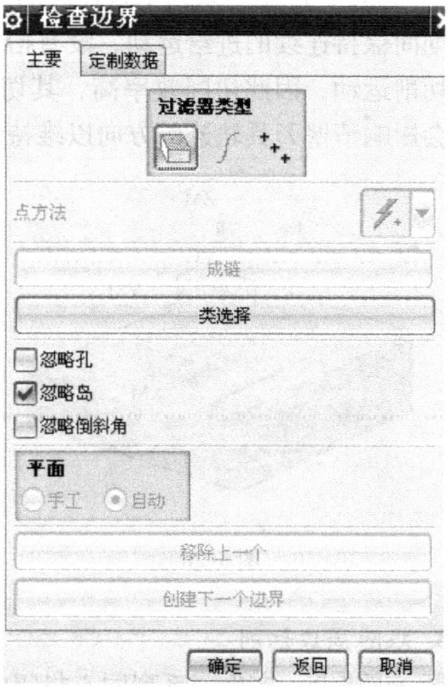

图 5-23

5.4 表面铣削和平面铣削加工选项介绍

表面铣削和平面铣削的一些操作参数和选项是相同的，下面将集中介绍加工选项。

5.4.1 切削模式

切削模式是生成刀具轨迹的样式，表面铣削和平面铣削各有 8 种切削模式，其中有 7 种是相同的，不同的是平面铣削包含标准驱动切削模式，如图 5-24 所示，表面铣削包含混合切削模式，如图 5-25 所示。

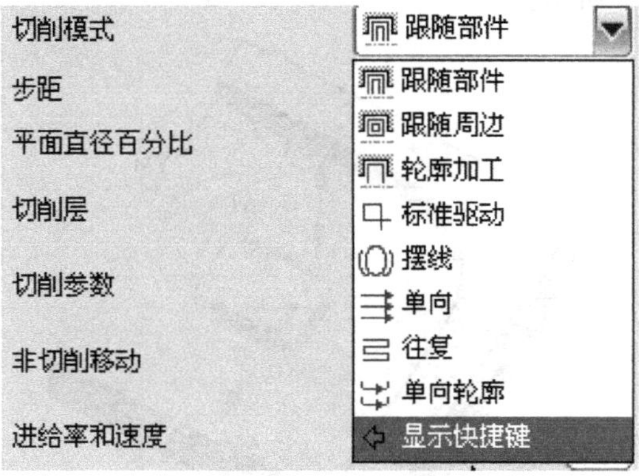

图 5-24

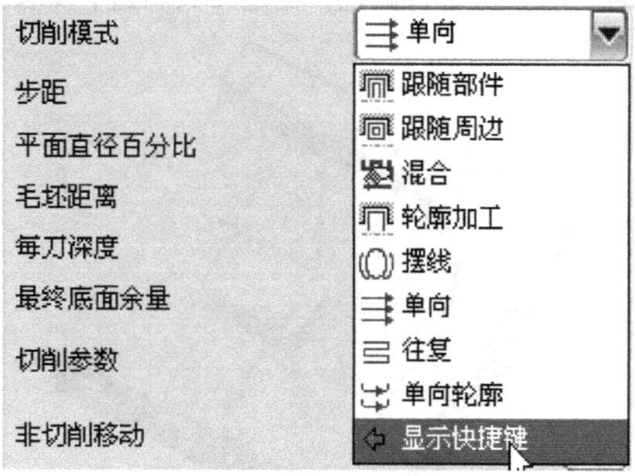

图 5-25

1. 单向切削

单向：产生一系列单向的平行线性刀具轨迹，因此回程是快速横越运动，基本能够维持单纯顺铣或逆铣，如图 5-26 所示。

2. 往复切削

往复：产生一系列平行连续的线性往复式刀具轨迹。这种切削方法允许刀具在步距运动期间保持连续的进给运动，没有抬刀，能最大化地对材料进行切削，是最经济和节省时间的切削运动，因此切削效率高，其切削方法顺铣和逆铣并存。但是如果启用操作中的清壁，会影响清壁刀具轨迹的方向以维持清壁是纯粹的顺铣和逆铣，如图 5-27 所示。

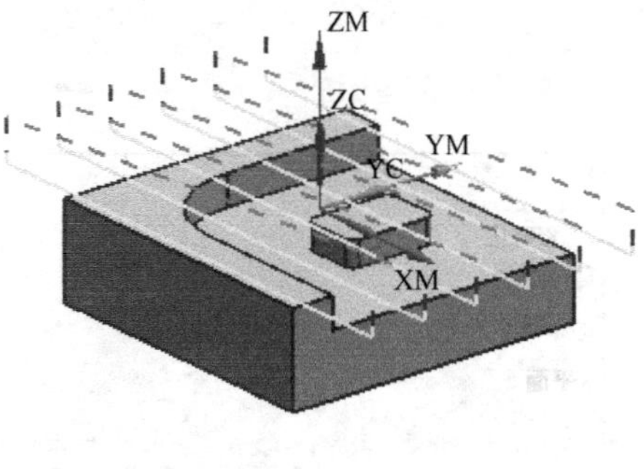

图 5-26

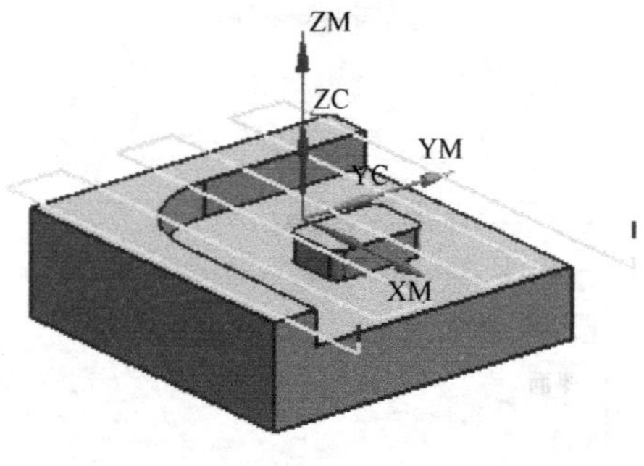

图 5-27

3. 跟随周边切削

跟随周边：产生一系列同心封闭的环形刀具轨迹，这些刀具轨迹的形状是通过偏移切削区的外轮廓获得的。当内部偏置的形状产生重叠时，它们将被合并为一条轨迹，然后再重新进行偏置，产生下一条轨迹。所有的轨迹在加工区域中都以封闭的形式呈现，如图 5-28 所示。

此选项与往复切削一样，能维持刀具在步距运动期间连续地进刀，以产生最大化的材料切除量。除了可以通过顺铣和逆铣选项指定切削方向外，还可以指定向内或者向外的切削。

4. 跟随部件切削

跟随部件：通过对所有指定的部件几何体进行偏置来产生刀具轨迹。它不像沿外轮廓切削一样只从外围的环进行偏置，沿零件切削从零件几何体所定义的所有外围环（包括岛屿、内腔）进行偏置，创建刀具轨迹，如图 5-29 所示。

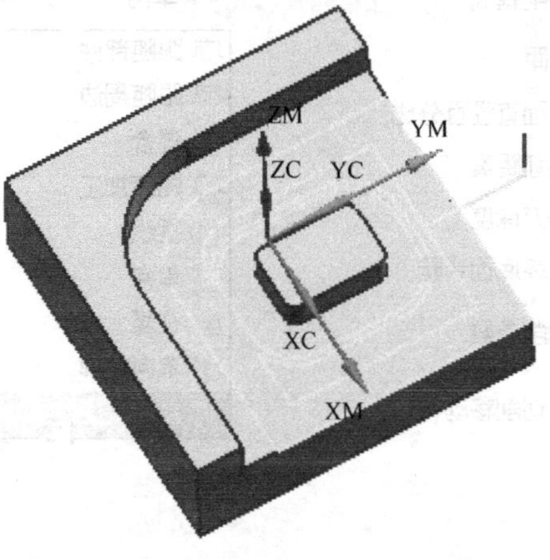

图 5-28

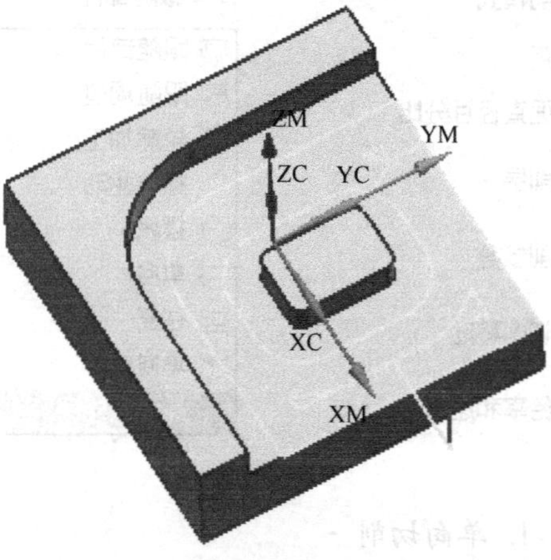

图 5-29

与跟随周边切削不同，跟随工件切削不需要制订向内或者向外的型腔切削方向（步距运动方向），系统总是按照切向部件几何体来决定型腔的切削方向。换句话说，对于每组偏置，越靠近部件几何体的偏置越靠后切削。对于型腔来说，步距方向是向外的；而对于岛屿来说，步距方向是向内的。

跟随部件的切削方法可以保证刀具沿所有的部件几何进行切削，而不必另外创建操作来清理岛屿，因此对有岛屿的型腔加工区域，最好使用跟随部件的切削方式。当只有一条外形边界时，使用跟随周边与跟随部件切削方式生成的刀具是一样的，建议优先选用跟随工件方式进行加工。

5. 单向轮廓切削

单向轮廓：用于创建平行的、单向的、沿着轮廓的刀具轨迹，始终维持着顺铣或者逆铣切削。它与单向切削类似，但是在下刀时将下刀在前一行的起始点位置，然后沿轮廓切削到当前行的起点进行当前行的切削，切削到端点时，沿轮廓切削到前一行的端点，然后抬刀到转移平面，再返回到起始点当前行的起点下刀进行下一行的切削，如图 5-30 所示。

由于切削行间运动也作为切削运动，当在指定速度时，系统将不认可步进速度，指定的切削速度因此也作用于步距运动。

6. 轮廓加工切削

轮廓加工：产生单一或指定数量的绕切削区轮廓的刀具轨迹，主要是实现对侧面轮廓的精加工，如图 5-31 所示。它能用于敞开区域和封闭区域的加工。还可以使用附加刀路选项创建切向零件几何体的附加刀具轨迹。所创建的刀具轨迹沿着零件壁，且为同心连续切削。

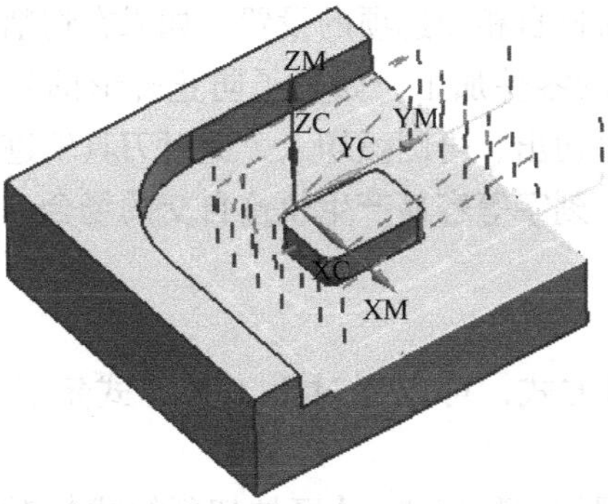

图 5-30

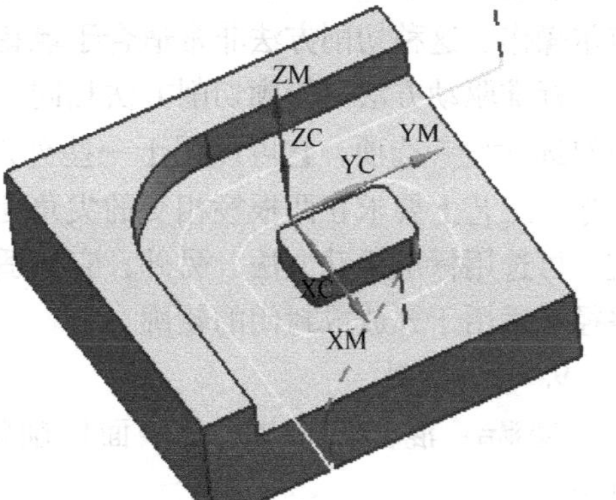

图 5-31

对于一个以上的敞开区域，可以在一次操作中完成。如果敞开的区域之间很近，以至于使刀具轨迹产生交错，那么系统将调节刀具轨迹，使其不产生过切。如果一个敞开的外形和一个岛屿之间很近，刀具轨迹将只从敞开的外形生成，并且在它们相交处减除后重新组合。

轮廓切削方法通常用于零件的侧壁或者外形轮廓的精加工和半精加工。外形可以是封闭的或者敞开的，可以是连续的或者非连续的。具体的应用有内壁和外形的加工、拐角的补加工、陡壁的分层加工等。

7. 摆线切削

摆线：摆线加工的目的在于通过产生一个小的回转圆圈，从而避免在切削时发生全刀切入而导致切削的材料量过大。摆线加工可用于高速加工，以较低的而且相对均匀的切削负荷进行粗加工，如图5-32所示。

8. 标准驱动切削

标准驱动：是一种轮廓切削方法，它严格地沿着指定的边界驱动刀具运动，在轮廓切削使用中排出了自动边界修剪的功能，如图5-33所示。

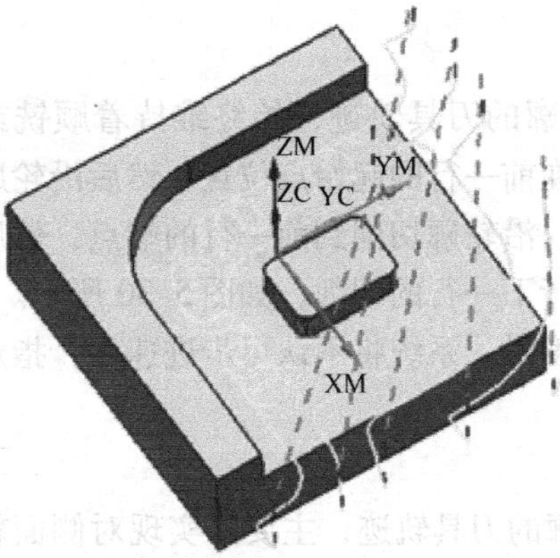

图5-32

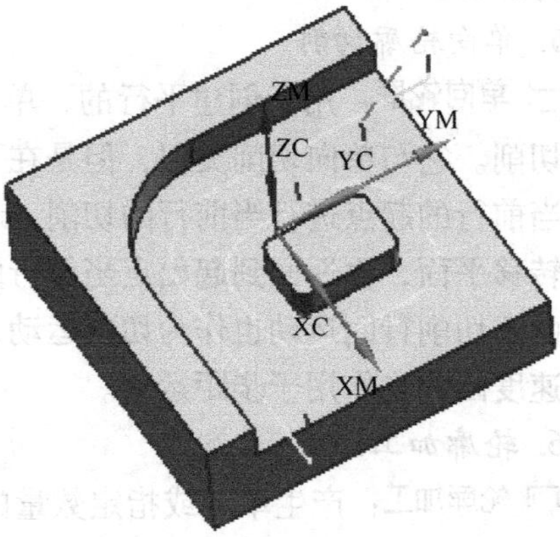

图5-33

使用这种切削方法时，可以允许刀具轨迹自相交，但是不可以使用碰撞检查选项。每一个外形生成的轨迹不依赖于任何其他的外形，只由本身的区域决定，在两个外形之间不执行布尔操作。这种切削方法非常适合于雕花、刻字等轨迹重叠或者相交的加工操作。

标准驱动方法与轮廓切削方法相同，但是多了轨迹自相交选项的设置。如果在切削参数中勾选 ☑自相交 选项，它可以用于一些外形要求较高的零件加工，如为了防止外形的尖角被切除，工艺上要求在两根棱相交的尖角处，刀具圆弧切出、再圆弧切入，此时刀具轨迹要相交，可选用标准驱动方法。另外，它还适用于雕花、刻字等容易产生轨迹自交的场合，刀具路径能适用于开放或封闭的轮廓。

9. 混合切削

混合：混合切削方式是表面铣削特有的切削方式，可以通过手工的方式定义刀具轨迹。

混合切削方式可以指定不同的切削区域采用不同的切削模式，【区域切削模式】对话框如图5-34所示，生成的刀具轨迹如图5-35所示。

5.4.2 切削方式参数设置

一、切削步距

步距通常也称为加工间距，是两个切削路径之间的间隔距离，如图5-36所示。其间隔距离的计算方式是指在XY平面上，铣削的刀具轨迹间的相隔距离。步距的确定需要考虑刀具的承受能力、加工后的残余材料量、切削负荷等因素。在实际编制刀具轨迹时，要在保证切削质量的前提下设定较高的切削速度。在平行切削的切削方式下，步进是指两行间的间距；而在环绕切削方式下，步进是指两环间的间距。

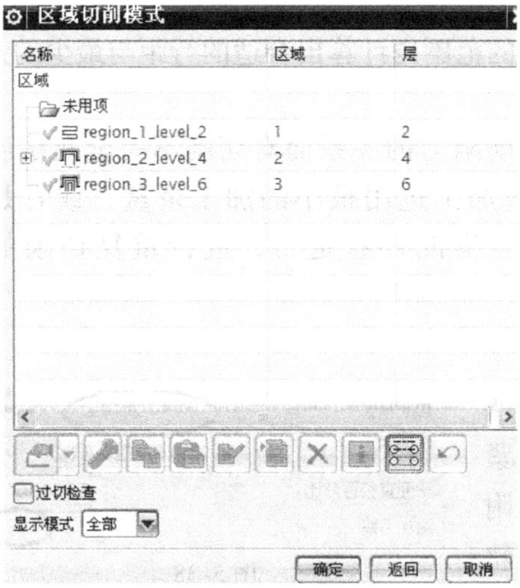

图 5-34

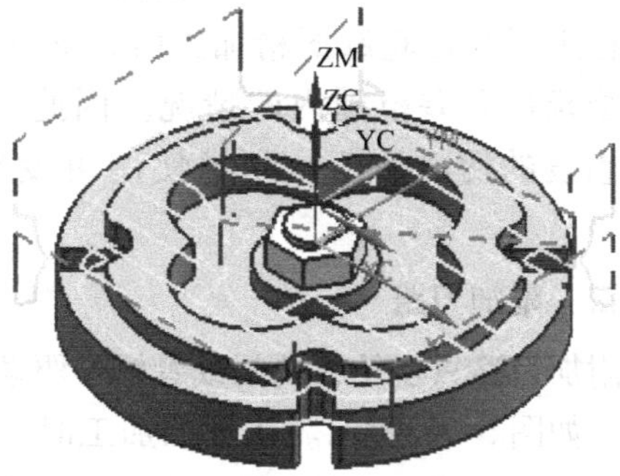

图 5-35

平面铣削的步距设置有 4 个选项，如图 5-37 所示。

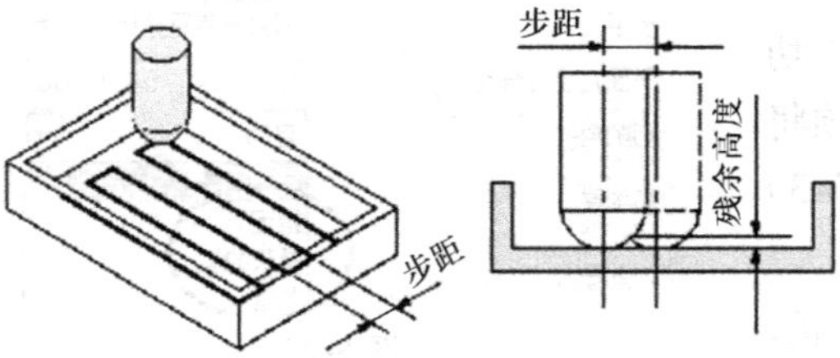

图 5-36

图 5-37

1. 刀具平直百分比

设置步距大小为刀具有效直径的百分比，它是系统默认的设置步距大小的方式。在平面直径百分比栏内输入数值，即可指定步距大小为刀具有效直径的百分比。

2. 恒定

指定相邻的刀具轨迹间隔为固定的距离。当恒定的常数值作为步进时，需要在最大距离栏输入其相隔的距离数值，这种方法设置直观明了。如果指定的步距不能平均分割所在区域，系统将减少这个刀路间距以保持恒定的步进。

3. 残余高度

根据在指定的间隔刀具轨迹之间，刀具在工件上造成的残料高度来计算刀具轨迹的间隔距离。该方法需要在最大残余高度栏输入允许的最大残余波峰高度值。这种方法可以设置由系统自动计算为达到某一表面粗糙度值而采用的步进，特别适用于使用球头铣刀进行加工时步进的计算。

4. 多个

使用手动方式设定多段变化的刀具轨迹间隔，对每段间隔指定此种间隔的走刀次数。对于不同的切削方法，变量值字段的输入方法也不同。

使用可变步距进行平行切削时，系统会在设定的范围内计算出合适的行距与最少的走刀次数，且保证刀具沿着外形切削而不会留下残料。

在进行外形轮廓的精加工时，通常会因为切削阻力的关系而有切削不完全及精度未达到要求的公差范围内的情况。因此一般外形精加工选用很小的加工余量，或者是做两次重复的切削加工。此时使用可变步距方式，搭配环状走刀，进行重复切削的精加工。

二、附加刀路

附加刀路只在轮廓铣削或者标准驱动方式下才能激活，如图 5-38 所示。在轮廓加工时，刀具轨迹紧贴加工边界，需要在附加刀路栏输入偏置值，使用附加刀路选项可以创建切向部件几何体的附加刀具轨迹。所创建的刀具轨迹沿着零件壁，且为同心连续的切削，向零件等距离偏移，偏移距离为步距。在进行粗加工需考虑切削负荷及残余料，在进行精加工需考虑以均匀的加工余量获得较高的加工精度时，均可使用附加刀路。

图 5-38

三、切削角

当选择切削方式为平行切削时，如往复切削、单向切削或单向轮廓切削时，切削角选项将被激活。有 4 种方法定义切削角，如图 5-39 所示。

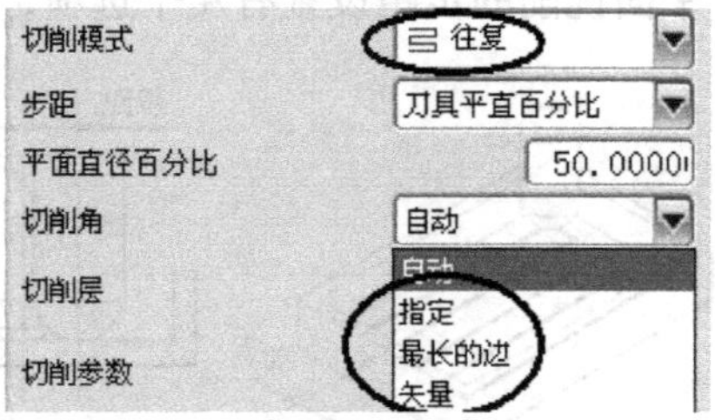

图 5-39

自动：由系统评估每一个切削区域的形状，并且对切削区域决定最佳的切削角度，以使其中的进给次数为最少。

指定：切削角是从工作坐标系 WCS 的 XC—YC 平面中的 X 坐标测量的，该角被投射到底平面。

最长的边：由系统评估每一个切削所能达到的切削行的最大长度，并且以该角度作为切削角。

矢量：用户可定义任何方向。

5.4.3 切削层

切削层即切削深度，该参数用于确定多深度切削操作中切削层深度。深度由岛屿顶面、底面、平面或者输入的值来定义。只有当刀轴垂直于底平面或零件边界平行于工作平面时，切削深度参数才起作用，否则只在底平面上创建刀具路径。切削层的类型有 5 种，如图5-40 所示。

1. 用户定义

用户定义选项允许用户定义切削深度。选择该选项时，对话框下部的所有参数选项均被激活，可在对应的文本框中输入数值，这是最为常用的一种深度定义方式，如图 5-41 所示。

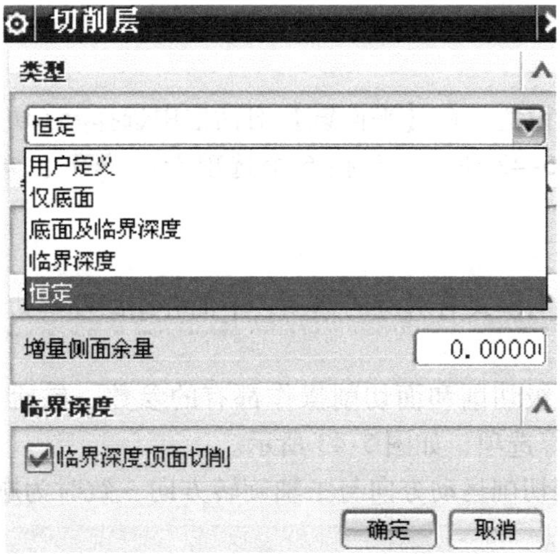

图 5-40

图 5-41

公共：最大切削层的深度范围，即指定一个切削深度。

最小值：最小切削层的深度范围，即指定一个切削深度。

离顶面的距离：即初始层深度，多深度平面铣削操作定义的第一个切削层深度。该深度从毛坯几何体顶平面开始测量。如果没有定义毛坯几何体，将从零件边界平面处测量，而且与最大深度或最小深度的值无关。

离底面的距离：即最终深度，多深度平面铣削操作定义的底平面以上的最后一个切削层的深度。该深度从底平面开始测量。如果终止层深度大于 0，系统至少创建两个切削层，一个层在底平面之上的“最终”深度处，另一个在底平面上。

增量侧面余量：增量侧面余量为多深度平面铣削操作的每一个后续切削层增加一个侧面余量值。增加侧面余量值可以保持刀具与侧面间的安全距离，减轻刀具深层切削的应力。

UG 的平面加工不能进行侧面有拔模角的轮廓加工，但使用设置侧面余量增量的方式可以生成带有拔模角的零件，即可产生一个带有一定拔模角度的零件。

临界深度顶面切削：启用该选项，系统将在切削层设置不能达到余量要求时，自动找到一条安全的进给方式，在岛屿顶面清理刀具轨迹。

2. 仅底面

仅底面：在底面创建一个唯一的切削层，选择该选项时，对话框下部的所有参数选项均不被激活。

3. 底面及临界深度

底面及临界深度：在底面与岛屿顶面创建切削层。岛屿顶的切削层不会超出定义的岛屿边界。选择该选项时，对话框下部的所有参数选项均不被激活。

4. 临界深度

临界深度：在岛屿的顶部创建一个平面的切削层，该选项与“底面和岛的顶面”选项的区别在于所生成的切削层的刀具路径将完全切除切削层平面上的所有毛坯材料。选择该选项时，对话框下部的离顶面的距离、离底面的距离、增量侧面余量选项被激活。

5. 恒定

恒定：该选项指定一个固定的深度值来产生多个切削层。选择该选项时，对话框下部的离顶面的距离、离底面的距离、增量侧面余量选项被激活。

5.5 切削参数

切削参数主要是对刀具切削路线更精确的设置。在【平面铣】对话框中选择（切削参数）图标，出现【切削参数】对话框，如图5-42所示，包括6个选项卡：策略、余量、拐角、连接、空间范围和更多选项。

1. 策略选项

策略是对加工路线的大致设置，不同的切削模式有对应的选项，下面介绍跟随周边切削模式的策略选项。

切削方向：切削方向是平面铣、型腔铣、Z级切削和面切削操作都有的参数，包括【顺铣】、【逆铣】、【跟随边界】和【边界反向】等选项，如图5-43所示。

【顺铣】：主轴旋转方向是顺时针方向，当切削运动方向与主轴旋转方向一致时为顺铣，如图5-44所示。

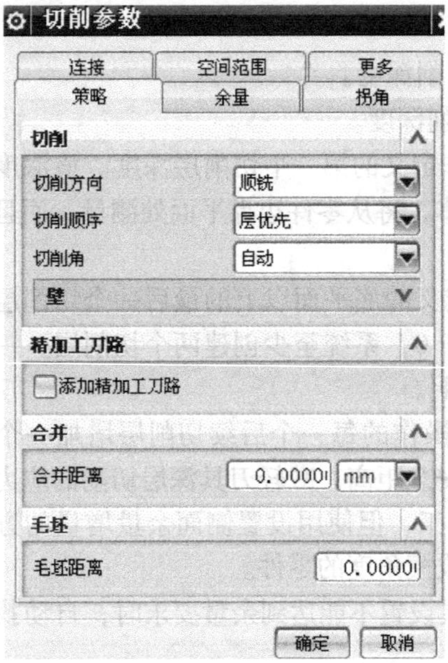

图5-42

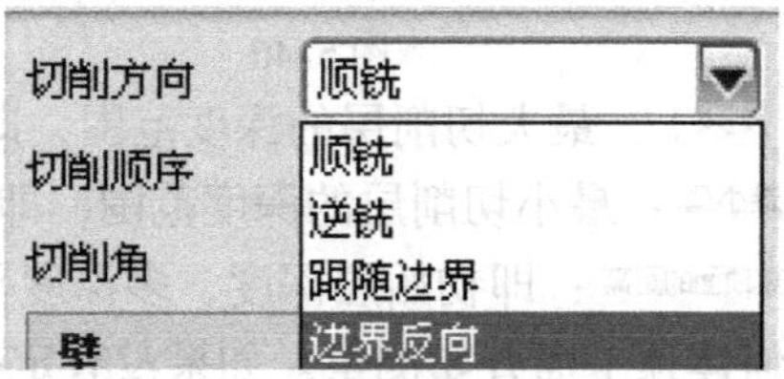

图5-43

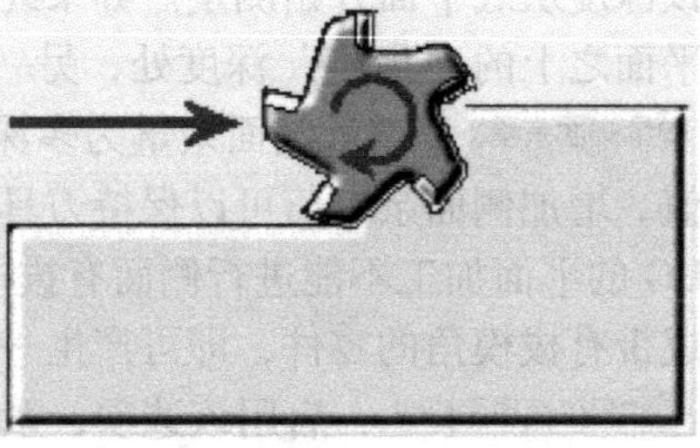

图5-44

【逆铣】：主轴旋转方向是顺时针方向，当切削运动方向与主轴旋转方向相反时为逆铣，如图5-45所示。

【跟随边界】：刀具按照边界指示符的方向进行切削，如图5-46所示。

【边界反向】：刀具按照边界指示符的反方向进行切削，如图5-47所示。

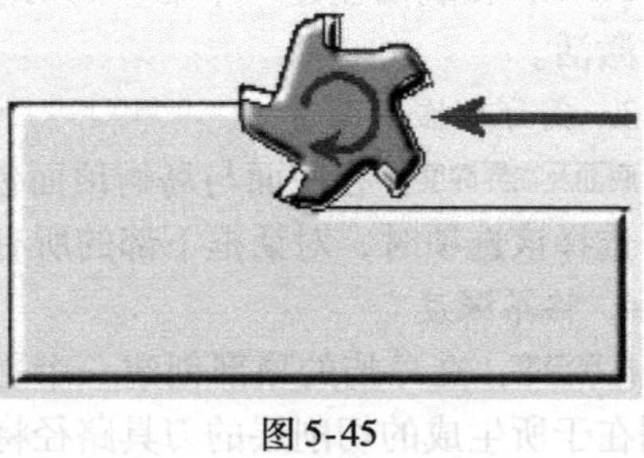

图5-45

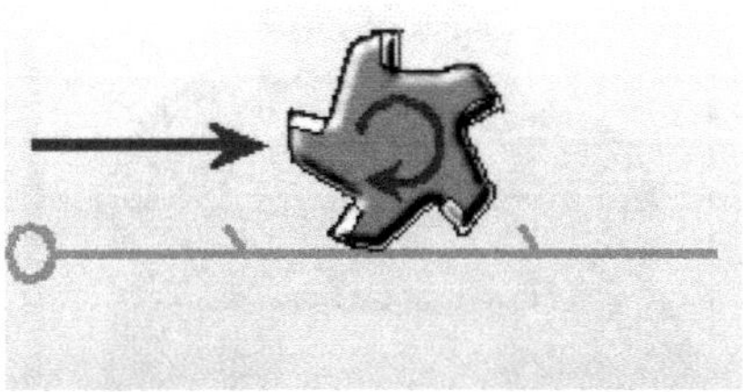

图 5-46

图 5-47

切削顺序：指定多个切削区域在切削层上的切削顺序，包括层优先与深度优先两个选项。

层优先：该切削顺序是逐层加工各切削区域，即加工同一切削层上的各区域后，再加工下一个切削层上的区域，如图 5-48 所示。该切削顺序特别适合于加工薄壁型腔。

深度优先：该切削顺序是先加工一个区域到底部，再去加工另一个区域，直到所有区域加工完毕，可以减少抬刀现象，如图 5-49 所示。

刀路方向：使用跟随周边的切削模式加工时，可以设定进给方向为向内或者向外，用来指定刀具水平的进给方向。

向内：由外轮廓向内指向中心产生刀具路径。

向外：由中心向外轮廓产生刀具路径。

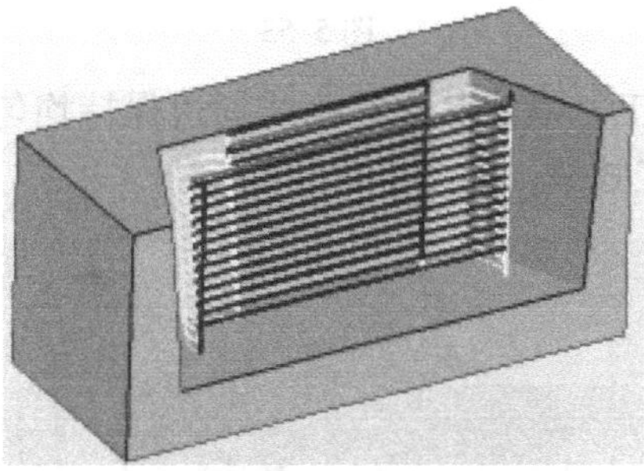

图 5-48

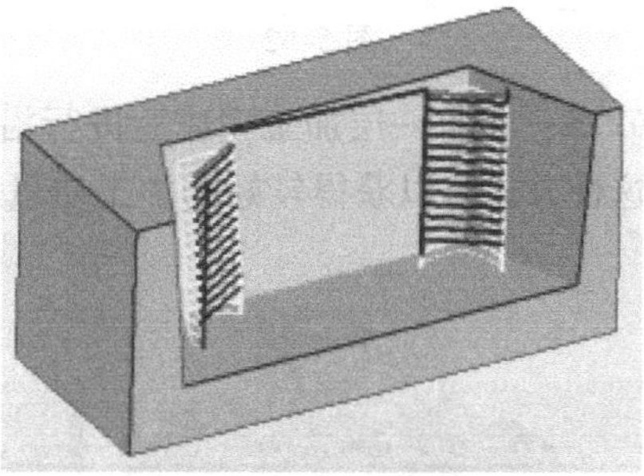

图 5-49

壁：当应用单向切削、往复式切削方法时，用清壁功能可以清理零件壁或者岛屿壁上的残留材料。它是在切削完成每一个切削层后插入一个轮廓铣削轨迹（Profile Pass）来进行的。使用平行方式进行加工时，在零件的侧壁上会有较大的残余量，使用沿轮廓切削的方式可以切削这一部分的残余量，以使轮廓周边保持比较均匀的余量。

使用跟随周边切削时切削参数壁选项里还有一个☑岛清根选项，壁清理有 4 个选项：【无】、【在起点】、【在终点】、【自动】，如图 5-50 所示。当使用单向切削、往复式切削方法时，则无☑岛清根选项，壁清理仅有 3 个选项：【无】、【在起点】、【在终点】。

☑岛清根：刀具在铣削腔时，如果存在岛屿，此项是针对岛周围的一个清根作用，如图 5-51 所示。如果不使用此选项，刀具在能通过的情况下，也不会做岛根部的清理，如图 5-52 所示。

无：不进行周壁清理，如图 5-53 所示。

在起点：刀具在切削每一层前，先进行沿周边的清壁加工，再切削腔，如图 5-54 所示。

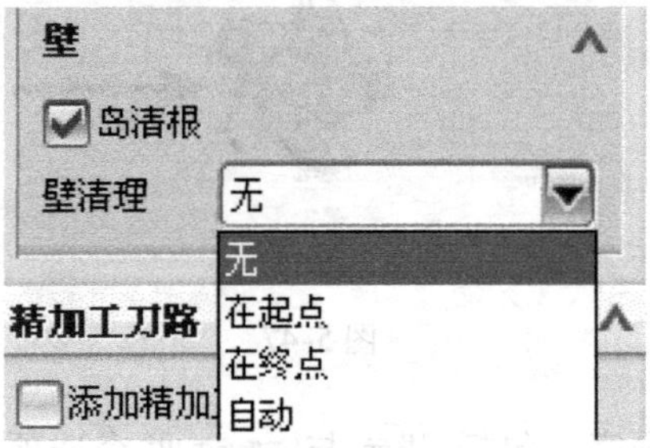

图 5-50

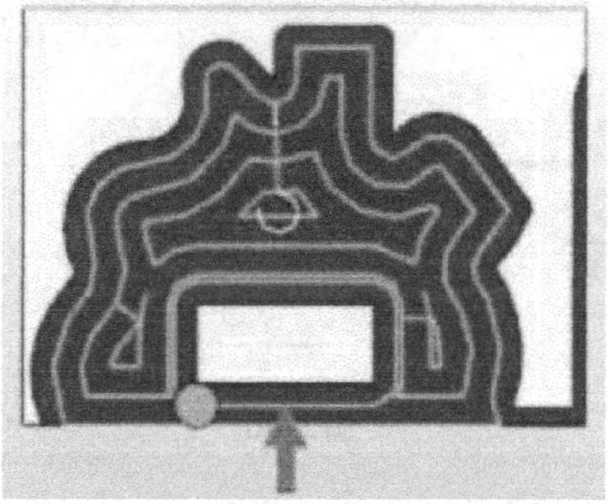

图 5-51

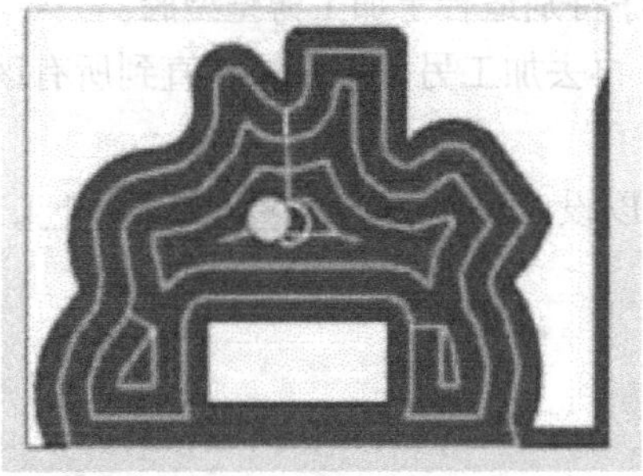

图 5-52

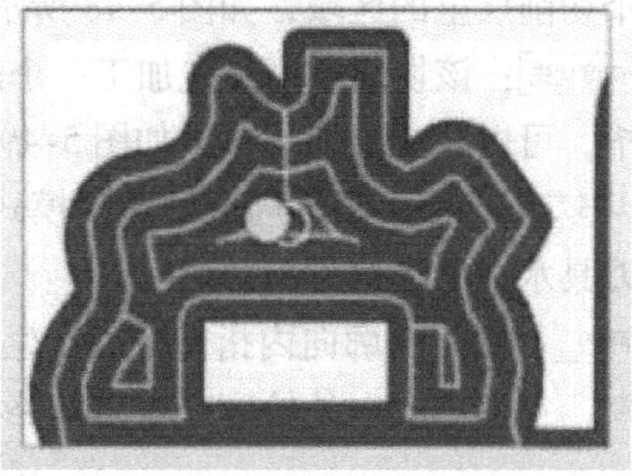

图 5-53

在终点：在每一层加工完成后进行沿边界线的加工，以使其在轮廓线周边保持均匀的残料，这种方式可以获得较好的加工质量和较高的加工效率，如图 5-55 所示。

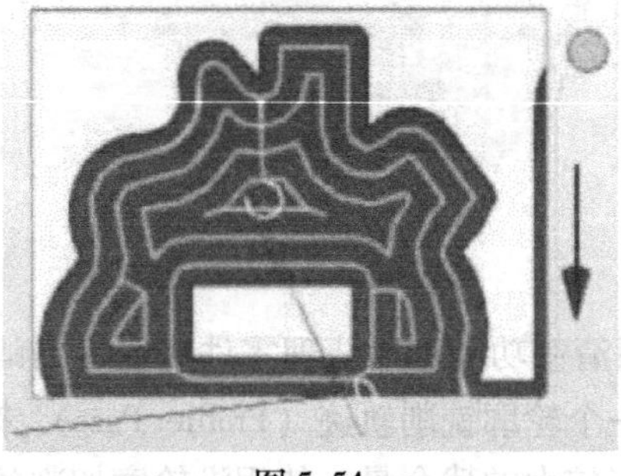

图 5-54

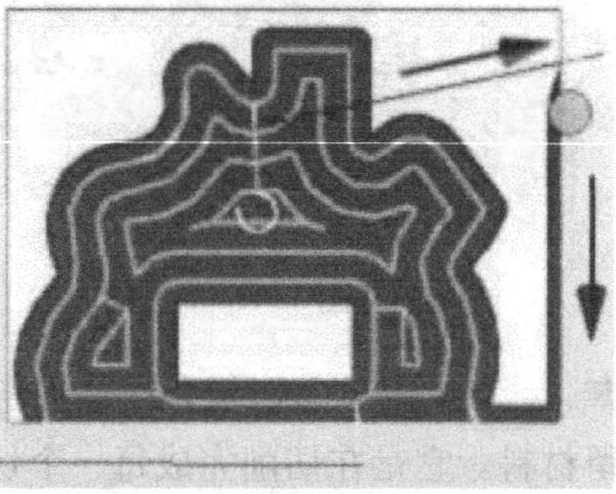

图 5-55

自动：系统计算在最适合清壁时清壁，如图 5-56所示。

添加精加工刀路：勾选该选项，刀具在完成主切削刀具轨迹以后，最后再增加的精加工刀具轨迹。在这个轨迹中，刀具环绕着边界和所有的岛屿生成一个轮廓铣削轨迹。

合并距离：指定距离后，当两个刀具轨迹之间的距离小于所指定距离时，刀具轨迹将合并成为一个刀具轨迹。

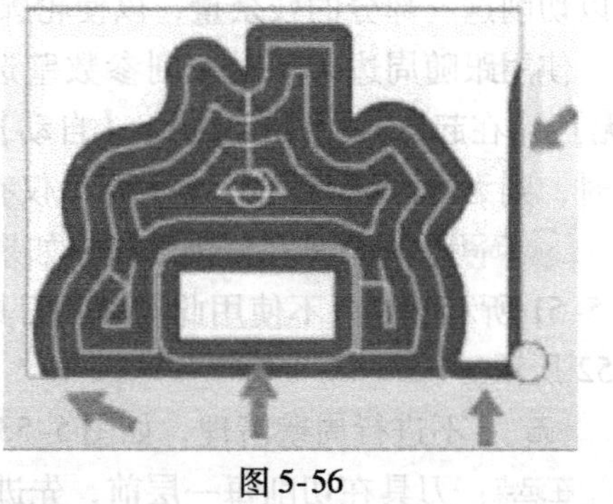

图 5-56

毛坯距离：毛坯距离是根据零件边界或零件几何形状形成毛坯几何形状时的偏置距离。对平面铣削，毛坯距离只应用于封闭的零件边界。

2. 余量选项

在【平面铣】对话框中选择（切削参数）图标，出现【切削参数】对话框，选择余量选项卡，如图 5-57 所示。

部件余量：指在当前平面铣削结束时，留在零件周壁上的余量。通常在进行粗加工或半精加工时会留下一定部件余量以进行精加工用。

最终底面余量：最终底面余量是完成当前加工操作后保留在腔底和岛屿顶的余量。

毛坯余量：以加工区域边缘偏置一定的距离作为毛坯使用，可以看作一个临时毛坯。

检查余量：设置刀具偏离检查边界的距离。

修剪余量：设置刀具偏离修剪边界的距离。

公差：公差定义了刀具偏离实际零件的允许范围，公差值越小，切削越准确，产生的轮廓越光顺。实际加工时应根据工艺要求给定加工精度。例如，在进行粗加工时，加工误差可以设得大一点，以便系统加快运算速度，程序长度也可以较短，从而缩短加工时间，一般可以设定到加工余量的 10% ~30%；而进行精加工时，为了达到加工精度，则应减少加工误差，一般来说加工精度的误差控制在小于标注尺寸公差的 1/5 ~1/10。

内公差：设置刀具切入零件时的最大偏距，称为切入公差（或内公差）。

外公差：刀具在加工完成后允许留有残料的值，即设置刀具切削零件时离开零件的最大偏距，如图 5-58 所示。

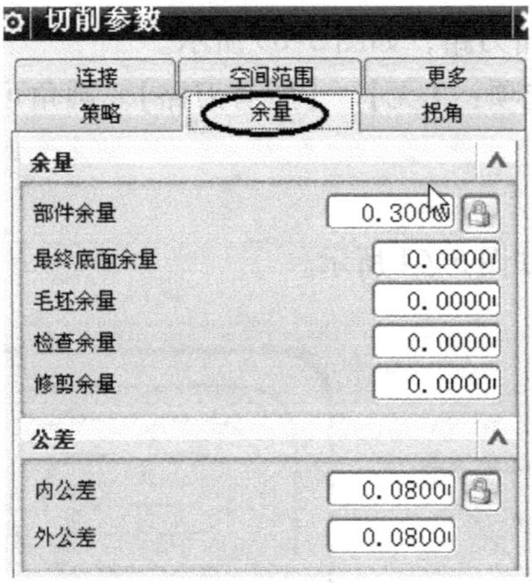

图 5-57

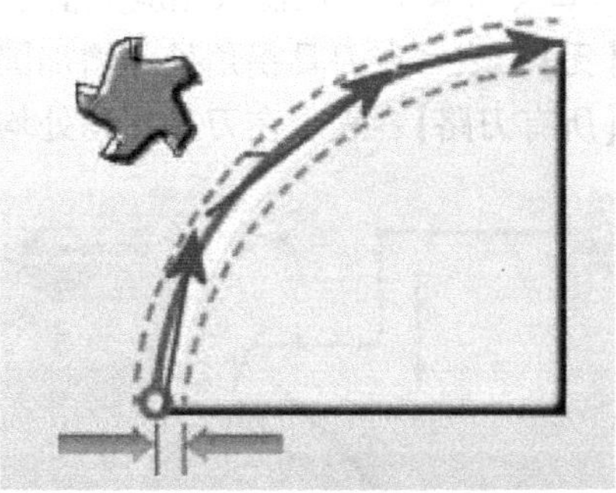

图 5-58

3. 拐角选项

在【平面铣】对话框中选择（切削参数）图标，出现【切削参数】对话框，选择拐角选项卡，如图 5-59 所示。拐角在高速加工中应用广泛，目的是使切削刃处的线切削速度均匀，保持切削平稳。

凸角：有 3 种选项：【绕对象滚动】、【延伸并修剪】、【延伸】，如图 5-60 所示。

【绕对象滚动】：系统将通过插入等于刀具半径的圆弧，保持刀具与材料余量接触，拐角成为圆弧的中心，如图 5-61 所示。

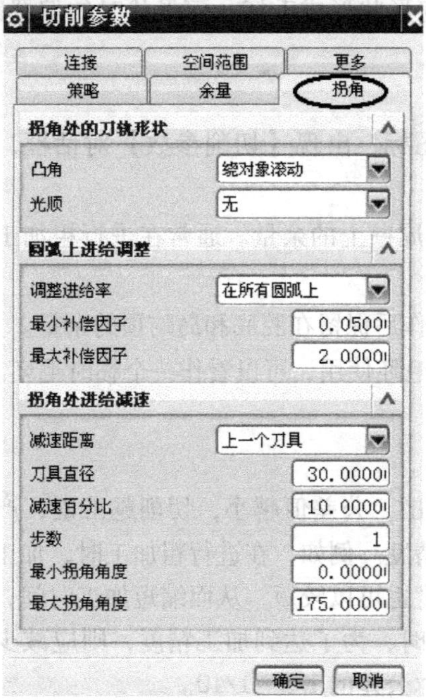

图 5-59

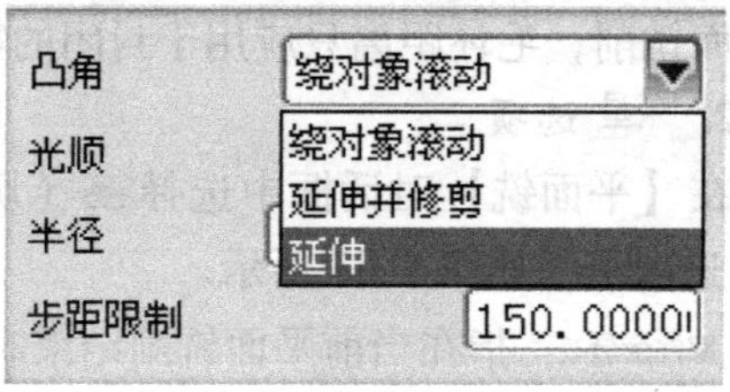

图 5-60

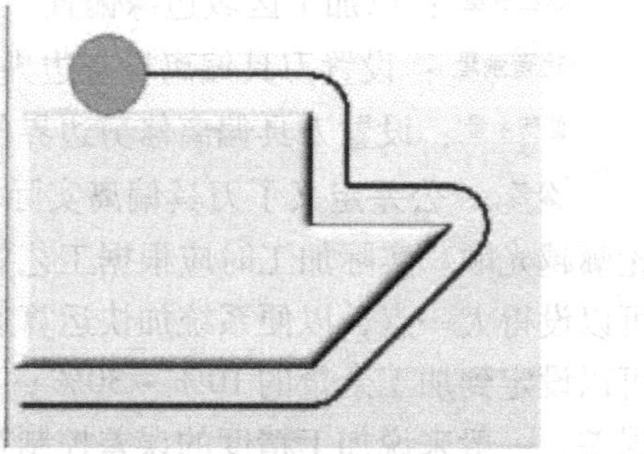

图 5-61

【延伸并修剪】：系统在尖角处对刀路进行修剪，延伸仅可应用于沿着壁的刀路，如图 5-62 所示。

【延伸】：系统通过延伸拐角处的切线来形成拐角刀路，如图 5-63 所示。

光顺：可用于是否在拐角处增加圆角，有两种选项：【无】、【所有刀路】。圆角可以通过在 半径 、步距限制 栏输入相应数值来控制。

【无】：表示在刀具拐角处不增加圆角。

【所有刀路】：表示在刀具拐角处均增加圆角，如图 5-64 所示。

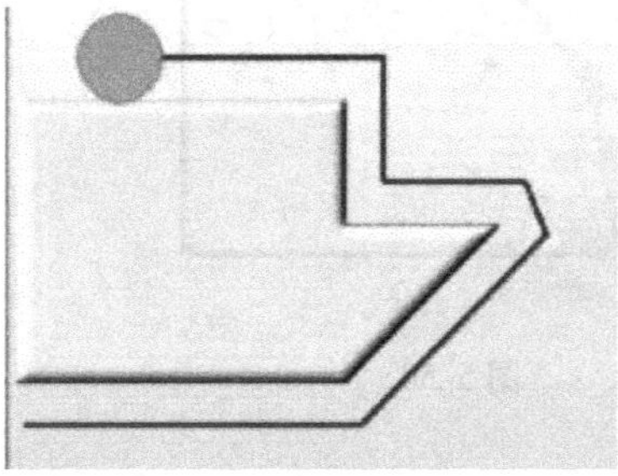

图 5-62

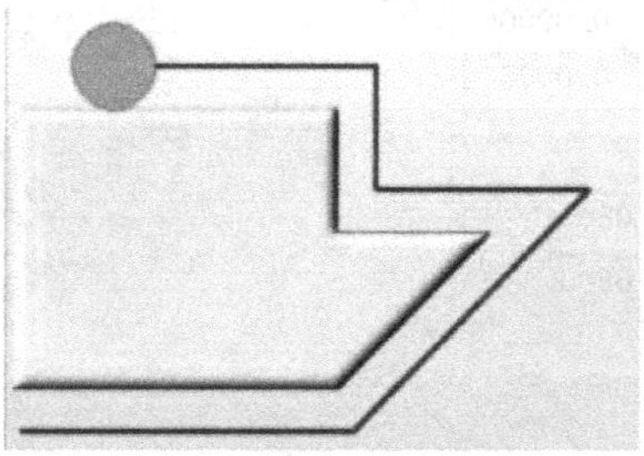

图 5-63

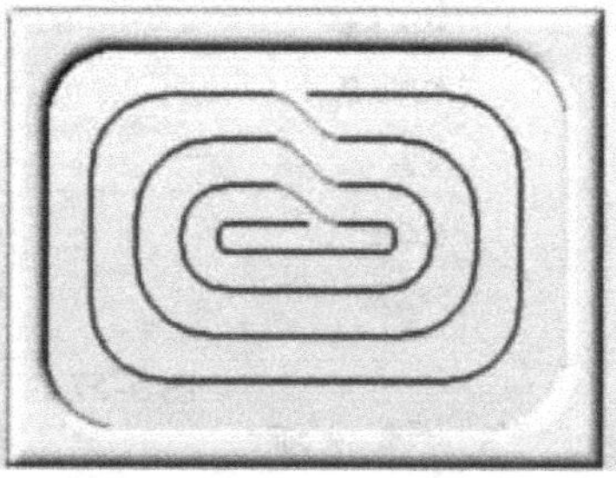

图 5-64

调整进给率：刀具在加工内凹角时，刀具的侧边实际进给率大于刀具中心的进给率；加工外凸角时，刀具的侧边实际进给率小于刀具中心的进给率。此选项用于调整刀具外侧的切削速度，使其保持不变，保证在圆弧处和线性部分的切削负荷相同，可以在 最小补偿因子、最大补偿因子 栏输入相应的补偿系数。

拐角处进给减速：系统在加工内凹角时按照指定的减速距离和指定的步数减速，完成减速后，刀具将加速到正常的进给速度，保证切削平稳，提高加工效率。

减速距离：用于设置刀具距拐角等于该距离时开始减速。该距离可以采用上一个刀具、当前刀具的刀具直径百分比来控制。

减速百分比：用于定义切削减速时最低速度等于当前正常速度的百分比。切削钢件时为 10% ~50%；切削铜件时为 50%。

步数：设置减速的段数，其值越大、减速段数越多，NC 程序中 F 语句越多，减速越平缓。

最小拐角角度、最大拐角角度：系统根据该值来判断拐角，在该范围才插入圆角或减速。

4. 连接选项

在【平面铣】对话框中选择（切削参数）图标，出现【切削参数】对话框，选择连接选项卡，如图 5-65 所示。

区域排序：用于自动或手动指定切削区域的加工顺序。包括【标准】、【优化】、【跟随起点】、【跟随预钻点】4 个选项。

标准：按边界的创建顺序确定各切削区域的加工顺序，如图 5-66 所示。

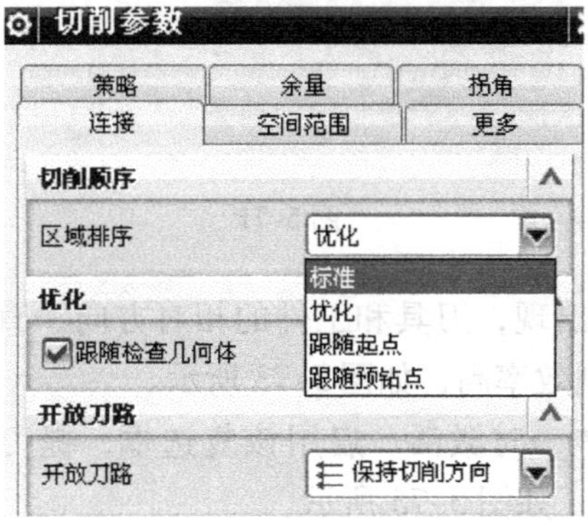

图 5-65

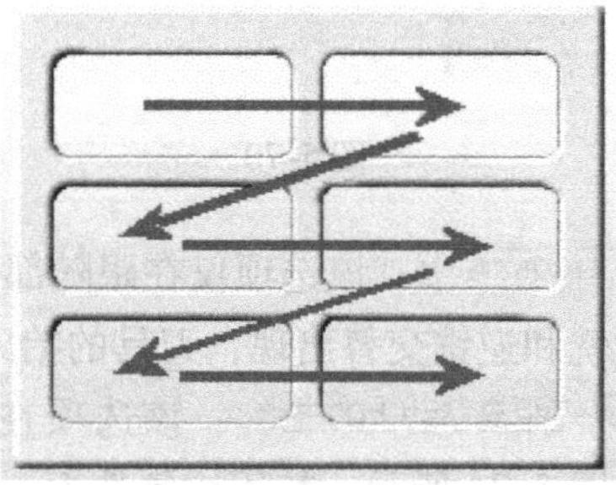

图 5-66

优化：系统按最短加工时间确定切削区域的加工顺序。其原则是：使刀具在各切削区域来回交错运动最少，并使各切削区域之间的跨越运动总距离最短，如图 5-67 所示。

跟随起点：按指定的切削区域起始点确定各切削区域的加工顺序，如图 5-68 所示。

跟随预钻点：按指定的切削区域预钻点确定各切削区域的加工顺序，如图 5-69 所示。

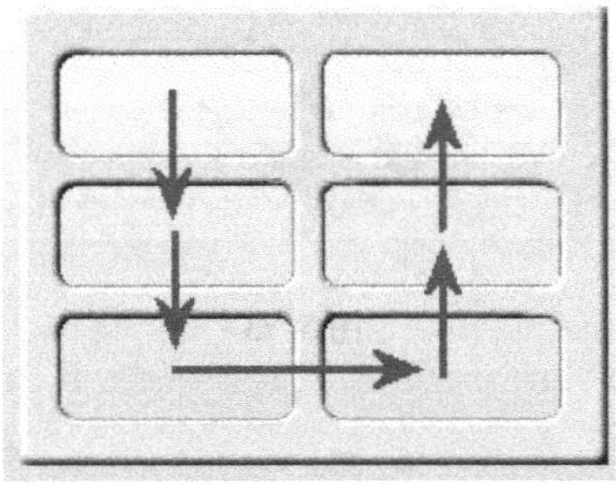

图 5-67

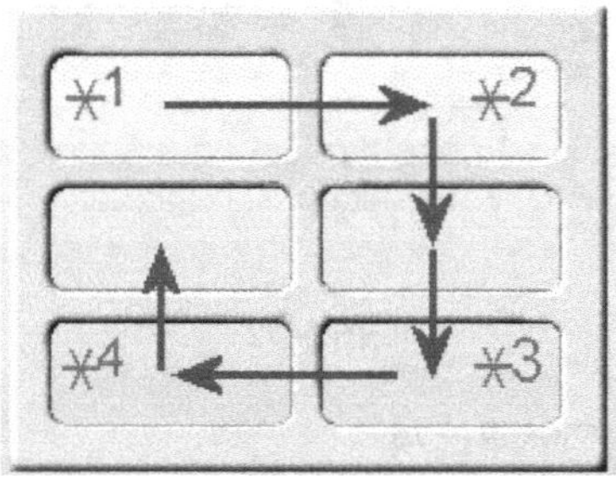

图 5-68

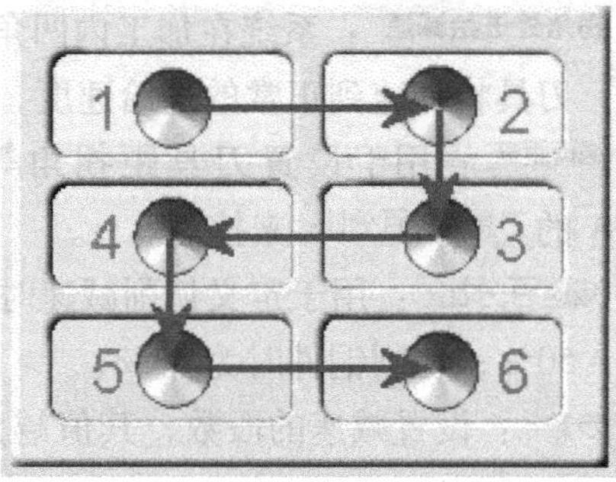

图 5-69

☑跟随检查几何体：该选项仅在跟随部件切削模式中出现。启用该复选框，表示刀具沿检查几何体进行切削，如图 5-70 所示；禁用该复选框，表示刀具在检查几何体处会抬刀至安全平面再进行切削，如图 5-71 所示。

开放刀路：其下拉框有两个选项：保持切削方向、变换切削方向。

保持切削方向：该选项仅在跟随部件切削模式中出现，刀具和工件保持同一方向切削，刀具的抬刀次数增多，优点是加工表面光滑，如图 5-72 所示。

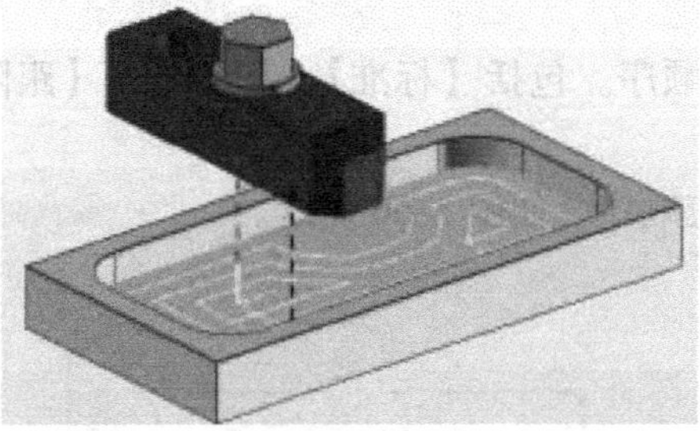

图 5-70

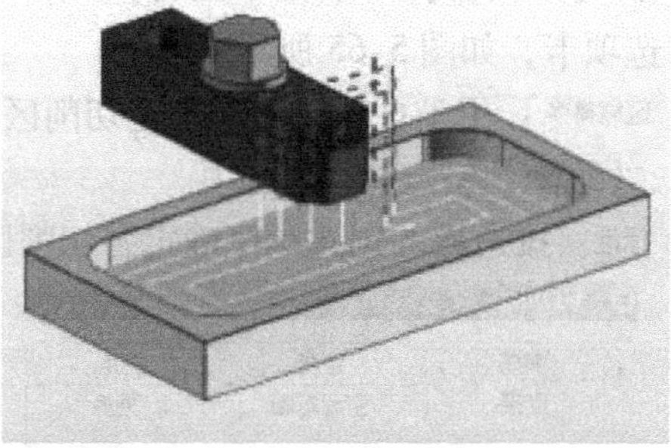

图 5-71

变换切削方向：该选项仅在跟随部件切削模式中出现，刀具和工件的相对方向一直在变化，顺铣和逆铣交替出现，刀具的抬刀次数少，切削效率高，如图 5-73 所示。

☑短距离移动上的进给：该选项在选择变换切削方向时激活。启用该复选框，提刀次数少，如图 5-74 所示；禁用该复选框，则提刀次数多，如图 5-75 所示。

可以在最大移刀距离栏输入一个数值来定义移刀距离，大于此距离提刀，小于此距离则不提刀。

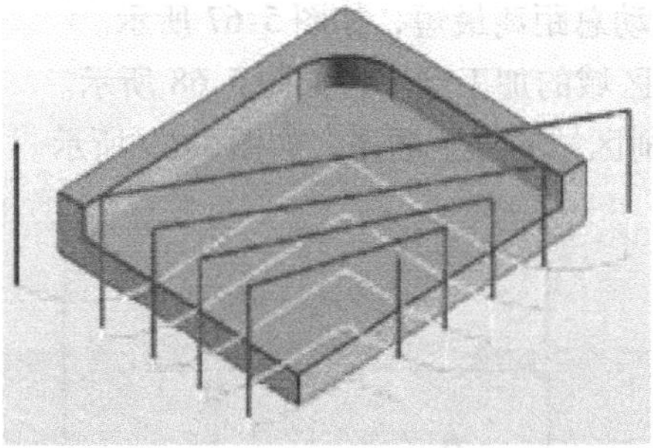

图 5-72

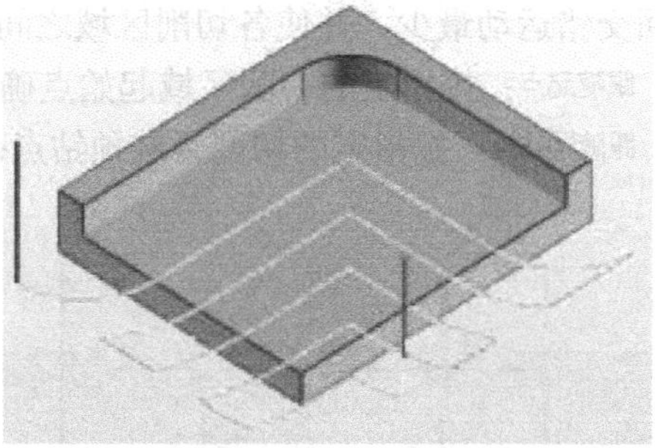

图 5-73

5. 空间范围选项

该功能是 UG 8.5 增加的功能，可以识别大刀具错过的剩余材料，并将这些剩余材料指定给下一个使用较小刀具的操作。

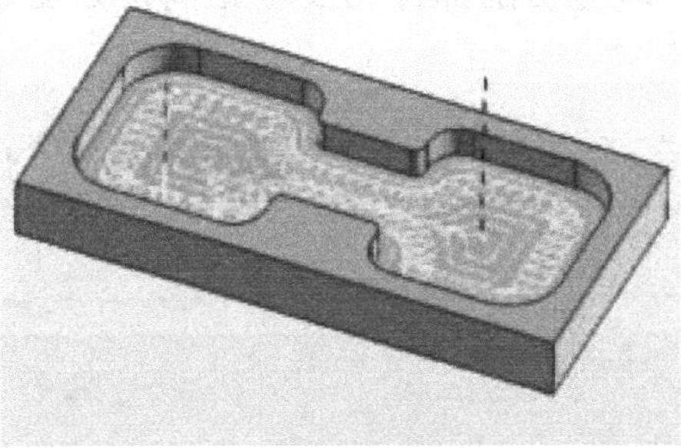

图 5-74

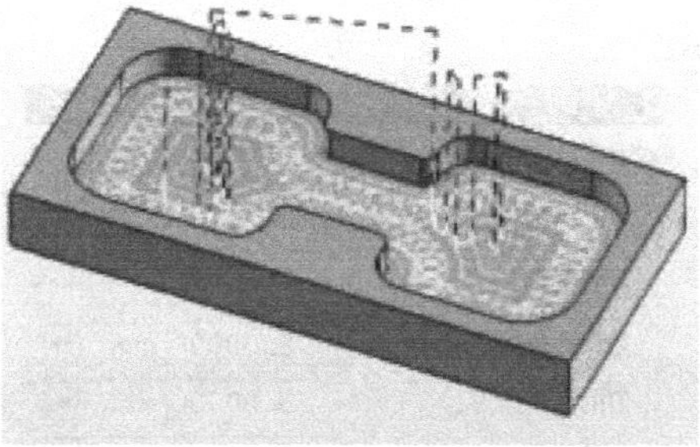

图 5-75

处理中的工件：上一步操作留下的包含未切削区域的毛坯，有 3 个选项：【无】、使用 2D IPW、使用参考刀具，如图 5-76 所示。

【无】：用于初次加工。

使用 2D IPW：针对上一步操作留下的残料角落进行加工时，可以使用该选项，只切削剩余材料部分，可提高加工效率，如图 5-77 所示。

使用参考刀具：要加工上一个刀具未加工到的拐角中剩余的材料时，可使用参考刀具，在参考刀具下拉框中选择上一步使用的刀具，操作的刀具轨迹会仅限制在拐角区域，如图 5-78 所示。

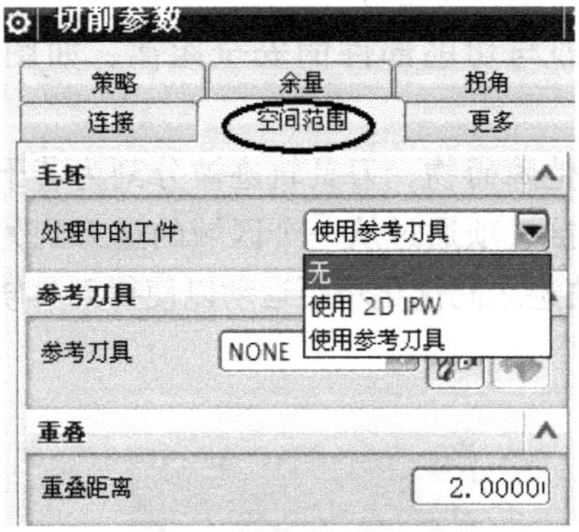

图 5-76

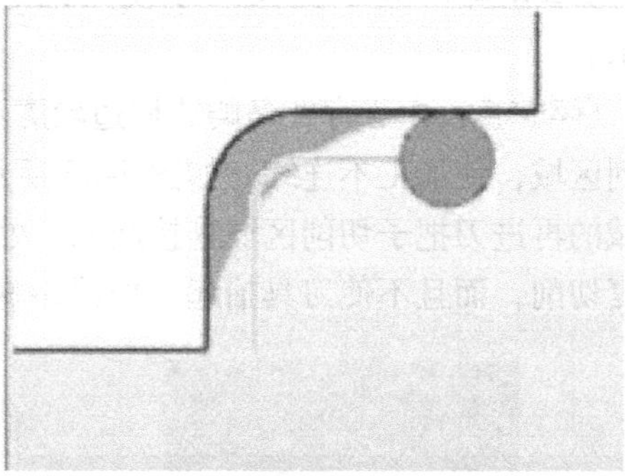

图 5-77

重叠距离：将未切削边界按照该距离向外扩展一个边界，在下一步操作中将此边界作为修剪边界，减少空刀，实现清角加工。

6. 更多选项

在【平面铣】对话框中选择（切削参数）图标，出现【切削参数】对话框，选择更多选项卡，如图 5-79 所示。

安全距离 / 刀具夹持器：定义刀具夹持器使用的进退距离，即与切削部件的安全距离，如图 5-80所示。

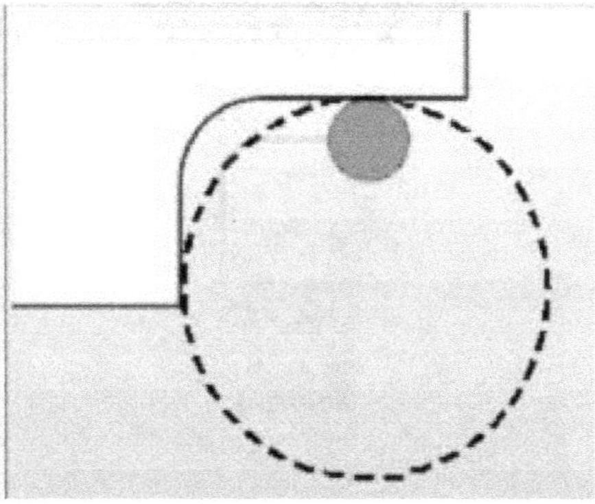

图 5-78

安全距离/刀柄：定义刀柄使用的进退距离，即与切削部件的安全距离，如图 5-81 所示。

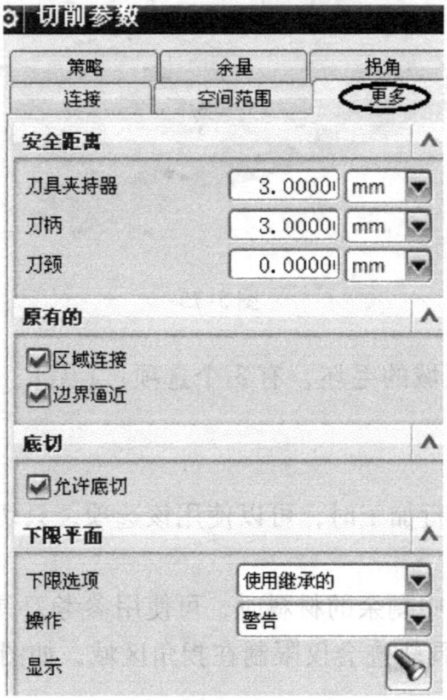

图 5-79

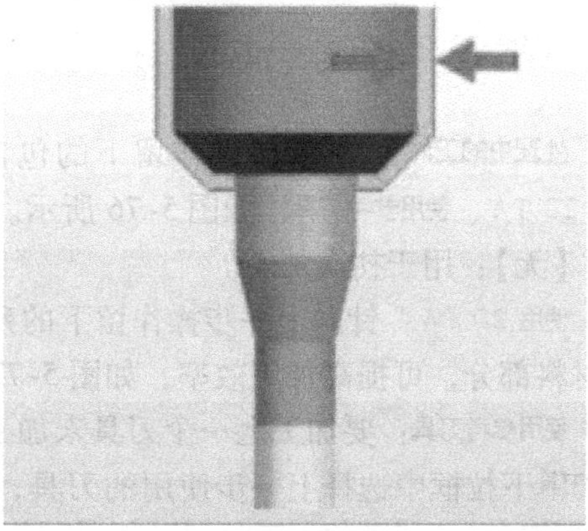

图 5-80

安全距离/刀颈：定义刀颈使用的进退距离，即与切削部件的安全距离，如图 5-82 所示。

区域连接：由于存在岛屿或周边轮廓不规则和其他障碍物，刀具轨迹被分割为若干个子切削区域，使加工不连续，如图 5-83 所示。区域连接选项通过从一个区域的退刀到另一个区域的再进刀把子切削区域连接起来。处理器将在轨迹之间优化步距运动以使得刀具轨迹不重复切削，而且不使刀具抬起，如图 5-84 所示。

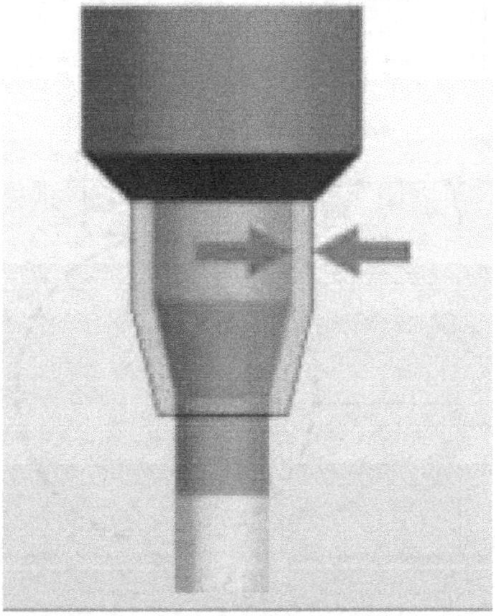

图 5-81

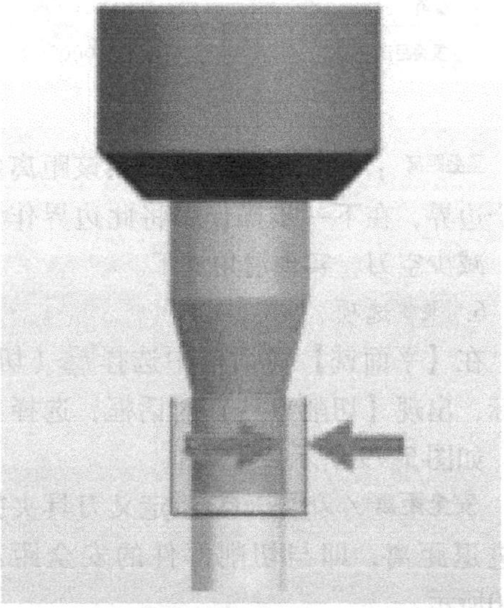

图 5-82

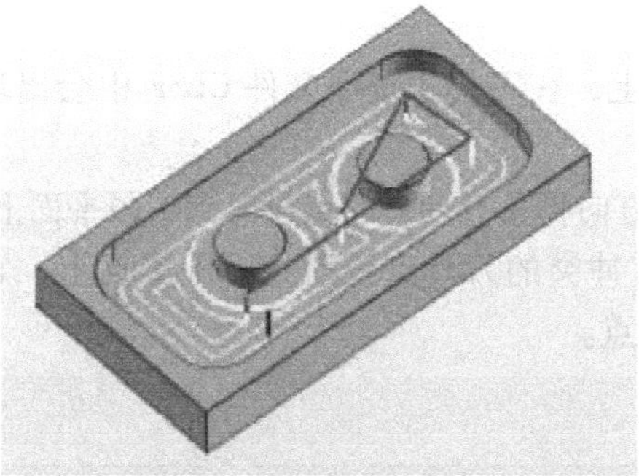

图 5-83

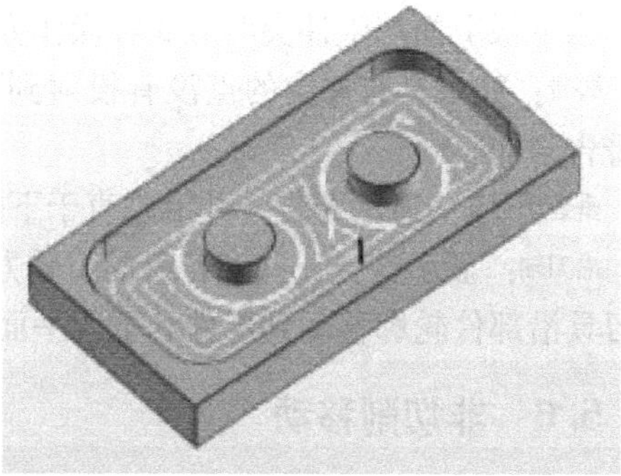

图 5-84

☑边界逼近：当区域的边界或岛屿包含二次曲线或B样条曲线时，运用边界近似的方法可以减少加工时间和缩短刀具轨迹长度。不使用该选项时，刀具轨迹如图5-85所示；勾选该选项后，刀具轨迹如图5-86所示。

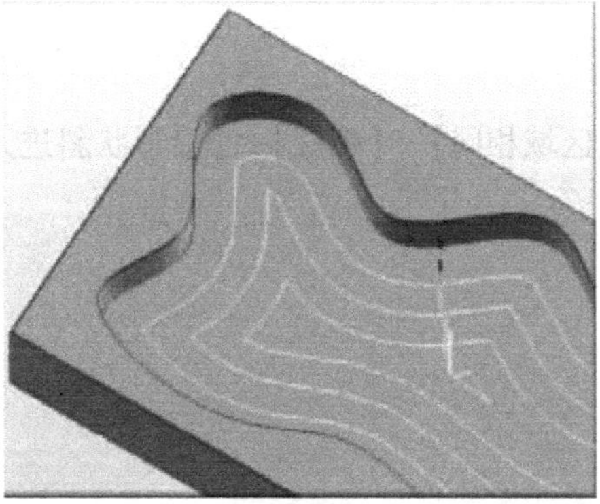

图 5-85

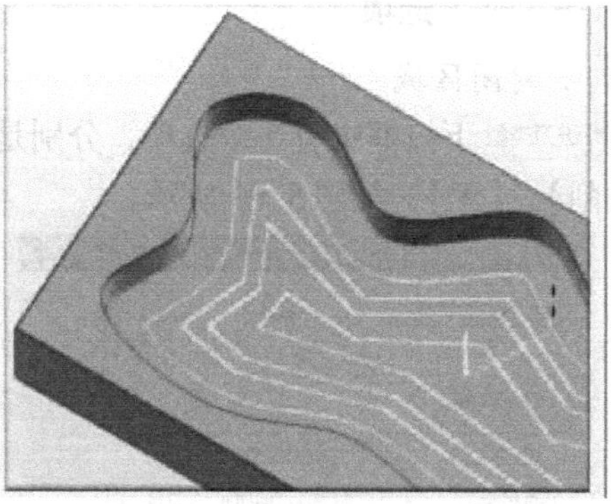

图 5-86

☑允许底切：不勾选该选项时，系统将不会考虑底切几何体，如图5-87所示。勾选该选项时，系统将考虑底切几何体，定义T形刀或夹持器/刀柄直径小于刀具直径的铣刀，该刀具将伸到底切区域，且必须定义要应用于刀具/刀具夹持器非切削部分的最小安全距离，如图5-88所示。

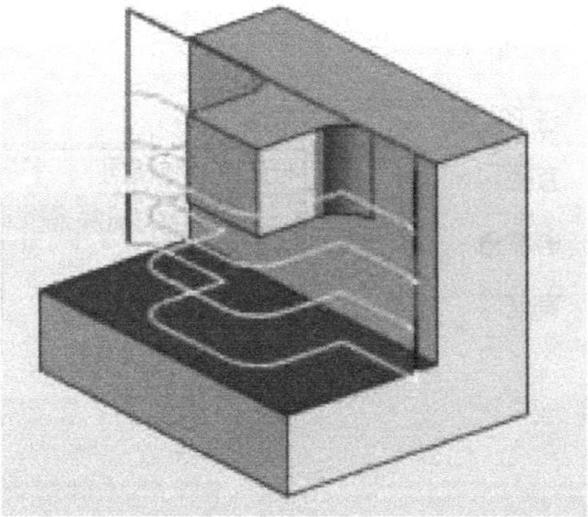

图 5-87

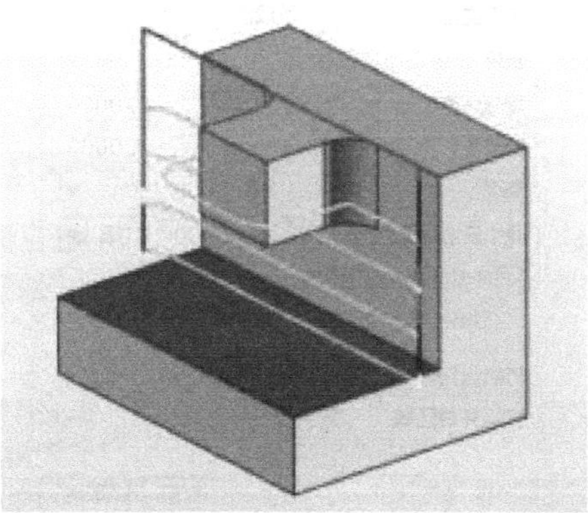

图 5-88

下限选项：定义刀具运动的下限，有3个选项：【无】、【使用继承的】、【平面】。

当下限平面产生冲突时有3种操作方式。

警告：如果具有冲突的点没有投射到下限平面上，在刀具轨迹原文件CLSF中会出现注释警告语句。

垂直于平面：显示警告，并沿垂直于下限平面的方向将具有冲突的点投射到下限平面上。

沿刀轴：显示警告，并沿各自的刀轴方向将具有冲突的刀具点投射到下限平面上，它允许刀具沿部件轮廓移动到部件和下限平面之间的交点。

5.6 非切削移动

非切削移动是刀具在不切削工件的情况下，把各个切削运动连接起来，构成一个完整的切削过程，包括切削之前、之后或中间，起着辅助切削的作用。设置好参数可以确保不过切，并安全、高效地切削材料。它有6个选项：进刀、退刀、起点/钻点、转移/快速、避让、更多，如图5-89所示。

一、进刀选项

1. 封闭区域

进刀类型下拉框中有5个选项，分别是【与开放区域相同】、【螺旋】、【沿形状斜进刀】、【插削】、【无】，如图5-90所示。

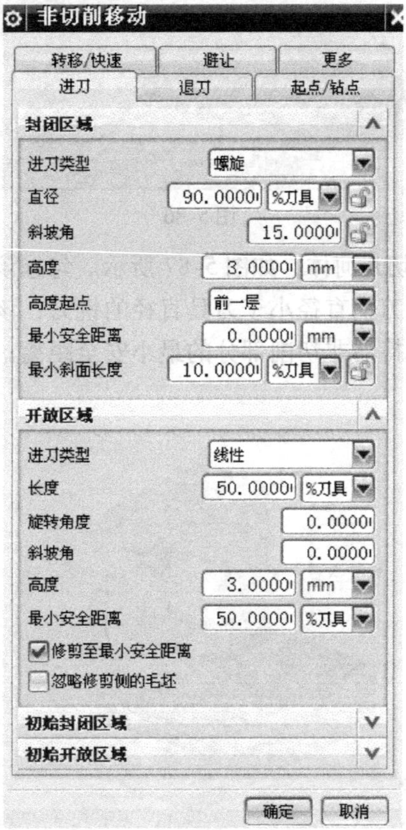

图5-89

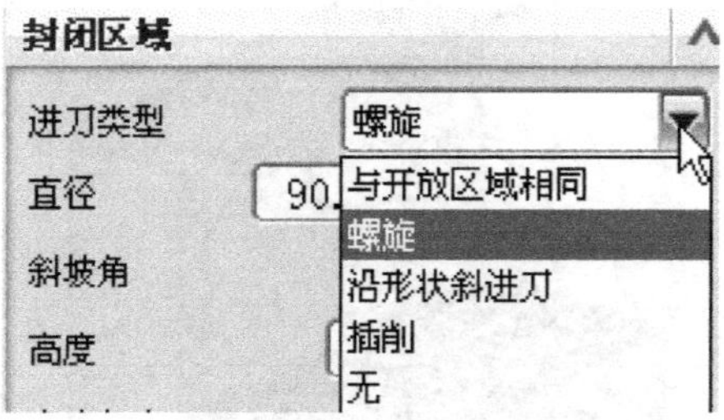

图5-90

与开放区域相同：采用开放区域的进刀方式。

螺旋：黄颜色进刀线是一种螺旋式下刀，如图5-91所示。

直径：示意如图5-92所示。直径不要过小，在直径栏中系统默认它的旋转直径为刀具的90%，一般多采用其默认值，使刀具有10%的重叠，可以防止柱形残料而顶刀。

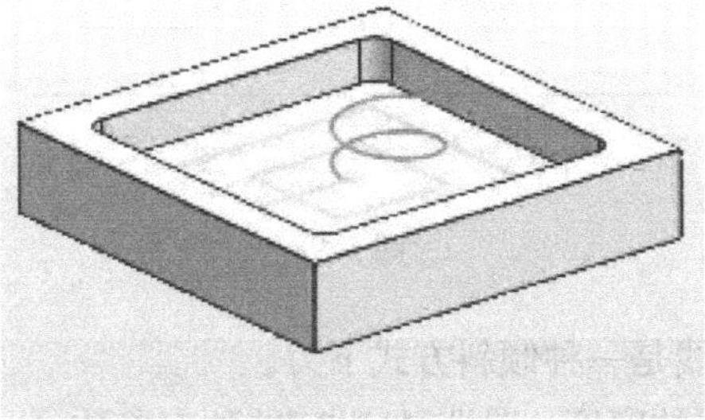

图5-91

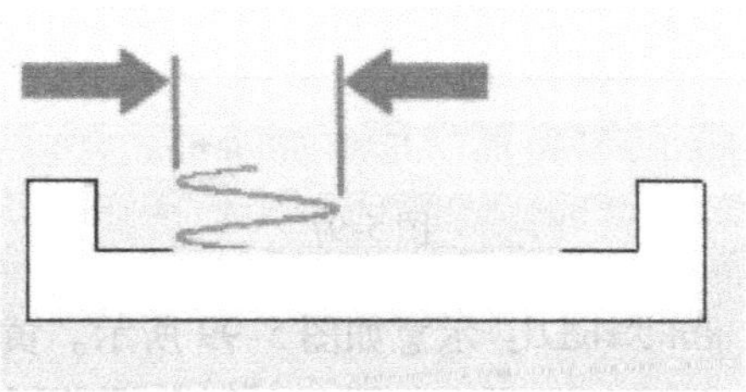

图5-92

斜坡角：示意如图5-93所示。螺旋下刀时会慢慢随着螺旋的直径倾斜下刀，在斜坡角栏中设定倾斜的度数，其度数越小对刀具的撞击越小，所以一般都要把度数改小，钢材取5°、铜取15°。

高度：是从工件每一层的上表面开始下刀的距离。此距离过大，在下刀时较浪费时间，过小时会感到不安全。一般根据自己的经验而定（1～3mm）。

高度起点：有3个选项，当前层（示意见图5-94）、前一层（示意见图5-95）、平面（示意见图5-96）。

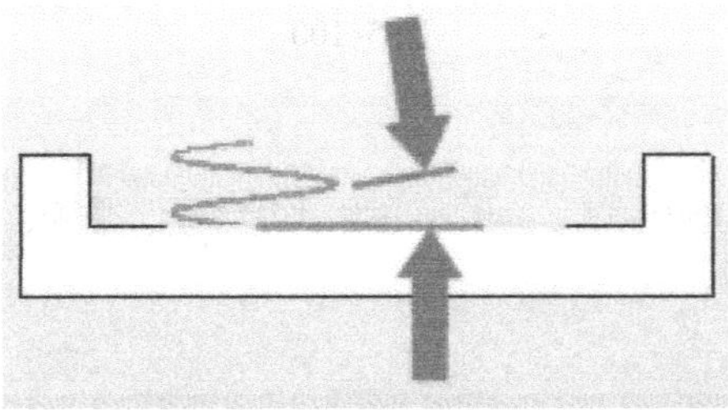

图5-93

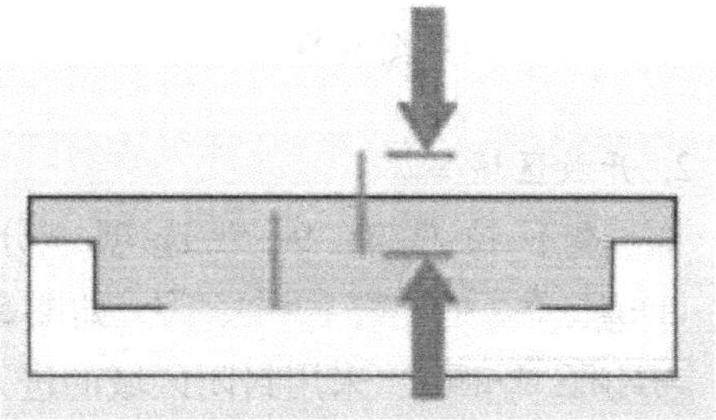

图5-94

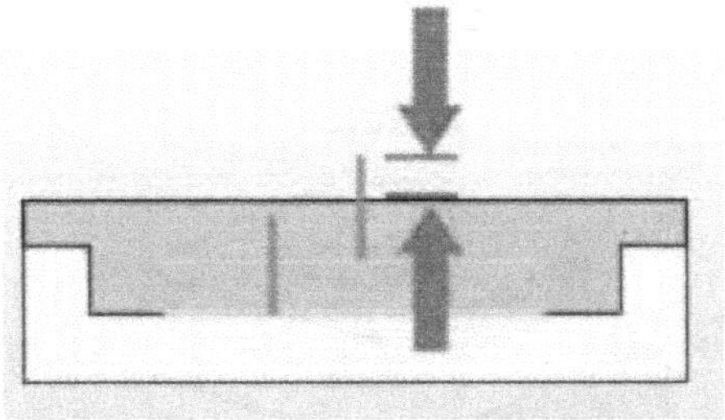

图5-95

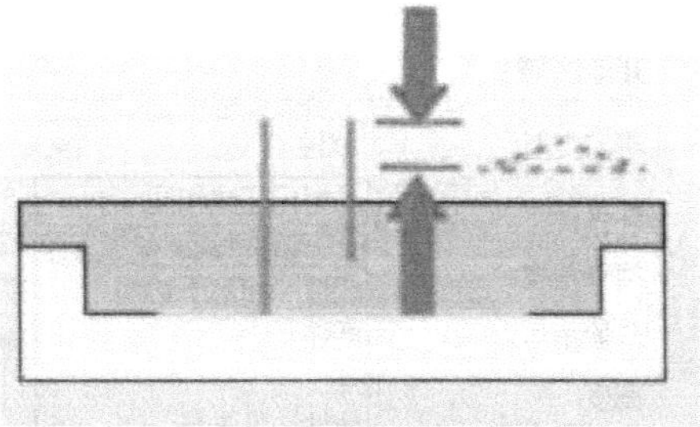

图5-96

最小安全距离：示意如图5-97所示。进刀线离工件壁的安全距离。

最小斜面长度：示意如图5-98所示。控制进刀线的最小斜面长度。

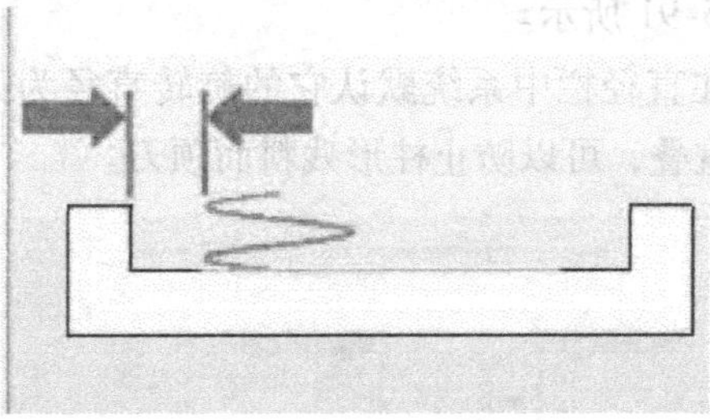

图 5-97

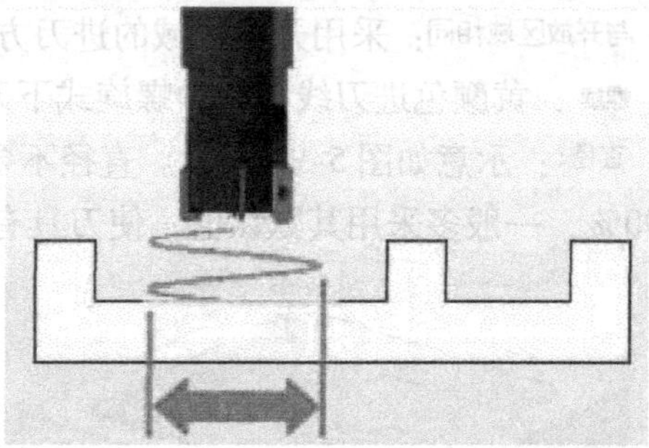

图 5-98

沿形状斜进刀：示意如图 5-99 所示。黄颜色进刀线是一种倾斜方式下刀。

最大宽度：示意如图 5-100 所示。指矩形进刀线的宽度，是沿形状斜进刀的独有参数。

插削：其进刀线平行于刀轴，用于加工较软的材料，或者必须用插铣的场合。

无：即没有进刀线，一般不采用。

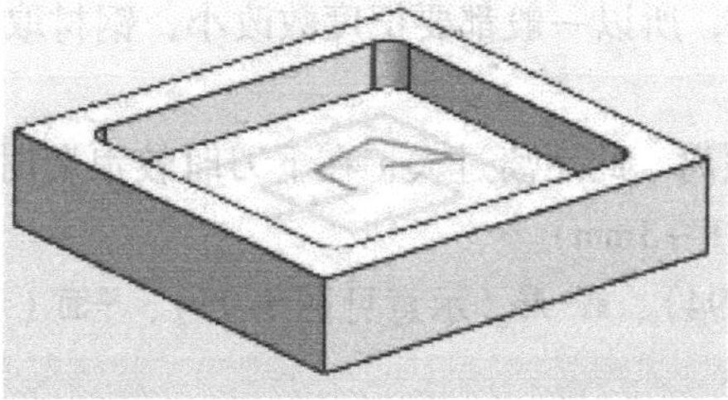

图 5-99

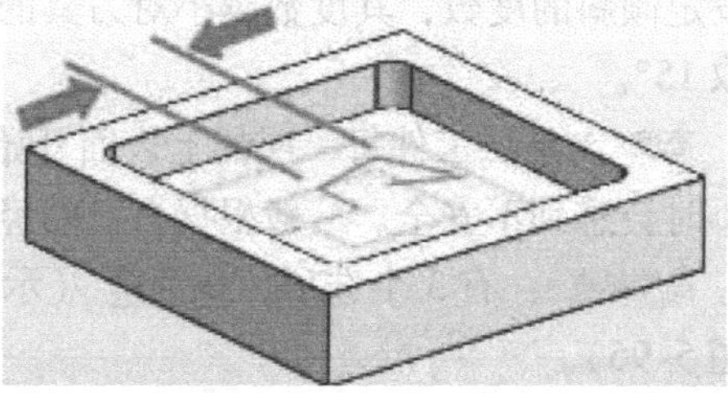

图 5-100

2. 开放区域

进刀类型下拉框有 9 个选项，分别是与封闭区域相同、线性、线性 - 相对于切削、圆弧、点、线性 - 沿矢量、角度 角度 平面、矢量平面、无，如图 5-101 所示。

与封闭区域相同：采用封闭区域的进刀方式。

线性：示意如图 5-102 所示。刀具逼近工件时，通过走直线到达进刀点。

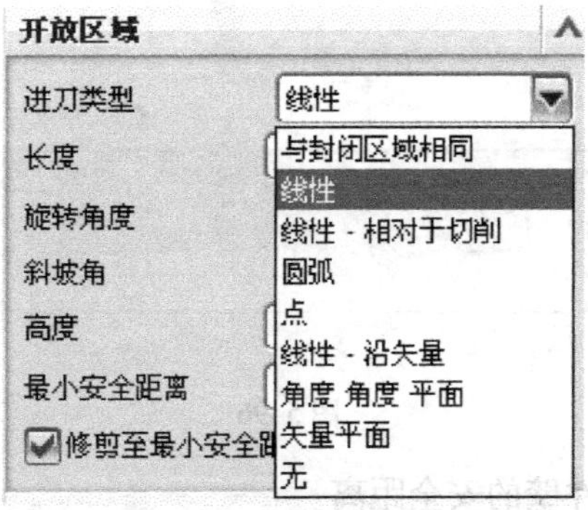

图 5-101

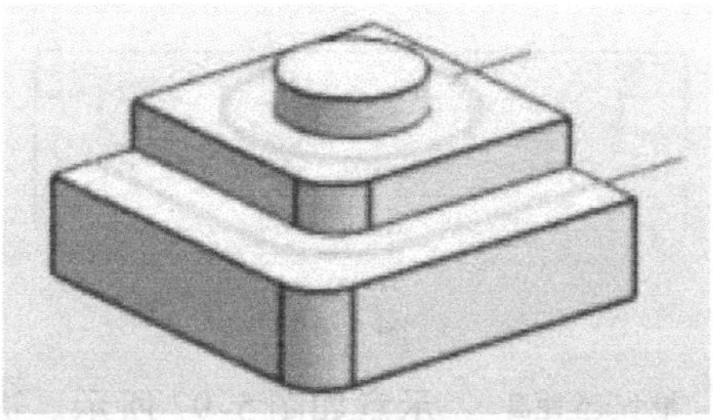

图 5-102

线性 - 相对于切削：示意如图 5-103 所示。刀具逼近工件时，通过走直线到达进刀点，且与切削刀具轨迹相切。

圆弧：示意如图 5-104 所示。刀具逼近工件时，通过走圆弧运动切入工件。

点：示意如图 5-105 所示，从指定的点开始进给。

线性 - 沿矢量：示意如图 5-106 所示，通过矢量、长度和高度来指定进给运动的方向。

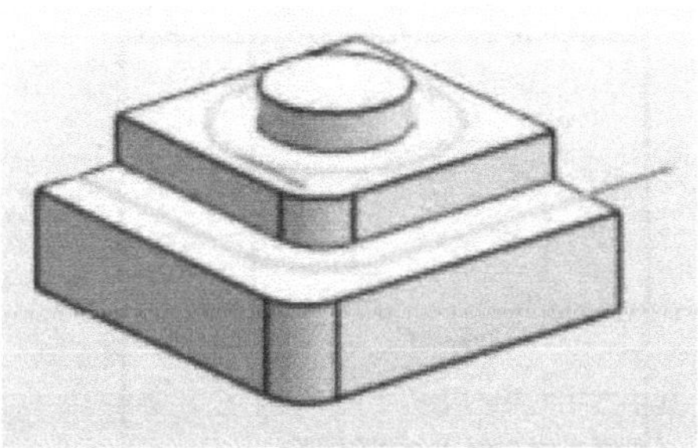

图 5-103

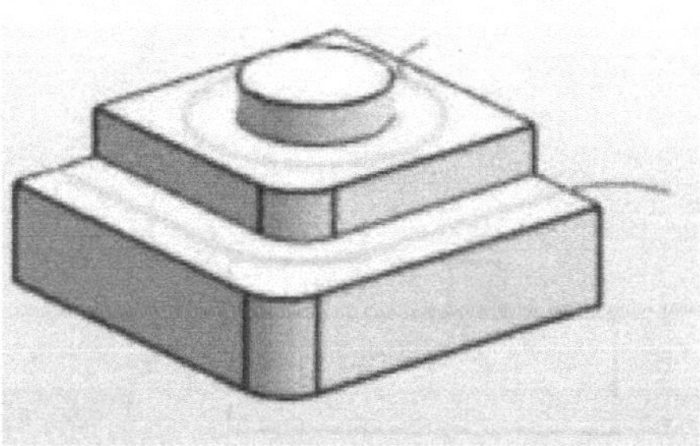

图 5-104

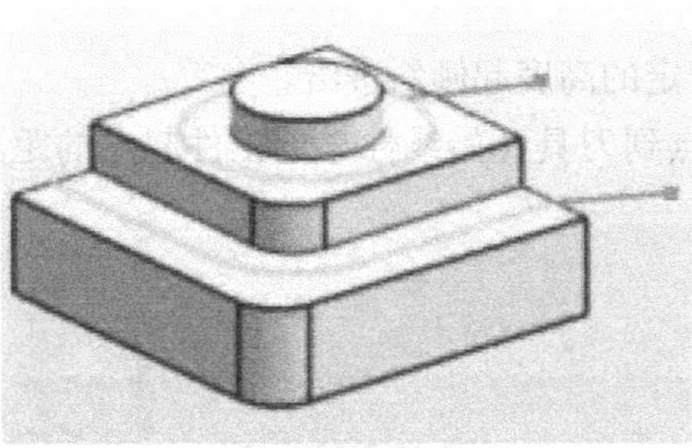

图 5-105

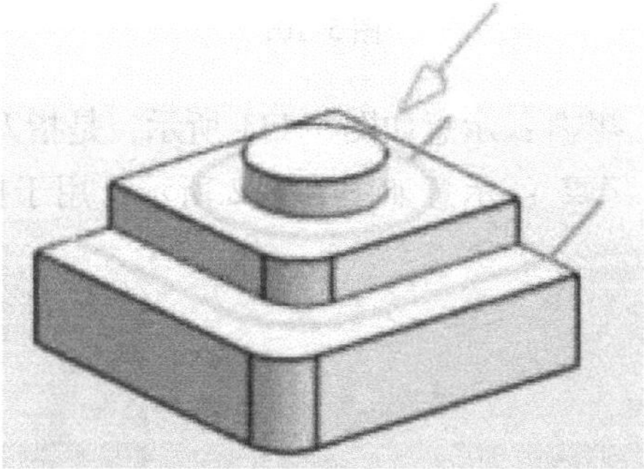

图 5-106

角度 角度平面：示意如图 5-107 所示。通过两个角度和一个平面来指定进给运动，角度确定进给方向，平面确定进刀起始点。

矢量平面：示意如图 5-108 所示。通过矢量和平面来指定进给运动，矢量确定进给方向，平面确定进刀起始点。

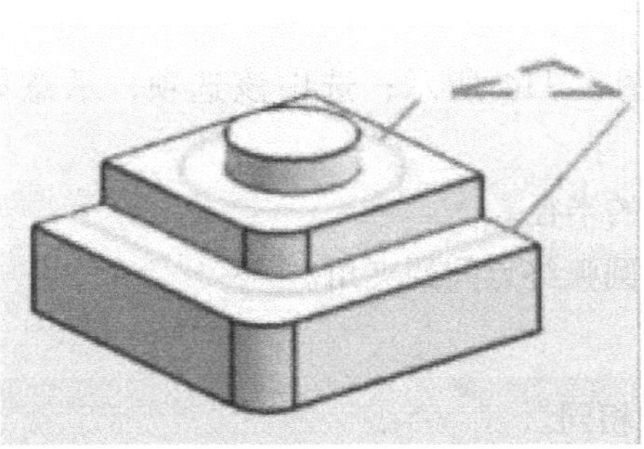

图 5-107

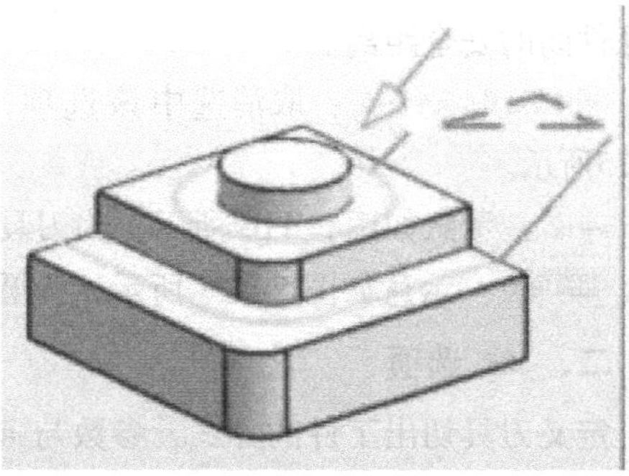

图 5-108

无：即没有进刀线，一般不采用。

长度：示意如图5-109所示，为刀具中心到工件间的距离。

旋转角度：示意如图5-110所示，进刀线按所指定的角度进给。

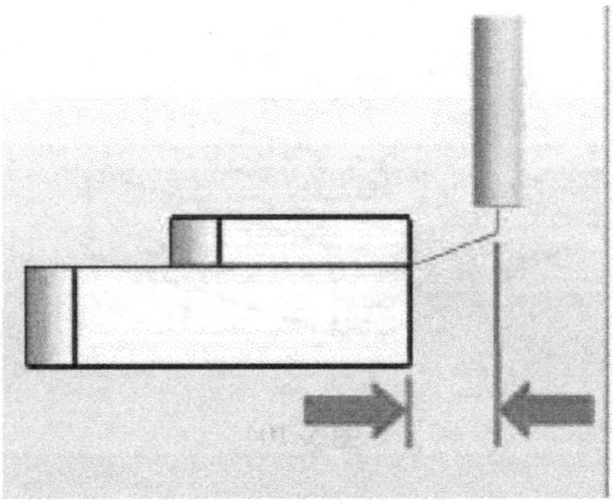

图5-109

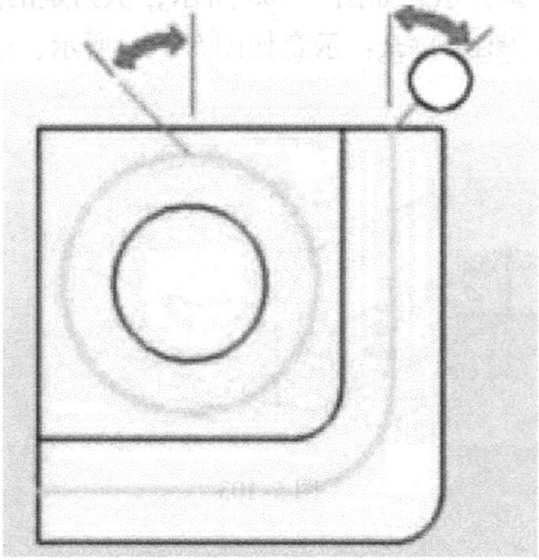

图5-110

斜坡角：示意如图5-111所示，是指刀具从所指定的高度起倾斜进给。

高度：示意如图5-112所示，用于控制指定点到刀具开始线性靠近工件起点的距离。

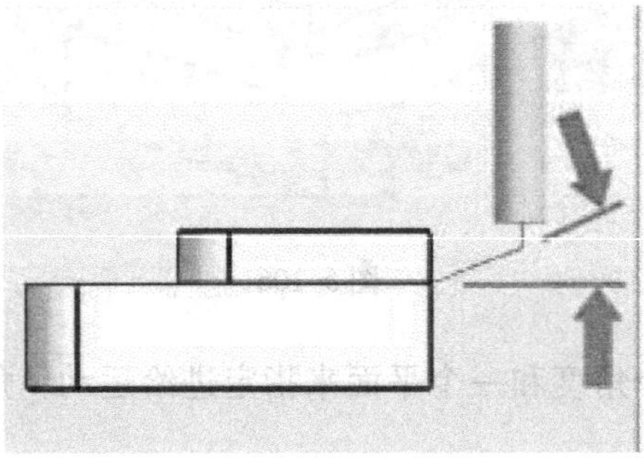

图5-111

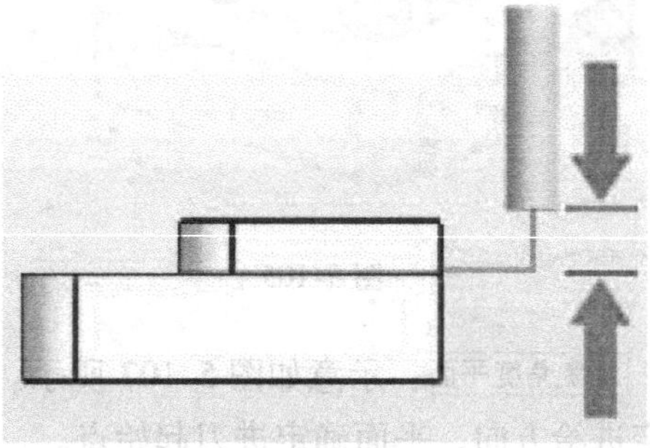

图5-112

最小安全距离：示意如图5-113所示，用于控制刀具开始线性靠近工件时的刀具中心和切入工件间的安全距离。

☑修剪至最小安全距离：取消选中该选项，示意如图5-114所示；选中该选项，示意如图5-115所示。

半径：示意如图5-116所示，为刀具中心轨迹的半径。

圆弧角度：示意如图5-117所示，为圆弧起点和圆弧终点间的夹角。

二、退刀选项

定义刀具切出工件的方式，参数与进刀选项卡相同。

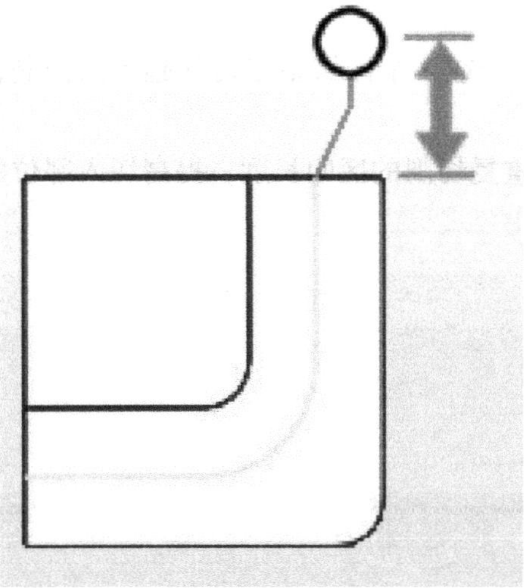

图 5-113

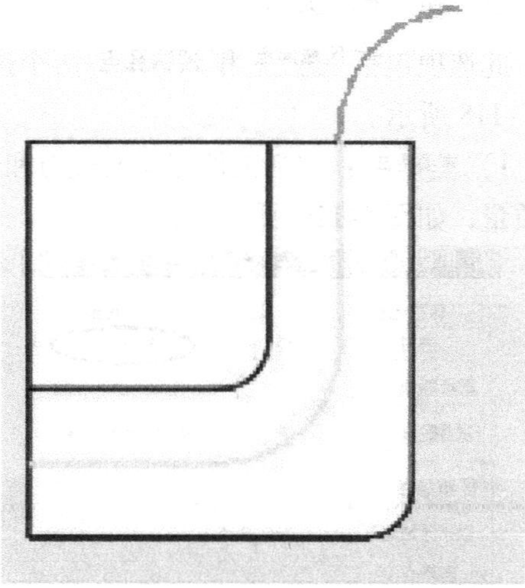

图 5-114

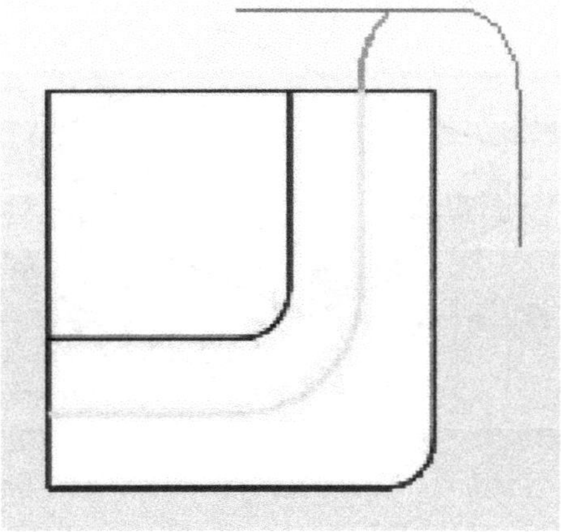

图 5-115

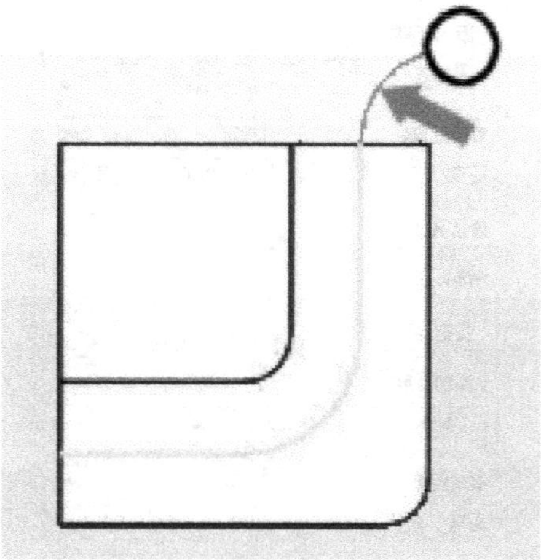

图 5-116

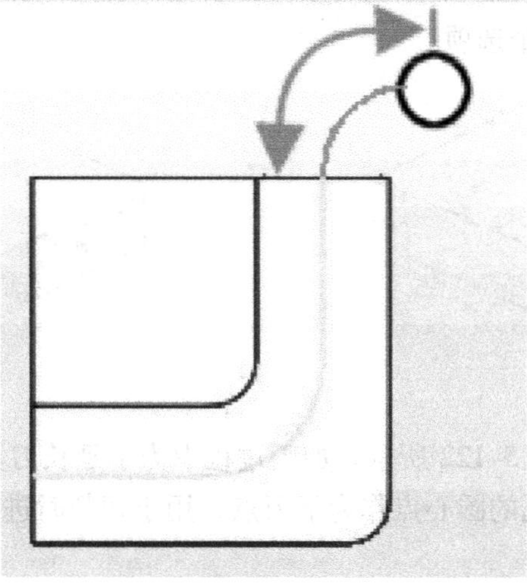

图 5-117

三、起点/钻点选项

此选项包括区域起点和预钻孔点两个选项，为单个或多个区域指定切削起点的控制，如图 5-118 所示。

1）重叠距离：切削工件侧面的进刀和退刀之间重复切削的区间长度，提高切入部位的表面质量，如图 5-119 所示。

图 5-118

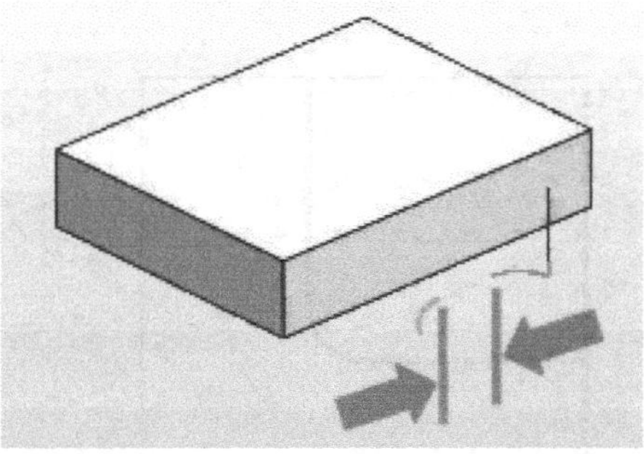

图 5-119

2）区域起点：定义单个或多个区域的下刀点。默认区域起点有中点（示意见图 5-120）和拐角（示意见图 5-121）两个选项。

图 5-120

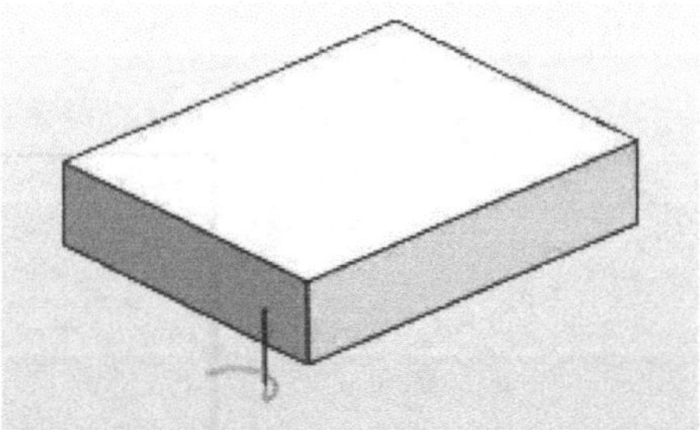

图 5-121

3）预钻孔点：示意如图 5-122 所示。加工过程中为了延长刀具的寿命，多在一些凹腔上先钻一个孔，然后选择此孔的圆心点作为下刀点，用于切削时进刀。

四、转移/快速选项

转移/快速选项用于设置刀具横越的方式，是指刀具从一个切削区域转移到另一个切削区域时，刀具先退到指定的平面后再水平移动到下一个切削区域的进刀点位，选项卡如图5-123所示。

图5-122

图5-123

1. 安全设置

安全设置指刀具在两段切削刀具轨迹间采用指定的平面和安全距离移动到下一个切削区域的进刀点位的方式。

安全设置选项有9种，分别是使用继承的、无、自动平面、平面、点、包容圆柱体、圆柱、球、包容块，如图5-124所示。

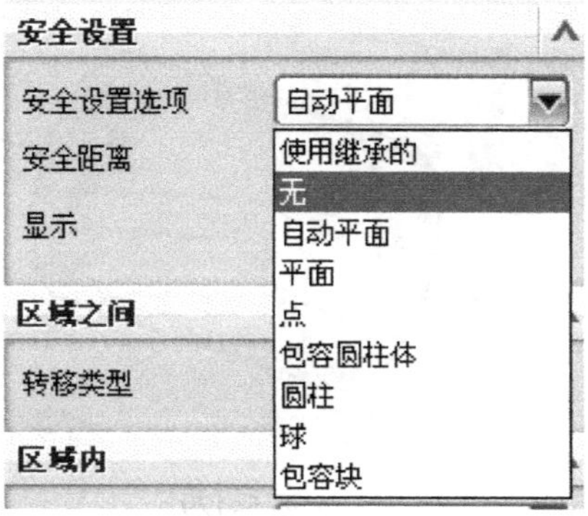

图5-124

使用继承的：继承工件坐标原点MCS节点下定义的安全平面。

无：不进行安全设置，容易撞刀，一般不采用。

自动平面：示意如图5-125所示。系统根据毛坯和部件的几何体情况，自动判断出最高点后，再设置一定的距离作为安全平面。

平面：示意如图5-126所示。通过平面构造器自定义一个平面作为安全平面。

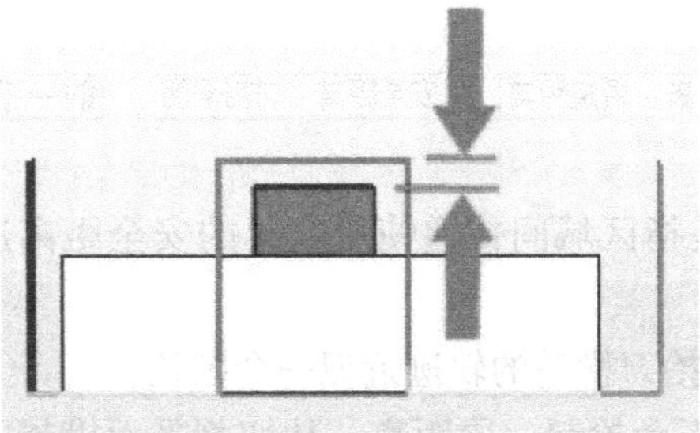

图5-125

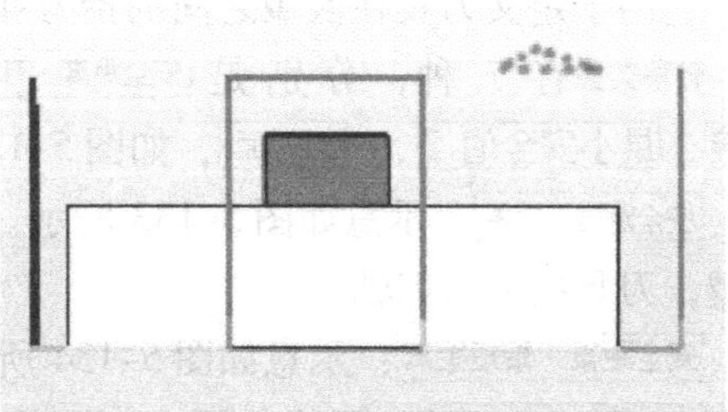

图5-126

点：示意如图 5-127 所示。刀具每次抬刀横越都经过一个点。

包容圆柱体：示意如图 5-128 所示，刀具抬刀横越的轨迹近似一个圆柱，且在圆柱的包容内。

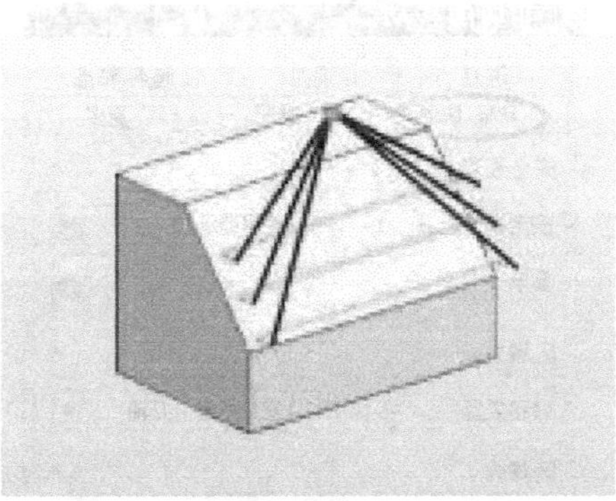

图 5-127

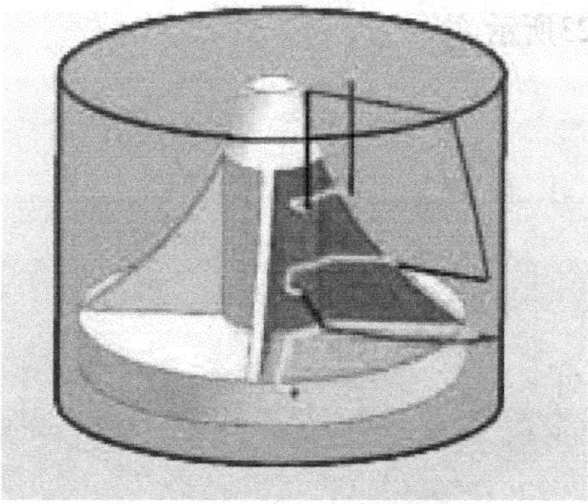

图 5-128

圆柱：示意如图 5-129 所示，刀具抬刀横越的轨迹近似一个圆柱。

球：示意如图 5-130 所示，刀具抬刀横越的轨迹近似一个球。

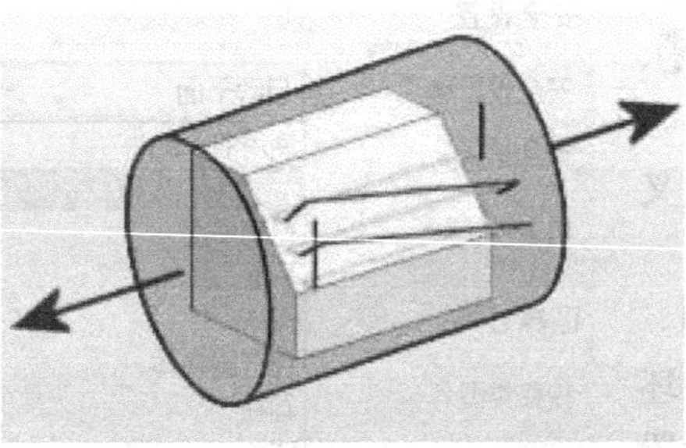

图 5-129

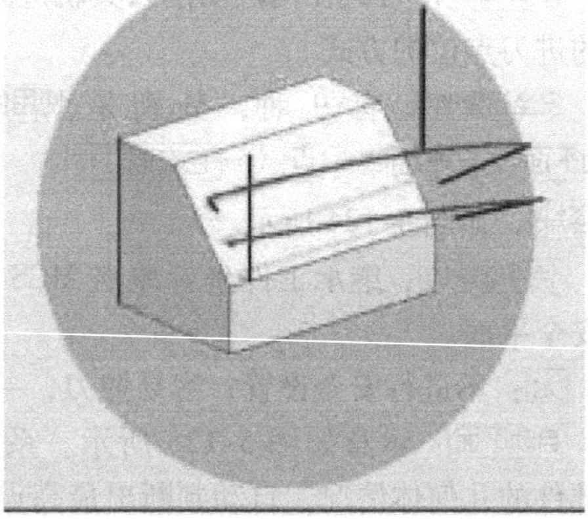

图 5-130

包容块：示意如图 5-131 所示，刀具抬刀横越的轨迹近似方块，且在方块的包容内。

2. **区域之间**

它用于定义刀具在区域之间的抬刀和避让方式。

转移类型有 7 种，分别是 安全距离 - 刀轴、安全距离 - 最短距离、安全距离 - 切割平面、前一平面、直接、最小安全值 Z、毛坯平面，如图 5-132 所示。

安全距离 - 刀轴：示意如图 5-133 所示。该选项是指区域间传递使用定义的安全距离进行横越，刀具抬刀沿刀轴。

安全距离 - 最短距离：示意如图 5-134 所示，刀具抬刀横越的轨迹近似一个圆柱。

安全距离 - 切割平面：示意如图 5-135 所示，刀具不会抬起一段距离，从切割平面横越的轨迹近似一个圆柱。

前一平面：示意如图 5-136 所示。每当刀具切削完成一层后，从现有的平面上，往上抬高所指定的安全距离返回到下刀点下刀。

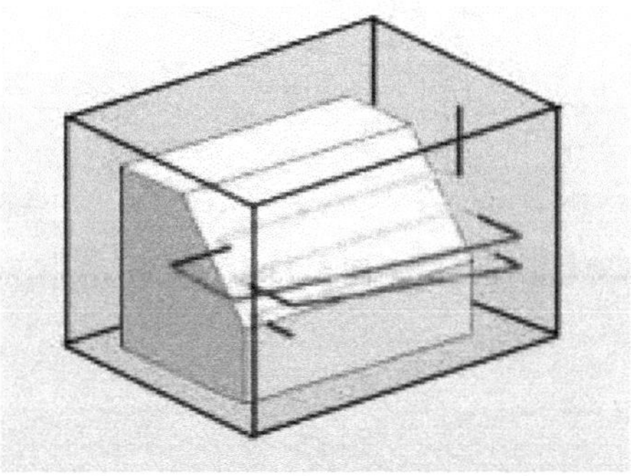

图 5-131

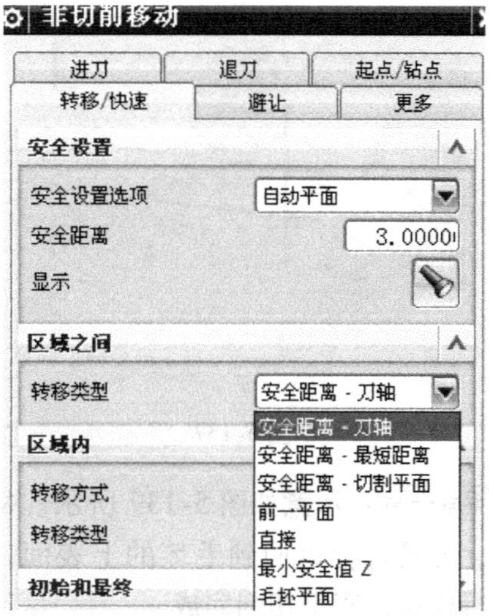

图 5-132

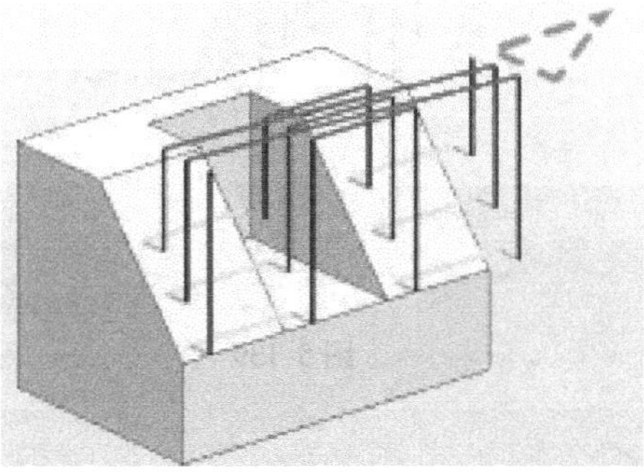

图 5-133

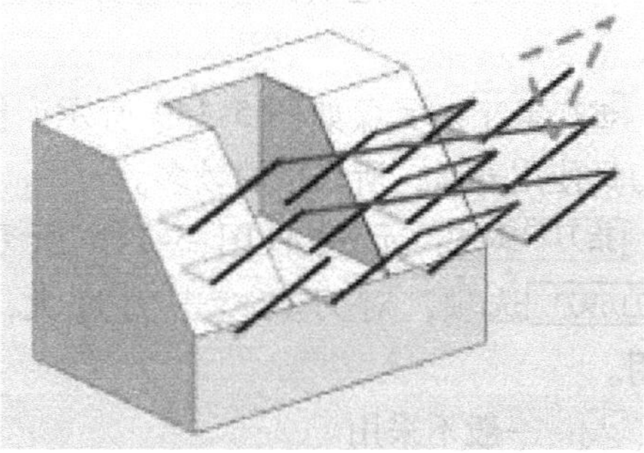

图 5-134

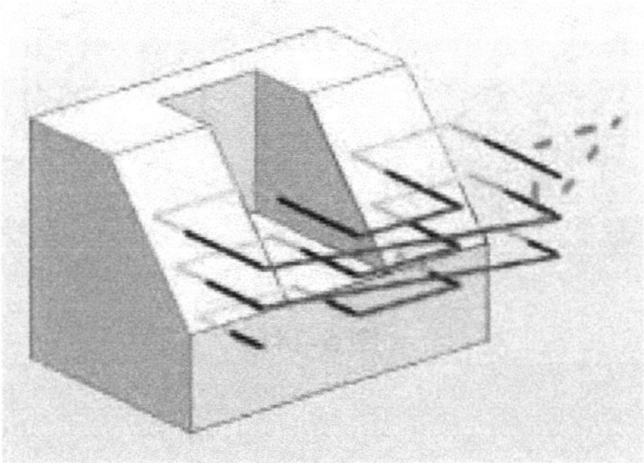

图 5-135

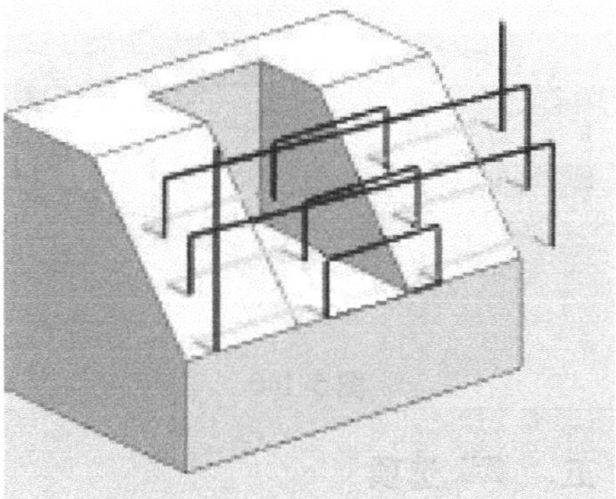

图 5-136

直接：示意如图 5-137 所示。当刀具完成切削后，刀具不会抬起一段距离，而是直接返回下刀点，一般不采用。

最小安全值 Z：示意如图 5-138 所示。刀具切削完每一层后，都会返回到所指定安全 Z 值进行横越。

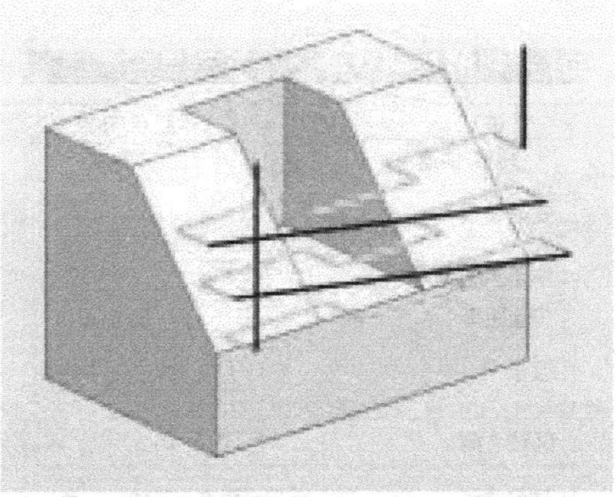

图 5-137

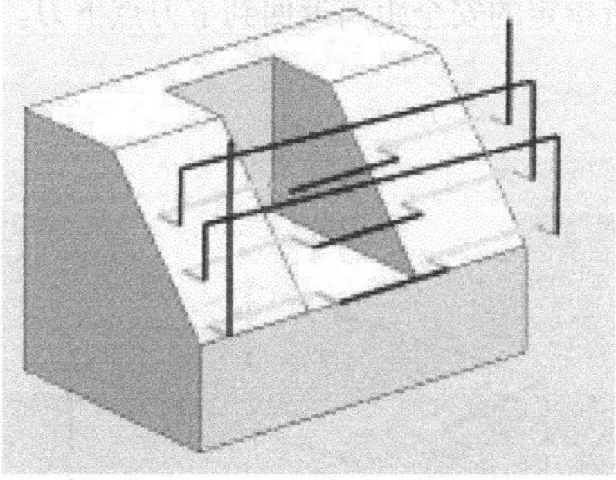

图 5-138

毛坯平面：示意如图 5-139 所示。每切削完一层后，刀具都会返回到毛坯的上表面，加安全距离进行横越，直至切削完成。

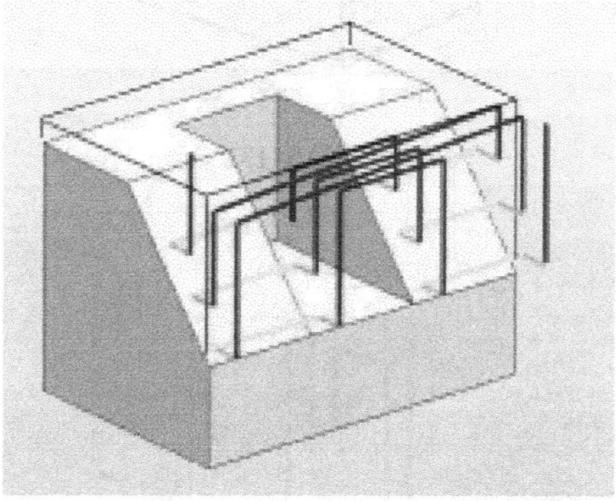

图 5-139

3. **区域内**

转移方式 有 3 种选项：进刀/退刀、抬刀和插削、无。

进刀/退刀：示意如图 5-140 所示，能有效延长刀具使用寿命，所以采用较多。

抬刀和插削：示意如图 5-141 所示。相对 进刀/退刀 选项，对刀具撞击力过大，一般不采用。

无：一般不采用。

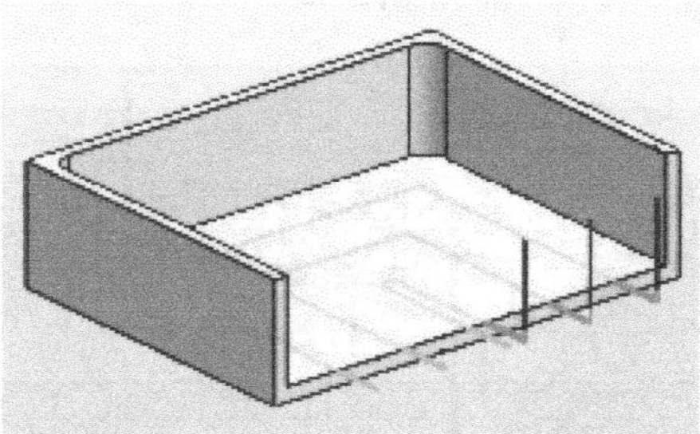

图 5-140

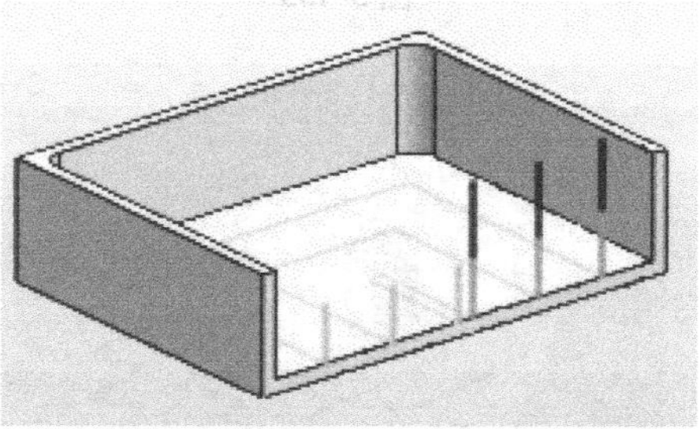

图 5-141

五、避让 选项

避让 选项用于定义控制刀具在非切削运动的点和平面，用于避让装夹。它有 4 个选项：出发点、起点、返回点、回零点，如图 5-142 所示。

出发点：示意如图 5-143 所示，用于指定刀具在开始运动前的初始位置，如果未指定出发点，则把第一个加工运动的起刀点作为出发点。

起点：示意如图 5-144 所示，即起刀点，刀具运动的第一点。

返回点：示意如图 5-145 所示，指刀具切削完工件离开部件时的运动目标点。

图 5-142

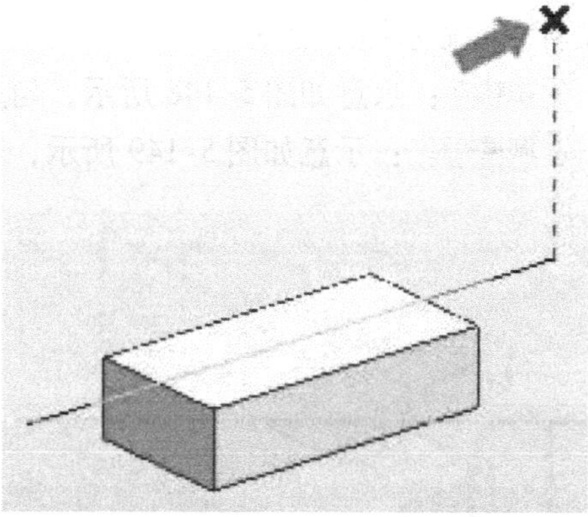

图 5-143

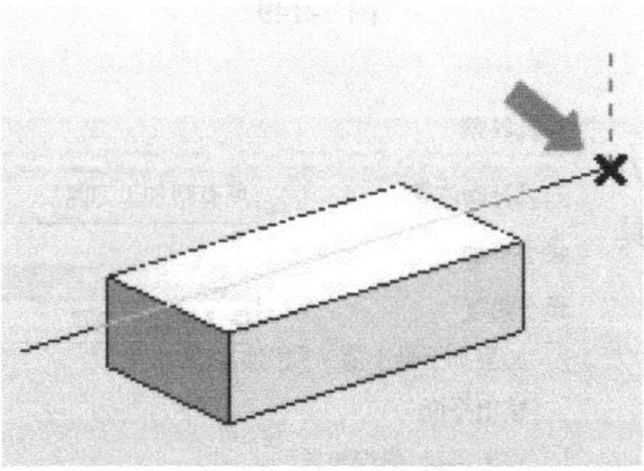

图 5-144

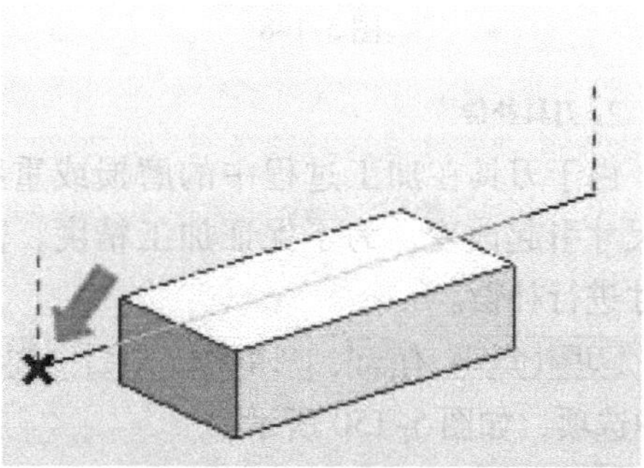

图 5-145

回零点：示意如图 5-146 所示，指刀具加工完工件最后停留的位置。

六、更多选项

更多选项用于定义是否检查碰撞和刀具补偿，具体参数设置如图 5-147 所示。

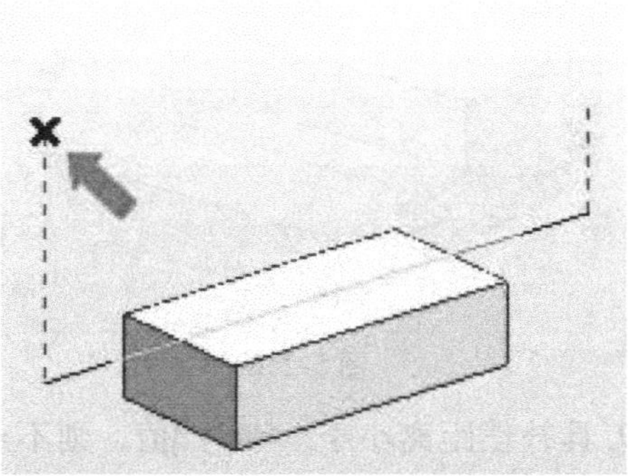

图 5-146

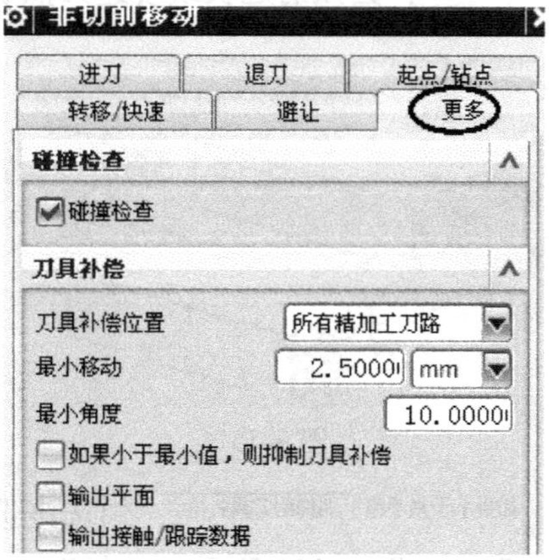

图 5-147

1. **碰撞检查**

碰撞是指刀杆撞到工件，或者是刀具撞到装夹件。造成碰撞的原因是安全高度设置不合理或未设置安全高度。通过碰撞检查可快速查看刀具加工过程中是否有撞刀现象。如有撞刀现象将立即显示提示信息。

☑碰撞检查：示意如图 5-148 所示，勾选该选项，避让检查体。

☐碰撞检查：示意如图 5-149 所示，不勾选该选项，没有避让检查体。

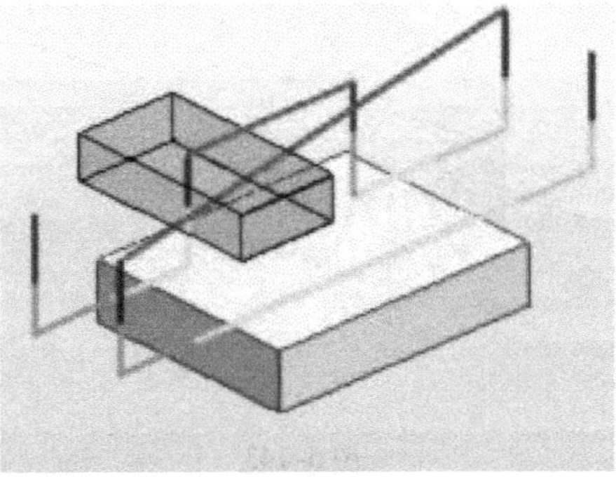
图 5-148

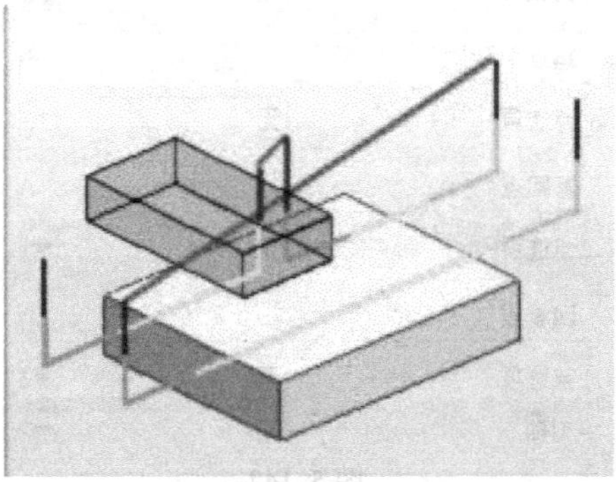
图 5-149

2. **刀具补偿**

由于刀具在加工过程中的磨损或重磨刀具，刀具尺寸引起改变。为了保证加工精度，需要对刀具尺寸进行补偿。

刀具补偿位置有无、所有精加工刀路、最终精加工刀路 3 种选项，如图 5-150 所示。

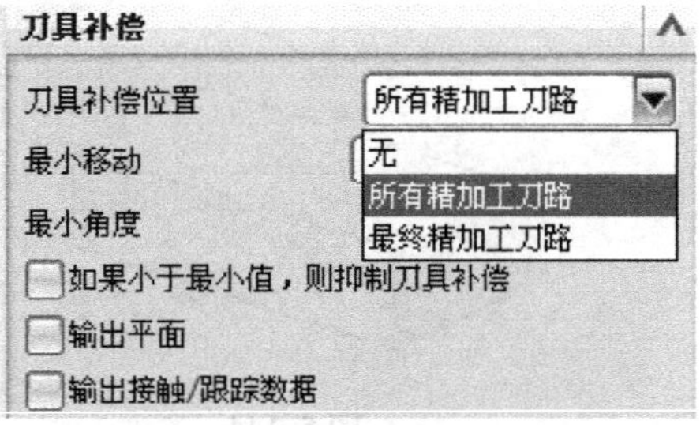

图 5-150

无：不采用刀具补偿。

所有精加工刀路：刀具补偿所有精加工刀路。

最终精加工刀路：刀具补偿最终精加工刀路。

最小移动：指沿最小角度方向远离刀具进刀点的距离，如图 5-151 所示。

最小角度：圆弧的延长线绕进刀点旋转的角度，如图 5-152 所示。

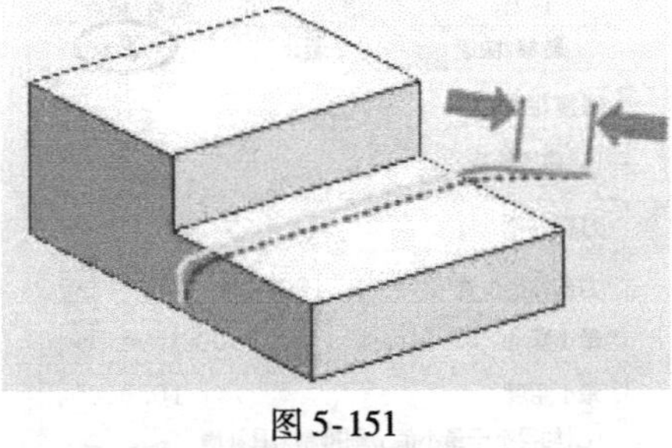
图 5-151

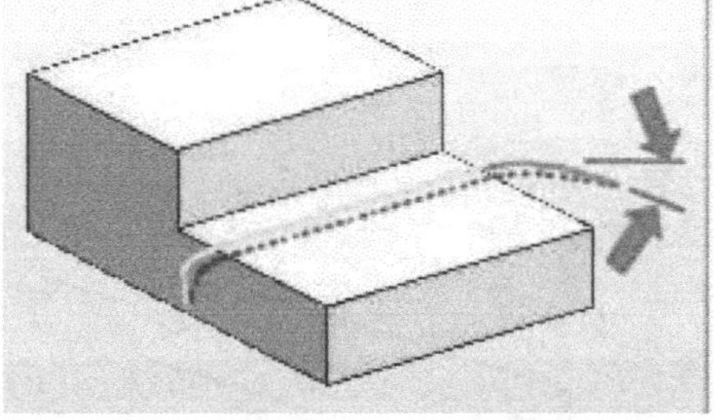
图 5-152

☐如果小于最小值，则抑制刀具补偿：勾选该选项，如果刀具补偿距离小于最小移动值，则不产生补偿刀路，如图 5-153 所示；不勾选该选项，示意如图 5-154 所示。

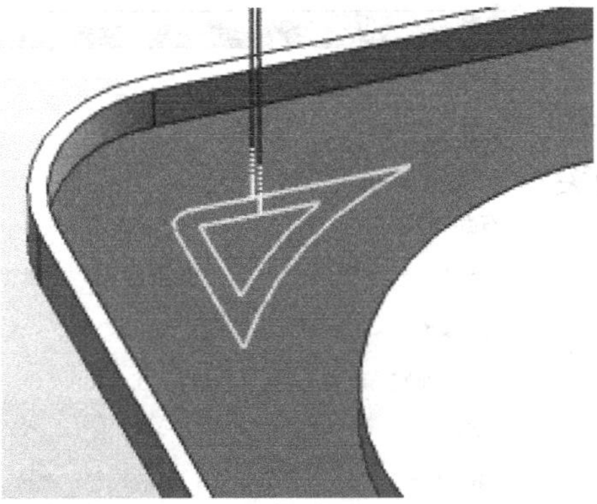

图 5-153

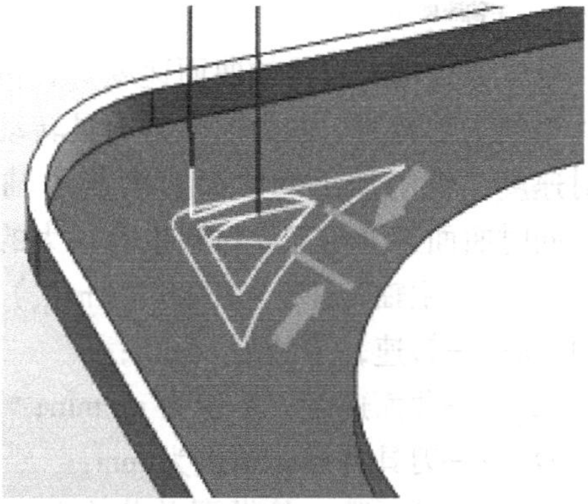

图 5-154

输出平面：勾选该选项，刀具补偿命令中包含平面数据，如图 5-155 所示。

输出接触/跟踪数据：勾选该选项，刀路输出的是加入刀具补偿后的实际刀具轨迹位置，如图 5-156 所示。不勾选该选项，示意如图 5-157 所示。

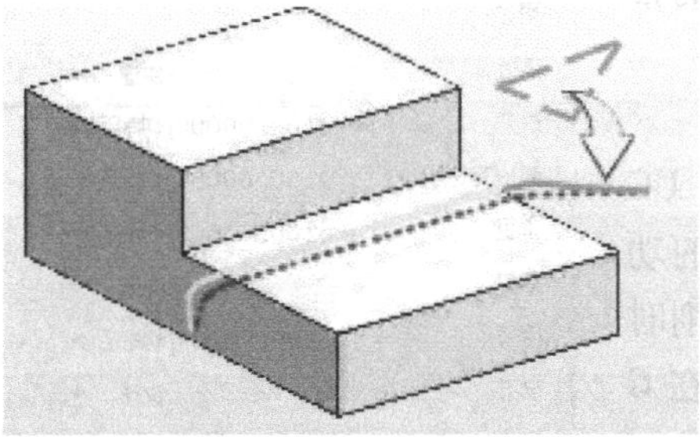

图 5-155

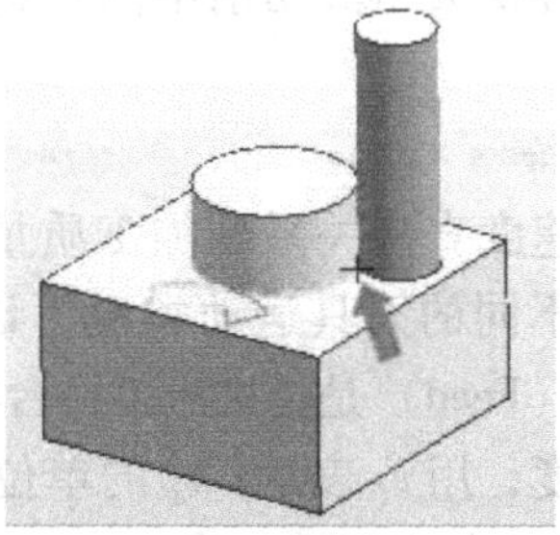

图 5-156

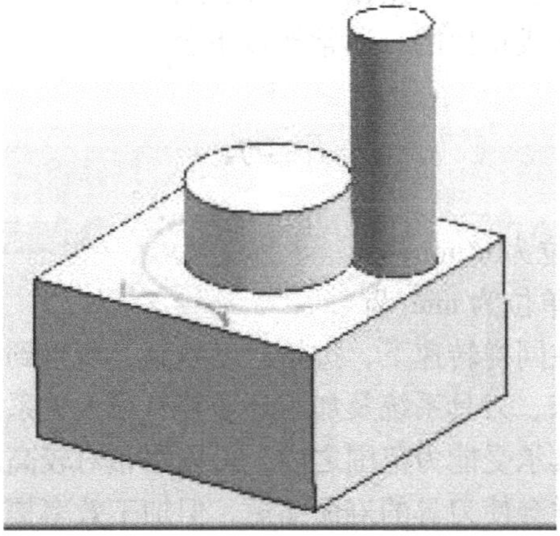

图 5-157

5.7　进给率和速度

【进给率和速度】对话框如图 5-158 所示，用于设置机床的主轴转速和进给率。

1. 主轴速度

可以通过输入刀具的曲面速度 v_c，再由系统进行计算得到主轴转速。曲面速度为刀具转动时与工件的相对速度，铣削加工的曲面速度与主轴转速是相关的，同时曲面速度与工件材料也有很大的关系。

$$主轴转速\ n = 1000v_c/(\pi D_{ia})$$

式中　n——转速，单位为 r/min；

v_c——曲面速度，单位为 m/min；

D_{ia}——刀具直径，单位为 mm；

1000——常系数，与做图单位有关，一般做图单位为毫米时，常系数为 1000。

转速的设定也可以在 主轴速度 (rpm) 文本框中直接输入数值，输入数值的单位为 r/min。对于通过曲面速度计算所得的结果，也可以在此进行调整。

提示：大部分刀具供应商都会在刀具包装或者刀具手册上提供某刀具切削不同材料的线速度 v_c 的推荐值。

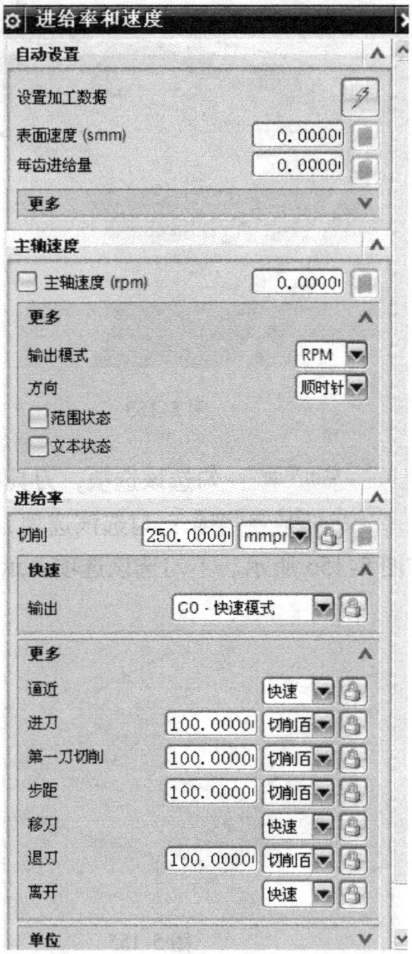

图 5-158

2. 进给

进给速度直接关系到加工质量和加工效率。UG 提供了在不同的刀具运动类型下设定不同进给的功能，进给（Feed）是指机床工作台在做插位即切削时的进给速度，用 v_f 表示，v_f 的单位为 mm/min，在 G 代码的 NC 文件中以 F__表示。

进给速度值由所用的刀具和所切削的材料决定，切削进给速度是与主轴转速成正比的，通常按以下公式进行计算

$$F = znf_z$$

式中　z——刀具的刃数；

n——主轴转速，单位为 r/min；

f_z——每齿进给量，单位为 mm/齿。

一般来说，同一刀具在同样转速下，进给速度越高，所得到的加工表面质量会越差。实际加工时，进给速度与机床、刀具系统及加工环境等有很大关系，需要不断地积累经验。

在数控加工中，在刀具承受能力范围之内，可以用相对较高的主轴转速和相对较快的进给速度进行加工，虽然这样会使刀具的寿命缩短，但加工效率提高所产生的效益应该远远大于刀具的损耗费。

在进给选项卡中各选项的后面都有单位，可以设置为 mm/min 或 mm/r。

切削：刀具在切削工件过程中的进给率。

快速：快速选项用于设置快速运动时的进给速度，即从刀具起始点到下一个前进点的移动速度，在 G 代码的 NC 文件中以 G00 表示。

逼近：逼近选项用于设置接近速度，即刀具从起刀点到进刀点的进给速度。在平面铣削和型腔铣削中，接近速度控制刀具从一个切削层到下一个切削层的移动速度；而在曲面轮廓铣削中，逼近速度可以控制刀具做进刀运动前的进给速度。

进刀：进刀选项用于设置进刀速度，即刀具切入零件时的进给速度，也是从刀具进刀点到初始切削位置的移动速度。

第一刀切削：设置第一刀切削时的进给速度。

步进：设置刀具进入下一行切削时的进给速度。

移刀：设置刀具从一个切削区域跨越到另一个切削区域时做水平非切削运动的刀具转移速度。

退刀：设置退刀速度，即刀具切出零件材料时的进给速度，也即刀具完成切削退刀到退刀点的运动速度。

离开：设置离开速度，即刀具从退刀点到返回点的移动速度。

提示：在各个选项中，设置为0并不表示进给率为0，而是使用其默认方式，如非切削运动的**快速**、逼近、退刀、进刀、离开等选项将采用快进方式，即使用G00方式移动。而切削运动中的进刀、第一刀切削、步进选项将使用切削进给的进给率。

5.8　机床控制

机床控制用于定义运动输出方式、插入后处理命令、使用刀具补偿等相关的选项。机床控制参数设置如图5-159所示。

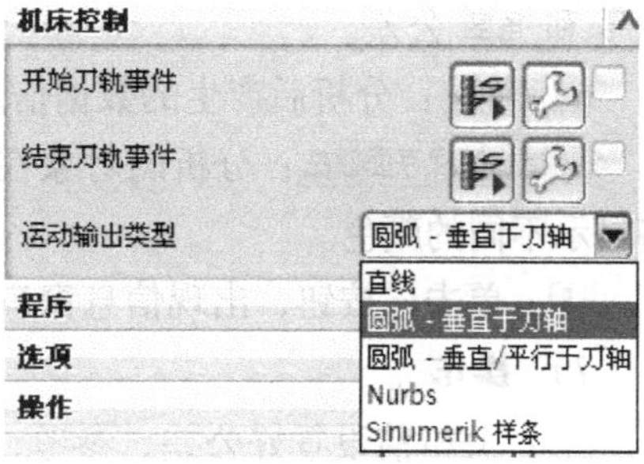

图5-159

1）开始刀轨事件：在后处理器中设置一些辅助命令，在后处理器已经设定好的情况下，此处不用再设置。

2）结束刀轨事件：在后处理器中设置一些辅助命令，在后处理器已经设定好的情况下，此处不用再设置。

3）运动输出类型：主要指运动指令的输出方式，下拉框中包括直线、圆弧 - 垂直于刀轴、圆弧 - 垂直/平行于刀轴、Nurbs、Sinumerik 样条5种方式。

一般采用圆弧 - 垂直/平行于刀轴方式，高速机可选用Nurbs插补方式，系统使刀具尽可能沿着B样条曲线移动，而不是近似的直线或圆弧移动，好处是程序缩短，加工的曲面更光滑。

提示：Nurbs选项产生的后处理文件只有在支持Nurbs插补的机床控制器上才能使用，目前大多数多轴机床及高速机床都可支持这种代码。

5.9　NC助理

NC助理是UG CAM独立的一个实用分析工具。它可以分析的数据类型有4种：层、拐角、圆角和拔模角。

选择菜单中的【分析(L)】/【NC 助理】命令或在【几何体】工具条中选择（NC助

理）图标，出现【NC 助理】对话框，如图 5-160 所示。

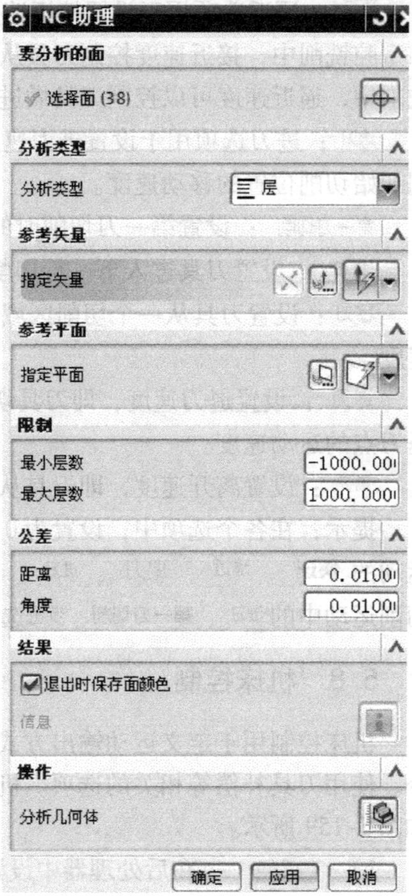

图 5-160

1）分析类型：有 4 个选项，层、拐角、圆角、拔模。

层：分析部件的水平面与水平面之间的高度，用来确定刀具长度，是否需要加长杆等。

拐角：分析轴心在垂直面上的圆角，确定精加工使用的刀具最小直径。

圆角：分析轴心在水平面上的圆角，确定精加工使用的刀具的圆角半径。

拔模：分析部件侧壁的倾斜角度，确定操作方法和刀具类型。

2）参考矢量：用于分析功能所需要的垂直参照方向。

3）参考平面：用于分析的水平参照平面。

4）限制：定义分析时的数值范围。

5）公差：分析时允许的误差大小，分为距离和角度公差。

6）结果：分析后产生的数据信息。

退出时保存面颜色：分析的对象在退出 NC 助理后将显示不同的颜色。

：单击该按钮，出现信息窗口。

7）操作。

：分析前设置好公差、参考、限制等准备工作，单击该按钮用于分析几何体。

5.10 平面铣削实例

【实例说明】

工件模型如图 5-161 所示，毛坯外形比工件单边大 5mm，高度比工件高 3mm，毛坯材料为碳素结构钢 45 钢，刀具采用硬质合金刀具。其加工思路为：首先分析模型的加工区域，选用恰当的刀具，加工路线如下：

外形粗加工：采用 ϕ40mm 的立铣刀铣削外形四周，留余量 0.3mm；

外形精加工：采用 ϕ40mm 的立铣刀铣削外形四周至工件尺寸；

顶面加工：采用 ϕ80mm 的面铣刀铣削毛坯至工件高度；

粗加工大型腔：采用 EM12R1 圆鼻刀分层铣削，型面留余量 0.3mm；

精加工大型腔：采用 EM10 立铣刀精加工底面和侧壁；

粗加工小型腔：采用 EM12R1 圆鼻刀分层铣削，型面留余量 0.3mm；

精加工小型腔：采用 EM10 立铣刀精加工底面和侧壁。

加工另外 3 个小型腔：采用矩形阵列的方法，阵列出另外 3 个小型腔的刀具轨迹。

具体编程步骤如图 5-162 所示：加工工艺方案及加工刀具选用见表 5-1。

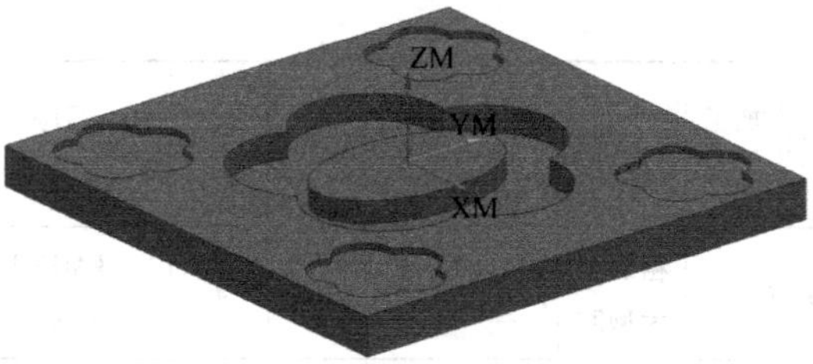

图 5-161

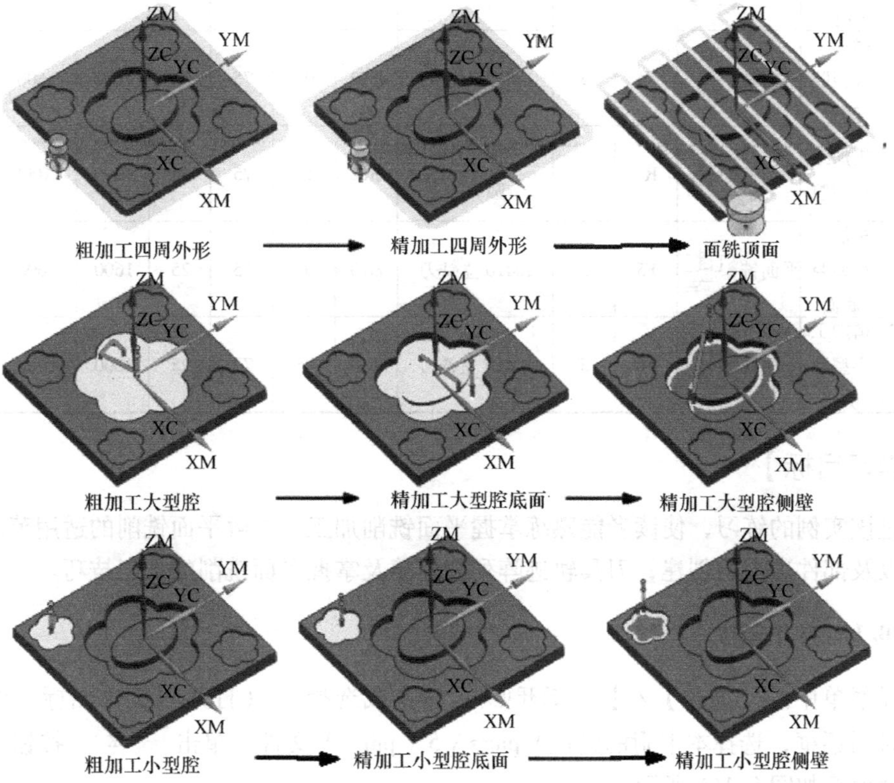

图 5-162

表 5-1　加工工艺方案及加工刀具选用

序号	加工方法	加工说明	加工方式	程序名	刀具号	刀具类型	刀具直径/mm	R 角	刀长/mm	刃长/mm	主轴转速 n/(r/min)	进给速度 v_f/(mm/min)	余量/mm 底	余量/mm 侧壁
1	粗加工	粗加工四周外形	平面铣	R1	2	EM40 立铣刀	ϕ40	0°	75	60	1000	1200	0	0.3
2	精加工	精加工四周外形	平面铣	F1	3	EM40 立铣刀	ϕ40	0°	75	60	1600	600	0	0
3		面铣顶面	面铣	F2	1	EM80R1 面铣刀	ϕ80	1°	65	25	1500	500	0	0

（续）

序号	加工方法	加工说明	加工方式	程序名	刀具号	刀具类型	刀具直径/mm	R角	刀长/mm	刃长/mm	主轴转速 n/(r/min)	进给速度 v_f/(mm/min)	余量/mm 底	余量/mm 侧壁
4	粗加工	粗加工大型腔	平面铣	R2	4	EM12R1 圆鼻刀	ϕ12	1°	75	25	1200	1000	0.3	0.3
5	精加工	精加工大型腔底面	平面铣	F3	5	EM10 立铣刀	ϕ10	0°	75	25	1600	600	0	0.3
6		精加工大型腔侧壁	平面铣	F4	5	EM10 立铣刀	ϕ10	0°	75	25	1600	600	0	0
7	粗加工	粗加工小型腔	平面铣	R3	4	EM12R1 圆鼻刀	ϕ12	1°	75	25	1200	1000	0.3	0.3
8	精加工	精加工小型腔底面	平面铣	F5	5	EM10 立铣刀	ϕ10	0°	75	25	1600	600	0	0.3
9		精加工小型腔侧壁	平面铣	F6	5	EM10 立铣刀	ϕ10	0°	75	25	1600	600	0	0

【学习目标】

通过该实例的练习，使读者能熟练掌握平面铣削加工，了解平面铣削的适用范围和加工规律，以及部件边界的创建，刀具轨迹阵列的思路及掌握平面铣削的加工技巧。

5.10.1 打开文件

选择菜单中的【文件】/【打开(O)...】命令或选择（打开）文件图标，出现【打开】部件对话框，选择本书附的光盘\ parts \ 5 \ pm－1 文件，单击 OK 按钮，打开部件，工件模型如图 5-161 所示。

5.10.2 设置加工坐标系及安全平面

1. 进入加工模块

在菜单中的 开始 下拉框中选择 加工(N)... 模块，如图 5-163 所示，进入加工应用模块。

2. 设置加工环境

选择 加工(N)... 模块后系统出现【加工环境】对话框，如图 5-164 所示，在 CAM 会话配置 列表框中选择 cam_general，在 要创建的 CAM 设置 列表框中选择 mill_planar，单击 确定 按钮，进入加工初始化，在导航器栏出现（工序导航器）图标，如图 5-165 所示。

3. 设置工序导航器的视图为几何视图

选择菜单中的【工具(T)】/【工序导航器(O)】/【视图(V)】/【几何视图(G)】命令或在【导航器】工具条中选择（几何视图）图标，更新后的工序导航器视图如图 5-165 所示。

4. 显示毛坯几何体

在【实用】工具条中选择（全部显示）图标，显示毛坯几何体。

图 5-163

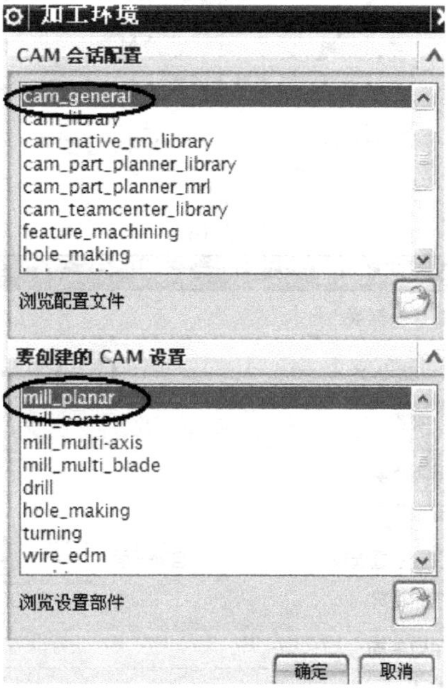

图 5-164

5. 设置工作坐标系

选择菜单中的【格式(R)】/【WCS】/【定向(N)...】命令或在【实用】工具条中选择（WCS 定向）图标，出现【CSYS】对话框，在 类型 下拉框中选择 对象的 CSYS 选项，如图 5-166 所示，在图形中选择如图 5-167 所示的毛坯顶面，单击 确定 按钮，完成工作坐标系设置，如图 5-168 所示。

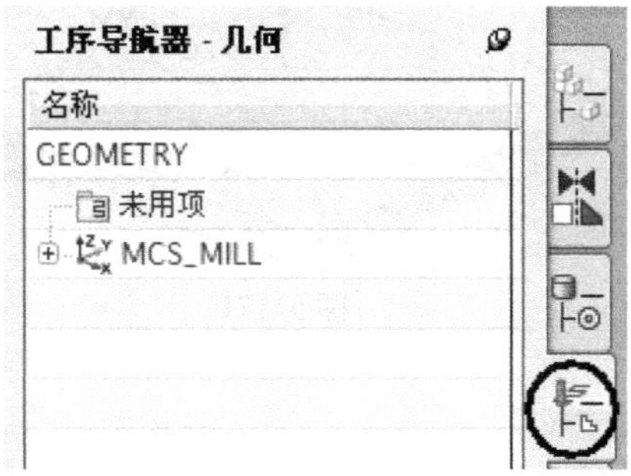

图 5-165

图 5-166

6. 设置加工坐标系

在工序导航器中双击 MCS_MILL（加工坐标系）图标，出现【MCS 铣削】对话框，如图 5-169 所示，在 指定 MCS 区域选择（CSYS 对话框）图标，出现【CSYS】对话框，如图 5-170 所示，在 类型 下拉框中选择 动态 选项，在 参考 下拉框中选择 WCS（工作坐标系）选项，单击 确定 按钮，完成加工坐标系设置，即接受工作坐标系为加工坐标系，如图 5-171所示。

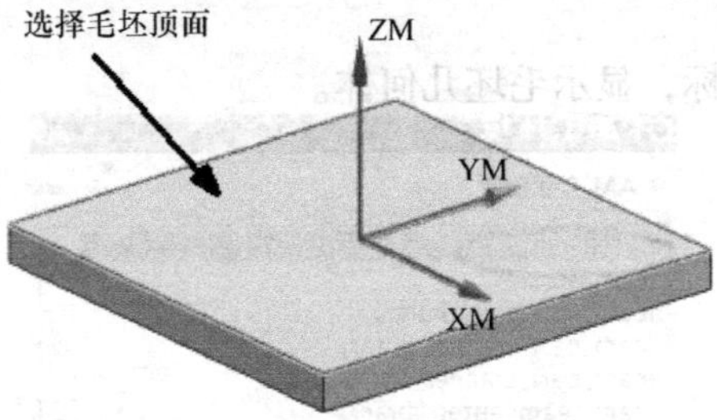

图 5-167

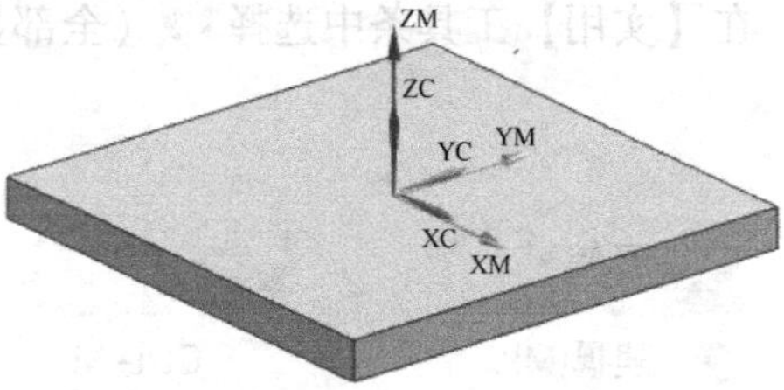

图 5-168

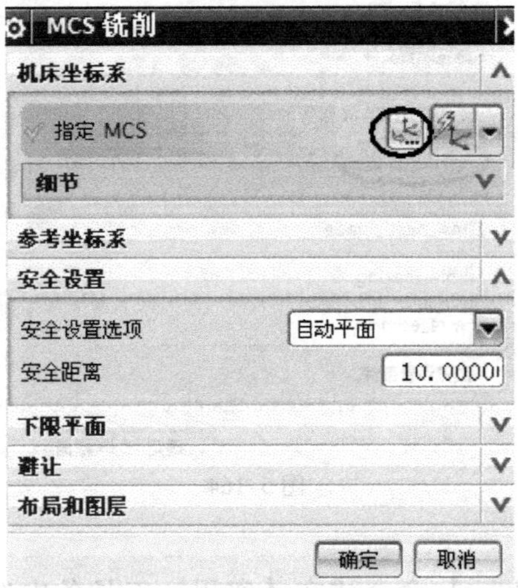

图 5-169

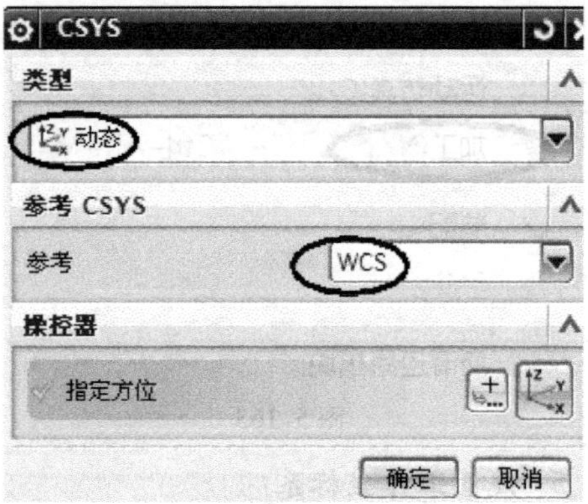

图 5-170

注意：不要关闭【MCS 铣削】对话框。

7. 设置安全平面

在【MCS 铣削】对话框 安全设置 区域的 安全设置选项 下拉框中选择 平面 选项，如图 5-172 所示，在图形中选择如图 5-173 所示的毛坯顶面，在 距离 栏输入“15”，单击 确定 按钮，完成安全平面设置。

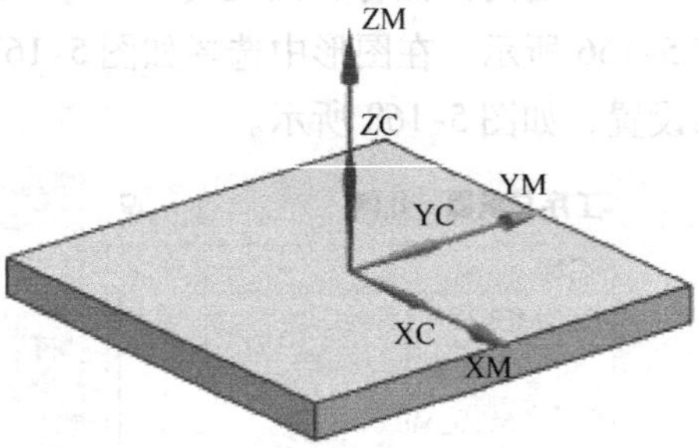

图 5-171

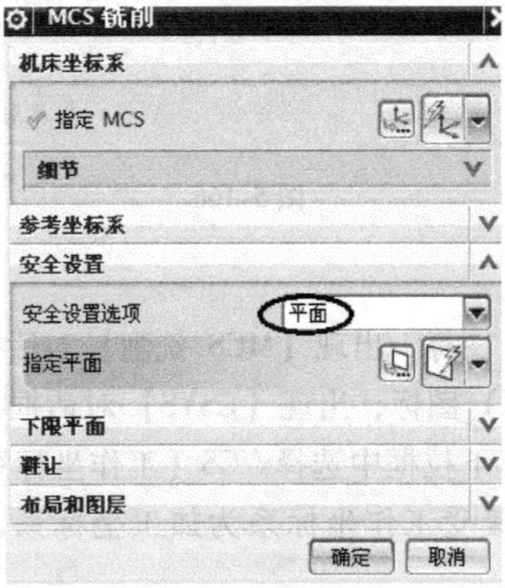

图 5-172

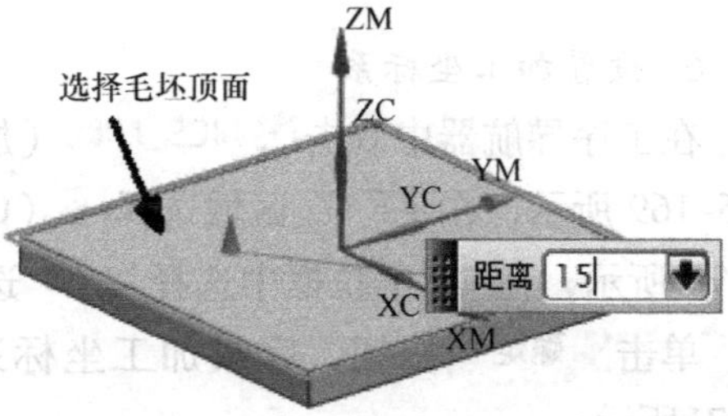

图 5-173

5.10.3 设置铣削几何体

1. 展开 MCS_MILL

在工序导航器的几何视图中单击 MCS_MILL 前面的 ⊕（加号）图标，展开 MCS_MILL，更新为如图 5-174 所示。

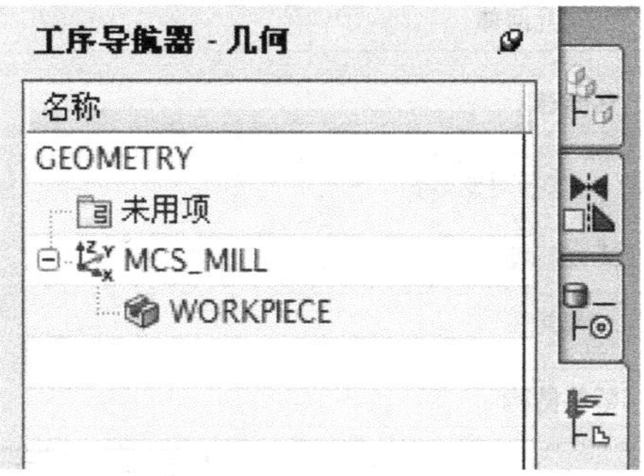

图 5-174

2. 设置铣削几何体

在工序导航器中双击 WORKPIECE（铣削几何体）图标，出现【工件】对话框，如图 5-175 所示，在 指定部件 区域选择（选择或编辑部件几何体）图标，出现【部件几何体】对话框，如图 5-176所示，在图形中选择如图 5-177 所示工件，单击 确定 按钮，完成指定部件。

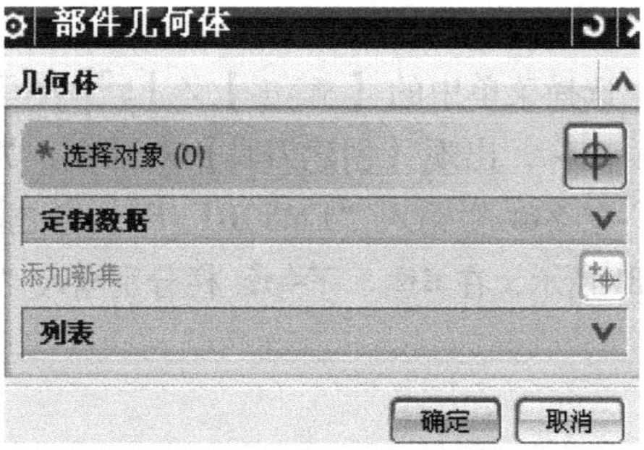

图 5-176

图 5-175

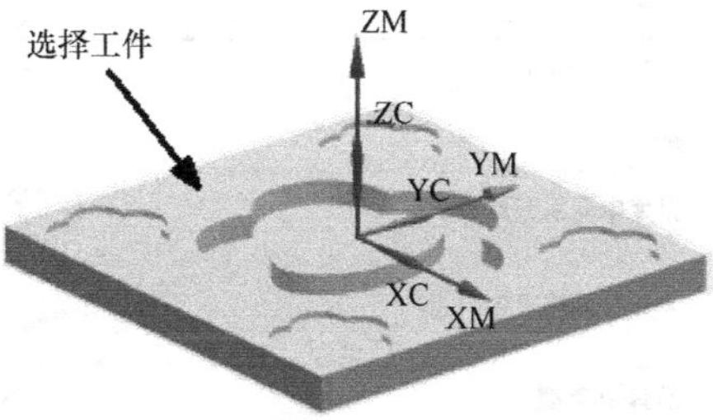

图 5-177

系统返回【工件】对话框，在 指定毛坯 区域选择（选择或编辑毛坯几何体）图标，出现【毛坯几何体】对话框，如图 5-178 所示，在 类型 下拉框中选择 几何体 选项，在图形中选择如图 5-179 所示毛坯几何体，单击 确定 按钮，完成指定毛坯，系统返回【工件】对话框，单击 确定 按钮，完成铣削几何体设置。

3. 隐藏毛坯几何体（步骤略）

5.10.4 创建刀具

1. 设置工序导航器的视图为机床视图

选择菜单中的【工具(T)】/【工序导航器(O)】/【视图(V)】/【机床视图(O)】命令或在【工

序导航器】工具条中选择（机床视图）图标。

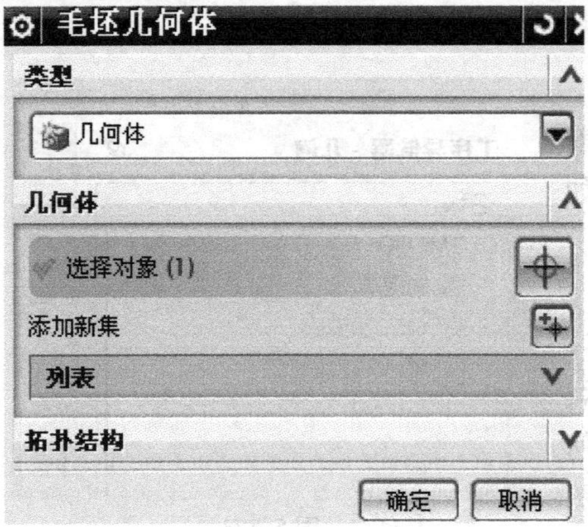

图 5-178

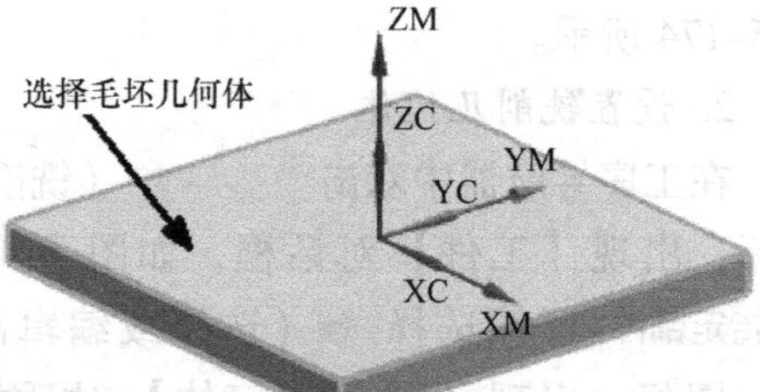

图 5-179

2. 创建 EM80R1 面铣刀

选择菜单中的【插入(S)】/【刀具(T)...】命令或在【插入】工具条中选择（创建刀具）图标，出现【创建刀具】对话框，如图 5-180 所示，在 刀具子类型 中选择（铣刀）图标，在 名称 栏输入“EM80R1_F”，单击 确定 按钮，出现【铣刀 -5 参数】对话框，如图 5-181 所示，在 直径 、下半径 栏分别输入“80”和“1”，在 刀具号 、补偿寄存器 、刀具补偿寄存器

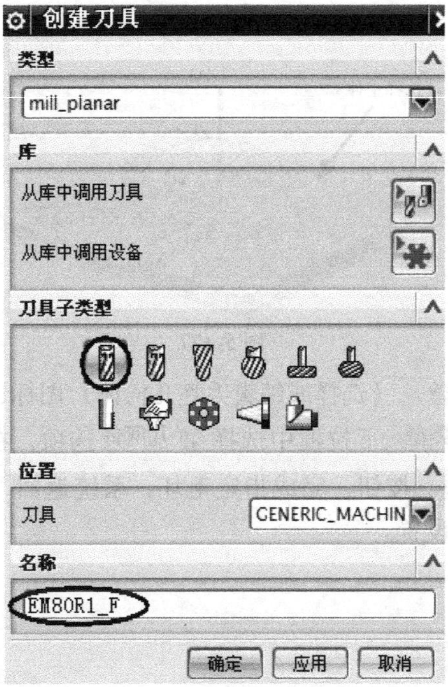

图 5-180

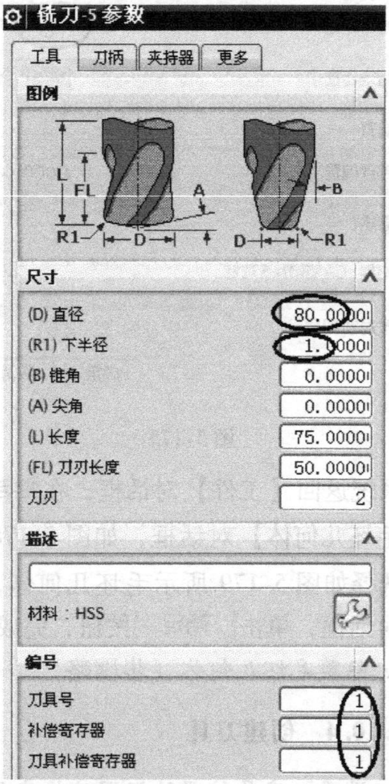

图 5-181

栏分别输入“1”“1”“1”，单击【确定】按钮，完成直径80m面铣刀的创建，如图5-182所示。

3. 按照上述步骤依次创建表5-1所列其余铣刀（步骤略）

5.10.5 创建程序组父节点

1. 设置工序导航器的视图为程序顺序视图

选择菜单中的【工具(T)】/【工序导航器(O)】/【视图(V)】/【程序顺序视图(P)】命令或在【工序导航器】工具条中选择（程序顺序视图）图标，工序导航器的视图更新为程序顺序视图。

2. 创建外形加工程序组父节点

选择菜单中的【插入(S)】/【程序(P)...】命令或在【插入】工具条中选择（创建程序）图标，出现【创建程序】对话框，如图5-183所示，在 程序 下拉框中选择 NC_PROGRAM 选项，在 名称 栏输入“WX”，单击【确定】按钮，出现【程序】指定参数对话框，如图5-184所示，单击【确定】按钮，完成外形加工程序组父节点的创建。

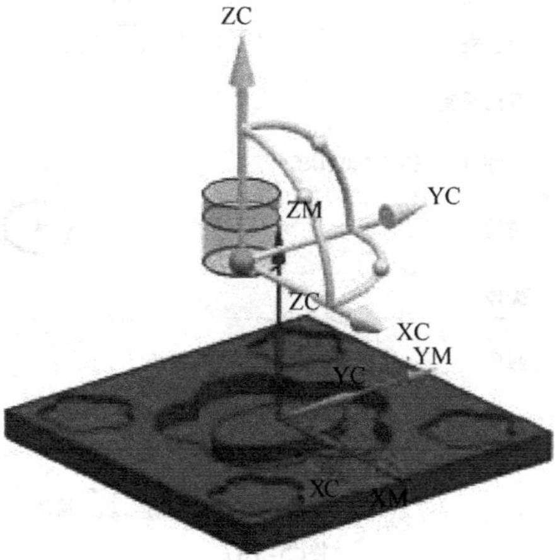

图5-182

图5-183

3. 创建型腔加工程序组父节点

按照步骤2的方法，创建型腔加工程序组父节点XJ，工序导航器的视图显示创建的程序组父节点，如图5-185所示。

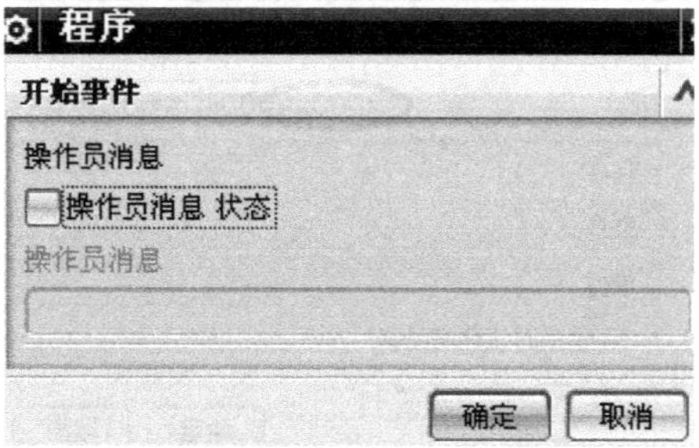

图5-184

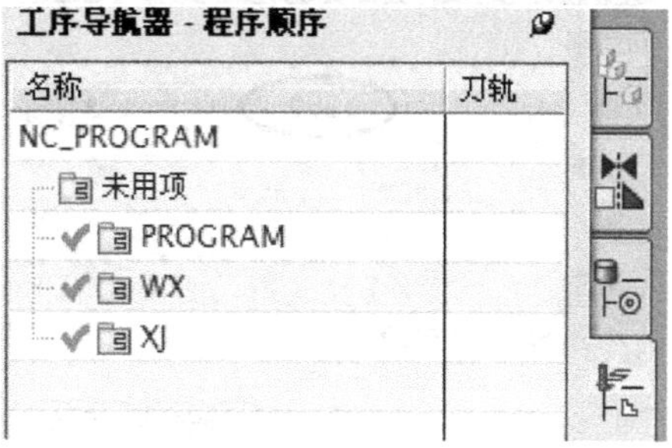

图5-185

5.10.6 编辑加工方法父节点

1. 设置工序导航器的视图为加工方法视图

选择菜单中的【工具(T)】/【工序导航器(O)】/【视图(V)】/【加工方法视图(M)】命令或在【工序导航器】工具条中选择(加工方法视图)图标，工序导航器的视图更新为加工方法视图，如图5-186所示。

2. 编辑粗加工方法父节点

在工序导航器中双击MILL_ROUGH（粗加工方法）图标，出现【铣削粗加工】对话框，如图5-187所示，在部件余量栏输入“0.3”，在进给区域选择(进给)图标，出现【进给】对话框，如图5-188所示，在切削栏输入“1200”，单击确定按钮，系统返回【铣削粗加工】对话框，单击确定按钮，完成粗加工进给率的指定。

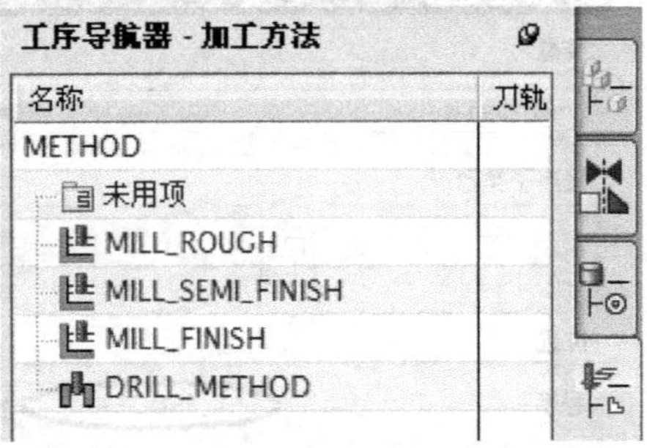

图5-186

图5-187

3. 编辑精加工方法父节点

按照上述编辑粗加工方法父节点的方法，编辑精加工方法父节点，设置部件余量为“0”，设置精加工进给速度为“600”，如图5-189所示。

图5-188

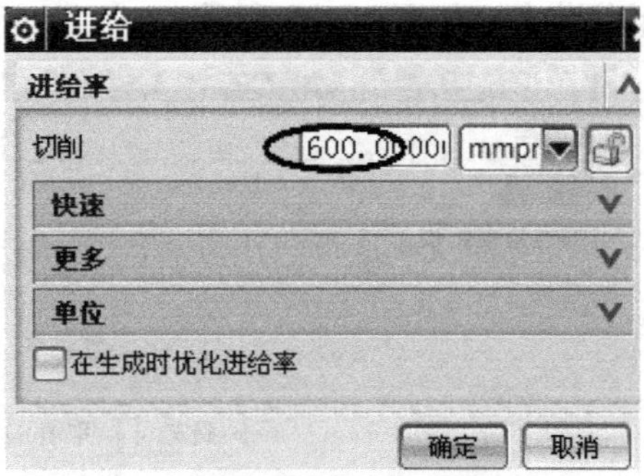

图5-189

5.10.7　创建外形加工操作

一、创建外形粗加工操作

1. 创建操作父节组选项

选择菜单中的【插入(S)】/【工序(E)...】命令或在【插入】工具条中选择（创建工序）图标，出现【创建工序】对话框，如图5-190所示。

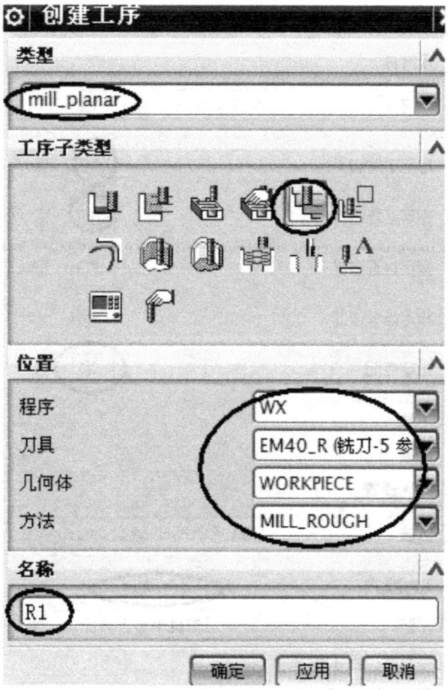

图5-190

在【创建工序】对话框的类型下拉框中选择mill_planar（平面铣）选项，在工序子类型区域选择（平面铣）图标，在程序下拉框中选择WX程序节点，刀具下拉框中选择EM40_R (铣刀-5 参刀具节点，在几何体下拉框中选择WORKPIECE节点，在方法下拉框中选择MILL_ROUGH节点，在名称栏输入“R1”，如图5-190所示，单击确定按钮，系统出现【平面铣】对话框，如图5-191所示。

2. 创建几何体

（1）创建部件边界　在【平面铣】对话框的指定部件边界区域选择（选择或编辑部件边界）图标，出现【边界几何体】对话框，如图5-192所示，在模式下拉框中选择曲线/边...选项，出现【创建边界】对话框，在类型下拉框中选择封闭的选项，在材料侧下拉框中选择内部选项，在平面下拉框中选择用户定义选项，如图5-193所示，系统出现【平面】对话框，在类型下拉框中选择XC-YC平面选项，在距离栏输入“0”，如图5-194所示，单击确定按钮，系统返回【创建边界】对话框，然后在图形中选择如图5-195所示的实体边为部件边界几何体，单击确定按钮，系统返回【边界几何体】对话框，单击确定按钮，完成设置部件边界，系统返回【平面铣】对话框。

（2）创建毛坯边界　在【平面铣】对话框的指定毛坯边界区域选择（选择或编辑毛坯边界）图标，出现【边界几何体】对话框，如图5-196所示，在模式下拉框中选择面选项，然后在【实用】工具条中选择（反转显示和隐藏）图标，图形中显示毛坯，在图形中选择如图5-197所示的毛坯平面为毛坯边界几何体，单击确定按钮，完成毛坯边界设置，系统返回【平面铣】对话框。

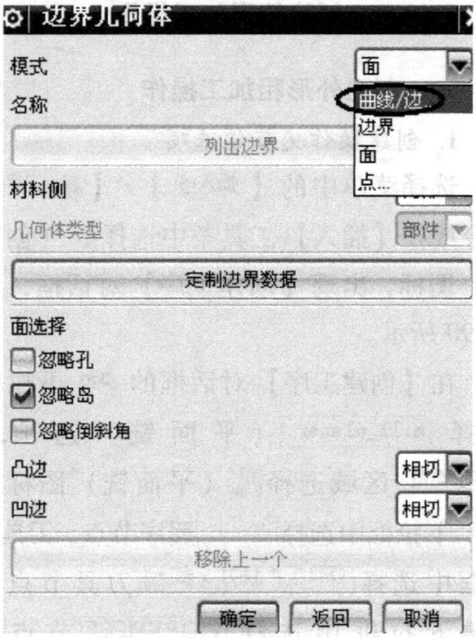

图 5-192

图 5-191

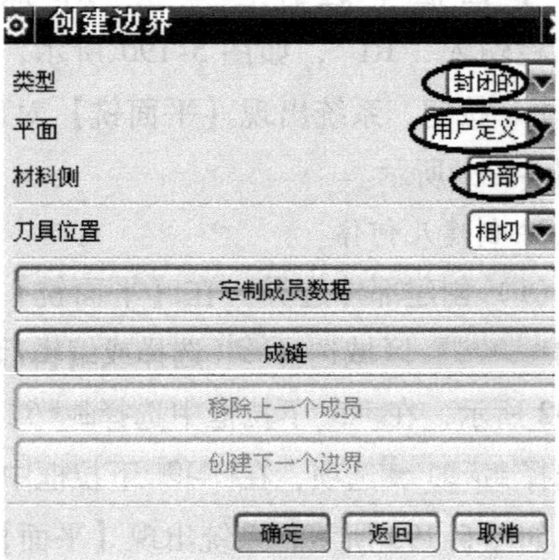

图 5-193

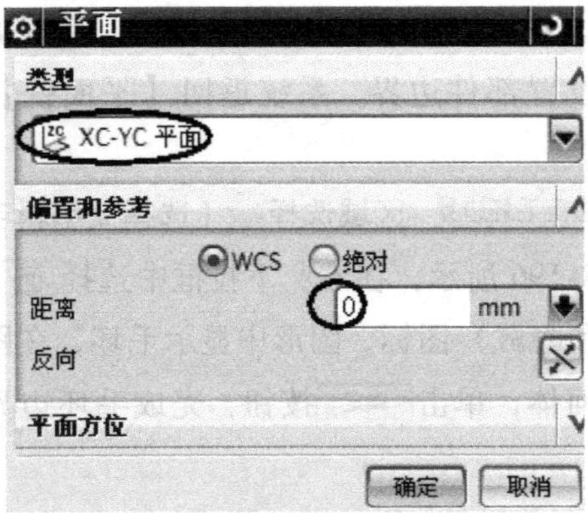

图 5-194

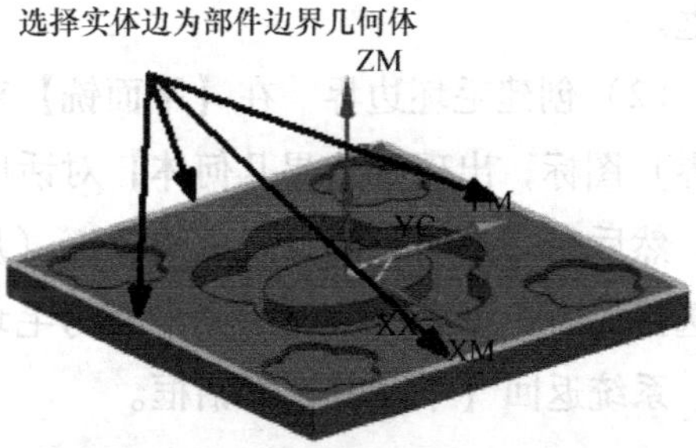

图 5-195

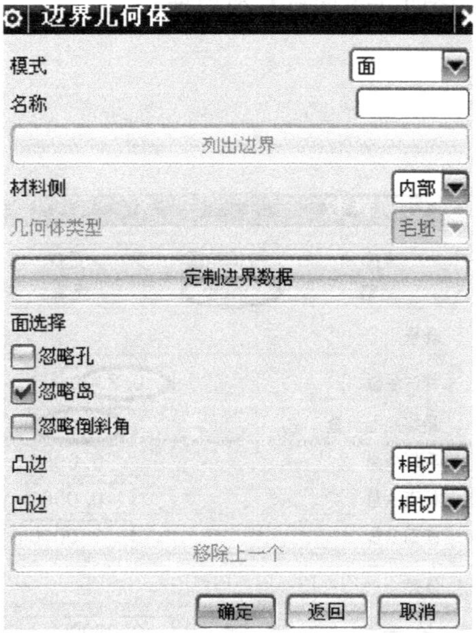

图 5-196

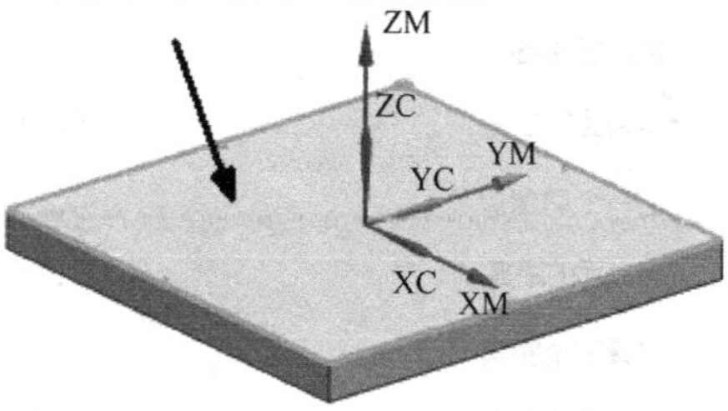

图 5-197

(3) 创建底平面　在【平面铣】对话框的指定底面区域选择（选择或编辑底平面几何体）图标，出现【平面】对话框，如图 5-198 所示，然后在【实用】工具条中选择（反转显示和隐藏）图标，图形中显示工件，在图形中选择如图 5-199 所示的工件底面为底平面，单击确定按钮，完成底平面设置，系统返回【平面铣】对话框。

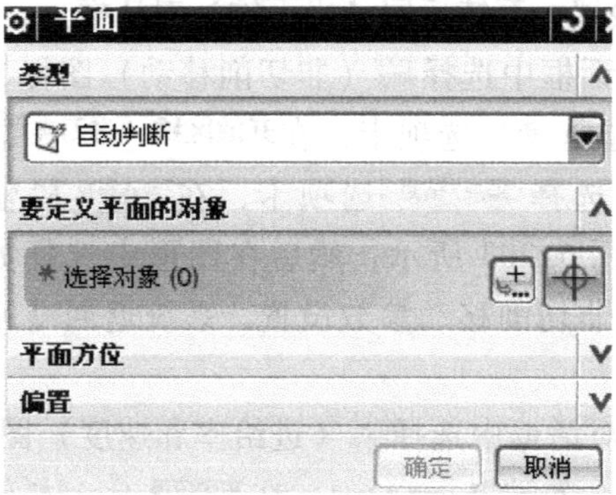

图 5-198

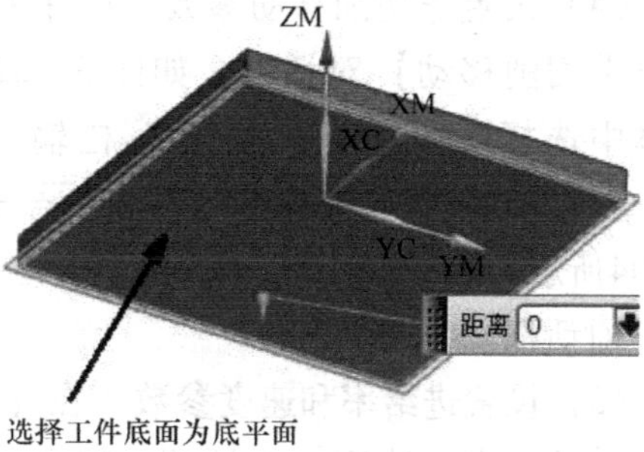

图 5-199

3. 设置加工参数

(1) 设置切削模式　在【平面铣】对话框的切削模式下拉框中选择轮廓加工选项，如图 5-191 所示。

(2) 设置切削层参数　在【平面铣】对话框中选择（切削层）图标，出现【切削层】对话框，如图 5-200 所示，在类型下拉框中选择用户定义选项，在每刀深度／公共栏输入

“5”，单击确定按钮，完成切削层参数设置，系统返回【平面铣】对话框。

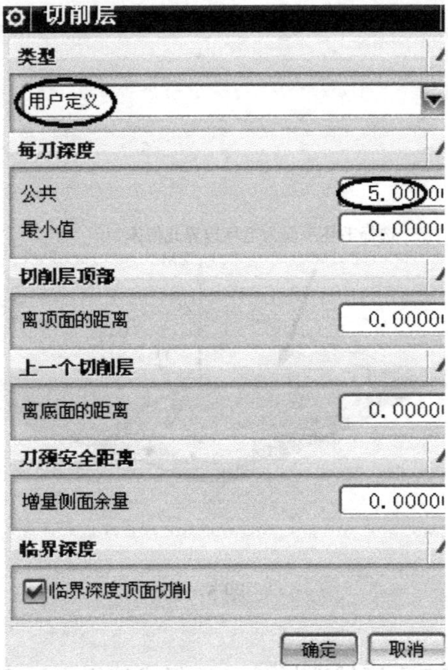

图 5-200

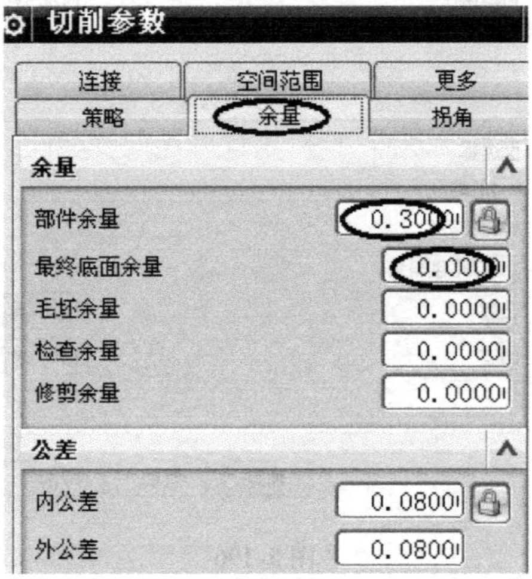

图 5-201

（3）设置切削参数　在【平面铣】对话框中选择（切削参数）图标，出现【切削参数】对话框，如图 5-201 所示，选择 余量 选项卡，在 部件余量 、最终底面余量 栏分别输入“0.3”和“0”，单击确定按钮，完成切削参数设置，系统返回【平面铣】对话框。

（4）设置非切削移动参数　在【平面铣】对话框中选择（非切削移动）图标，出现【非切削移动】对话框，如图 5-202 所示，选择 进刀 选项卡，在开放区域/进刀类型 下拉框中选择 圆弧 选项，在 半径 栏输入“20”，选择 起点/钻点 选项卡，在 重叠距离 栏输入“5”，在 默认区域起点 下拉框中选择 中点 选项，如图 5-203 所示，然后在图形中选择如图 5-204所示的实体边中点，单击确定按钮，完成非切削移动参数设置，系统返回【平面铣】对话框。

（5）设置进给率和速度参数　在【平面铣】对话框中选择（进给率和速度）图标，出现【进给率和速度】对话框，如图 5-205 所示，勾选 主轴速度 (rpm)，在 主轴速度 (rpm) 栏输入“1000”，按下回车键，单击（基于此值计算进给率和速度）按钮，单击确定按钮，完成进给率和速度参数设置，系统返回【平面铣】对话框。

注：进给率参数、余量继承切削方法［MILL_ROUGH（粗加工方法）］中设定的值。

4. 生成刀具轨迹

在【平面铣】对话框的 操作 区域选择（生成刀具轨迹）图标，系统自动生成刀具轨迹，如图 5-206 所示，单击确定按钮，接受刀具轨迹。

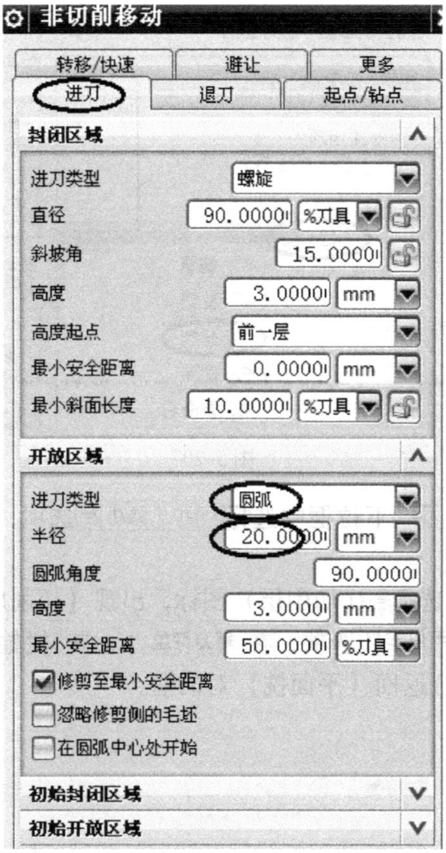

图 5-202

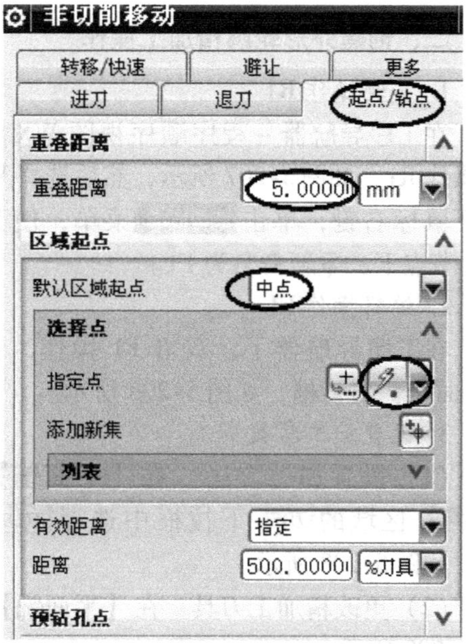

图 5-203

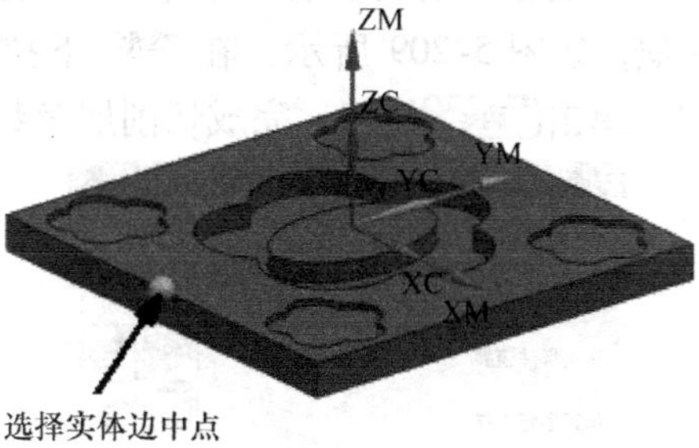

图 5-204

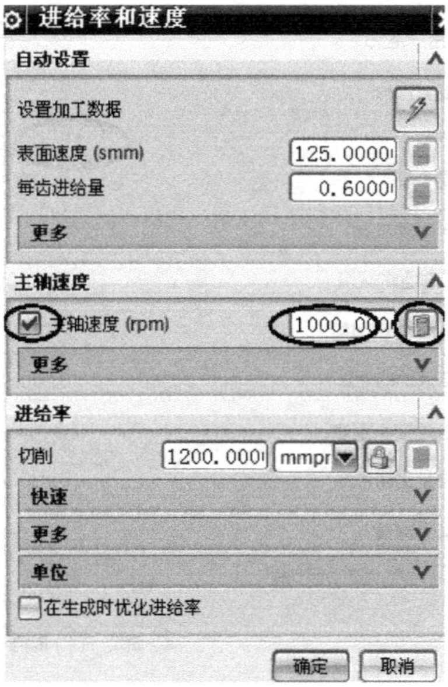

图 5-205

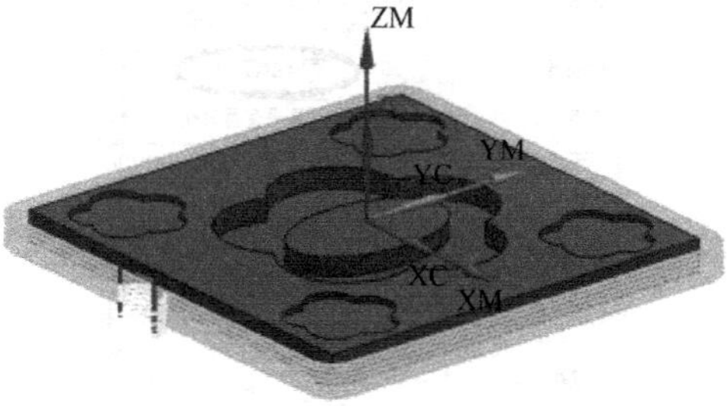

图 5-206

二、创建外形轮廓精加工操作

1. 复制操作 R1

在工序导航器－程序顺序视图 WX 节点处复制操作 R1，如图 5-207 所示，然后选择 WX 节点，按下鼠标右键，单击 内部粘贴 菜单，使其粘贴在 WX 节点下，重新命名为 F1。

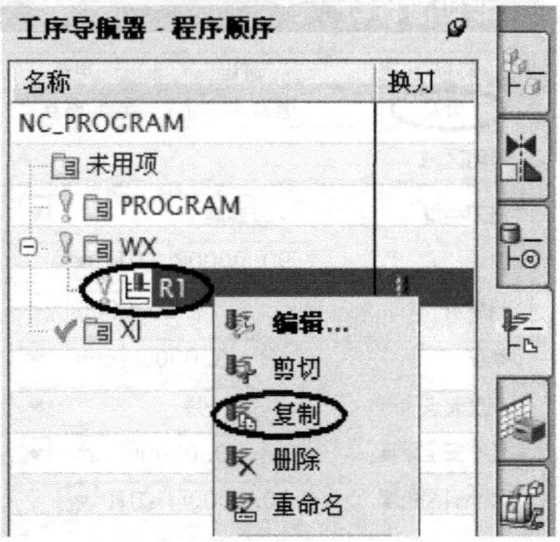

图 5-207

2. 编辑操作 F1

在工序导航器下，双击 F1 操作，系统出现【平面铣】对话框，如图 5-208 所示。

3. 设置加工参数

（1）设置加工方法　在【平面铣】对话框 刀轨设置 区域的 方法 下拉框中选择 MILL_FINISI 选项，如图 5-208 所示。

（2）更改精加工刀具　在【平面铣】对话框的 刀具 下拉框中选择 EM40_F (铣刀- 选项，如图 5-208 所示。

（3）设置切削层参数　在【平面铣】对话框中选择（切削层）图标，出现【切削层】对话框，如图 5-209 所示，在 类型 下拉框中选择 用户定义 选项，在 每刀深度 / 公共 栏输入“15”，单击 确定 按钮，完成切削层参数设置，系统返回【平面铣】对话框。

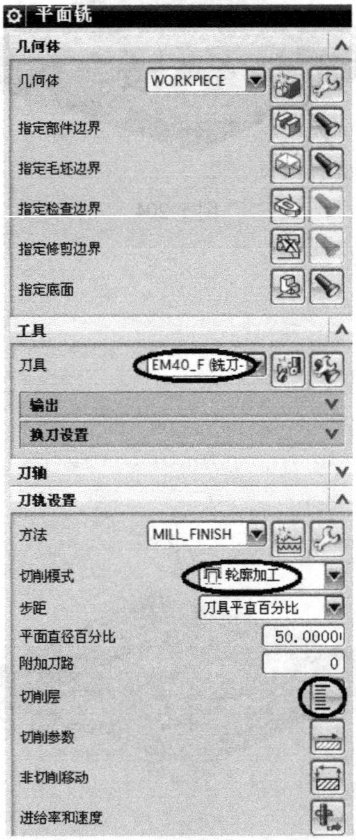

图 5-208

图 5-209

（4）设置切削参数　在【平面铣】对话框中选择（切削参数）图标，出现【切削参数】对话框，如图 5-210 所示，选择 拐角 选项卡，在 凸角 下拉框中选择 延伸 选项，单击 确定 按钮，完成切削参数设置，系统返回【平面铣】对话框。

图 5-210

（5）设置进给率和速度参数　在【平面铣】对话框中选择（进给率和速度）图标，出现【进给率和速度】对话框，如图 5-211 所示，勾选 主轴速度 (rpm)，在 进给率 / 切削 栏输入“600”，在 主轴速度 (rpm) 栏输入“1600”，按下回车键，单击（基于此值计算进给率和速度）按钮，再单击 确定 按钮，完成进给率和速度参数的设置，系统返回【平面铣】对话框。

注：余量继承切削方法［MILL_FINISH（精加工方法）］中设定的值。

4. 生成刀具轨迹

在【平面铣】对话框的 操作 区域选择（生成刀具轨迹）图标，系统自动生成刀具轨迹，如图 5-212 所示，单击 确定 按钮，接受刀具轨迹。

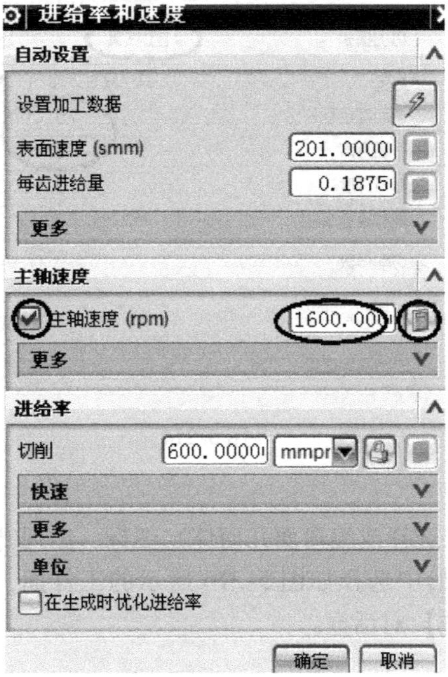

图 5-211

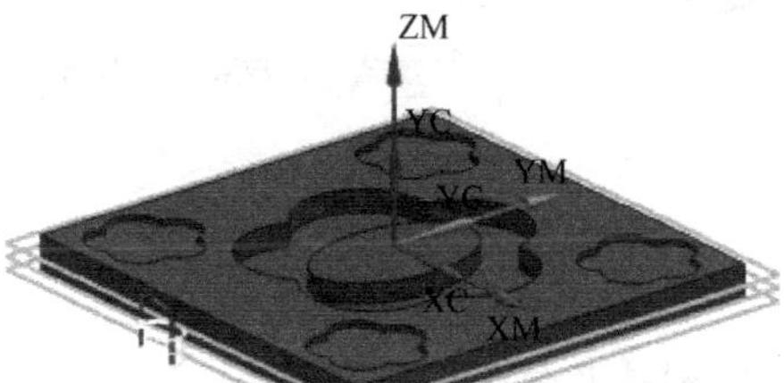

图 5-212

三、创建工件顶面铣削加工操作

1. 创建操作父节组选项

选择菜单中的【插入(S)】/【工序(E)...】命令或在【插入】工具条中选择（创建工

序）图标，出现【创建工序】对话框，如图5-213所示。

在【创建工序】对话框的类型下拉框中选择 mill_planar （平面铣）选项，在工序子类型区域选择（面铣）图标，在程序下拉框中选择 WX 程序节点，在刀具下拉框中选择 EM80R1_F (铣刀-5 刀具节点，在几何体下拉框中选择 WORKPIECE 节点，在方法下拉框中选择 MILL_FINISH 节点，在名称栏输入“F2”，如图5-213所示，单击 确定 按钮，系统出现【面铣】对话框，如图5-214所示。

图5-213

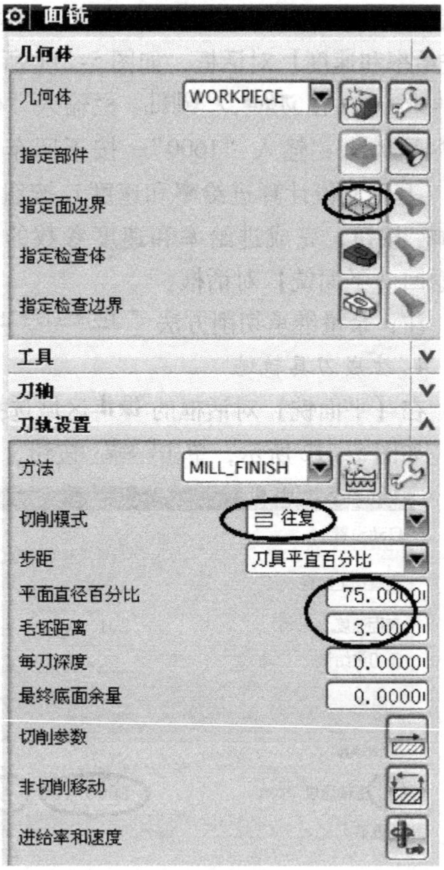

图5-214

2. 创建几何体

在【面铣】对话框的指定面边界区域选择（选择或编辑面几何体）图标，出现【指定面几何体】对话框，如图5-215所示，然后在图形中选择如图5-216所示的工件面，单击 确定 按钮，完成指定面几何体，系统返回【面铣】对话框。

3. 设置加工参数

(1) 设置切削模式　在【面铣】对话框的切削模式下拉框中选择 往复 选项，在步距下拉框中选择 刀具平直百分比 选项，在平面直径百分比栏输入“75”，在毛坯距离栏输入“3”，如图5-214所示。

(2) 设置进给率和速度参数　在【面铣】对话框中选择（进给率和速度）图标，出现【进给率和速度】对话框，如图5-217所示，勾选 主轴速度 (rpm)，在进给率 / 切削栏输入

“500”，在主轴速度 (rpm) 栏输入“1500”，按下回车键，单击（基于此值计算进给率和速度）按钮，再单击确定按钮，完成进给率和速度参数的设置，系统返回【面铣】对话框。

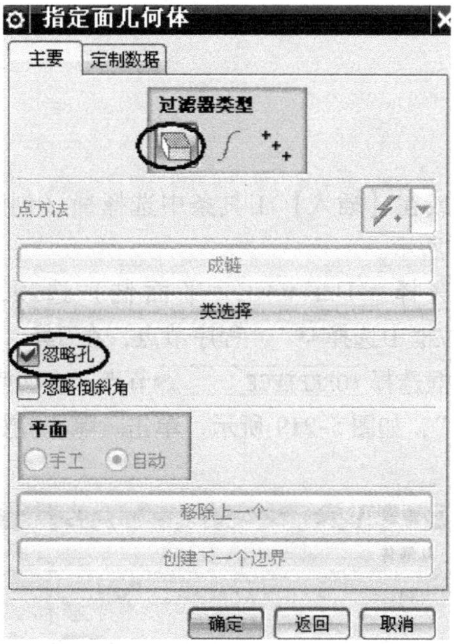

图 5-215

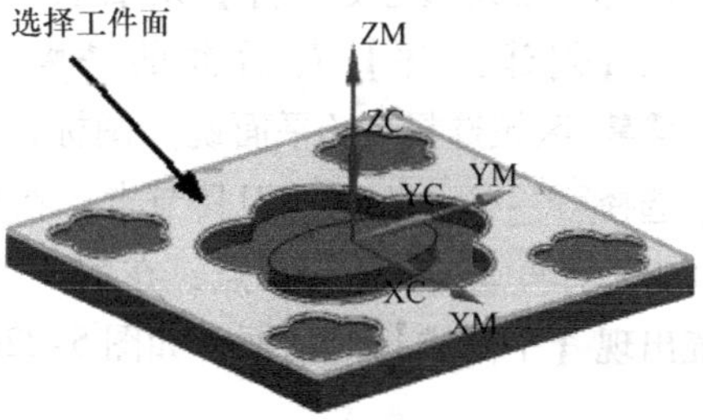

图 5-216

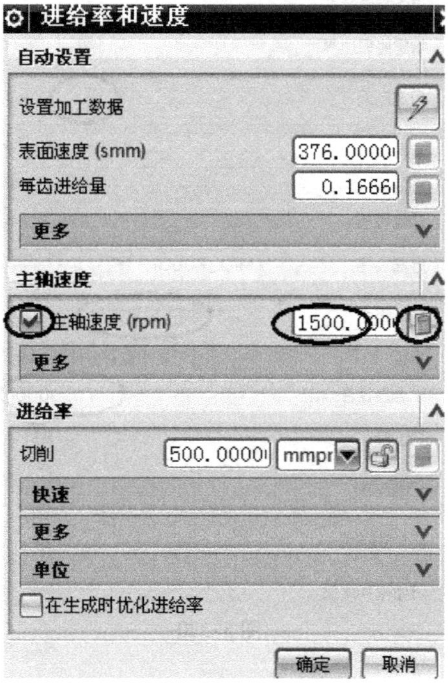

图 5-217

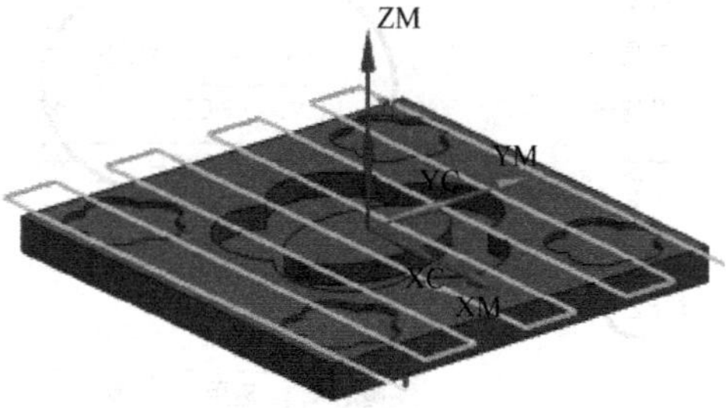

图 5-218

4. 生成刀具轨迹

在【面铣】对话框的**操作**区域选择（生成刀具轨迹）图标，系统自动生成刀具轨迹，如图 5-218 所示，单击确定按钮，接受刀具轨迹。

5.10.8 创建大型腔加工操作

一、创建大型腔粗加工操作

1. 创建操作父节组选项

选择菜单中的【插入(S)】/【工序(E)...】命令或在【插入】工具条中选择（创建工序）图标，出现【创建工序】对话框，如图 5-219 所示。

在【创建工序】对话框的**类型**下拉框中选择mill_planar（平面铣）选项，在**工序子类型**区域选择（平面铣）图标，在**程序**下拉框中选择XJ程序节点，在**刀具**下拉框中选择EM12R1_R (铣刀-5刀具节点，在**几何体**下拉框选择WORKPIECE节点，在**方法**下拉框中选择MILL_ROUGH节点，在**名称**栏输入"R2"，如图 5-219 所示，单击确定按钮，系统出现【平面铣】对话框，如图 5-220 所示。

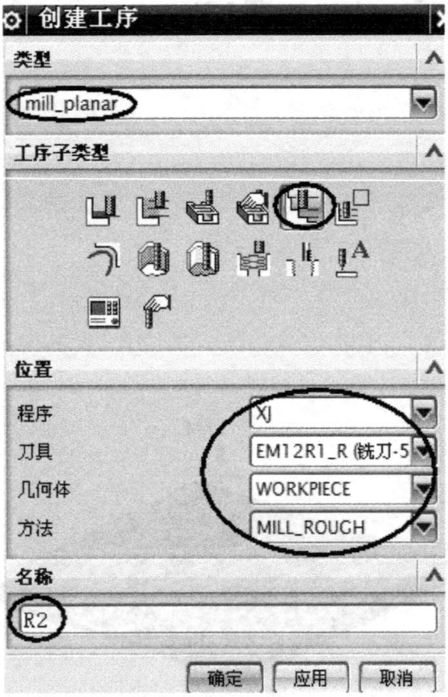

图 5-219

图 5-220

2. 创建几何体

(1) 创建部件边界　在【平面铣】对话框的**指定部件边界**区域选择（选择或编辑部件边

界）图标，出现【边界几何体】对话框，如图5-221所示，在模式下拉框中选择曲线/边...选项，出现【创建边界】对话框，在类型下拉框中选择封闭的选项，在材料侧下拉框中选择外部选项，如图5-222所示，然后在图形中选择如图5-223所示的实体边为部件边界几何体，单击创建下一个边界按钮，在材料侧下拉框中选择内部选项，然后在图形中选择如图5-224所示的实体边为部件边界几何体，单击确定按钮，系统返回【边界几何体】对话框，单击确定按钮，完成部件边界创建，系统返回【平面铣】对话框。

(2) 创建底平面　在【平面铣】对话框的指定底面区域选择（选择或编辑底平面几何体）图标，出现【平面】对话框，如图5-225所示，然后在图形中选择如图5-226所示的工件型腔底面为底平面，单击确定按钮，完成底平面创建，系统返回【平面铣】对话框。

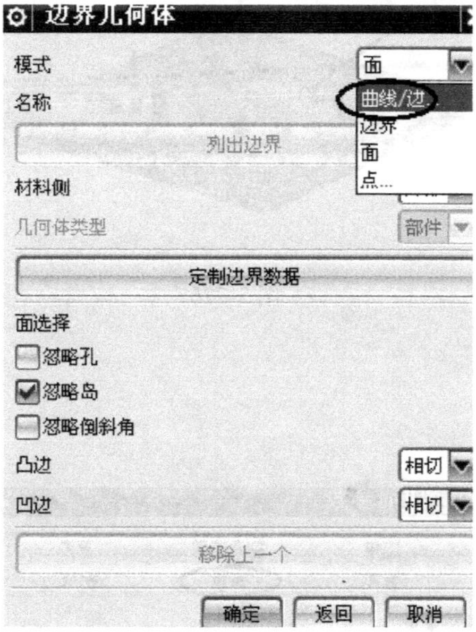

图5-221

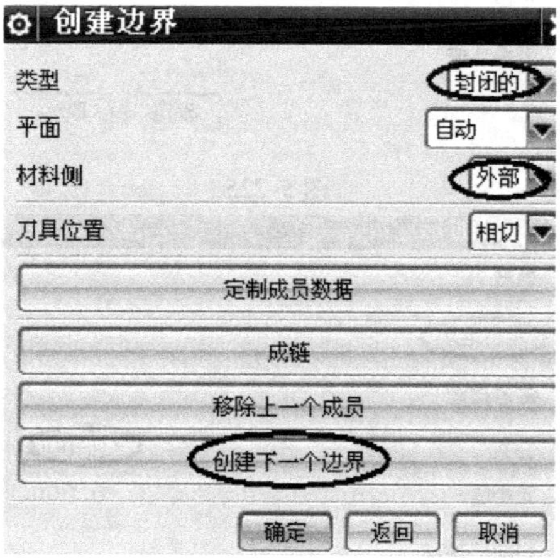

图5-222

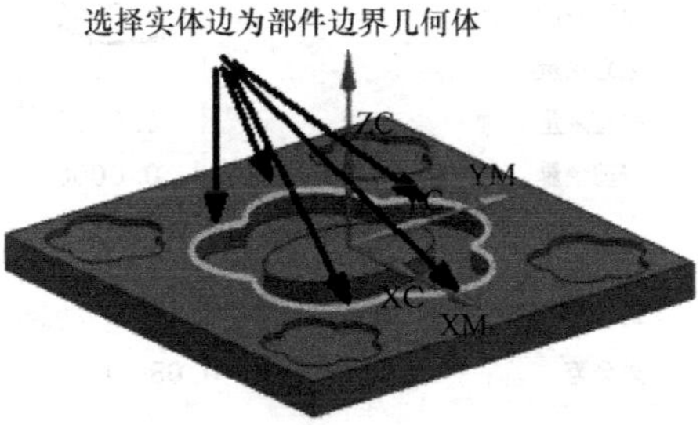

图5-223

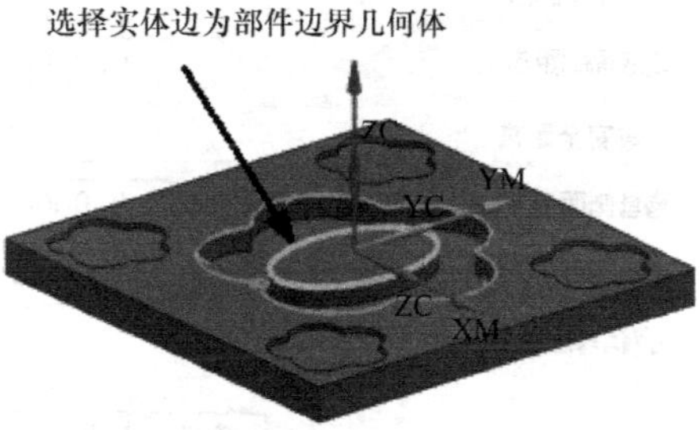

图5-224

3. 设置加工参数

(1) 设置切削模式　在【平面铣】对话框的切削模式下拉框中选择跟随部件选项，在步距下拉框中选择刀具平直百分比选项，在平面直径百分比栏输入“70”，如图5-220所示。

(2) 设置切削层参数　在【平面铣】对话框中选择（切削层）图标，出现【切削层】对话框，如图5-227所示，在类型下拉框中选择用户定义选项，在每刀深度/公共栏输入

“2”，单击确定按钮，完成切削层参数设置，系统返回【平面铣】对话框。

(3) 设置切削参数　在【平面铣】对话框中选择(切削参数)图标，出现【切削参数】对话框，如图5-228所示，选择余量选项卡，在部件余量、最终底面余量栏分别输入“0.5”和“0.3”，单击确定按钮，完成切削参数的设置，系统返回【平面铣】对话框。

图5-225

图5-226

图5-227

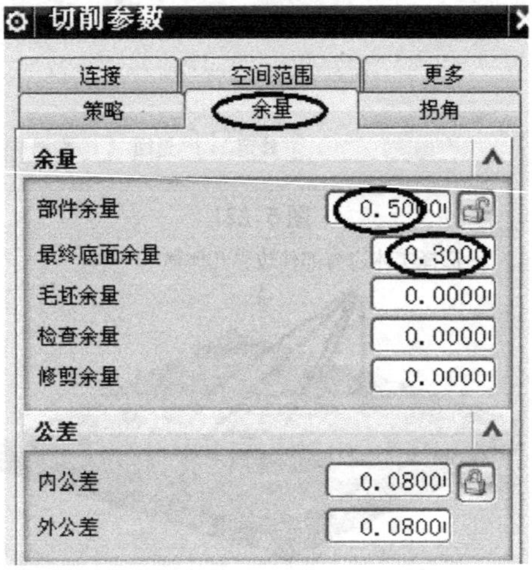

图5-228

(4) 设置进给率和速度参数　在【平面铣】对话框中选择(进给率和速度)图标，出现【进给率和速度】对话框，如图5-229所示，勾选主轴速度(rpm)，在进给率/切削栏输入“1000”，在主轴速度(rpm)栏输入“1200”，按下回车键，单击(基于此值计算进给率和速度)按钮，再单击确定按钮，完成进给率和速度参数的设置，系统返回【平面铣】对话框。

4. 生成刀具轨迹

在【平面铣】对话框的**操作**区域选择（生成刀具轨迹）图标，系统自动生成刀具轨迹，如图5-230所示，单击确定按钮，接受刀具轨迹。

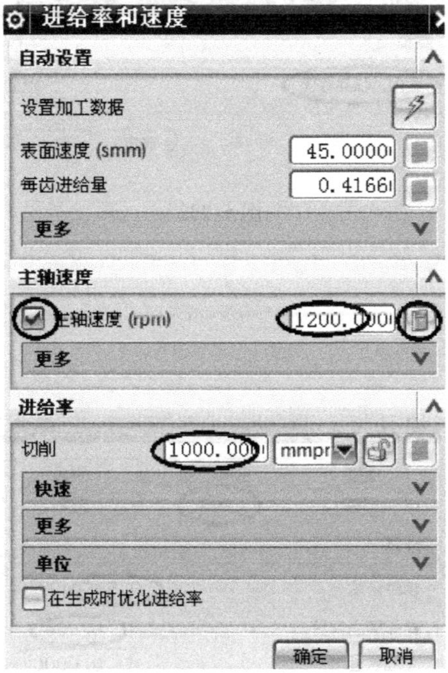

图5-229

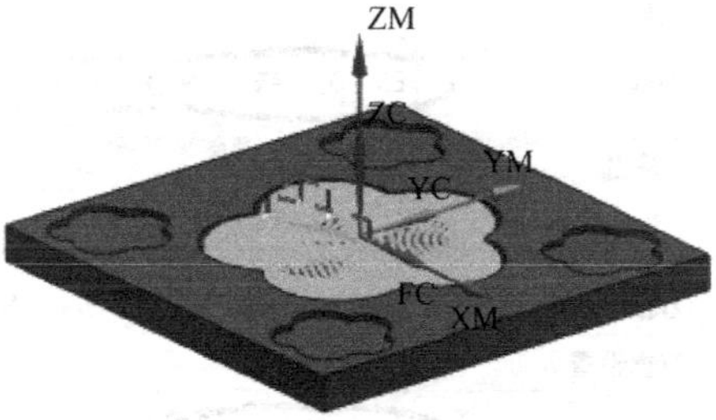

图5-230

二、创建大型腔精加工底操作

1. 复制操作R2

在工序导航器－程序顺序视图XJ节点处复制操作R2，然后选择XJ节点，按下鼠标右键，单击内部粘贴菜单，使其粘贴在XJ节点下，重新命名为F3（步骤略）。

2. 编辑操作F3

在工序导航器下，双击F3操作，系统出现【平面铣】对话框，如图5-231所示。

3. 设置刀具

在【平面铣】对话框的**刀具**下拉框中选择EM10_F(铣刀-选项，如图5-231所示。

4. 设置加工参数

（1）设置加工方法　在【平面铣】对话框**刀轨设置**区域的**方法**下拉框中选择MILL_FINISH选项，如图5-231所示。

（2）设置切削层参数　在【平面铣】对话框中选择（切削层）图标，出现【切削层】对话框，如图5-232所示，在**类型**下拉框中选择底面及临界深度选项，单击确定按钮，完成切削层参数设置，系统返回【平面铣】对话框。

（3）设置切削参数　在【平面铣】对话框中选择（切削参数）图标，出现【切削参数】对话框，如图5-233所示，选择**余量**选项卡，在**部件余量**、**最终底面余量**栏分别输入“0.5”和“0”，单击确定按钮，完成切削参数设置，系统返回【平面铣】对话框。

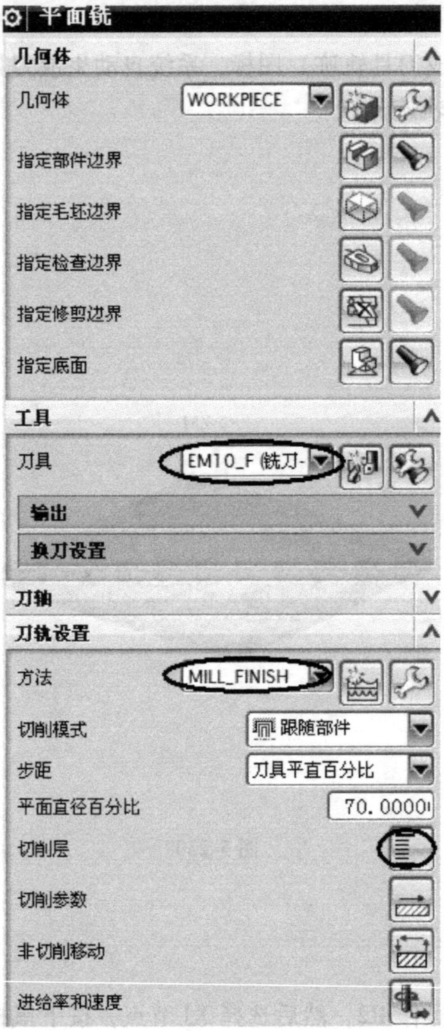

图 5-231

图 5-232

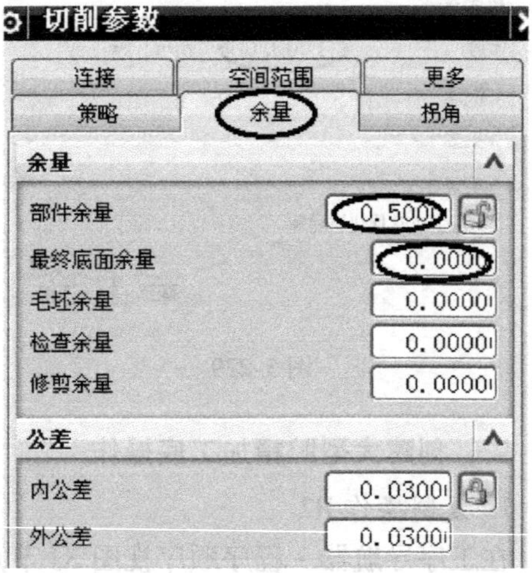

图 5-233

（4）设置非切削移动参数　在【平面铣】对话框中选择（非切削移动）图标，出现【非切削移动】对话框，如图 5-234 所示，选择 进刀 选项卡，在 **初始封闭区域** / 进刀类型 下拉框中选择 沿形状斜进刀 选项，在 高度起点 下拉框中选择 平面 选项，然后在图形中选择如图 5-235 所示的平面，选择 退刀 选项卡，在 退刀类型 下拉框中选择 抬刀 选项，如图 5-236 所示，单击 确定 按钮，完成非切削移动参数设置，系统返回【平面铣】对话框。

（5）设置进给率和速度参数　在【平面铣】对话框中选择（进给率和速度）图标，出现【进给率和速度】对话框，如图 5-237 所示，勾选 ☑ 主轴速度（rpm），在 **进给率** / 切削 栏输入“600”，在 主轴速度（rpm）栏输入“1600”，按下回车键，单击（基于此值计算进给率和速度）按钮，再单击 确定 按钮，完成进给率和速度参数的设置，系统返回【平面铣】对话框。

5. 生成刀具轨迹

在【平面铣】对话框的 **操作** 区域选择（生成刀具轨迹）图标，系统自动生成刀具轨迹，如图 5-238 所示，单击 确定 按钮，接受刀具轨迹。

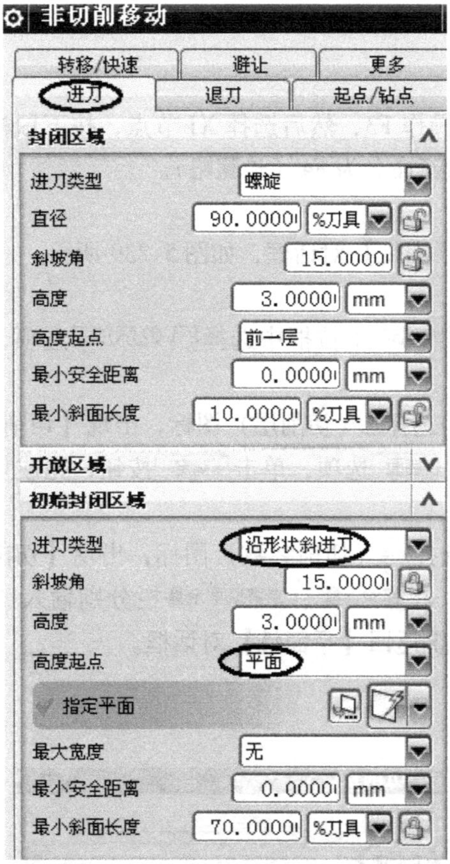

图 5-234

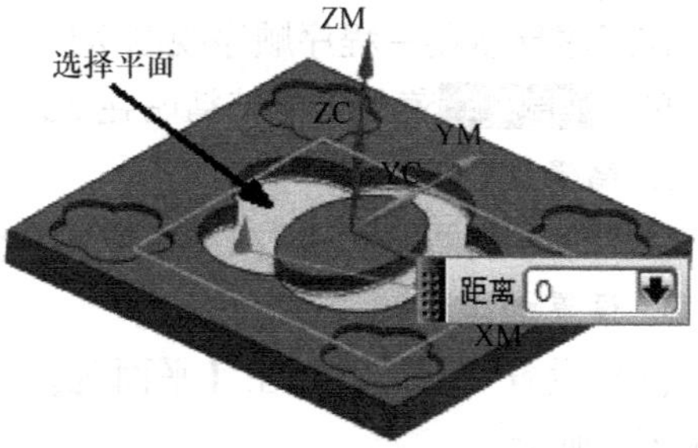

图 5-235

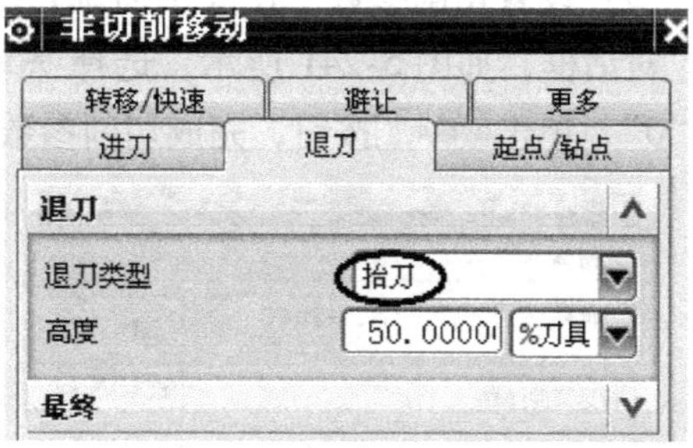

图 5-236

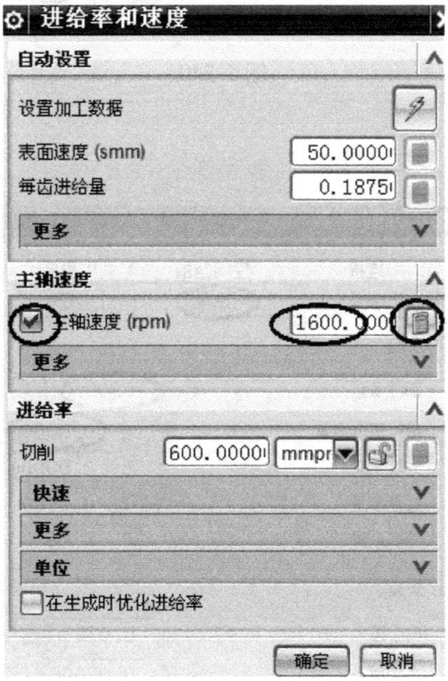

图 5-237

图 5-238

三、创建大型腔精加工壁操作

1. 复制操作 F3

在工序导航器 - 程序顺序视图 XJ 节点处复制操作 F3，然后选择 XJ 节点，按下鼠标右键，单击内部粘贴菜单，使其粘贴在 XJ 节点下，重新命名为 F4（步骤略）。

2. 编辑操作 F4

在工序导航器下，双击 F4 操作，系统出现【平面铣】对话框，如图 5-239 所示。

3. 设置加工参数

(1) 设置切削模式　在【平面铣】对话框的切削模式下拉框中选择轮廓加工选项，如图 5-239 所示。

(2) 设置切削层参数　在【平面铣】对话框中选择（切削层）图标，出现【切削层】对话框，如图 5-240 所示，在类型下拉框中选择仅底面选项，单击确定按钮，完成切削层参数设置，系统返回【平面铣】对话框。

(3) 设置切削参数　在【平面铣】对话框中选择（切削参数）图标，出现【切削参数】对话框，如图 5-241 所示，选择余量选项卡，在部件余量、最终底面余量栏分别输入“0”和“0”，单击确定按钮，完成切削参数设置，系统返回【平面铣】对话框。

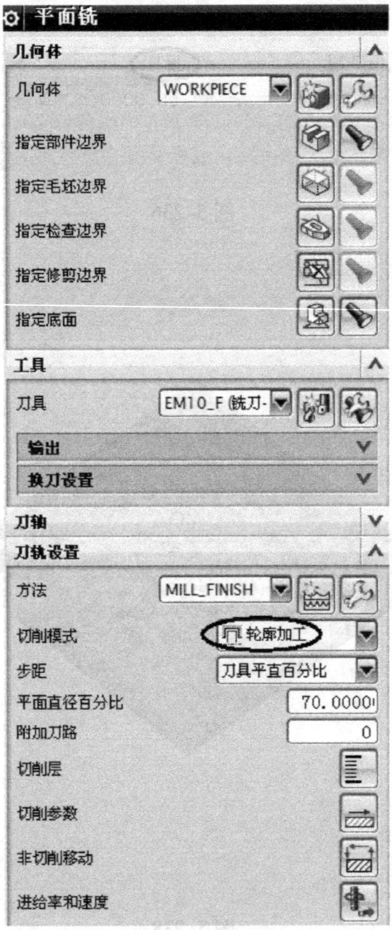

图 5-239

图 5-240

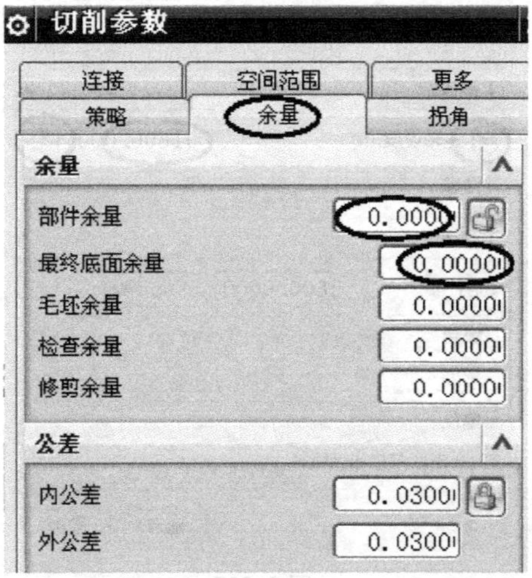

图 5-241

（4）设置非切削移动参数　在【平面铣】对话框中选择（非切削移动）图标，出现【非切削移动】对话框，如图5-242所示，选择 进刀 选项卡，在 开放区域 / 进刀类型 下拉框中选择 圆弧 选项，在 退刀类型 下拉框中选择 与进刀相同 选项，如图5-243所示，单击 确定 按钮，完成非切削移动参数设置，系统返回【平面铣】对话框。

4. 生成刀具轨迹

在【平面铣】对话框的 操作 区域选择（生成刀具轨迹）图标，系统自动生成刀具轨迹，如图5-244所示，单击 确定 按钮，接受刀具轨迹。

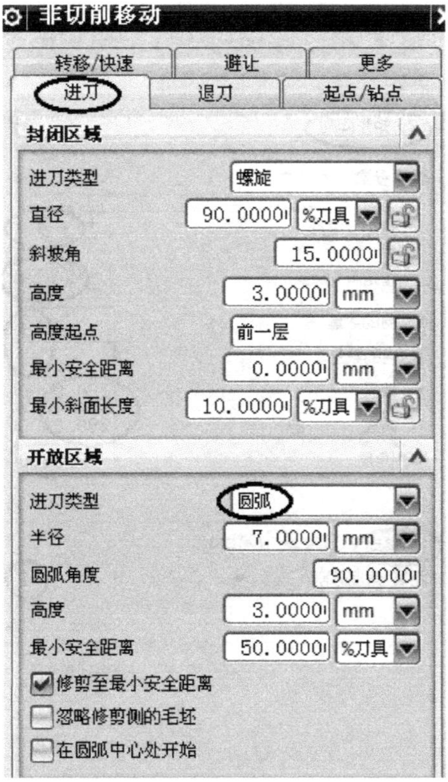

图5-242

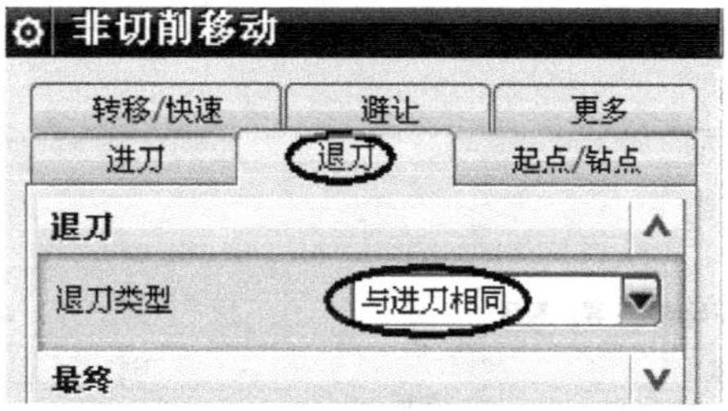

图5-243

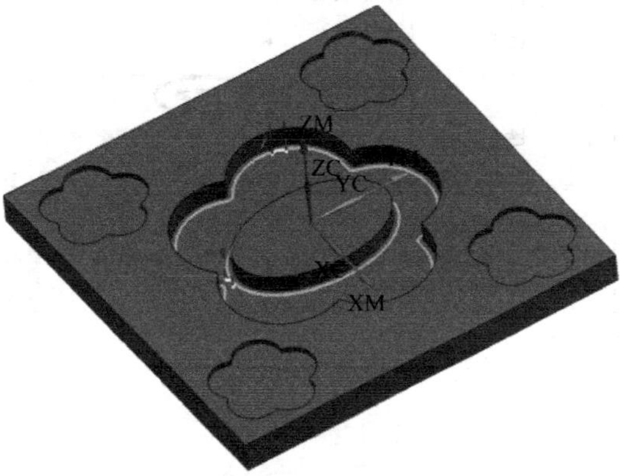

图5-244

5.10.9　创建小型腔加工操作

1. 创建小型腔加工操作

按照5.10.8的方法，先粗加工左上角小型腔（R3），再精加工小型腔底面（F5），最后精加工小型腔侧壁（F6），步骤略，刀具轨迹如图5-245所示。

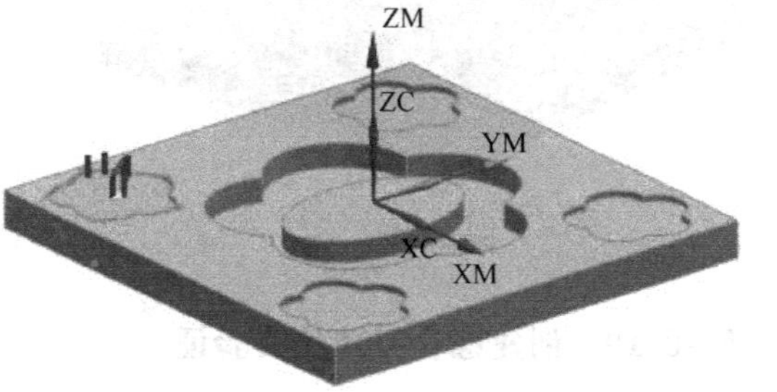

图5-245

2. 创建矩形阵列刀具轨迹

在工序导航器－程序顺序视图XJ

节点下选择工序 R3、F5、F6，如图5-246所示，按下鼠标右键出现快捷菜单，选择 对象 命令，再次出现快捷菜单，选择 变换... 命令，出现【变换】对话框，如图5-247所示，在 类型 下拉框中选择 矩形阵列 选项，在 指定参考点 下拉框中选择（圆弧中心/椭圆中心/球心）选项，在图形中选择如图5-248所示的实体圆弧边，在 指定阵列原点 下拉框中选择（圆弧中心/椭圆中心/球心）选项，在图形中选择如图5-248所示的实体圆弧边，在 XC 向的数量、YC 向的数量、XC 偏置、YC 偏置 栏分别输入“2”“2”“280”“280”，在 结果 区域选择 移动 单选选项，然后单击 确定 按钮，创建矩形阵列刀具轨迹，如图5-249所示。

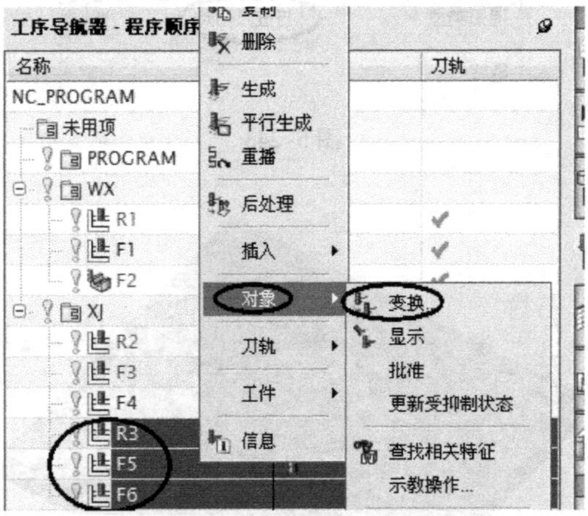

图 5-246

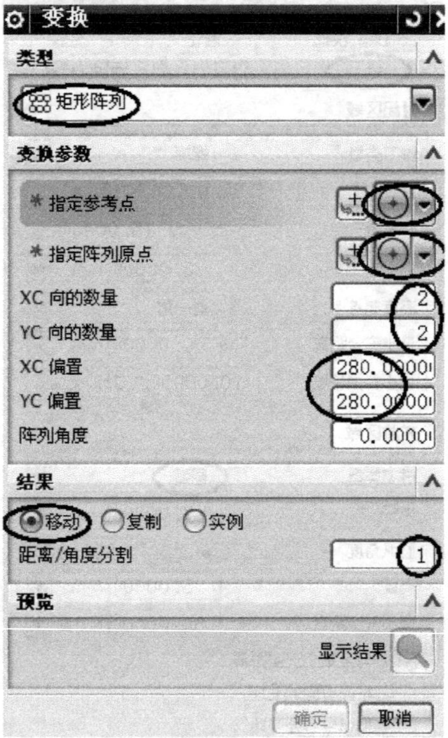

图 5-247

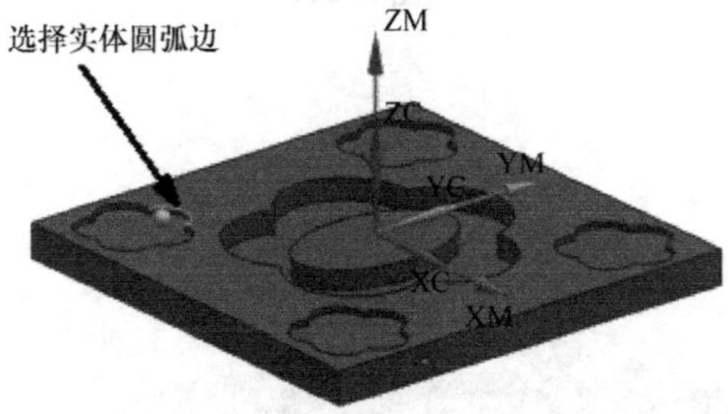

图 5-248

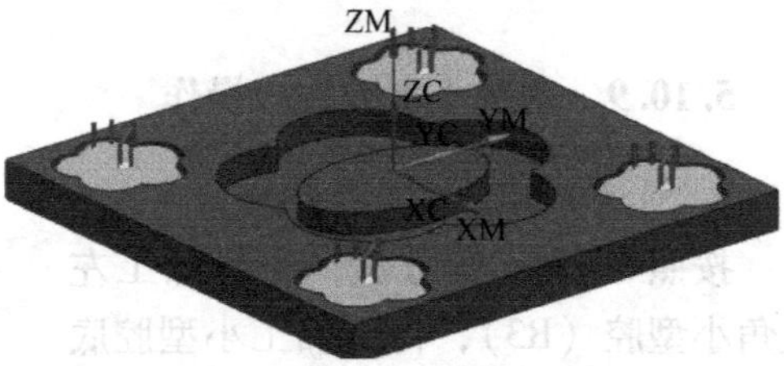

图 5-249

5.10.10 创建综合刀轨仿真验证

在工序导航器的几何视图中选择 WORKPIECE 节点，然后在【操作】工具条中选择

（确认刀具轨迹）图标，出现【刀轨可视化】对话框，如图 5-250 所示，选择 2D 动态 选项，单击（播放）按钮，图形中出现模拟切削动画，模拟切削完成后，在【刀轨可视化】对话框中单击 比较 按钮，可以看到切削结果，部件颜色为绿色，余量颜色为白色，如图 5-251 所示。

图 5-250

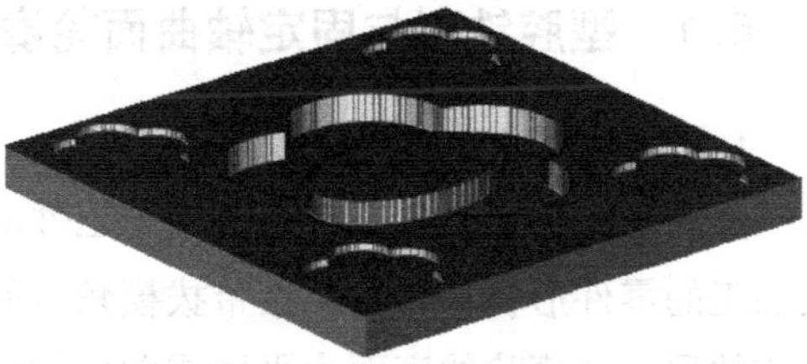

图 5-251

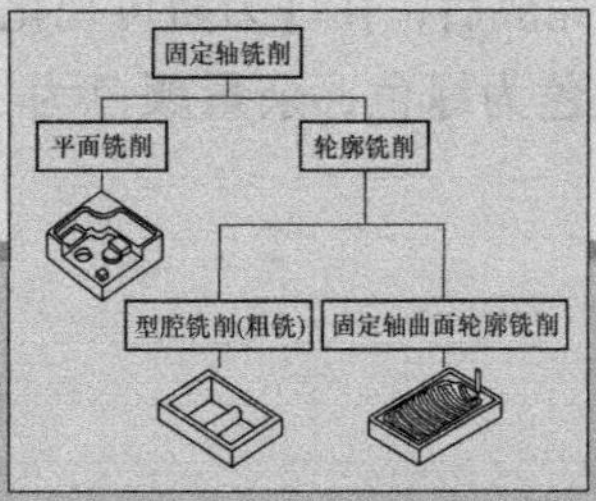

第 6 章 轮廓铣削加工

轮廓铣削属于 UG 铣削加工中的固定轴铣削范畴，主要分为型腔铣削与固定轴曲面轮廓铣削两种，如图 6-1 所示。型腔铣削主要用于工件的粗加工，固定轴曲面轮廓铣削主要用于工件的半精加工与精加工。本章主要介绍型腔铣削与固定轴曲面轮廓铣削的加工特点和适用范围，重点介绍型腔铣削与固定轴曲面轮廓铣削的参数设置，包括切削层、切削参数、处理中的工件（IPW）等。

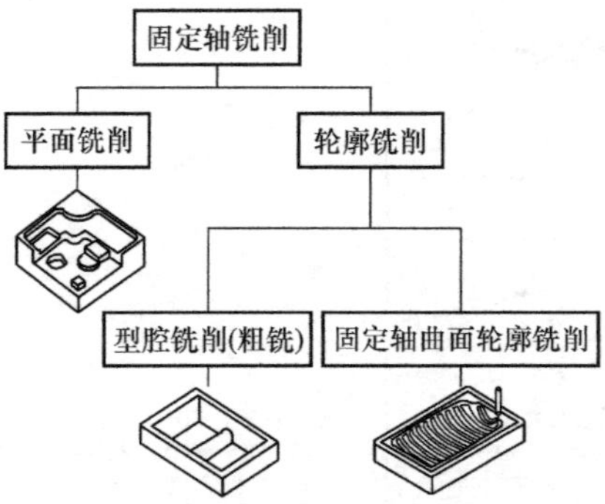

图 6-1

6.1　型腔铣削与固定轴曲面轮廓铣削的特点

1. 型腔铣削概述

型腔铣削是 3 轴加工，主要用于工件的粗加工，快速去除毛坯余量，可加工平面铣削无法加工的零件形状，一般包括带拔模角度的零件侧壁和带曲面的零件等，适用于非直壁的、岛屿的顶面和槽腔的底面为平面或曲面的零件的加工，尤其适用于模具的型腔或型芯的粗加工，以及其他带有复杂曲面的零件的粗加工。

型腔铣削的加工特征是刀具轨迹在同一个高度内完成一层切削，遇到曲面时将绕过，然后下降一个高度进行下一层的切削。系统按照零件在不同深度的截面形状计算各层的刀具轨迹。

型腔铣削的原理：切削刀具轨迹在垂直于刀轴的平面内，通过多层的逐层切削材料的加工方法进行加工。其中每一层刀具轨迹称为一个切削层，每一个刀具轨迹都是 2 轴刀具轨迹。

2. 型腔铣削的特点

型腔铣削操作与平面铣削一样是在与XY平面平行的切削层上创建刀具轨迹，其操作有以下特点。

1）刀具轨迹为层状，切削层垂直于刀杆，一层一层进行切削。

2）采用边界、面、曲线或实体定义要切除的材料（刀具切削运动区域，定义部件几何体和毛坯几何体），在实际应用中大多数采用实体。

3）切削效率高，但会在零件表面上留下层状余料，因此型腔铣削主要用于粗加工，某些型腔铣削操作也可以用于精加工。

4）可以适用于带有倾斜侧壁、陡峭曲面及底面为曲面的工件的粗加工与精加工，典型零件如模具的凹模、凸模及各类型腔等。

5）刀具轨迹创建容易，只要指定零件几何体和毛坯几何体，即可生成刀具轨迹。

型腔铣削的原理是通过比较工件与毛坯的形状差异，通过计算毛坯除去工件后剩下的材料来产生刀具轨迹，所以只需要定义工件和毛坯即可计算刀具轨迹，使用方便且智能化程度高。

型腔铣削可把非直壁的、岛屿的顶面，以及槽腔的底面加工为平面或曲面。在很多情况下，型腔铣削可以代替平面铣削。型腔铣削在数控加工应用中最为广泛，可用于大部分粗加工及有直壁或者斜度不大的侧壁的精加工；通过限定高度值，只加工一层，型腔铣削也可用于平面的精加工及清角加工等。

3. 固定轴曲面轮廓铣削概述

固定轴曲面轮廓铣削是用于精加工由轮廓曲面形成的区域的加工方式，它允许通过投影矢量使刀具沿着非常复杂的曲面轮廓运动，可通过将驱动点投射到部件几何体来创建刀轨。驱动点是从曲线、边界、面或曲面等驱动几何体生成的，并沿着指定的投影矢量投射到部件几何体上，然后，刀具定位到部件几何体以生成刀具轨迹。

4. 固定轴曲面轮廓铣削的特点

1）刀具沿复杂曲面轮廓运动，主要用于曲面的半精加工和精加工，也可进行多层铣削。

2）刀具始终沿一个固定矢量方向，采用3轴联动方式切削。

3）通过设置驱动几何体与驱动方式，可产生适合不同场合的刀具轨迹。

4）刀轴固定，具有多种切削形式和进刀退刀控制，可投射空间点、曲线、曲面和边界等驱动几何进行加工，可进行螺旋线切削（Spiral Cut）、射线切削（Radial Cut）以及清根切削（Flow Cut）。

5）提供了功能丰富的清根操作。

6）非切削运动设置灵活。

6.2 型腔铣削各子类型的功能（图6-2）

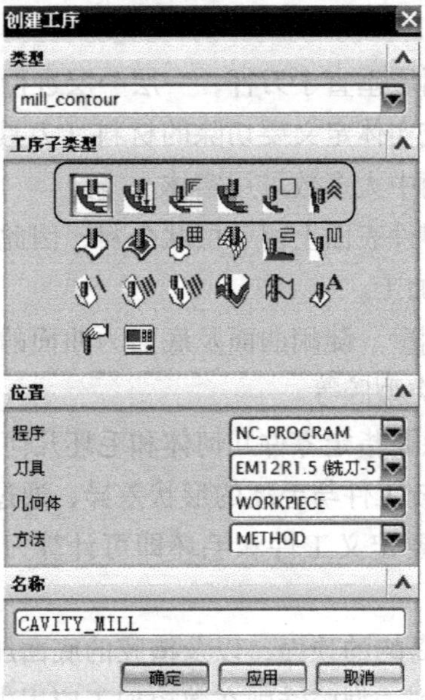

图6-2

型腔铣削各常用子类型功能的说明见表4-2。

6.3 固定轴曲面轮廓铣削各子类型的功能（图6-3）

图6-3

固定轴曲面轮廓铣各常用子类型功能的说明见表4-3。

6.4　型腔铣削参数介绍

选择菜单中的【插入(S)】/【工序(E)...】命令或在【插入】工具条中选择（创建工序）图标，出现【创建工序】对话框，如图 6-4 所示。

在【创建工序】对话框的 类型 下拉框中选择 mill_contour （型腔铣），在 工序子类型 区域选择（通用型腔铣）图标，出现【型腔铣】对话框，如图 6-5 所示。

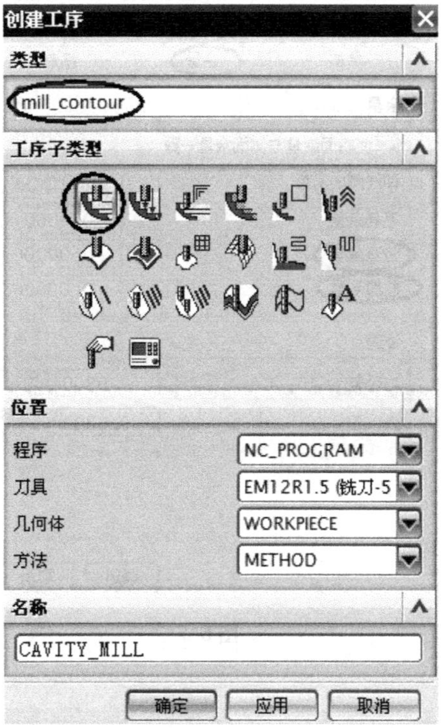

图 6-4

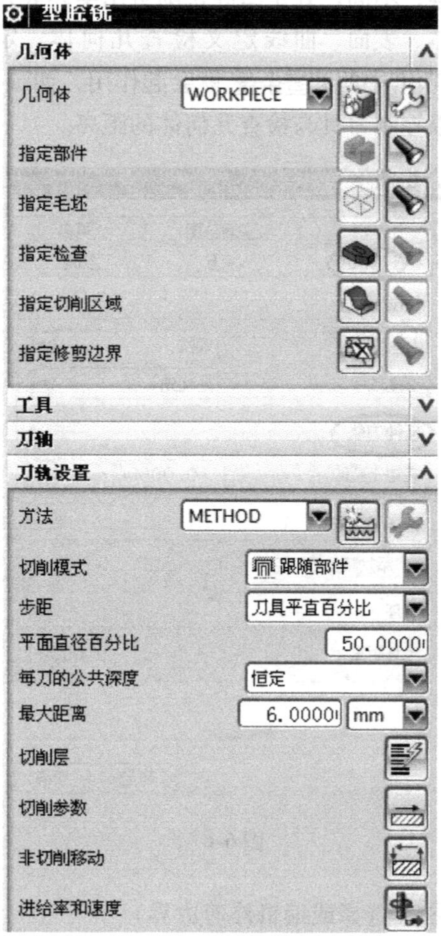

图 6-5

型腔铣削和平面铣削在设置参数的方法上基本相同，不同之处主要在切削区域、切削层、切削参数以及 IPW（处理中的工件）的应用。

6.4.1　切削区域

型腔铣削操作提供了多种方式来控制切削区域。下面对 3 种切削区域的定义方式分别进行介绍。

1. （选择或编辑切削区域几何体）

一般情况下不需要指定切削区域，但是在一些复杂的模具加工中，往往有很多区域的位置需要分开加工，这时可以通过选择曲面区域、片体或面来定义切削区域，创建局部加工的范围，进行加工操作。

当定义了切削区域后，则【切削参数】对话框的 策略 选项卡中的 **延伸刀轨** 就会起作用，如图 6-6 所示；否则，此选项不起作用。

2. （选择或编辑检查几何体）

与平面铣削类似，型腔铣削的检查几何体用于指定不允许刀具切削的部位，如压板、机用虎钳等，不同之处是型腔铣削可用实体等几何对象定义任何形状的检查几何体，也可用片体、实体、表面、曲线定义检查几何体。定义了检查几何体，则【切削参数】对话框 余量 选项卡中的 检查余量 就会起作用，如图 6-7 所示；否则此选项不起作用。指定检查余量值可以控制刀具与检查几何体的距离。

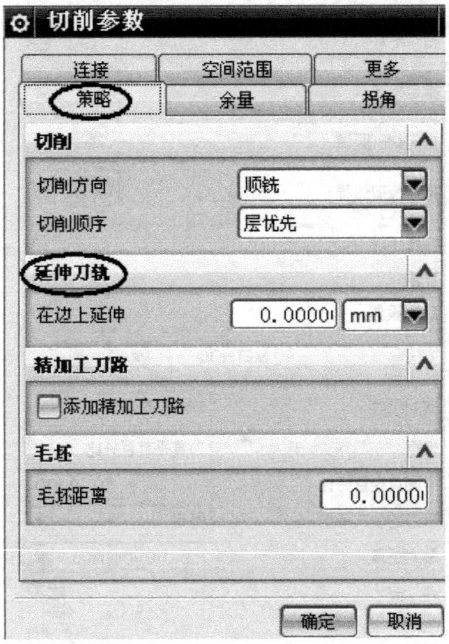

图 6-6

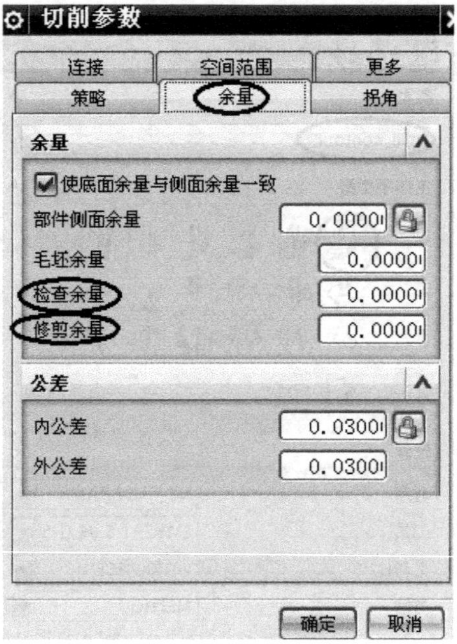

图 6-7

3. （选择或编辑修剪边界）

修剪边界用于修剪刀具轨迹。对于封闭边界，可以去除修剪边界内侧或外侧的刀具轨迹；对于开放边界，可以去除修剪边界左侧或右侧的刀具轨迹。定义了修剪边界，则【切削参数】对话框中 余量 选项卡中的**修剪余量**就会起作用，如图 6-7 所示；否则此选项不起作用。指定修剪余量值可以控制刀具与修剪几何体的距离。

6.4.2 切削层

切削层为型腔铣削操作指定切削平面。切削层由切削深度范围和每层深度来定义。一个范围由两个垂直于刀轴矢量的小平面来定义，同时可以定义多个切削范围。每个切削范围可以根据部件几何体的形状确定切削层的切削深度，各个切削范围都可以独立地设定各自的均匀深度。一般部件表面区域如果比较平坦，则设置较小的切削层深度；如果比较陡峭，则设置较大的切削层深度。一般的原则是能用短刀不用长刀，这就涉及使用切削层来控制加工范围。分层开粗毛坯，更有利于刀具的合理运用，保证加工效率。

在【型腔铣】对话框中单击（切削层）图标，出现【切削层】对话框，如图6-8所示，系统在模型中自动产生切削层，【切削层】对话框的 范围类型 下拉框中有自动、用户定义、单个3个选项，如图6-9所示。

1. 范围类型

自动：指系统在部件几何体和毛坯几何体的最高点和最低点之间确定总切削深度，并当作一个范围。用平面符号表示切削层，在两个大三角形平面符号之间构成一个范围，大三角形平面符号表示一个范围的顶和底，小三角形平面表示范围的切削层，每两个小三角形平面之间表示范围内的切削深度，如图6-10所示。

用户定义：允许通过定义每个新范围的底面来创建范围。

单个：将根据部件和毛坯几何体设置一个切削范围。

切削层 下拉框中有 恒定 和 仅在范围底部 两个选项，如图6-11所示。

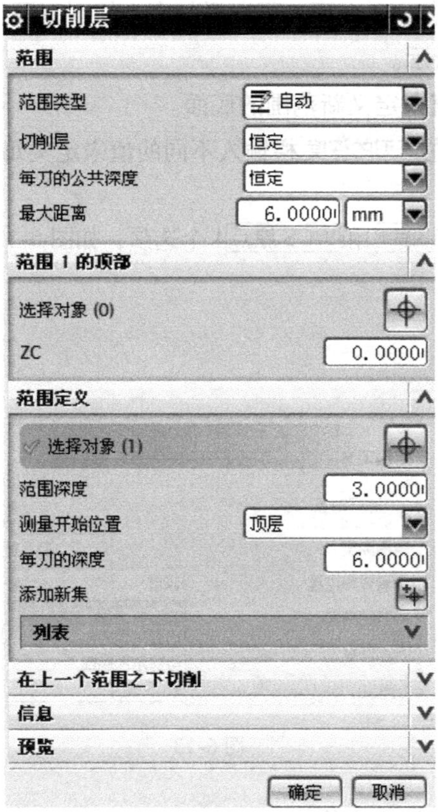

图6-8

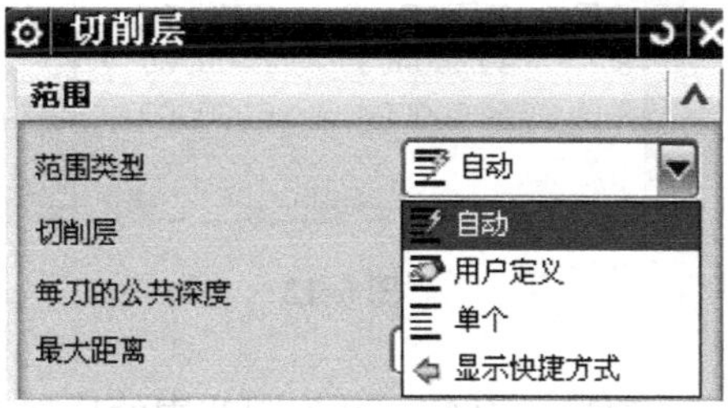

图6-9

恒定：在一个切削范围内每层切削深度相同。

仅在范围底部：系统仅在部件上垂直于刀轴矢量的平面上创建切削层，切削深度不可用。

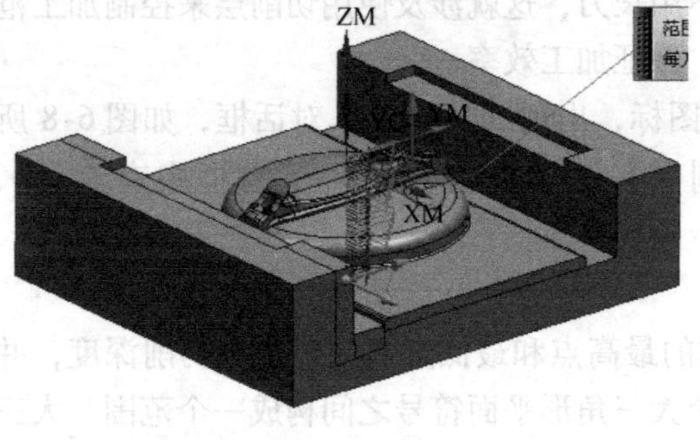

图 6-10

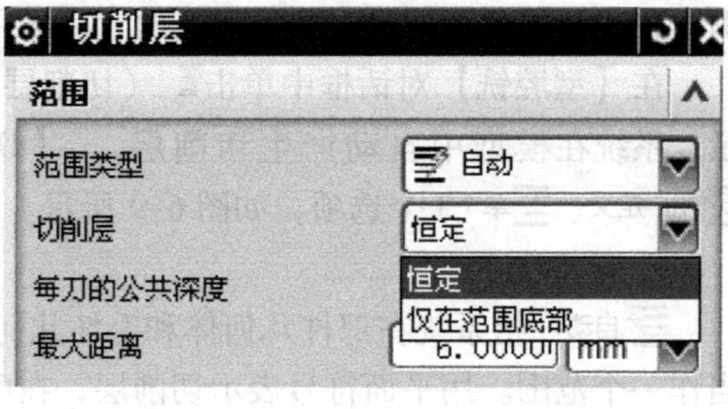

图 6-11

每刀的公共深度 有 恒定 和 残余高度 两个选项。

最大距离：用于定于一个切削范围内的最大切削深度。

2. 切削范围的调整

1）插入切削范围：通过鼠标单击选择一个点、一个面，可以添加多个切削范围。

① 选择（添加新集）范围，如图 6-12 所示。

② 选择一个点、一个面，或输入 范围深度 值来定义新范围的底面。

③ 如有必要，在 列表 框内选择一个范围，在 每刀的深度 栏输入不同的值来定义每个范围内局部的每刀深度。

④ 测量开始位置 有 顶层 、 当前范围顶部 、 当前范围底部 和 WCS 原点 4 个选项，如图 6-13 所示。

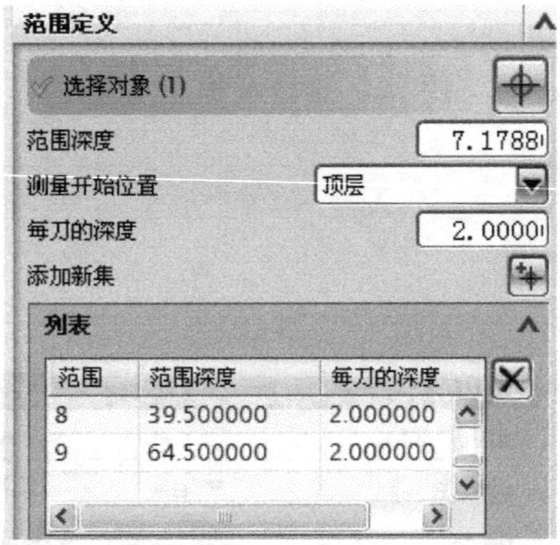

图 6-12

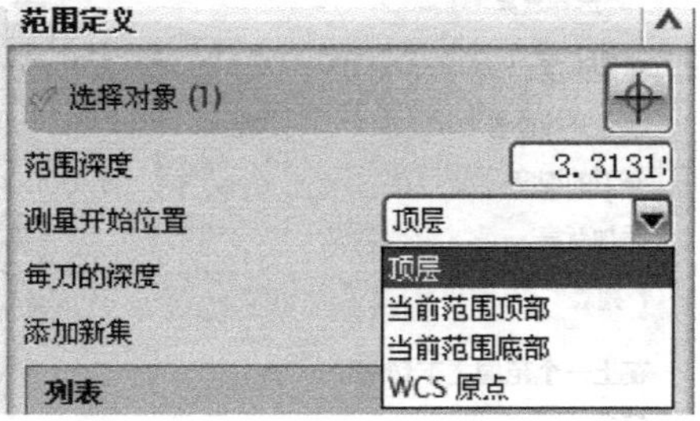

图 6-13

顶层 ：从第一个切削范围的顶部开始测量范围深度值。

当前范围顶部：从当前突出显示的范围的顶部开始测量范围深度值。

当前范围底部：从当前突出显示的范围的底部开始测量范围深度值，也可使用滑尺来修改范围底部的位置。

WCS 原点：从工作坐标系原点处开始测量范围深度值。

注意事项：所创建的范围将从该平面向上延伸至上一个范围的底面，如果新创建的范围之上没有其他范围，该范围将延伸至顶层。如果选定了一个面，系统将使用该面上的最高点来定位新范围的底面。该范围将保持与该面的关联性。如果修改或删除了该面，将相应地调整或删除该范围。

2）编辑当前范围。通过鼠标单击可以编辑切削范围的位置。

3）更改范围类型。

注意：如果所有切削层都是由系统生成的（例如最初由自动生成创建），那么从用户自定义进行更改时，系统不会发出警告。只有当用户至少定义或更改了一个切削层后，系统才会发出警告。

6.4.3　切削参数

型腔铣削和平面铣削切削参数的选项很多是相同的，下面仅介绍型腔铣削特有的选项。

1. 策略

策略指加工路线的切削方向、切削顺序、刀路方向、壁清理和毛坯设置等，型腔铣削除了这些与平面铣削共有的参数外，还有以下特有的参数设置，如图 6-14 所示。

延伸刀轨：延伸刀轨是为了避开刀轨直接切入部件，在此设置一段距离，使刀轨在到达切入点时进行减速切入，有利于提高机床的寿命，如图 6-15 所示。

图 6-14

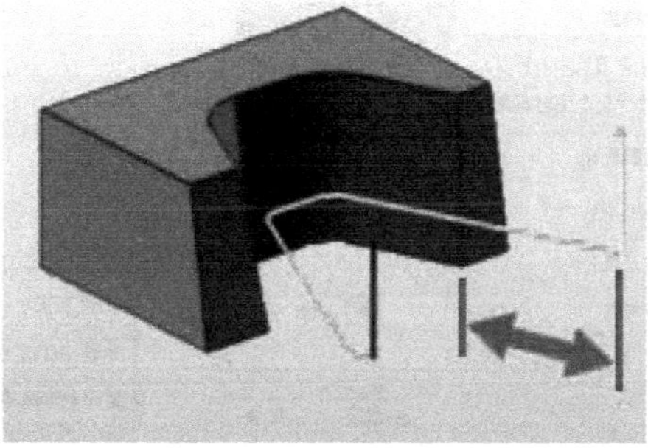

图 6-15

毛坯距离：指部件边界到毛坯边界的距离，如图 6-16 所示。

2. 余量

在如图 6-17 所示的余量选项卡中，如果勾选☑使底面余量与侧面余量一致选项，则底面余量和侧壁余量保持一致；如果取消勾选☐使底面余量与侧面余量一致选项，则底面余量和侧壁余量可以输入不同的值。

图 6-16

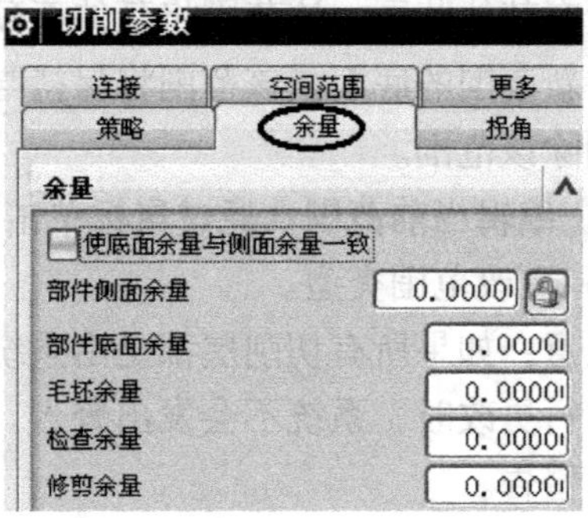

图 6-17

6.4.4 空间范围

型腔铣削和平面铣削切削参数的选项中区别最大的是空间范围选项卡，如图 6-18 所示。

1. 毛坯

此选项包括修剪方式、处理中的工件和最小材料移除等参数。

（1）修剪方式 该选项要和更多选项卡中的容错加工选项结合使用，当勾选容错加工选项时，修剪方式下拉框如图 6-19 所示；当取消勾选容错加工选项时，修剪方式下拉框如图 6-20 所示。

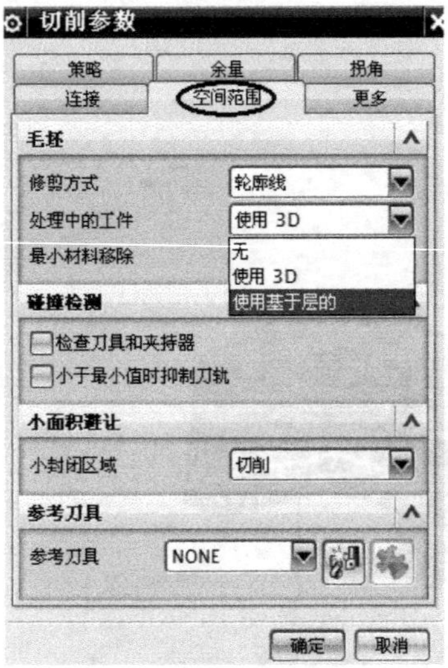

图 6-18

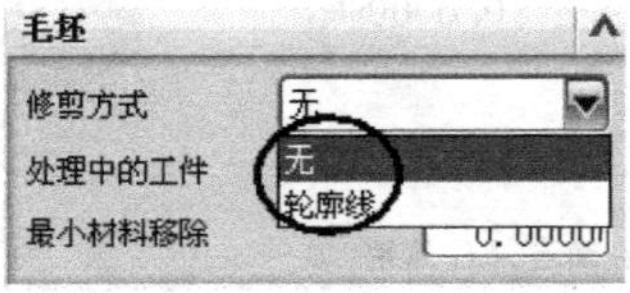

图 6-19

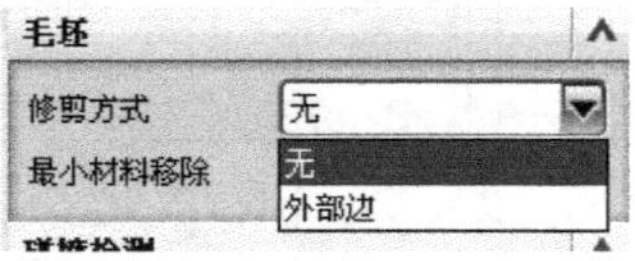

图 6-20

无：按照几何节点中最大外形定义毛坯的情况下使用，示意图如图 6-21 所示。

轮廓线：系统利用工件几何体最大轮廓线决定切削范围，刀具可以定位到从这个范围偏置一个刀具半径的位置，如图 6-22 所示。

外部边：刀具沿定义部件几何体的面、片体或表面区域的外形边缘，然后从这个范围偏置一个刀具半径的位置来创建一条轨迹。

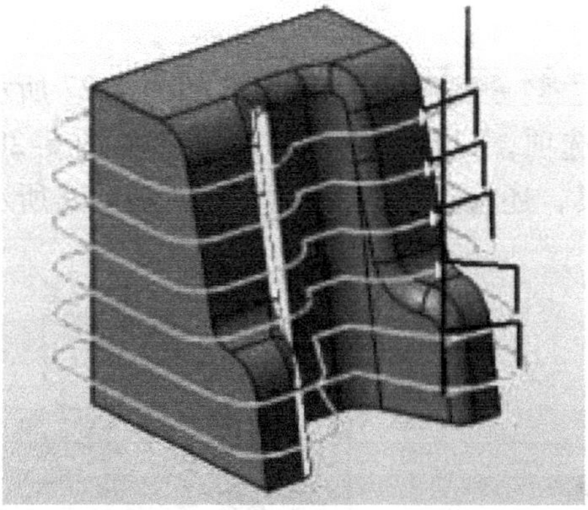

图 6-21

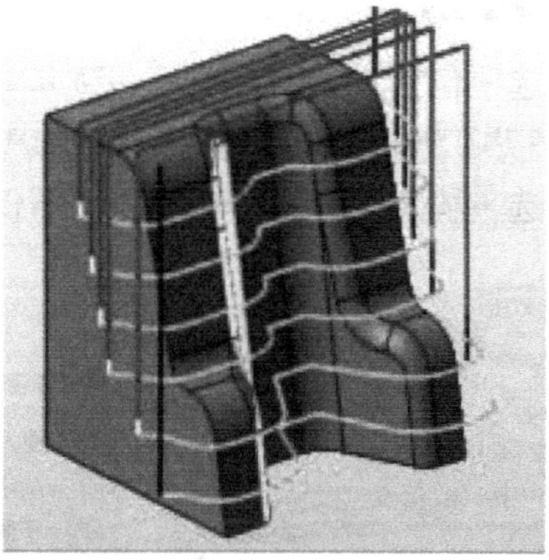

图 6-22

（2）处理中的工件　也称 IPW。IPW 是 In Process Workpiece 的缩写，指工序件。该选项主要用于二次开粗，是型腔铣削中非常重要的一个选项。处理中的工件（IPW）也就是操作完成后保留的材料。该选项可用的当前输出操作（IPW）的状态包括 3 个选项：无、使用 3D和使用基于层的，如图 6-18 所示。

无：该选项是指在操作中不使用处理中的工件。也就是直接使用几何体父节点组中毛坯几何体作为毛坯来进行切削，不能使用当前操作加工后的剩余材料作为当前操作的毛坯几何体，如图 6-23 所示。

使用 3D：该选项使用小平面几何体来表示剩余材料。选择该选项，可以将前一操作加工后剩余的材料作为当前操作的毛坯几何体，避免再次切削已经切削过的区域，如图 6-24 所示。

使用基于层的：该选项和使用 3D类似，也是使用先前操作后的剩余材料作为当前操作的毛坯几何体并且使用先前操作的刀轴矢量，操作都必须位于同一几何父节点组内。使用该选项可以高效地切削先前操作中留下的弯角和阶梯面，如图 6-25 所示。

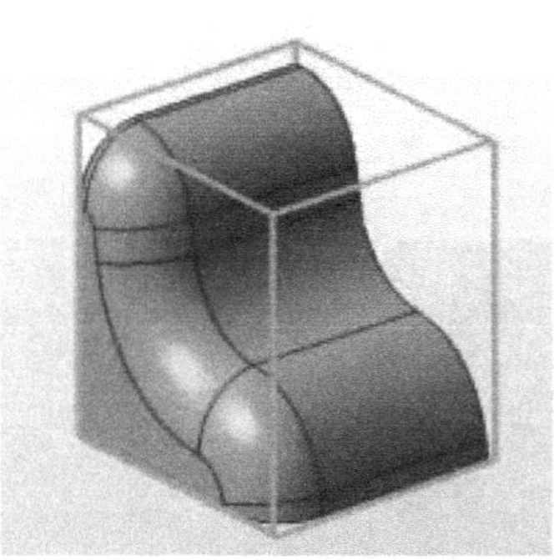

图 6-23

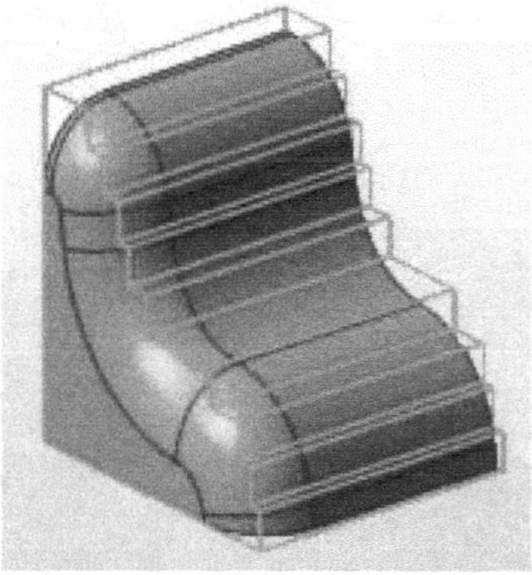

图 6-24

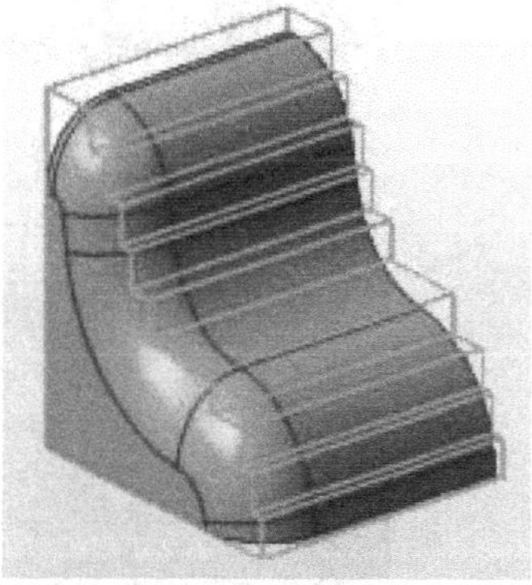

图 6-25

（3）最小材料移除　最小移除材料厚度值是在部件余量上附加的余量，使生成的处理中的工件比实际加大后的工序件稍大一点，如图 6-26 所示。比如当前操作指定的部件余量是 0.5mm，而最小移除材料厚度值是 0.2mm，生成的处理中工件的余量则是 0.7mm。可以理解为，前一个 IPW 的余量在 0.7mm 以上的区域才能被本操作加工到。

2. **碰撞检测**

此选项包括 检查刀具和夹持器 、 IPW 碰撞检查 、 小于最小值时抑制刀轨 等参数，如图 6-27 所示。

检查刀具和夹持器 ：取消勾选 检查刀具和夹持器 选项，只检查刀具，示意图如图 6-28 所示；如果勾选 检查刀具和夹持器 选项，不仅检查刀具，还检查刀柄，示意图如图 6-29 所示。

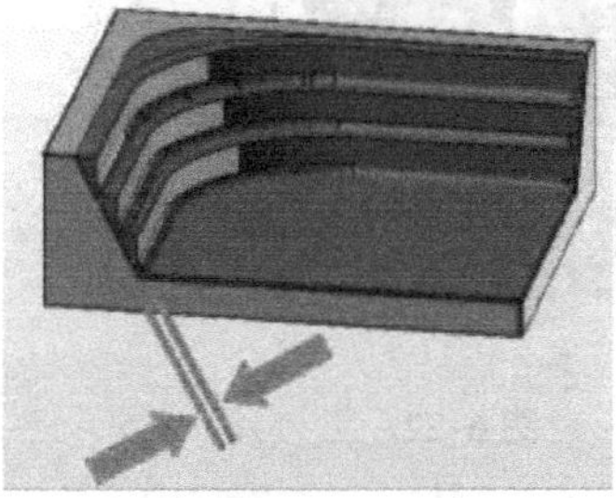

图 6-26

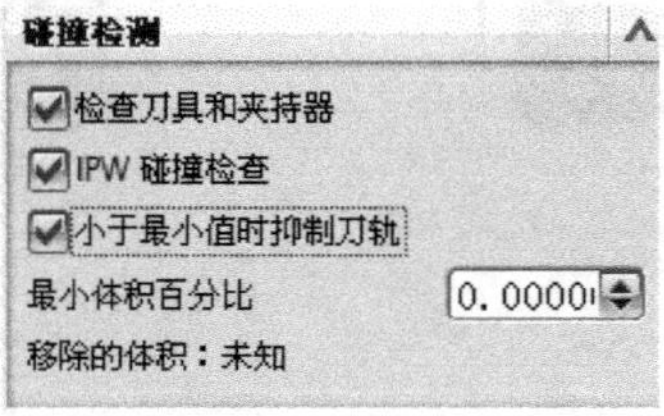

图 6-27

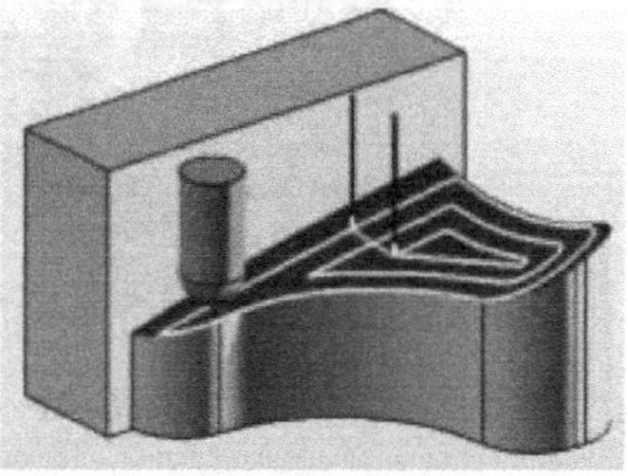

图 6-28

IPW 碰撞检查 ：当勾选 检查刀具和夹持器 选项时， IPW 碰撞检查 激活，取消勾选 IPW 碰撞检查 选项，示意图如图 6-30 所示；如果勾选 IPW 碰撞检查 选项，示意图如图 6-31 所示。

小于最小值时抑制刀轨 ：控制最小切削量，示意图如图 6-32 所示。

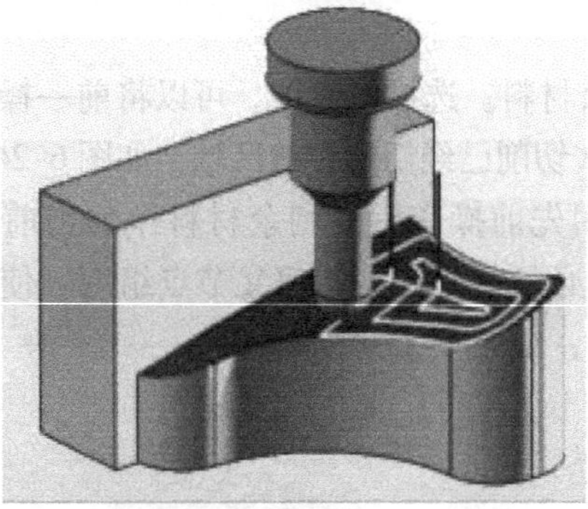

图 6-29

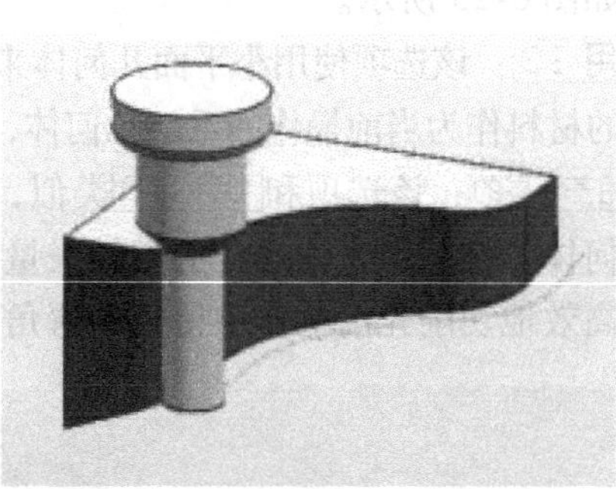

图 6-30

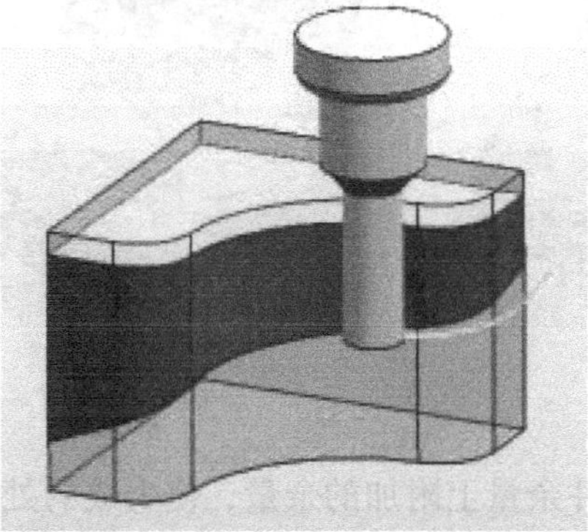

图 6-31

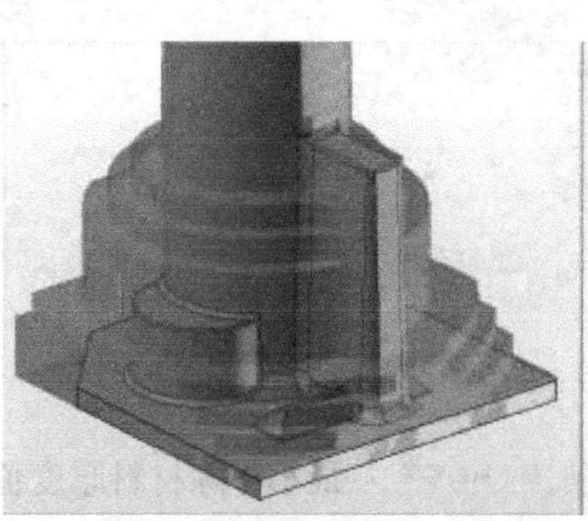

图 6-32

3. 小面积避让

为了防止刀具在小区域切削时发生顶刀及排屑不畅等故障，可选择该选项，小封闭区域下拉框如图6-33所示。

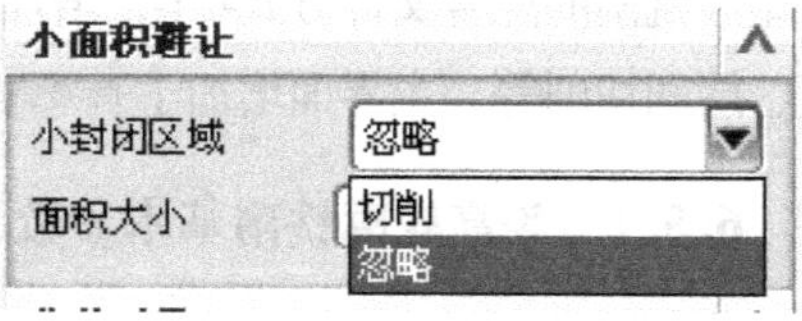

图6-33

切削：不忽略小面积区域，示意图如图6-34所示。

忽略：忽略小面积区域，示意图如图6-35所示。

面积大小：可以使用刀具直径的百分比或恒定的值来定义面积大小，示意图如图6-36所示。

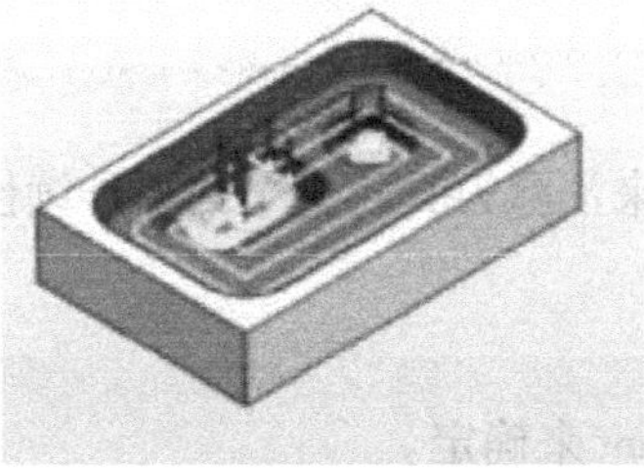
图6-34

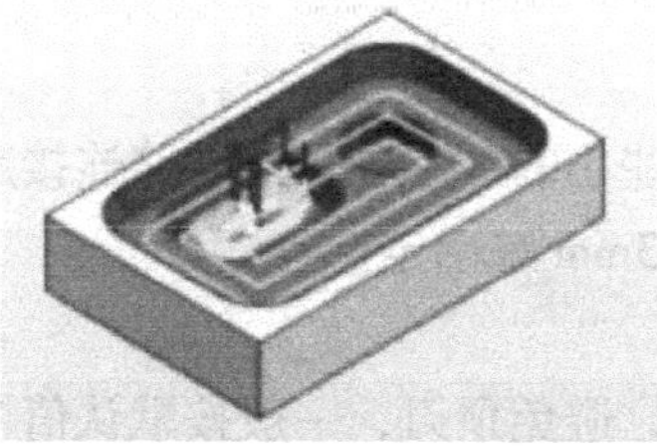
图6-35

图6-36

4. 参考刀具

设定此参数常用来创建清角刀具轨迹，还可设置【重叠距离】，对刀具轨迹进行进一步的控制。

参考刀具：选择上一步操作中使用的刀具，可以提高加工效率，示意图如图6-37所示。

重叠距离：一般设置为2mm，如此值太大，空刀太多，示意图如图6-38所示。

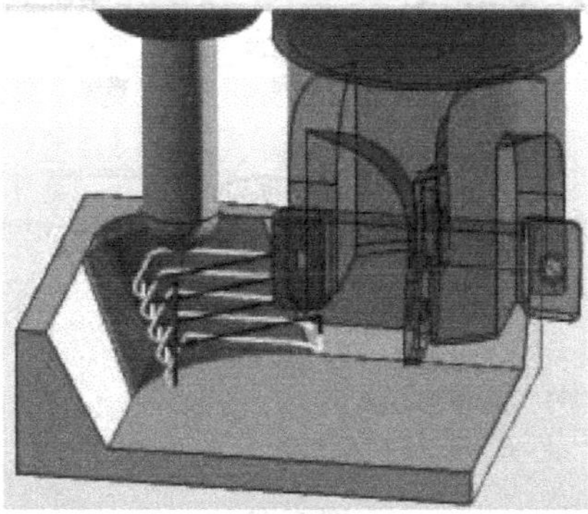
图6-37

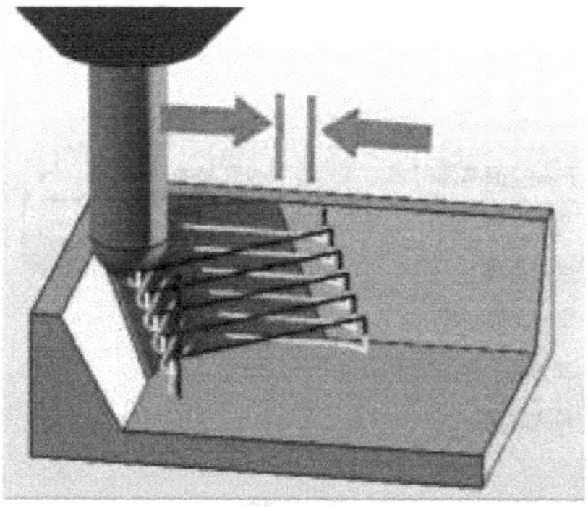
图6-38

5. 陡峭

可以指定陡峭角度，进一步将切削区域限制在陡峭部分。如不选择该项，则全部加工。

6.5 等高轮廓铣削参数介绍

等高轮廓铣削操作是型腔铣削的特例，经常应用到陡峭曲面的精加工和半精加工中，相对于型腔铣削的配置文件方式，增加了一些特定的参数，如陡峭角度、混合切削模式、层间过渡、层间切削等，主界面增加了 陡峭空间范围 、合并距离 、最小切削长度 等参数，如图6-39 所示。

6.5.1 等高轮廓铣削基本参数

1. 陡峭空间范围

此选项是对加工区域进行分类，可分为陡峭区域和非陡峭区域。部件上的任一点的陡峭角是刀轴与部件表面该点处的法向矢量形成的夹角。陡峭空间范围 下拉框中有 无 和 仅陡峭的 两个选项。

无：系统对整个部件进行铣削。

仅陡峭的：选择该选项，角度 栏激活，可以输入角度值，只有陡峭角大于该值的部件区域才被加工。

2. 合并距离

通过设定合并距离值，把一些小的、不连贯的刀路连接起来消除刀具轨迹中的不连续性和曲面间的缝隙。一般按默认值3mm 来确定。

3. 最小切削长度

消除指定值内的刀具轨迹段，避免顶刀，一般按默认值1mm 来确定。

6.5.2 等高轮廓铣削特有的参数

1. 策略

1）切削方向 下拉框增加了 混合 选项，如图6-40 所示。当每层的刀具轨迹是开放的，单向切削模式会产生许多提刀，采用混合切削模式，可做往复式加工从而避免提刀，可以提高加工效率，使刀具轨迹更为美观，示意图如图6-41 所示。

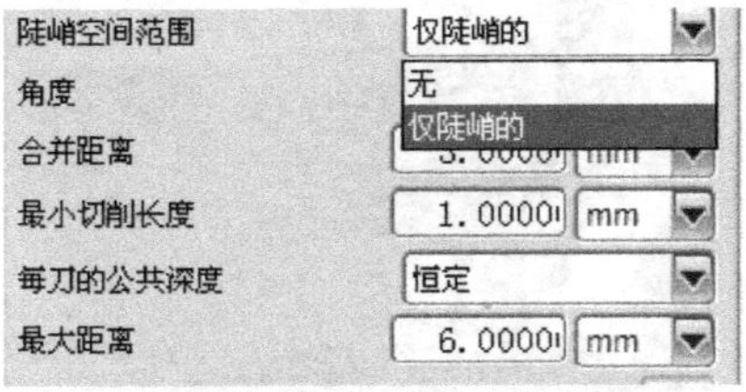

图6-39

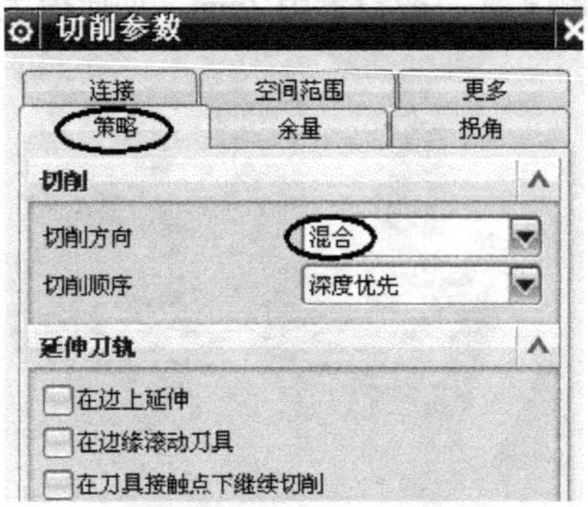

图6-40

2）切削顺序 下拉框增加了 始终深度优先 选项，在多个区域铣削的情况下，采用 始终深度优先 可以减少提刀。仅采用 深度优先 选项，刀具轨迹如图6-42 所示；而采用 始终深度优先 选项，刀具轨迹如图6-43 所示。

3）延伸刀轨 包括 在边上延伸 、在边缘滚动刀具 、在刀具接触点下继续切削 等参数。

在边上延伸 ：为了使边缘光顺，对于有型腔的分型面，常采用该选项。取消勾选

□在边上延伸 选项，示意图如图 6-44 所示；如果勾选 ☑在边上延伸 选项，则 距离 栏激活，可以使用刀具直径的百分比或恒定的值来定义，示意图如图 6-45 所示。

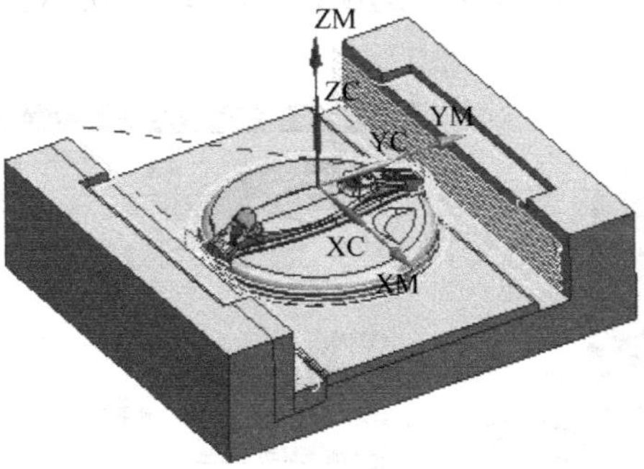

图 6-41

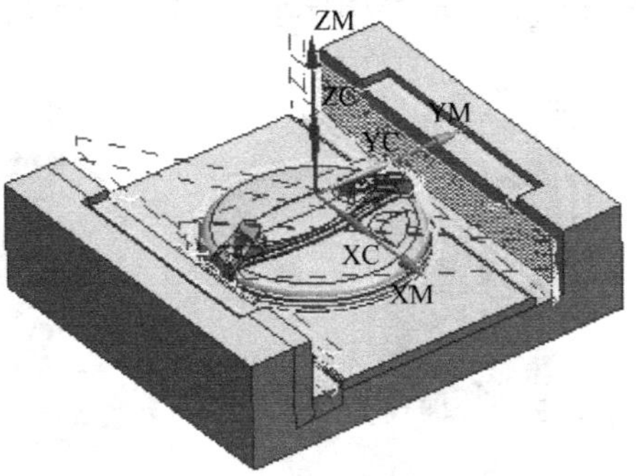

图 6-42

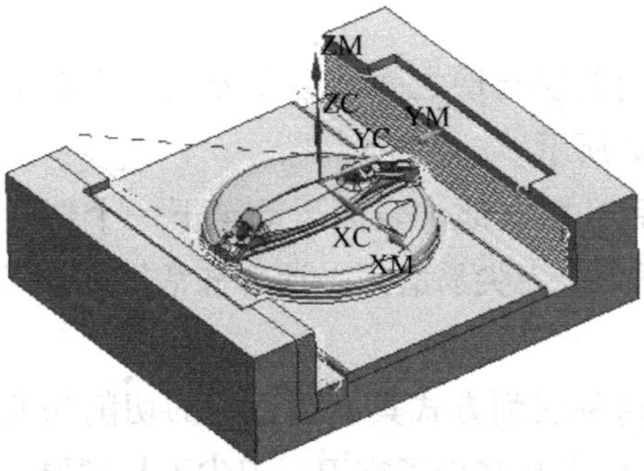

图 6-43

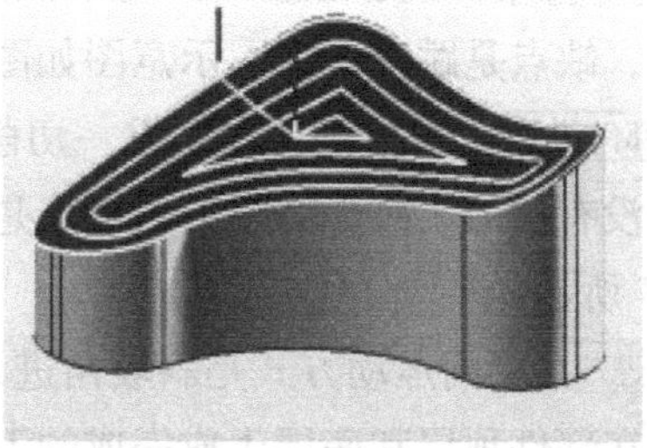

图 6-44

在边缘滚动刀具：除非边缘产生毛刺用刀路清除，一般不用该选项，以提高加工效率。取消勾选 □在边缘滚动刀具 选项，示意图如图 6-46 所示；如果勾选 ☑在边缘滚动刀具 选项，示意图如图 6-47 所示。

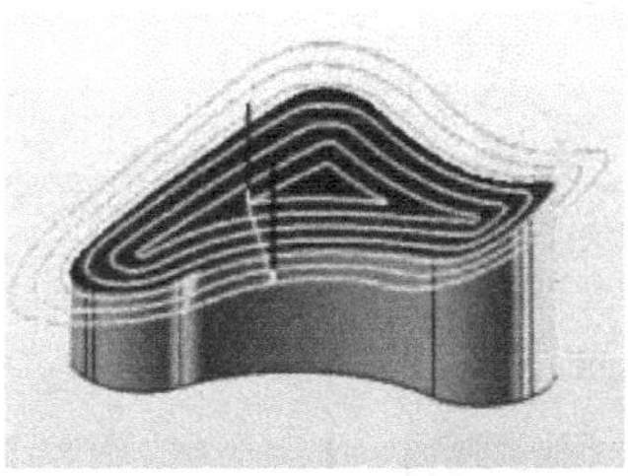

图 6-45

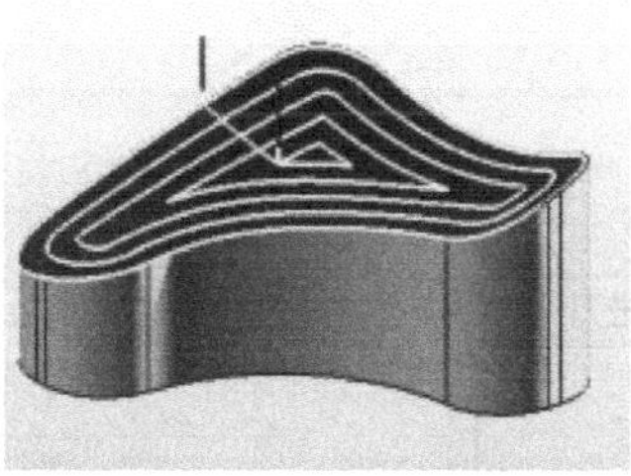

图 6-46

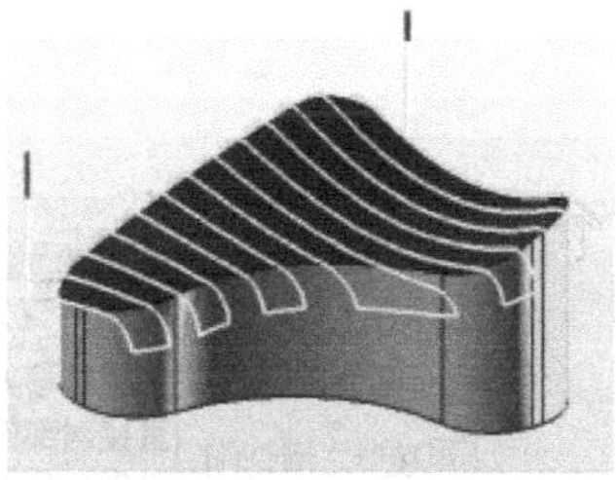

图 6-47

在刀具接触点下继续切削：取消勾选 □在刀具接触点下继续切削 选项，刀路严格按曲面边缘加工，但跳刀较多，示意图如图 6-48 所示；如果勾选 ☑在刀具接触点下继续切削 选项，刀路连续，但有空刀，示意图如图 6-49 所示。

2. 连接

确定刀具轨迹从一层加工到下一层加工的过渡方式，它可以设定切削所有层而无须抬刀到安全平面，是一个非常高效的工具，其参数如图 6-50 所示。

(1) 层到层 确定刀具轨迹从一层加工到下一层加工如何运动，层到层下拉框有使用转移方法、直接对部件进刀、沿部件斜进刀、沿部件交叉斜进刀 4 个选项，如图 6-51 所示。

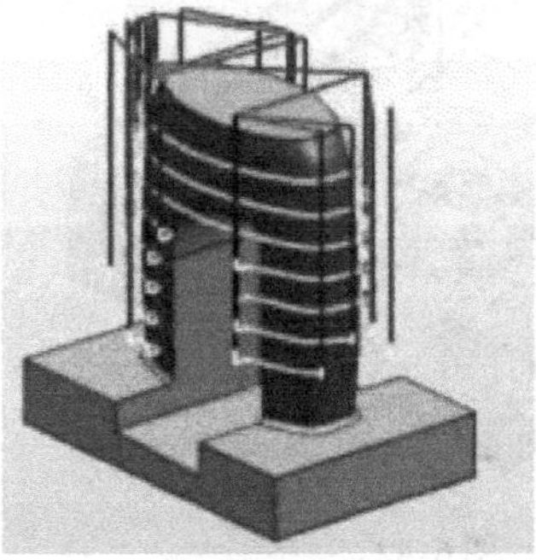

图 6-48

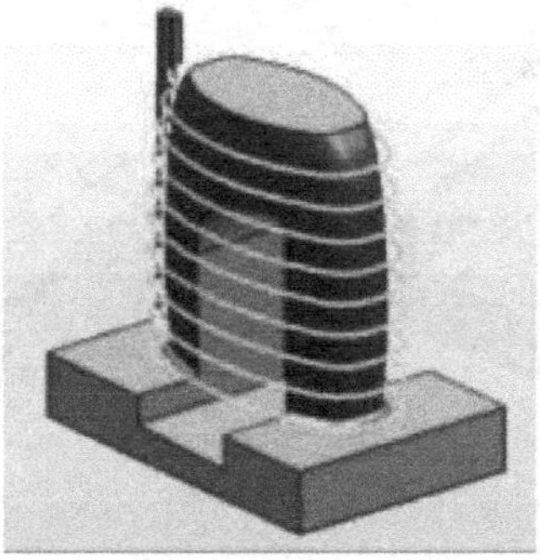

图 6-49

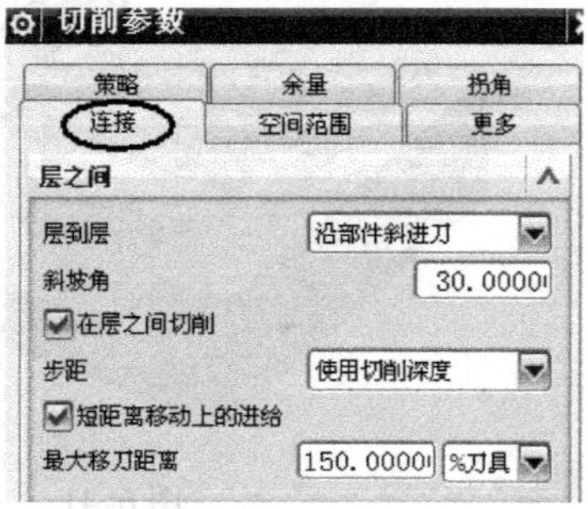

图 6-50

使用转移方法：是使用进/退刀对话框中指定的层与层之间的运动方式，优点是保持一个切削方向，缺点是跳刀太多，示意图如图 6-52 所示。

直接对部件进刀：是指刀具在完成一切削层后直接在部件表面运动至下一个切削层，优点是刀路间没有抬刀，减少了空刀；缺点是易踩刀，刀尖易磨损。混合铣常用此方式，示意图如图 6-53 所示。

沿部件斜进刀：层间运动方式是斜坡角进刀，这种切削方式具有更恒定的切削深度和残余波峰，并能在部件顶层和底层生成完成的刀路，优点是减少了空刀，刀尖不易磨损，示意图如图 6-54 所示。

沿部件交叉斜进刀：与沿部件斜进刀相似，且所有斜式运动首尾相接，优点是减少了空刀，刀尖不易磨损，高速切削中常用，示意图如图 6-55 所示。

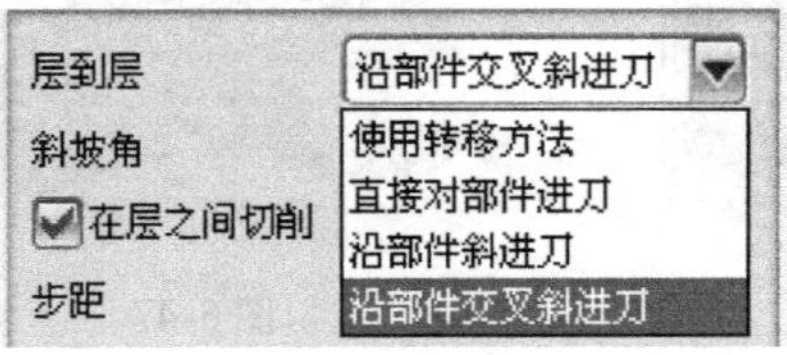

图 6-51

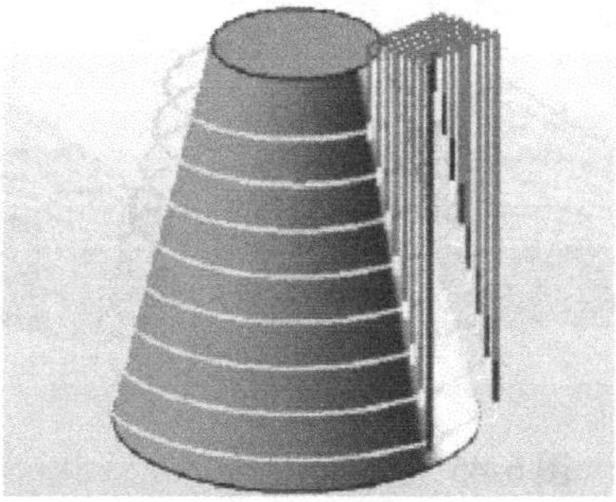

图 6-52

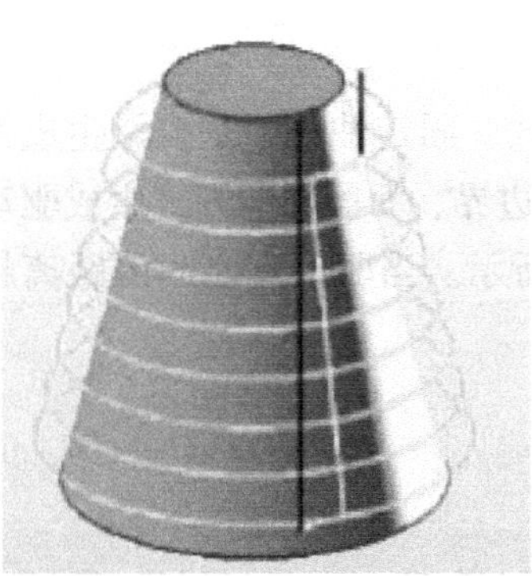

图6-53

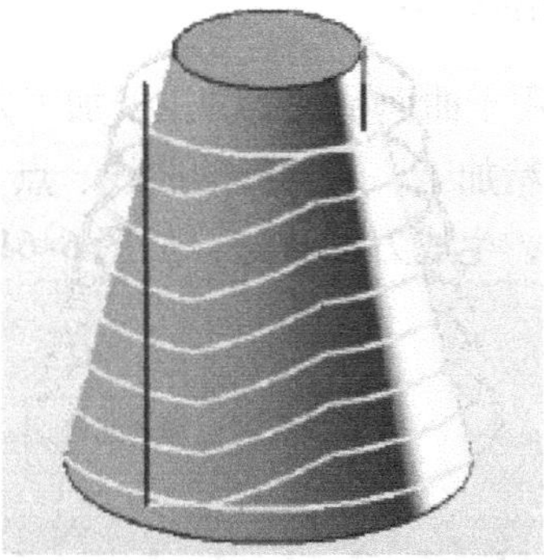

图6-54

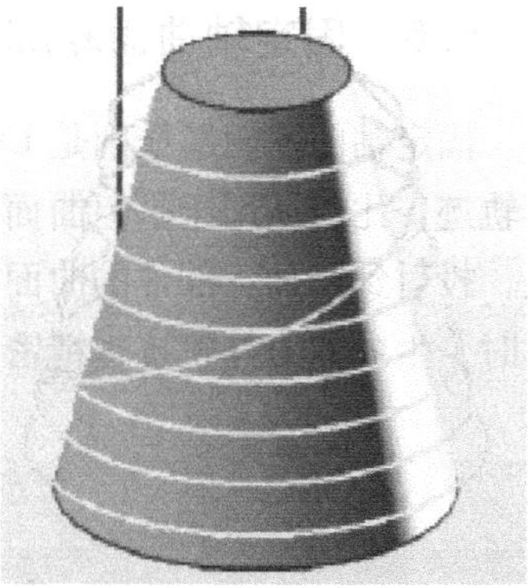

图6-55

（2）在层之间切削　设定层间切削的步距和最大移刀距离，可以实现在进行深度轮廓加工时，对非陡峭面进行均匀加工，参数设定如图6-56所示。如果取消勾选[ ] 在层之间切削选项，示意图如图6-57所示。如果勾选[x] 在层之间切削选项，示意图如图6-58所示。

图6-56

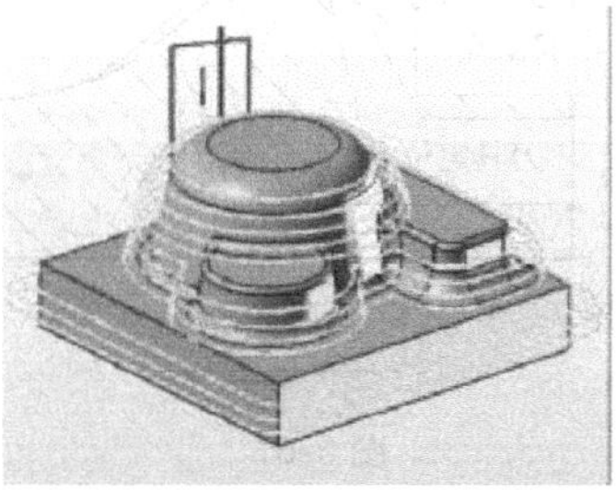

图6-57

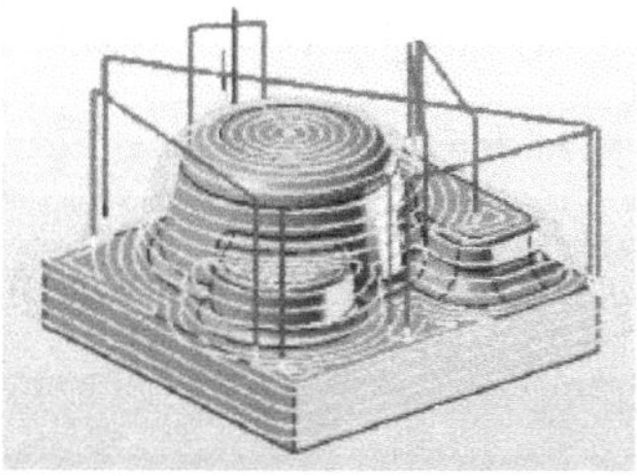

图6-58

[x] 短距离移动上的进给：勾选此选项，在距离比较短的情况下不用抬刀，可直接走刀过去，示意图如图6-59所示。如果取消勾选此选项，在距离比较短的情况下抬刀，示意图如图6-60所示。

最大移刀距离：如果勾选[x] 短距离移动上的进给选项，则最大移刀距离栏激活，可以使用刀具直径的百分比或恒定的值来定义。

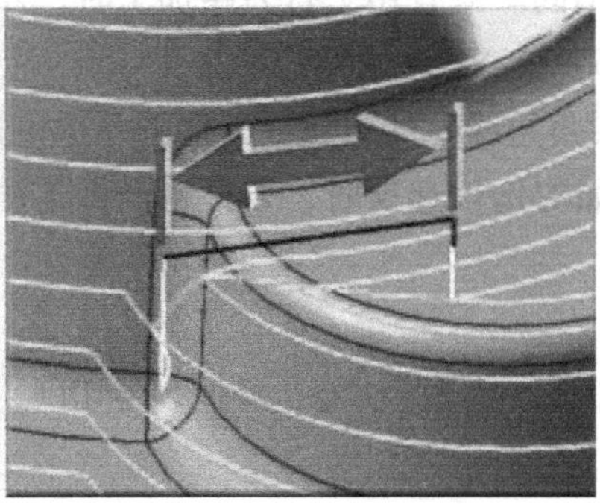

图6-59

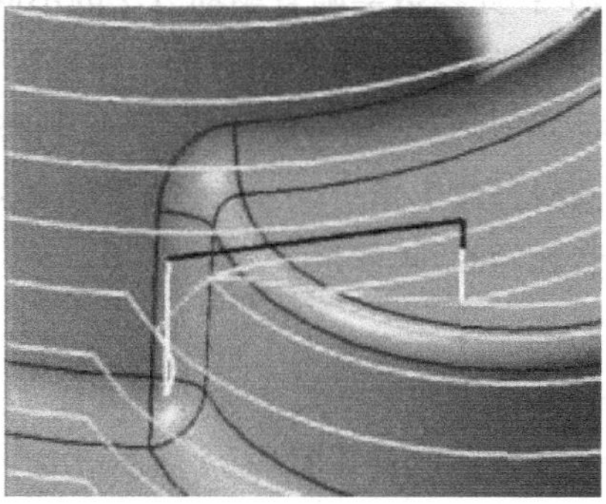

图6-60

6.6 固定轴曲面轮廓铣削参数

固定轴曲面轮廓铣削是 UG 用于曲面精加工的主要加工方式。固定轴铣削是投影生成刀具轨迹，比较适用于平坦曲面的精加工，从选择的曲线、点、边界、面等驱动方式生成驱动点，投射到所加工部件的曲面上，生成刀具轨迹，如图 6-61 所示。当驱动点之间的距离越小时，生成的刀具轨迹越精密。

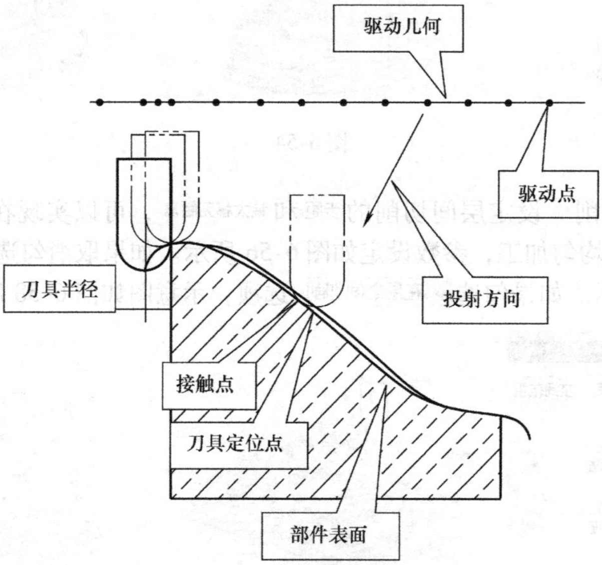

图 6-61

6.6.1 切削参数

固定轴曲面轮廓铣削和平面铣削、型腔铣削切削参数的选项很多是相同的，下面仅介绍固定轴曲面轮廓铣削特有的选项。

1. 策略

固定轴曲面轮廓铣削切削参数 策略 选项卡参数设置如图 6-62 所示。

切削角：此参数会随着驱动方法的不同而有所不同。只有用平行刀路加工时，才会出现切削角的定义。旋转角是相对于工作坐标系（WCS）的 XC 轴测量的。

☑在凸角上延伸：此选项允许用户控制跨越内部尖角边缘时的刀轨。当取消勾选该选项时，刀具将圆滑过渡尖角边缘，示意如图 6-63 所示；如勾选该选项时，刀具路径将延伸过渡尖角，示意如图 6-64 所示。

2. 多刀路

如果部件表面余量过大，一层刀路加工完不成时，可用此功能，经过多层切削，直至加工完成，其参数设置如图 6-65 所示。

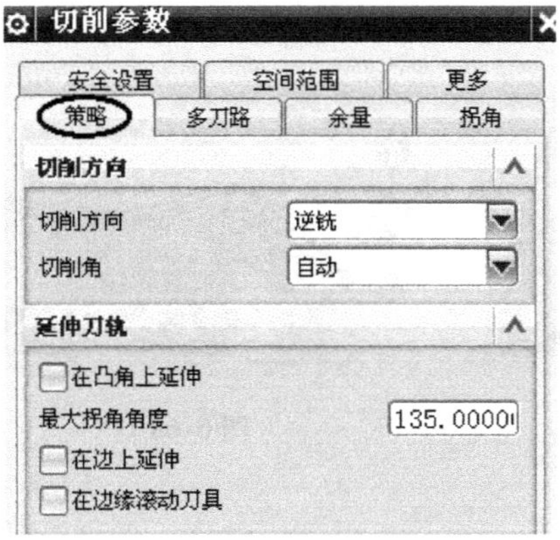

图6 62

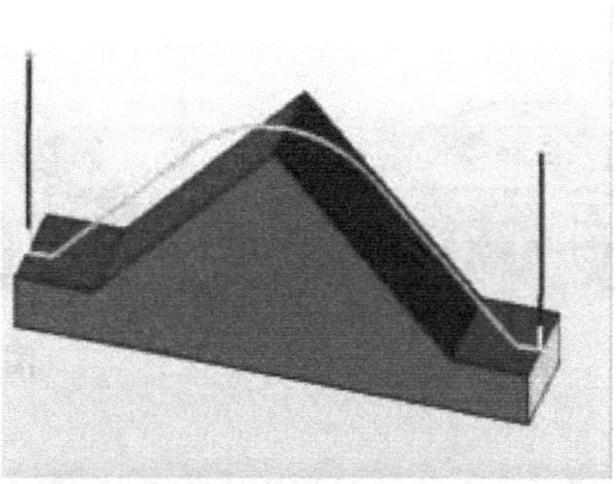

图 6-63

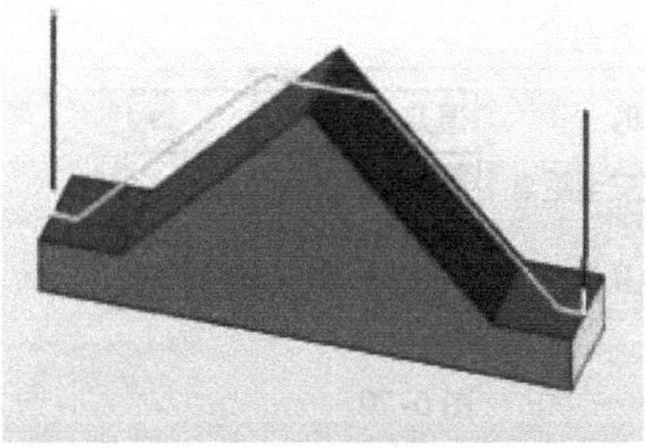

图 6-64

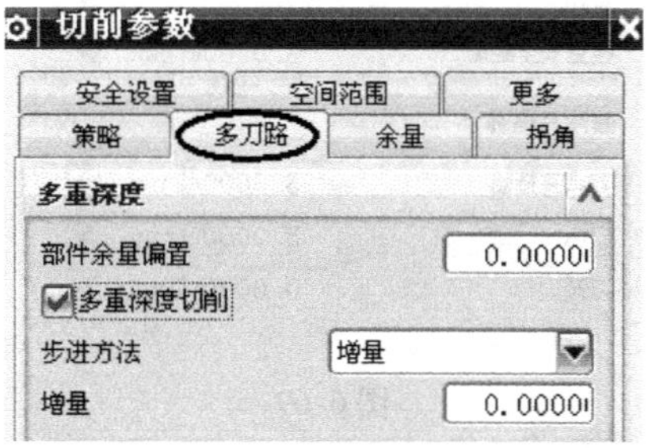

图 6-65

部件余量偏置：需要切除的材料余量。

多重深度切削：取消勾选该选项，刀路仅一层，如图 6-66 所示。勾选该选项，每一层的刀具轨迹通过偏置部件几何体来计算各自的接触点，而不是简单的复制和平移。每一切削层可由 步进方法 下拉框中的增量和刀路来定义。

增量：是指定侧面刀路或切削层之间的距离。系统计算制作多少个刀路，如果指定的增量不能平均分割要移除的余量偏置，则缩小上一刀路的增量。深度余量偏置值为 0.7mm，增量值为 0.3mm。系统计算三个刀路：第一条刀路的切削深度是 0.3mm，第二条刀路的切削深度将增加 0.3mm，而第三条刀路将切削剩余的深度 0.1mm，第三条刀路是精加工，示意图如图 6-67 所示。

刀路：指定需要多少层刀路完成加工。假如深度余量偏置值为 0.6mm，刀路数值为 3mm，系统会计算出增量为 0.2mm，示意图如图 6-68 所示。

3. 安全设置

当刀具对检查体产生过切时，刀路的处理方法。其参数设置如图 6-69 所示。

过切时 下拉框有警告、跳过、退刀 3 种选项，如图 6-70 所示。

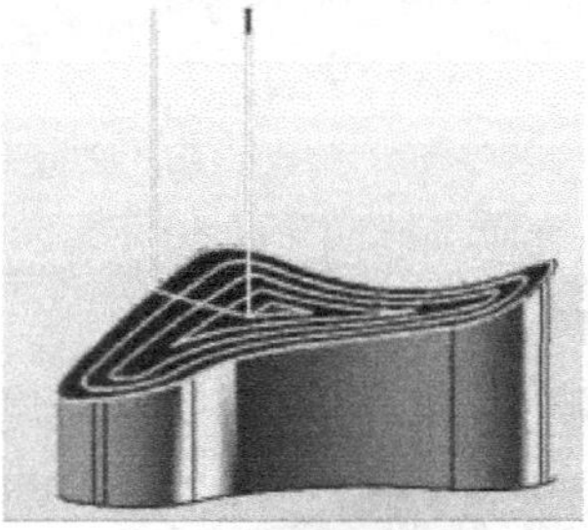
图 6-66

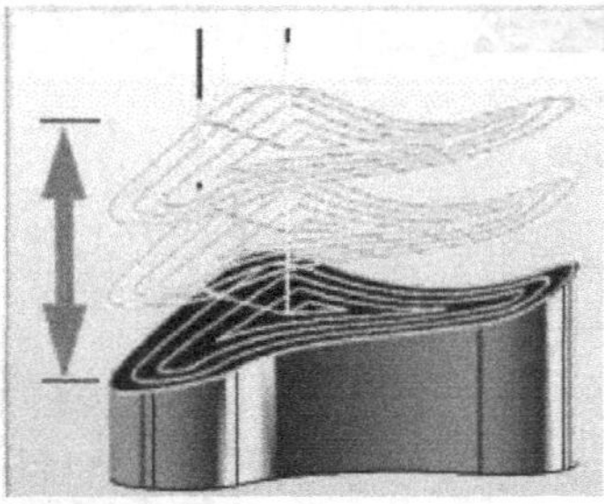
图 6-67

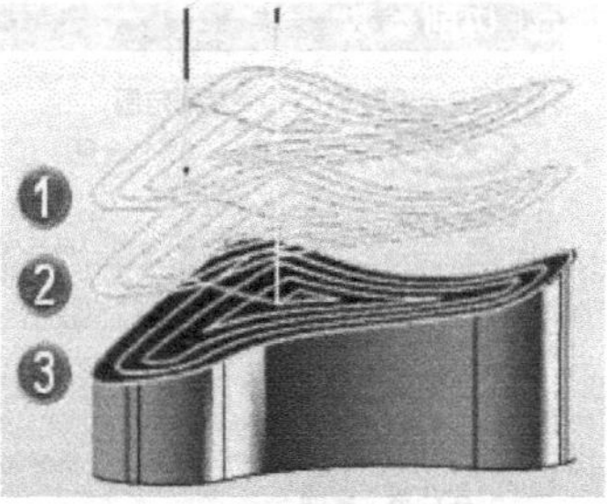

图 6-68

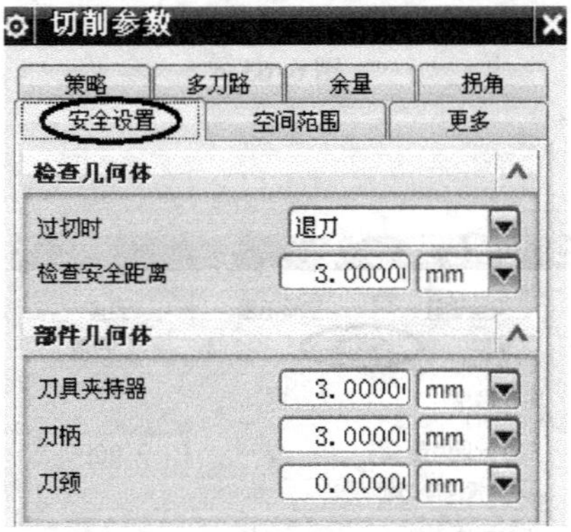

图 6-69

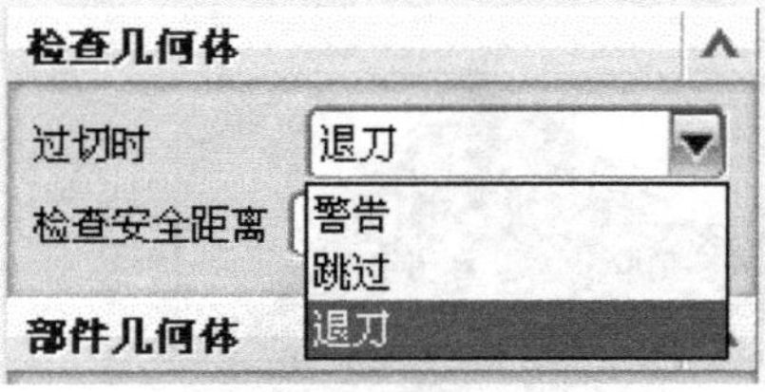

图 6-70

警告：处理方法使得刀具干涉检查几何体时，仅发出警告信息，但不改变刀具干涉检查几何体时的刀具路径，示意图如图 6-71 所示。

跳过：刀具干涉检查几何体时，忽略刀具干涉检查几何体时的刀具路径。刀具从干涉前的最后安全定位点直接移动到不再干涉时的第一个安全点，示意图如图 6-72 所示。

退刀：系统提刀避开检查几何体，提刀时将使用非切削移动参数定义的相关进、退刀参数。刀具从干涉前的最后安全定位点提升刀具，避开检查干涉几何体，移动到不再干涉时的第一个安全点，示意图如图 6-73 所示。

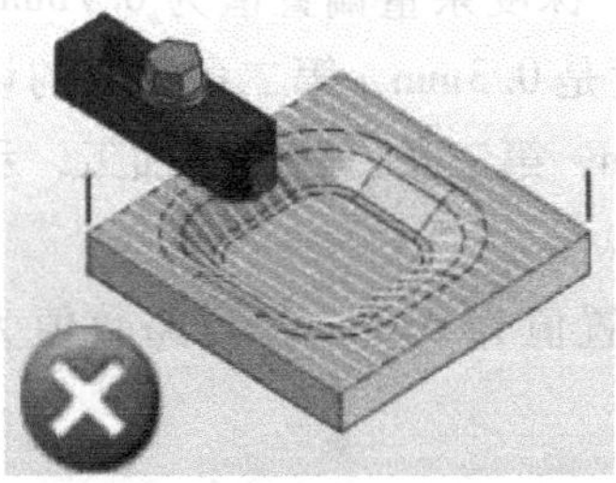
图 6-71

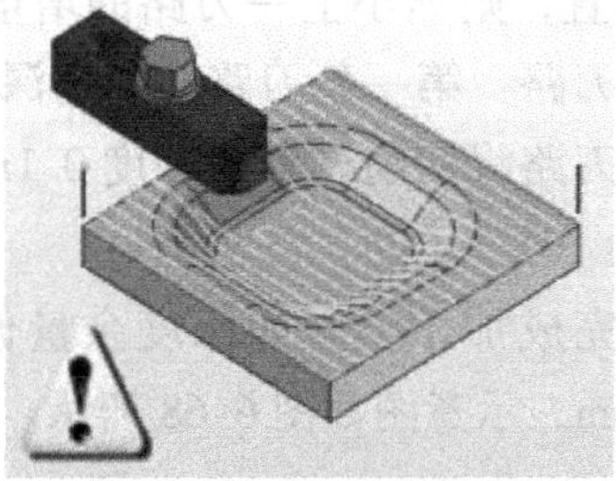
图 6-72

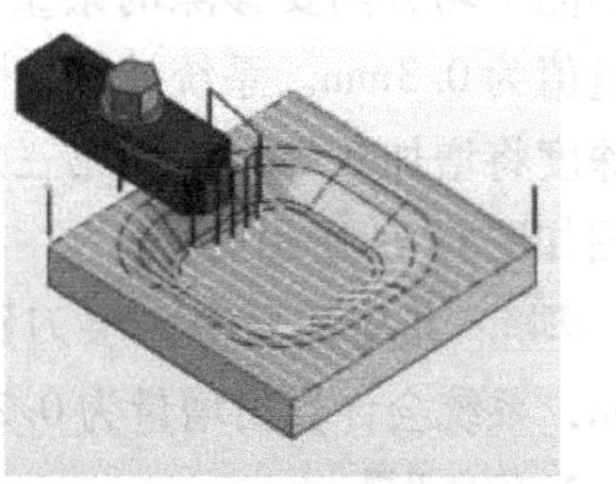
图 6-73

检查安全距离：定义刀具与检查几何体之间的距离，主要是为了防止刀具或刀柄与检查几何体干涉，示意图如图 6-74 所示。

刀具夹持器：定义刀具自动进刀与退刀的距离，从部件表面上的加工余量偏置处开始测量到刀具夹持器的距离，示意图如图6-75所示。

刀柄：定义刀具自动进刀与退刀的距离，从部件表面上的加工余量偏置处开始测量到刀柄的距离，示意图如图6-76所示。

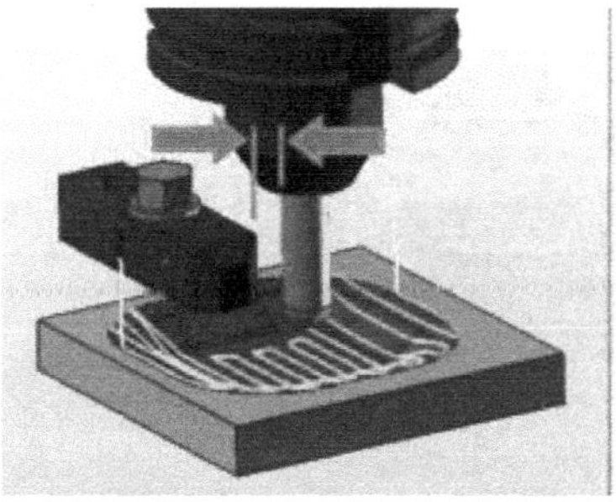

图6-74

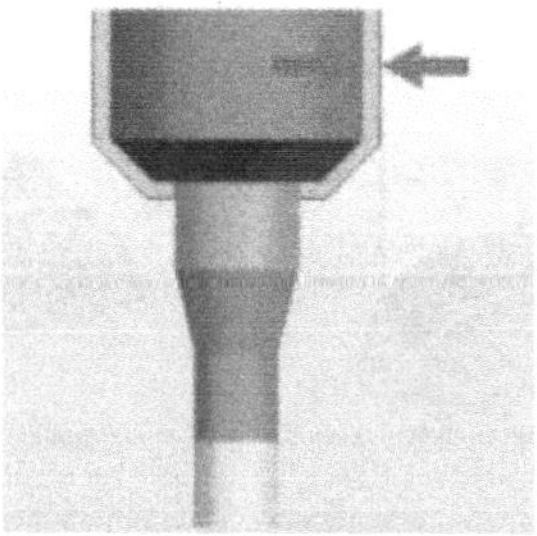

图6-75

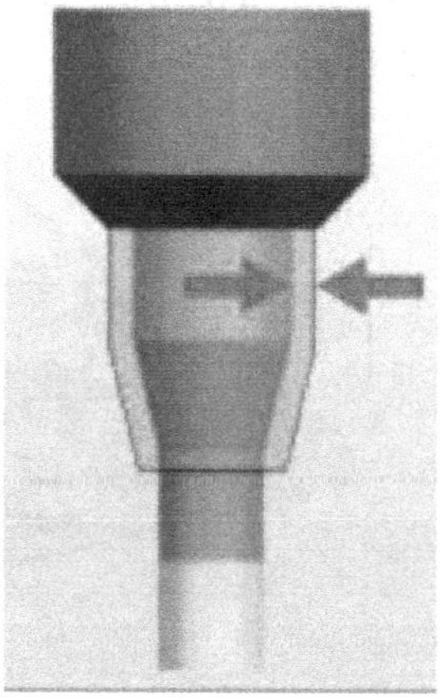

图6-76

刀颈：定义刀具自动进刀与退刀的距离，从部件表面上的加工余量偏置处开始测量到刀颈的距离，示意图如图6-77所示。

4. 更多

此选项主要是对陡峭区域进行刀路优化，其参数设置如图6-78所示。

1）切削步长：沿着切削方向相邻两个刀具定位点的直线距离，此值越小，加工面越精确，示意图如图6-79所示。切削步长数值应大于部件内、外公差。如果步长值大于某些小特征尺寸时，则会使小特征产生过切。

图6-77

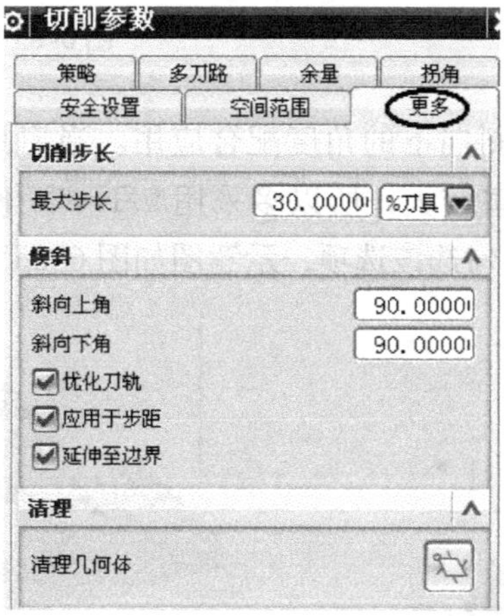

图6-78

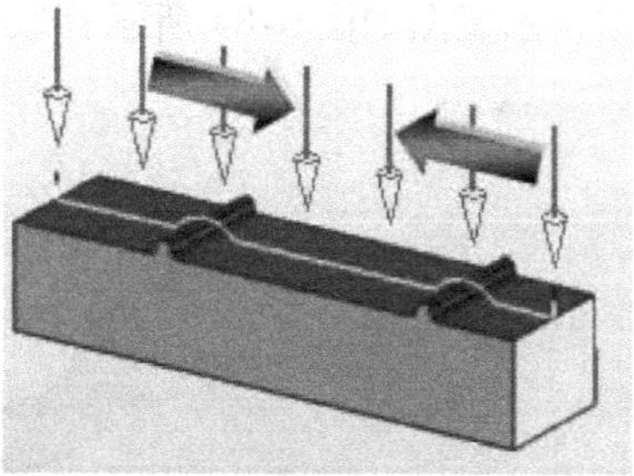

图6-79

最大步长：使用刀具直径的百分比或恒定值来定义。

2）倾斜：允许刀具斜向上和斜向下角度运动的限制。

斜向上角：指定刀具倾斜向上移动角度以进一步控制刀具移动，示意图如图6-80所示。

斜向下角：指定刀具倾斜向下移动角度以进一步控制刀具移动，示意图如图 6-81 所示。

优化刀轨：当选择使用此选项时，所生成的刀轨尽可能在部件表面，使抬刀较少。该功能仅在斜向上角角度为 90°且斜向下角角度为 0° ~ 10°，或斜向上角角度为 0° ~ 10°且斜向下角角度为 90°时才可使用。勾选该选项，示意图如图 6-82 所示；取消勾选该选项，示意图如图 6-83 所示。

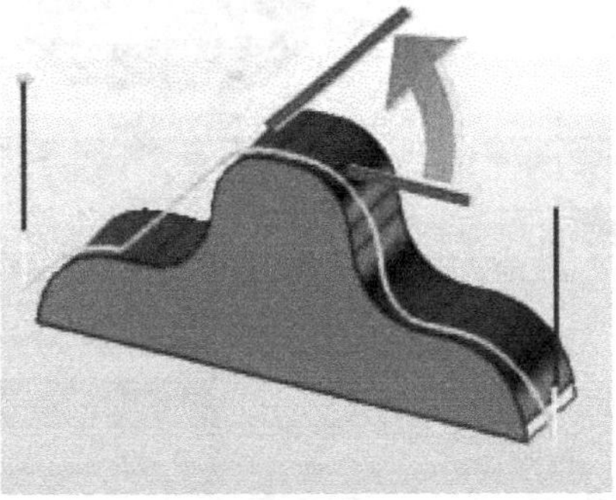

图 6-80

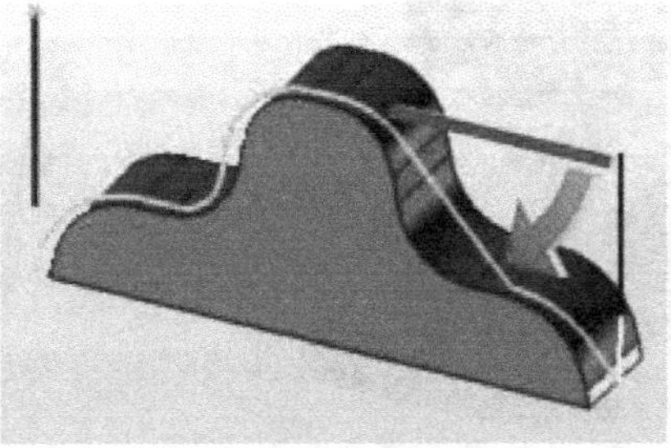

图 6-81

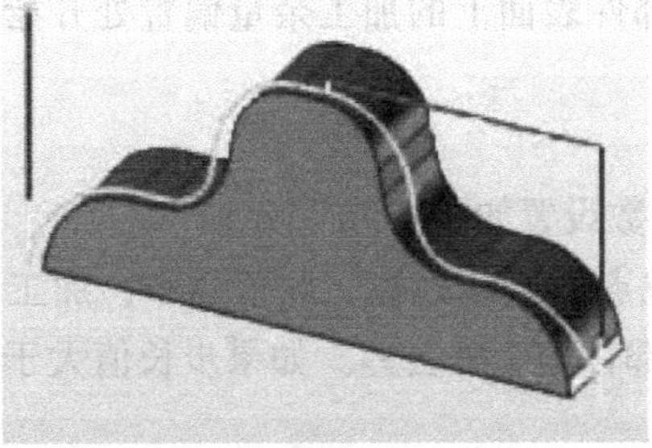

图 6-82

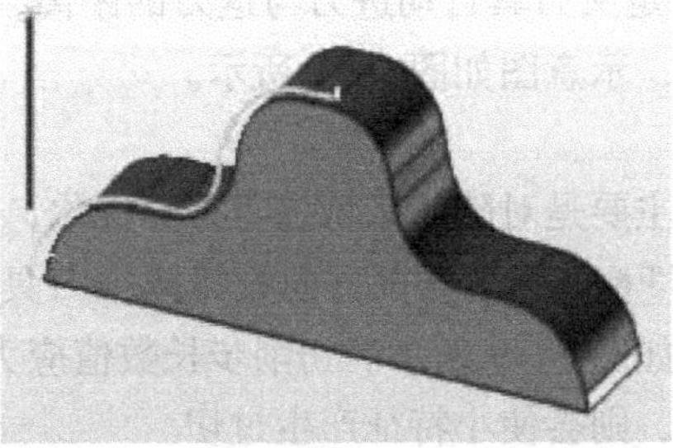

图 6-83

应用于步距：此选项与斜向上、斜向下的角度配合应用。当刀具向上切削时对刀具的危害较小，但向下切削时对刀具的危害较大，所以多采用应用于步距使刀具轨迹优化。勾选该选项，示意图如图 6-84 所示；取消勾选该选项，示意图如图 6-85 所示。

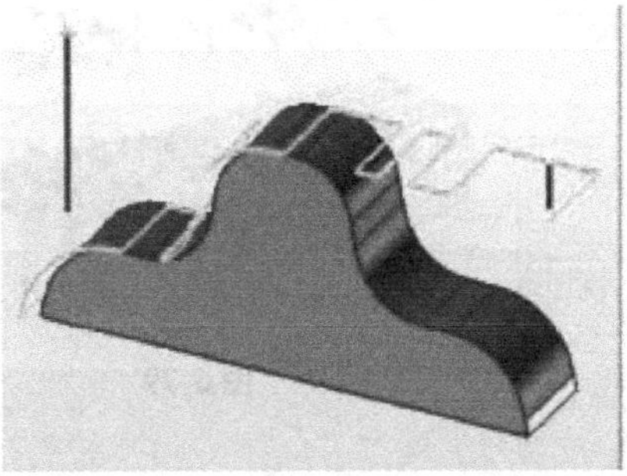

图 6-84

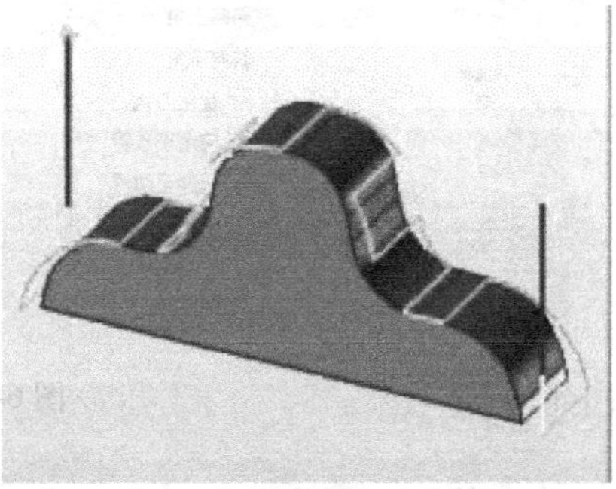

图 6-85

延伸至边界：可在仅向上或仅向下切削时将切削刀路的末端延伸至部件边界。勾选该选项，示意图如图6-86所示；取消勾选该选项，示意图如图6-87所示。

3）**清理**：系统自动计算运行当前刀具路径后在加工面上的残留余量边界，以帮助后续程序清除残留余量。单击（清理几何体）按钮，出现【清理几何体】对话框，如图6-88所示，系统自动生成的清理几何体边界如图6-89所示。

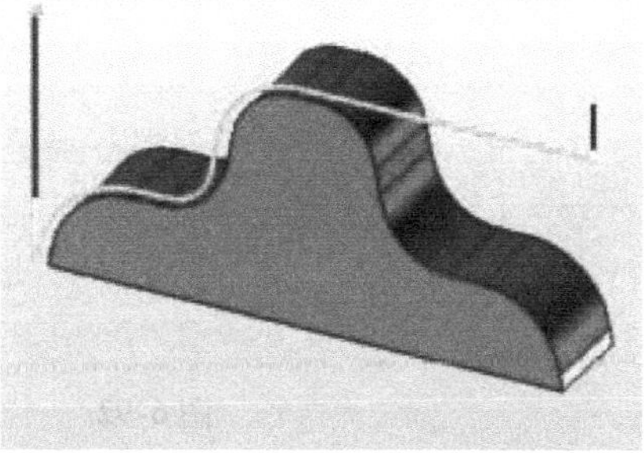

图6-86

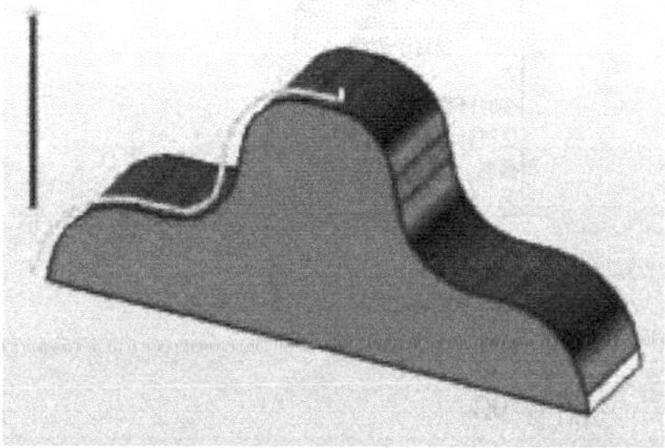

图6-87

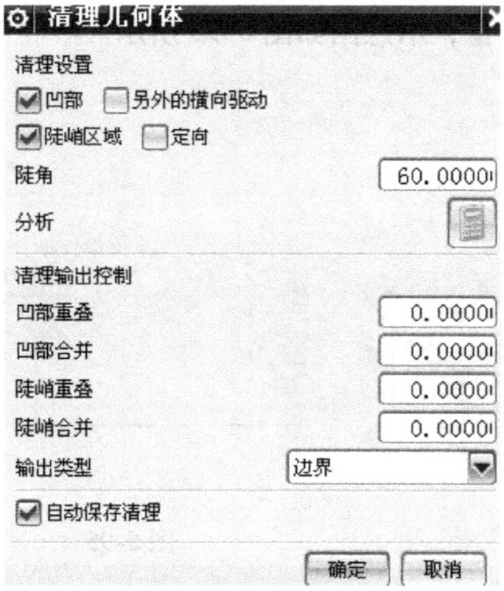

图6-88

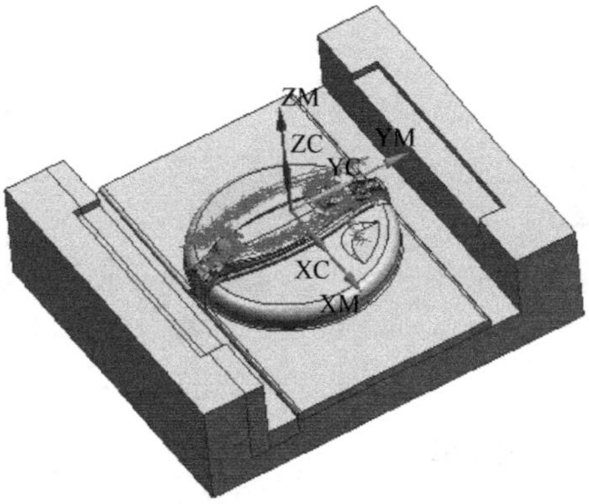

图6-89

6.6.2　非切削移动

1. 进刀

系统提供了12种进刀类型，各有特点，应根据实际切削情况选择一种适合的方式，原则是第一刀切削要平稳，而且不能对其他部位产生碰伤和过切。其具体参数如图6-90所示。

常用的进刀方式是插削和圆弧-相切逼近。

圆弧-相切逼近：这种进刀方式能保证第一刀切削平稳，为常用选项，示意图如图6-91所示。

半径：用于设置圆弧半径，示意图如图6-92所示。

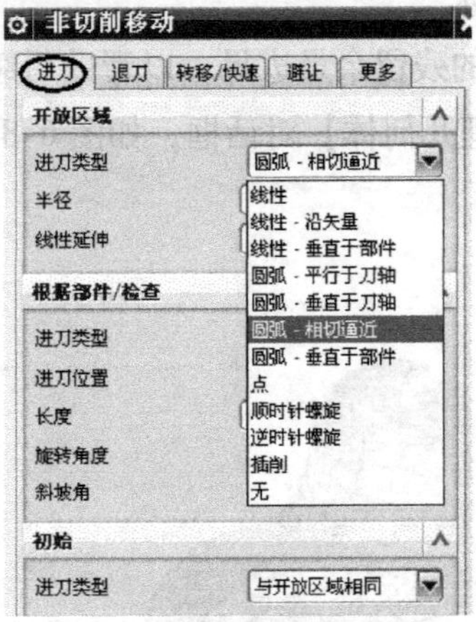

图 6-90

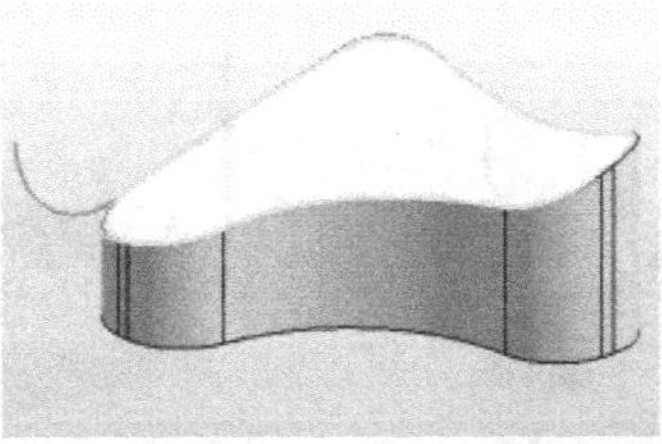

图 6-91

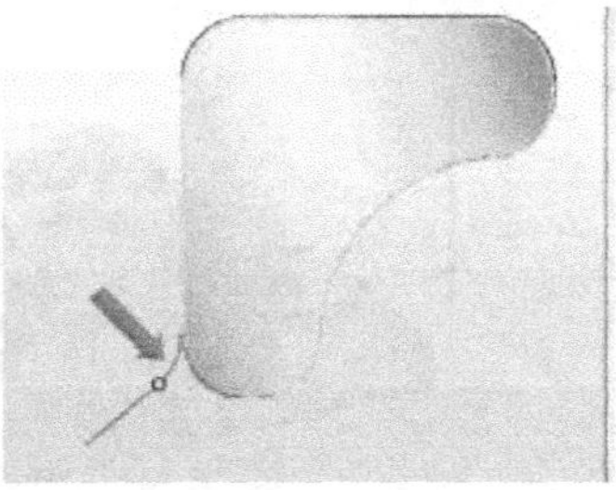

图 6-92

线性延伸：相切延伸距离，示意图如图 6-93 所示。

插削：简单常用的方式，适合第一刀切削余量不大的方式，示意图如图 6-94 所示。

高度：此距离为缓降高度，保证第一刀切削平稳，示意图如图 6-95 所示。

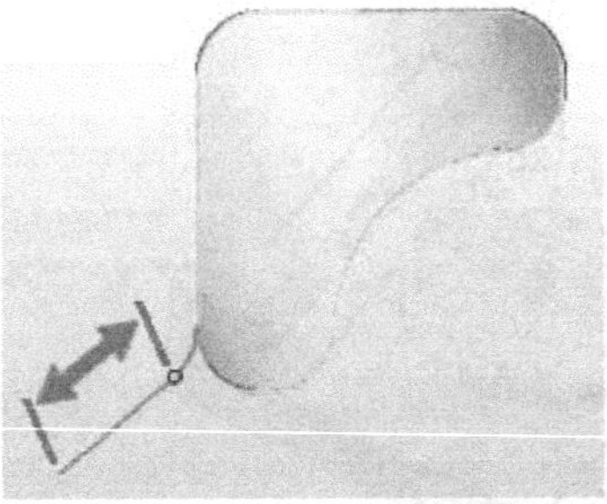

图 6-93

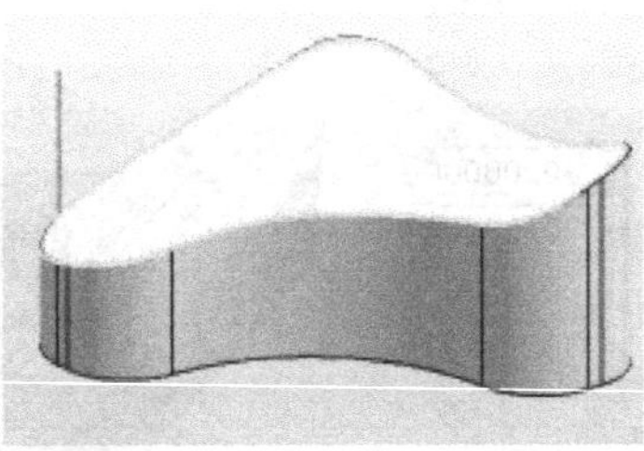

图 6-94

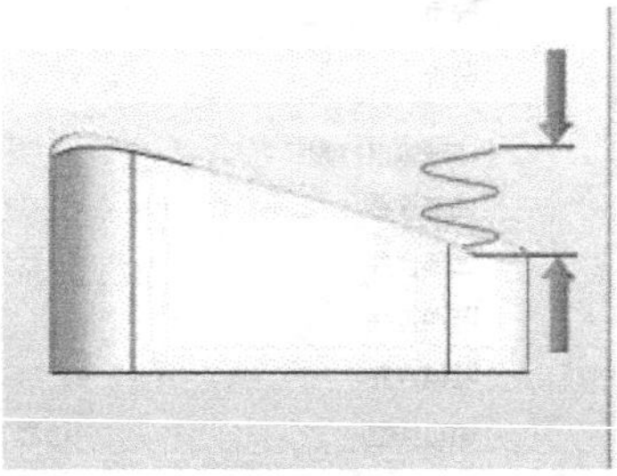

图 6-95

2. 退刀

一般按默认设置，如图 6-96 所示。

3. 转移/快速

参数设置如图 6-97 所示。

区域距离：两个加工区域间的距离，示意图如图 6-98 所示。

安全设置选项：一般选择使用继承的选项，即使用节点 MCS 所定义的安全高度，示意图如图 6-99所示。

移刀类型：一般区域之间采用提刀到安全平面来移动刀具，示意图如图 6-100 所示。

其他参数一般不用更改，使用默认参数即可。

6.6.3 驱动方法

固定轴曲面轮廓铣削的驱动方法定义了创建刀具轨迹所需的驱动点，所选择的驱动方式决定能选择的驱动几何体类型，以及可用的投影矢量、刀具轴和切削方法。如果不选择部件几何体，刀具轨迹将直接由驱动点生成。

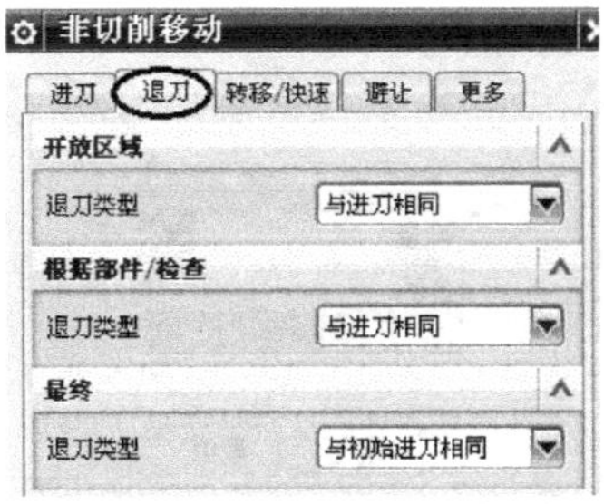

图 6-96

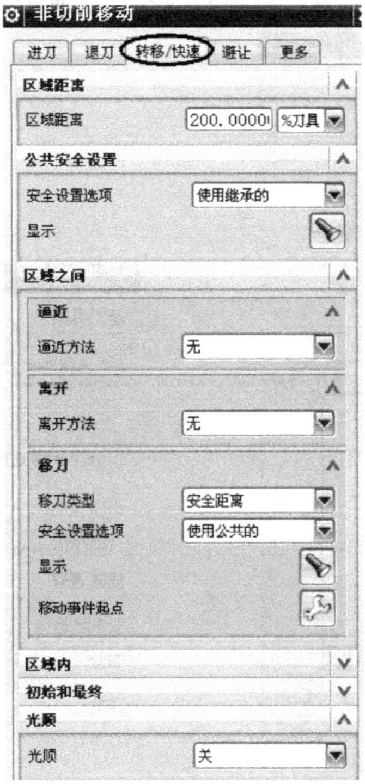

图 6-97

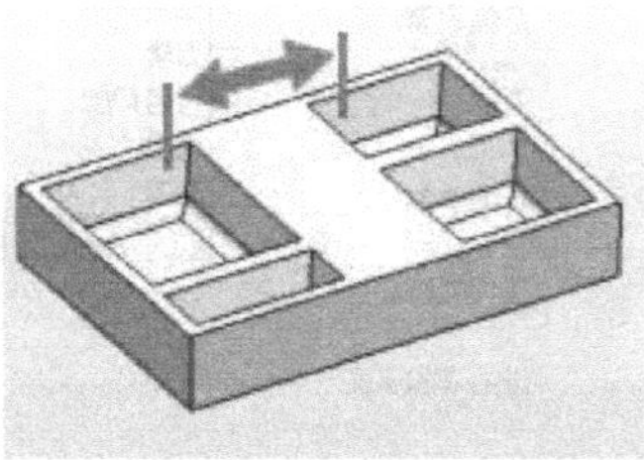

图 6-98

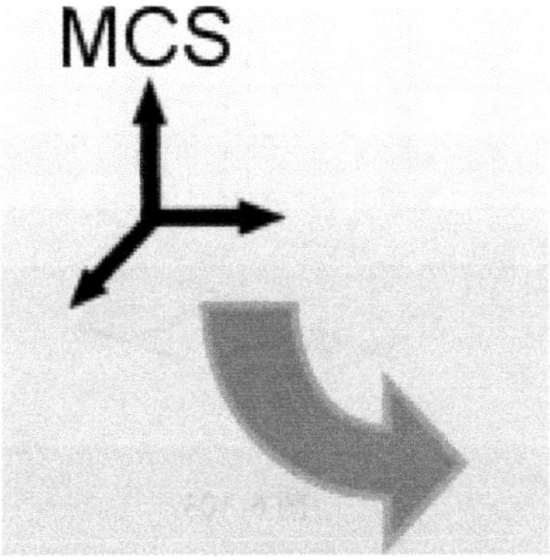

图 6-99

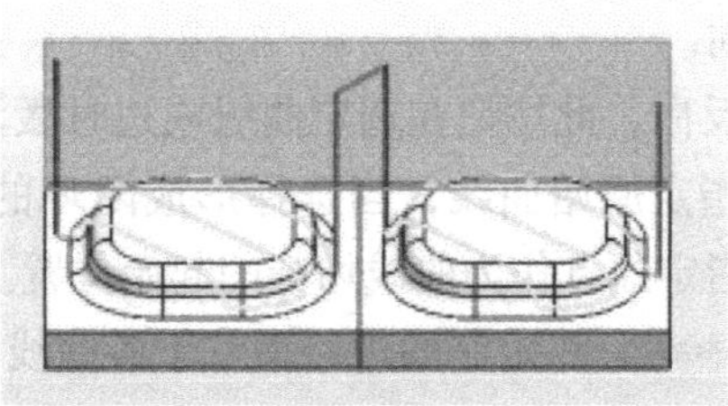

图 6-100

固定轴曲面轮廓铣削的驱动方法包括：曲线/点、螺旋式、边界、区域铣削、曲面、流线、刀轨、径向切削、清根和文本 10 种驱动方法，如图 6-101 所示。常用驱动方法为区域铣削、曲线/点与清根驱动。

一、曲线/点驱动方法

曲线/点驱动方法允许通过指定点和曲线来定义驱动几何体。驱动曲线可以是敞开的或是封闭的，连续的或是非连续的，平面的或是非平面的。曲线/点驱动方法最常用于在平面上雕刻图案或者文字。将部件面的余量设置为负值，刀具可以在低于部件面处切出一条槽。

在【固定轮廓铣】对话框的方法下拉框中选择曲线/点驱动方法，出现【曲线/点驱动方法】对话框，如图6-102所示，其刀具轨迹如图6-103所示。

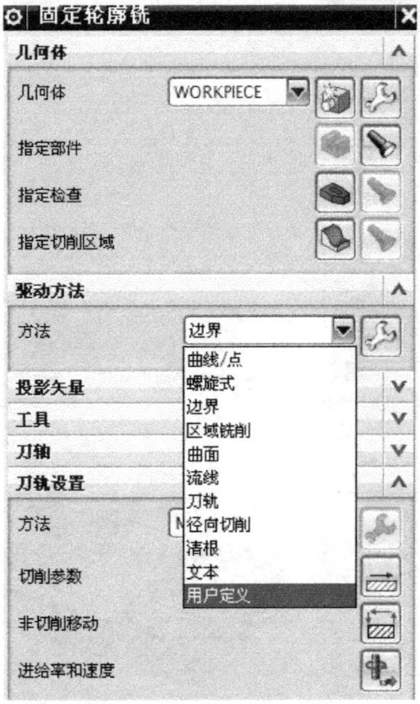

图6-101

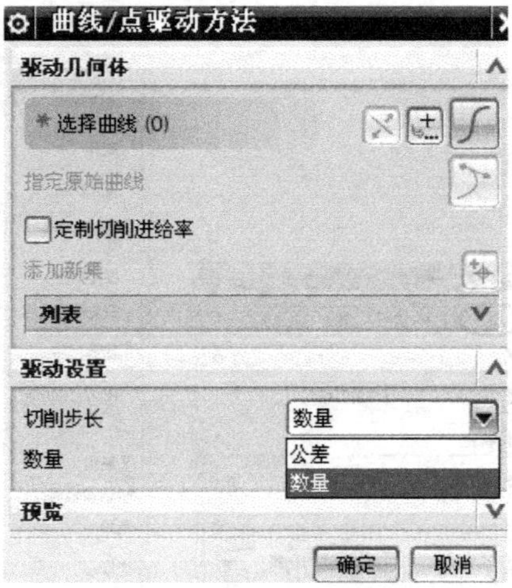

图6-102

1. 驱动几何体

选择曲线：当选择曲线时，所选曲线的顺序决定了切削顺序，曲线的选择端为切削起始点，切削方向指向另一端。当选择点时，可以通过（点构造器）来定义驱动几何体，所选点的顺序决定了切削方向。

：反向，此按钮在选定曲线或边时激活。

：指定原始曲线，当选择形成闭环的曲线或边时，指定原点作为曲线切削的起始位置。

定制切削进给率：将定制的进给率赋予各曲线集。

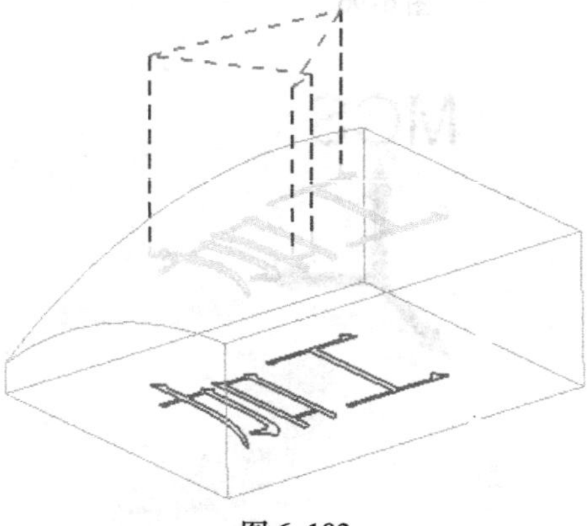

图6-103

2. 驱动设置

切削步长：指定沿驱动曲线产生驱动点间距离的方法，产生的驱动点越靠近，创建的刀具路径就越接近驱动曲线。切削步长的确定方式有两种：数量、公差。

数量：设置曲线或边上的驱动点数，点越多，刀具轨迹越光顺。

公差：按指定的法向距离产生驱动点，指定的公差值越小，各驱动点就越靠近，刀具路径也就越精确。

二、螺旋式驱动方法

螺旋式驱动方法是一个由指定的中心点向外做螺旋线生成驱动点的驱动方法。这些驱动点是在过中心点且垂直于投影矢量方向的平面内生成的。驱动点通过投影矢量投射到部件表面上。

与其他的驱动方法相比，这种驱动方法在步距移动时没有一个突然的换向，它的步距移动是光滑的，保持恒量向外过渡，可以保持固定的切削速度以及平滑的刀具移动，这种特性对高速加工是很有用的。

螺旋式驱动方法不受加工几何体的约束，它只受最大螺旋半径值的限制。这种驱动方法最好用于圆形部件。

在【固定轮廓铣】对话框的方法下拉框中选择螺旋式驱动方法，出现【螺旋式驱动方法】对话框，如图 6-104 所示，其刀具轨迹如图 6-105 所示。

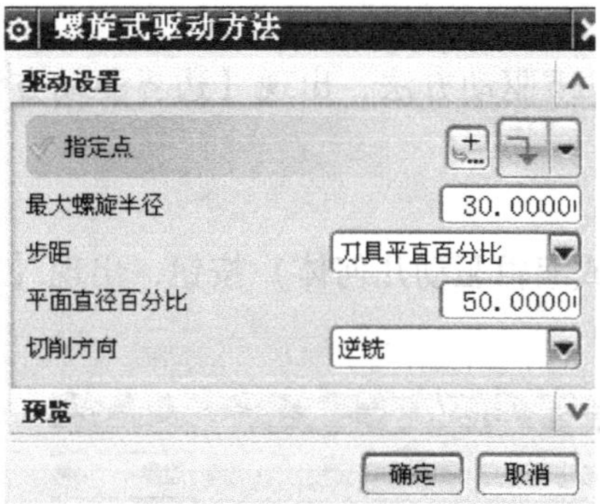

图 6-104

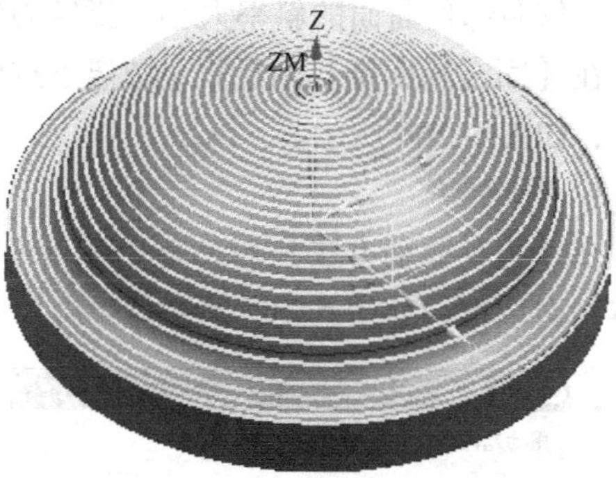

图 6-105

指定点：螺旋中心点用于定义螺旋的中心位置，也定义了刀具的开始切削点。如果没有指定螺旋中心点，系统就用绝对坐标原点作为螺旋中心点。定义螺旋中心点时，单击（点构造器）对话框，定义一个点作为螺旋驱动的中心点。

最大螺旋半径：最大螺旋半径用于限制加工区域的范围，从而限制产生驱动点的数目，以缩短系统的处理时间，螺旋半径在垂直于投影矢量的平面内进行测量。如果指定的半径超出了部件的边界，刀具在不能切削部件几何表面时会退刀、转换，直至与部件表面接触，再进刀、切削。

步距：即横向进给量，用于控制两相邻切削路径间的距离，即切削宽度。步距的设定有两种方式，可以使用刀具直径的百分比或恒定的值来定义。

切削方向：切削方向与主轴旋转方向共同定义驱动螺旋的方向为顺时针还是逆时针方向。它包含顺铣切削与逆铣切削两个选项，顺铣切削指定驱动螺旋的方向与主轴旋转方向相同，逆铣切削指定驱动螺旋的方向与主轴旋转方向相反。

三、边界驱动方法

边界驱动方法可指定一边界或环路来定义切削区域。边界不需要与部件表面的形状或尺寸有所关联，而环路则需要定义在部件表面的外部边缘。切削区域可为边界或环路，或是两者的组合。根据边界所定义的导向点，沿投影矢量投射至部件表面，定义出刀具接触点与刀具路径。边界驱动方法最适合于刀轴方向及投影矢量控制需求最少的加工，例如固定刀轴及投影矢量的加工。

边界驱动方法与平面加工的工作方法类似，与平面加工的不同之处在于，为执行曲面精加工，刀具路径必须沿着复杂的曲面轮廓产生。边界导向如同曲面驱动方法，都在其所包围的区域间产生导向点网格。在边界内部产生导向点不比在曲面上容易，但使用边界导向无法控制刀轴方向与投影矢量。例如平面轮廓所产生的导向点，无法均匀包覆于复杂形状的曲面上，或控制投影矢量的方向以获得较佳的刀具路径。

边界可由一系列曲线、现行边界线或由部件上的面产生。边界定义出切削区域的外围以及岛屿与口袋的部分。每一条边界线可指定刀轴通过对中、相切及接触 3 种刀具位置特征。边界范围可超过部件表面尺寸、局限于部件表面内部区域或与部件表面边缘重合。当边界范围超过部件表面的尺寸大于刀具直径时，刀具将会切削超过部件边缘，产生边缘轨迹的现象，造成毛边。当边界范围小于部件表面尺寸时，则必须指定刀轴通过对中、相切及接触等刀具位置。当边界范围与部件表面边缘重合时，最好选择部件包覆环路，不要选择使用边界，并依照部件曲面的斜率大小，指定刀轴通过、相切及接触等刀具位置。

在【固定轮廓铣】对话框的方法下拉框中选择边界驱动方法，出现【边界驱动方法】对话框，如图 6-106 所示。

1. 驱动几何体

在【边界驱动方法】对话框中单击（选择或编辑驱动几何体）按钮，出现【边界几何体】对话框，如图 6-107 所示。

图 6-106

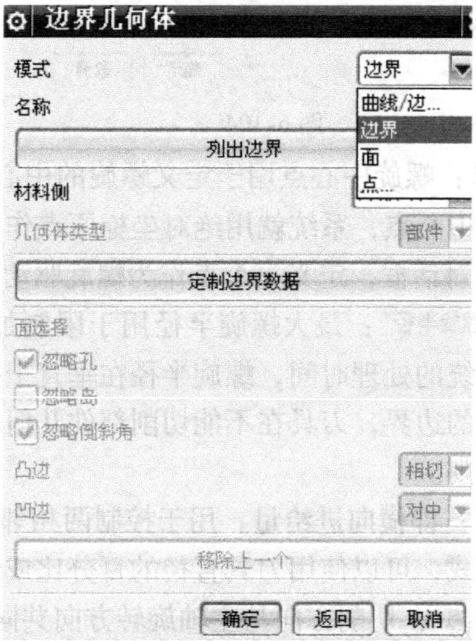

图 6-107

边界几何体的选择与平面铣削类似，如果部件几何体是实体，最好选择实体面来创建边界，边界创建好后，可以通过 编辑 按钮编辑各曲线成员的刀具位置：如对中、相切、接触，如图 6-108 所示。

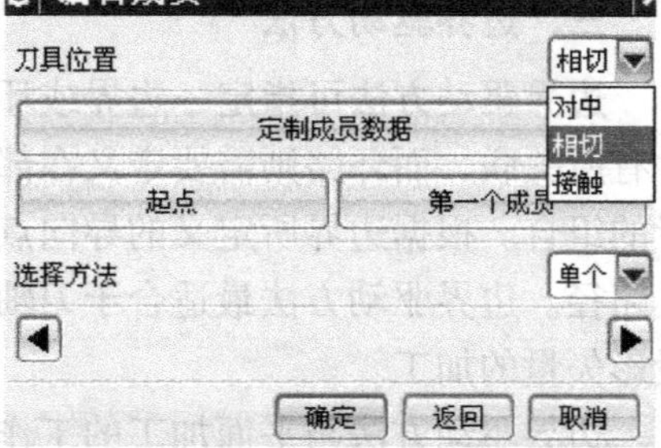

图 6-108

2. 公差

边界内公差、边界外公差：用于指定刀具偏离实际边界的最大距离。公差值越小，则刀具轨迹越精确，但系统计算的时间越长。

3. **偏置**

边界偏置：通过指定偏置值来控制边界上遗留的材料余量。

4. **空间范围**

空间范围是利用沿着所选择的部件表面的外部边缘生成的边界线来定义切削区域，环与边界同样定义切削区域。

部件空间范围 下拉框中有 关 、 最大的环 、 所有环 3 种选项。

关：不使用部件空间范围选项。

最大的环：指定最大的环作为部件的加工区域。

所有环：指定所有环作为部件的加工区域。

5. **驱动设置**

切削模式：选择刀具轨迹的形式，其下拉框选项如图 6-109 所示。

边界驱动生成的刀具轨迹如图 6-110 所示。

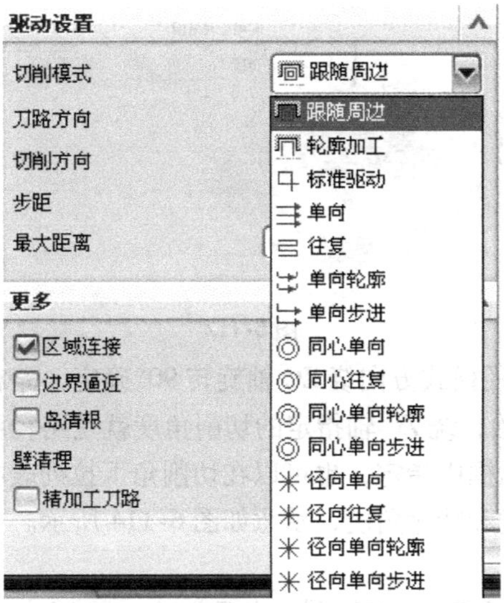

图 6-109

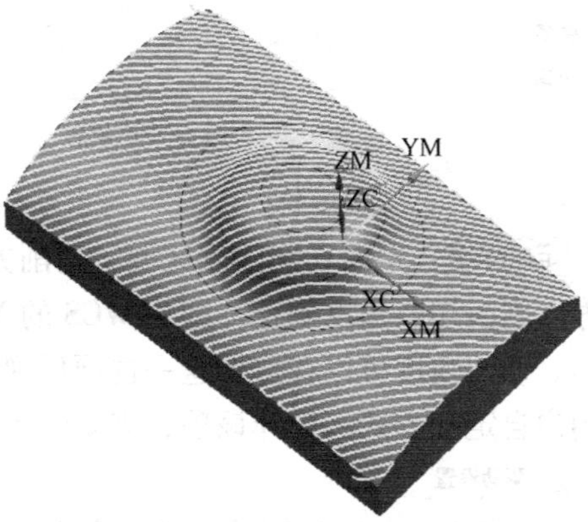

图 6-110

四、区域铣削驱动方法

区域铣削驱动方法是最常用的一种精加工操作方法。区域铣削允许指定一个切削区域来生成刀具轨迹。

区域铣削驱动与边界驱动生成的刀具轨迹类似，但是其创建的刀具轨迹可靠性更好，并且可以有陡峭区域判断及步距应用于部件上功能，建议优先选用区域铣削驱动。通过选择切削模式，区域铣削可以适应绝大部分的曲面精加工要求。固定轴区域铣削常与等高轮廓铣削配合对工件的非陡峭位置和陡峭位置进行精加工（在它们切削范围之间要有一个重复的角度范围），合理的搭接范围有利于保证加工质量。

在【固定轮廓铣】对话框的 方法 下拉框中选择 区域铣削 驱动方法，出现【区域铣削驱动方法】对话框，如图 6-111 所示。

1. 陡峭空间范围

方法下拉框中有无、非陡峭、定向陡峭3种选项。

无：切削整个切削区域，在刀具路径上不使用陡峭约束，允许加工整个工件表面，示意图如图6-112所示。

非陡峭：切削非陡峭区域，用于切削平坦的区域，切削小于指定陡角的区域，而不切削陡峭区域，示意如图6-113所示，通常可作为等高轮廓铣削的补充。选择该选项，陡角文本栏激活，可输入需要的角度值。

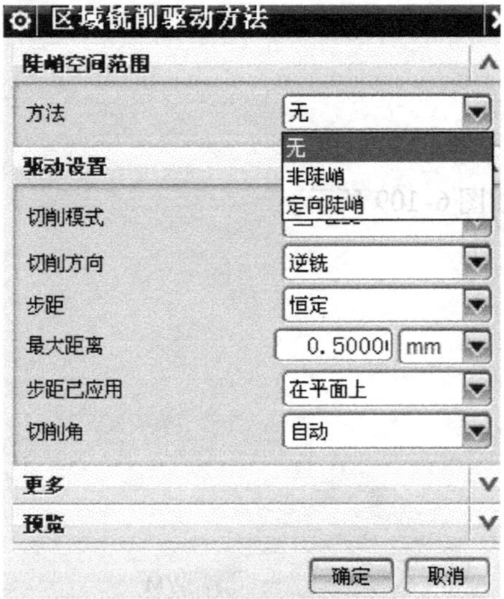

图6-111

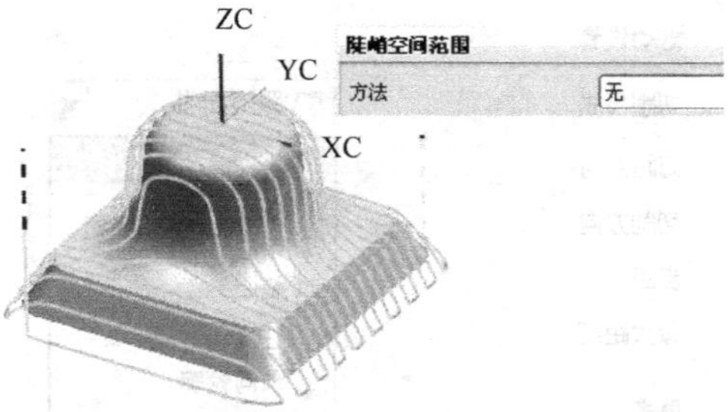

图6-112

定向陡峭：定向切削陡峭区域，切削方向由路径模式方向绕ZC轴旋转90°确定，路径模式方向则由切削角度确定，即从WCS的XC轴开始，绕ZC轴指定的切削角度就是路径模式方向。切削角度可以在选择这一选项后弹出的对话框中指定，也可以在切削角下拉列表中选择用户自定义方式。选择该项，需要输入切削角度和陡峭角度，示意如图6-114所示。

2. 驱动设置

切削模式：与边界驱动的切削模式基本相同，多了往复上升、径向往复上升两个选项。

往复上升、径向往复上升：切削方法基本上是往复式走刀，只是根据设置的内部进刀、退刀与横越运动，在路径间抬起刀具，但是没有离开与接近运动。

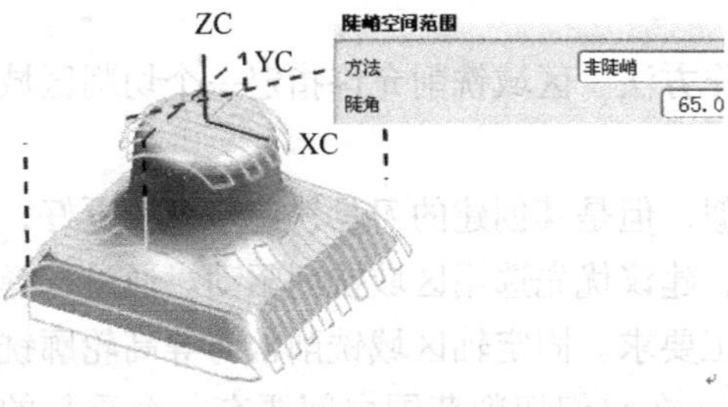

图6-113

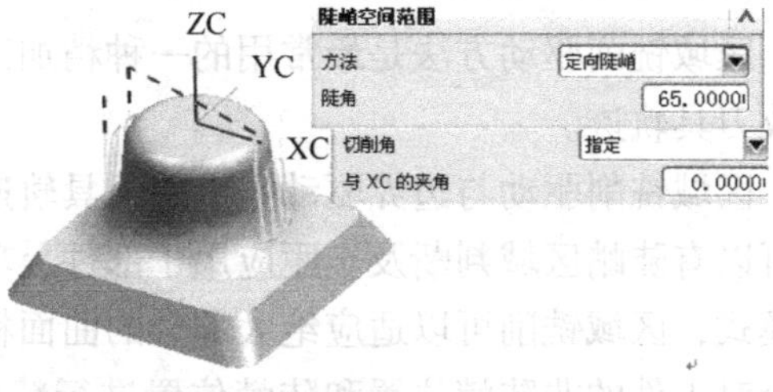

图6-114

切削角：在平行刀路模式才会有此选项。切削角确定切削模式相对于XC轴绕ZC轴的旋转角度。其下拉框中有自动、指定、最长的边、矢量4个选项，如图6-115所示。

最长的边：系统自动确定切削角度，使刀具轨迹平行于外形轮廓中的最长边线。

步距已应用：下拉框有在平面上和在部件上两个选项，如图6-116所示。

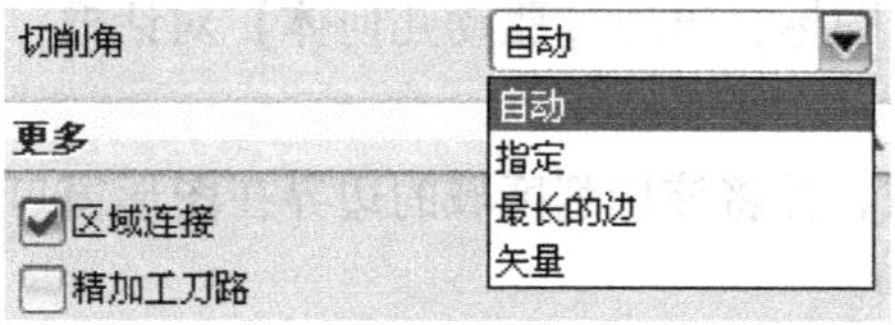

图6-115

图6-116

在平面上：步距是在垂直于刀具轴的平面上即水平面内测量的2D步距，在平面上适用于坡度改变不大的部件加工。

在部件上：步距是沿着部件测量的3D步距，可以实现对部件几何体较陡峭的部分维持等距步进，以实现整个切削区域的切削残余量相对均匀。

3. 更多

此参数选项如图6-117所示。

区域连接：最小化发生在一个部件的不同切削区域之间的进刀、退刀和移刀运动数。

精加工刀路：在正常切削操作的末端添加精加工刀路，以便沿着边界进行追踪。

切削区域：定义切削区域起点，并图示切削区域，以便确认和修改。

五、曲面区域驱动方法

曲面区域驱动方法提供了对刀具轴和投影矢量的附加控制。这个方式能创建一组阵列的、位于驱动面上的驱动点。驱动点首先按阵列生成在驱动面上，然后沿投影矢量方向投射到部件面上而生成。

在【固定轮廓铣】对话框的方法下拉框中选择曲面驱动方法，出现【曲面区域驱动方法】对话框，如图6-118所示。

图6-117

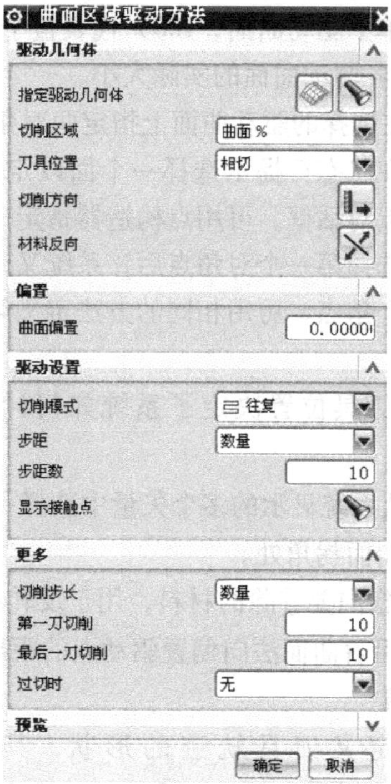

图6-118

1. 驱动几何体

指定驱动几何体：选择（选择或编辑驱动几何体）图标，出现【驱动几何体】对话框，如图 6-119 所示。

切削区域：指定在驱动曲面中哪一部分为切削区域，并将该切削区域的边界在图形窗口中显示出来。其下拉框中包括曲面 % 与对角点两个选项。

曲面 %：通过指定第一道与最后一道刀具路径的百分比，以及横向进给的起点与终点的百分比，从驱动曲面中定义出切削区域，该百分比可正可负。选择该选项时，出现【曲面百分比方法】对话框，如图 6-120 所示，可在各文本框中输入数值。

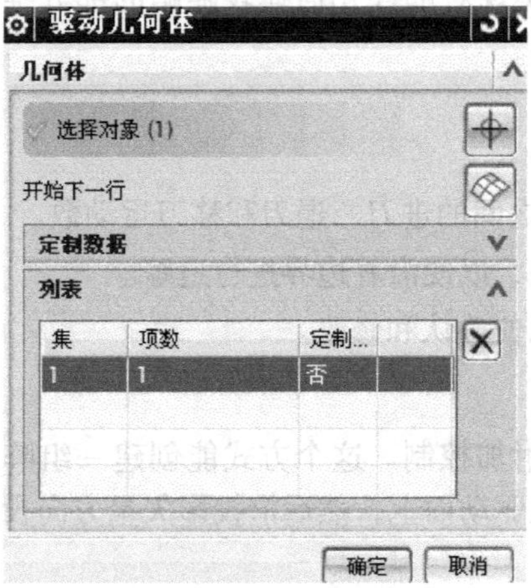

图 6-119

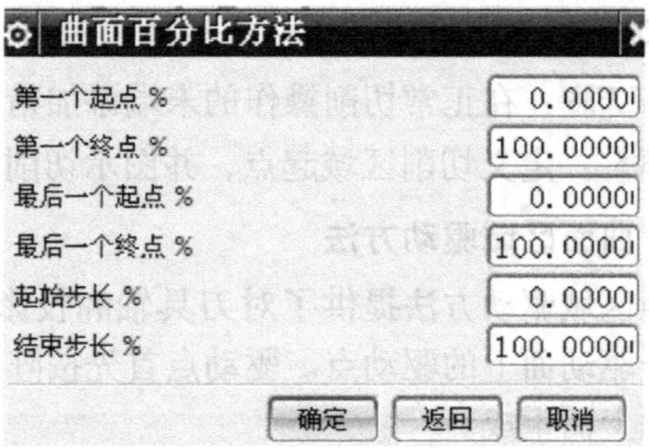

图 6-120

提示：对单个驱动曲面，100% 代表整个曲面；对多个驱动曲面，按驱动曲面个数平方 100%，而不管各驱动曲面的实际大小。

对角点：在选择的驱动曲面上指定两对角点来定义切削区域。选择该项时，弹出无参数对话框，同时在状态行提示选择一个面以定义第一个角点，在图形窗口中选取一个驱动面后，弹出指定点对话框，可用点构造器指定一点，或直接在选择的驱动面上指定一点作为第一个对角点；选择第一个对角点后，系统又弹出无参数对话框，同时状态行提示选择一个面用于定义第二个角点，可用相同的方法定义第二点。选择第二个角点的面可以与第一个角点的面为同一面。

刀具位置：刀具位置决定了系统如何计算刀具在部件表面上的接触点，包括相切和对中两个选项。

切削方向：从系统显示的多个矢量中选择一个矢量重新定义驱动方向，系统显示的矢量成对显示在每个曲面拐角处。

材料反向：指向要移除的材料，用于反转材料侧方向矢量。

曲面偏置：沿着曲面法向偏置驱动点的距离。

2. 驱动设置

切削模式：定义刀具轨迹的形状，其下拉框中有跟随周边、螺旋、单向、往复、往复上升选项，如图 6-121 所示。

螺旋：当需要不带有步进运动的光顺模式时，使用螺旋。只有在驱动曲面形成一个封闭圆形区域（如叶片、发动机歧管等）的情况下，此功能才适用。曲面区域驱动方法的所有限制和功能均应用于此功能。

步距：用于指定相邻两道刀具轨迹的横向距离，即切削宽度。其下拉列表选项中包括残余高度和数量两个选项。

残余高度：通过指定相邻两道刀具路径间残余材料的最大高度、水平距离与垂直距离来定义允许的最大残余面积尺寸。当选择该选项时，在其下方需要输入最大残余高度、竖直限制、水平限制距离。

数量：指定刀具路径横向进给的总数目。

3. 更多

切削步长：控制在切削方向产生的驱动点的距离。当直接在驱动面上加工或者刀轴相对于驱动曲面定义时，切削步长的定义就特别重要。指定的驱动点越多，则创建的刀具路径就越精确，刀具也就越能精确地跟随驱动曲面的轮廓。切削步距的定义方式包括数量和公差两个选项。

数量：在创建刀具路径时，按指定沿切削方向产生的最少驱动点数。

公差：使驱动点按指定的法向距离产生，此时可在下方的内公差与外公差文本框中分别输入允许的法向距离切入与切出公差。法向距离是两相邻驱动点连线与驱动曲面间的最大法向距离。

过切时：下拉框有无、警告、跳过、退刀 4 个选项。

曲面区域驱动方法生成的刀具轨迹如图 6-122 所示。

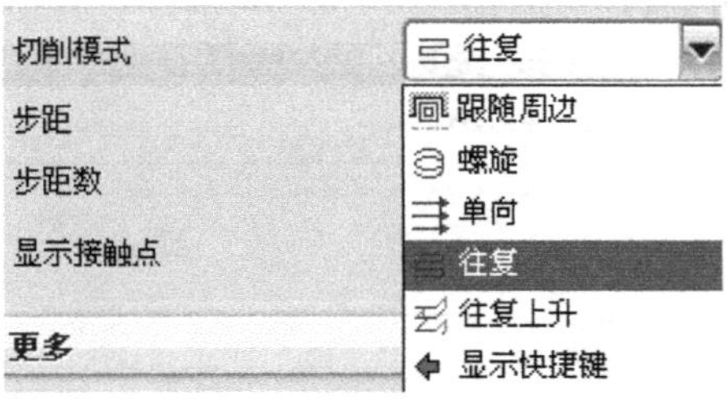

图 6-121

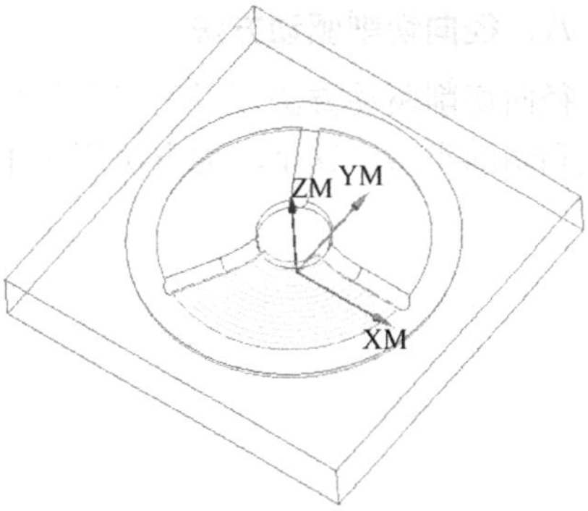

图 6-122

六、流线驱动方法

流线驱动方法是根据选中的几何体来构建隐式驱动曲面，规则面栅格无须排列整齐，创建刀具轨迹灵活。

在【固定轮廓铣】对话框的方法下拉框中选择流线驱动方法，出现【流线驱动方法】对话框，如图 6-123 所示。通过指定流曲线和交叉曲线，如图 6-124 所示，生成的刀具轨迹如图 6-125 所示。

七、刀轨驱动方法

刀轨驱动方法可以沿着刀具位置源文件（CLSF）定义的刀位点作为驱动点，在当前的操作中生成一个类似曲面轮廓的刀具轨迹。驱动点沿着已经存在的刀轨而生成，并且投射到所选择的部件表面，创建新的刀具轨迹。驱动点投射到部件表面的方向由投影矢量来决定。

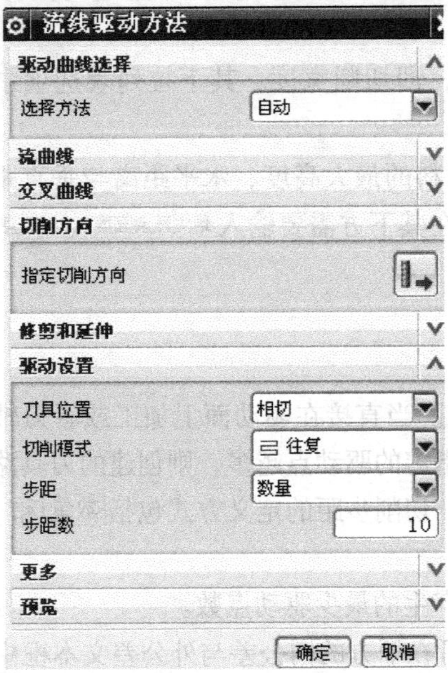

图 6-123

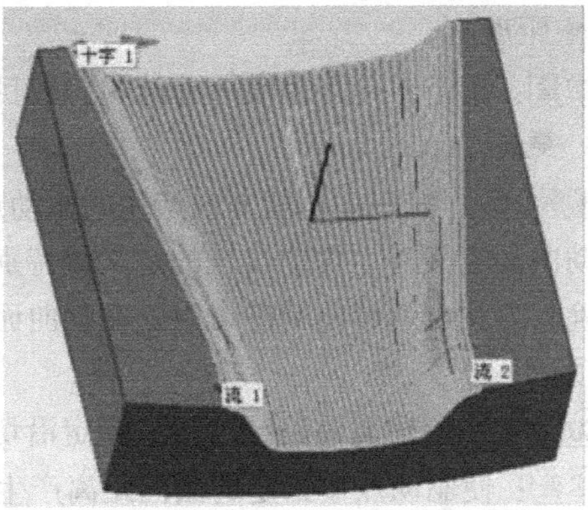

图 6-124

在【固定轮廓铣】对话框的方法下拉框中选择刀轨驱动方法，出现【刀轨驱动方法】对话框，如图 6-126 所示。通过指定刀具位置源文件（CLSF），如图 6-127 所示，生成的刀具轨迹如图 6-128 所示。

八、径向切削驱动方法

径向切削驱动方法可以垂直于并且沿着一个给定边界生成驱动轨迹，使用指定的步距、带宽和切削类型。这个驱动方法用于生成清根加工。

图 6-125

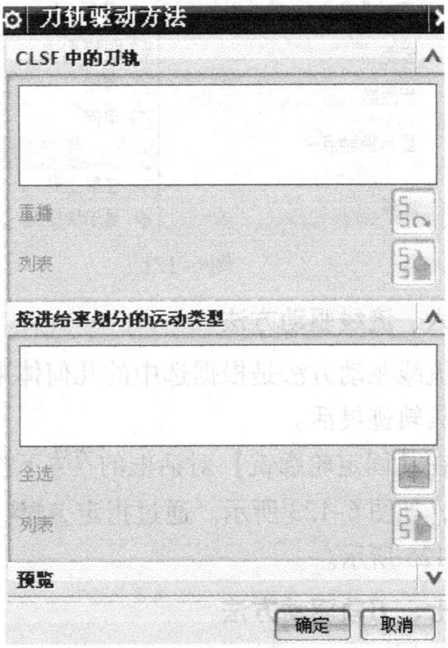

图 6-126

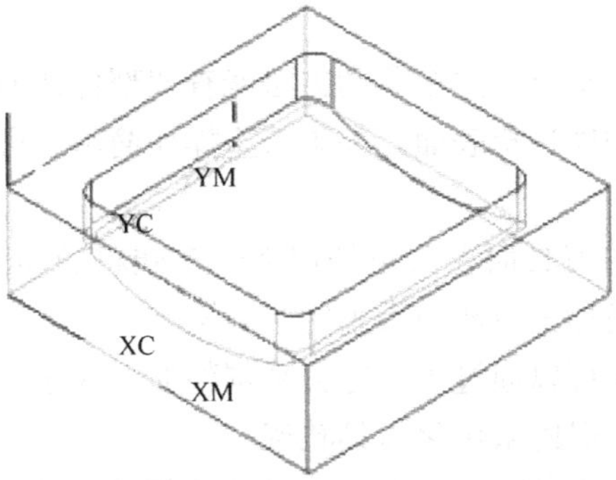

图 6-127

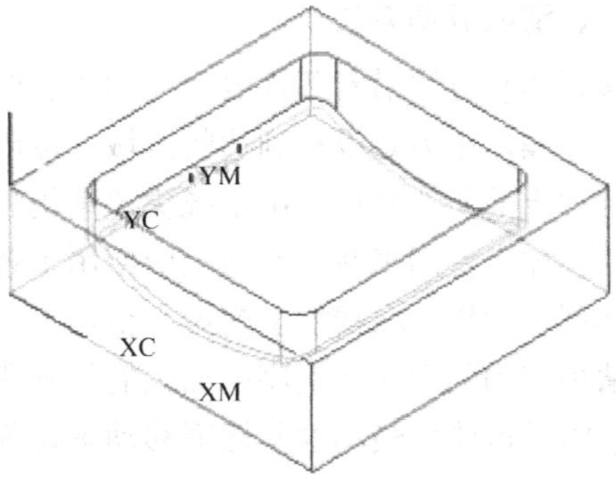

图 6-128

在【固定轮廓铣】对话框的方法下拉框中选择径向切削驱动方法，出现【径向切削驱动方法】对话框，如图 6-129 所示。

1. **驱动几何体**

指定驱动几何体：通过定义边界来选择或编辑驱动几何体，以创建刀具路径，也可以用来为定义的驱动几何体指定相关参数。驱动几何体可以有多条边界，当从一条边界运动到另一条边界时，会用跨越运动。

2. **驱动设置**

材料侧的条带、另一侧的条带：用于定义加工区域的总宽度，它是在边界平面进行测量的，是材料边方向及其反方向距离的总和。它包括材料侧与另一侧的距离。材料侧的条带和另一侧的条带的总和不能等于 0。

刀轨方向：下拉框有跟随边界和边界反向两个选项。

跟随边界：刀具按边界指示器方向沿边界进行单向或往复切削的横向进给。

边界反向：刀具按边界指示器方向沿边界相反方向进行单向或往复切削的横向进给。

通过选择如图 6-130 所示的 3 条边界，径向切削驱动方法生成的刀具轨迹如图 6-131 所示。

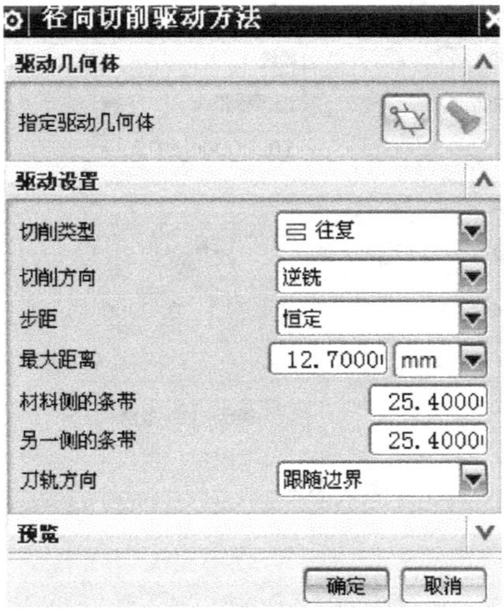

图 6-129

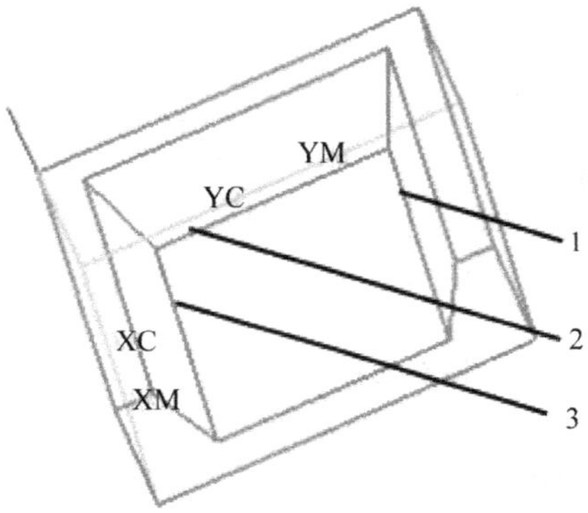

图 6-130

九、清根驱动方法

清根驱动方法沿着部件表面的凹角和凹谷生成驱动点。这个驱动方法能查找部件几何体在前一步操作中刀具没有到达的区域，可以按任何顺序选择表面。如果希望操作简单，可以选择部件上的所有表面，由系统决定利用哪个表面。

清根加工常用来在前面加工中使用了较大直径的刀具而在凹角处留下较多残料的加工，清根切削也常用来在精加工前做半精加工，以减缓精加工时转角带来的不利影响。

清根切削的方向和次序由加工的规则所决定，也可以通过手工组合来调整加工次序。刀具轨迹将尽可能以最小的非切削移动来切削部件，并以此来优化刀具轨迹。

在【固定轮廓铣】对话框的方法下拉框中选择清根驱动方法，出现【清根驱动方法】对话框，如图6-132所示。

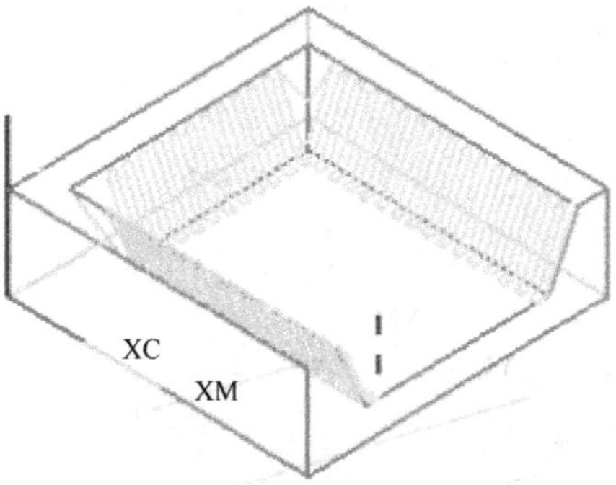

图6-131

图6-132

1. 驱动几何体

最大凹度：决定清根切削刀具轨迹生成所基于的凹角，刀具轨迹只在那些等于或者小于最大凹角的区域生成。所输入的凹角值必须小于179°，并且是正值。当刀具遇到那些在部件面上超过了指定最大值的区域时，刀具将回退或转移到其他区域。

最小切削长度：能排除在部件面的分隔区形成的短的刀具轨迹段。当该刀具轨迹段的长度小于所设置的最小切削长度时，在该处将不生成刀具轨迹。这个选项在排除圆角的交线处产生的非常短的切削移动是非常有效的。

连接距离：把断开的切削轨迹连接起来，排除小的不连续刀具轨迹或者刀具轨迹中不需要的间隙。这些小的不连续的轨迹对加工走刀不利，它的产生可能是由于部件面之间的间隙造成的，或者是由于凹槽中变化的角度超过了指定值而引起的。输入的数值决定了连接刀具轨迹两端点的最大跨越距离。两个端点的连接是通过线性地扩展两条轨迹得到的。

2. **驱动设置**

清根类型：有单刀路、多刀路、参考刀具偏置 3 个选项，如图 6-133 所示。

单刀路：沿着凹角与沟槽产生一条单一的刀具路径，使用单刀路形式时，没有附加参数项被激活，刀具轨迹如图 6-134 所示。

图 6-133

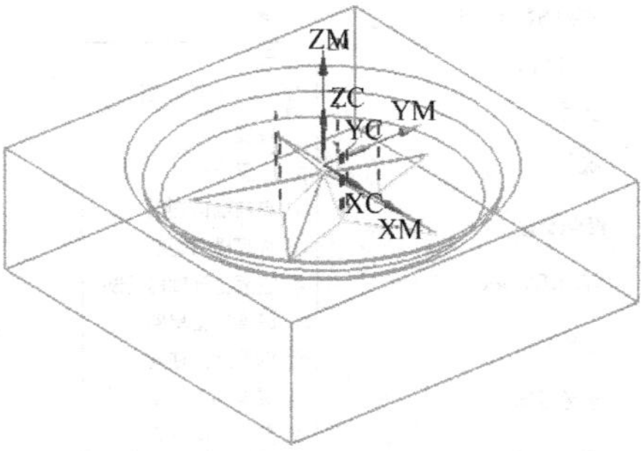

图 6-134

多刀路：通过指定偏置数目以及相邻偏置间的横向距离，在清根中心的两侧产生多道切削刀具路径，刀具轨迹如图 6-135 所示。

参考刀具偏置：参考刀具驱动方法通过指定一个参考刀具直径来定义加工区域的总宽度，并且指定该加工区中的步距，在以凹槽为中心的任意两边产生多条切削轨迹。可以用重叠距离选项，沿着相切曲面扩展由参考刀具直径定义的区域宽度，刀具轨迹如图 6-136 所示。

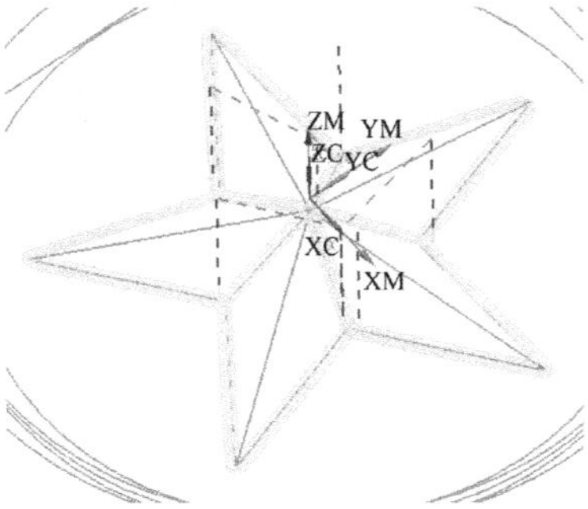

图 6-135

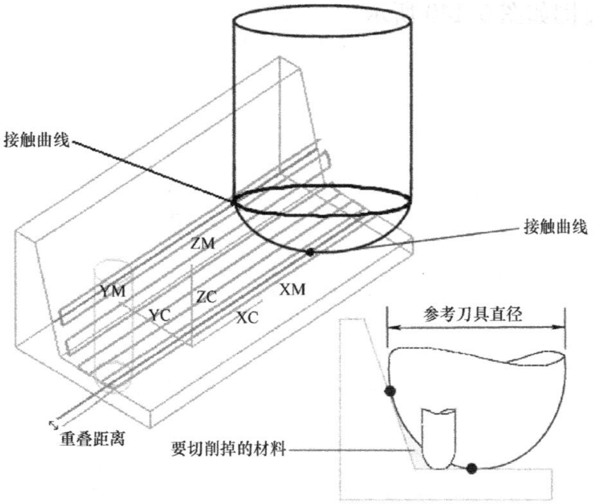

图 6-136

3. **陡峭空间范围**

陡角：设定一个角度值，区分切削区域，进行清根操作。

4. **非陡峭切削**

只有加工小于陡角值的区域该选项才激活。

非陡峭切削模式：有无、单向、往复、往复上升、单向横向切削、往复横向切削、往复上升横向切削、深度加工单向、深度加工往复、深度加工往复上升等选项，如图 6-137 所示。

切削方向：下拉框有混合、顺铣、逆铣 3 个选项。

步距：指定连续轨迹之间的距离。

顺序：决定切削轨迹被执行的顺序。其下拉框有由内向外、由外向内、后陡、先陡、由内向外交替、由外向内交替6 个选项，如图 6-138 所示。

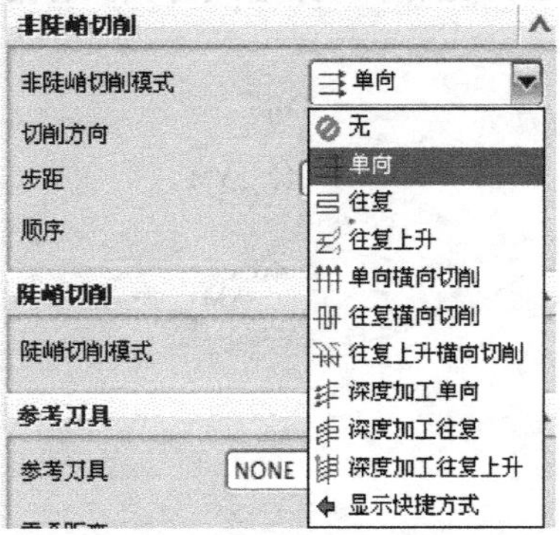

图 6-137

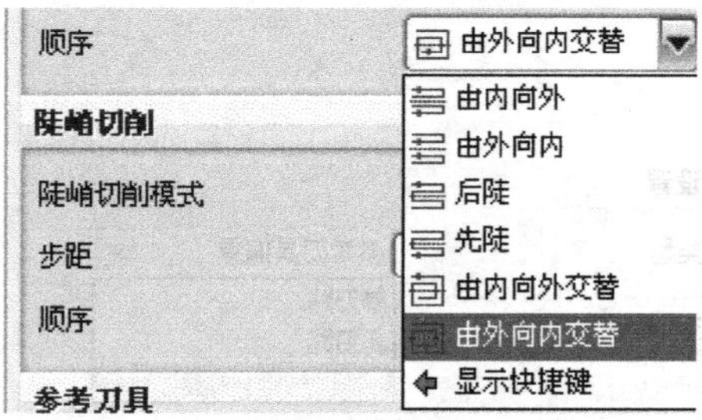

图 6-138

由内向外：清根切削刀具轨迹由凹槽的中心开始初刀切削，步进向外一侧移动，直到这一侧加工完毕；然后刀具回到中心，沿凹槽切削，步进向另一侧移动，直到加工完毕，示意图如图 6-139 所示。

由外向内：清根切削刀具轨迹由凹槽一侧边缘开始初刀切削，步进向中心移动，直到这一侧加工完毕；然后刀具回到另一侧，沿凹槽切削，步进向中心移动，直到加工完毕，示意图如图 6-140 所示。

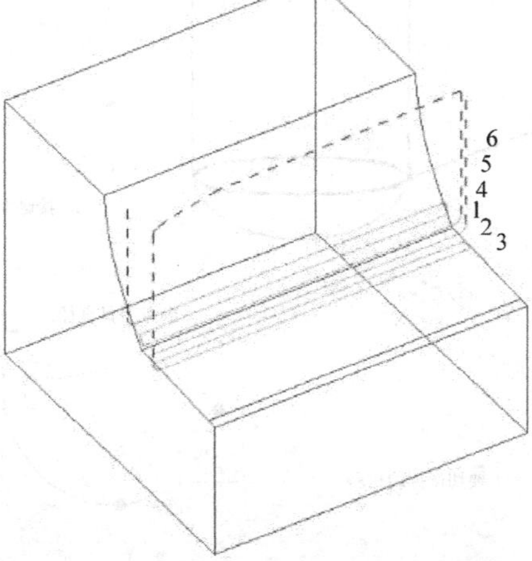

图 6-139

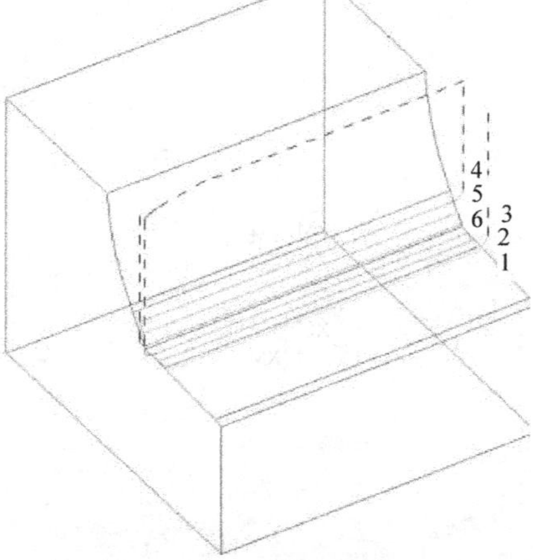

图 6-140

后陡：清根切削刀具轨迹做单向切削，即由非陡峭壁一侧沿凹槽切削，步进向中心移动，通过中心后向陡峭壁一侧移动，直到加工完毕，示意图如图 6-141 所示。

先陡：清根切削刀具轨迹做单向切削，即由陡峭壁一侧沿凹槽切削，步进向中心移动，通过中心后向非陡峭壁一侧移动，直到加工完毕，示意图如图 6-142 所示。

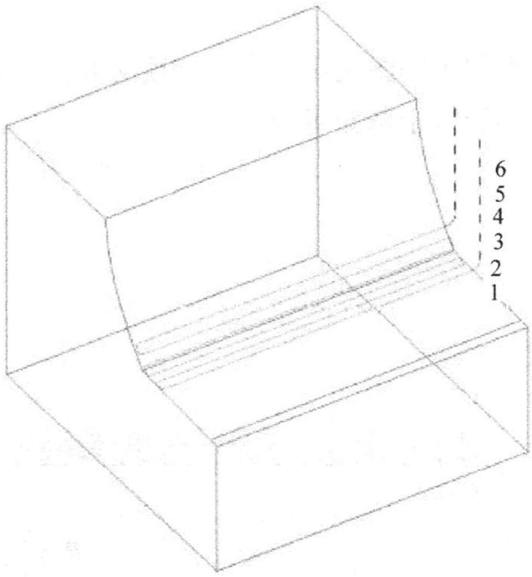

图 6-141

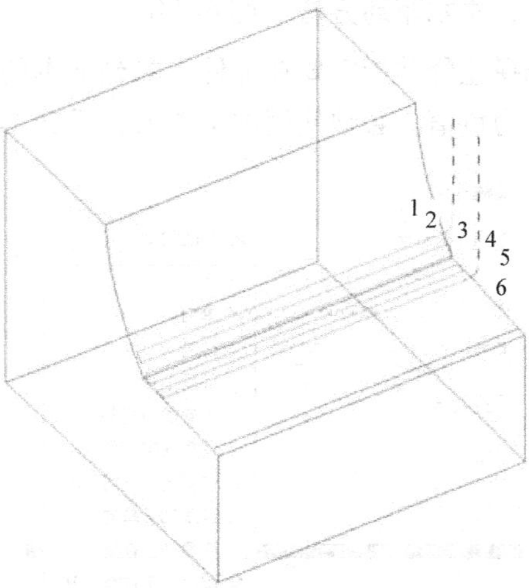

图 6-142

由内向外交替：清根切削刀具轨迹由凹槽的中心开始初刀切削，步进向外一侧移动，然后交替在两侧切削，示意图如图 6-143 所示。

由外向内交替：清根切削刀具轨迹由凹槽一侧边缘开始初刀切削，步进向中心移动，然后交替在两侧切削，示意图如图 6-144 所示。

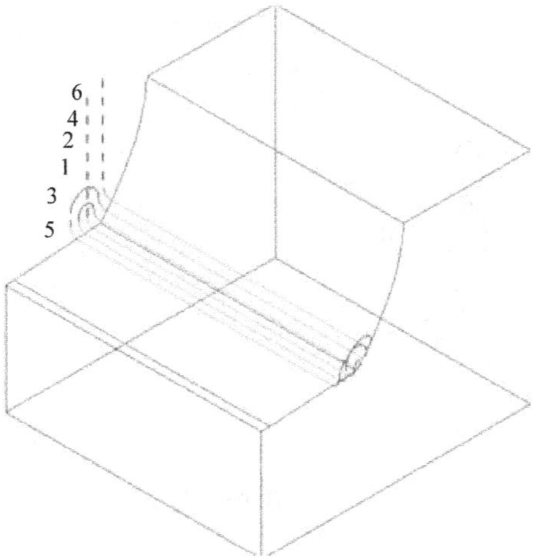

图 6-143

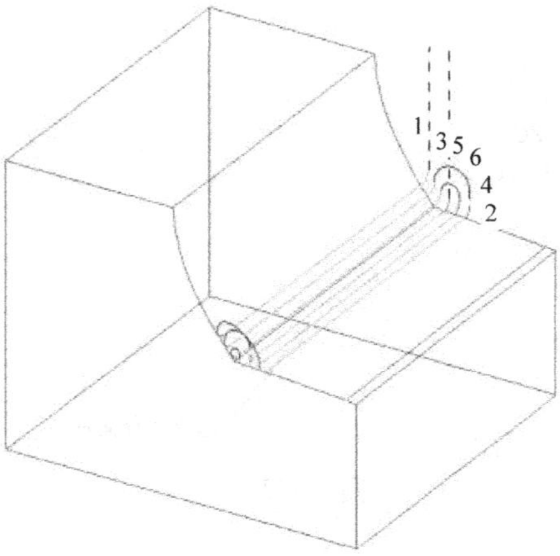

图 6-144

5. 陡峭切削

其具体参数同非陡峭切削，仅在陡峭切削模式中增加了 同非陡峭选项，如图 6-145 所示，以免重复设置。

6. **参考刀具**

参考刀具直径：通过指定一个参考刀具（先前粗加工的刀具）直径，以刀具与零件产生双切点而形成的接触线来定义加工区域。所指定的刀具直径必须大于当前使用的刀具。

重叠距离：扩展通过参考刀具直径沿着相切面所定义的加工区域的宽度。

十、文本驱动方法（图6-146）

选择注释并指定要在部件上雕刻文本的深度来加工制图文字。文本深度必须为正值，部件余量为负值。必须使用球头铣刀，且文本深度小于等于球头半径。

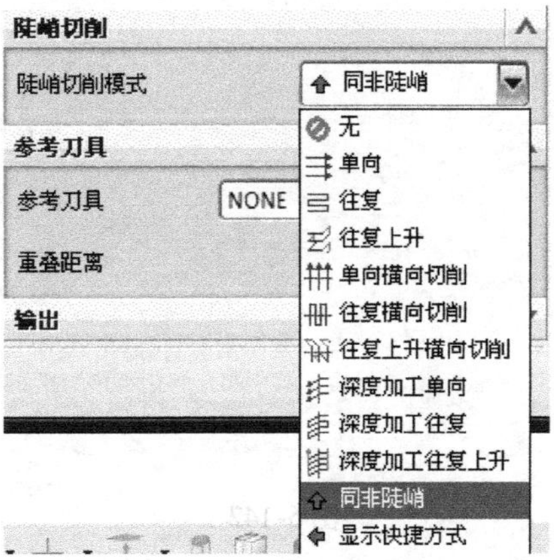

图6-145

图6-146

选择使用制图模块创建的注释文本，如图6-147所示，生成的刀具轨迹如图6-148所示。

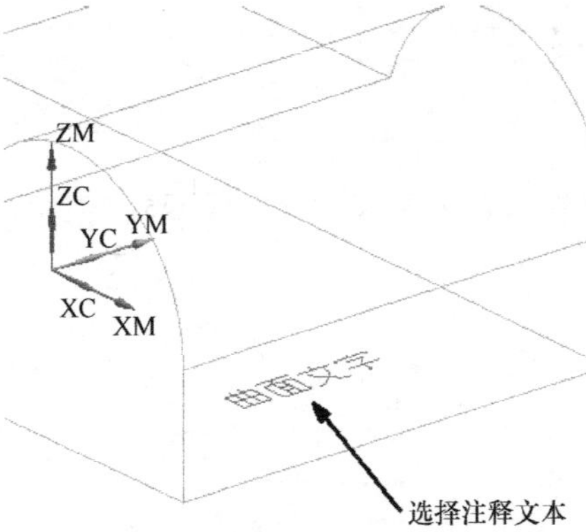

图6-147

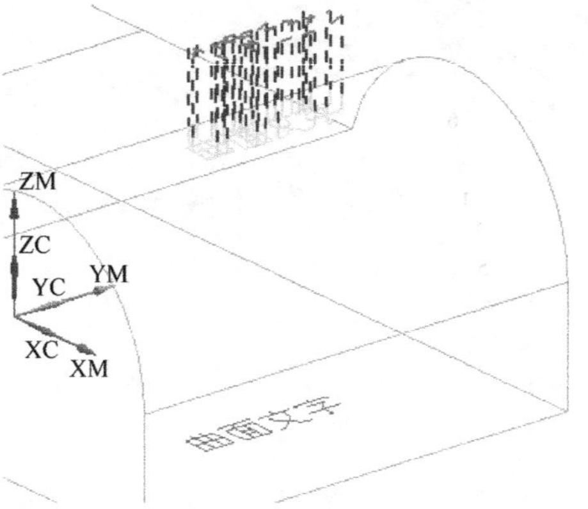

图6-148

6.7　轮廓铣削加工实例

【实例说明】

本实例主要讲述电话机注射模的数控自动编程加工。模型如图6-149所示，毛坯材料为

P20，刀具采用硬质合金刀具。

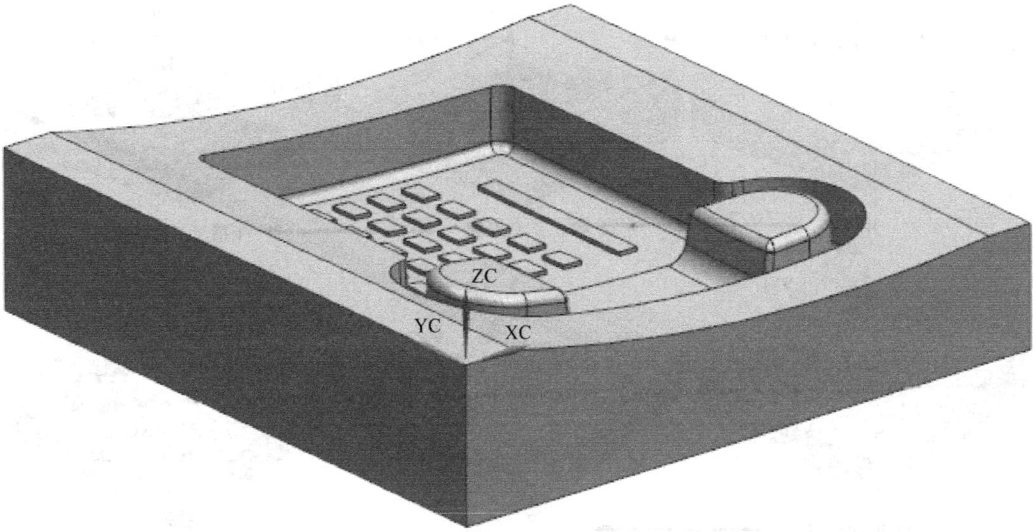

图6-149

其数控自动编程加工思路为：首先分析模型的加工区域，选用恰当的刀具，加工方法如下：

粗加工：采用EM20R4圆鼻刀分层铣削开粗，型面留余量0.35mm，然后用EM12R2圆鼻刀二次开粗，去除狭小区域的余量，型面留余量0.2mm；

半精加工：采用EM8R1圆鼻刀半精加工侧壁，BM10球头铣刀半精加工电话机听筒曲面，型面留余量0.1mm；

精加工：采用立铣刀精铣侧壁，平底刀精加工型面平面、球头铣刀精加工型面曲面、电话机听筒曲面与话机底面。

具体编程步骤如图6-150所示。

加工工艺方案及刀具选用见表6-1。

【学习目标】

通过该实例的练习，使读者能熟练掌握模具型腔加工，开拓加工思路及提高复杂模型的加工技巧。

6.7.1 打开文件

选择菜单中的【文件】/【打开(O)】命令或选择（打开）文件图标，出现【打开】部件对话框，选择本书附的光盘\parts\6\zh-4文件，单击 OK 按钮，打开部件，模具型芯模型如图6-149所示。

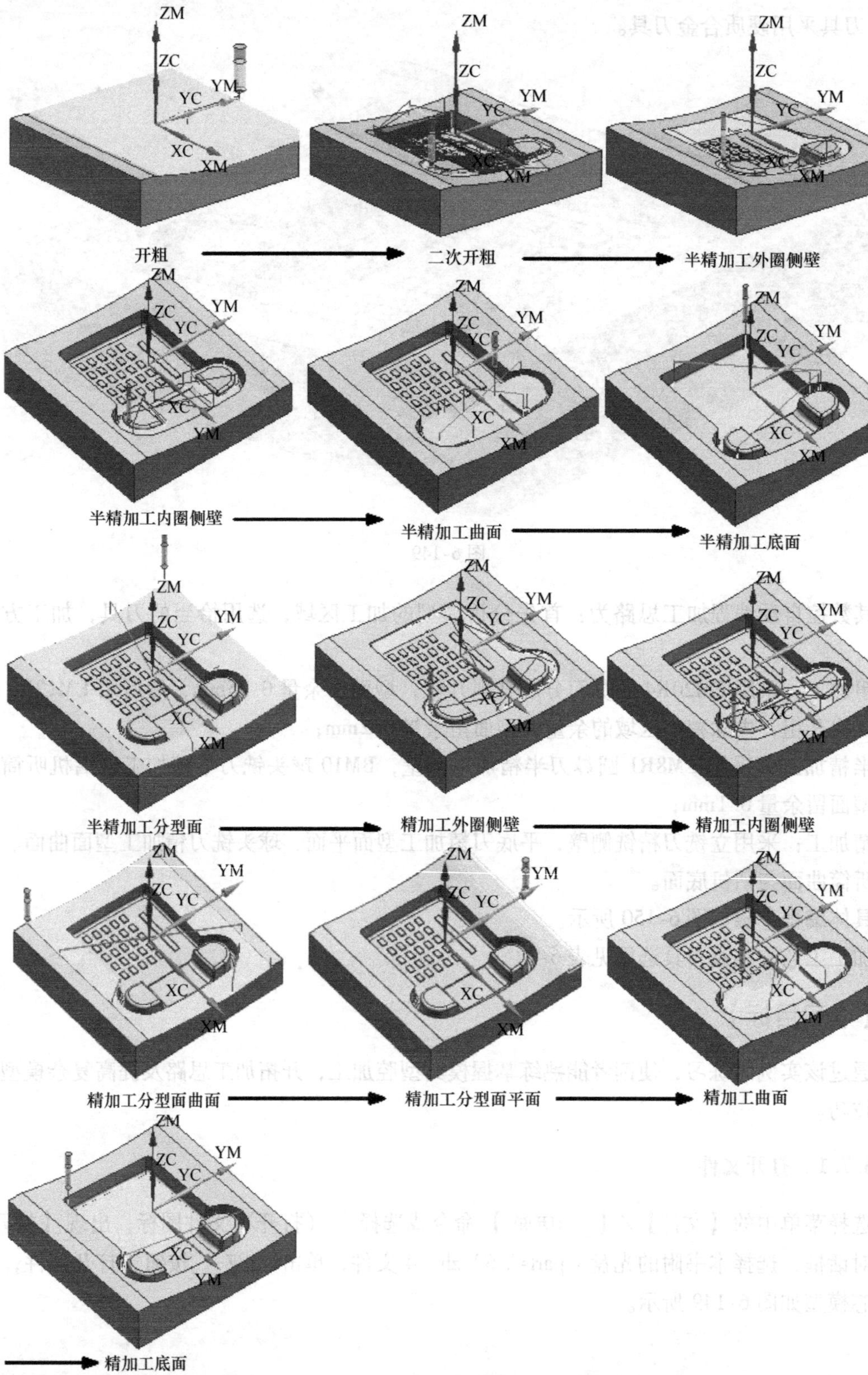
开粗
二次开粗
半精加工外圈侧壁
半精加工内圈侧壁
半精加工曲面
半精加工底面
半精加工分型面
精加工外圈侧壁
精加工内圈侧壁
精加工分型面曲面
精加工分型面平面
精加工曲面
精加工底面

图 6-150

表 6-1　加工工艺方案

序号	加工方法	加工说明	加工方式	程序名	刀具名	刀具类型	刀具直径/mm	R 角/(°)	刀长/mm	刃长/mm	主轴转速 n/(r/min)	进给速度 v_f/(mm/min)	余量/mm
1	粗加工	开粗	型腔铣	R1	1	EM20R4 圆鼻刀	$\phi20$	4	75	50	1500	1000	0.35
2		二次开粗	型腔铣	R2	2	EM12R2 圆鼻刀	$\phi12$	2	75	50	2000	800	0.2
3	半精加工	外圈侧壁半精加工	深度加工轮廓铣	S1	3	EM8 R1 圆鼻刀	$\phi8$	1	75	50	2200	800	0.1
4		内圈侧壁半精加工	深度加工轮廓铣	S2	3	EM8 R1 圆鼻刀	$\phi8$	1	75	50	2200	800	0.1
5		电话机表面半精加工	轮廓区域铣	S3	4	BM10 球头铣刀	$\phi10$	5	75	50	2200	600	0.1
6		电话机底面半精加工	轮廓区域铣	S4	3	EM8 R1 圆鼻刀	$\phi8$	1	75	50	2200	600	0.1
7		分型面半精加工	轮廓区域铣	S5	4	BM10 球头铣刀	$\phi10$	5	75	50	2200	600	0.1
8	精加工	外圈侧壁精加工	深度加工轮廓铣	F1	3	EM8 R1 圆鼻刀	$\phi8$	1	75	50	2500	600	0
9		内圈侧壁精加工	深度加工轮廓铣	F2	3	EM8 R1 圆鼻刀	$\phi8$	1	75	50	2500	600	0
10		分型面曲面精加工	轮廓区域铣	F3	4	BM10 球头铣刀	$\phi10$	5	75	50	2500	600	0
11		分型面平面精加工	底面和壁	F4	2	EM12R2 圆鼻刀	$\phi12$	2	130	60	2500	600	0
12		电话机表面精加工	轮廓区域铣	F5	4	BM10 球头铣刀	$\phi10$	5	75	50	2500	600	0
13		电话机底面精加工	轮廓区域铣	F6	4	BM10 球头铣刀	$\phi10$	5	75	50	2500	600	0

6.7.2　创建毛坯

1. 进入建模模块

在菜单中的【开始】下拉框中选择【建模(M)...】模块，进入建模应用模块。

2. 创建拉伸特征

选择菜单中的【插入(S)】/【设计特征(E)】/【拉伸(E)...】命令或在【特征】工具条中

选择（拉伸）图标，出现【拉伸】对话框，如图6-151所示，在主界面曲线规则下拉框中选择单条曲线选项，选择如图6-152所示的截面线为拉伸对象，出现拉伸方向，然后在【拉伸】对话框的【开始】\【距离】栏输入“0”，在结束下拉框中选择直至延伸部分选项，在图形中选择如图6-153所示的模型顶面，在【布尔】下拉框中选择无选项，如图6-151所示，单击应用按钮，完成后如图6-154所示。

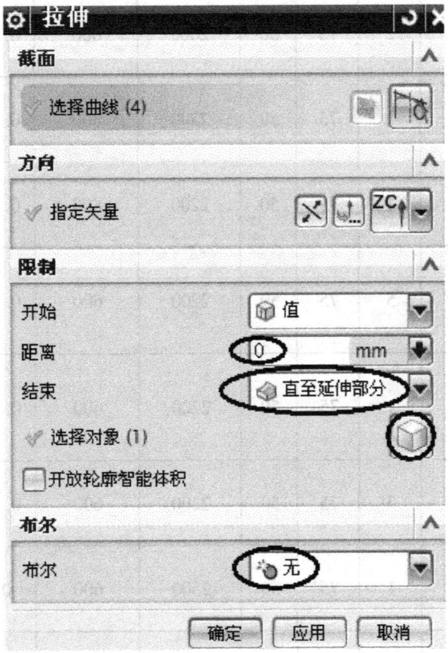

图6-151

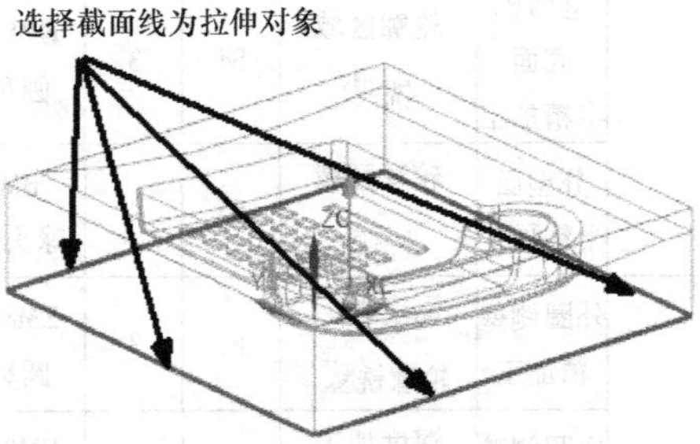

图6-152

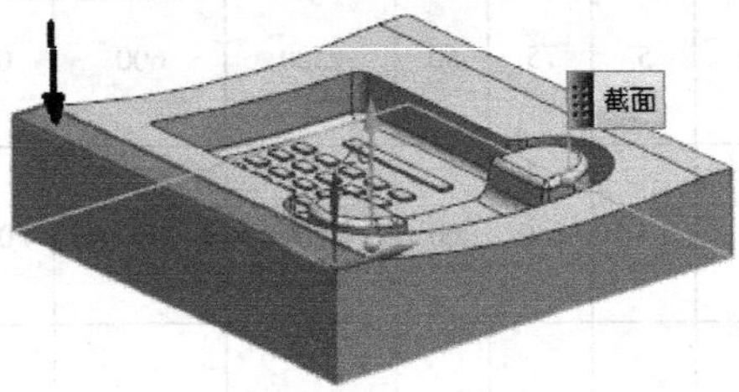

图6-153

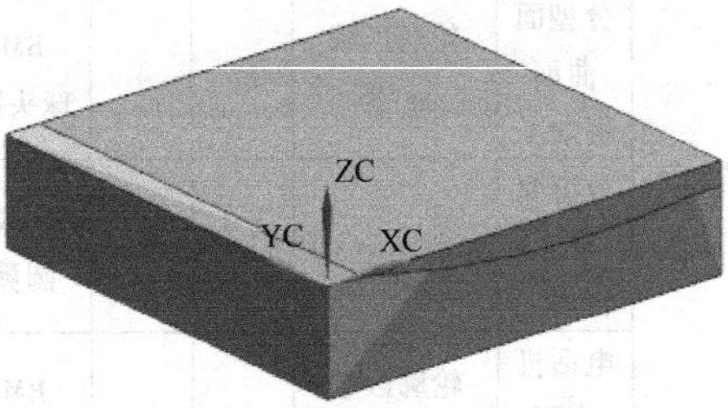

图6-154

6.7.3 设置加工坐标系及安全平面

1. 进入加工模块

在菜单中的【开始】下拉框中选择【加工(N)...】模块，如图6-155所示，进入加工应用模块。

2. 设置加工环境

选择【加工(N)...】模块后，系统出现【加工环境】对话框，如图6-156所示，在CAM会话配置列表框中选择cam_general，在要创建的CAM设置列表框中选择mill_contour，单击【确定】按钮，进入加工初始化状态，在工序导航器栏出现（工序导航器）图标。

3. 设置工序导航器的视图为几何视图

选择菜单中的【工具(T)】/【工序导航器(O)】/【视图(V)】/【几何视图(G)】命令或在【工序导航器】工具条中选择（几何视图）图标，工序导航器的视图更新为如图6-157所示。

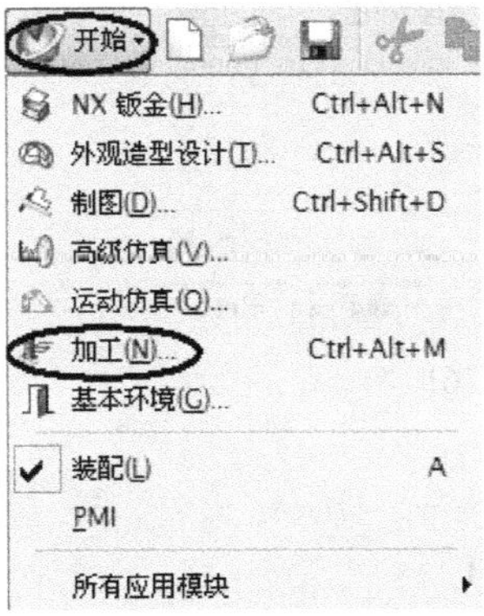

图6-155

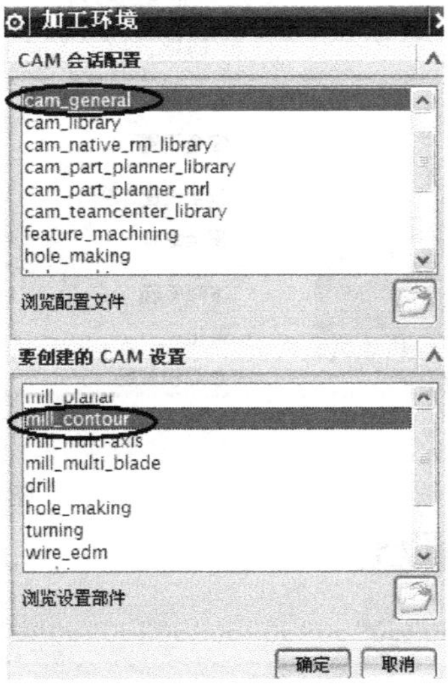

图6-156

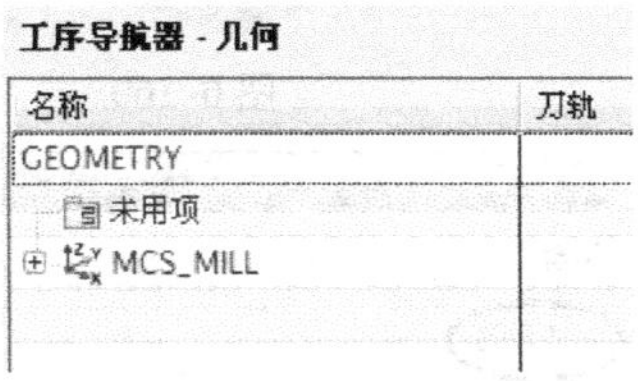

图6-157

4. 设置工作坐标系

选择菜单中的【格式(R)】/【WCS】/【定向(N)...】命令或在【实用】工具条中选择（WCS 定向）图标，出现【CSYS】对话框，在类型下拉框中选择对象的 CSYS选项，如图6-158所示，在图形中选择如图6-159所示的毛坯顶面，单击确定按钮，完成工作坐标系设置，如图6-160所示。

图6-158

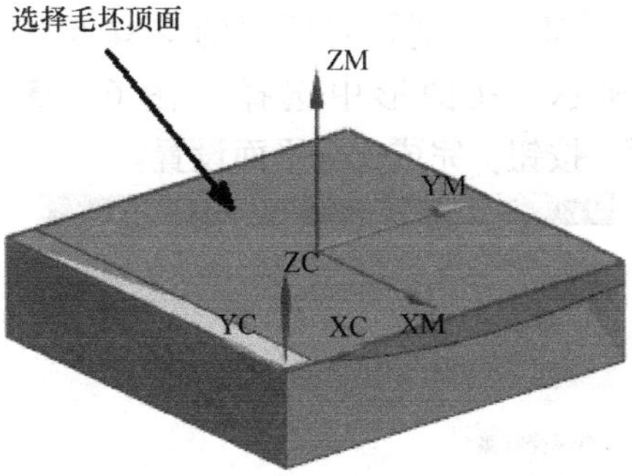

图6-159

5. 设置加工坐标系

在工序导航器中双击MCS_MILL（加工坐标系）图标，出现【MCS 铣削】对话框，如图6-161所示，在指定 MCS区域选择（CSYS 会话）图标，出现【CSYS】对话框，如图6-162所示，在类型下拉框中选择动态选项，在参考下拉框中选择WCS（工作坐标系）选项，单击确定按钮，完成加工坐标系设置，即接受工作坐标系为加工坐标系，如图6-163所示。

注意：不要关闭【MCS 铣削】对话框。

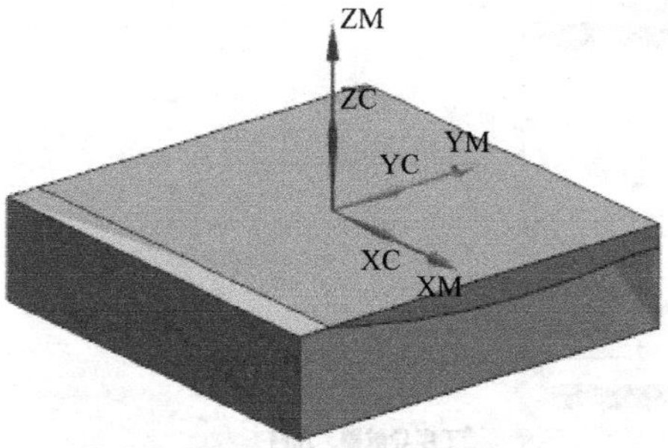

图 6-160

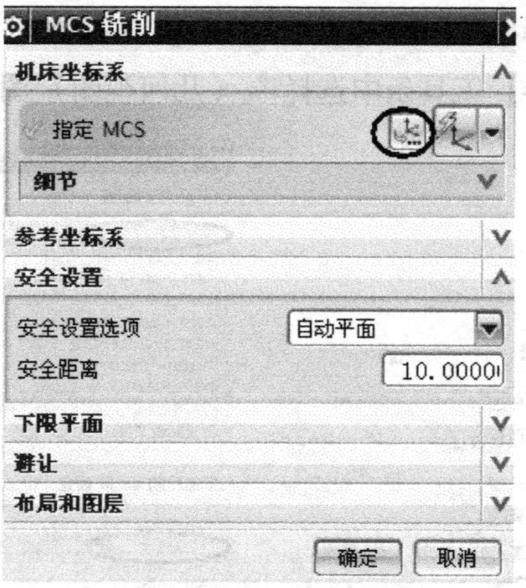

图 6-161

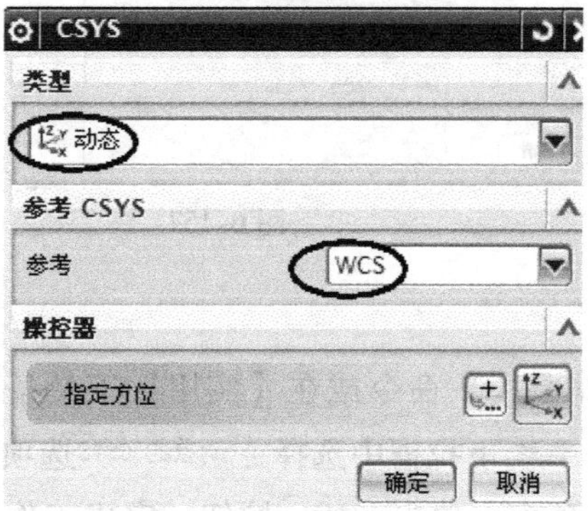

图 6-162

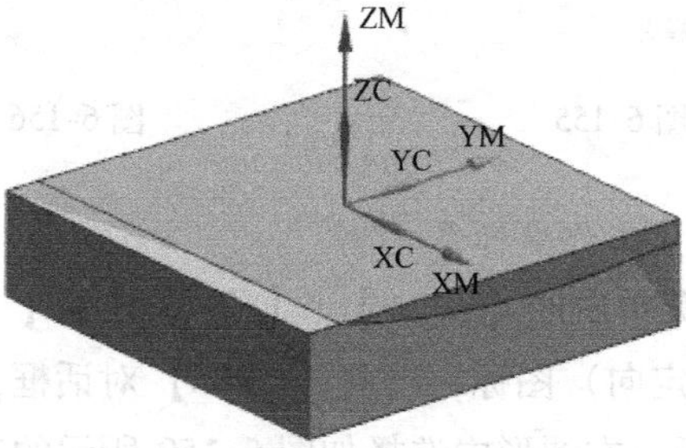

图 6-163

6. 设置安全平面

在【MCS 铣削】对话框的 安全距离 区域的 安全设置选项 下拉框中选择 平面 选项，如图 6-164所示，在图形中选择如图 6-165 所示的毛坯顶面，在 距离 栏输入“10”，单击 确定 按钮，完成安全平面设置。

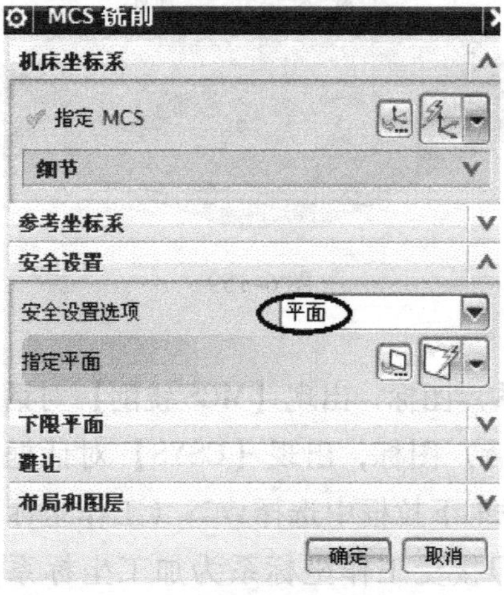

图 6-164

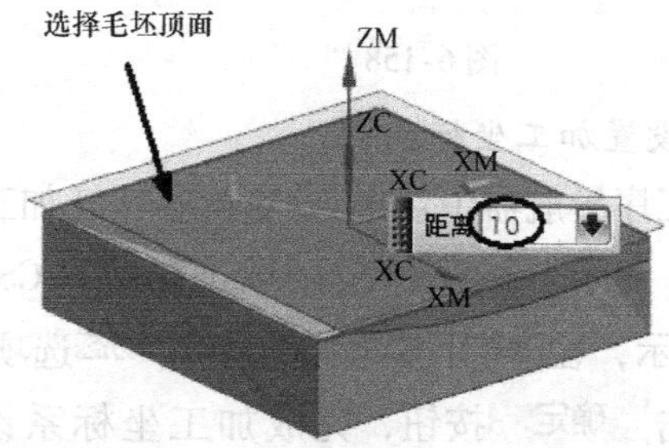

图 6-165

6.7.4　创建铣削几何体

1. 展开 MCS_ MILL

在工序导航器的几何视图中单击 MCS_MILL 前面的 ⊞（加号）图标，展开 MCS_MILL。

2. 设置铣削几何体

在工序导航器中双击 WORKPIECE（铣削几何体）图标，出现【工件】对话框，如图 6-166所示，在 指定部件 区域选择（选择或编辑部件几何体）图标，出现【部件几何体】对话框，如图 6-167 所示，在 选择选项 中选中 ⦿几何体 单选选项，在图形中选择如图 6-168 所示电话机上盖注射模为部件几何体，单击 确定 按钮，完成指定部件。

图 6-166

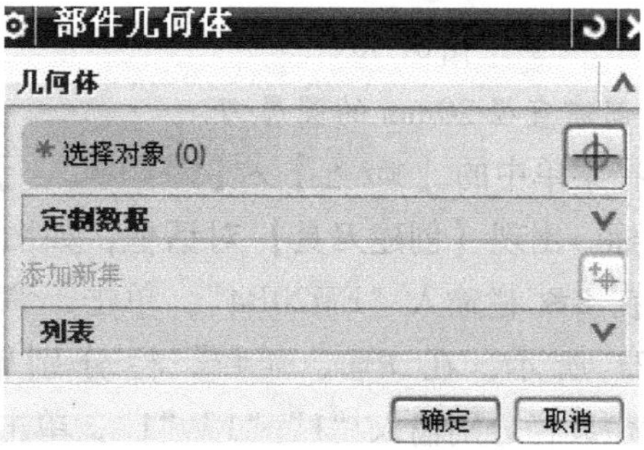

图 6-167

系统返回【工件】对话框，在 指定毛坯 区域选择（选择或编辑毛坯几何体）图标，出现【毛坯几何体】对话框，如图 6-169 所示，在 类型 下拉框中选择 几何体 选项，在图形中选择如图 6-170 所示的毛坯几何体，单击 确定 按钮，完成指定毛坯，系统返回【工件】对话框，单击 确定 按钮，完成设置铣削几何体。

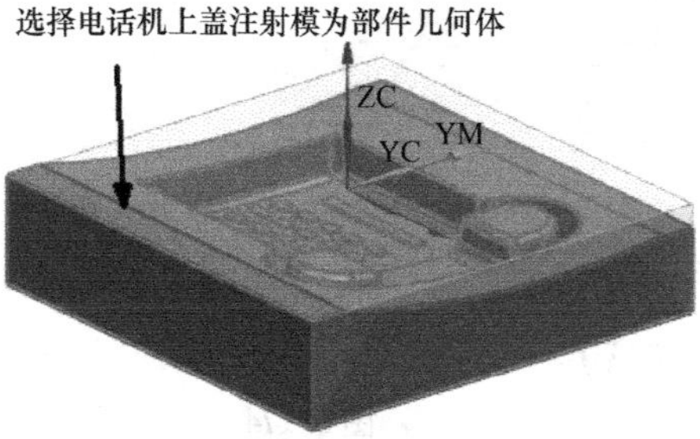

图 6-168

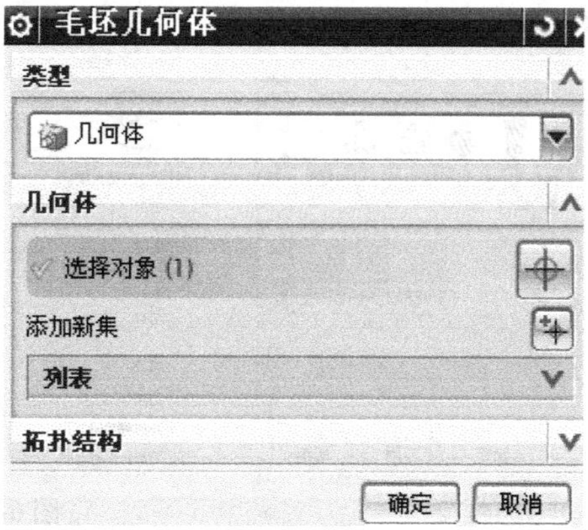

图 6-169

3. 隐藏毛坯

选择菜单中的【编辑(E)】/【显示和隐藏(H)】/【隐藏(H)...】命令或在【实用】工具条中选择（隐藏）图标，选择毛坯实体隐藏毛坯（步骤略）。

6.7.5 创建刀具

1. 设置工序导航器的视图为机床视图

选择菜单中的【工具(T)】/【工序导航器(O)】/【视图(V)】/【机床视图(O)】命令或在【工序导航器】工具条中选择（机床视图）图标，工序导航器的视图更新为如图 6-171 所示。

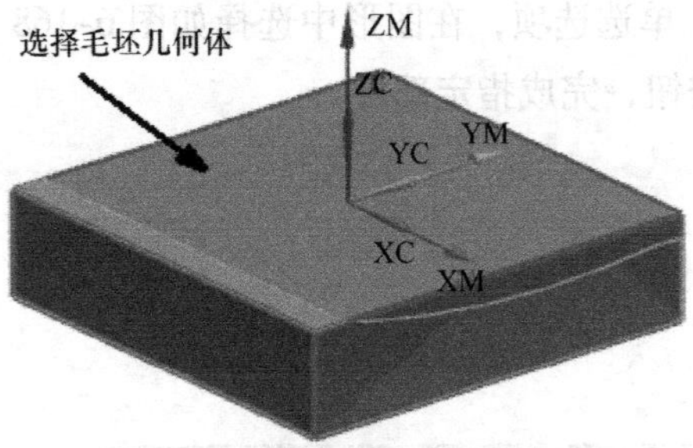

图 6-170

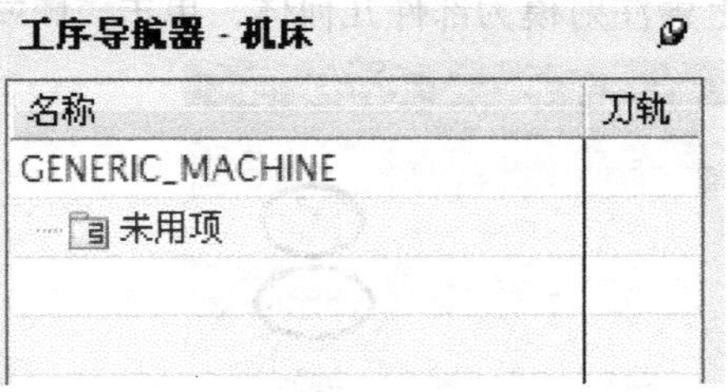

图 6-171

2. 创建直径 20mm 的圆鼻刀

选择菜单中的【插入(S)】/【刀具(T)...】命令或在【插入】工具条中选择（创建刀具）图标，出现【创建刀具】对话框，如图 6-172 所示，在 刀具子类型 中选择（铣刀）图标，在 名称 栏输入“EM20R4”，单击 确定 按钮，出现【铣刀 - 5 参数】对话框，如图 6-173 所示，在 直径、下半径 栏分别输入“20”和“4”，在 刀具号、补偿寄存器、刀具补偿寄存器 栏分别输入“1”“1”“1”，单击 确定 按钮，完成创建直径 20mm 的圆鼻刀，如图 6-174 所示。

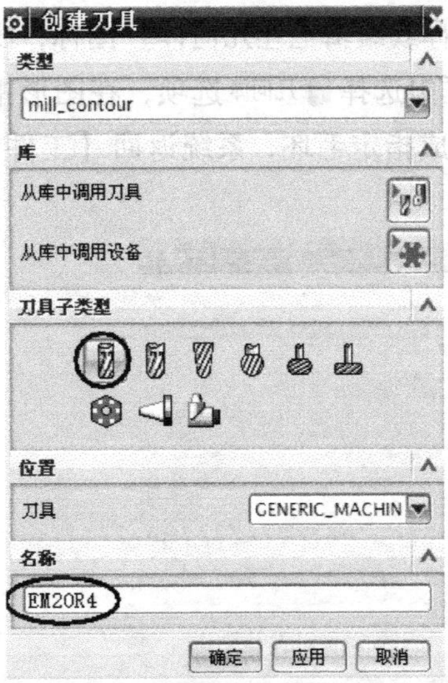

图 6-172

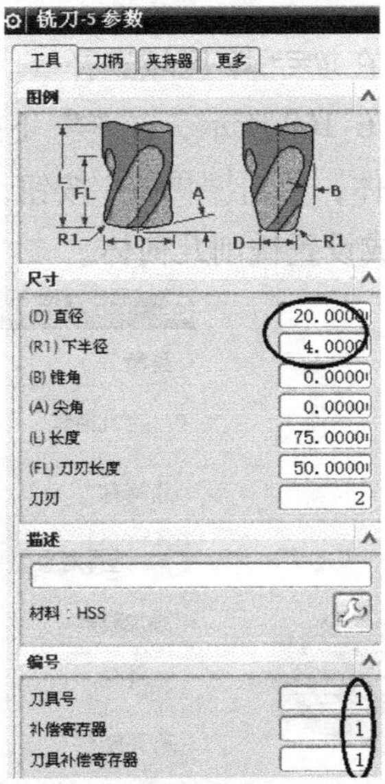

图 6-173

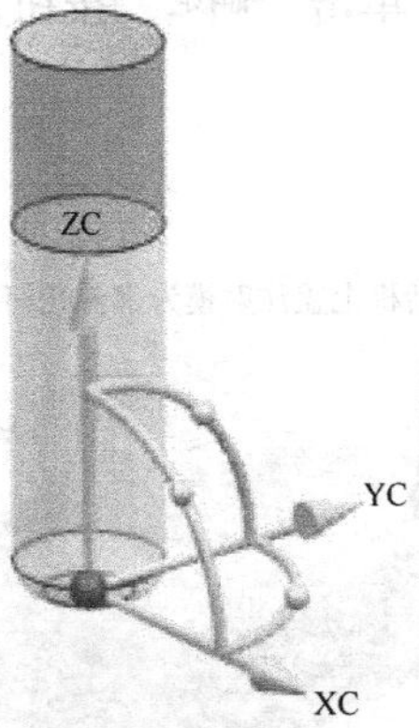

图 6-174

3. 按照上步骤的方法依次创建表 6-1 所列的其余铣刀（步骤略）

6.7.6 创建粗加工操作

一、创建开粗加工

1. 创建工序父节组选项

选择菜单中的【插入(S)】/【工序(E)...】命令或在【插入】工具条中选择（创建工序）图标，出现【创建工序】对话框，如图 6-175 所示。

在【创建工序】对话框的类型下拉框中选择 mill_contour（型腔铣）选项，在工序子类型区域选择（通用型腔铣）图标，在程序下拉框中选择 NC_PROGRAM 程序节点，在刀具下拉框中选择 EM20R4 (铣刀-5 参刀具节点，在几何体下拉框中选择 WORKPIECE 节点，在方法下拉框中选择 METHOD 节点，在名称栏输入“R1”，如图 6-175 所示，单击确定按钮，系统出现【型腔铣】对话框，如图 6-176 所示。

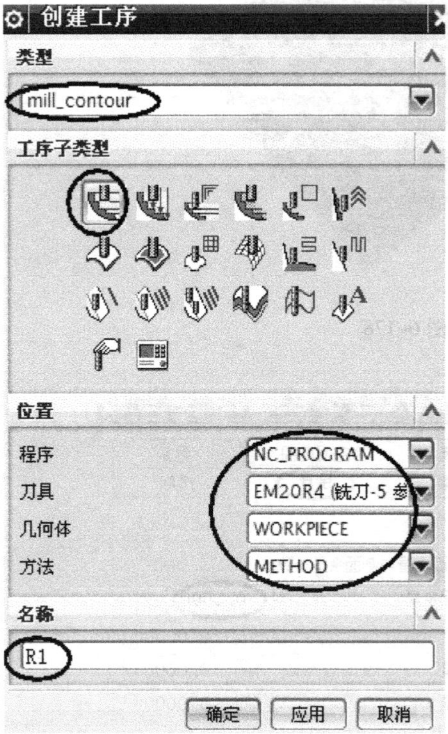

图 6-175

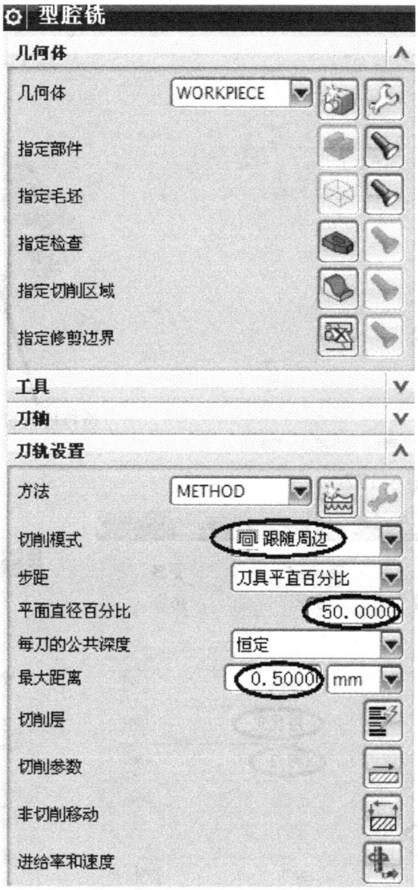

图 6-176

2. 创建几何体——创建修剪边界

在【型腔铣】对话框的几何体区域选择（选择或编辑修剪边界）图标，出现【修剪边界】对话框，如图 6-177 所示，在过滤器类型区域选择（面边界）图标，在修剪侧区域选择⊙外部选项，然后在图形中选择如图 6-178 所示的模型底面，单击确定按钮，完成创建修剪边界，系统返回【型腔铣】对话框。

3. 设置加工参数

（1）设置切削模式　在【型腔铣】对话框的 切削模式 下拉框中选择 跟随周边 选项，在 步距 下拉框中选择 刀具平直百分比 选项，在 平面直径百分比 栏输入“50”，如图6-176所示。

（2）设置切削层　在【型腔铣】对话框的 每刀的公共深度 下拉框中选择 恒定 选项，在 最大距离 栏输入“0.5”，如图6-176所示。

（3）设置切削参数　在【型腔铣】对话框中选择（切削参数）图标，出现【切削参数】对话框，如图6-179所示，选择 策略 选项卡，在 切削顺序 下拉框中选择 层优先 选项，在 刀路方向 下拉框中选择 向内 选项，勾选 岛清根 选项，然后选择 余量 选项卡，在 部件侧面余量 栏输入“0.35”，如图6-180所示，单击 确定 按钮，完成设置切削参数，系统返回【型腔铣】对话框。

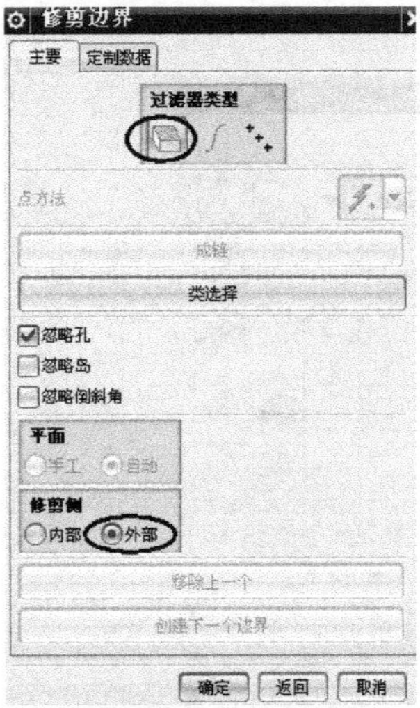

图6-177

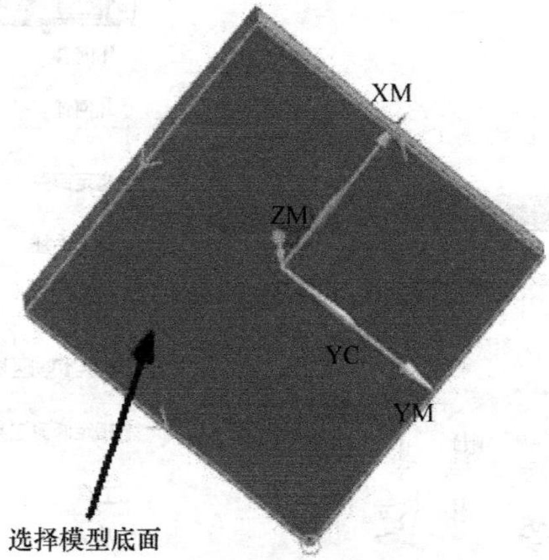

图6-178

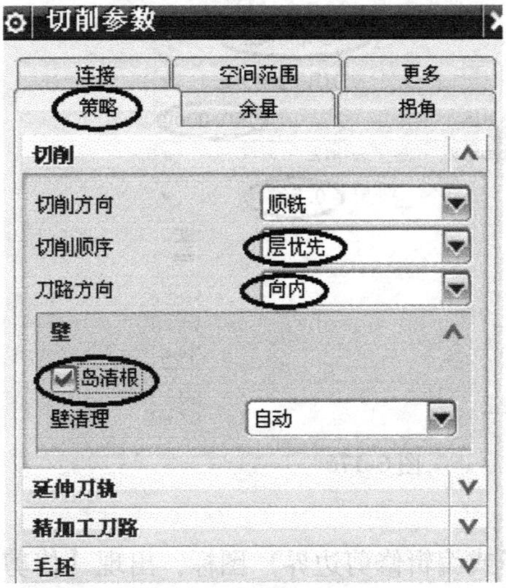

图6-179

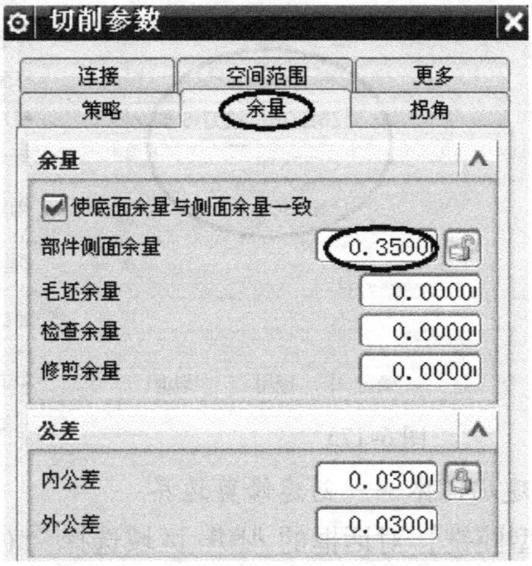

图6-180

（4）设置非切削移动参数 在【型腔铣】对话框中选择（非切削移动）图标，出现【非切削移动】对话框，如图6-181所示，选择 进刀 选项卡，在 最小斜面长度 栏输入“0”，选择 转移/快速 选项卡，在 区域之间/转移类型 下拉框中选择 前一平面 选项，区域内/转移类型 下拉框中选择 前一平面 选项，如图6-182所示，单击 确定 按钮，完成设置非切削移动参数，系统返回【型腔铣】对话框。

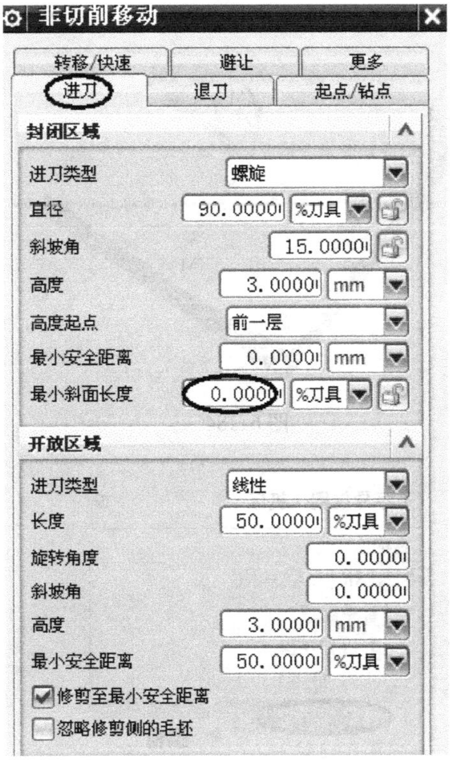

图6-181

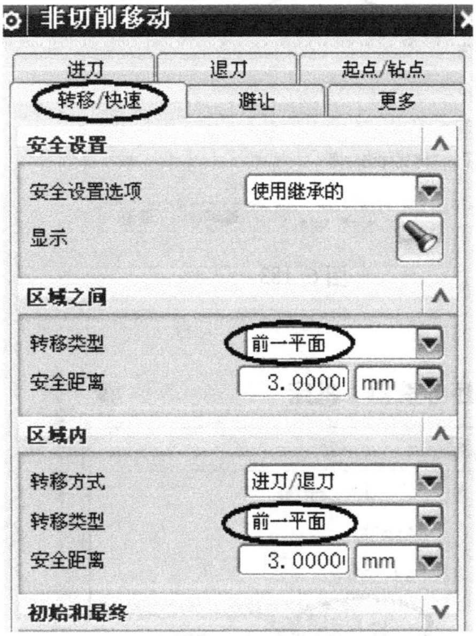

图6-182

（5）设置进给率和速度 在【型腔铣】对话框中选择（进给率和速度）图标，出现【进给率和速度】对话框，如图6-183所示，勾选 主轴速度（rpm）选项，在 主轴速度（rpm）、进给率/切削 栏分别输入“1500”和“1000”，如图6-183所示，单击 确定 按钮，完成设置进给率和速度，系统返回【型腔铣】对话框。

4. 生成刀轨

在【型腔铣】对话框的 **操作** 区域选择（生成刀轨）图标，系统自动生成刀轨，如图6-184所示，单击 确定 按钮，接受刀轨。

二、创建二次开粗操作

1. 复制操作R1

在工序导航器-机床视图的EM20R4节点处用鼠标右键选择复制操作R1，如图6-185所示，并将其粘贴在EM12R2节点下，重新命名为R2，操作如图6-186所示。

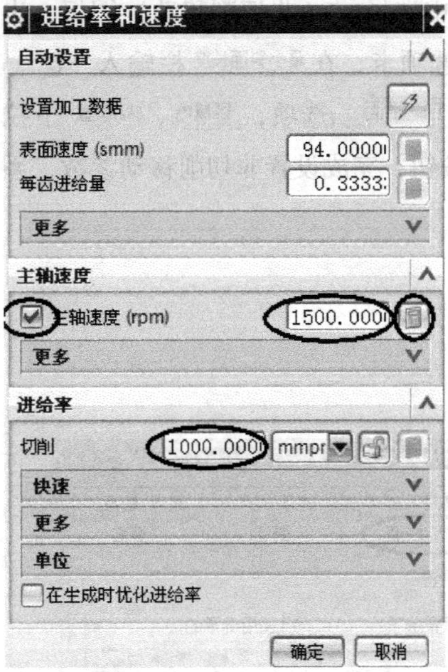

图 6-183

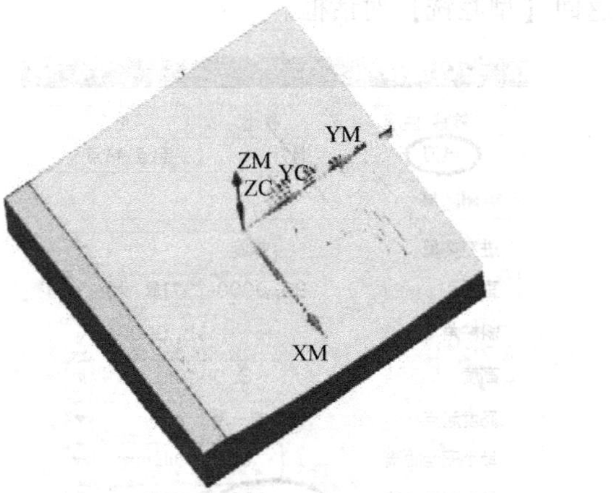

图 6-184

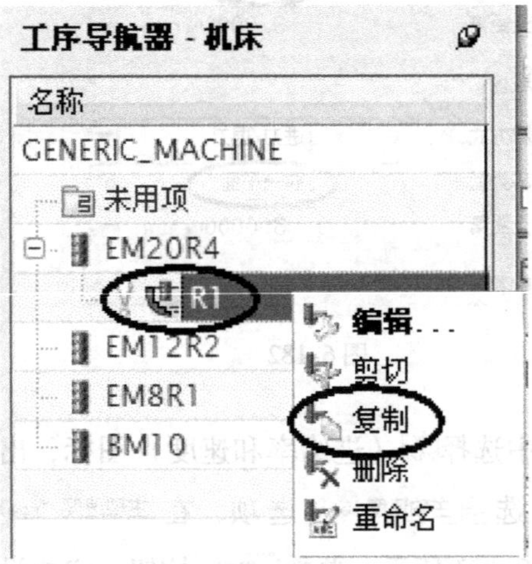

图 6-185

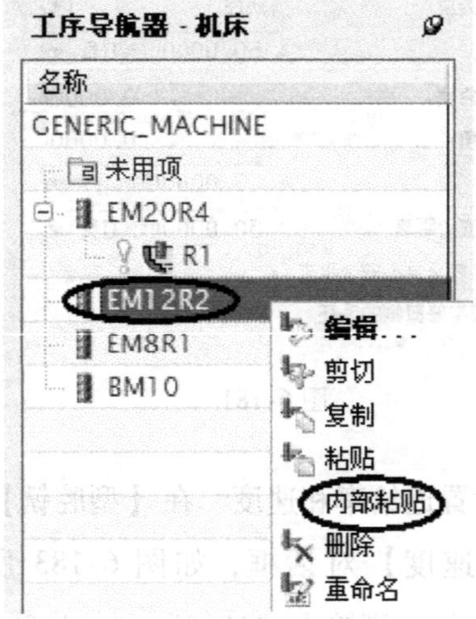

图 6-186

2. 编辑操作 R2

在工序导航器下双击 R2，系统出现【型腔铣】对话框，如图 6-187 所示。

3. 设置加工参数

(1) 设置切削参数　在【型腔铣】对话框中选择（切削参数）图标，出现【切削参数】对话框，选择 余量 选项卡，取消勾选 使底面余量与侧面余量一致 选项，在 部件侧面余量 栏输入“0.1”，在 部件底面余量 栏输入“0.2”，如图 6-188 所示，选择 空间范围 选项卡，在 处理中的工件 下拉框中选择 使用 3D 选项，在 参考刀具 下拉框中选择 EM20R4 (铣刀- 选项，如图 6-189 所示，单击 确定 按钮，完成设置切削参数，系统返回【型腔铣】对话框。

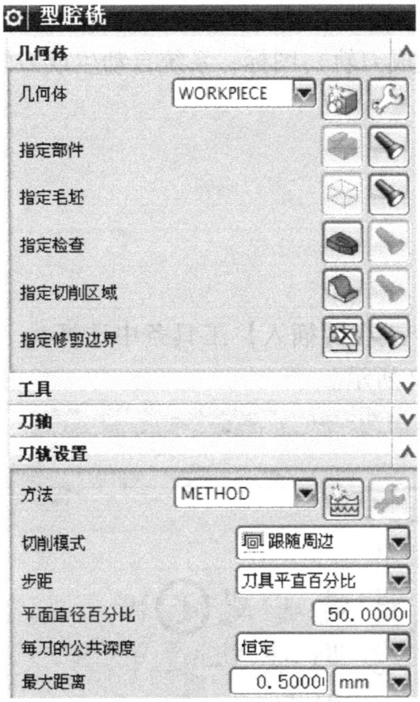

图 6-187

图 6-188

（2）设置进给率和速度　在【型腔铣】对话框中选择（进给率和速度）图标，出现【进给率和速度】对话框，勾选主轴速度（rpm）选项，在主轴速度（rpm）、进给率/切削栏分别输入“2000”和“800”，如图 6-190 所示，单击确定按钮，完成设置进给率和速度，系统返回【型腔铣】对话框。

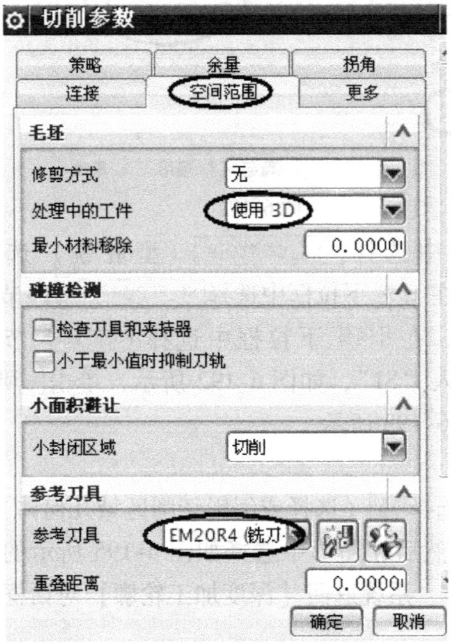

图 6-189

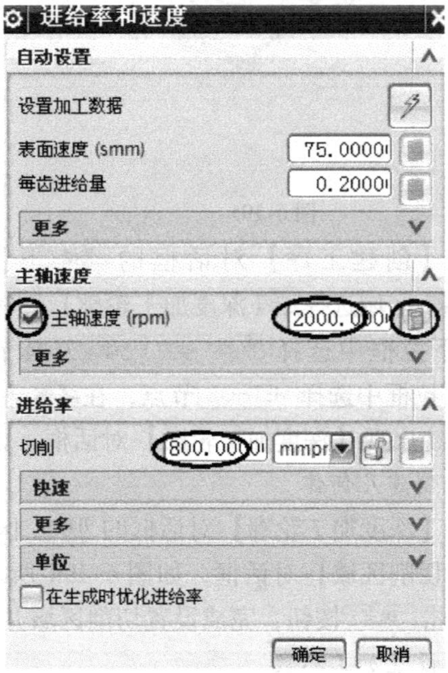

图 6-190

4. 生成刀轨

在【型腔铣】对话框的操作区域选择(生成刀轨)图标，系统自动生成刀轨，如图6-191所示，单击确定按钮，接受刀轨。

6.7.7 创建半精加工操作

一、创建外圈侧壁半精加工操作

1. 创建工序父节组选项

选择菜单中的【插入(S)】/【工序(E)...】命令或在【插入】工具条中选择(创建工序)图标，出现【创建工序】对话框，如图6-192所示。

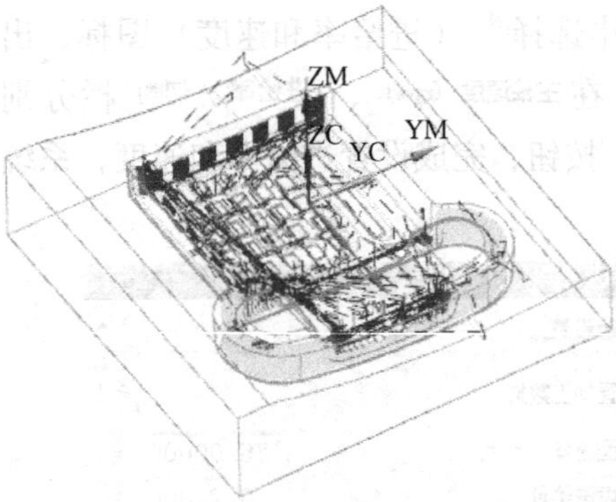

图6-191

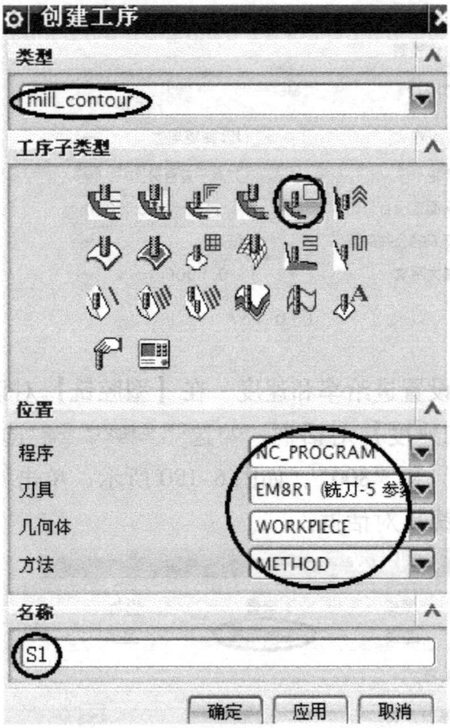

图6-192

在【创建工序】对话框的类型下拉框中选择mill_contour（型腔铣）选项，在操作子类型区域选择(深度加工轮廓)图标，在程序下拉框中选择NC_PROGRAM程序节点，在刀具下拉框中选择EM8R1 (铣刀-5 参数刀具节点，在几何体下拉框中选择WORKPIECE节点，在方法下拉框中选择METHOD节点，在名称栏输入“S1”，如图6-192所示，单击确定按钮，系统出现【深度加工轮廓】对话框，如图6-193所示。

2. 创建几何体

在【深度加工轮廓】对话框的几何体区域选择(选择或编辑切削区域几何体)图标，出现【切削区域】对话框，如图6-194所示，然后在图形中选择如图6-195所示的切削区域，单击确定按钮，完成设置切削区域几何体，系统返回【深度加工轮廓】对话框。

3. 设置加工参数

(1) 设置切削层　在【深度加工轮廓】对话框的陡峭空间范围下拉框中选择仅陡峭的选项，

在角度栏输入“65”，在最大距离栏输入“0.2”，如图 6-193 所示。

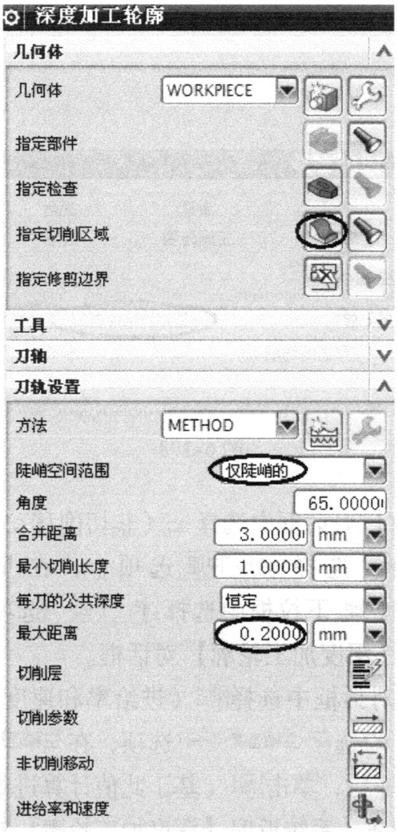

图 6-193

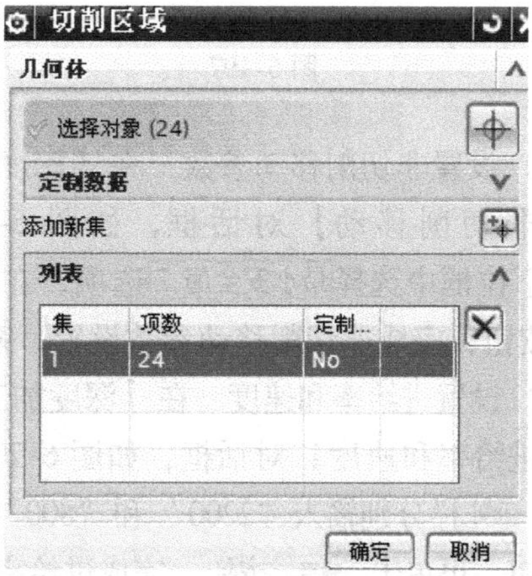

图 6-194

（2）设置切削参数　在【深度加工轮廓】对话框中选择（切削参数）图标，出现【切削参数】对话框，如图 6-196 所示，选择策略选项卡，在切削方向下拉框中选择混合选项，在切削顺序下拉框中选择始终深度优先选项，勾选在边缘滚动刀具选项，然后选择余量选项卡，在部件侧面余量栏输入“0.1”，如图 6-197 所示，然后选择连接选项卡，在层到层下拉框中选择直接对部件进刀选项，如图 6-198 所示，单击确定按钮，完成设置切削参数，系统返回【深度加工轮廓】对话框。

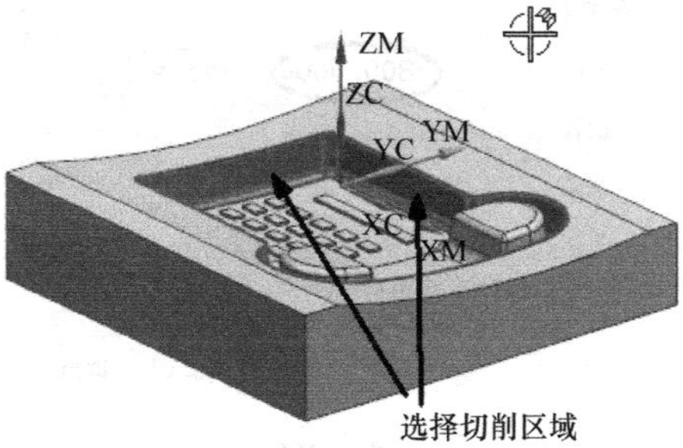

图 6-195

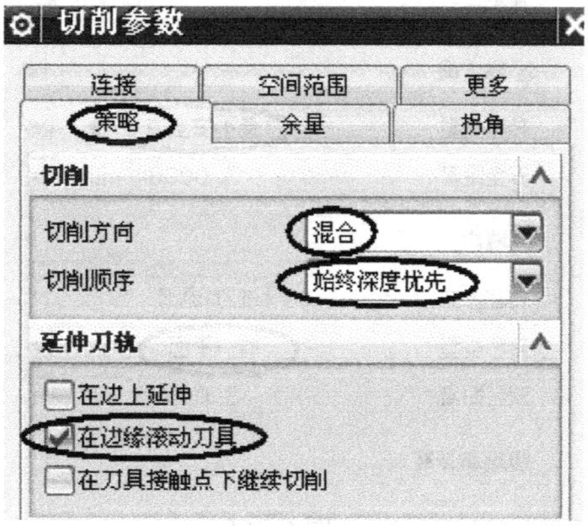

图 6-196

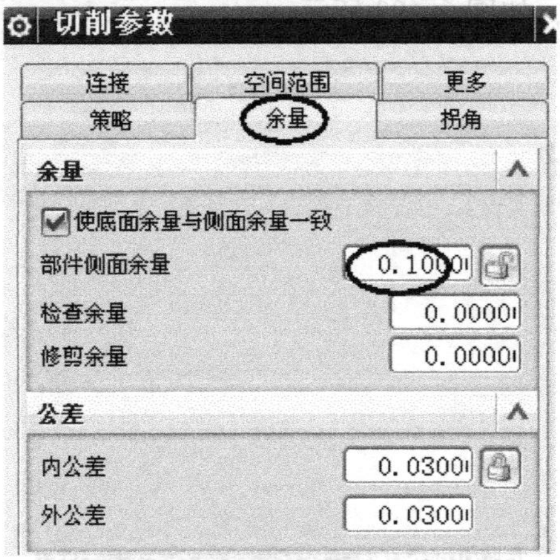

图 6-197

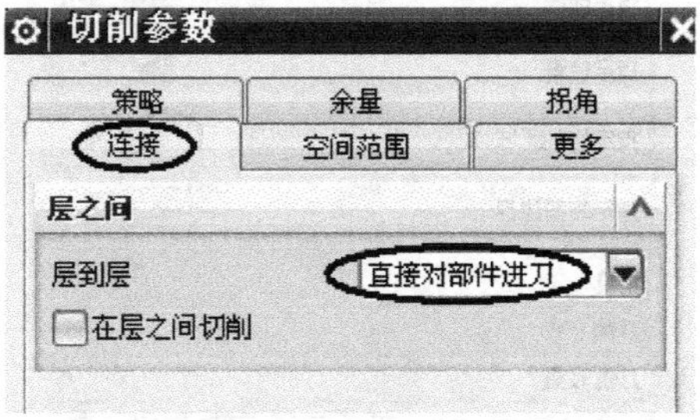

图 6-198

（3）设置非切削移动参数　在【深度加工轮廓】对话框中选择（非切削移动）图标，出现【非切削移动】对话框，如图 6-199 所示，选择 转移/快速 选项卡，在 区域之间/转移类型 下拉框中选择 最小安全值 Z 选项，在 区域内/转移类型 下拉框中选择 前一平面 选项，单击 确定 按钮，完成非切削移动参数设置，系统返回【深度加工轮廓】对话框。

（4）设置进给率和速度　在【深度加工轮廓】对话框中选择（进给率和速度）图标，出现【进给率和速度】对话框，如图 6-200 所示，勾选 主轴速度 (rpm) 选项，在 主轴速度 (rpm)、进给率/切削 栏分别输入“2200”和“800”，按下回车键，单击（基于此值计算进给率和速度）按钮，再单击 确定 按钮，完成进给率和速度设置，系统返回【深度加工轮廓】对话框。

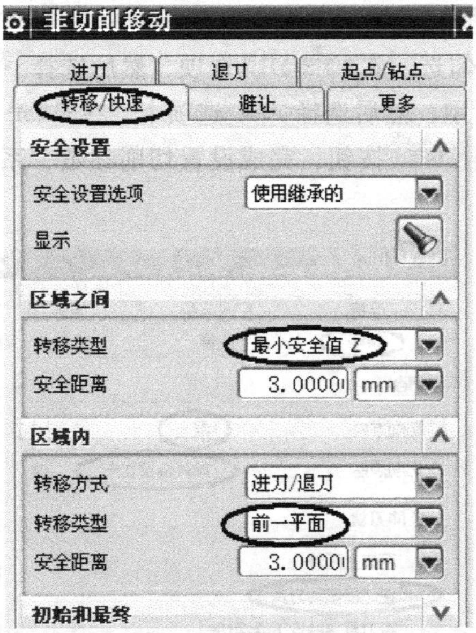

图 6-199

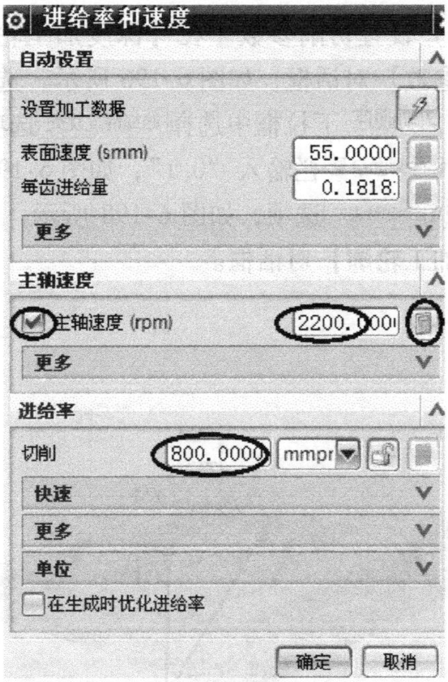

图 6-200

4. 生成刀轨

在【深度加工轮廓】对话框的 **操作** 区域选择（生成刀轨）图标，系统自动生成刀轨，如图 6-201 所示，单击 确定 按钮，接受刀轨。

二、创建内圈侧壁半精加工操作

1. 复制操作 S1

在工序导航器－机床视图 EM8R1 节点处用鼠标右键选择复制操作 S1，如图 6-202 所示，并将其粘贴在 EM8R1 节点下，重新命名为 S2，操作如图 6-203 所示。

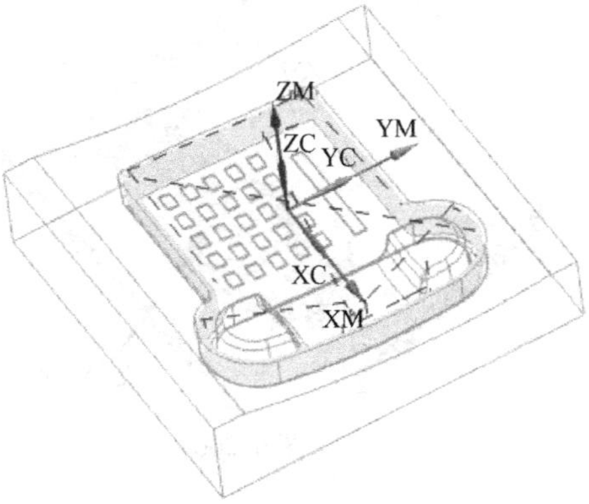

图 6-201

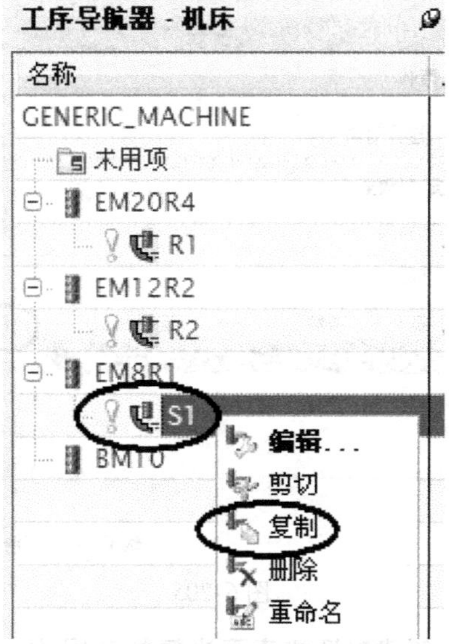

图 6-202

2. 编辑操作 S2

在工序导航器下双击 S2，系统出现【深度加工轮廓】对话框，如图 6-204 所示。

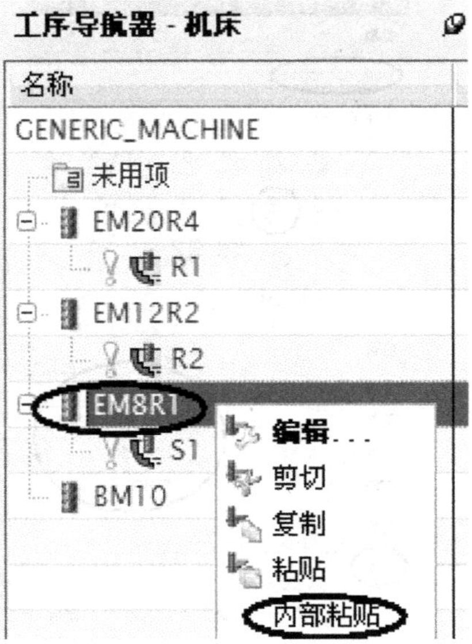

图 6-203

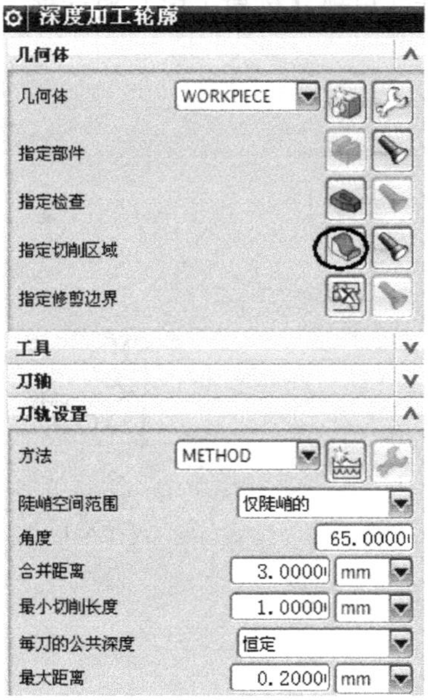

图 6-204

3. 编辑切削区域几何体

在【深度加工轮廓】对话框的 几何体 区域选择（选择或编辑切削区域几何体）图标，出现【切削区域】对话框，如图6-205所示，单击（移除）按钮，移除切削区域几何体，然后在图形中选择如图6-206所示的曲面，单击 确定 按钮，完成编辑切削区域几何体，系统返回【深度加工轮廓】对话框。

4. 生成刀轨

在【深度加工轮廓】对话框的 操作 区域选择（生成刀轨）图标，系统自动生成刀轨，如图6-207所示，单击 确定 按钮，接受刀轨。

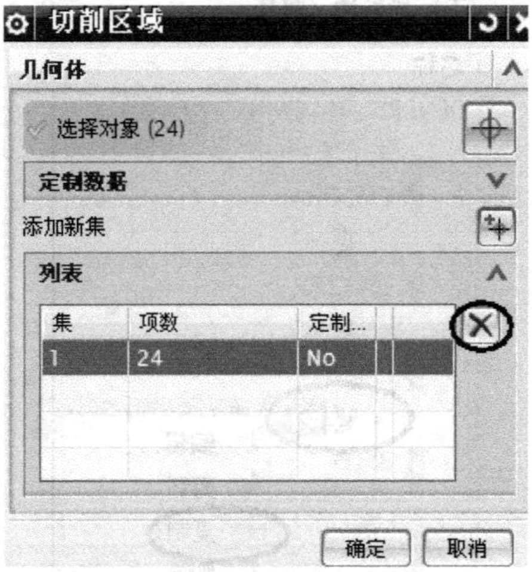

图6-205

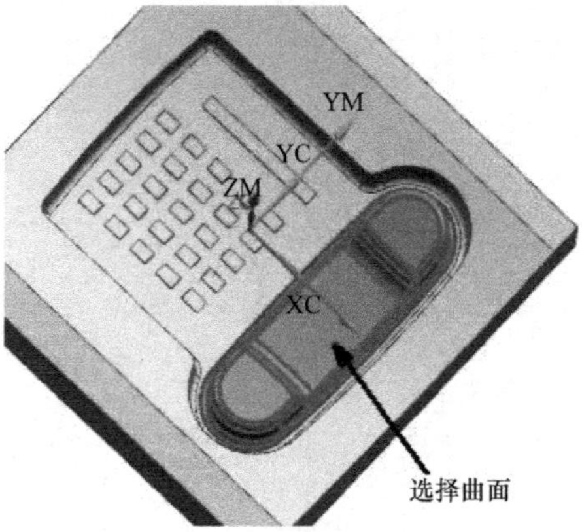

图6-206

三、创建电话机表面半精加工操作

1. 创建工序父节组选项

选择菜单中的【插入(S)】/【工序(E)...】命令或在【插入】工具条中选择（创建工序）图标，出现【创建工序】对话框，如图6-208所示。

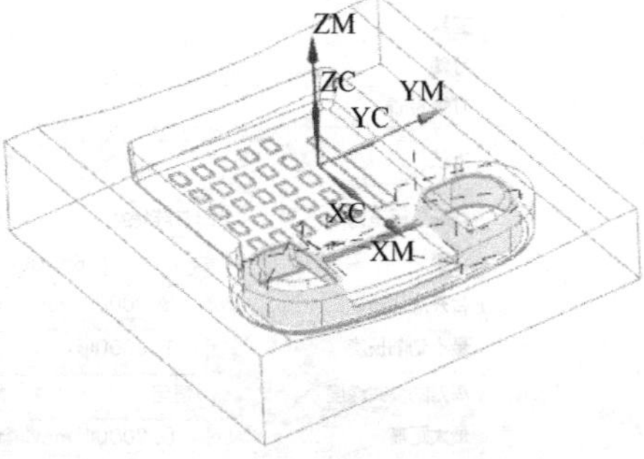

图6-207

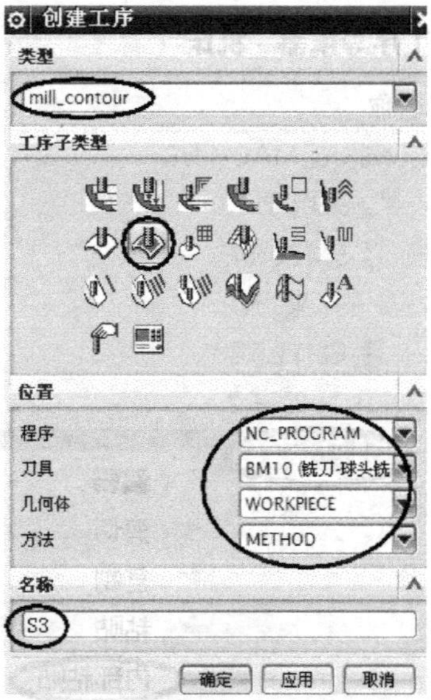

图6-208

在【创建工序】对话框的类型下拉框中选择mill_contour（型腔铣），在操作子类型区域选择（轮廓区域铣削）图标，在程序下拉框中选择NC_PROGRAM程序节点，在刀具下拉框中选择BM10（铣刀-球头铣）刀具节点，在几何体下拉框中选择WORKPIECE节点，在方法下拉框中选择METHOD节点，在名称栏输入“S3”，如图 6-208 所示，单击确定按钮，系统出现【轮廓区域】对话框，如图 6-209 所示。

2. 创建几何体

在【轮廓区域】对话框的指定切削区域选择（选择或编辑切削区域几何体）图标，出现【切削区域】几何体对话框，如图 6-210 所示，在图形中选择如图 6-211 所示的曲面为切削区域，单击确定按钮，完成创建切削区域几何体，系统返回【轮廓区域】对话框。

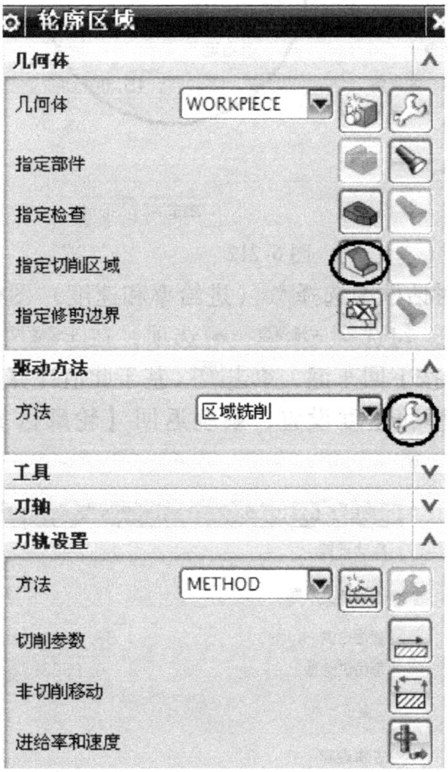

图 6-209

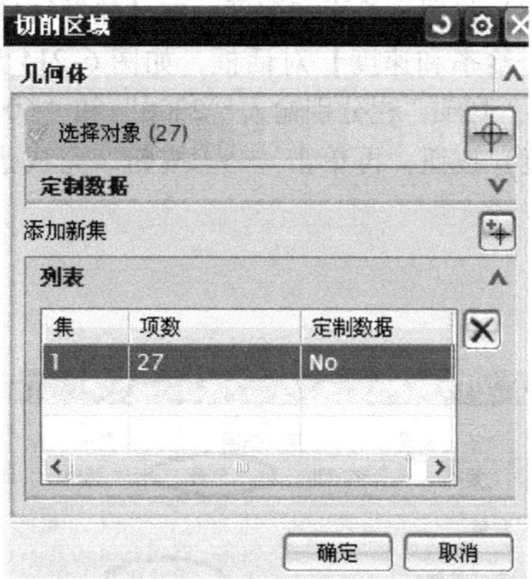

图 6-210

3. 设置加工参数

（1）设置驱动方法　在【轮廓区域】对话框中选择（编辑）图标，出现【区域铣削驱动方法】对话框，如图 6-212 所示，在陡峭空间范围/方法下拉框中选择无选项，在切削模式下拉框中选择往复选项，在切削方向下拉框中选择顺铣选项，在步距下拉框中选择残余高度选项，在最大残余高度栏输入“0.001”，在步距已应用下拉框中选择在平面上选项，在切削角下拉框中选择指定选项，在与 XC 的夹角栏输入“45”，单击确定按钮，完成驱动方法设置，系统返回【轮廓区域】对话框。

（2）设置切削参数　在【轮廓区域】对话框中选择（切削参数）图标，出现【切削参数】对话框，如图 6-213 所示，选择 余量 选项卡，在 部件余量 栏输入“0.1”，单击 确定 按钮，完成切削参数设置，系统返回【轮廓区域】对话框。

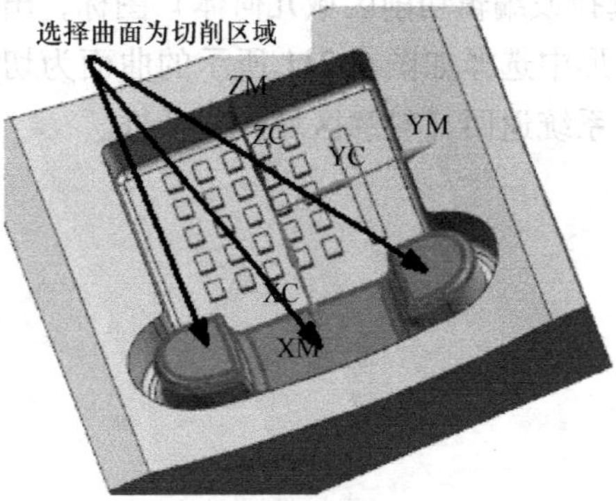

图 6-211

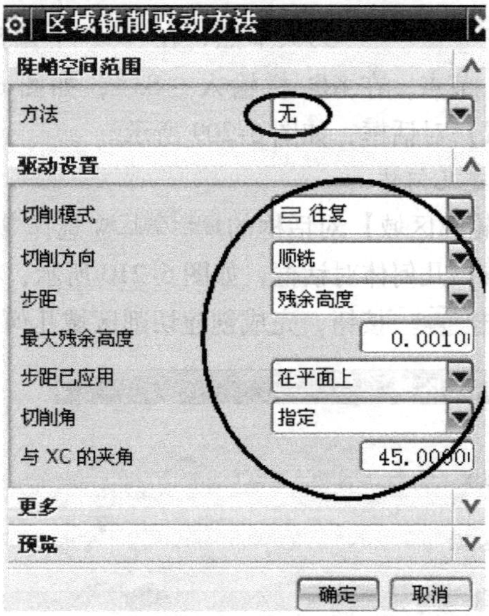

图 6-212

（3）设置进给率和速度　在【轮廓区域】对话框中选择（进给率和速度）图标，出现【进给率和速度】对话框，如图 6-214 所示，勾选 主轴速度 (rpm) 选项，在 主轴速度 (rpm) 、进给率 / 切削 栏分别输入“2200”和“600”，按下回车键，单击（基于此值计算进给率和速度）按钮，再单击 确定 按钮，完成进给率和速度设置，系统返回【轮廓区域】对话框。

图 6-213

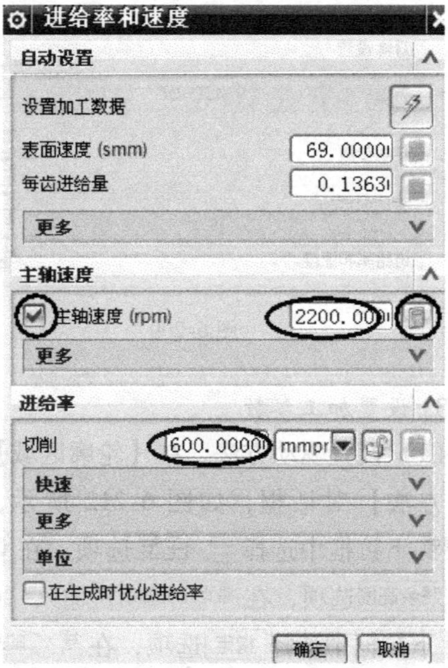

图 6-214

4. 生成刀轨

在【轮廓区域】对话框的**操作**区域选择（生成刀轨）图标，系统自动生成刀轨，如图 6-215 所示，单击确定按钮，接受刀轨。

四、创建电话机底面半精加工操作

1. 复制操作 S3

在工序导航器 – 机床视图 BM10 节点处用鼠标右键选择复制操作 S3，如图 6-216 所示，并将其粘贴在 EM8R1 节点下，重新命名为 S4，操作如图 6-217 所示。

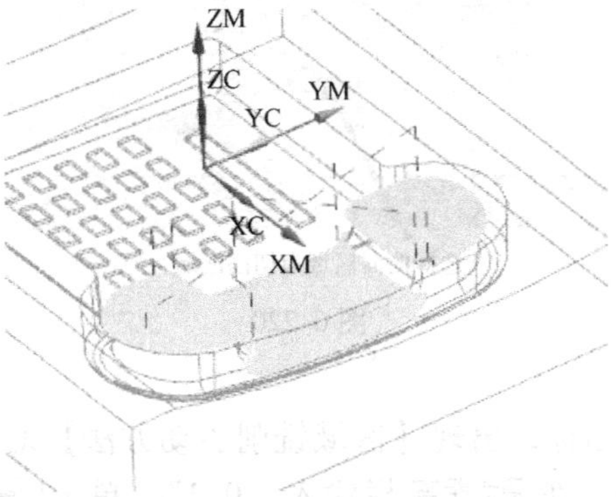

图 6-215

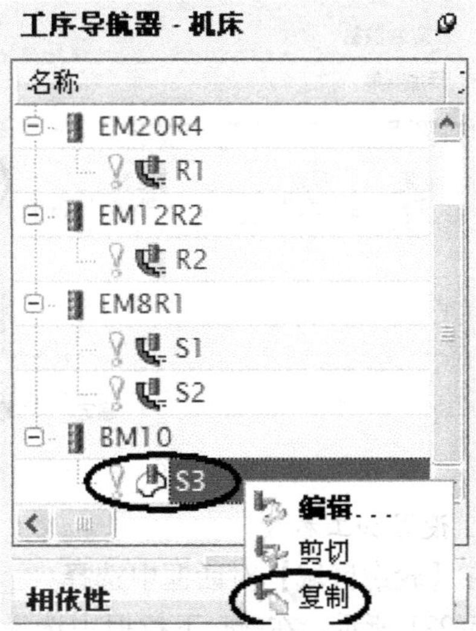

图 6-216

2. 编辑操作 S4

在工序导航器下双击 S4 操作，系统出现【轮廓区域】对话框，如图 6-218 所示。

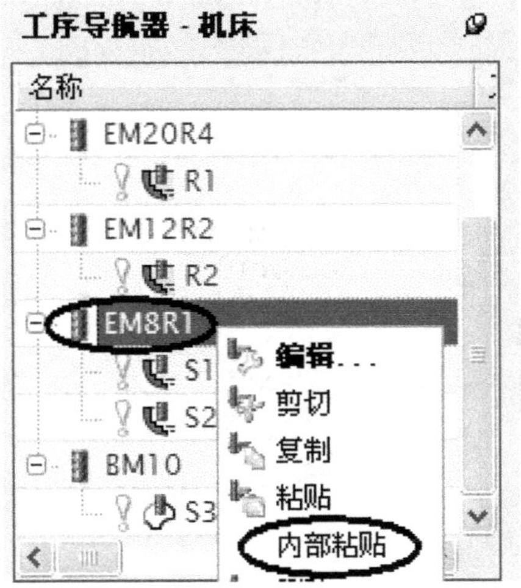

图 6-217

图 6-218

3. 重新选择切削区域几何体

在【轮廓区域】对话框的 **几何体** 区域选择（选择或编辑切削区域几何体）图标，出现【切削区域】对话框，如图6-219所示，单击（移除）按钮，然后在图形中选择如图6-220所示的曲面区域为切削区域几何体，单击 确定 按钮，完成切削区域几何体设置，系统返回【轮廓区域】对话框。

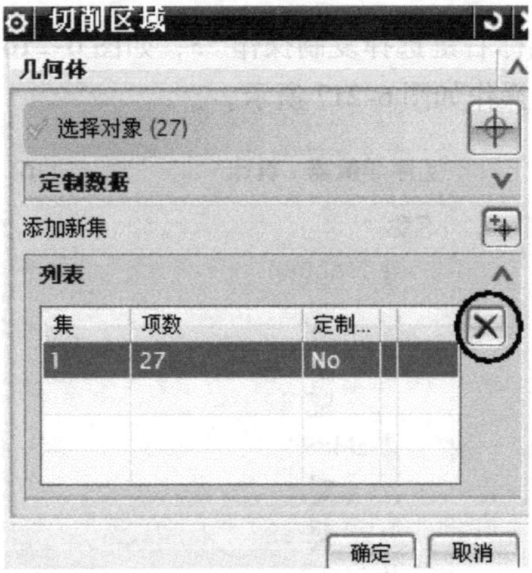

图6-219

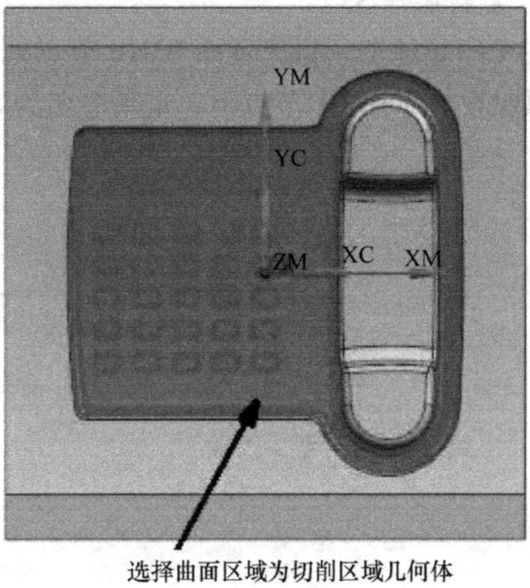

图6-220

4. 设置加工参数

在【轮廓区域】对话框中选择（编辑）图标，出现【区域铣削驱动方法】对话框，如图6-221所示，在 步距 下拉框中选择 恒定 选项，在 最大距离 栏输入“0.2”，单击 确定 按钮，完成设置驱动方法，系统返回【轮廓区域】对话框。

5. 生成刀轨

在【轮廓区域】对话框的 **操作** 区域选择（生成刀轨）图标，系统自动生成刀轨，如图6-222所示，单击 确定 按钮，接受刀轨。

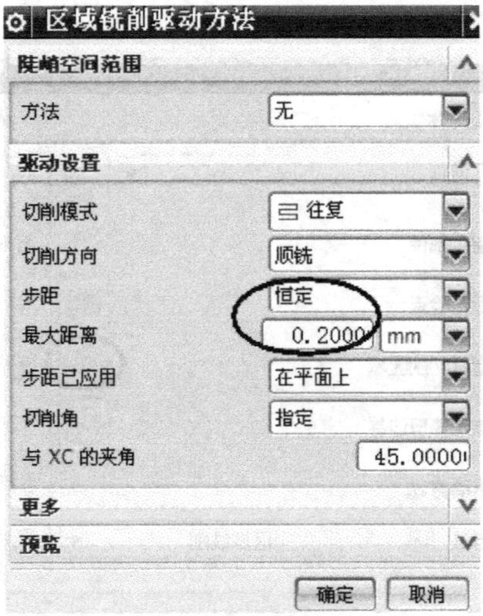

图6-221

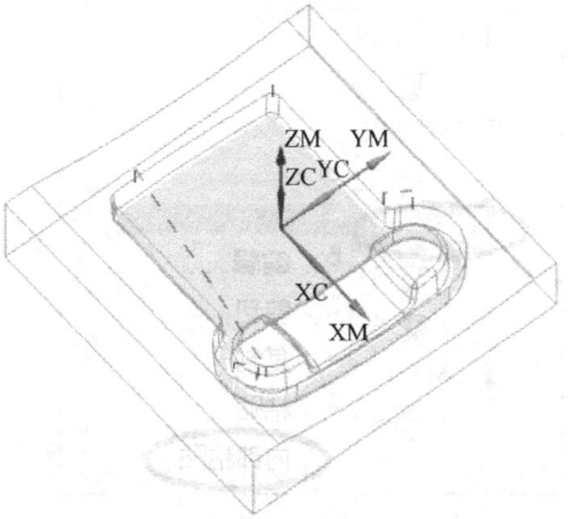

图6-222

五、创建分型面半精加工操作

1. 复制操作 S3

在工序导航器－机床视图 BM10 节点处用鼠标右键选择复制操作 S3，如图 6-223 所示，并将其粘贴在 BM10 节点下，重新命名为 S5，操作如图 6-224 所示。

2. 编辑操作 S5

在工序导航器下双击 S5 操作，系统出现【轮廓区域】对话框。

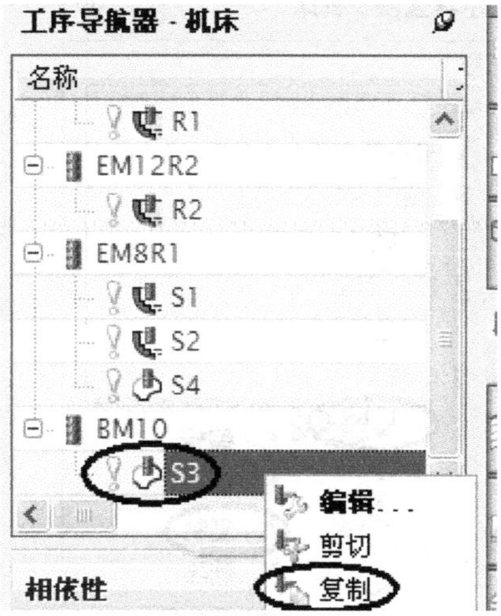

图 6-223

图 6-224

3. 重新选择切削区域几何体

在【轮廓区域】对话框的几何体区域选择（选择或编辑切削区域几何体）图标，出现【切削区域】对话框，如图 6-225 所示，单击（移除）按钮，然后在图形中选择如图 6-226 所示的曲面区域为切削区域几何体，单击确定按钮，完成切削区域几何体设置，系统返回【轮廓区域】对话框。

4. 生成刀轨

在【轮廓区域】对话框的操作区域选择（生成刀轨）图标，系统自动生成刀轨，如图 6-227 所示，单击确定按钮，接受刀轨。

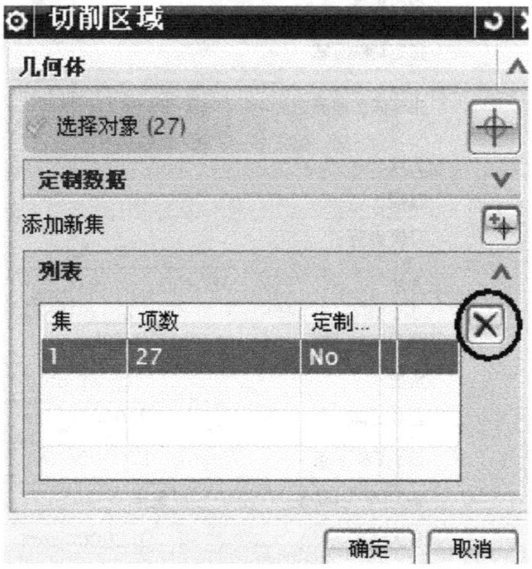

图 6-225

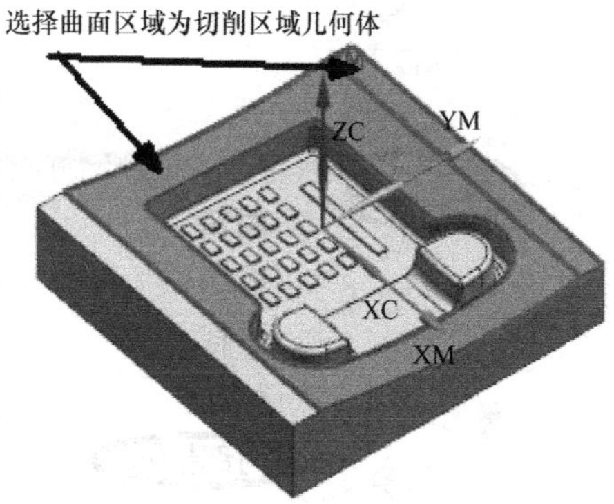

图 6-226

6.7.8 创建精加工操作

一、创建外圈侧壁精加工操作

1. 复制操作 S1

在工序导航器 – 机床视图 EM8R1 节点处用鼠标右键选择复制操作 S1，如图 6-228 所示，并将其粘贴在 EM8R1 节点下，重新命名为 F1，操作如图 6-229 所示。

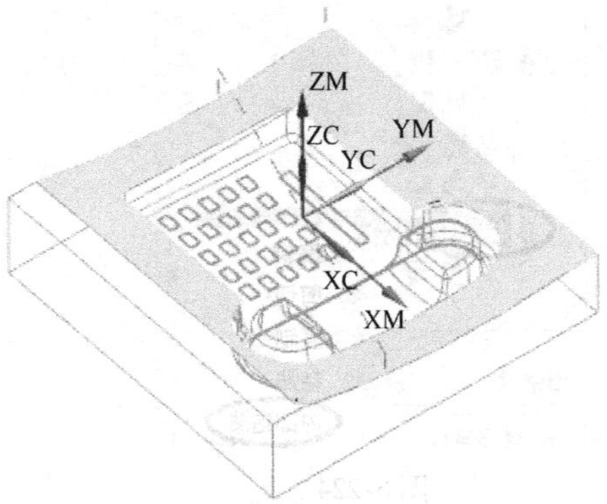

图 6-227

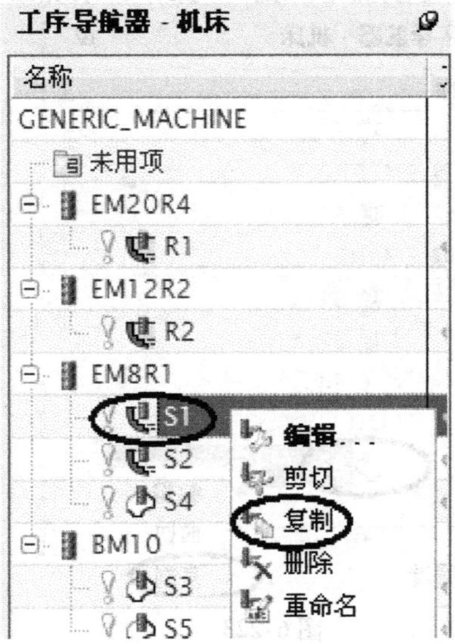

图 6-228

2. 编辑操作 F1

在工序导航器下双击 F1 操作，系统出现【深度加工轮廓】对话框，如图 6-230 所示。

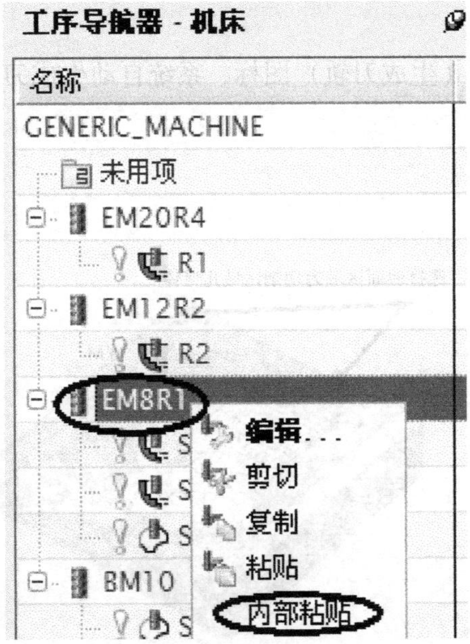

图 6-229

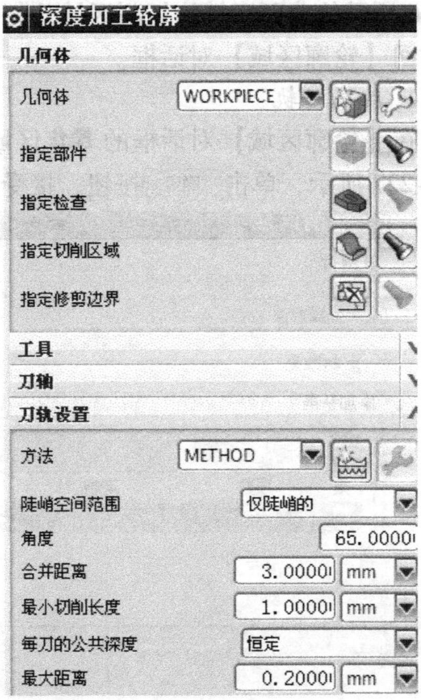

图 6-230

3. 设置加工参数

（1）设置切削参数 在【深度加工轮廓】对话框中选择（切削参数）图标，出现【切削参数】对话框，如图6-231所示，选择余量选项卡，取消勾选使底面余量与侧面余量一致选项，在部件侧面余量栏输入“0”，在部件底面余量栏输入“0.1”，单击确定按钮，完成切削参数设置，系统返回【深度加工轮廓】对话框。

（2）设置进给率和速度 在【深度加工轮廓】对话框中选择（进给率和速度）图标，出现【进给率和速度】对话框，如图6-232所示，勾选主轴速度（rpm）选项，在主轴速度（rpm）、进给率／切削栏分别输入“2500”和“600”，按下回车键，单击（基于此值计算进给率和速度）按钮，再单击确定按钮，完成进给率和速度设置，系统返回【深度加工轮廓】对话框。

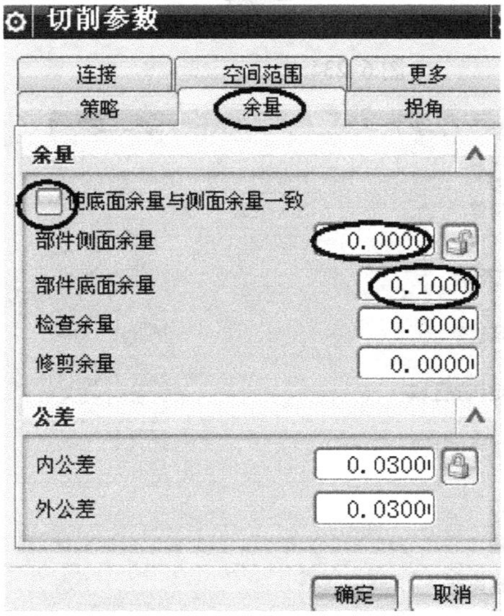

图6-231

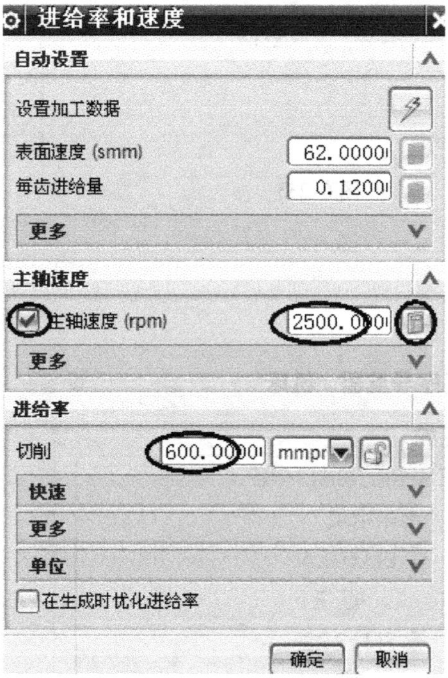

图6-232

4. 生成刀轨

在【深度加工轮廓】对话框的操作区域选择（生成刀轨）图标，系统自动生成刀轨，如图6-233所示，单击确定按钮，接受刀轨。

二、创建内圈侧壁精加工操作

1. 复制操作S2

在工序导航器－机床视图EM8R1节点处用鼠标右键选择复制操作S2，如图6-234所示，并将其粘贴在EM8R1节点下，重新命名为F2，操作如图6-235所示。

2. 编辑操作F2

在工序导航器下双击F2操作，系统出现【深度加工轮廓】对话框，如图6-236所示。

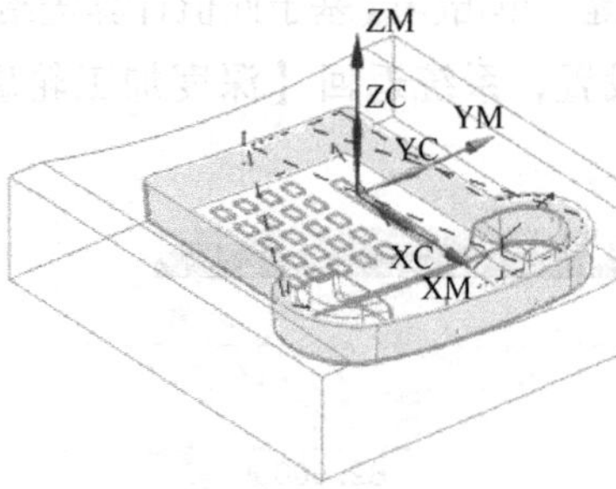

图 6-233

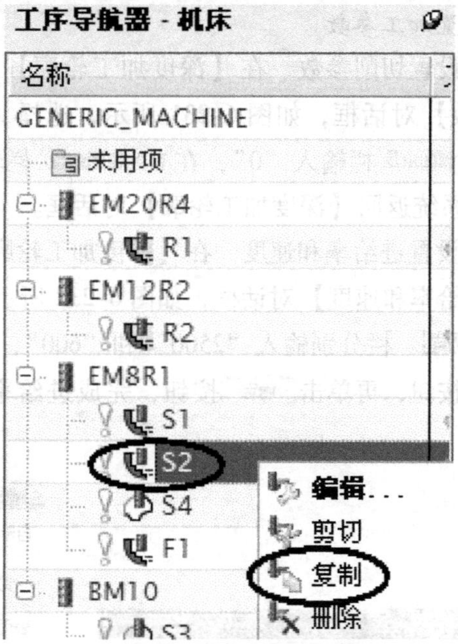

图 6-234

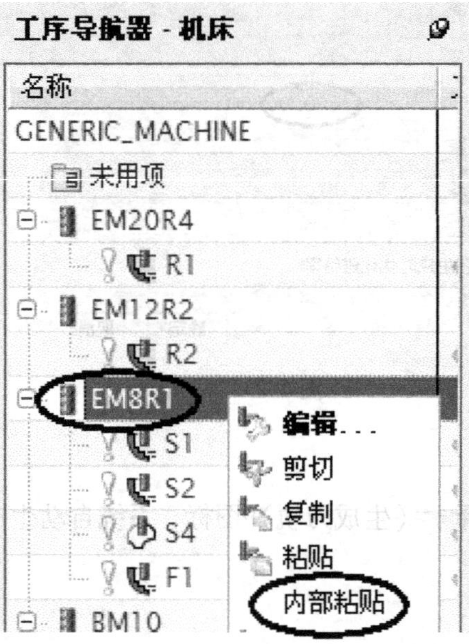

图 6-235

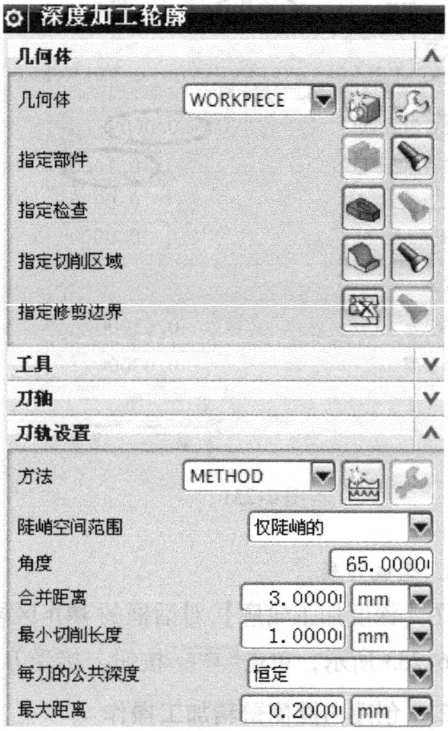

图 6-236

3. 设置加工参数

（1）设置切削参数　在【深度加工轮廓】对话框中选择（切削参数）图标，出现【切削参数】对话框，如图 6-237 所示，选择 余量 选项卡，取消勾选 使底面余量与侧面余量一致 选项，在部件侧面余量栏输入“0”，在部件底面余量栏输入“0.1”，单击确定按钮，完成切削参数设置，系统返回【深度加工轮廓】对话框。

（2）设置进给率和速度　在【深度加工轮廓】对话框中选择（进给率和速度）图标，出现【进给率和速度】对话框，如图 6-238 所示，勾选主轴速度 (rpm) 选项，在主轴速度 (rpm)、进给率 / 切削栏分别输入“2500”和“600”，按下回车键，单击（基于此值计算进给率和速度）按钮，再单击确定按钮，完成进给率和速度设置，系统返回【深度加工轮廓】对话框。

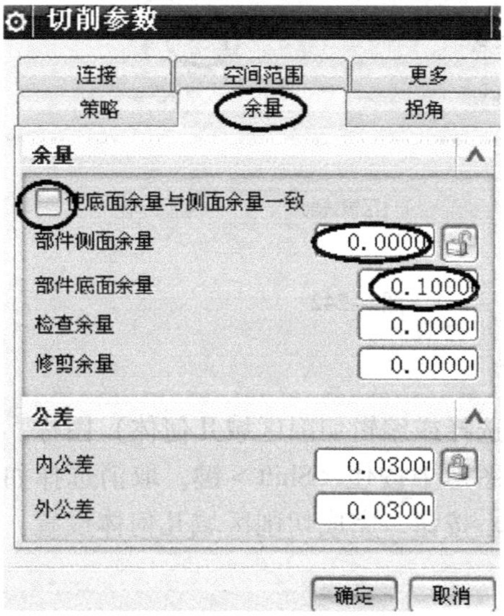

图 6-237

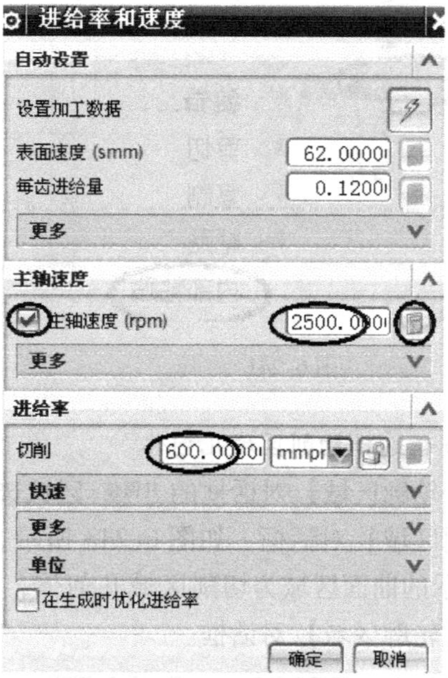

图 6-238

4. 生成刀轨

在【深度加工轮廓】对话框的操作区域选择（生成刀轨）图标，系统自动生成刀轨，如图 6-239 所示，单击确定按钮，接受刀轨。

三、创建分型面曲面精加工操作

1. 复制操作 S5

在工序导航器－机床视图 BM10 节点处用鼠标右键选择复制操作 S5，如图 6-240 所示，并将其粘贴在 BM10 节点下，重新命名为 F3，操作如图 6-241 所示。

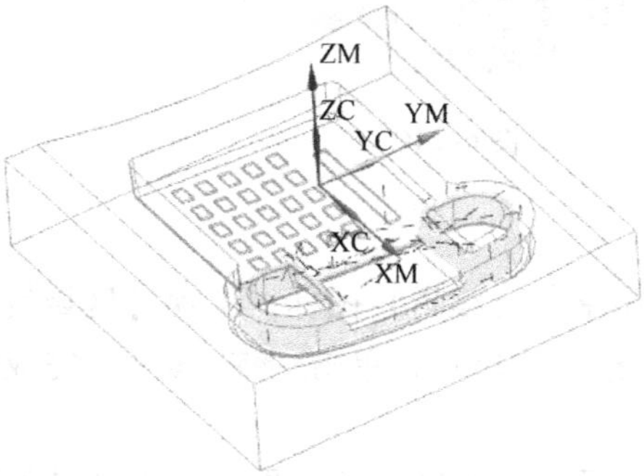

图 6-239

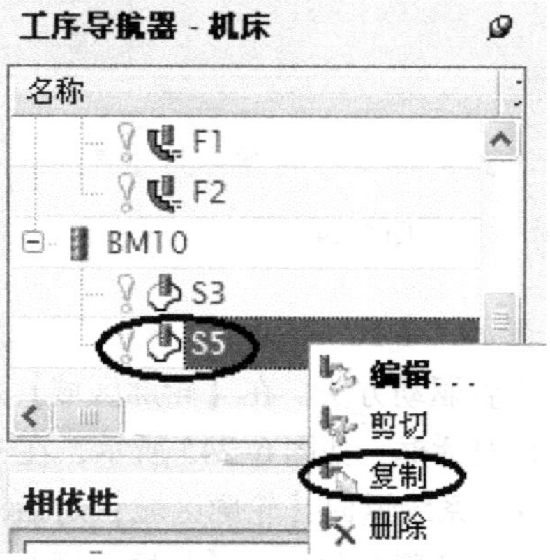

图 6-240

2. 编辑操作F3

在工序导航器下双击F3操作，系统出现【轮廓区域】对话框，如图6-242所示。

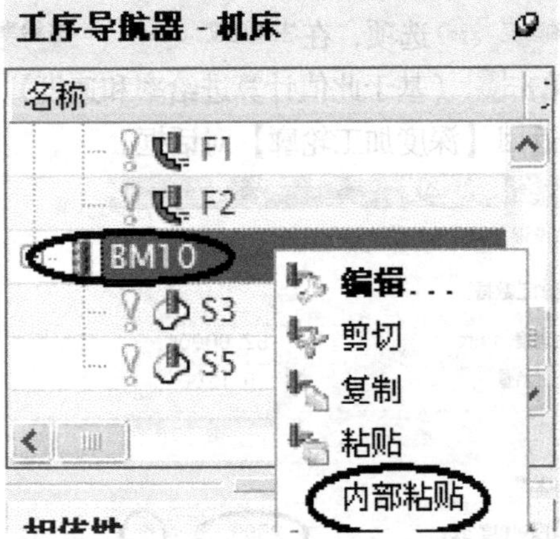

图6-241

图6-242

3. 重新选择切削区域几何体

在【轮廓区域】对话框的几何体区域选择（选择或编辑切削区域几何体）图标，出现【切削区域】对话框，如图6-243所示，然后在图形中按住<Shift>键，取消选择如图6-244所示的曲面区域为切削区域几何体，单击确定按钮，完成切削区域几何体设置，系统返回【轮廓区域】对话框。

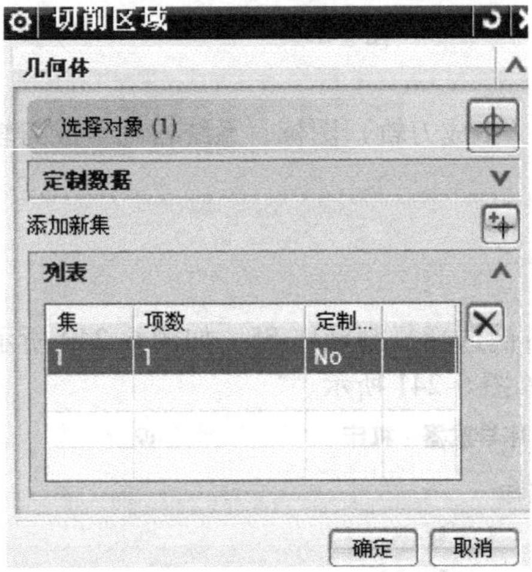

图6-243

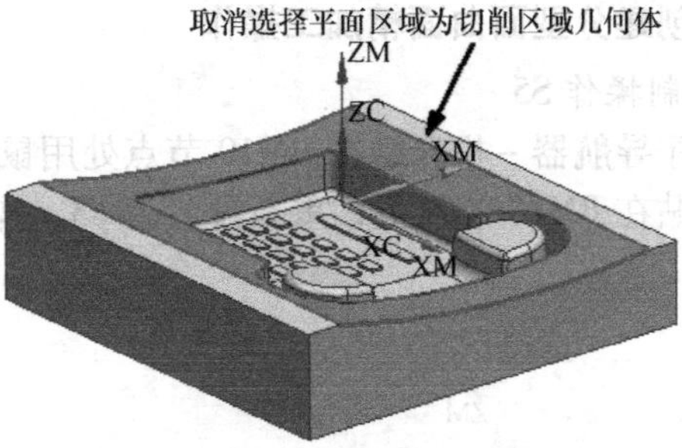

图6-244

4. 设置加工参数

（1）设置驱动方法　在【轮廓区域】对话框中选择（编辑）图标，出现【区域铣削驱动方法】对话框，如图6-245所示，在与XC的夹角栏输入“135”，单击确定按钮，完成驱动方法设置，系统返回【轮廓区域】对话框。

（2）设置切削参数　在【轮廓区域】对话框中选择（切削参数）图标，出现【切削参数】对话框，如图 6-246 所示，选择 余量 选项卡，在 部件余量 栏输入“0”，单击 确定 按钮，完成切削参数设置，系统返回【轮廓区域】对话框。

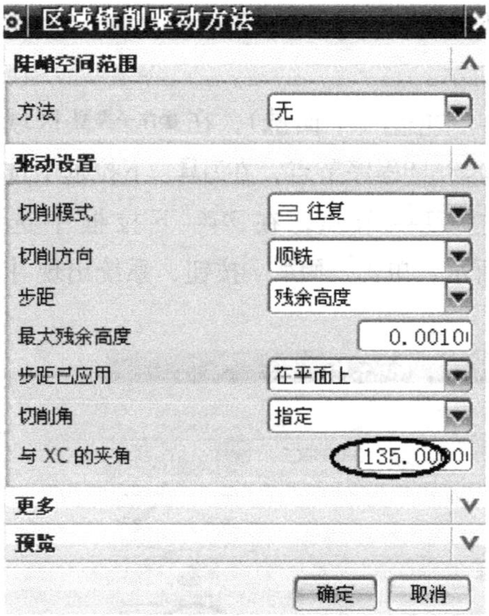

图 6-245

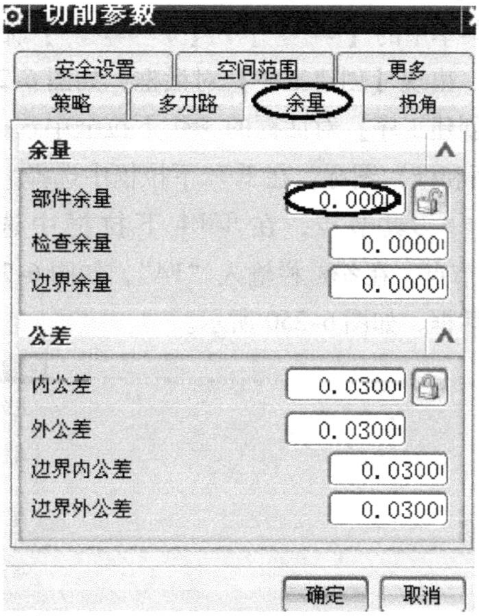

图 6-246

（3）设置进给率和速度　在【轮廓区域】对话框中选择 （进给率和速度）图标，出现【进给率和速度】对话框，如图 6-247 所示，勾选 主轴速度 (rpm) 选项，在 主轴速度 (rpm) 、进给率 / 切削 栏分别输入“2500”和“600”，按下回车键，单击 （基于此值计算进给率和速度）按钮，再单击 确定 按钮，完成进给率和速度设置，系统返回【轮廓区域】对话框。

5. 生成刀轨

在【轮廓区域】对话框的 **操作** 区域选择 （生成刀轨）图标，系统自动生成刀轨，如图 6-248 所示，单击 确定 按钮，接受刀轨。

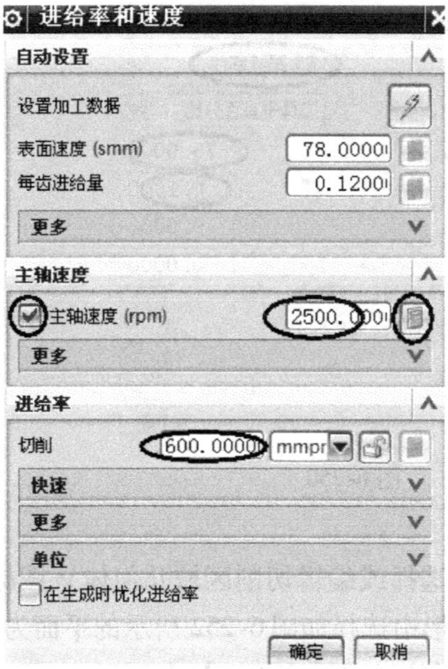

图 6-247

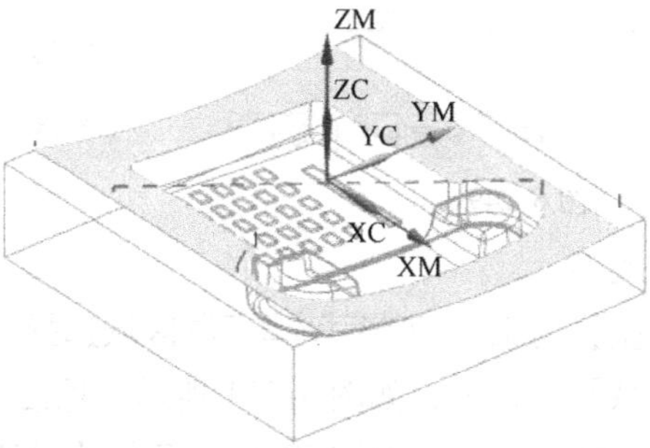

图 6-248

四、创建分型面平面精加工操作

1. 创建工序父节组选项

选择菜单中的【插入(S)】/【工序(E)...】命令或在【插入】工具条中选择（创建工序）图标，出现【创建工序】对话框，如图6-249所示。

在【创建工序】对话框的类型下拉框中选择mill_planar（平面铣），在操作子类型区域选择（底面和壁）图标，在程序下拉框中选择NC_PROGRAM程序节点，在刀具下拉框中选择EM12R2 (铣刀-5 参刀具节点，在几何体下拉框中选择WORKPIECE节点，在方法下拉框中选择METHOD节点，在名称栏输入“F4”，如图6-249所示，单击确定按钮，系统出现【底面壁】对话框，如图6-250所示。

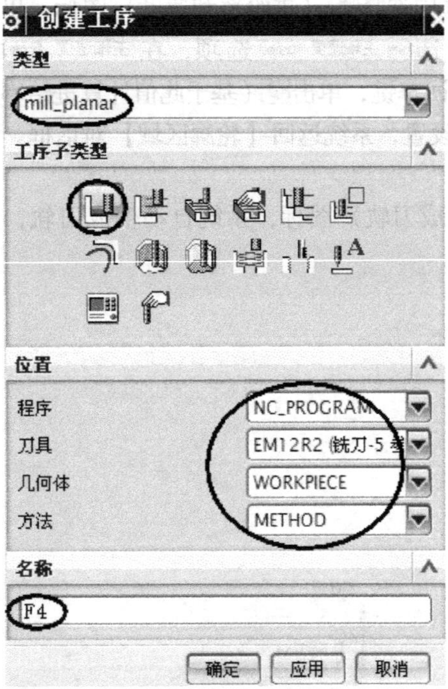

图6-249

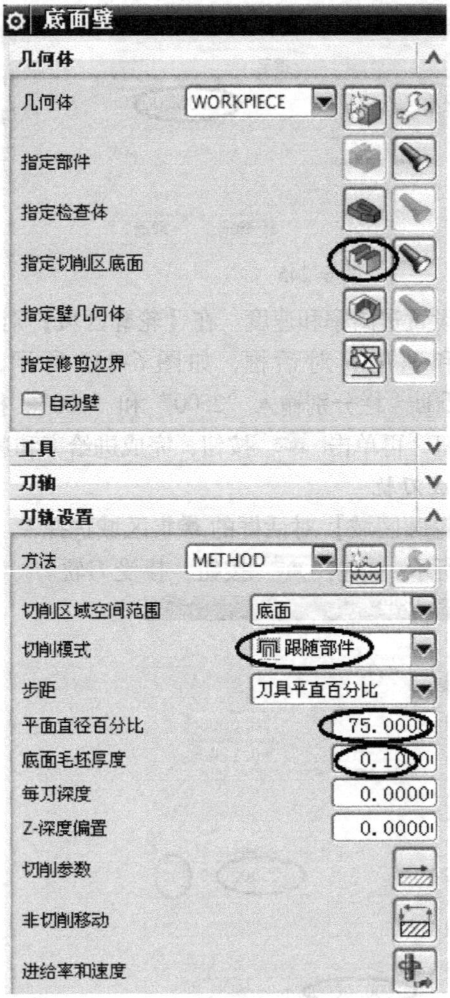

图6-250

2. 创建几何体

在【底面壁】对话框的指定切削区底面区域选择（选择或编辑切削区域几何体）图标，出现【切削区域】对话框，如图6-251所示，然后在图形中选择如图6-252所示的平面为切削区域，单击确定按钮，完成切削区域几何体设置，系统返回【底面壁】对话框。

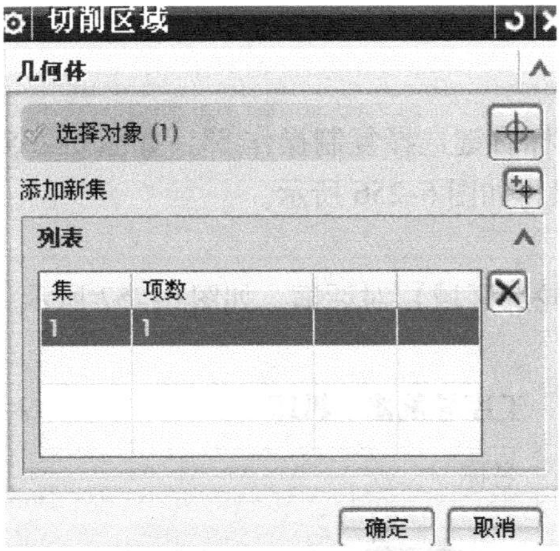

图 6-251

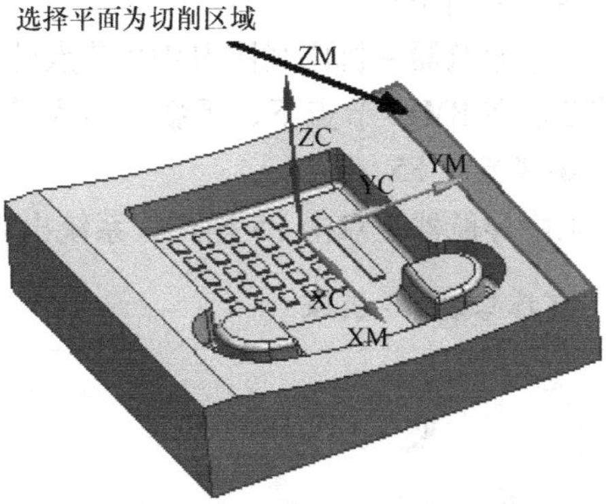

图 6-252

3. 设置加工参数

(1) 设置切削模式　在【底面壁】对话框的 切削模式 下拉框中选择 跟随部件选项，在 步距 下拉框中选择 刀具平直百分比 选项，在 平面直径百分比 栏输入“75”，在 底面毛坯厚度 栏输入“0.1”，在 每刀深度 栏输入“0”，如图 6-250 所示。

(2) 设置进给率和速度参数　在【底面壁】对话框中选择（进给率和速度）图标，出现【进给率和速度】对话框，如图 6-253 所示，勾选 主轴速度 (rpm)，在 进给率 / 切削 栏输入“600”，在 主轴速度 (rpm) 栏输入“2500”，按下回车键，单击（基于此值计算进给率和速度）按钮，再单击 确定 按钮，完成进给率和速度参数设置，系统返回【底面壁】对话框。

4. 生成刀轨

在【底面壁】对话框的 操作 区域选择（生成刀轨）图标，系统自动生成刀轨，如图 6-254 所示，单击 确定 按钮，接受刀轨。

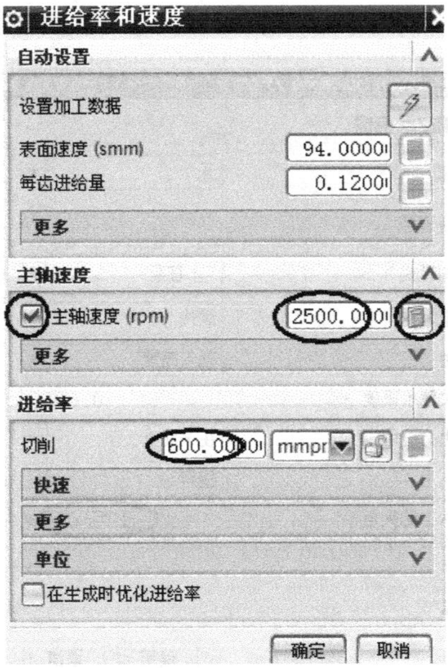

图 6-253

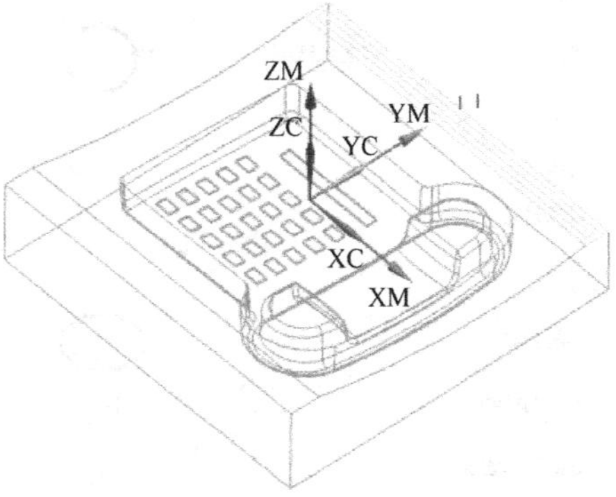

图 6-254

五、创建电话机表面精加工操作

1. 复制操作 S3

在工序导航器－机床视图 BM10 节点处用鼠标右键选择复制操作 S3，如图 6-255 所示，并将其粘贴在 BM10 节点下，重新命名为 F5，操作如图 6-256 所示。

2. 编辑操作 F5

在工序导航器下双击 F5 操作，系统出现【轮廓区域】对话框，如图 6-257 所示。

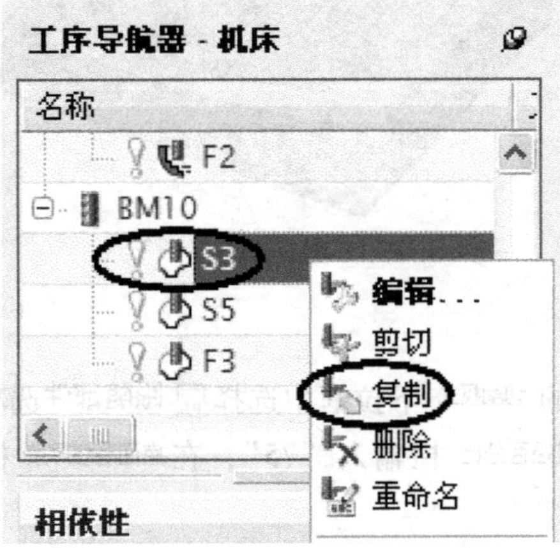

图 6-255

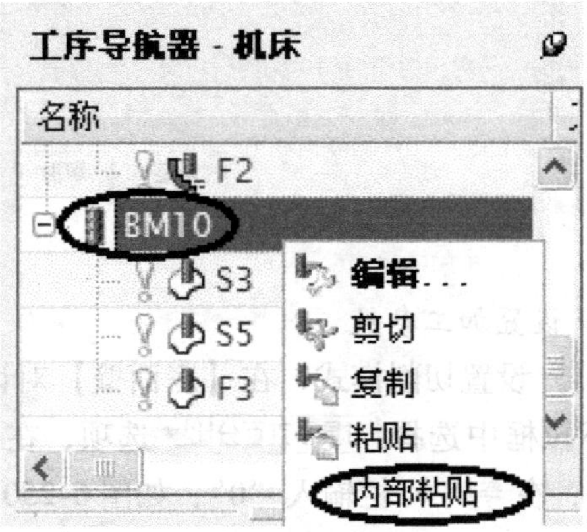

图 6-256

3. 设置加工参数

（1）设置驱动方法　在【轮廓区域】对话框中选择（编辑）图标，出现【区域铣削驱动方法】对话框，如图 6-258 所示，在与 XC 的夹角栏输入“135”，单击确定按钮，完成驱动方法设置，系统返回【轮廓区域】对话框。

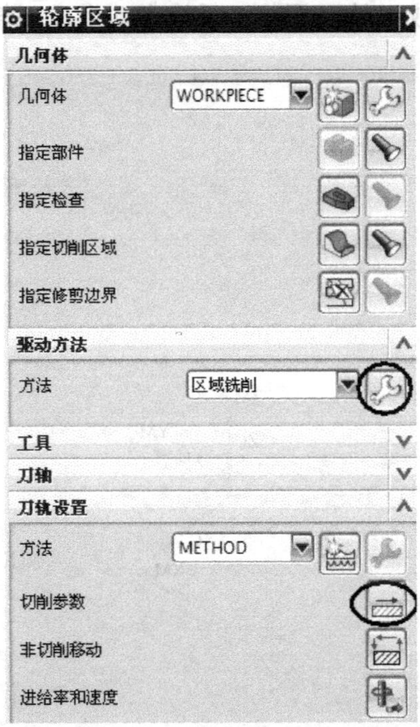

图 6-257

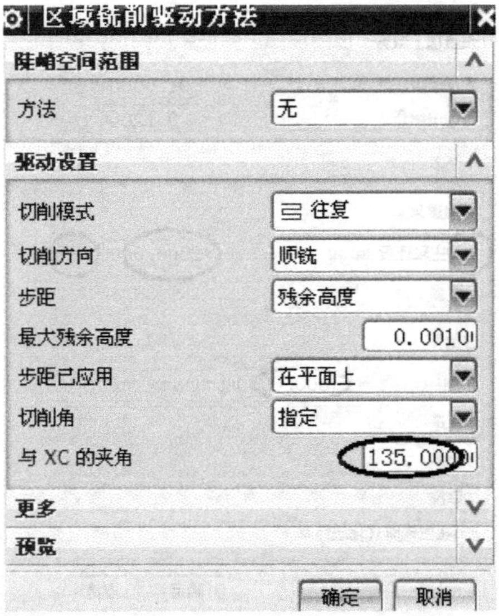

图 6-258

（2）设置切削参数 在【轮廓区域】对话框中选择（切削参数）图标，出现【切削参数】对话框，如图 6-259 所示，选择 余量 选项卡，在 部件余量 栏输入“0”，单击 确定 按钮，完成切削参数设置，系统返回【轮廓区域】对话框。

（3）设置进给率和速度 在【轮廓区域】对话框中选择（进给率和速度）图标，出现【进给率和速度】对话框，如图 6-260 所示，勾选 主轴速度 (rpm) 选项，在 主轴速度 (rpm)、进给率 / 切削 栏分别输入“2500”和“600”，按下回车键，单击（基于此值计算进给率和速度）按钮，再单击 确定 按钮，完成进给率和速度设置，系统返回【轮廓区域】对话框。

图 6-259

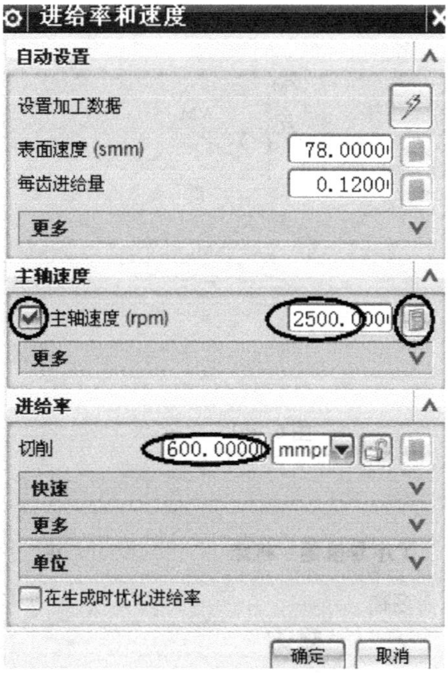

图 6-260

4. 生成刀轨

在【轮廓区域】对话框的 **操作** 区域选择（生成刀轨）图标，系统自动生成刀轨，如图 6-261 所示，单击 确定 按钮，接受刀轨。

六、创建底面精加工操作

1. 复制操作 S4

在【工序导航器 - 机床】视图 EM8R1 节点处用鼠标右键选择复制操作 S4，如图 6-262 所示，并将其粘贴在 BM10 节点下，重新命名为 F6，操作如图 6-263 所示。

2. 编辑操作 F6

在工序导航器下双击 F6 操作，系统出现【轮廓区域】对话框，如图 6-264 所示。

3. 设置加工参数

（1）设置驱动方法 在【轮廓区域】对话框中选择（编辑）图标，出现【区域铣削驱动方法】对话框，如图6-265所示，在 陡峭空间范围/方法 下拉框中选择无选项，在 切削模式 下拉框中选择往复选项，在切削方向 下拉框中选择顺铣选项，在步距 下拉框中选择残余高度选项，在 最大残余高度 栏输入“0.001”，在 步距已应用 下拉框中选择在平面上选项，在 切削角 下拉框中选择指定选项，在 与XC的夹角 栏输入“135”，单击确定按钮，完成驱动方法设置，系统返回【轮廓区域】对话框。

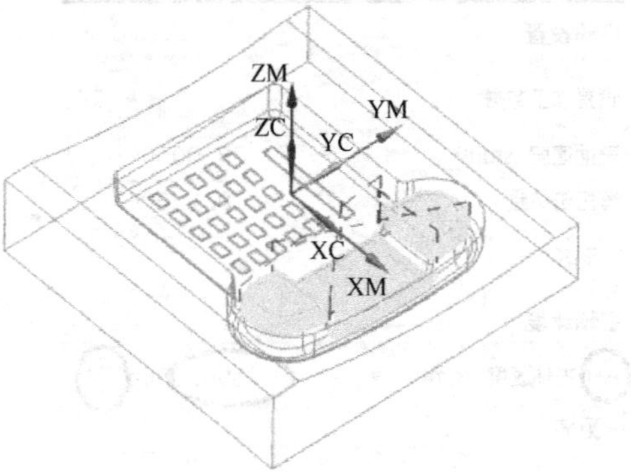

图6-261

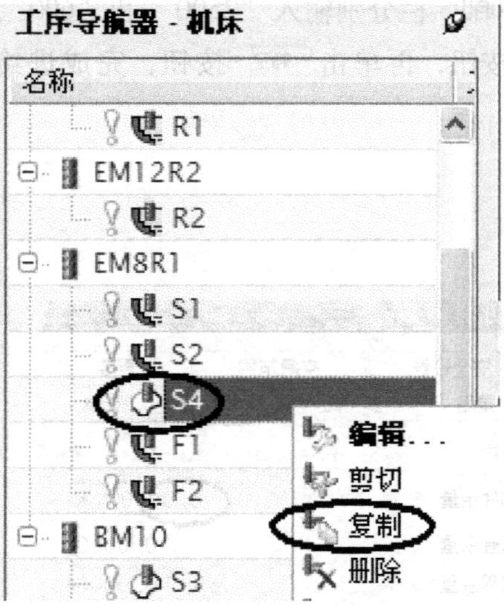

图6-262

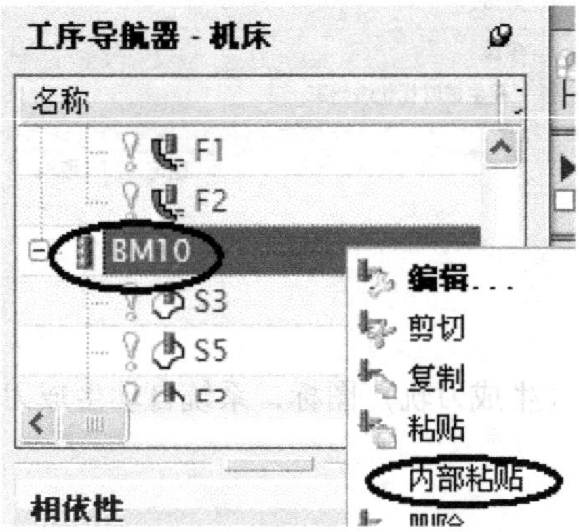

图6-263

图6-264

（2）设置切削参数　在【轮廓区域】对话框中选择（切削参数）图标，出现【切削参数】对话框，如图6-266所示，选择 余量 选项卡，在 部件余量 栏输入“0”，单击确定按钮，完成切削参数设置，系统返回【轮廓区域】对话框。

（3）设置进给率和速度　在【轮廓区域】对话框中选择（进给率和速度）图标，出现【进给率和速度】对话框，如图6-267所示，勾选 主轴速度（rpm）选项，在 主轴速度（rpm）、进给率/切削 栏分别输入“2500”和“600”，按下回车键，单击（基于此值计算进给率和速度）按钮，再单击 确定 按钮，完成进给率和速度设置，系统返回【轮廓区域】对话框。

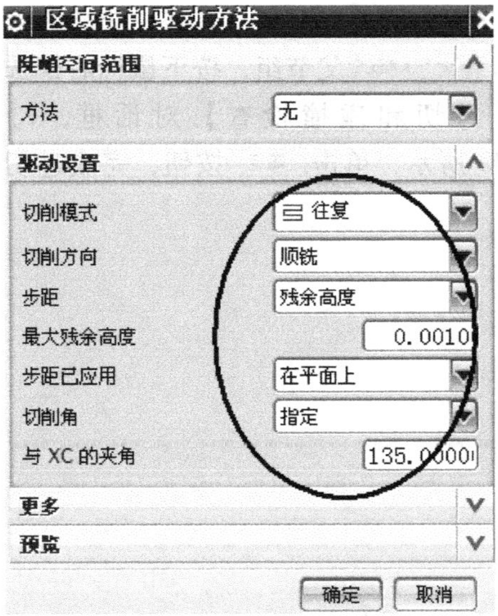

图 6-265

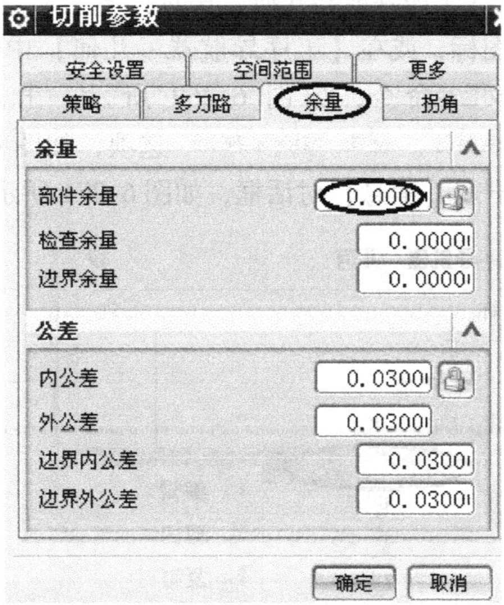

图 6-266

4. 生成刀轨

在【轮廓区域】对话框的 **操作** 区域选择（生成刀轨）图标，系统自动生成刀轨，如图 6-268 所示，单击 确定 按钮，接受刀轨。

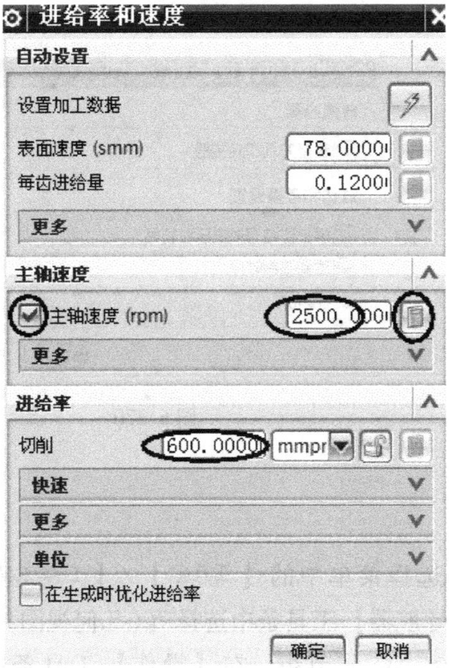

图 6-267

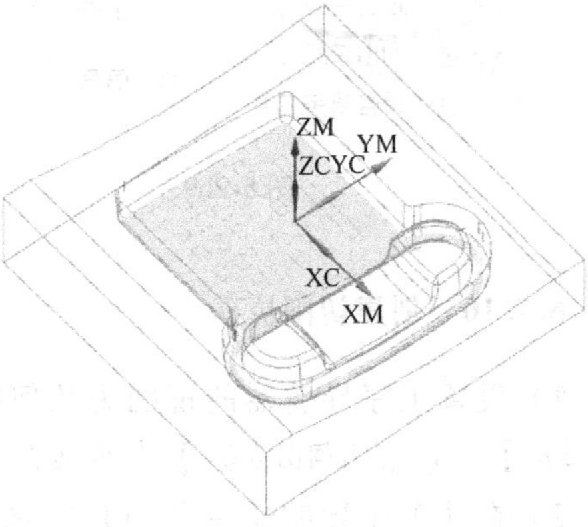

图 6-268

6.7.9 创建过切检查

1）设置工序导航器的视图为几何视图。选择菜单中的【工具(T)】/【工序导航器(O)】/

【视图(V)】/【几何视图(G)】命令或在【工序导航器】工具条中选择(几何视图)图标。

2）在【工序导航器几何】中选择WORKPIECE父节组，在【操作】工具条中选择（过切检查）图标，或在【工序导航器－几何】中选择WORKPIECE父节组，按下鼠标右键选择刀轨/过切检查命令，如图6-269所示，出现【过切和碰撞检查】对话框，勾选检查刀具和夹持器、第一次过切或碰撞时暂停选项，如图6-270所示，单击确定按钮，完成过切检查，系统出现【信息】对话框，如图6-271所示。

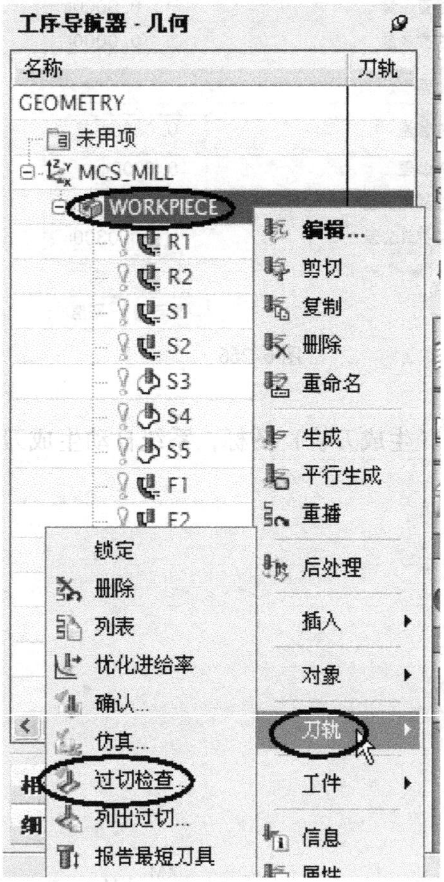

图6-269

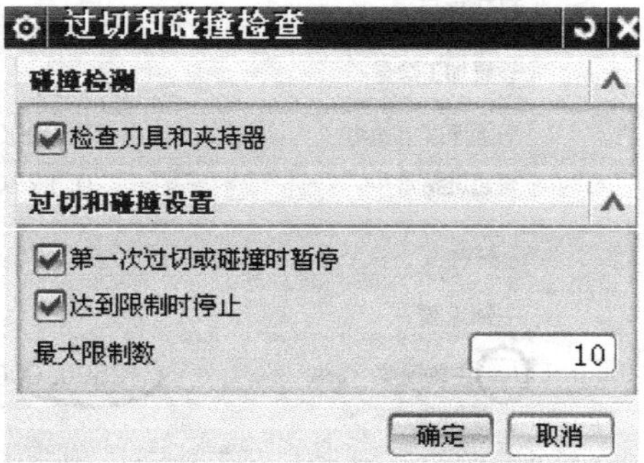

图6-270

6.7.10 创建切削仿真

1）设置工序导航器的视图为几何视图。选择菜单中的【工具(T)】/【工序导航器(O)】/【视图(V)】/【几何视图(G)】命令或在【工序导航器】工具条中选择(几何视图)图标。

2）在【工序导航器－几何】中选择WORKPIECE父节组，在【操作】工具条中选择（确认刀轨）图标，出现【刀轨可视化】对话框，选择2D动态选项，然后单击▶(播放)按钮，完成切削仿真后，在【刀轨可视化】对话框中单击比较按钮，如图6-272所示，型面显示绿色，表示已经加工到位无余量，除了根部有少许白色余量，如图6-273所示。

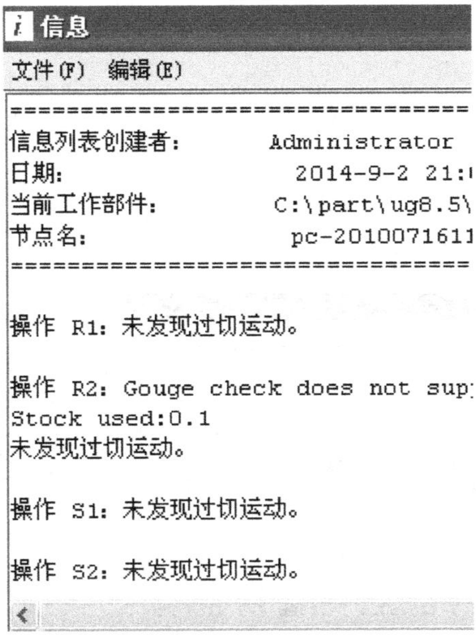

图 6-271

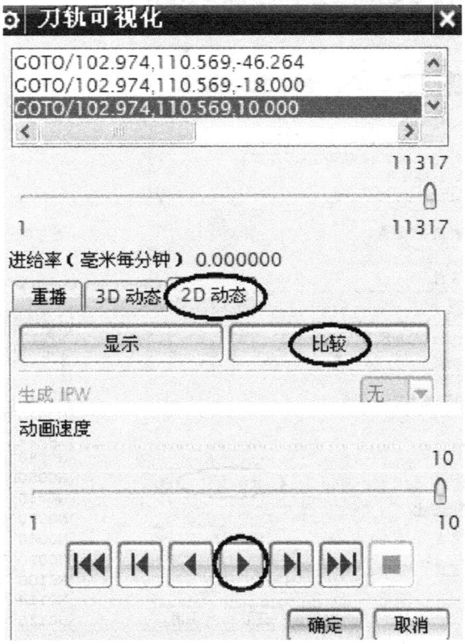

图 6-272

6.7.11　创建后处理

在【工序导航器 - 几何】程序视图下，选择 WORKPIECE 父节组，用鼠标右键单击出现下拉菜单，选择 后处理菜单，如图 6-274 所示，出现【后处理】对话框，如图 6-275 所示，选择 MILL_3_AXIS 机床后处理，指定输出文件路径和名称，在 单位 下拉框中选择 公制/部件 选项，单击 确定 按钮，完成后处理，输出数控程序文件，如图 6-276 所示。

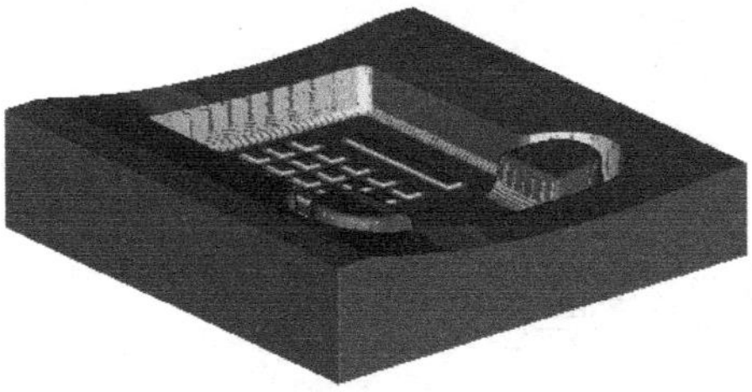

图 6-273

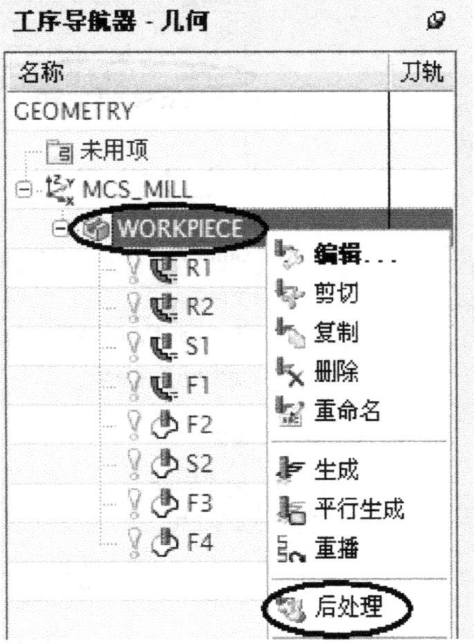

图 6-274

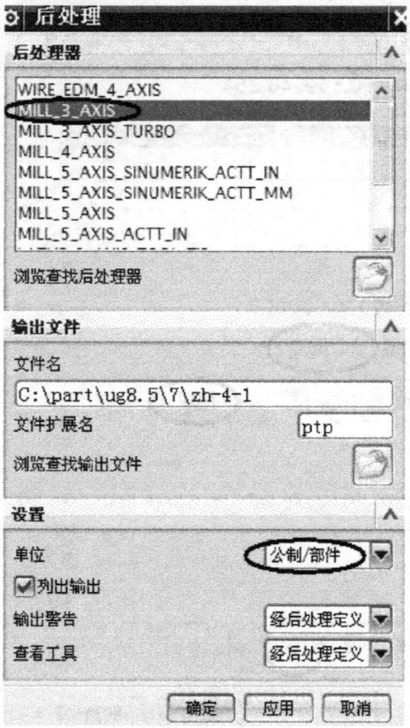

图 6-275

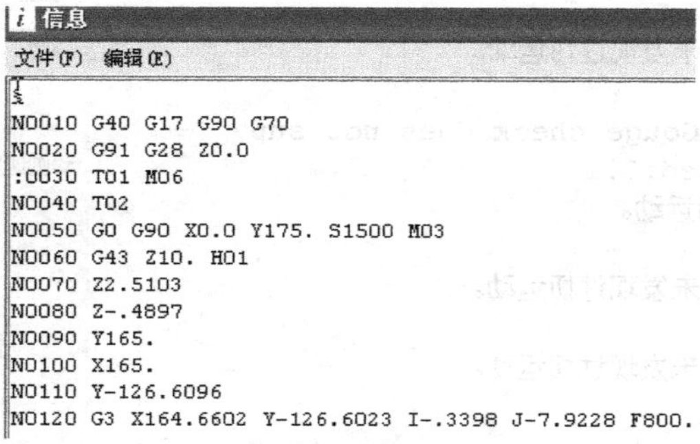

图 6-276

6.7.12 创建工艺清单

在【工序导航器－几何】程序视图下，选择 WORKPIECE 父节组，在【操作】工具条中选择（车间文档）图标，出现【车间文档】对话框，如图 6-277 所示，在 报告格式 列表框中选择 Tool List Select (HTML/Excel)（刀具清单）选项，并指定输出文件路径和名称，单击 确定 按钮，完成刀具清单创建，如图 6-278 所示。

图 6-277

SIEMENS

Tool Sheet

Part name	telephone-1-2	Drawing name:	"_"
Material	"_"	Part number.	"_"
Machine	"_"	Program Name:	"_"
Pictures:		Description:	

Tool Number	Tool Name	Tool Description	Tool Diameter	Adjust Register	Cutcom Register	Flute Length	Tool Length	Holder Description	Time in Minutes	Operation Name
1	EM20R4	[illegible]	20.0000000	1	0	50.0000000	75.0000000		861.845829	R1
2	EM12R2	[illegible]	12.0000000	2	2	50.0000000	75.0000000		256.597650	R2
3	EM8R1	[illegible]	8.0000000	3	3	50.0000000	75.0000000		563.863153	S1 F1
4	BM10	[illegible]	10.0000000	4	4	50.0000000	75.0000000		1074.88711	F2 S2 F3 F4

Author: Administrator Checker: Administrator Date: Thu Oct 25 20:10:16 2012

图 6-278

在【车间文档】对话框的 报告格式 列表框中选择 Operation List Select (HTML/Excel)（操作清单）选项，并指定输出文件路径和名称，单击 确定 按钮，完成创建加工顺序清单车间文档，如图 6-279 和图 6-280 所示。

Program Sheet

Part name:	zh-2-3	Drawing name:	"_"
Material:	"_"	Part number:	"_"
Machine:	"_"	Program type:	"_"
Pictures:		Description:	

Index	Operation Name	Type	Program	Machine Mode	Tool Name	Path Image
1	R1	Cavity Milling	NC_PROGRAM	"_"	EM20R4	
2	R2	Cavity Milling	NC_PROGRAM	"_"	EM12R2	
3	S1	Z-Level Milling	NC_PROGRAM	"_"	EM8R1	
4	S2	Z-Level Milling	NC_PROGRAM	"_"	EM8R1	

Author: Administrator Checker: Administrator Date: Mon Nov 12 20:38:38 2012

图 6-279

Index	Operation Name	Type	Program	Machine Mode	Tool Name	Path Image
5	S3	Fixed-axis Surface Contouring	NC_PROGRAM	"_"	BM10	
6	S4	Fixed-axis Surface Contouring	NC_PROGRAM	"_"	EM8R1	
7	S5	Fixed-axis Surface Contouring	NC_PROGRAM	"_"	BM10	
8	F1	Z-Level Milling	NC_PROGRAM	"_"	EM8R1	
9	F2	Z-Level Milling	NC_PROGRAM	"_"	EM8R1	
10	F3	Fixed-axis Surface Contouring	NC_PROGRAM	"_"	BM10	
11	F4	Fixed-axis Surface Contouring	NC_PROGRAM	"_"	BM10	
12	F5	Fixed-axis Surface Contouring	NC_PROGRAM	"_"	BM10	
13	F6	Fixed-axis Surface Contouring	NC_PROGRAM	"_"	BM10	

Author: Administrator Checker: Administrator Date: Thu Oct 17 13:19:54 2013

图 6-280

参考文献

[1] 李善术．数控机床及其应用［M］．北京：机械工业出版社，2003.
[2] 王平．数控机床与编程实用教程［M］．北京：化学工业出版社，2004.
[3] 恒盛杰资讯．精通UG中文版制造加工篇［M］．北京：中国青年出版社，2006.
[4] 袁锋．UG CAM数控自动编程实训教程［M］．北京：机械工业出版社，2013.
[5] 傅杰．UG NX数控加工案例精选［M］．北京：人民邮电出版社，2005.
[6] 韩思明，郑福禄，赵战峰．UG NX5中文版模具加工经典实例解析［M］．北京：清华大学出版社，2007.
[7] 陈永涛，陈建文，陈建威．精通中文版UG NX6数控编程与加工［M］．北京：清华大学出版社，2008.